普通高等教育“十二五”规划教材

大学计算机基础教程（第三版）

（Windows 7+Office 2010）

主　编　隋庆茹　韩智慧　刘晓彦

主　审　杨　继

中国水利水电出版社
www.waterpub.com.cn

内 容 提 要

本书是根据高等院校非计算机专业大学计算机应用基础课程教学大纲，结合当前计算机的发展以及应用型人才培养的实际情况编写的，全书共分为 7 章，包括计算机基础、Windows 7 操作系统、文字处理软件 Word 2010、数据处理软件 Excel 2010、演示文稿软件 PowerPoint 2010、计算机网络与 Internet 应用、程序设计基础。书中各章均含有大量相关习题。

本书源于大学计算机基础教育的教学实践，凝聚了众多一线任课教师的教学经验与科研成果，全书理论讲解通俗易懂、图文并茂、实例丰富、针对性强，有利于强化实践教学，适合作为普通高校非计算机专业计算机基础课程的教材，也可作为高职高专或全国计算机等级考试一级培训的参考书目。

本书提供电子教案及书中实例所需素材资源，读者可以到中国水利水电出版社网站及万水书苑免费下载，网址：http://www.waterpub.com.cn/softdown/或 http://www.wsbookshow.com。

图书在版编目（CIP）数据

大学计算机基础教程 : Windows 7+Office 2010 / 隋庆茹，韩智慧，刘晓彦主编. -- 3版. -- 北京 : 中国水利水电出版社，2014.8（2018.6 重印）
普通高等教育“十二五”规划教材
ISBN 978-7-5170-2324-1

Ⅰ. ①大… Ⅱ. ①隋… ②韩… ③刘… Ⅲ. ①Windows操作系统－高等学校－教材②办公自动化－应用软件－高等学校－教材 Ⅳ. ①TP316.7②TP317.1

中国版本图书馆CIP数据核字(2014)第187204号

策划编辑：石永峰　　责任编辑：李　炎　　加工编辑：夏雪丽　　封面设计：李　佳

书　名	普通高等教育“十二五”规划教材 **大学计算机基础教程（第三版）（Windows 7+Office 2010）**
作　者	主　编　隋庆茹　韩智慧　刘晓彦 主　审　杨　继
出版发行	中国水利水电出版社 （北京市海淀区玉渊潭南路 1 号 D 座　100038） 网址：www.waterpub.com.cn E-mail：mchannel@263.net（万水） sales@waterpub.com.cn 电话：（010）68367658（发行部）、82562819（万水）
经　售	北京科水图书销售中心（零售） 电话：（010）88383994、63202643、68545874 全国各地新华书店和相关出版物销售网点
排　版	北京万水电子信息有限公司
印　刷	三河市鑫金马印装有限公司
规　格	184mm×260mm　16 开本　24.25 印张　614 千字
版　次	2005 年 8 月第 1 版　2005 年 8 月第 1 次印刷 2014 年 8 月第 3 版　2018 年 6 月第 4 次印刷
印　数	12001—15000 册
定　价	48.00 元

编　委　会

前　　言

随着科学技术的迅猛发展，计算机教育在不断扩展、内容在不断加深，在高等院校，许多新入校大学生的计算机水平已不再是零起点，而且他们的水平正在快速提升，大学计算机基础课程改革势在必行。

本书参照教育部大学计算机基础课程教学指导分委员会制订的大学计算机应用基础课程教学大纲，结合我国高校非计算机专业的教学要求，由计算机基础教研室组织编写。在编写过程中，依据本科院校的学生状况和教学特点，以层次教学为出发点，做到了精心设计内容，认真提炼案例，准确编写实验，精选课后习题。本书主要注重实用性和可操作性，结构合理，简明易懂，适合教学和学生自学，有利于培养学生的学习兴趣。

本书具有以下几个方面的特色：

（1）理论内容与实例相结合。教材中以理论知识点为核心进行实例应用，通过实际操作讲解实例让学生更好地掌握所学知识点。

（2）适用面广。既符合层次教学中“计算机公共基础”课程教学的需要，又符合普通高校计算机专业课程教学的基本要求，也可作为计算机基础的培训教材和等级考试参考书目。

（3）教材涵盖了国家工信部 COIE 认证考试相关考点及模拟试题、全国计算机等级考试（一级）相关考点及模拟试题，将理论知识和实际应用相结合，既能满足学习应用计算机的需要，也能满足相关计算机资格考试的要求。

全书共分为 7 章，包括：计算机基础、Windows 7 操作系统、文字处理软件 Word 2010、数据处理软件 Excel 2010、演示文稿软件 PowerPoint 2010、计算机网络与 Internet 应用、程序设计基础。其中第 1 章、第 5 章由隋庆茹编写，第 2 章由牛言涛编写，第 3 章由刘晓彦编写，第 4 章由韩智慧编写，第 6 章由王欣欣编写，第 7 章由张芸编写，附录 1、2、3 由隋庆茹、韩智慧、刘晓彦共同编写。全书由杨继统稿并主审。

鉴于时间仓促，水平有限，加之计算机技术发展日新月异，书中错误与疏漏在所难免，失误之处，欢迎读者给予批评指正。

编者于长春科技学院

2014 年 6 月

目　　录

第1章　计算机基础

- 掌握计算机的定义、发展、特点及分类。
- 掌握计算机系统的组成及微型机的硬件系统。
- 掌握计算机中数和字符的表示及常用进制间的转换。
- 了解计算机中病毒的定义、特点及防范。
- 了解计算机前沿技术。

现代计算机的诞生是20世纪人类最伟大的发明之一。人类社会正在进行第三次产业革命，即信息革命。信息革命的标志就是计算机技术和通信技术的发展、融合与普及。信息技术从多方面改变着人类的生活、工作和思维方式。随着人类进入21世纪，计算机已成为各行业领域普遍使用的基本工具之一，如工程设计、地震预测、气象预报、航天技术等领域。掌握以现代计算机为核心的信息技术的基础知识，提高计算机应用能力，特别是利用计算机为自身专业服务的能力，是当代大学生必备的基本素质之一。本章主要介绍计算机的产生及分类、计算机系统的构成、信息在计算机中的表示、计算机安全及防范和计算机前沿技术知识。

1.1　计算机概述

1.1.1　计算机的定义

计算无处不在，人类进行计算所使用的工具也经历了从简单到复杂，由低级到高级的转变。从结绳计算到制定历法，指导农业生产，到算盘的出现，再到电子计算机诞生，直到大型主机时代的来临。高性能集群计算对人类社会的进步起到了推波助澜的作用，随着科技的发展，人类也逐渐进入了一个崭新的计算时代。

计算机顾名思义，首先应具有计算能力。计算机不仅可以进行加、减、乘、除等算术运算，还可以进行与、或、非等逻辑运算并对运算结果进行判断从而决定执行什么操作。正是由于具有逻辑运算和推理判断的能力，使计算机成为了一种特殊机器的专有名称，而不是简单的计算工具。为了强调计算机的这些特点，人们又称其为“电脑”。计算机除了具有计算能力、逻辑推理能力外还具有逻辑判断能力、记忆能力、信息处理的能力。

因此，计算机是一种用于高速计算的电子计算器，可以进行数值计算，又可以进行逻辑计算，具有存储记忆的功能。是能够按照程序运行，自动、高速处理海量数据的现代化智能电子设备。

1.1.2 计算机的产生与发展

1. 第一台计算机 ENIAC

世界上第一台真正的电子计算机于 1946 年 2 月在美国宾夕法尼亚大学由约翰·莫克利（John Mauchly）和普雷斯特·埃克特（J. Presper Eckert）主持研制成功。这台名为 ENIAC（埃尼阿克，即电子数字计算机）的计算机采用了 1.8 万个电子管，运算速度为每秒 5000 次，重 30 吨，长 30 米，占地 170 平米，可以说是一个“庞然大物”，如图 1-1 所示。它的问世表明了计算机时代的到来，具有划时代的意义。

图 1-1 世界上第一台电子计算机 ENIAC

ENIAC 诞生后，美国数学家冯·诺依曼针对它存在的问题提出了重大的改进理论，理论中主要包含三个主要的思想：

- 计算机内部应采用二进制表示指令和数据；
- 存储程序的思想：计算机应采用“存储程序”的方式工作，即将程序和数据存放在存储器中，运行时按程序顺序逐条执行；
- 计算机硬件系统由 5 个基本部件组成：运算器、控制器、存储器、输入设备和输出设备。

冯·诺依曼提出的这些理论，解决了计算机运算自动化的问题和速度匹配的问题，对后来计算机的发展起到了决定性的作用。直至今日，绝大部分的计算机还是采用冯·诺依曼方式工作。

2. 计算机发展的四个阶段

自第一台电子计算机问世以来，经过半个多世纪的发展与革新，计算机的运算速度越来越快，存储容量越来越大，体积、重量、功耗和成本不断下降，功能和可靠性不断增强，软件功能不断丰富和完善，性能价格比越来越高，这已成为计算机发展的趋势。

目前，计算机已达到每秒执行上百万亿条指令的运行速度，体积减少到可以随时提在手上。在计算机不断的发展历程中，逻辑元件的发展起着决定性的作用。根据逻辑元件的发展，计算机已经经历了四代。

第一代：电子管计算机（1946～1957 年）

这一代计算机采用电子管作为其基本电子元件，内存储器采用水银延迟线，外存储器主要采用磁鼓、纸带、卡片、磁带等。由于电子技术的限制，运算速度只能达到每秒几千次～几万次基本运算，内存容量仅几千个字。因此，第一代计算机的特点是体积大、耗电多、速度慢、造价高、使用不便，主要应用在一些军事和科研部门进行科学计算。软件上采用机器语言，后期采用汇编语言。

第二代：晶体管计算机（1958～1964 年）

1948 年，美国贝尔实验室发明了晶体管，10 年后晶体管取代了计算机中的电子管，诞生了晶体管计算机。第二代计算机的内存储器主要使用磁芯存储器。与第一代电子管计算机相比，晶体管计算机体积小，耗电少，成本低，逻辑功能强，使用方便，可靠性高。软件上广泛采用高级语言，并出现了早期的操作系统。

第三代：中小规模集成电路计算机（1965～1970 年）

虽然晶体管与电子管相比有明显的进步，但晶体管会产生大量的热量，这会损坏计算机内部的敏感部分。随着半导体技术的发展，1958 年，美国德克萨斯公司制成了第一个半导体集成电路，它可将几十个或上百个电子元件集成在几平方毫米的基片上组成逻辑电路。第三代计算机就是采用中小规模集成电路作为其基本电子元件。第三代计算机由于采用了集成电路，所以其各方面性能都有了极大提高，如体积更小、价格降低、功能增强、可靠性大大提高、开始广泛应用于社会的各个领域。软件上广泛使用操作系统，产生了分时、实时等操作系统和计算机网络。

第四代：大规模、超大规模集成电路计算机（1971 年至今）

随着集成了上千甚至上万个电子元件的大规模集成电路和超大规模集成电路的出现，电子计算机的发展进入了第四代。第四代计算机的基本元件采用大规模甚至超大规模集成电路，运算速度可达每秒几百万次，甚至上亿次基本运算。在软件方法上产生了结构化程序设计和面向对象程序设计的思想。另外，网络操作系统、数据库管理系统得到广泛应用。微处理器和微型计算机也在这一阶段诞生并获得飞速发展。

1.1.3　计算机的特点

（1）运算速度快。运算速度指计算机每秒中执行的指令的条数。常用的单位是 MIPS，即每秒执行多少个百万条指令。“天河一号”和“曙光星云”是我国目前运算速度最快的计算机，它们的运算速度可达到千万亿次每秒。

（2）计算精度高。计算机加工处理的对象是信息，这些信息在计算机内部是用二进制编码表示的，所以数据运算的精度取决于计算机一次能处理的二进制信息的位数，位数越长，运算精度越高。

（3）记忆能力强。计算机的存储器类似人的大脑，能够记忆大量的信息。它能存储数据和程序，进行数据处理和计算，并把结果保存起来。

（4）逻辑判断能力强。人具有一定的思维能力，思维能力本质上是一种逻辑判断能力，也可以说是因果关系分析能力。借助于逻辑运算，可以让计算机作出逻辑判断，分析命题是否成立，并可根据命题成立与否作出相应的对策。

（5）有自动执行程序的能力。计算机内部操作是根据人们事先编好的程序自动控制进行的。用户根据解题需要，事先设计好运行步骤与程序，计算机十分严格地按程序规定的步骤操作，整个过程不需人工干预。

1.1.4　计算机的分类

计算机的种类很多，主要有以下几种分类方法：

1. 按照所处理信息的形态分类

（1）数字计算机。它处理的电信号在时间上是离散的（称为数字量），采用的是数字技术。通常所说的计算机都是指电子数字计算机。

（2）模拟计算机。它处理的电信号在时间上是连续的（称为模拟量），采用的是模拟技术。

（3）混合式计算机。它是把模拟技术和数字技术灵活结合的计算机。

2. 按照功能和用途分类

（1）通用机。它具有功能强、兼容性强、应用面广、操作方便等优点，通常使用的计算机都是通用计算机。

（2）专用机。它是为了解决某个特定问题而专门设计的计算机。专用机功能单一，配有解决特定问题的固定程序，能高速、可靠地解决特定问题。

3. 按照性能分类

（1）巨型机。研究巨型机是现代科学技术，尤其是国防尖端技术发展的需要。巨型机的特点是运算速度快、存储容量大。目前世界上只有少数几个国家能生产巨型机。我国自主研发的银河I型亿次机和银河II型十亿次机都是巨型机。主要用于核武器、空间技术、大范围天气预报、石油勘探等领域。

（2）大型机。大型机的特点表现在通用性强、具有很强的综合处理能力、性能覆盖面广等，主要应用在公司、银行、政府部门、社会管理机构和制造厂家等，通常人们称大型机为企业计算机。大型机在未来将被赋予更多的使命，如大型事务处理、企业内部的信息管理与安全保护、科学计算等。

（3）小型机。小型机规模小，结构简单，可靠性高，对运行环境要求低，易于操作且便于维护。小型机符合部门性的要求，为中小型企事业单位所常用。

（4）微型计算机。微型计算机又称个人计算机（Personal Computer，PC），它是日常生活中使用最多、最普遍的计算机，具有价格低廉、性能强、体积小、功耗低等特点。现在微型计算机已进入到了千家万户，成为人们工作、生活的重要工具。

（5）工作站。工作站是一种高档微机系统。它具有较高的运算速度，具有多用户多任务功能，且兼具微型机的操作便利和良好的人机界面。其应用领域从最初的计算机辅助设计扩展到商业、金融、办公领域。

1.1.5 计算机的应用及发展趋势

1. 计算机的应用

计算机发展至今几乎已经和所有学科都有所结合，这里把计算机的用途归纳为以下几方面：

（1）科学计算。科学计算依然是计算机应用的一个重要领域。如高能物理、工程设计、地震预测、气象预报、航天技术等。由于计算机具有高运算速度和精度以及逻辑判断能力，因此出现了计算力学、计算物理、计算化学、生物控制论等新的学科。

（2）数据处理。数据处理又称信息处理，是指对大量信息进行采集、存储、整理、分类、统计、加工、利用、传播的过程。信息管理是目前计算机应用最广泛的一个领域，如企事业管理、档案管理、人口统计、情报检索、图书管理、金融统计等。据统计，世界上80%以上计算机主要用于数据处理。

（3）计算机辅助系统。计算机辅助指利用计算机来辅助人们完成一定的工作。如：计算机辅助设计（CAD），指利用计算机来帮助设计人员进行工程设计，以提高设计工作的自动化程度，节省人力和物力；计算机辅助制造（CAM），指利用计算机进行生产设备的管理、控制与操作，从而提高产品质量、降低生产成本，缩短生产周期，并且还大大改善了制造人员的工作条件；计算机辅助测试（CAT），指利用计算机进行复杂而大量的测试工作；计算机辅助教学（CAI），指利用计算机帮助教师讲授和帮助学生学习的自动化系统，使学生能够轻松自如地从中学到所需要的知识。

（4）过程控制。过程控制又称实时控制，是指使用计算机对连续工作的控制对象进行自动控制或自动调节。在工业、交通、军事、航天等部门，利用计算机的过程控制，大大地提高了自动化水平，更提高了控制的及时性和准确性，从而改善劳动条件、提高产品质量及合格率。

（5）人工智能。开发一些具有类似人类智能的应用系统，用计算机来模拟人的思维判断、推理等活动，使计算机具有学习和逻辑推理的功能，如计算机推理、智能学习系统、专家系统、机器人等，帮助人们学习和完成某些推理工作。

（6）网络通信。计算机技术与现代通信技术的结合构成了计算机网络。计算机网络的建立，实现了地理位置上分散的计算机之间的信息交换、资源共享、协同工作。在当今信息化社会里，计算机已成为不可或缺的工具。

（7）嵌入式系统。嵌入式系统是专用计算机系统，一般基于单个或几个芯片，把处理器、存储器及外设接口电路集成在一起，直接嵌入到电子设备中，完成特定的处理任务。它对功能、体积、功耗、可靠性等有严格的要求。在各种生活电器设备中几乎都有嵌入式系统的应用，如空调、电梯、数码相机等。

2. 计算机的发展趋势

计算机技术的迅速发展，使产品不断升级换代。未来的计算机将向巨型化、微型化、网络化、智能化方向发展。

（1）巨型化。巨型化是指计算机的运算速度更高、存储容量更大、功能更强。2009 年 10 月 29 日中国自主研制的首台千万亿次巨型计算机系统“天河一号”问世，如图 1-2 所示，它的峰值可达到每秒 1206 万亿次的双精度浮点运算。“天河一号”的研制成功使中国成为继美国之后第二个能研发千万亿次巨型机的国家。

图 1-2 “天河一号”巨型机

（2）微型化。随着微电子技术和超大规模集成电路的发展，计算机的体积趋向微型化。计算机已进入仪器、仪表、家用电器等小型仪器设备中，同时也作为工业控制过程的心脏，使仪器设备实现“智能化”。现在，笔记本电脑、掌上电脑（如图 1-3 所示）等微型计算机以其更优的性价比越来越受人们的欢迎。

图 1-3 掌上电脑

（3）网络化。随着计算机应用的深入，特别是家用计算机越来越普及，人们希望能实现资源共享和进行数据通信，即利用现代通信技术与计算机技术，将各个区域的计算机互联起来，形成一个规模巨大，功能强大的计算机网络。计算机网络已在现代企业的管理中发挥着越来越重要的作用，如银行系统、商业系统、交通运输系统等。

（4）智能化。智能化是计算机发展的一个重要方向，新一代计算机，将可以模拟人的感觉行为和思维过程的机理，进行“看”、“听”、“说”、“想”、“做”，具有逻辑推理、学习与证明的能力。

基于集成电路的计算机短期内还不会退出历史舞台，但一些新的计算机正在加紧研究。未来的计算机将是微电子技术、光学技术、超导技术和电子仿生技术相结合的产物，这些计算机包括超导计算机、纳米计算机、光学计算机、DNA 计算机和量子计算机等。

1.2 计算机系统

一个完整的计算机系统由硬件系统和软件系统两部分组成，如图 1-4 所示。硬件系统是组成计算机系统的各种物理实体的总称，又称为硬件设备，是计算机系统的物质基础。软件系统是为了运用、管理和维护计算机而编制的各种程序、数据和相关文档的总称。通常把不安装任何软件的计算机称为裸机。计算机系统的各种功能都是由硬件和软件共同完成的。

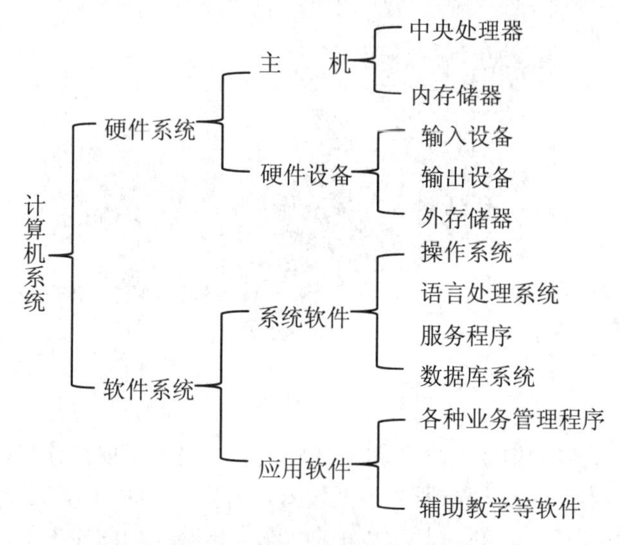

图 1-4 计算机系统的组成

1.2.1　计算机硬件系统

硬件是计算机系统中看得见、摸得着的有形实体。现代计算机之父冯·诺依曼在存储程序通用电子计算机理论中明确指出了组成计算机硬件系统的五大功能部件：运算器、控制器、存储器、输入设备和输出设备，如图 1-5 所示。其中运算器和控制器合在一起被称作中央处理器，习惯上又常将中央处理器和主存储器（也叫内存储器）称作主机，而将输入设备、输出设备和辅助存储器（也叫外存储器）称为外部设备。

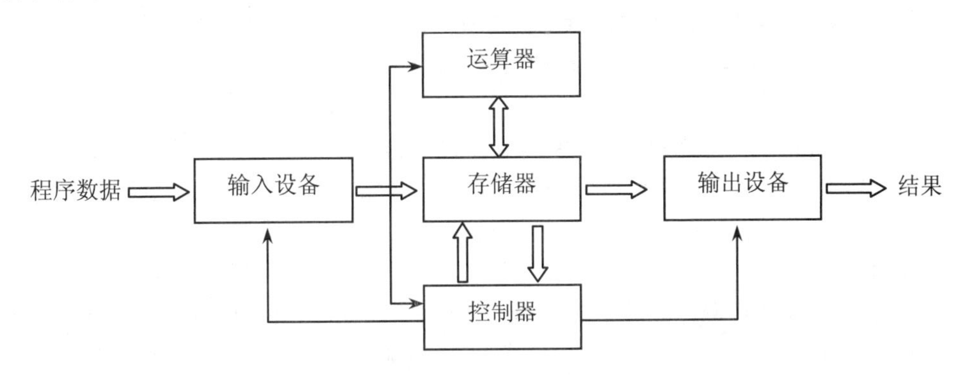

图 1-5　计算机的硬件系统

1. 运算器

运算器（Arithmetic Logical Unit，ALU）是计算机中执行各种算术运算和逻辑运算的部件，由加法器、寄存器、累加器等逻辑电路组成。运算器的基本操作包括加、减、乘、除四则运算，与、或、非、异等逻辑操作，以及移位、比较和传送等操作，亦称算术逻辑部件（ALU）。运算器能执行操作的种类和操作速度，标志着运算器的处理能力，甚至标志着计算机本身的能力。运算器最基本的操作是加法运算。

2. 控制器

控制器（Control Unit，CU）是计算机的神经中枢，协调和指挥整个计算机系统的操作。控制器由地址寄存器、程序计数器、指令寄存器、指令译码器、时序产生器和操作控制器等部件组成。

控制器和运算器之间在结构关系上是非常密切的。到了第四代计算机，由于半导体工艺的进步，将控制器和运算器集成在一个芯片上，形成中央处理器（Center Processing Unit，CPU）。

3. 存储器

存储器（Memory）是计算机系统中的记忆设备，用来存放程序和数据。计算机中全部信息，包括输入的原始数据、计算机程序、中间运行结果和最终运行结果都保存在存储器中。它根据控制器指定的位置存入和取出信息。有了存储器，计算机才有记忆功能，才能保证正常工作。存储器按用途可分为主存储器（内存）和辅助存储器（外存）两类。

（1）主存储器。简称主存，是计算机系统的信息交流中心。绝大多数的计算机主存都是由半导体材料构成。按存取方式来分，主存又分为随机存储器和只读存储器。

- 随机存储器（Random Access Memory，RAM）。RAM 的主要特点是既可以从中读出数据又可以写入数据；RAM 是短期存储器，只要断电存储内容将会全部丢失。

- 只读存储器（Read Only Memory，ROM）。ROM的特点是只能读出原有内容，不能由用户写入新内容。ROM的数据是厂家在生成芯片时，以特殊的方式固化在上面的，用户一般不能修改。ROM中通常存放系统管理程序，即使断电，数据也不会丢失。

（2）辅助存储器。简称外存，属于外部设备，是内存的扩充。外存一般具有容量大，可存放长期不用的程序和数据，信息存储性价比较高等特点。外存只与内存交换数据，而且存取速度较慢。常用的外存有硬盘、光盘、U盘等。

综上所述，内存的特点是可与CPU直接交换信息，存取速度快，容量小，价格高；外存的特点是只能与内存交换信息后才能被CPU处理，存取速度慢，容量大，价格低。内存用于存放立即要用的程序和数据；外存用于存放暂时不用的程序和数据。

4. 输入设备

输入设备（Input）负责接收操作者提供给计算机的原始信息（如文字、图形、图像、声音等），并将其转换为计算机能识别和处理的信息方式（如电信号、二进制编码等），之后顺序地把它们送入存储器。最常用的输入设备是键盘和鼠标。

5. 输出设备

输出设备（Output）负责把计算机对数据、指令处理后的结果等内部信息，转变为人们习惯接受（如字符、曲线、图像、表格、声音等）或者能被其他机器所接受的信息形式输出。最常用的输出设备是显示器、音箱等。

6. 总线

总线（Bus）是信号线的集合，是模块间传输信息的公共通道，通过它实现计算机各个部件间的通信，进行各种数据、地址和控制信息的传送。按信息的性质划分，总线一般分为数据总线、地址总线和控制总线。

- 数据总线。数据总线在运算器、控制器、内存储器、I/O接口之间传输数据信号，数据总线的位数，体现了计算机传输数据的能力。
- 地址总线。地址总线传递CPU向内存储器或I/O接口发出的地址信号，以识别数据信息在内存储器或I/O接口中存放的位置。
- 控制总线。控制总线在控制器、运算器、内存储器、I/O接口之间传递控制信号和状态信号。

1.2.2 计算机软件系统

计算机软件是计算机程序及其相关文档的总和，是计算机系统的重要组成部分，如果把计算机硬件看成是计算机的躯体，那么计算机软件就是计算机系统的灵魂。没有软件支持的计算机称为“裸机”，只是一些物理设备的堆砌，几乎不能工作。计算机软件系统按功能可划分为系统软件和应用软件两部分。

系统软件是由一组控制计算机系统并管理其资源的程序组成，为应用程序提供控制、访问硬件的手段。主要用来扩大计算机的功能，提高计算机的工作效率以及方便用户使用。计算机的系统软件包括操作系统、语言处理程序、服务程序、数据库管理系统等。

应用软件是指在计算机系统的支持下，为解决各类实际问题而设计的软件，主要为满足用户不同领域的应用需求。比较常用的应用软件有：文字处理软件、电子表格软件、图像或动画编辑工具等。此外，学籍管理系统、教务管理系统、图书管理系统、财务管理系统等也均属于应用软件。

计算机硬件、系统软件和应用软件构成了计算机系统的层次关系，如图 1-6 所示。操作系统直接面向硬件，接受外层的请求，调用和管理硬件及其他软件，协调系统的工作；语言处理程序、数据库管理系统、系统服务程序以操作系统为中间接口，为用户应用程序服务。

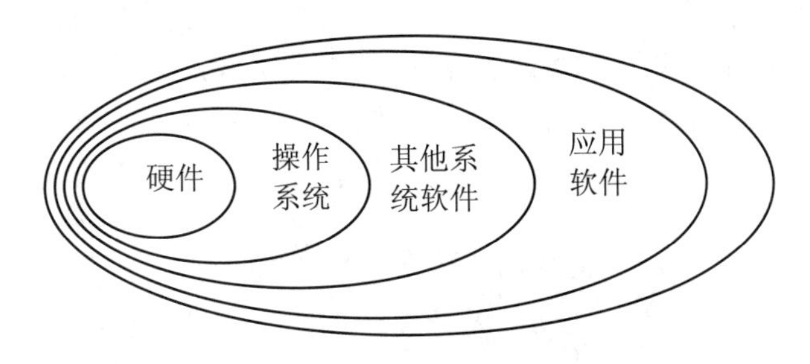

图 1-6　计算机系统的层次结构

1.2.3　计算机的工作原理

计算机的工作过程就是执行程序的过程。怎样组织程序，涉及到计算机体系结构问题。现代计算机都是基于冯·诺依曼提出的“存储程序”概念设计制造出来的。即计算机要工作，就应先编写相应的程序，通过输入设备将程序送到存储器中保存，即程序存储。接着就是执行程序的问题，根据冯·诺依曼的设计，计算机应能自动执行程序，而执行程序又归结为逐条执行指令的过程，即取指令，分析指令、执行指令。

指令是指计算机完成某个基本操作的命令。指令能被计算机硬件理解并执行。一条指令就是计算机机器语言的一个语句，是程序设计的最小语言单位。一条指令通常由两部分组成，即操作码和操作数（地址码），如图 1-7 所示。操作码用来规定指令进行什么操作，而操作数用来说明该操作处理的数据或数据所存储的单元地址。

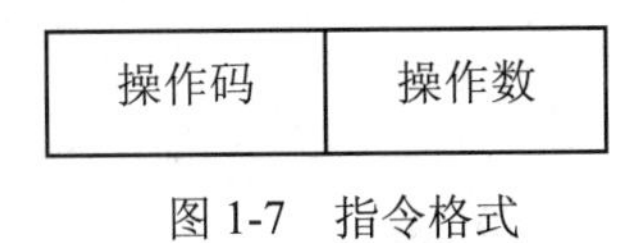

图 1-7　指令格式

整个计算机工作过程的实质就是指令的执行过程，该过程可分为 4 步。

- 取指令。从存储器的某个地址中取出要执行的指令，送到控制器内部的指令寄存器中暂存。
- 分析指令。把保存在指令寄存器中的指令送到指令译码器，译出该指令对应的操作命令。
- 执行指令。根据指令译码器向各个部件发出相应的控制信号，完成指令规定的各种操作。
- 为执行下一条指令做好准备，即形成下一条指令地址。

计算机不断重复这个过程，直到组成程序的所有指令全部执行完毕，就完成了程序的运行，实现了相应的功能。

1.2.4　微型计算机硬件配置

微型计算机就是通常所说的 PC 机，即个人计算机。1969 年，美国 Intel 公司的年轻工程师马歇尔·霍夫（M.E.Hoff）提出了将计算机系统的整套电路集成在四个芯片中，即：中央处理器芯片、随机存取存储器芯片、只读存储器芯片和寄存器芯片，并于 1971 年研制成了世界上第一台使用 4 位微处理器（Micro Processing Unit，MPU）的微型计算机——MCS-4，揭开了微型计算机高速发展、普及的序幕。微型计算机不仅体积小、重量轻、价格低、结构简单，而且操作方便、可靠性高。

微型计算机分为台式机、一体机、笔记本、平板机和掌上机等多种，在当今信息化时代，它们已经成为人们生活中不可或缺的工具，其中，台式机更是广泛应用于家庭、办公等场所。从外观上看，台式机由机箱和各种外部设备组成，如图 1-8 所示。机箱内封装了主机的所有部件，有主板、CPU、内存、各种适配卡、硬盘、光盘驱动器和电源；常用外部设备包括显示器、键盘和鼠标，根据需要还可以配置打印机、扫描仪、投影仪、音箱等。

图 1-8　台式机的外观

1. 主板

主板也叫系统板或母板。在微型计算机中，主板是最大的一块集成电路板，也是微型计算机系统中各种设备的连接载体。主板主要包括 CPU 插座、内存插槽、总线扩展槽、外设接口插座、串行和并行端口等几部分。如图 1-9 所示为计算机主板图解。

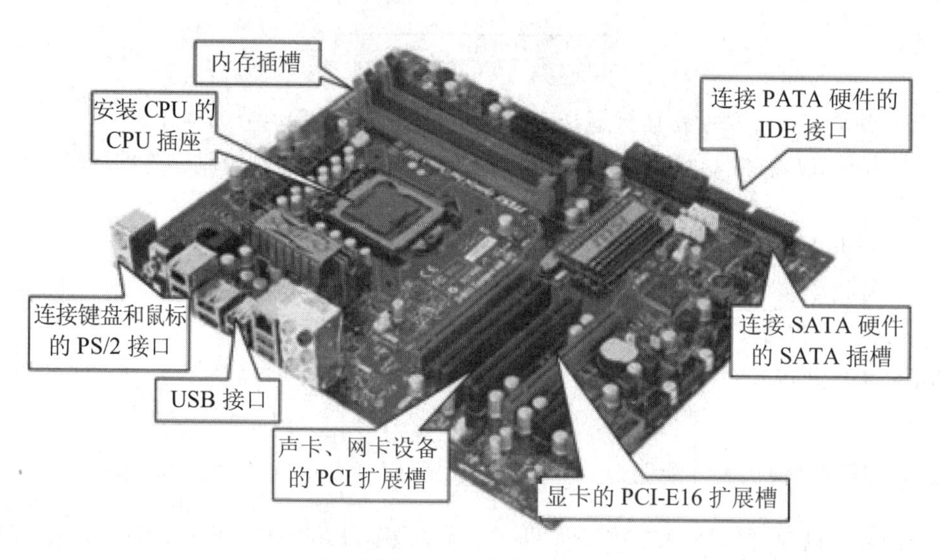

图 1-9　主板图解

- CPU 插座。CPU 插座用来连接和固定 CPU。早期的 CPU 通过管脚与主板连接，主板上设计了相应的插座。Pentium II 和 Pentium III 通过插卡与主板连接，因此主板上设计了相应的插槽。Pentium 4 又恢复了插座形式。

- 内存插槽。内存插槽用来连接和固定内存条。内存插槽通常有多个，可以根据需要插入不同数目的内存条。早期的计算机内存插槽有 30 线、72 线两种，现在主板上大多采用 168 线的插槽，这种插槽只能插 168 线的内存条。
- 总线扩展槽：总线扩展槽用来插接外部设备，如显示卡、声卡。总线扩展槽有 ISA、EISA、VESA、PCI、AGP 等类型。它们的总线宽度越来越宽，传输速度越来越快。目前主板上主要留有 PCI 和 AGP 两种类型的扩展槽，ISA 扩展槽已经逐渐退出历史舞台。
- 外设接口插座：外设接口插座主要是连接软盘、硬盘和光盘驱动器的电缆插座，有 IDE、EIDE、SCSI 等类型。目前主板上主要采用 IDE 类型。
- 串行和并行端口：串行端口和并行端口用来与串行设备（如调制解调器、扫描仪等）和并行设备（打印机等）通信。主板上通常留有两个串行端口和一个并行端口。

2. 微处理器

微型计算机的中央处理器，又称微处理器（Micro Processing Unit，MPU），是微型计算机的核心部件，如图 1-10 所示。CPU 中集成了控制器和运算器两大部件，它的性能决定了整个微型计算机系统的各项关键指标的高低。通常习惯使用 CPU 的型号表征微型计算机的档次。

Intel 公司的微处理器产品，从早期的 8086、80286、80386、80486 系列，到 Pentium（奔腾）系列、Celeron（赛扬）系列和应用于服务器的 Itanium（安腾）系列、Xeon（至强）系列，再到双核、四核的 Core（酷睿）系列。

图 1-10 酷睿处理器

由于 CPU 性能的高低直接决定了整机的档次，所以人们往往把 CPU 的型号作为衡量和购买微型计算机的标准。CPU 的技术参数主要包括：字长、主频、Cache 的容量及速度、总线宽度、制造工艺等。

CPU 字长指 CPU 内部寄存器一次能够存储、传递的二进制数的位数，代表了 CPU 一次处理的数据长度。微处理器的字长有 8 位、16 位、32 位和 64 位。字长越长，运算精度越高，处理能力越强。微处理器另一个重要的性能指标是主频。主频是指微处理器的工作时钟频率。在很大程度上决定微处理器的运行速度。主频越高，微处理器的运算速度越快。主频通常用 MHz（兆赫兹）表示。

3. 外存储器

外存储器设备种类很多，如硬盘、光盘、U 盘存储器等。

（1）硬盘。硬盘（Hard Disk）有机械硬盘和固态硬盘之分。机械硬盘即是传统普通硬盘，主要由：盘片，磁头，盘片转轴及控制电机，磁头控制器，数据转换器，接口，缓存等几个部分组成。

1）机械硬盘。

机械硬盘是微型计算机非常重要的外存储器，采用涂有磁性材料的铝合金制成。每个硬盘存储器有若干个盘片，采用温彻斯特技术和驱动器密封成一个整体，故又称为温氏磁盘。如图 1-11 所示。机械硬盘的精密度高、存储容量大、存取速度快。

图 1-11　硬盘结构图

机械硬盘的盘片上划分有磁道、扇区，若干个盘片的同一磁道共同组成一个圆柱面，称为柱面，如图 1-12 所示。对应每个磁盘表面有一个读写数据的磁头，因此硬盘的存储容量计算公式为：

机械硬盘容量=磁头数×柱面数×扇区数×扇区字节数

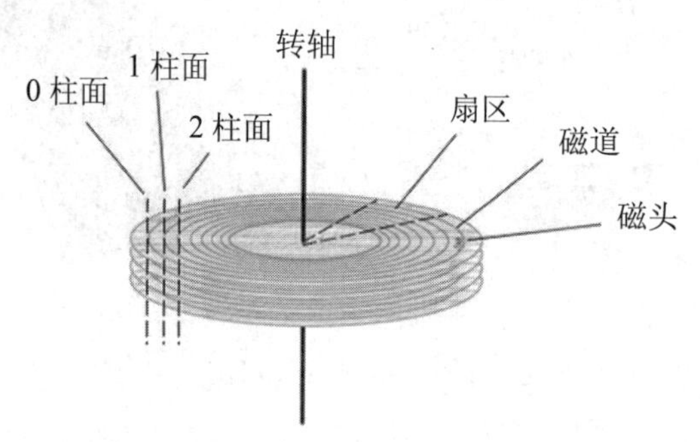

图 1-12　硬盘的柱面、扇区和磁道

例如：某硬盘有 10 个磁头，8800 个柱面，65 个扇区，每个扇区 512 字节，则该硬盘的容量为：10×8800×65×512=2928640000B，约为 2.7GB。

硬盘有以下 4 个主要指标。

- 接口：硬盘接口是指硬盘与主板的接口。主板上的外设接口插座有 IDE、EIDE、SATA、SCSI 等类型，硬盘接口也有这些类型。使用 SATA 口的硬盘是未来 PC 机硬盘的趋势。硬盘的接口不同，支持的硬盘容量不一样，传输速率也不一样。
- 容量：硬盘容量是指硬盘能存储信息量的多少。早期计算机硬盘的容量只有几兆，目前主流硬盘容量为 320GB～1500GB。硬盘容量越大，存储的信息越多。
- 转速：硬盘转速是指硬盘内主轴的转动速度，单位是 r/min（转/分）。目前常见的硬盘转速有 5400r/min、7200r/min 等几种。转速越快，硬盘与内存之间的传输速率越高。

- 缓存：硬盘自带的缓存越大，硬盘与内存之间的数据传输速率越高。通常缓存有 512KB、1MB、2MB、4MB、8MB 等几种。

2）固态硬盘。

固态硬盘（如图 1-13 所示）也称作电子硬盘或者固态电子盘，是由控制单元和固态存储单元（DRAM 或 FLASH 芯片）组成的硬盘，用来在笔记本电脑中代替常规硬盘。固态硬盘的接口规范和定义、功能及使用方法上与机械硬盘的相同，在产品外形和尺寸上也与机械硬盘一致。由于固态硬盘没有机械硬盘的旋转介质，因而抗震性极佳。其芯片的工作温度范围很宽（-40～85 摄氏度）。新一代的固态硬盘普遍采用 SATA-3 接口。

1-13　固态硬盘

固态硬盘的优点是：

- 启动快，没有电机加速旋转的过程。
- 不用磁头，快速随机读取，读延迟极小。根据相关测试：两台同样配置的电脑，搭载固态硬盘的笔记本从开机到出现桌面一共只用了 18 秒，而搭载机械硬盘的笔记本总共用了 31 秒。
- 相对固定的读取时间。由于寻址时间与数据存储位置无关，因此磁盘碎片不会影响读取时间。
- 基于 DRAM 的固态硬盘写入速度极快。
- 无噪音。因为没有机械马达和风扇，工作时噪音值为 0 分贝。某些高端或大容量产品装有风扇，因此仍会产生噪音。
- 内部不存在任何机械活动部件，不会发生机械故障，也不怕碰撞、冲击、振动。
- 工作温度范围更大。大多数固态硬盘可在-10～70 摄氏度工作，一些工业级的固态硬盘还可在-40～85 摄氏度，甚至更大的温度范围下工作。
- 低容量的固态硬盘比同容量硬盘体积小、重量轻，但这一优势随容量增大而逐渐减弱。直至 256GB，固态硬盘仍比相同容量的机械硬盘轻。

固态硬盘的缺点是：

- 售价高。容量为 250GB 的固态硬盘市场售价为 900～1600 元，容量为 1TB 的市场售价为 3500～40000 元。
- 容量低。目前固态硬盘最大容量远低于机械硬盘。固态硬盘的容量仍在迅速增长，据称 IBM 已测试过 4TB 的固态硬盘。
- 固态硬盘易受到某些外界因素的不良影响。如断电、磁场干扰、静电等。
- 写入寿命有限（基于闪存）。一般闪存写入寿命为 1 万到 10 万次，特制的可达 100

万到500万次，然而整台计算机寿命期内文件系统的某些部分（如文件分配表）的写入次数仍将超过这一极限。特制的文件系统或者固件可以分担写入的位置，使固态硬盘的整体寿命达到20年以上。

- 数据损坏后难以恢复。传统的磁盘或者磁带存储方式，如果硬件发生损坏，通过目前的数据恢复技术也许还能挽救一部分数据。但如果固态硬盘发生损坏，几乎不可能通过目前的数据恢复技术在失效（尤其是基于DRAM的）、破碎或者被击穿的芯片中找回数据。
- 根据实际测试，使用固态硬盘的笔记本电脑在空闲或低负荷运行下，电池航程短于使用5400RPM的2.5英寸机械硬盘。
- 基于DRAM的固态硬盘在任何时候的能耗都高于机械硬盘，尤其是关闭时仍需供电，否则数据丢失。
- 使用低廉的MLC的固态硬盘在Windows操作系统下运行比机械硬盘慢。这是由于Windows操作系统的文件系统机制不适于固态硬盘。在Linux下无此问题。

（2）光盘。光盘存储器是一种使用光学原理进行读写信息的装置，由光盘和光盘驱动器（简称光驱）组成，如图1-14所示。其基本存储原理是：在螺旋状的光道上，刻上能代表“0”和“1”的一些凹坑；读出时，用激光去照射旋转着的光盘，从凹坑和非凹坑处得到的反射光强弱是不同的，根据差别可区分是“0”还是“1”。光盘存储器具有存储容量大、可靠性高、易携带、数据可长期保存等优点，但缺点是数据传输速度比硬盘要慢一些。

按照物理格式，光盘可分为CD和DVD光盘。CD（Compact Disc，高密盘）的存储容量可达650MB；而DVD（Digital Versatile Disc，数字多用途光盘）的最大特点是其存储容量比CD光盘大得多，最低4.7GB，最高可达17GB。

按照读写限制，光盘又可分为只读型、一次写入型和可读写型光盘。只读型光盘中的信息预先由厂家写入光盘中，用户只能读取，但不能删除和写入；一次写入型光盘允许用户一次写入数据，写入后只能读取，不能改写或删除；可读写型光盘类似磁盘，允许用户写入、删除或修改数据。

（3）U盘。U盘是USB闪盘（USB Flash Disk）的简称，也称闪盘，如图1-15所示。U盘使用闪存作为存储介质，并使用USB接口，通常封装在一个精致的硬脂塑料外壳内。

图1-14 光盘与光驱

图1-15 U盘

U盘具有以下特点：

- 使用方便。U盘无需外接电源，支持即插即用和热插拔，只要将其与微机的USB接口相连，就会在“我的电脑”下出现一个新的“可移动磁盘”盘符，可以像使用软（硬）盘那样在U盘上读写、复制文件。

- 便于携带。U 盘体积很小，重量极轻，适合随身携带。
- 容量较大。目前市场上常见 U 盘的存储容量有 8GB、16GB、32GB 等。
- 寿命长。U 盘的 Flash 芯片至少可擦写 100 万次，数据可保存 10 年。
- 安全可靠。U 盘无机械装置，抗震性能强，防潮防磁，耐高低温（－40℃～＋85℃）。

（4）移动硬盘。移动硬盘也是一种外置式移动存储器，其内部结构与内置硬盘几乎相同。如图 1-16 所示，移动硬盘具有存储容量大、数据安全性好、传输速度快、使用方便等特点，只要通过专用线缆与主机连接，就可以像使用内置本地硬盘一样进行各种操作。

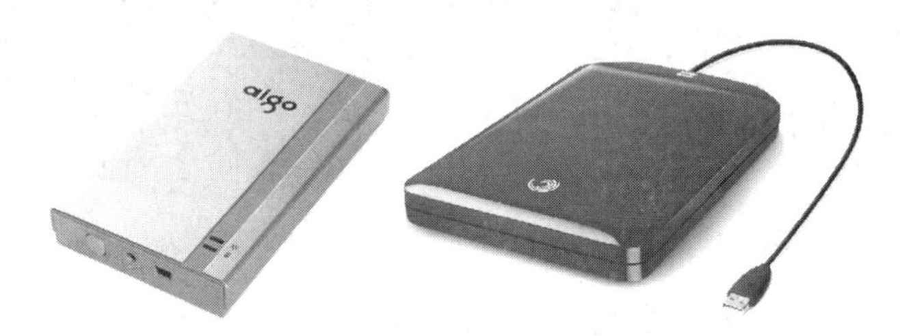

图 1-16　移动硬盘

移动硬盘的容量以 MB、GB、TB 为单位，目前 500 GB、1TB 的移动硬盘在当前的市场上较常见。

在移动式存储设备中，移动硬盘以其相对于光盘更高的存取速度、更简单的存取过程，和相对于 U 盘更大的存储容量、更低的价格等优势，深受用户的青睐。

（5）存储卡。存储卡是一种独立的存储介质，以卡片的形态，嵌于手机、便携式电脑、MP3、数码相机、数码摄像机等数码产品中，如图 1-17 所示。存储卡具有体积小巧、携带方便、使用简单的特点，并且大多数存储卡都具有良好的兼容性，便于在不同的数码产品之间交换数据。存储卡的存储容量有 2GB、4GB、8GB、16GB、32GB 等。

如图 1-17（b）所示，对存储卡的读写使用读卡器，若把存储卡插入数码设备，这个数码设备就扮演了读卡器的角色。

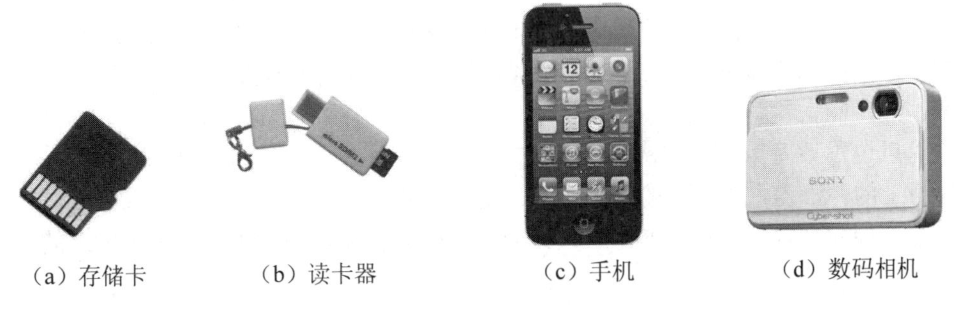

（a）存储卡　（b）读卡器　（c）手机　（d）数码相机

图 1-17　存储卡及使用存储卡的数码产品

4. 输入/输出设备

（1）输入设备。输入设备指的是向计算机中输入程序、数据、文字、声音、图形、图像等信息的设备。微型计算机系统中常用的输入设备主要有键盘、鼠标、光笔、触摸屏、扫描仪等。

1）键盘。键盘是最常用的输入设备，用户通过按下键盘上的按键输入命令或数据，还可以通过键盘控制计算机的运行，如热启动、命令中断、命令暂停等。

早期的键盘大都是 89 键，现在使用的键盘多为 101 键。近年来，为了方便 Windows 系统的操作，在原有 101 键盘上增加了 3 个 Windows 功能键。

键盘可分为两大类：普通键盘和人体工学键盘，如图 1-18 所示。后者按照人体工学原理设计，在标准键盘上将指法规定的左手键区和右手键区这两大板块左右分开，并形成一定角度，使操作者不必有意识的夹紧双臂，保持一种比较自然的形态，使用起来很舒适，不容易造成指关节疲劳，但价格较高，适合打字员使用。

图 1-18 普通键盘（左）与人体工学键盘（右）

2）鼠标。随着 Windows 操作系统的广泛应用，鼠标成为计算机必不可少的输入设备。通过点击或拖拉鼠标，用户可以很方便地对计算机进行操作。鼠标按工作原理分为机械式、光电式和光学式 3 大类。

机械式鼠标：机械式鼠标的底部有一个滚球，当鼠标移动时，滚球随之滚动，产生移动信号给 CPU。机械式鼠标价格便宜，使用时无需其他辅助设备，只需在光滑平整的桌面上即可进行操作。

光电式鼠标：光电式鼠标的底部有两个发光二极管，当鼠标移动时，发出的光被下面的平板反射，产生移动信号给 CPU。光电式鼠标的定位精确度高，但必须在反光板上操作。

光学式鼠标：光学式鼠标的底部有两个发光二极管，当鼠标移动时，利用先进的光学定位技术，把移动信号传送给 CPU。光学式鼠标的定位精确度高，不需任何形式的鼠标垫板或反光板。

3）其他输入设备。

扫描仪是一种将图片和文字转换为数字信息的输入设备。如图 1-19 所示。扫描仪能把黑白或彩色照片扫描并存储到计算机中，在图像处理应用中尤为重要。此外，扫描仪还能把文本信息扫描并存储到计算机中，通过文字识别软件可方便迅速地转换成文本文字，大大提高了输入效率。

麦克风也称话筒，如图 1-20 所示，它是用于拾取和传送声音的音频输入设备。插接或集成在主板上的声卡提供了专用的音频接口，麦克风和音箱等音频设备通过音频接口连入主机。摄像头是一种视频输入设备，如图 1-21 所示，它能够将捕捉到的影像通过主板上的 USB 接口输入到主机。

图 1-19 扫描仪

图 1-20 麦克风

图 1-21 摄像头

（2）输出设备。

1）显示器。显示器作为微型计算机中最主要的输出设备，通过显卡（显示适配器）与计算机连接，把计算机中的信息以数据或图形化的模式显示在屏幕上，实现人机交流。常用的有阴极射线管显示器、液晶显示器两大类，如图 1-22 所示。阴极射线管显示器体积大，比较笨重，且工作时有辐射，但价格相对低廉，色彩还原效果好。液晶显示器轻巧，没有辐射污染，价格相对较高，色彩还原效果不如前者。由于液晶显示器对人体健康的危害较小，价格越来越低，已经成为众多家用计算机用户的首选。

（a）阴极射线管显示器

（b）液晶显示器

图 1-22　显示器

显示器通过显卡接入主机，再好的显示器也要有高性能显卡的支持。显卡就是显示适配器，负责把主机送出的显示信息转换成显示器能接受的形式，并控制显示器正确显示输出。如图 1-23 所示，显卡通过主板上的 PCI-E 插槽与主板相连。

图 1-23　显卡

显卡的主要性能指标包括显示分辨率、显存容量和色彩位数。色彩位数也称彩色深度，是指描述图像中每个像素颜色的二进制数的长度（位数）。色彩位数越高，显示图形的色彩越丰富。

2）打印机。打印机是目前计算机最常使用的输出设备，也是品种、型号最多的输出设备之一。打印机将信息输出到打印纸上，以便长期保存。打印机主要有针式打印机、喷墨打印机和激光打印机 3 类。如图 1-24 所示。

（a）针式打印机

（b）喷墨打印机

（c）激光打印机

图 1-24 打印机

- 针式打印机。是利用多根钢针通过色带在纸上打印出点阵字符或图像的打印设备，其打印头一般有 7 针、9 针、24 针和 48 针等规格。针式打印机的缺点是打印质量差、速度慢、噪声大，但优点是打印设备结构简单，成本低，因此仍在广泛使用。
- 喷墨打印机。是利用喷墨头喷射出可控的墨汁从而在打印纸上形成文字或图片的一种打印设备。与其他两类打印机相比，在打印质量、速度、噪声以及成本方面，喷墨打印机处于中等层次。
- 激光打印机。是利用激光和电子放电技术，将要输出的图像信息在磁鼓上形成静电潜像，并转换为磁信号，使碳粉吸附在纸上，加热后碳粉固定，最后印出精美文字和图片的一种输出设备。激光打印机打印速度快、噪音低、质量好，但价格及打印成本高。

打印机的主要性能指标包括打印机的分辨率（一般用每英寸的点数 dpi 来表示）、打印机速度和噪音。打印机一般通过电缆与主机连接，常用接口有并行接口（即打印机口）和 USB 接口。将打印机与主机连接后，必须要安装相应的打印机驱动程序才能正常使用。

目前，3D 打印已经成为一种潮流，并开始广泛应用，应用范畴包括医疗行业、建筑设计、汽车制造等领域。3D 打印机（3D Printers）又称三维打印机，是由发明家恩里科·迪尼（Enrico Dini）设计的一种神奇的打印机，它不仅可以“打印”出一幢完整的建筑，甚至可以在航天飞船中为宇航员打印任何所需的物品的形状。3D 打印机可以用各种原料打印三维模型，使用 3D 辅助设计软件，工程师设计出一个模型或原型之后通过相关公司生产的 3D 打印机进行打印，打印的原料可以是有机或者无机的材料，例如橡胶、塑料、甚至是人体器官，不同的打印机厂商所提供的打印材质不同。3D 打印机的原理是，把数据和原料放进 3D 打印机中，机器会按照程序把产品一层层制造出来。打印出的产品，可以即时使用，未来三维打印机的应用将会更加广泛。

1.2.5 移动计算平台

移动计算是随着移动通信、互联网、数据库、分布式计算等技术的发展而兴起的新技术。移动计算技术将使计算机或其他信息智能终端设备在无线环境下实现数据传输及资源共享。它的作用是将有用、准确、及时的信息提供给任何时间、任何地点的任何客户。这将极大地改变人们的生活方式和工作方式。

移动计算平台指的是在上述环境中使用的各种移动终端设备，其侧重的是移动性，作为传统移动终端的笔记本式计算机，无论是重量还是体积已无法满足这方面的要求。随着微电子技术的迅猛发展，各种更适应移动计算的新兴平台纷纷涌现，如平板电脑、超级本等。

1. 平板电脑

平板电脑也叫平板计算机（Tablet Personal Computer），是一种小型、方便携带的个人电脑，以触摸屏作为基本的输入设备。它拥有的触摸屏允许用户通过触控笔或数字笔来进行作业而不是传统的键盘或鼠标。用户可以通过内建的手写识别、屏幕上的软键盘、语音识别或者通过 OTG 功能连接一个真正的键盘来操控设备。

图 1-25　微软 2002 年推出的 Tablet PC

在 2002 年比尔·盖茨就向全球演示了首款平板电脑，如图 1-25 所示。随后微软又于 2005 年推出了首款支持触控操作的平板 Windows 操作系统。从微软提出的平板电脑概念产品上看，平板电脑就是一款无须翻盖、没有键盘、小到可以放入女士手袋，但功能完整的 PC 设备。比尔·盖茨提出来的平板电脑必须能够安装 X86 版本的 Windows 系统、Linux 系统或 Mac OS 系统，即平板电脑最少应该是 X86 架构。

2002 年 12 月 8 日，微软在纽约正式发布了 Tablet PC 及其专用操作系统 Windows XP Tablet PC Edition，这标志着 Tablet PC 正式进入商业销售阶段。但由于这个时代的 Tablet PC 不管是在产品外观、价格还是用户体验上都没有做到最好。直到 2010 年，iPad 的出现，平板电脑才突然火爆起来。iPad 由苹果公司首席执行官史蒂夫·乔布斯于 2010 年 1 月 27 日在美国旧金山欧巴布也那艺术中心发布，让各 IT 厂商将目光重新聚焦在了“平板电脑”上。iPad 重新定义了平板电脑的概念和设计思想：以 iPad 为代表的新一代平板产品是采用基于 ARM 架构的智能手机芯片，运行智能手机操作系统，没有 DDR2/3 内存，不用硬盘而用闪存芯片。

2011 年 9 月，随着微软的 Windows 8 系统发布，平板电脑所使用的操作系统阵营再次扩充。2012 年 6 月 19 日，微软在美国洛杉矶发布 Surface 平板电脑，据微软称，Surface 外接上键盘后可变身为“全桌面 PC”。

2. *超轻薄笔记本式计算机*

超轻薄笔记本简称超极本，是英特尔公司为与苹果笔记本 MBA（Macbook Air）和 iPad 进行竞争，又为维持现有 Wintel 体系，而提出的新一代笔记本电脑概念，旨在为用户提供低能耗，高效率的移动生活体验。超级本的特色为体积更薄、重量更轻、开机更快和拥有更久的电池续航能力。典型的超级本如图 1-26 所示。

图 1-26　超轻薄笔记本

超极本与之前的笔记本电脑相比有几大创新：

- 启用 22nm 低功耗 CPU，电池续航将达 12 小时。
- 休眠后快速启动，启动时间小于 10 秒，客户大会上厂商展示的样机启动时间仅为 4 秒。
- 具有手机的 AOAC（Always Online Always Connected）功能，这一功能是 PC 机无法

实现的，休眠时是与 Wi-Fi/3G 断开的，而手机休眠时则会一直在线进行下载工作，超极本将会引入 AOAC 功能。

- 触摸屏和全新界面。
- 超薄，加上各种 ID 设计，根据屏幕尺寸不同，厚度至少低于 20 毫米。展示会上有厂商展示厚度仅 13mm 的超极本。
- 安全性：支持防盗和身份识别技术。
- 部分品牌的超极本还可以变形成平板电脑，实现两用。

3. 移动平台操作系统

移动操作系统（Mobile Operating System，简称 Mobile OS），香港称为流动作业系统，台湾称为行动作业系统，又称为移动平台（Mobile Platform）或手持式操作系统（Handheld Operating System），是指在移动设备上运作的操作系统。

移动操作系统近似在台式机上运行的操作系统，但是它们通常较为简单，而且提供了无线通信的功能。使用移动操作系统的设备有智能手机、PDA、平板电脑等，另外也包括嵌入式系统、移动通信设备、无线设备等。

在 21 世纪的最初 10 年中，平板电脑没有任何起色，而且不受大众欢迎，其操作系统不外乎都是 Windows 系统。直到 2010 年以后，苹果公司移动产品搭载的 iOS 和谷歌推出的 Android 两大操作系统才成为市场的主流。截至 2012 年 2 月 15 日，根据市场研究公司 IDC 发布的研究报告显示，Android 和 iOS 各自以 70.1%、21.0%的占有率高居全球移动平台操作系统市场份额的第一、二位。

（1）Android。中文称安卓，是基于开放源代码的 Linux 平台的操作系统，受谷歌及参与开放手持设备联盟的主要硬件和软件开发商（如英特尔、宏达电、ARM 公司、三星、摩托罗拉等）支持。Android 最早是由一个小型创业公司（Android 公司）开发，公司于 2005 年被谷歌并购后由谷歌继续开发该系统，逐渐形成现在的 Android。

Android 最新版为 4.4 版本，其中一个特色是每一个发布版本的开发代号均与甜点有关，例如 1.6 版本的甜甜圈（Donut）和 2.2 版本的霜冻优格（Froyo）等。大多数主要移动服务供应商均有支持 Android 的设备使用其网络。

（2）iOS。iOS 是由苹果公司开发的移动操作系统。最早于 2007 年 1 月 9 日的 Macworld 展览会上公布，随后于同年的 6 月发布第一版 iOS 操作系统，最初的名称为“iPhone Run OS X”。

2008 年 3 月 6 日，苹果发布了第一个测试版开发包，并且将“iPhone Run OS X”改名为“iPhone OS”。

2010 年 6 月，苹果公司将“iPhone OS”改名为“iOS”，同时还获得了思科 iOS 的名称授权。

2012 年 6 月，苹果公司在 WWDC 2012 上宣布了 iOS 6，提供了超过 200 项新功能。

2013 年 9 月 10 日，苹果公司在 2013 秋季新品发布会上正式提供 iOS 7 下载更新。

1.3 计算机中数和字符的表示

在计算机中存储和处理的各种信息都采用二进制编码形式。而人们在程序设计和计算机操作过程中又习惯于使用便于阅读和书写的进制形式，于是就有了多种表示数据的进制，如二进制、八进制、十进制和十六进制等。不论使用哪种进制形式，最终都要转换为二进制形式才能被计算机直接识别和处理。

在计算机中，数值型数据具有量的含义，分为无符号数和有符号数，可以在计算机内部进行运算；非数值型数据有很多，如字母、汉字、图形、图片、声音、动画、视频等，都是用来描述某种事物的信息。

1.3.1　数制的概念

数制也称计数制，是用一组固定的数字符号和一套统一的规则来表示数值的方法。按照进位的方法进行计数，称为进位计数制。例如，日常生活中常用的十进制就是进位计数制。

与进位计数制相关的概念有：数码、基数和位权。

- 数码：在一种进制中表示基本数值大小的不同数字符号。
- 基数：在一种进制中所使用数码的个数称为基数（用 R 表示）。
- 位权：数制中某一位置上的数代表的数量大小。

一般来说，如果数值只采用 R 个基本符号，则称为 R 进制。进位计数制的编码遵循“逢 R 进一”的原则。各位的权是以 R 为底的幂。对于任意一个具有 n 位整数和 m 为小数的 R 进制数 N，按各位的权展开可表示为：

$$N= a_{n-1}\times R^{n-1} + a_{n-2}\times R^{n-2} + \ldots\ldots + a_1\times R^1 + a_0\times R^0 + a_{-1}\times R^{-1} + \ldots\ldots + a_{-m}\times R^{-m}$$

公式中 a_i 表示各个数位上的数码，R 为基数，i 为数位的编号。

1.3.2　计算机中常用的数制

计算机中常用的数制是二进制数，而不是人们熟悉的十进制数，主要原因如下：

- 二进制数在物理上最容易实现。例如，可以只用高、低两个电平表示“1”和“0”，也可以用脉冲的有无或者脉冲的正负极性表示它们。
- 二进制数的编码、计数、加减运算规则简单。
- 二进制数的两个符号“1”和“0”正好与逻辑命题的两个值“是”与“否”或“真”与“假”相对应，为计算机实现逻辑运算和程序中的逻辑判断提供了便利的条件。

由于二进制数的书写冗长、易错、难记，而十进制数与二进制数之间的转换过程又较复杂，所以可用十六进制数或八进制数作为二进制数的缩写。表 1-1 为十进制、二进制、八进制和十六进制四种进制的数码符号、基数，进位规则及位权的表示。表 1-2 为四种常用数制的对应关系表。

表 1-1　常用进制

计数制	表示形式	规则	数码符号	基数（R）	位权
十进制	D（Decimal）	逢十进一，借一当十	0，1，2，3，4，5，6，7，8，9	10	10^n
二进制	B（Binary）	逢二进一，借一当二	0，1	2	2^n
八进制	O（Octal）	逢八进一，借一当八	0，1，2，3，4，5，6，7	8	8^n
十六进制	H（Hexadecimal）	逢十六进一，借一当十六	0，1，2，3，4，5，6，7，8，9，A，B，C，D，E，F	16	16^n

表 1-2　常用数制的对应关系表

十进制	二进制	八进制	十六进制
0	0000	0	0
1	0001	1	1
2	0010	2	2
3	0011	3	3
4	0100	4	4
5	0101	5	5
6	0110	6	6
7	0111	7	7
8	1000	10	8
9	1001	11	9
10	1010	12	A
11	1011	13	B
12	1100	14	C
13	1101	15	D
14	1110	16	E
15	1111	17	F

1.3.3　不同数制间的转换

1. 二、八、十六进制转换为十进制

转换方法：按权展开求和法。

【例 1.1】将$(1010.01)_2$、$(57)_8$和$(1A.2)_{16}$转换为十进制数。

$(1010.01)_2 \quad =1\times2^3 + 0\times2^2 + 1\times2^1 + 0\times2^0 +0\times2^{-1}+1\times2^{-2} =10.25$

$(57)_8 =5\times8^1 +7\times8^0 = 47$

$(1A.2)_{16} =1\times16^1 +10\times16^0 +2\times16^{-1} = 26.125$

课堂练习：将$(10101.101)_2$、$(234.5)_8$ 和$(2EF)_{16}$转换为十进制数。

2. 十进制转换为二、八、十六进制

- 十进制整数转换为二、八、十六进制整数的方法：除以基数 R 倒取余数法。
- 十进制小数转换为二、八、十六进制小数的方法：乘以基数 R 正取整数法。

【例 1.2】将十进制数 13.24 转换为二进制数。（小数点后保留 4 位有效数字）

整数部分 13 转换：　　　　　　　　小数部分 0.24 转换：

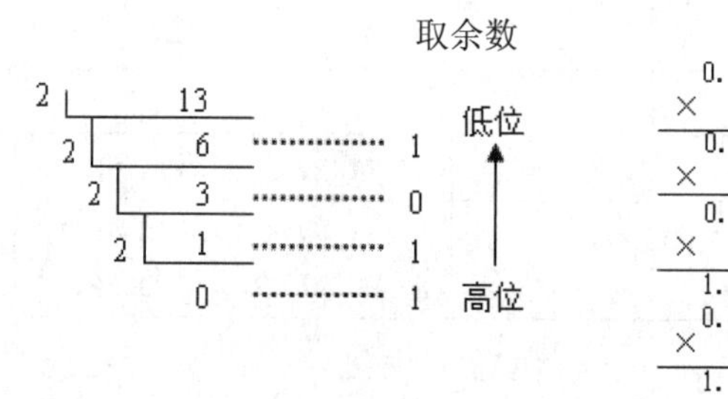

课堂练习：将十进制数 225.36 转换为二进制数。（小数点后保留 2 位小数）

3. 二进制转换为八进制和十六进制

转换方法：分组法。

因为 $2^3=8$、$2^4=16$，所以 3 位二进制数相当于 1 位八进制数，4 位二进制数相当于 1 位十六进制数。二进制转换为八、十六进制时，以小数点为中心分别向两边按 3 位或 4 位分组，最后一组不足 3 位或 4 位时，用 0 补足，然后，把每 3 位或 4 位二进制数转换为八进制数或十六进制数。

【例 1.3】将二进制数 101011001.11011 转换为八进制和十六进制数。

转换为八进制：

101 011 001 . 110 110

5 3 1 . 6 6

结果：$(101011001.11011)_2 = (531.66)_8$

转换为十六进制：

0001 0101 1001 . 1101 1000

1 5 9 . D 8

结果：$(101011001.11011)_2 = (159.D8)_{16}$

课堂练习：将二进制数$(1110110101.0111101)_2$转换为八进制和十六进制数。

4. 八进制、十六进制转换为二进制

转换方法：一一对应法。

这个过程是上述二进制转换为八、十六进制的逆过程，1 位八进制对应 3 位二进制数，1 位十六进制数对应 4 位二进制数。

【例 1.4】将$(357.24)_8$和$(147.8AC)_{16}$转换为二进制数。

3 5 7 . 2 4

011 101 111 . 010 100

结果：$(357.24)_8=(11101111.0101)_2$

1 4 7 . 8 A C

0001 0100 0111 . 1000 1010 1100

结果：$(147.8AC)_{16} = (101000111.1000101011)_2$

课堂练习：将$(567.234)_8$和$(2A.56E)_{16}$转换为二进制数。

1.3.4 计算机中的数据单位

计算机内的数据都是以二进制形式存储的，即计算机中存储着大量的二进制 0 和 1。为了表示数据的存储容量，引入了数据的表示单位——位和字节。

1. 位（bit）

位简称比特，是计算机中数据存储的最小单位，即一个二进制位，用 b 表示。一位二进制数可以是 0 或 1。

2. 字节（Byte）

字节是计算机中数据存储的基本单位，一个字节等于 8 个二进制位，字节（Byte）通常用 B 表示，即 1B=8bit。计算机中存储、处理和传输的信息量很大，因此人们也常用千字节（KB）、兆字节（MB）、吉字节（GB）、太字节（TB）作为容量单位，它们的关系是：

1B=8bit

1KB=1024B=2^{10} B

1MB=1024KB=2^{10}KB=2^{20} B=1024×1024B

1GB=1024MB=2^{10}MB=2^{30} B=1024×1024KB

1TB=1024GB=2^{10}GB=2^{40} B=1024×1024MB

注意：字节可以简写为B，位可以简写为b，但二者的大小写是不可以混淆的。

3. 字（word）

字是指计算机中作为一个整体被存取、传送、处理的二进制数字符串，一个字由若干个字节组成，不同的计算机系统的字的长度是不同的，常见的有8位、16位、32位、64位等。每个字中二进制位数的长度，称为字长。字长越长，计算机一次处理的信息位就越多。字长是计算机性能的一个重要指标。目前主流计算机字长是32位。

注意：字与字长的区别是字是单位，而字长是指标，指标需要用单位去衡量。正像生活中重量与公斤的关系，公斤是单位，重量是指标，重量需要用公斤加以衡量。

1.3.5 计算机中数值的表示

计算机中处理的数据分为数值型数据和非数值型数据两大类。数值型数据指能进行算术运算（加、减、乘、除四则运算）的数据，即我们通常所说的“数”。 计算机中的字母、汉字等信息属于非数值型数据。无论数值型还是非数值型数据，在计算机中都是以二进制编码形式表示的。

对于数值型数据，有正、负之分，在数学上分别用“+”和“-”表示，而在计算机中则是把二进制编码的最高位作为符号位，用0表示“正”，用1表示“负”，这种将符号位与数值位一起予以数值化的数称为“机器数”，机器数所代表的数值称为该机器数的“真值”。

在数值型数据中，对于正整数，因为无需区分正负并且不必要有符号位，所以可以使用所有二进制位来表示数值，这种没有符号位的二进制编码称为无符号数，而有符号位的二进制编码称为有符号数。

1. 无符号二进制数

根据计算机字长的不同，无符号二进制数所表示的数据范围也不同，若字长为8位，则8位无符号数的表示范围是：最小为00000000B，最大为11111111B，即0～255（0～2^8-1），同理，16位无符号数的表示范围为0～65535（0～2^{16}-1），n位无符号数的表示范围为0～2^n-1。

2. 有符号二进制数

在计算机中，有符号二进制数有多种编码方式，常用的有原码、反码和补码。

（1）原码。用首位表示数的符号，0 表示正，1 表示负，其他位为数的真值的绝对值，这样表示的数就是数的原码。

例如：X=(+105)　　　　$[X]_{原}=(01101001)_2$

　　　Y=(-105)　　　　$[Y]_{原}=(11101001)_2$

0的原码有两种，即　　$[+0]_{原}=(00000000)_2$

　　　　　　　　　　　$[-0]_{原}=(10000000)_2$

原码的表示规律：正数的原码是它本身，负数的原码是真值取绝对值后，在最高位（左端符号位）填“1”。

（2）反码。反码使用得较少，它只是补码的一种过渡。正数的反码与其原码相同，负数的反码求法是：符号位不变，其余各位按位取反，即 0 变成 1，1 变成为 0。例如：

$[+105]_{反}=(01101001)_2$

$[-105]_{反}=(10010110)_2$

0 的反码有两种，即 $[+0]_{反}=(00000000)_2$

$[-0]_{反}=(11111111)_2$

（3）补码。补码能够化减法为加法，实现类似于代数中的 x-y=x+(-y)运算，便于电子计算机电路的实现。正数的补码等于正数本身，负数的补码等于模（即 2n）减去它的绝对值，即用它的补数来表示。在实际中，补码可用如下规则得到：

- 若某数为正数，则补码就是它的原码；
- 若某数为负，则将其原码除符号位外，逐位取反（即 0 变 1，1 变 0），末位加 1。

例如：

$[+105]_{补}=(01101001)_2$

$[-105]_{补}=(10010111)_2$

0 的补码有两种，即 $[+0]_{补}=(00000000)_2$

$[-0]_{补}=(00000000)_2$

总结以上规律，可以得到如下公式：X-Y=X+（Y 的补码）=X+（Y 的反码+1）。

1.3.6 计算机中信息的编码

“数”不仅用来表示“量”，它还能作为“码”来使用。例如，每个人都有一个独一无二的身份证号码，这就是一种编码，编码的目的之一是为了便于标记每一个人。又如，在键盘上输入英文字母 A，存入计算机的是 A 的编码 01000001，它已不再代表数量值，而是一个字符信息。

1. ASCII

西文是由拉丁字母、数字、标点符号及一些特殊符号所组成，它们通称为字符（Character）。所有字符的集合称为字符集。字符集中每一个字符各有一个代码（字符的二进制表示），它们互相区别，构成了该字符集的代码表，简称码表。

字符集有多种，每一字符集的编码也多种多样，目前计算机使用最广泛的西文字符集及其编码是 ASCII 码，即美国标准信息交换码（American Standard Code for Information Interchange）。它已被国际标准化组织（ISO）批准为国际标准，称为 ISO 646 标准。它适用于所有的拉丁文字字母，已在全世界通用。

标准的 ASCII 码是 7 位码，用一个字节表示，最高位是 0，可以表示 2^7 即 128 个字符，如表 1-3 所示。前 32 个码和最后一个码是计算机系统专用的，是不可见的控制字符。数字字符“0”到“9”的 ASCII 码是连续的，从 30H 到 39H（H 表示是十六进制数）；大写字母“A”到“Z”和小写英文字母“a”到“z”的 ASCII 码也是连续的，分别从 41H 到 54H 和从 61H 到 74H。因此在知道一个字母或数字的编码后，很容易推算出其他字母和数字的编码。

例如：大写字母 A，其 ASCII 码为 1000001，即 ASC(A)=65

小写字母 a，其 ASCII 码为 1100001，即 ASC(a)=97

表的第 000 列和第 001 列中共 32 个字符，称为控制字符，它们在传输、打印或显示输出时起控制作用。常用的控制字符的作用如下：

BS (BackSpace) ：退格　　HT (Horizontal Table) ：水平制表

LF (Line Feed)：换行　　VT (Vertical Table)：垂直制表
FF (Form Feed)：换页　　CR (Carriage Return)：回车
CAN (Cancel)：作废　　ESC (Escape)：换码
SP (Space) ：空格　　DEL (Delete)：删除

虽然 ASCII 码是 7 位编码，但由于字节是计算机中的基本处理单位，故一般仍以一个字节来存放一个 ASCII 字符。每个字节中多余的一位（最高位 b7），在计算机内部一般保持为 0。

西文字符集的编码不止 ASCII 码一种，较常用的还有一种是用 8 位二进制数表示字符的 EBCDIC 码（Extended Binary Coded Decimal Interchange Code，扩展的二十进制交换码），该码共有 256 种不同的编码状态，在某些大型计算机中比较常用。

表 1-3　7 位 ASCII 码表

				b7	0	0	0	0	1	1	1	1
				b6	0	0	1	1	0	0	1	1
				b5	0	1	0	1	0	1	0	1
b4	b3	b2	b1	列 行	0	1	2	3	4	5	6	7
0	0	0	0	0	NUL	DLE	SP	0	@	P	`	p
0	0	0	1	1	SOH	DC1	!	1	A	Q	a	q
0	0	1	0	2	STX	DC2	“	2	B	R	b	r
0	0	1	1	3	ETX	DC3	#	3	C	S	c	s
0	1	0	0	4	EOF	DC4	$	4	D	T	d	t
0	1	0	1	5	ENQ	NAK	%	5	E	U	e	u
0	1	1	0	6	ACK	SYN	&	6	F	V	f	v
0	1	1	1	7	BEL	ETB	’	7	G	W	g	w
1	0	0	0	8	BS	CAN	(	8	H	X	h	x
1	0	0	1	9	HT	EM	)	9	I	Y	i	y
1	0	1	0	10	LF	SUB	*	:	J	Z	j	z
1	0	1	1	11	CR	ESC	+	;	K	[	k	{
1	1	0	0	12	VT	IS4	,	<	L	\	l	|
1	1	0	1	13	CR	IS3	-	=	M	]	m	}
1	1	1	0	14	SO	IS2	.	>	N	^	n	~
1	1	1	1	15	SI	IS1	/	?	O	_	o	DEL

2. 汉字编码

英文是拼音文字，ASCII 码基本可以满足英文处理的需要，编码采用一个字节，实现和使用起来都比较容易。汉字是象形文字，种类繁多，编码比较困难。在汉字信息处理中涉及到的部分编码及流程如图 1-27 所示。

（1）汉字输入编码。由于计算机最早是由西方国家研制开发的，最重要的信息输入工具——键盘是面向西文设计的，一个或两个西文字符对应着一个按键，非常方便。但汉字是大字符集，专用汉字的输入键盘难以实现。汉字输入编码是指采用标准键盘上按键的不同排列组合来对汉字的输入进行编码，目前汉字的输入编码方案有几百种之多，目前常用的输入法大致分为两类：音码和形码。

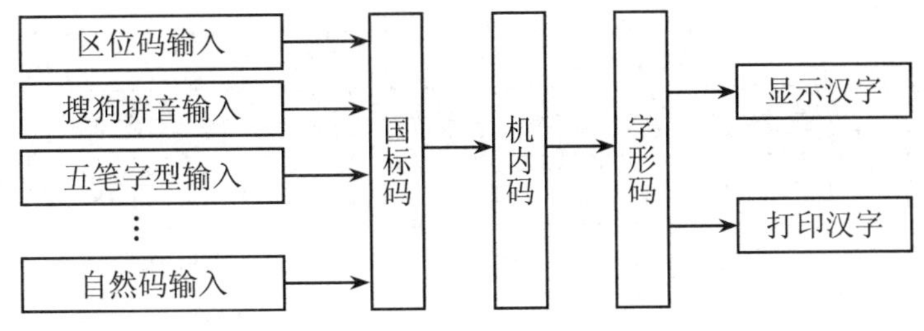

图 1-27 汉字处理流程

1）音码。音码主要是以汉语拼音为基础的编码方案，如全拼、双拼、自然码、智能 ABC 输入法、紫光拼音输入法等，其优点是与中国人的习惯一致，容易学习。但由于汉字同音字很多，输入的重码率很高，因此在字音输入后还必须在同音字中进行查找选择，影响了输入速度。有些输入法具有词组输入和联想输入的功能，在一定程度上弥补了这方面的缺陷。

2）形码。形码主要是根据汉字的特点，按照汉字固有的形状，把汉字先拆分成部首，然后进行组合。代表性输入法有五笔字型输入法、郑码输入法等。五笔字型输入法需要记住字根、学会拆字和形成编码，使用熟练后可实现较高的输入速度，适合专业录入员，目前使用比较广泛。

一般来讲，能够被接受的编码方案应具有下列特点：易学习、易记忆、效率高（击键次数少）、重码少、容量大（包含汉字的字数多）等。

不管采用何种输入法，都是操作者向计算机输入汉字的手段，而在计算机内部，汉字都是以机内码的形式表示的。

（2）汉字国标码和机内码。国标码（GB）又称汉字交换码。它是由国家制定的用于汉字信息交换的标准汉字编码。1980 年国家标准局公布了 GB 2312—80 标准，其全称是"信息交换用汉字编码字符集（基本集）"。国标码收集了一、二级汉字 6763 个，其他各种字母、标点、图形符号 682 个，共计 7445 个字符。其中一级汉字 3755 个，按拼音字母顺序排序；二级汉字 3008 个，按部首顺序排序。

国标码规定：一个汉字用两个字节来表示，故称之为双字节字符。为了与 ASCII 码兼容，国标码只使用了两个字节的低 7 位，各字节的最高位均为 0，如图 1-28 所示。

b7	b6	b5	b4	b3	b2	b1	b0	b7	b6	b5	B4	B3	b2	b1	b0
0	×	×	×	×	×	×	×	0	×	×	×	×	×	×	×

图 1-28 国标码的格式

国标码是一种机器内部编码，其作用是：用于统一不同的系统之间所用的不同编码。通过将不同的系统使用的不同编码统一转换成国标码，不同系统之间的汉字信息就可以相互交换。

在计算机系统中，汉字是以机内码的形式存在的，输入汉字时允许用户根据自己的习惯使用不同的输入码，进入系统后再统一转换成机内码存储。所谓机内码是国标码的另外一种表现形式，即每个汉字仍用两个字节表示，但为了与 ASCII 码字符相互区分，避免混淆，汉字机内码将各字节的最高位设置为 1。因此汉字机内码与汉字国标码之间有确定的对应关系。避免了国标码与 ASCII 码的二义性，更适合在计算机中使用。

汉字“大”和“啊”的国标码与机内码的二进制、十六进制编码及其相互关系如表 1-4 所示。

表 1-4 汉字国标码与机内码关系表

汉字	国标码		机内码	
	二进制	十六进制	二进制	十六进制
大	00110100 01110011	34 73	10110100 11110011	B4 F3
啊	00110000 00100001	30 21	10110000 10100001	B0 A1

（3）汉字字形码。经过计算机处理后的汉字，如果需要在屏幕上显示出来或用打印机打印出来，则必须把汉字机内码转换成人们可以阅读的方块字形式，若输出的是内码，那么谁都无法看懂。

每一个汉字的字形都必须预先存放在计算机内，一套汉字（例如 GB2312 国际汉字字符集）所有字符的形状描述信息集合在一起称为字形信息库，简称字库（font）。不同的字体（如宋体、仿宋、楷体、黑体等）对应着不同的字库。在输出每一个汉字的时候，计算机都要先到字库中去找到它的字形描述信息，然后把字形信息送去输出。

在计算机内汉字的字形主要有两种描述的方法：点阵字形和轮廓字形。前者用一组排成方阵（16×16、24×24、32×32 甚至更大）的二进制数字来表示一个汉字，1 表示对应位置处是黑点，0 表示对应位置处是空白。通常在屏幕上或打印机上输出的汉字或符号都是点阵表示形式。如图 1-29 所示为汉字“春”的 24×24 点阵字形。

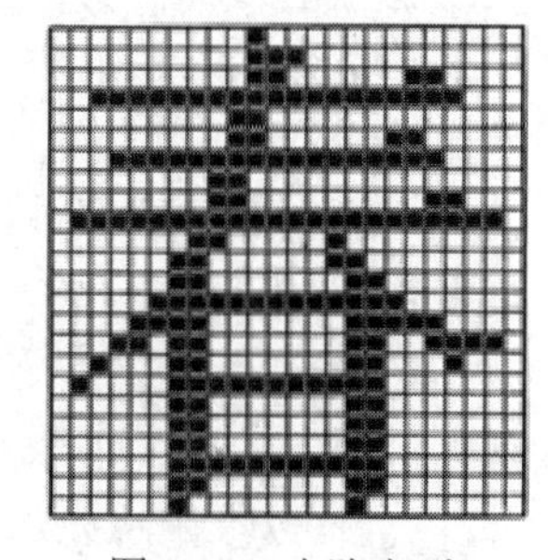

图 1-29 点阵字型

点阵规模越大，字形越清晰美观，所占存储空间也越大。如 16×16 点阵每个汉字要占用 32B（每字节可存放 8 个点信息），字库的空间就更大，一般当显示输出时才检索字库，输出字模点阵得到显示字形。点阵表示的汉字在字型放大后效果不佳，常出现锯齿。

轮廓字形表示方法比较复杂。它把汉字和字母、符号中的轮廓用矢量表示方法描述，当要输出汉字时，通过计算机的计算，由汉字字型描述生成所需大小和形状的点阵汉字。矢量化字型描述与最终汉字的大小、分辨率无关，可产生高精度的汉字输出。

1.4 计算机安全及防范

计算机技术和 Internet 的普及，使计算机和网络在人们生活的方方面面起着举足轻重的作用，如何保证计算机系统的安全也显得尤为重要。

1.4.1 计算机安全知识

1．计算机安全概述

计算机安全有两种常见的定义。一种是国际标准化组织（ISO）制定的计算机安全的定义：为数据处理系统建立而采用的技术和管理的安全保护，保护计算机硬件、软件、数据不因偶然的或恶意的原因而遭到破坏、更改和泄露。另一种是国务院于 1994 年 2 月 18 日颁布的《中华人民共和国计算机信息系统安全保护条例》第一章第三条的定义是：计算机信息系统的安全保护，应当保障计算机及其相关的和配套的设备、设施（含网络）的安全，运行环境的安全，保障信息的安全，保障计算机功能的正常发挥，以维护计算机信息系统的安全运行。

从两种定义可知，计算机安全应该包括：计算机实体安全、软件安全、数据安全及运行安全等几方面。

- 实体安全：指为了保证计算机系统安全可靠运行，确保在对信息进行采集、处理、传输和存储过程中，不致受到人为或自然因素的危害，而使信息丢失、泄密或破坏，对计算机设备、设施、环境、人员等采取适当的安全措施。
- 软件安全：指软件完整，即保证操作系统软件、数据库管理软件、网络软件、应用软件及相关资料的完整。
- 数据安全：指系统拥有的和产生的数据或信息完整、有效、使用合法，不被破坏或泄漏。
- 运行安全：指系统资源和信息资源使用合法。

造成计算机安全隐患的主要原因有：病毒入侵、人为窃取、电磁辐射以及硬件损坏等。

2. 计算机的维护与正确使用

计算机维护是指对计算机性能等进行维护的措施，是提高计算机使用效率和延长计算机使用寿命的重要措施。计算机维护主要体现在两个方面：一是硬件的维护；二是软件的维护。

计算机硬件的维护主要有以下几点：

（1）保证电源线与信号线的连接牢固可靠。

（2）计算机应经常处于运行状态，避免长期闲置不用。

（3）开机时应先进行外部设备加电，后给主机加电；关机时应先关主机，后关各外部设备，开机后不能立即关机，关机后也不能立即开机，中间应间隔 10 秒以上。

（4）在进行键盘操作时，击键不要用力过猛，否则会影响键盘的使用寿命。

（5）打印机的色带应及时便换，当色带颜色已很浅，特别是发现色带有破损时，应立即更换，以免杂质沾污打印机的针头，影响打印针动作的灵活性。

（6）经常清理机器内的灰尘及擦试键盘与机箱表面，计算机不用时要盖上防尘罩。

（7）运行情况下，不要随意搬动主机与其他外部设备。

计算机软件的维护主要有以下几点：

（1）对重要的软件、应用程序和数据要做好备份。

（2）经常清理磁盘上无用文件，以有效地利用磁盘空间。

（3）避免进行非法的软件复制。

（4）经常检测，防止计算机感染病毒。

（5）使用正版软件。

总之，计算机的使用与维护是分不开的，使用时既要注意硬件的维护，又要注意软件的维护。

1.4.2 认识“黑客”与“骇客”

“黑客”一词是由英文“Hacker”音译过来的，原指热心于计算机技术，水平高超的计算机专家，尤其是程序设计人员。他们非常精通计算机硬件和软件知识，对于操作系统和编程语言有着深刻的认识，善于探索操作系统的奥秘，发现系统中的漏洞及其原因所在。他们恪守“永不破坏任何系统”的原则，检查系统的完整性和安全性，并乐于与他人共享研究成果。黑客崇尚自由，强烈支持信息共享论，追求共享所有信息资源，并且自觉地遵守以下黑客守则：

不恶意破坏任意计算机系统。

- 不修改目标计算机的任意系统文件。
- 不得为了得到长期的系统控制权，而使目标计算机门户大开。
- 不散布已入侵的计算机和已入侵计算机的账号。
- 不清除或修改已入侵计算机的账号。
- 不攻击公益机构的计算机主机。

到了今天，“黑客”一词已被用于泛指那些未经允许就闯入他人计算机系统进行破坏的人。对于这类破坏者，正确的英文叫法是 Cracker，可翻译为“骇客”或“垮客”。

很多人往往把“黑客”与“骇客”混淆，其实他们存在着本质的不同，Hacker 能使更多的网络趋于完善和安全，他们以保护网络为目的，而 Cracker 只是利用网络漏洞，攻击和破坏网络，甚至以此为乐。从法律上讲，Hacker 的行为是合法的，而 Cracker 的行为却是违法的。

1.4.3 计算机病毒

随着计算机和网络的发展及广泛应用，计算机的安全问题越来越受到人们的重视。在使用计算机时，有时会碰到一些莫名奇妙的现象，如计算机无缘无故重新启动；程序运行越来越慢或突然死机；屏幕出现一些异常的图像；硬盘中的文件或数据丢失等。这些现象有可能是因硬件故障或软件配置不当产生的，但多数情况下是由计算机病毒引起的。

1. 计算机病毒的定义及特点

计算机病毒在《中华人民共和国计算机信息系统安全保护条例》中被明确定义，病毒指“编制者在计算机程序中插入的破坏计算机功能或者破坏数据，影响计算机使用并且能够自我复制的一组计算机指令或者程序代码”。计算机病毒与医学上的“病毒”不同，计算机病毒不是天然存在的，而是某些人利用计算机软件和硬件所固有的脆弱性编制的一组指令集或程序代码。它能通过某种途径潜伏在计算机的存储介质（或程序）里，当达到某种条件时即被激活，通过修改其他程序的方法将自己的拷贝或者可能演化的形式放入其他程序中，从而感染其他程序，对计算机资源进行破坏。

计算机病毒有寄生性、传染性、潜伏性、隐蔽性和破坏性等特点。

- 寄生性。计算机病毒寄生在其他程序之中，当执行这个程序时，病毒就起破坏作用，而在未启动这个程序之前，它是不易被人发觉的。
- 传染性。指病毒具有把自身复制到其他程序中的特性，病毒可以附着在程序上，以用户不易察觉的方式通过磁盘、光盘、计算机网络等载体进行传播，被传染的计算机又成为病毒生存的环境及新的传染源。
- 潜伏性。指病毒的发作是由触发条件来决定的，在触发条件不满足时，系统没有异常症状，一旦条件成熟则与合法程序争夺系统的控制权。如黑色星期五病毒，不到预定时间是觉察不出来的，等到条件具备时便会启动，对系统进行破坏。
- 隐蔽性。计算机病毒具有很强的隐蔽性，有的可以通过病毒软件检查出来，有的根本就查不出来，有的时隐时现、变化无常，这类病毒处理起来通常很困难。
- 破坏性。计算机中毒后，可能会导致正常的程序无法运行，把计算机内的文件删除或使文件受到不同程度的损坏。

某些病毒可以在传播的过程中自动改变自身的形态，从而衍生出另一种不同于原版病毒的新病毒，这种新病毒称为病毒变种。有变形能力的病毒能更好的在传播过程中隐蔽自己，使之不易被反病毒程序发现及清除。

2. 计算机病毒的表现形式

由于技术上的防病毒方法尚无法达到完美的境地，难免有新病毒会突破防护系统的保护，传染到计算机中。因此，及时发现异常情况，不使病毒传染到整个磁盘和计算机，应对病毒发作的症状予以注意。

计算机病毒出现什么样的表现症状，是由计算机病毒的设计者决定的，而计算机病毒设计者的思想又是不可判定的，所以计算机病毒的具体表现形式也是不可判定的。然而可以肯定的是病毒症状是在计算机系统的资源上表现出来的，具体出现哪些异常现象和所感染的病毒种类直接相关。可能的症状如下所示。

（1）键盘、打印、显示有异常现象。如键盘在一段时间内没有任何反应，屏幕显示或打印时出现一些莫名其妙的图形、文字、图像等信息。

（2）系统启动异常，引导过程明显变慢。

（3）机器运行速度突然变慢。

（4）计算机系统出现异常死机或死机频繁。

（5）无故丢失文件、数据。

（6）文件大小、属性、日期被无故更改。

（7）系统不识别磁盘或硬盘，不能开机。

（8）扬声器发出尖叫声、蜂鸣声或乐曲声。

（9）个别目录变成一堆乱码。

（10）计算机系统的存储容量异常减少或有不明常驻程序。

（11）没有写操作时出现“磁盘写保护”信息。

（12）异常要求用户输入口令。

（13）程序运行出现异常现象或出现不合理结果等。

发生上述现象，应意识到系统可能感染了计算机病毒，但也不能把每一个异常现象或非期望后果都归于计算机病毒，因为可能还有别的原因，例如程序设计错误造成的异常现象。要真正确定系统是否感染了计算机病毒，必须通过适当的检测手段来确认。

3. 历史上出现的重大计算机病毒

（1）CIH。CIH 病毒诞生于 1998 年，于 1999 年大规模爆发，是迄今为止破坏性最强的病毒，也是世界上第一例破坏硬件系统的病毒。它主要通过 Internet 和电子邮件传播，发作时不仅破坏硬盘的引导分区和分区表，而且破坏计算机系统 BIOS，导致主板损坏。传统的 CIH 只会感染 Windows 95/98 操作系统，新 CIH 病毒可以在 Windows 2000/XP 下运行，因此新 CIH 病毒的破坏范围比传统 CIH 病毒更广泛。值得庆幸的是，新 CIH 病毒发作条件较为特殊，不会定期发作，而且只会通过感染文件来传播，因此不太可能在短期内造成巨大的破坏。各反病毒软件公司以最快的速度研发出查杀此病毒的专杀工具，因此该病毒的大面积破坏在很大程度上被控制住了。

（2）冲击波。冲击波（Worm.Blaster）病毒是利用系统中的缺陷进行传播的一种蠕虫病毒，该病毒爆发于 2002 年，并于同年 8 月 12 日被瑞星全球反病毒监测网率先截获。病毒运行时会不停地利用IP扫描技术寻找网络上系统为 Win2K 或 XP 的计算机，找到后利用 DCOM RPC 缓冲区漏洞攻击该系统，一旦攻击成功，病毒体将会被传送到对方计算机中进行感染，使系统操作异常、不停重启，甚至导致系统崩溃。另外，该病毒还会对微软的一个升级网站进行拒绝服务攻击，导致该网站堵塞，使用户无法通过该网站升级系统。

（3）熊猫烧香。“熊猫烧香”病毒是一种蠕虫病毒的变种，在 2006 年底至 2007 年间肆虐网络。计算机如若感染了该病毒，其系统内的可执行文件会出现“熊猫烧香”的图案，故此得名为“熊猫烧香”。该病毒的原病毒只会对 EXE 图标进行替换，并不会对系统本身进行破坏。用户计算机中毒后可能会出现蓝屏、频繁重启以及系统硬盘中数据文件被破坏等现象。同时，该病毒的某些变种可以通过局域网进行传播，进而感染局域网内所有计算机系统，最终导致企业局域网瘫痪，无法正常使用。它能感染系统中exe、com、pif、src、html、asp等文件，还能终止大量的反病毒软件进程并且会删除扩展名为 gho 的备份文件。被感染的用户系统中所有.exe 可执行文件全部被改成熊猫举着三根香的模样。

4. 木马程序

木马程序，全称为特洛伊木马，是指潜伏在计算机中，由外部用户控制以窃取本机信息或者控制权的程序。大多数木马程序都有恶意企图，如盗取 QQ 账号、游戏账号、银行账号等，还会带来占用系统资源、降低计算机效率、危害本机信息数据的安全等一系列问题，甚至会将本机作为攻击其他计算机的工具。

木马程序不能算是一种病毒，因为它不会自我繁殖，也并不“刻意”地去感染其他文件，它以入侵特定计算机并从中获取利益为目的，而不像病毒那样只做单纯的破坏。木马程序的传播方式可分为以下几种方式：

（1）通过邮件附件、程序下载等形式进行传播，因此用户不要随意下载或使用来历不明的程序；

（2）木马程序可伪装成某一网站用户登录页的界面形式以骗取用户输入个人信息，从而获得他人合法账户信息的目的；

（3）木马程序可通过攻击系统安全漏洞传播木马，如黑客可使用专门的黑客工具来传播木马。

一旦系统感染了木马，可使用专门的木马查杀工具来查杀，如木马克星、ewido、费尔托斯特等软件。杀毒软件多数也可以查杀大量木马，但在杀除木马方面没有上述软件专业，因而推荐两者配合使用。此外，对于最新出现的木马，可以在互联网搜索专门的查杀工具来处理。

1.4.4 常用杀毒软件

随着世界范围内计算机病毒的大量流行，病毒编制花样不断变化，杀毒软件也在经受一次又一次的考验，各种反病毒产品也在不断地推陈出新、更新换代。这些产品的特点表现为技术领先、误报率低、杀毒效果明显、界面友好、良好的升级和售后服务技术支持、与各种软硬件平台兼容性好等方面。常用的反病毒软件有瑞星、卡巴斯基、金山毒霸、360 杀毒软件等。

1. 瑞星杀毒软件

瑞星产品诞生于 1991 年刚刚在经济改革中蹒跚起步的中关村，是中国最早的计算机反病毒标志。瑞星公司历史上几经重组，已形成一支中国最大的反病毒队伍。瑞星以研究、开发、生产及销售计算机反病毒产品、网络安全产品和反“黑客”防治产品为主，拥有全部自主知识产权和多项专利技术。2011 年 3 月 18 日，瑞星公司宣布其个人安全软件产品全面、永久免费。瑞星全功能安全软件+瑞星安全助手=个人安全上网最佳搭配。在此次免费的软件产品中，瑞星全功能安全软件是包含了“杀毒软件、防火墙、安全助手”的全套解决方案，它以“智能云安全”和“虚拟化云引擎”设计为核心，可以智能拦截最新出现的各种钓鱼网站，解决了原有反钓鱼技术“永远滞后于钓鱼网站的出现，只有捕获之后才能拦截”的难题。

瑞星杀毒软件安装好后，可通过打开“开始”菜单，启动瑞星杀毒软件如图 1-30 所示。

图 1-30　瑞星杀毒软件

2. 卡巴斯基杀毒软件

卡巴斯基（AVP）是俄罗斯用户使用最多的民用杀毒软件。卡巴斯基有很高的警觉性，它会提示所有具有危险行为的进程或者程序，因此很多正常程序会被提醒确认操作。其实只要使用一段时间把正常程序添加到卡巴斯基的信任区域就可以了。

在杀毒软件的历史上，有这样一个世界纪录：让一个杀毒软件的扫描引擎在不使用病毒特征库的情况下，扫描一个包含当时已有的所有病毒的样本库。结果是，仅仅靠“启发式扫描”技术，该引擎创造了 95%检出率的纪录。这个纪录，是由 AVP 创造的。卡巴斯基为个人用户、企业网络提供反病毒、防黑客和反垃圾邮件产品。经过十四年与计算机病毒的战斗，被众多计算机专业媒体及反病毒专业评测机构誉为病毒防护的最佳产品。

其产品主要有以下几个特点：

- 对病毒上报反应迅速，卡巴斯基具有全球技术领先的病毒运行虚拟机，可以自动分析 70%左右未知病毒的行为，再加上一批高素质的病毒分析专家，反应速度比较快。
- 随时修正自身错误，杀毒分析是一项繁琐的工作，卡巴斯基并不是不犯错，而是犯错后立刻纠正，只要用户及时指出，误杀误报会立刻得到纠正。知错就改，堪称其他杀毒软件的楷模。
- 卡巴斯基的超强脱壳能力，无论你怎么加壳，只要程序体还能运行，就逃不出卡巴斯基的掌心。卡巴斯基病毒库目前的 466 万左右是真实可杀数量。

卡巴斯基反病毒软件单机版可以基于 SMTP/POP3 协议来检测进出系统的邮件，可实时扫描各种邮件系统全部接收和发出的邮件，检测其中的所有附件，包括压缩文件和文档、嵌入式 OLE 对象及邮件体本身。它还新增加了个人防火墙模块，可有效保护运行 Windows 操作系统的 PC，探测对端口的扫描、封锁网络攻击并报告，系统可在隐形模式下工作，封锁所有来自外部网络的请求，使用户隐形地和安全地在网上遨游。

卡巴斯基反病毒软件可检测出 700 种以上的压缩格式文件和文档中的病毒，并可清除 ZIP、ARJ、CAB 和 RAR 等压缩格式文件中的病毒，还可扫描多重压缩对象。

但是，2005～2007 年之间，由于卡巴斯基本身对中文版软件的一些理解错误及其他原因，发生了一些重大误杀事件，造成部分卡巴斯基用户系统发生故障。另外，卡巴斯基还存在占用 CPU 资源较多，尤其是扫描和更新时，对 CPU 的占用较大，对硬件要求过高等问题。

3. 金山毒霸

金山毒霸（Kingsoft Antivirus）是金山网络旗下研发的云安全智能扫描反病毒软件。融合了启发式搜索、代码分析、虚拟机查毒等经业界证明成熟可靠的反病毒技术，使其在查杀病毒种类、查杀病毒速度、未知病毒防治等多方面达到世界先进水平，同时金山毒霸具有病毒防火墙实时监控、压缩文件查毒、查杀电子邮件病毒等多项先进的功能。紧随世界反病毒技术的发展，为个人用户和企事业单位提供完善的反病毒解决方案。从 2010 年 11 月 10 日下午 15 点 30 分起，金山毒霸（个人简体中文版）的杀毒功能和升级服务永久免费。目前新毒霸（悟空）是最新版本的金山毒霸。

2014 年 3 月 7 日，金山毒霸发布新版本，增加了定制的 XP 防护盾。众所周知，2014 年 4 月 8 日微软停止了对 Windows XP 的技术支持，而最新版金山毒霸中的 XP 防护盾将继续保护使用 Windows XP 用户的安全。

金山毒霸 2014 悟空版具有以下几个功能特点：

（1）全平台杀毒软件——首创电脑、手机双平台杀毒。

- 电脑、手机双平台杀毒，不仅可以查杀电脑病毒，还可以查杀手机中的病毒木马，保护手机，防止恶意扣费。
- 手机毒霸“广告隐私管理”，免除广告骚扰，保护手机隐私。

（2）全新杀毒引擎。

- 新毒霸引擎全新升级，KVM、火眼系统使病毒无所遁形。KVM 是金山蓝芯 III 引擎核心的云启发引擎。应用数学算法，超强自学进化，无需频繁升级，可直接查杀未知新病毒。结合火眼行为分析，大幅提高流行病毒变种检出。查杀能力、响应速度遥遥领先于传统杀毒引擎。
- 3+3 六引擎全方位杀毒，智能立体杀毒模式，杀毒修复一体化，无懈可击的安全体验。

（3）K+（铠甲）防御 3.0——全方位网购保护。

- K+（铠甲）四维 20 层立体保护，全新架构，新一代云主动防御技术 3.0，多维立体保护，智能侦测、拦截新型威胁。
- “火眼”系统。为用户提供精准的分析报告，可对病毒行为了如指掌，深入了解自己电脑安全状况。
- 提供网购敢赔险，使用户网购无忧。网购误中钓鱼网站或者网购木马时，金山网络为用户提供最后一道安全保障。独家 PICC 承保，全年最高 8000～48360 元赔付额度。

4. 360 杀毒软件

2008 年 7 月 17 日，360 安全中心首次推出一款免费的杀毒软件——360 杀毒，如图 1-31 所示。它可以与其他杀毒软件共存，具有查杀率高、资源占用少、升级迅速等特点。由于 360 是第一个高举免费大旗的杀毒软件，所以其市场占有率急剧上升。据有关数据显示，360 杀毒月度用户量已突破 3.7 亿，一直稳居安全查杀软件市场份额头名。

2009 年 10 月，360 杀毒正式通过了微软的 Windows 7 Logo 认证，这意味着 360 杀毒完全支持 Windows 7 操作系统，为用户在 Windows 7 下的全新体验提供安全护航。2013 年 8 月，360 杀毒又正式通过了微软的 Windows 8.1 兼容认证。

360 杀毒最新版本特有全面防御 U 盘病毒功能，彻底剿灭各种借助 U 盘传播的病毒，第一时间阻止病毒从 U 盘运行，切断病毒传播链。现可查杀 660 多万种病毒。在最新 VB100 测试中，双核 360 杀毒大幅领先名列国产杀软第一。

360 杀毒采用领先的病毒查杀引擎及云安全技术，不但能查杀数百万种已知病毒，还能有效防御最新病毒的入侵。360 杀毒软件的病毒库每小时升级一次，让用户及时拥有最新的病毒清除能力。而且它还具有优化的系统设计，对系统运行速度的影响极小，独有的“游戏模式”会在用户玩游戏时自动采用免打扰方式运行。360 杀毒和 360 安全卫士（如图 1-32 所示）配合使用，是安全上网的“黄金组合”。

图 1-31　360 杀毒软件

图 1-32　360 安全卫士

1.5　计算机前沿技术

随着计算机科学与技术的飞速发展，计算机正全面影响着人们的生活，学习和工作。从计算机解决实际问题的过程中人们逐渐认识到培养计算思维的重要性。计算思维是运用计算机科学的基础概念进行问题求解、系统设计以及人类行为理解等涵盖计算机科学之广度的一系列思维活动。在过去很长一段时间里人们仅仅把计算机作为一个辅助工具来使用，而在未来，计算思维将成为人类一种根本技能，是人类解决问题的一条途径，是所有人都必须具备的思维方式，就像识字、做算术一样，但决非要使人类像计算机那样思考。计算思维的根本目的是解决问题，即问题求解系统设计以及人类行为理解。随着计算思维逐渐被重视，导致计算机技术、网络技术和通信技术的快速发展，人们从信息的海洋里获取有用的信息并通过这些信息得到帮助和财富，而有用信息的获得则离不开云计算这个利器。本节主要介绍计算机思维、信息技术应用、大数据和云计算。

1.5.1　计算思维

图 1-33　周以真教授

2006 年 3 月，美国卡内基·梅隆大学计算机科学系主任周以真教授（如图 1-33 所示）在美国计算机权威期刊杂志上定义了计算思维（Computational Thinking）：计算思维是运用计算机科学的基础概念进行问题求解、系统设计以及理解人类行为的一系列思维活动。更详细的理解计算思维就是通过约简、嵌入、转化和仿真等方法，把一个看似困难的问题重新阐释成一个人们知道问题怎样解决的方法；是一种采用抽象和分解来控制庞杂的任务或进行巨大复杂系统设计的方法；是一种选择合适的方式去陈述一个问题，或对一个问题的相关方面建模使其易于处理的思维方法；是利用启发式推理寻求解答，即在不确定情况下的规划、学习和调度的思维方法；是利用海量数据来加快计算，在时间和空间之间、在处理能力和存储容量之间进行折衷的思维方法。

计算思维是每个人的基本技能，不仅仅属于计算机科学家。在阅读、写作和算术（英文简称 3R）之外，人们应当将计算思维引入到每个孩子的解析能力之中。正如印刷出版促进了 3R 的普及，计算和计算机也以类似的正反馈促进了计算思维的传播。

计算思维将渗入到人们的日常生活中，如：学生上学前需把当天需要的书本放入书包，这就是“预置”和“缓存”；当孩子丢失了物品时，家长建议他沿着原路进行寻找，这就是“回推”；顾客在超市付账时，应当去排哪个队伍？这就是“多服务器系统的性能模型”等。到那时诸如“算法”和“前提条件”这些词汇将成为每个人日常语言的一部分，对“非确定论”和“垃圾收集”这些原来属于计算机科学领域的专业词汇的理解会和这些词汇本身在计算机科学里的含义更为贴近。

计算思维具有计算机的许多特征，但计算思维本身并不是计算机的专属。即使没有计算机，计算思维也会逐步发展，而计算机的出现，为计算思维的研究和发展带来了根本性的变化。计算机枯燥且沉闷，而人类聪明且富有想象力，是人类赋予计算机生命。什么是计算，什么是可计算，什么是可行计算，计算思维的这些性质由于计算机的出现得到了彻底的研究。在这个过程中，一些属于计算思维的特点被逐步揭示出来。

1.5.2 信息技术应用

科学技术的进步推动了世界的发展。蒸汽机的发明，引起了产业革命；汽车的普及，使城市逐渐向郊区蔓延。以计算机技术、网络技术和通信技术为代表的现代信息技术正在以惊人的速度发展着，并且深入到人们生产活动的各个方面。

1. 信息技术的定义及特征

信息技术（Information Technology，IT）是以计算机技术、通信技术、微电子技术为基础的一门新兴的高新技术。广义地说，信息技术是人类对数据、语言、文字、声音、图画、影像等各种信息进行采集、处理、存储、传输和检索的经验、知识及其手段、工具的总和，它具有超速度、网络化、信息流、数字化、智能化和多媒体化等特点。具体地说，信息技术是指人类获取信息和处理信息的方法和手段以及人类获取信息及处理信息所采用的工具和技术设备。

信息技术的特征可从如下两方面来理解：

（1）信息技术具有技术的一般特征——技术性。具体表现为：方法的科学性，工具设备的先进性，技能的熟练性，经验的丰富性，作用过程的快捷性，功能的高效性等。

（2）信息技术具有区别于其他技术的特征——信息性。具体表现为：信息技术的服务主体是信息，核心功能是提高信息处理与利用的效率、效益。由信息的秉性决定信息技术还具有普遍性、客观性、相对性、动态性、共享性、可变换性等特性。

信息技术体现了一个时代的技术特征。时代不同，其采用的信息技术也不同，信息技术可能是机械的，也可能是激光的，可能是电子的，也可能是生物的。在当今的数字化时代，信息技术是以微电子和光电技术为基础，以计算机和通信技术为支撑，以信息处理技术为主体的技术的总称，是一门综合性的技术。计算机技术和通信技术的紧密结合，标志着数字化信息时代的到来。

2. 信息技术的组成及分类

信息技术是用于管理和处理信息所采用的各种技术的总称。

（1）信息技术的组成。

1）信息获取技术。该技术是指能够对各种信息进行测量、存储、感知和采集的技术，特别是直接获取重要信息的技术。

2）信息传递技术。该技术实现信息快速、可靠、安全的转移，通信技术就属于这个范畴。

3）信息处理与再生技术。信息处理的过程主要包括信息的获取、储存、加工、发布和表示。在对信息进行处理的基础上，还可形成一些新的更深层次的决策信息，这称为信息的“再生”。信息的处理与再生都有赖于现代电子计算机的超凡功能。

（2）信息技术的分类。

信息技术可按表现形态和对扩展、延伸人类器官功能角度进行分类。

1）按表现形态进行分类。按表现形态的不同，信息技术可分为硬技术与软技术。前者指各种信息设备及其功能，如显微镜、电话、通信卫星、多媒体计算机。后者指有关信息获取与处理的各种知识、方法与技能，如语言文字技术、数据统计分析技术、规划决策技术、计算机软件技术等。

2）按扩展和延伸人类器官功能角度进行分类。从扩展和延伸人类的信息器官功能角度，信息技术可以分为获取信息的信息技术，如遥感、遥测技术等；传输信息的信息技术，如通信技术、存储技术等；处理和再生信息的信息技术，如智能技术、人工神经网络技术等；以及应用和反馈信息的信息技术，如调节技术和控制技术等四类。

3. 信息技术的四项基本内容及应用

信息技术主要包括四项基本内容，它们是人类各器官功能的延伸，信息技术的四项基本内容在人类生活中起到了很大的作用。

（1）感测与识别技术。感测与识别技术是人类感觉器官功能的延长。感测技术的作用是扩展人获取信息的感觉器官功能，包括信息识别、信息提取、信息检测等技术。信息识别主要包括文字识别、语音识别和图形识别等。 它几乎可以扩展人类所有感觉器官的传感功能。学校食堂的刷卡器、触摸开关台灯、红外摄像等均采用感测与识别技术。

（2）通信技术。通信技术是人类传导神经网络功能的延伸。其作用是传递、交换和分配信息，消除或克服空间上的限制，使人们能更有效地利用信息资源。通信技术可应用在航空航天、无线医护、掌上电脑、远程医疗等领域。

（3）计算机与智能技术。计算机与智能技术是人类思维器官功能的延长。智能技术是研究如何让计算机模仿人类的思维过程与智能行为的学科。目前，智能技术已经渗透到人们生活的方方面面，如模糊智能洗衣机、指纹门禁系统、中医专家系统等。

（4）控制技术。控制技术是人类效应器官功能的延长。其作用是根据输入的指令（决策信息）对外部事物的运行状态实施干预，即信息施效。控制技术在为人类提供各式的服务上作出了巨大的贡献，如人工心脏、无人驾驶汽车、机器人吸尘器等。

物联网和云计算作为信息技术新的高度和形态被提出并得到发展。根据中国物联网校企联盟的定义，物联网为当下几乎所有技术与计算机互联网技术的结合，让信息更快更准地收集、传递、处理并执行，是科技的最新呈现形式与应用。

1.5.3 大数据

互联网在当今社会和经济发展中起着非常重要的作用，世界上任何一个拥有计算机的人都能够通过互联网了解世界的变化。从海量的网络资源中获取个人所需的信息，网络已经渗透到人们生活的各个角落，影响着人们的生产、生活。与此同时，网络也从人们平时浏览网络资源的情况中分析出用户所想、所要的内容，如通过对人们浏览习惯的分析，亚马逊会自动推荐用户感兴趣的新书；日本汽车制造商通过分析不同人对座椅压力数据的不同，发明了汽车的身份识别和防盗系统等。可见互联网在服务于用户的同时又分析了用户的海量数据，从而得到一定的信息以此来反作用于用户。这种在资料量规模巨大且无法通过目前主流软件工具，在合理时间内达到撷取、管理、处理，并整理成为帮助用户和企业经营决策的资讯被称为大数据。

1. 大数据的特征

据统计，2010 年以互联网为基础所产生的数据比之前所有年份的总和还要多；而且不仅是数据量的激增，数据结构也在演变。2012 年半结构和非结构化的数据，如文档、表格、网页、音频、图像和视频等占全球网络数据量的 85%左右；而且，整个网络体系架构将面临革命性改变。由此可见，大数据时代已经到来。

对于大数据时代，目前认为有四个基本特征，这四个基本特征可用 4 个 V 来总结，即体量大（Volume）、多样性（Variety）、价值密度低（Value）、速度快（Velocity）。

（1）数据体量巨大。从 TB 级别，跃升到 PB 级别。

（2）数据类型繁多。如网络日志、视频、图片、地理位置信息等。

（3）价值密度低。以视频为例，连续不间断监控过程中，可能有用的数据仅仅有一两秒。

（4）处理速度快。该特征时效性要求高。这是大数据区分于传统数据挖掘最显著的特征。

2. 大数据的应用

大数据是从各种各样来源中搜集得到的海量数据信息的总称。对于传统的关系型数据分析技术来说，其数据量太大，未经处理，同时也是非结构化的。据统计，现在每天产生 2.5 艾字节(quintillion bytes)的数据信息，全球将近 90%的数据是过去两年创造出来的。大数据有多个来源，包括互联网、生物和产业部门、视频、电子邮件和社交媒体。

大数据应用的关键，也是其必要条件，就在于“IT”与“经营”的融合。大数据已经渗透到当今每一个行业和业务职能领域，成为重要的生产因素。人们对于海量数据的挖掘和运用，预示着新一波生产率增长和消费者盈余浪潮的到来。

（1）大数据应用之企业。2012 年下半年电影《1942》上映前夕，在外界对这部电影一片赞誉和看好，纷纷预测票房将突破 7 亿元时，新影数讯创始人却发布了一条微博，断言《1942》的票房不会超过 4 亿元。电影上映后，预测得到了印证。《1942》的票房最终收于 3.6 亿元左右，和之前的预测结果几乎相差无几。那么，预测结果究竟从何而来？答案就是大数据的应用。新影数讯每天处理上亿条社交网站上网友对电影的评价信息、娱乐新闻和明星八卦等，每个季度都要追加新的服务器和硬盘以应对暴增的数据处理量。不仅如此，新影数讯的另一个业务更前卫——为挑选演员甚至导演给出“数字上的建议”。

（2）大数据应用之医疗卫生领域。2009 年美国出现了一种新的流感病毒——甲型 H1N1。这种病毒结合了流感和猪流感病毒的特点，在短短几周内迅速传播。当时，人们还有没研发出对抗这种新型流感病毒的疫苗，公共卫生专家能做的只是减慢它的传播速度。但要做到这一点，就必须先知道这种病毒出现在哪里。在甲型 H1N1 流感爆发的前几周，互联网巨头谷歌公司的工程师们曾发表一篇论文，文中解释谷歌通过观察人们在网上的搜索记录完成了在冬季甲型H1N1流感即将爆发的预测，并且具体到特定的地区和州。之所以能完成该预测，是因为谷歌保存了多年来所有的搜索记录，而且每天都会收到来自全球超过30亿条的搜索指令，如此庞大的数据资源足以支撑和帮助它完成这项工作。这是一种通过对海量数据进行分析，获取具有重大价值信息的技术理念，基于这种技术理念和数据储备，下一次流感来临的时候，世界将会拥有一种更好的预测工具，以预防流感的传播。

（3）大数据应用之能源行业。智能电网在欧洲已经做到了终端，也就是所谓的智能电表。在德国，为了鼓励人们使用太阳能，会在每户家庭安装太阳能设备，该设备除了可以提供给用户所需的电量外，还可以将太阳能收集到的多余电量买回来。电网每隔五或十分钟收集一次数据，这些数据可以用来预测用户的用电习惯，从而推断出在未来2至3个月的时间里，整个电网大概需要多少电。有了这个预测，个人或企业还可以像购买期货一样提前向发电或供电企业购买一定的电量以降低采买成本。

（4）大数据应用之零售业。零售业通过监控客户在店内的走动情况及与商品的互动情况获取一定的数据，这些数据与交易记录相结合进行展开分析，从而在销售哪些商品、如何摆放货品以及何时调整售价上给出意见，此类方法已经帮助一些领先零售企业减少了17%的存货，同时在保持市场份额的前提下，增加了高利润率自有品牌商品的比例。

3. 大数据时代人类思维的转变

大数据时代的到来，需要人类在思维方式上有所转变，才能跟进时代的发展。人类思维转变主要包括以下三个方面，这三个转变是相互联系和相互作用的。

首先，要分析与某事物相关的所有数据，而不是依靠分析少量的数据样本。

其次，人们要乐于接受数据的纷繁复杂，而不再追求数据的精确性。

最后，人们的思想发生转变，不再探求难以捉摸的因果关系，转而关注事物的相关关系。

1.5.4 云计算

1. 大数据与云计算的关系

在互联网领域，大数据和云计算（Cloud Computing）是炙手可热的两大技术，这两者之间也存在一定的联系。本质上，云计算与大数据的关系是动与静的关系。云计算强调的是计算，是动的概念；而数据则是计算的对象，是静的概念。如果结合实际应用来看，云计算强调的是计算能力，或者看重的是存储能力；大数据需要拥有处理大量数据的能力（数据获取、清洁、转换、统计等能力），这是强大的计算能力。如果数据是财富，那么大数据就是宝藏，而云计算就是挖掘和利用宝藏的利器。

在技术上， 大数据与云计算的关系就像一枚硬币的正反面一样密不可分。大数据无法用单台的计算机进行处理，必须采用分布式架构。它的特色在于对海量数据进行分布式数据挖掘，但大数据必须依托云计算的分布式处理、分布式数据库和云存储、虚拟化技术。

2. 云计算的定义及应用

对云计算的定义有多种说法。目前广为接受的是美国国家标准与技术研究院（NIST）的定义：云计算是一种按使用量付费的模式，这种模式提供可用的、便捷的、按需的网络访问，进入可配置的计算资源共享池（资源包括网络、服务器、存储、应用软件、服务），这些资源能够被快速提供，只需投入很少的管理工作，或与服务供应商进行很少的交互。云计算的概念被大量运用到生产环境中，国外的云计算已经非常成熟，如IBM、Microsoft都拥有自己的云平台。而国内著名的百度、腾讯、新浪等企业目前也都拥有云平台，以提供相应的数据服务。

各种基于云计算的应用服务范围正日渐扩大，影响力也无可估量，以下是云计算被普遍应用的几个领域：

（1）云存储。云存储是在云计算概念上延伸和发展出来的一个新的概念，是指通过集群应用、网格技术或分布式文件系统等功能，将网络中大量各种不同类型的存储设备通过应用软件集合起来协同工作，共同对外提供数据存储和业务访问功能的一个系统。当云计算系统运算和处理的核心是大量数据的存储和管理时，云计算系统中就需要配置大量的存储设备，那么云计算系统就转变成为一个云存储系统，所以云存储是一个以数据存储和管理为核心的云计算系统。如目前被广泛使用的网络云盘，就是一种云存储应用程序。

（2）云游戏。云游戏是以云计算为基础的游戏方式，在云游戏的运行模式下，所有游戏都在服务器端运行，并将渲染完毕后的游戏画面压缩后通过网络传送给用户。在客户端，用户的游戏设备不需要任何高端处理器和显卡，只需要基本的视频解压能力就可以了。当前，云游戏还未在家用机和掌上游戏机终端上普及，但是几年或十几年后，云计算将成为网络发展的终极方向的可能性非常大。

（3）云教育。云教育是在云技术平台的开发及其在教育培训领域的应用，简称云教育。云教育打破了传统的教育信息化边界，推出了全新的教育信息化概念，集教学、管理、学习、娱乐、分享、互动交流于一体。让教育部门、学校、教师、学生、家长及其他教育工作者，这些不同身份的人群，可以在同一个平台上，根据权限去完成不同的工作。

云教育包含了云培训中的教育培训管理信息系统、远程教育培训系统和培训机构网站，属于大型教育平台涉及技术领域。在这个覆盖世界的教育平台上，共享教育资源，分享教育成果，并能让教育者和受教育者更为有效的互动。

（4）云安全。云安全（Cloud Security）是一个从云计算演变而来的新名词。云安全的策略构想是：使用者越多，每个使用者就越安全，因为如此庞大的用户群，足以覆盖互联网的每个角落，只要某个网站被挂马或某个新木马病毒出现，就会立刻被截获。

云安全通过网状的大量客户端对网络中软件行为的异常进行监测，获取互联网中木马、恶意程序的最新信息，推送到 Server 端进行自动分析和处理，再把病毒和木马的解决方案分发到每一个客户端。目前，国内主流的杀毒软件服务提供商，如 360、金山等公司都向其用户提供云安全服务。

目前，云计算已经普及并成为 IT 行业主流技术，其实质是在计算量越来越大、数据越来越多、越来越动态、越来越实时的需求背景下被催生出来的一种基础架构和商业模式。个人用户将文档、照片、视频、游戏存档等记录上传至“云”中永久保存，企业客户根据自身需求，可以搭建自己的“私有云”，或托管、或租用“公有云”上的 IT 资源与服务，这些都已不是新鲜事。

习题 1

一、单项选择题

1. 世界上第一台通用电子计算机诞生的时间是（　　）。

   A. 1940 年　　B. 1946 年　　C. 1956 年　　D. 1949 年

2．以处理数字量为基础的电子计算机称为（　　）。
A．数字电子计算机　　B．模拟电子计算机
C．数字模拟混合电子计算机　　D．第四代电子计算机

3．第二代电子计算机的功能元件主要是（　　）。
A．电子管　　B．晶体管　　C．集成电路　　D．大规模集成电路

4．CAI 的含义是（　　）。
A．计算机辅助教学　　B．计算机辅助设计
C．计算机辅助制造　　D．计算机辅助管理

5．计算机是一种用于高速计算的电子计算器，以下哪一项不是计算机可以完成的（　　）。
A．进行数值计算　　B．进行逻辑计算　　C．有记忆功能　　D．能思考

6．计算机中用来表示存储空间大小的最基本的容量单位是（　　）。
A．字节　　B．指令　　C．字长　　D．位

7．小写字母 e 的 ASCII 码为 65H，试推算小写字母 j 的 ASCII 码是（　　）。
A．60H　　B．6AH　　C．610H　　D．70H

8．CPU 是由运算器和（　　）组成。
A．存储器　　B．控制器　　C．输出设备　　D．输入设备

9．存储容量 1GB 等于（　　）。
A．1024B　　B．128MB　　C．1024MB　　D．1024KB

10．在不同进制的四个数中，最小的一个数是（　　）。
A．$(11011001)_B$　　B．$(75)_D$　　C．$(2A)_H$　　D．$(37)_O$

二、多项选择题

1．计算机未来的发展方向是（　　）。
A．巨型化　　B．智能化　　C．微型化
D．网络化　　E．标准化　　F．机械化

2．根据计算机处理信息的形态进行划分，计算机可分为（　　）。
A．数字计算机　　B．模拟计算机　　C．通用机
D．网络化　　E．混合式计算机　　F．专用机

3．下列数据中可能为二进制数据的是（　　）。
A．110　　B．A101　　C．589
D．101　　E．123　　F．1011010

4．计算机的特点是（　　）。
A．运算速度快　　B．记忆力强　　C．能自动执行程序
D．能上网　　E．计算精度高　　F．逻辑判断能力强

5．冯·诺依曼提出计算机主要是由（　　）基本部件组成。
A．运算器　　B．存储器　　C．输入设备
D．控制器　　E．输出设备　　F．显示器

6．计算机的工作过程按顺序可分为（　　）。
A．分析指令　　B．取下一条指令的地址
C．取指令　　D．计算　　E．执行指令　　F．完成程序

7．汉字从输入计算机到最后输出，先后所经历的转换包括（　　）。
A．输入码　　B．汉字信息　　C．字形码
D．输出码　　E．机内码　　F．汉字信息

8．计算机安全包括（　　）。
A．计算机实体安全　　B．软件安全　　C．数据安全　　D．运行安全

9．打印机分为（　　）三种。

A．针式打印机　B．激光打印机　C．喷墨打印机　D．全能打印机

10．总线按功能可分为（　　）。

A．控制总线　B．并行总线　C．地址总线　D．数据总线

三、填空题

1．一个完整的计算机系统是由（　　）和（　　）组成。

2．主存储器分为（　　）和（　　）两种类型，其中（　　）在断电后信息也不会丢失。

3．世界上第一台电子计算机名为（　　）。

4．没有安装任何软件的计算机被称为（　　）。

5．计算机中一个字节是由（　　）位最小的数据单位构成。

6．计算机系统的层次结构中位于最里层的应该是（　　）。

7．ASCII 码是由（　　）位二进制构成。如用一个字节来表示一个字符的 ASCII 码，则最高的二进制位应固定为（　　）。

8．国标码是由（　　）个字节构成，为了区分国标码和汉字机内码，规定在汉字机内码的每个字节的最高位设置为（　　）。

9．计算机的软件系统可分为（　　）和（　　）两类，Word 2010 属于（　　）。

10．指令是由（　　）和（　　）两部分组成，其中（　　）是用来说明操作处理的数据所存储的地址。

四、综合题

1．简述电子计算机发展的四个阶段及各阶段的主要特征。

2．简述计算机病毒的定义及特点。

3．简述计算机中采用二进制表示信息的原因。

4．简述冯·诺依曼提出的计算机的设计思想。

5．假设一个硬盘有 2 个碟片，每个碟有 2 面，每个面有 10000 个磁道，每个磁道有 1000 个扇区，每个扇区的容量为 512 字节，则该磁盘的存储容量为多少 GB？

6．将下列十进制数转换成二进制、八进制和十六进制数。

①57　②100　③256

7．将下列二进制数转换成十六进制数和十进制数。

①1011101　②10000000　③1111　④11111111

8．请写出十进制数（+32）和（-32）的原码、反码和补码（用 8 位二进制表示）。

9．一个 16×16 字形点阵占用存储空间为多少个字节？24×24 点阵呢？

第2章 Windows 7 操作系统

本章要点

- 理解操作系统的基本概念、功能和分类，了解常用的操作系统。
- 掌握操作系统的桌面组成及窗口和对话框的基本操作。
- 掌握 Windows 7 系统的个性化设置。
- 掌握文件、文件夹和库的管理及操作方法。
- 掌握控制面板的功能，了解附件小工具的使用方法。
- 掌握 Windows 7 媒体功能，并会制作简单的影片。
- 了解操作系统的安全及系统的优化方法。

Windows 7 操作系统是由 Microsoft 公司于 2009 年 10 月 22 日推出的，是目前世界上应用最广泛的操作系统，可供家庭及商业工作环境、笔记本电脑、平板电脑、多媒体中心等使用。中文版 Windows 7 以直观、方便的图形界面呈现在用户面前，以强大的功能和简洁的菜单为特点，使用户操作计算机变得简单、安全，成为用户提高工作效率和工作质量的有力工具。Windows 7 还对系统性能、响应性、安全性、可靠性和兼容性等基本功能进行了改进。

2.1 操作系统概述

2.1.1 操作系统的概念

操作系统是直接运行在“裸机”上的最基本的系统软件，任何其他软件都必须在操作系统的支持下才能运行，它是用户和用户程序与计算机之间的接口，是用户程序及其他程序的运行平台和环境，图 2-1 给出了操作系统在计算机中的位置。

尽管经常使用操作系统，但要给操作系统下定义仍是困难的，至今没有公认的统一说法。从不同的角度观看，操作系统有不同的功能内涵，比如：

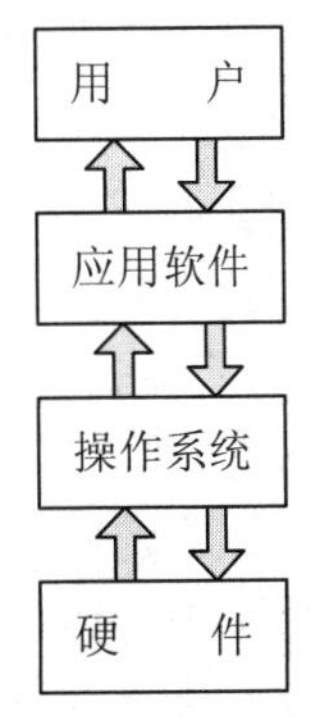

图 2-1　操作系统的位置

- 从系统管理员角度，操作系统合理地组织、管理计算机系统的工作流程，使之能为多个用户提供安全高效的计算机资源共享。
- 从程序员角度（即从操作系统产生的角度），操作系统将程序员从复杂的硬件控制中解脱出来，并为软件开发者提供了一个虚拟机，从而能更方便地进行程序设计。
- 从一般用户角度，操作系统为他们提供了一个良好的交互界面，使用户不必了解有关硬件和系统软件的细节，就能方便地使用计算机。

- 从硬件设计者角度，操作系统为计算机系统功能扩展提供了支撑平台，使硬件系统与应用软件产生了相对独立性，可以在一定范围内对硬件模块进行升级和添加新硬件，而不会影响原先的应用软件。

综上所述，操作系统是一组控制和管理计算机硬件和软件资源，合理有效地组织计算机的工作流程，并向用户提供各种服务，方便用户使用计算机的系统程序的集合。

2.1.2 操作系统的功能

从操作系统的定义可以看出，操作系统的主要功能是资源管理、程序控制和人机交互。以现代观点而言，一个标准的个人计算机的操作系统应该提供进程管理、内存管理、文件系统、网络通讯、安全机制、用户界面和驱动程序等功能。图 2-2 给出了操作系统内核的模块结构，从中亦可看出操作系统的主要功能。

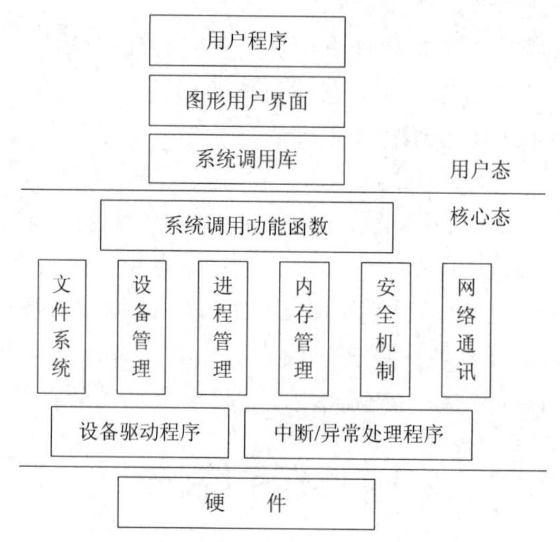

图 2-2　操作系统内核的模块结构

操作系统主要包括五大功能，这里予以介绍。

1. 进程管理

CPU 是计算机系统中最宝贵的硬件资源，为了提高 CPU 的利用率，操作系统采用了多道程序技术，即系统中有多个进程同时运行，实现“并发”的特性。进程代表一个运行中的程序，进程管理主要是解决处理器的分配调度问题，即如何把 CPU 的时间合理地分配给各个程序。它主要包括 CPU 的调度策略、进程与线程管理、死锁预防与避免等问题。操作系统负责进程的创建和消亡，监督进程的执行过程，协调进程之间的资源竞争，为进程分配和调度处理机的使用权。

2. 存储器管理

多个进程在系统中“并发”地执行程序，每个进程都需要使用一部分内存空间，用于存放程序、数据和堆栈。存储器管理主要解决多道程序在内存中的分配问题，它能够保证多道程序和数据彼此隔离、互不冲突，同时提供进程之间共享程序和数据的功能，并且可以通过虚拟技术来扩大主存空间。

3. 设备管理

现代计算机系统都配置多种 I/O 设备，它们具有不同的操作性能。设备管理的功能是负责实现设备驱动程序，提供与具体设备无关的 I/O 功能函数，根据一定的分配原则把设备分配给请求 I/O 的作业，并且为用户使用各种 I/O 设备提供简单方便的命令。为了让用户共享、高效地使用像打印机这类的独占设备，实现 Spooling 系统，操作系统还应该实现驱动程序加载机制，以便用户添加和使用新设备。

4. 文件管理

计算机中的各种程序和数据均为计算机的软件资源，它们都以文件形式存放在外存中。文件管理的基本功能是实现对文件的存取、检索和修改等操作，解决文件共享、保密和保护问题，使用户能方便、安全地访问文件。

5. 用户接口

操作系统给用户提供一个使用计算机的良好接口。用户接口有两种类型：

- 命令接口和图形用户界面：用户通过交互方式对计算机进行操作。其中命令接口是用户通过一组键盘命令发出请求，命令解释程序对该命令进行分析，然后执行相应的命令处理程序以完成相应的功能。而图形用户界面是命令接口的图形化形式，借助于窗口、对话框、菜单和图标等多种方式实现。
- 程序接口：程序接口又称应用程序接口，为编程人员提供，应用程序通过程序接口可以调用操作系统提供的功能。

2.1.3 操作系统的分类

操作系统的分类方法不一，表 2-1 给出了操作系统的常见分类方法。

表 2-1 操作系统分类方法

分类方法	操作系统类型
应用领域	桌面操作系统、服务器操作系统和嵌入式操作系统
源码开放程度	开源操作系统（如 Linux、FreeBSD）和闭源操作系统（如 Windows、Mac OS X）
硬件结构	网络操作系统（如 NetWare、Windows Server）、多媒体操作系统（如 Amiga）和分布式操作系统
操作系统环境	批处理操作系统（如 MVX、DOS/VSE）、分时操作系统（如 Linux、UNIX）和实时操作系统（如 iEMX、VRTX、RTOS、Windows RT）
存储器寻址宽度	8 位、16 位、32 位、64 位和 128 位操作系统（如现代的 Linux 和 Windows 7 都支持 32 位和 64 位）
所支持的用户数目	单用户操作系统（如 MS DOS、OS/2、Windows）、多用户操作系统（如 UNIX、Linux、MVS）
操作系统复杂度	简单操作系统和智能操作系统

但是操作系统的主要类型包括批处理操作系统、分时操作系统、实时操作系统、分布式操作系统、网络操作系统和嵌入式操作系统，这里分别给予介绍。

1. 批处理操作系统

批处理是指计算机系统对一批作业自动进行处理的技术。由于系统资源为多个作业所共享，其工作方式是作业之间自动调度执行，并在运行过程中用户不干预自己的作业，从而大大提高了系统资源的利用率和作业吞吐量。但作业周转时间长，无交互能力。

其操作过程为：用户将作业交给系统操作员；系统操作员将许多用户的作业组成一批作

业，并通过输入设备将作业输入到外存；作业调度程序将一批作业调入内存，形成一个自动转接的连续的作业流；系统 CPU 自动、依次执行每个作业；执行完毕，由作业输出程序将作业运行结果输出；最后由操作员将作业结果交给用户。如图 2-3 所示。

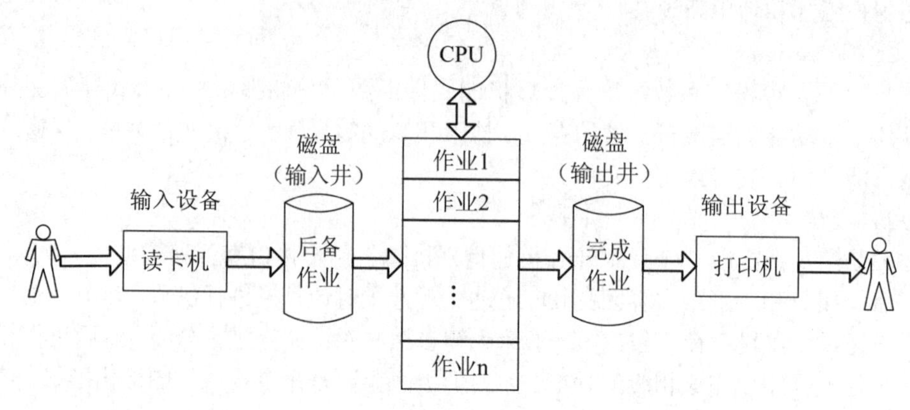

图 2-3　批处理过程

2. 分时操作系统

分时指的是并发进程对 CPU 时间的共享，共享的时间单位称为时间片，时间片很短，如几十毫秒。分时操作系统（Time Sharing Operating System）的工作方式是：一台主机连接了若干个终端，每个终端有一个用户在使用。用户交互式地向系统提出命令请求，系统接受每个用户的命令，采用时间片轮转方式处理服务请求，并通过交互方式在终端上向用户显示结果。图 2-4 给出了 3 个进程分时轮流执行的过程。分时系统具有多路性、交互性、独占性和及时性的特征。典型的分时操作系统有 UNIX、Linux 等。

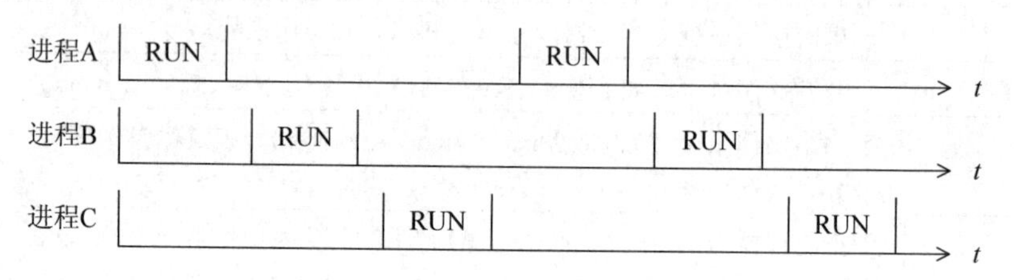

图 2-4　3 个进程的分时轮流执行过程

常见的通用操作系统是分时系统与批处理系统的结合。其原则是：分时优先，批处理在后。“前台”响应需频繁交互的作业，如终端的要求；“后台”处理时间性要求不强的作业。

3. 实时操作系统

实时操作系统（Real Time Operating System）是指使计算机能及时响应外部事件的请求，在严格规定的时间内完成对该事件的处理，并控制所有实时设备和实时任务协调一致地工作的操作系统。实时操作系统追求的目标是对外部请求在严格时间范围内做出反应，有高可靠性和完整性。其主要特点是资源的分配和调度首先要考虑实时性然后才是效率。此外，实时操作系统应有较强的容错能力。

实时操作系统又分为实时控制系统和实时信息处理系统。实时控制系统通常是指以计算机为中心的生产过程控制系统，如铁冶炼和钢板轧制的自动控制、炼油、化工生产过程的自动控制等。实时信息处理系统是指计算机及时接收从远程终端发来的服务请求，根据用户提出的要求对信息进行检索和处理，并在很短的时间内对用户做出正确回答，如机票订购系统、情报检索系统等。

4. 分布式操作系统

分布式操作系统（Distributed Operating Systems）是为分布计算系统配置的操作系统。大量的计算机通过网络被连接在一起，可以获得极高的运算能力及广泛的数据共享，这种系统被称作分布式操作系统。

分布式系统是网络操作系统的更高形式，它保持了网络操作系统的全部功能，而且还具有透明性、可靠性和高性能等特点。网络操作系统和分布式操作系统虽然都用于管理分布在不同地理位置的计算机，但最大的差别是：网络操作系统知道确切的网址，而分布式系统则不知道计算机的确切地址；分布式操作系统负责整个的资源分配，能很好地隐藏系统内部的实现细节，如对象的物理位置等，这些都是对用户透明的。

以银行的服务系统为例，假如某家银行有 3 个下属分行，银行总部和每个分行都建立服务系统，这些服务系统可以处理本地的银行业务，也可以根据需要将数据传送到其他服务系统进行处理，如图 2-5 所示。

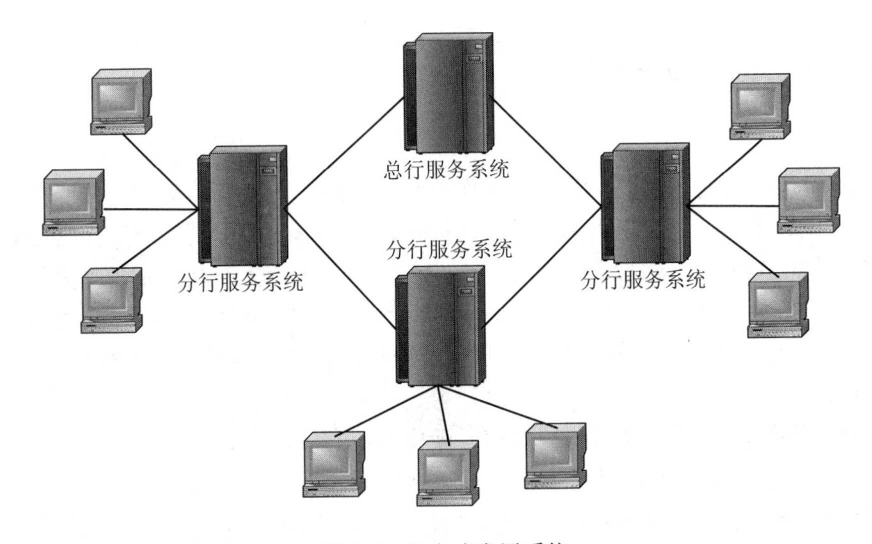

图 2-5　分布式应用系统

5. 网络操作系统

网络操作系统（Network Operating System）是网络的心脏和灵魂，通常运行在服务器上，是网络上各计算机能方便而有效地共享网络资源，为网络用户提供所需的各种服务的软件和有关规程的集合。网络操作系统与其他操作系统有所不同，它除了具有其他操作系统应具有的进程管理、存储器管理、设备管理和文件管理外，还应具有以下两大功能：

（1）提供高效、可靠的网络通信能力；

（2）提供多种网络服务功能，如：远程作业录入并进行处理的服务功能，文件转输服务功能，电子邮件服务功能，远程打印服务功能。

目前较为流行的网络操作系统有 Linux、UNIX、Windows Server、Mac OS X Server、Novell NetWare 等。

6. 嵌入式操作系统

计算机不仅能用于建立像银行服务、购票系统、数字天气预报等大型应用系统，也能用于建立小型甚至微型的应用系统，如家电、手机、数码相机上的应用程序，甚至可以置入人体内部的医疗芯片。可以说任何需要进行智能控制的设备或部件上，都可以使用计算机。这就是嵌入式计算机或嵌入式处理芯片。利用嵌入式处理芯片建立的应用系统称为嵌入式系统。

嵌入式操作系统（Embedded Operating System）运行在嵌入式系统环境中，需要完成响应外部请求、调度执行任务和控制I/O设备等特定的操作系统功能。嵌入式操作系统通常具有以下特点：

- 具有实时操作系统的特征
- 功能及编程非常精简
- 支持特定的I/O设备
- 定制操作系统功能

嵌入式系统广泛应用于工业控制、交通管理、信息家电、家庭智能管理、POS网络、环境工程与自然、机器人和机电产品应用等领域。目前在嵌入式领域广泛使用的操作系统有：嵌入式Linux、Windows Embedded、VxWorks等，以及应用在智能手机和平板电脑的Android、iOS等。嵌入式操作系统的未来发展逐渐趋向定制化、节能化、人性化、安全化、网络化和标准化。

2.1.4 几种常用的操作系统

1．UNIX

UNIX是一个强大的多用户、多任务操作系统，支持多种处理器架构，按照操作系统的分类，属于分时操作系统，最早由肯·汤普逊（Ken Thompson）、丹尼斯·里奇（Dennis Ritchie）于1969年在美国AT&T的贝尔实验室开发。UNIX因为其安全可靠、高效强大的特点在服务器领域得到了广泛的应用。直到GNU/Linux流行前，UNIX也是科学计算、大型机、超级电脑等所用操作系统的主流。现在其仍然被应用于一些对稳定性要求极高的数据中心之上。

2．Linux

Linux是一种自由和开放源码的类UNIX操作系统。存在着许多不同的Linux版本，但它们都使用了Linux内核。Linux可安装在各种计算机硬件设备中，比如手机、平板电脑、路由器、视频游戏控制台、台式计算机、大型机和超级计算机。Linux是一个领先的操作系统，世界上运算最快的10台超级计算机运行的都是Linux操作系统。由于Linux是一种源代码开放的操作系统，用户可以通过Internet免费获取Linux及其生成工具的源代码，然后进行修改，建立一个自己的Linux开发平台，开发Linux软件。

3．Mac OS X

Mac OS X是苹果麦金塔电脑操作系统软件的Mac OS最新版本。Mac OS是一套运行于苹果Macintosh系列电脑上的操作系统。Mac OS是首个在商用领域成功的图形用户界面。Macintosh组包括比尔·阿特金森（Bill Atkinson）、杰夫·拉斯金（Jef Raskin）和安迪·赫茨菲尔德（Andy Hertzfeld）。Mac OS X于2001年首次在商场上推出。它包含两个主要的部分：①Darwin，是以BSD原始代码和Mach微核心为基础，类似UNIX的开放原始码环境，由苹果电脑采用并与独立开发者协同作进一步的开发；②一个由苹果电脑开发，命名为Aqua的有版权的GUI。

4．Windows

Windows操作系统是一款由美国微软公司开发的窗口化操作系统。采用了GUI图形化操作模式，比起从前的指令操作系统（如 DOS）更为人性化。

Windows 操作系统是目前世界上使用最广泛的操作系统。它的第一个版本Windows 1.0于1985 年面世，本质为基于MS-DOS系统之上的图形用户界面的 16 位系统软件。从Windows 3.0开始，Windows 系统提供了对 32 位API的有限支持，并逐渐成为使用最为广泛的桌面操作系统。2000 年 2 月发布的基于 NT5.0 核心的Windows 2000，正式取消了对 DOS 的支持，成为纯粹的 32 位系统。微软又于 2001 年发布了Windows XP大幅度增强了系统的易用性，成为了最成功的操作系统之一，直到 2012 年其市场占有率才降至第二。2006 年底发布的Windows Vista，提供了新的图形界面 Windows Aero，大幅提高了安全性，但市场反应惨淡。2009 年推出了Windows 7，重新获得成功。2012 年微软推出了支持 ARM 架构的 CPU，取消了开始菜单，带有Metro界面的Windows 8以抵御 iPad 等平板电脑对 Windows 地位的影响，但结果令广大消费者不满意。微软在 2013 年 6 月 26 日正式推出了 Windows 8.1 预览版操作系统，此版本为Windows 8 的改进版本，恢复了开始菜单。

2.1.5　Windows 7 概述

Microsoft Windows 是一个为个人电脑和服务器用户设计的操作系统，它有时也被称为“视窗操作系统”。Windows 7 核心版本号为 Windows NT 6.1。Windows 7 可供家庭及商业工作环境、笔记本电脑、平板电脑、多媒体中心等使用。目前 Windows 7 的版本主要有以下 5 种：

- Windows 7 Home Basic，家庭基础版：简化的家庭版，主要新特性有无限应用程序、增强视觉体验（没有完整的 Aero 效果）、高级网络支持（Ad-hoc 无线网络和互联网连接支持 ICS）、移动中心（Mobility Center）。没有 Windows 媒体中心，缺乏 Tablet 支持，没有远程桌面，只能加入不能创建家庭网络组（Home Group）等。
- Windows 7 Home Premium，家庭高级版：面向家庭用户，满足家庭娱乐需求。在家庭基础版上新增 Aero Glass 高级界面、高级窗口导航、改进的媒体格式支持、媒体中心和媒体流增强、多点触摸、更好的手写识别等。
- Windows 7 Professional，专业版：面向爱好者和小企业用户，满足办公开发需求，是替代 Windows Vista 下的商业版。包含的功能有：加强网络的功能，高级备份功能，位置感知打印，脱机文件夹，移动中心（Mobility Center），演示模式（Presentation Mode）。
- Windows 7 Enterprise，企业版：面向企业市场的高级版本，满足企业数据共享、管理、安全等需求。包括多语言包，UNIX 应用支持，内置和外置驱动器数据保护BitLocker，锁定非授权软件运行AppLocker，无缝连接企业网络 Direct Access 等。
- Windows 7 Ultimate，旗舰版：面向高端用户和软件爱好者，拥有 Windows 7 家庭高级版和 Windows 7 专业版的所有功能，它对硬件要求也是最高的。

本书提到的 Windows 7 均指 Windows 7 Ultimate。

2.2　Windows 7 基本操作

2.2.1　Windows 7 的安装

微软在发布 Windows 7 操作系统时，提供了硬件需求列表，如表 2-2 所示。

表 2-2 Windows 7 硬件配置要求

硬件名称	基本需求	建议与基本描述
CPU	1GHz 及以上	安装 64 位 Windows 7 需要更高CPU支持
内存	1GB 及以上	推荐 2GB 及以上
硬盘	16GB 以上可用空间	安装 64 位 Windows 7 需要至少 20GB 及以上硬盘可用空间
显卡	Direct ® 9 显卡支持或 WDDM1.0 或更高版本	如果低于此标准，Aero 主题特效可能无法实现
其他设备	DVD R/W 驱动器	选择光盘安装
网卡	网络支持	需要激活，否则仅用 30 天

目前，Windows 7 安装方法主要有以下几种：

- 光盘安装法：简单易学且兼容性好，可升级安装也可全新安装，安装方式灵活。首先下载相关系统安装盘的 ISO 文件，刻盘备用；然后开机进入 BIOS，设定为光驱优先启动；接着放进光盘，重启电脑，光盘引导进入安装界面，按相应选项进行安装即可。
- 硬盘安装法：启动已有的 Windows 系统，把 Windows 7 系统 ISO 文件解压到其他分区；运行解压目录下的 setup.exe 文件，按相应步骤进行即可。该安装方法简单，但不能格式化当前系统分区。
- U 盘安装法：该方法是目前的主流安装方法，与光盘安装类似，只是不需要刻录。

2.2.2 Windows 7 的启动与退出

1. Windows 7 的启动

启动操作系统是把操作系统的核心程序从启动盘（通常是硬盘）中调入内存并运行的过程。启动 Windows 7，一般有 3 种启动方式：

- 冷启动：也称加电启动，用户只需打开计算机电源开关即可。
- 重新启动：通过执行“开始”菜单中的“重新启动”命令来实现。
- 复位启动：用户只需按一下主机箱面板上的 Reset 按钮（也称复位按钮）即可。该方法带有一定的强制性，不管硬盘是否运行，都会强制关机重启，因此需慎重使用。

2. Windows 7 的退出

使用完计算机后，需要正确退出 Windows 7，以下是两种比较常用的方法：

方法 1：在 Windows 7 系统中关闭所有应用程序窗口后，按 Alt+F4 组合键，弹出“关闭 Windows”对话框，选择“希望计算机做什么（W）？”下拉列表中的“关机”项。如图 2-6 所示，单击“确定”按钮。

方法 2：按下键盘上的 Windows 徽标键或者左键单击“开始”按钮，打开“开始”菜单。如图 2-7 所示，单击“关机”按钮即可。

图 2-6 “关闭 Windows”对话框

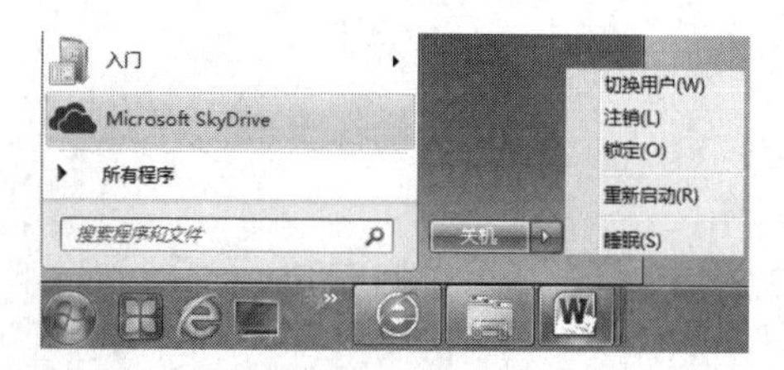

图 2-7 “开始”按钮下“关机”选项

以上两种方法中，用户还可以在下拉列表中选择“注销”、“切换用户”、“重新启动”、“锁定”、“睡眠”和“休眠”命令，其功能含义如表 2-3 所示。

表 2-3　Windows 7 退出命令功能含义

退出命令	功能含义
注销	当前用户身份被注销并退出操作系统，计算机回到当前用户没有登录之前的状态。
切换用户	保留当前用户打开的所有程序和数据，暂时切换到其他用户使用计算机。
重新启动	当计算机不能正常工作，或用户调整系统配置后为使配置生效时，通常需要重新启动系统，相当于执行关机操作后再开机。
锁定	不关闭当前用户程序，锁定当前用户，使用前需要解锁。
睡眠	将当前用户的程序存储在内存中，锁定当前用户，计算机仅为内存供电并关闭其他所有电源以降低功耗。
休眠	一种主要为便携式计算机设计的电源节能状态。休眠状态将打开的文档和程序保存到硬盘中，然后关闭计算机。在 Windows 使用的所有节能状态中，休眠使用的电量最少。对于便携式计算机，如果用户知道将有很长一段时间不使用它，并且在那段时间不可能给电池充电，则应使用休眠模式。

注意：退出 Windows 操作系统时，不要强制关闭计算机电源，否则会导致系统盘产生错误文件，丢失未及时保存的数据，甚至损坏硬盘，下次开机时 Windows 系统将会进行系统扫描，检查非法关机时是否损坏硬盘，并进行一些文件系统的修复工作，所以要按照关闭 Windows 系统的步骤，正确关闭计算机。

2.2.3　Windows 7 桌面应用

Windows 7 桌面一般由桌面图标、任务栏、桌面背景、桌面小工具等组成。如图 2-8 所示。

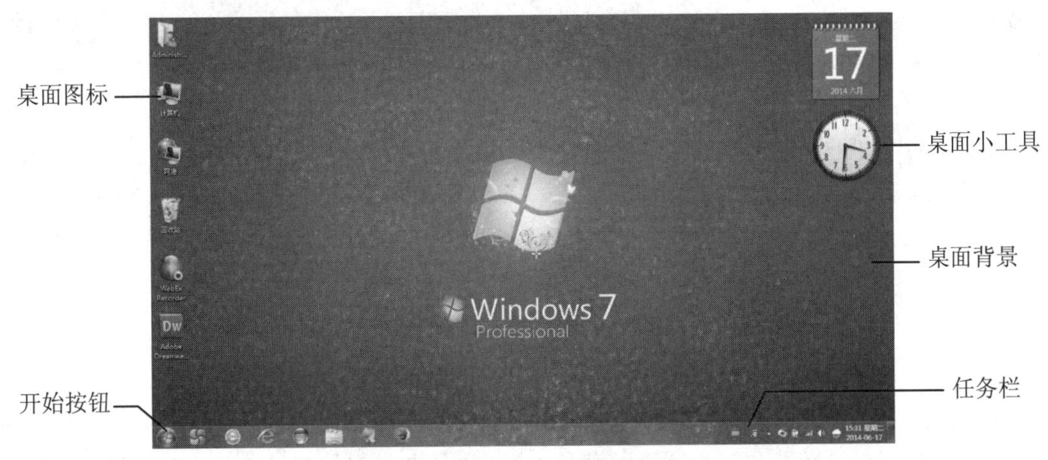

图 2-8　Windows 7 的桌面组成

1. 桌面图标

桌面图标分为系统图标和快捷方式图标。

（1）系统图标。安装操作系统时自带的图标称为系统图标。Windows 7 有五种系统图标，如图 2-9 所示。用户可以根据个人操作或视觉习惯，显示、隐藏或更改系统图标。

（a）Administrator

（b）计算机

（c）网络

（d）回收站

（e）控制面板

图 2-9　系统图标

1）显示或隐藏系统图标。

方法：右键单击桌面空白处，在弹出的快捷菜单中选择“个性化”命令，打开“个性化”窗口；左键单击左栏链接处的“更改桌面图标”命令，弹出“桌面图标设置”对话框；如图 2-10 所示，用户可根据自己所需选择（显示）或取消（隐藏）桌面图标。

2）更改系统图标。

方法：在“桌面图标设置”对话框中，单击“更改图标”按钮，弹出“更改图标”对话框，如图 2-11 所示。用户可以选择自己喜爱的图标样式，或者单击“浏览”按钮，导入个性化的图标样式。

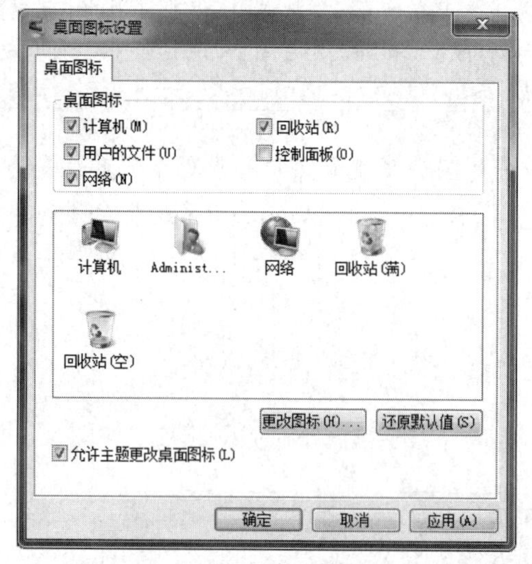

图 2-10　“桌面图标设置”对话框

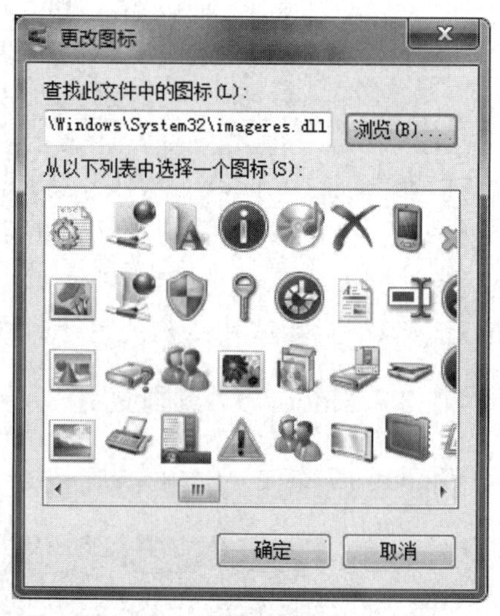

图 2-11　“更改图标”对话框

（2）快捷方式图标。用户在系统环境下安装应用程序时所创建的图标称为快捷方式图标。如图 2-12 所示，从左至右依次是 QQ、迅雷、IE 浏览器和 Word 文档的快捷方式图标。

图 2-12　快捷方式图标

Windows 7 的快捷方式是一个链接对象的图标，它是指向对象的指针，而不是对象本身。快捷方式文件内容包括指向一个应用程序、一个文档或文件夹的指针信息，它以左下角带有一个小黑箭头的图标表示。双击某个快捷方式图标，系统会根据指针的内部链接迅速启动相应的应用程序或打开对应的文档或文件夹。

用户可以在桌面上或其他文件夹内创建指向应用程序、文档、文件夹、磁盘驱动器、打印机等对象的快捷方式图标。具体操作步骤如下：

1）在桌面创建快捷方式图标。

方法 1：右键单击要创建快捷方式的文件对象，在弹出的快捷菜单中选择“发送到”→“桌面快捷方式”命令，即可在桌面上创建一个所选对象的快捷方式。

方法 2：右键单击文件对象，在弹出的快捷菜单中选择“创建快捷方式”命令，然后将新创建的快捷方式图标移动至桌面。

方法 3：右键单击桌面空白处，弹出桌面快捷菜单，选择“新建”→“快捷方式”命令，在弹出的“创建快捷方式”对话框中，单击“浏览”按钮，选择想要创建快捷方式的文件对象。

方法 4：在文件对象所在窗口下，选定图标后单击“文件”菜单项，弹出“文件”下拉菜单，选择“发送到”→“桌面快捷方式”命令。

2）在任意位置创建快捷方式。

方法 1：选中要创建快捷方式的文件对象，选择“编辑”→“复制”命令，再在目标位置选择“编辑”→“粘贴快捷方式”命令。

方法 2：用户可直接右键单击对象图标并拖动该图标到目标文件夹的空白区域，在出现的快捷菜单中选择“在当前位置创建快捷方式”，也可实现在任意位置创建对象的快捷方式。

（3）更改图标的查看方式。桌面图标可以以“大图标”、“中等图标”和“小图标”等方式显示出来，用户可以根据自己的视觉习惯进行相应的设置。

方法：右键单击桌面空白处，在快捷菜单中选择“查看”命令，如图 2-13 所示。

（4）排序桌面图标。为了使桌面看起来整洁有序，可以给桌面上的图标进行排序，排序方式包括“名称”、“大小”、“项目类型”和“修改日期”四种方式。

方法：右键单击桌面空白处，在快捷菜单中选择“排序方式”命令，如图 2-14 所示。

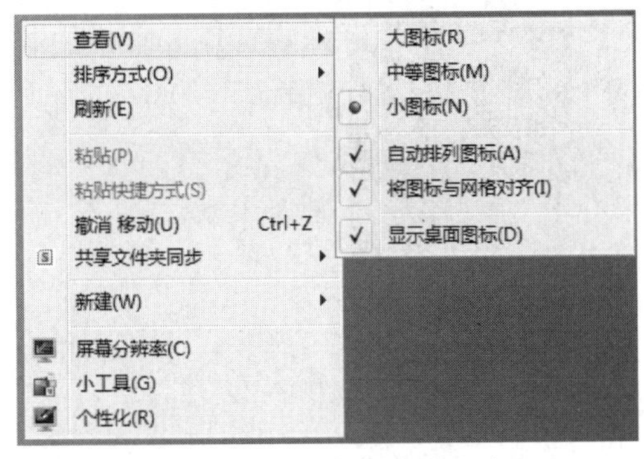

图 2-13　桌面图标查看方式

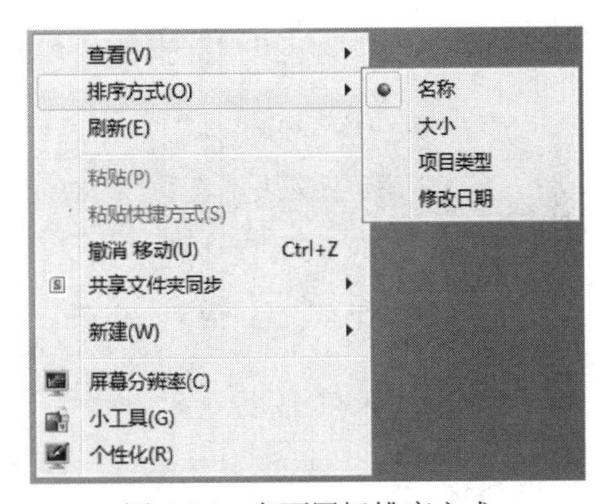

图 2-14　桌面图标排序方式

2. 任务栏

任务栏位于桌面的最底部，主要由“开始”按钮、快速启动区、程序按钮区、通知区和“显示桌面”按钮组成，如图 2-15 所示。

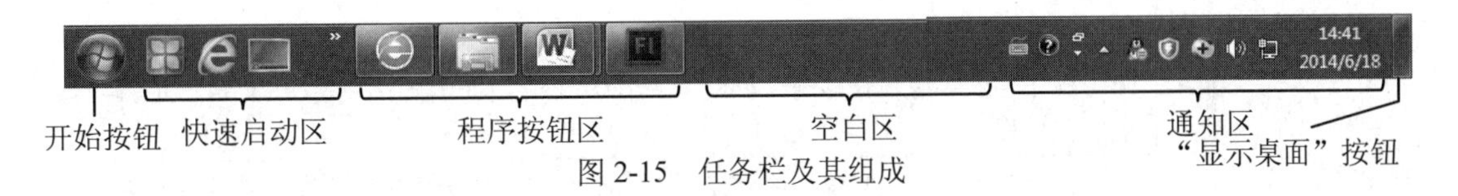

图 2-15　任务栏及其组成

表 2-4 给出了任务栏每个部分的名称和功能含义。

表 2-4 任务栏每个部分的名称和功能含义

名称	功能含义
“开始”按钮	开始按钮是启动程序的起点，单击“开始”按钮即可打开“开始”菜单。通常情况下，所有的程序都挂接在这个多级菜单上。从“开始”按钮开始，可以启动系统中的任何程序。
快速启动区	锁定在该区域的图标多为常用的应用程序图标，便于用户快速启动相应程序。
程序按钮区	显示正在运行的程序的按钮。每打开一个程序或文件夹窗口，代表它的按钮就会出现在该区域。关闭窗口后，该按钮随即消失。
通知区	包括系统时钟以及一些常驻内存的特定程序和计算机设置状态的图标。
“显示桌面”按钮	单击此按钮，所有窗口被最小化，显示 Windows 7 桌面。

3. “开始”菜单

“开始”菜单汇集了计算机中程序列表、启动菜单列表、搜索框、所有程序，以及文件夹和选项设置等内容，如图 2-16 所示。用户单击任务栏上的“开始”按钮或 Windows 徽标键即可启动“开始”菜单。其功能含义如表 2-5 所示。

图 2-16 “开始”菜单

表 2-5 “开始”菜单各部分功能含义

名称	功能含义
程序区	固定程序列表。该列表程序会固定显示在“开始”菜单中，以便于用户快速地打开其中的应用程序。
	常用程序列表。为方便用户的使用，常用程序列表显示出用户常用的程序，此列表是随着时间动态分布的，通常是系统根据用户平常的操作习惯，逐渐列出最常用的几个应用程序。

续表

名称	功能含义
	“所有程序”按钮。系统中安装的所有程序都可以在“所有程序”列表中找到。该列表按照字母顺序排列，上面显示程序列表，下面显示文件夹列表。单击列表中某文件夹图标，可以展开或收起此文件夹下的程序列表。
启动菜单列表	提供对常用文件夹、文件、设置和功能的访问。单击即可打开相应窗口。
搜索框	通过键入搜索项可在计算机上查找程序和文件，并把搜索结果列表显示在搜索框的上方。
“关机”按钮	单击即可关闭计算机。单击右侧按钮“ ”，可选择退出计算机的方式，如注销、锁定、重启、休眠等。

4. 桌面小工具

桌面小工具是 Windows 7 操作系统新增功能，可以方便用户使用，通常显示在桌面边栏位置，如图 2-8（Windows 桌面组成）所示。有些小工具需要联网才能使用（如天气等），有些则不需要联网（如时钟、日历等）。在桌面添加小工具的方法如下：

方法：右键单击桌面，在弹出的快捷菜单中选择“小工具”，即可弹出“桌面小工具”对话框，如图 2-17 所示；选中某个小工具，按住鼠标左键拖动到桌面即可。

如果用户想获取更多的小工具，可单击“联机获取更多小工具”按钮，从微软官方网站获取。当然用户也可从网上下载桌面小工具软件，如八戒桌面小工具，如图 2-18 所示。

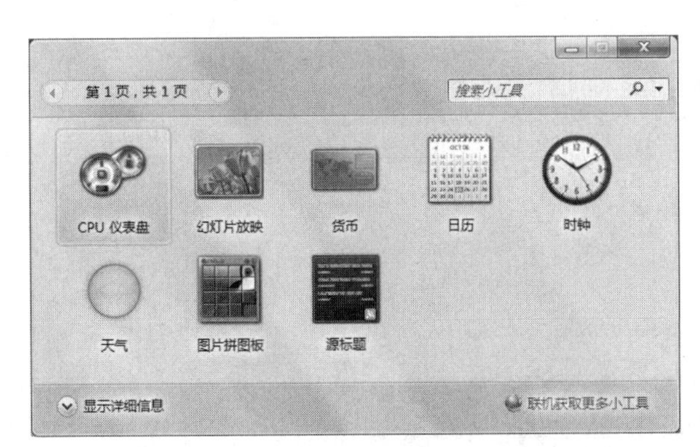

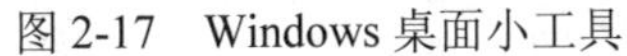
图 2-17　Windows 桌面小工具

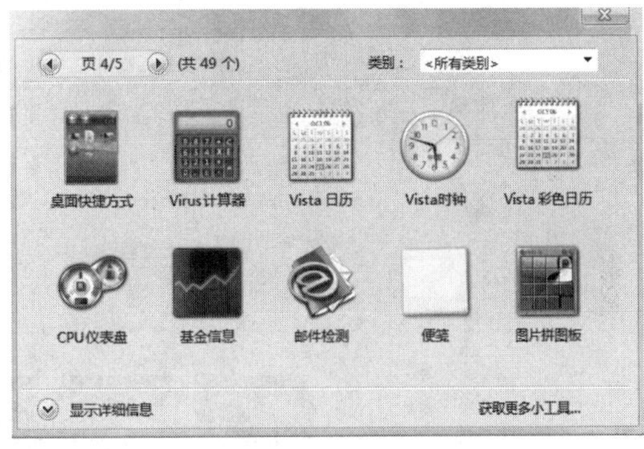

图 2-18　八戒桌面小工具

2.2.4　Windows 7 个性化设置

Windows 7 个性化设置用来满足不同用户的爱好和需求，是 Windows 7 人性化的体现。Windows 7 个性化设置主要包括个性化外观与主题、个性化任务栏、个性化桌面小工具、Aero 和 Clear Type 设置等。

1. 个性化外观与主题

外观与主题是设置用户个性化工作环境的最重要的体现。

方法：右键单击桌面空白处，在快捷菜单中选择“个性化”命令，即可打开“个性化”设置窗口，如图 2-19 所示。选择某个主题即可更改桌面背景、窗口颜色、声音和屏幕保护程序。

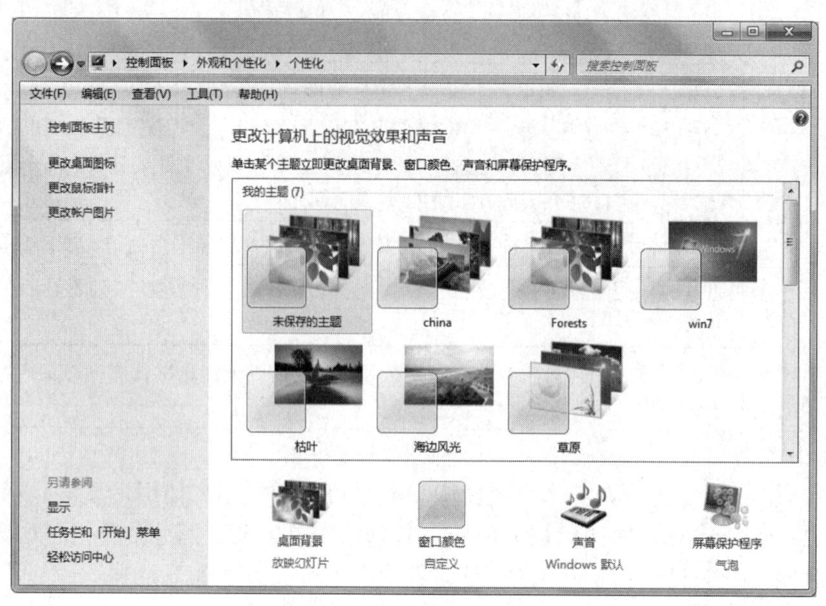

图 2-19　“个性化”设置窗口

（1）桌面背景。桌面背景是指桌面所采用的图案，也称墙纸。

方法：在“个性化”设置窗口，单击窗口底部的“桌面背景”，打开“桌面背景”设置窗口。如图 2-20 所示。

图 2-20　“桌面背景”设置窗口

用户可以通过“浏览”按钮选择自己喜爱的图案，既可以是一张图案，也可以是多张图案。如果是多张图案，可以设置“更改图片时间间隔”为 1 分钟、5 分钟或 30 分钟等。“图片位置”包括填充、适应、拉伸、平铺和居中，用户可以选择不同的“图片位置”以观察图案在桌面中的效果。

（2）窗口颜色。如果用户对 Windows 7 系统默认的颜色外观不满意，可以设置具体的颜色方案，以便获得更好的视觉效果。

方法：在个性化设置窗口，单击窗口底部的“窗口颜色”，打开“窗口颜色和外观”设置窗口。如图 2-21 所示。

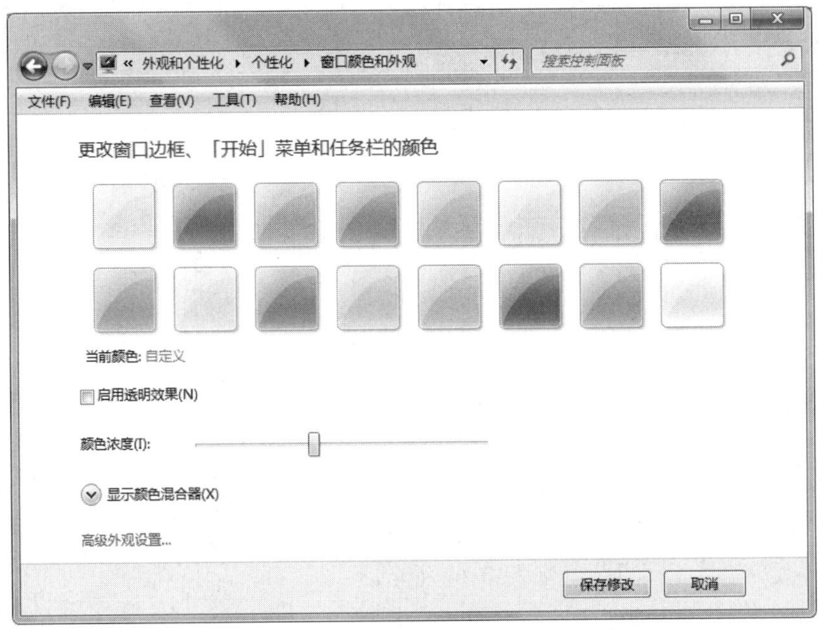

图 2-21　“窗口颜色和外观”设置窗口

系统默认提供了 16 种窗口颜色，如天空、黄昏、大海、紫罗兰色、南瓜色等。用户选择某种窗口颜色后，可通过“颜色浓度”滑块来调节某种窗口颜色的浓度，也可通过“颜色混合器”来调节某种窗口颜色的色调、饱和度和亮度。

如果用户选择了“启用透明效果”复选框，则窗口、对话框的边框上和任务栏等都会呈现半透明效果，这是一种 Windows Aero 视觉特效的“玻璃”设计。

用户还可以通过“高级外观设置”按钮，打开“窗口颜色和外观”对话框，具体设置某个项目和字体的属性。

（3）声音主题。声音主题是应用于 Windows 和程序事件中的一组声音，系统的大多数操作都伴随着特定的声音效果。Windows 7 自带了 15 种声音方案，用户可以选择现有方案或保存修改后的方案。

方法：在个性化设置窗口，单击窗口底部的“声音”，弹出“声音”设置对话框。如图 2-22 所示。

（4）屏幕保护程序。在实际使用中，若彩色屏幕的内容一直固定不变，间隔时间较长后可能会造成屏幕的损坏。因此若在一段时间内不用计算机，可设置屏幕保护程序，以动态的画面显示屏幕，来保护屏幕不受损坏。

方法：在个性化设置窗口，单击窗口底部的“屏幕保护程序”，打开“屏幕保护程序设置”对话框。如图 2-23 所示。

用户可在“屏幕保护程序”下拉菜单中选择适合自己的屏保程序，必要时可单击“设置”按钮对某个屏保程序进行详细设置，或单击“预览”按钮进行效果预览。用户还可设置等待时间及恢复时显示登录屏幕。

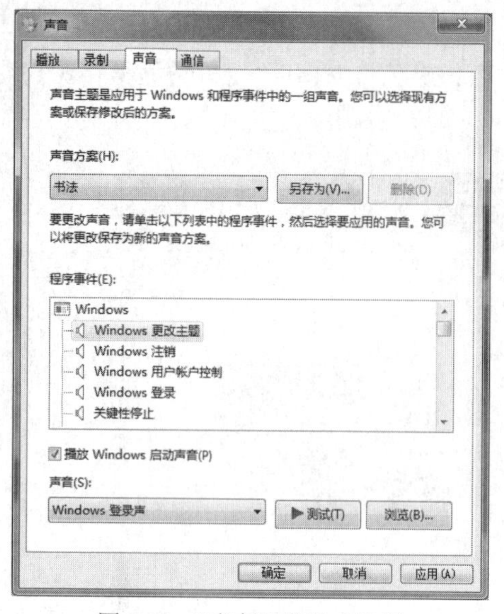

图 2-22 “声音”设置对话框

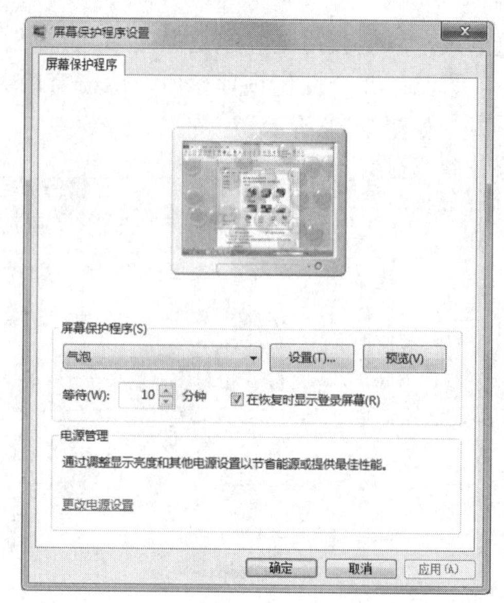

图 2-23 “屏幕保护程序设置”对话框

2. 个性化任务栏、「开始」菜单和工具栏

方法：在任务栏空白处右键单击，在弹出的快捷菜单中选择“属性”命令，打开“任务栏和「开始」菜单属性”对话框，如图 2-24 所示。

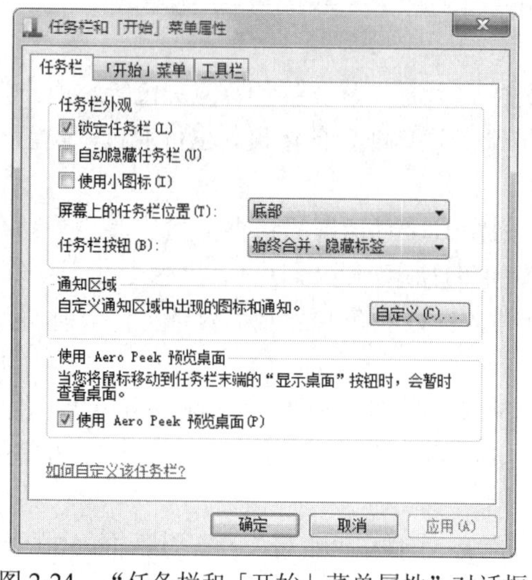

图 2-24 “任务栏和「开始」菜单属性”对话框

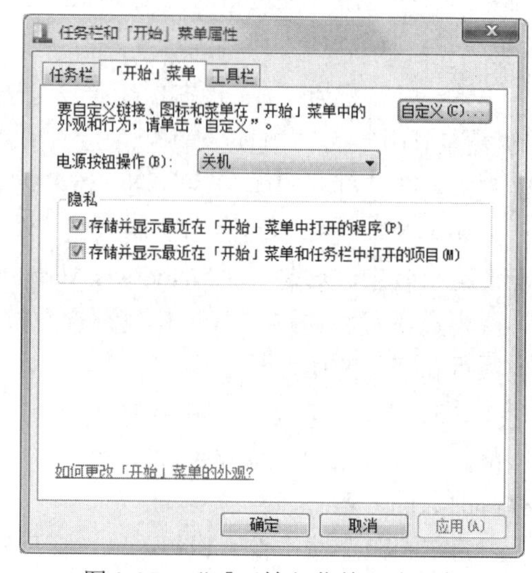

图 2-25 “「开始」菜单”选项卡

（1）个性化任务栏。任务栏既可以使用系统默认设置，也可以根据用户工作或个性需要进行修改。任务栏主要由三部分可选项：任务栏外观、通知区域和使用 Aero Peek 预览桌面。

1）任务栏外观。

- 锁定任务栏：日常操作时，常会不小心将任务栏拖拽到屏幕的左侧或右侧，有时还会将任务栏的宽度拉伸并难以调整到原来的状态，为此，Windows 添加了“锁定任务栏”这个选项，可以将任务栏锁定。
- 自动隐藏任务栏：有时需要的工作面积较大，隐藏屏幕下方的任务栏，可以让桌面显得更大一些，勾选“自动隐藏任务栏”选项即可。如果想要打开任务栏，把鼠标移动到屏幕下边即可看到。

- 使用小图标：改变图标大小的一个选项，方便用户自我调整。
- 屏幕上的任务栏位置：默认是在底部。可在右侧下拉列表中选择“左侧”、“右侧”或“顶部”。如果是在任务栏未锁定状态下，拖拽任务栏可直接将其拖拽至桌面四侧。
- 任务栏按钮：包括三个可选项“始终合并、隐藏标签”、“当任务栏被占满时合并”和“从不合并”。用户可以打开多个相似窗口或应用程序，分别选择不同的“任务栏按钮”以查看其效果。

2）通知区域。用户可以自定义通知区域中出现的图标和通知。

方法：单击“自定义”按钮，打开“通知区域图标”窗口，如图 2-26 所示。用户可以根据操作需求选择显示或隐藏的图标和通知，即在行为下拉列表中选择“显示图标和通知”、“仅显示通知”或“隐藏图标和通知”。

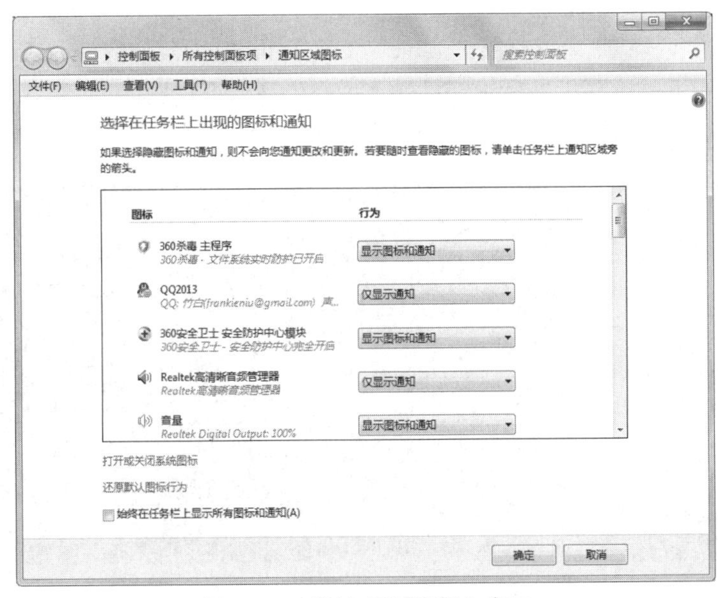

图 2-26　“通知区域图标”窗口

3）使用 Aero Peek 预览桌面。当用户将鼠标移动到任务栏末端的“显示桌面”按钮时，会暂时查看桌面（在后续内容“Aero 视觉特效”中详细介绍）。

（2）个性化「开始」菜单。

「开始」菜单既可以使用系统默认设置，也可以根据用户工作或个性需要进行修改。

- 在图 2-25 中，单击“自定义”按钮，可以自定义「开始」菜单上的链接、图标以及菜单的外观和行为。
- 电源按钮操作默认为“关机”，用户可以在下拉列表中选择“切换用户、注销、锁定、重新启动、睡眠和休眠”选项。
- 用户还可以选择是否存储并显示最近在「开始」菜单或任务栏中打开的程序或项目。

（3）个性化工具栏。这里所说的“工具栏”是指任务栏上的工具栏，是任务栏扩展的应用功能，用户可以选择添加到任务栏上的工具栏。

方法：在“任务栏和「开始」菜单属性”对话框中单击“工具栏”选项卡，勾选需要在任务栏上显示的工具栏即可；或者右键单击任务栏空白处，在弹出的快捷菜单中选择“工具栏”，如图 2-27 所示。

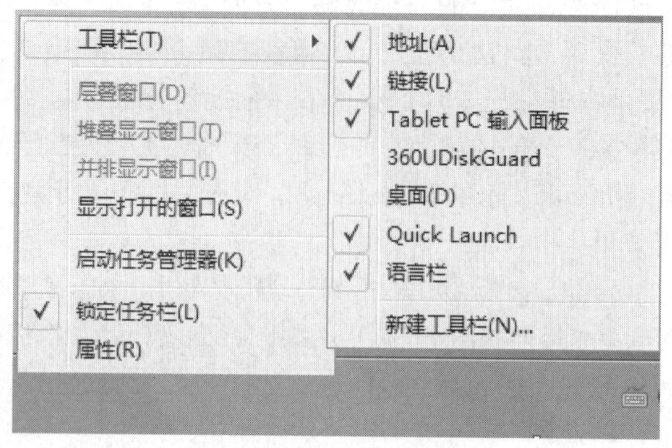

图 2-27 “工具栏”菜单

常见的工具栏包括：地址、链接、Tablet PC 输入面板、桌面、Quick Launch 等。这里仅就常用的“地址”、“链接”和“Tablet PC 输入面板”做以下说明。

1）地址。勾选“地址”复选框，在任务栏中将显示“地址”工具栏，如图 2-28 所示。

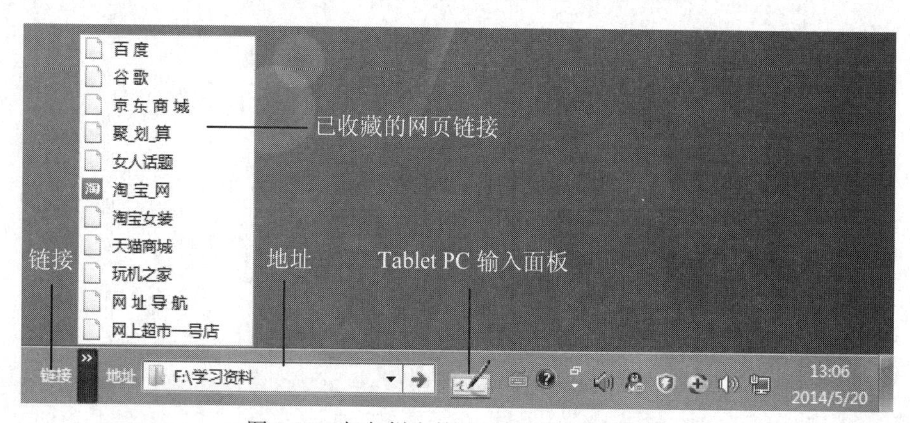

图 2-28 任务栏上的“工具栏”图标示例

用户可以在此地址栏中输入网址，如 www.sohu.com，即可打开浏览器并显示搜狐首页；也可以输入文件或文件夹的地址，如 E:/Windows 7，即可打开 E 盘根目录下的 Windows 7 文件夹；也可以输入应用程序命令，如“calc”可打开计算器，“notepad”可打开记事本，“mspaint”可打开画图工具。

2）链接。勾选“链接”复选框，在任务栏中将显示“链接”工具栏。

用户可以将自己喜欢或常用的网页添加到收藏夹的“链接”中（即“Administrator”→“收藏夹”→“链接”），方便用户选取和操作网页，如图 2-28 所示。

3）Tablet PC 输入面板。用户可在无须使用标准键盘的情况下使用 Tablet PC 输入面板输入文本。如图 2-29 所示。

Tablet PC 输入面板提供了书写板、字符板、屏幕键盘三种选择。可以使用书写板或字符板将手写内容转换为键入的文本，或使用屏幕键盘输入字符，如图 2-30 所示。Tablet PC 提升了手写、识别功能的准确性和速度；支持手写数学表达式；个性化自定义手写词典和识别功能；支持新语言手写识别和文本预测功能等。

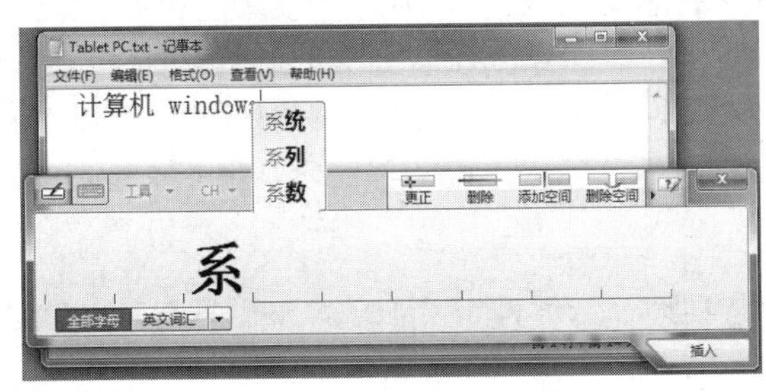

图 2-29　Tablet PC 输入面板

图 2-30　屏幕键盘输入字符

3. Windows 语音识别

Windows 语音识别是一个辅助性工具，能够帮助用户用语言的形式和计算机进行交互。可以使用户真正的脱离键盘，轻松实现人机对话。通过声音控制窗口、启动程序、在窗口之间切换、使用菜单和单击按钮等功能，也可以实现语言识别输入文字。

方法：单击“开始”→“所有程序”→“附件”→“轻松访问”→“Windows 语音识别”命令，即可打开 Windows 语音识别窗口，然后用“口令”操作系统。

如图 2-31 所示，对着麦克说“打开写字板”，则可打开写字板程序，接着想输入什么文字，就说出什么文字。在 Windows 语音识别窗口，用户可以使用各种命令操作，如“换行”、“粗体”、“查找”、“关闭”等。

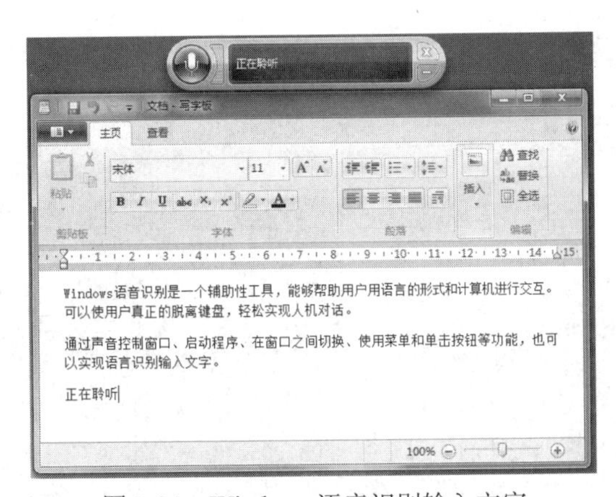

图 2-31　Windows 语音识别输入文字

4. Aero 视觉特效和 Clear Type 文本设置

Windows Aero 是从 Vista 系统开始使用的一种视觉效果，是一种具有立体感和透明感的用户界面。

（1）Windows Flip。Windows Flip 是之前 Windows 版本中的 Alt+Tab 组合键功能的升级。Windows Flip 可以显示打开窗口的活动缩略图，而不是通用图标，这使用户更加轻松地确定要查找的窗口。如图 2-32 所示，为打开多个窗口时的切换效果。

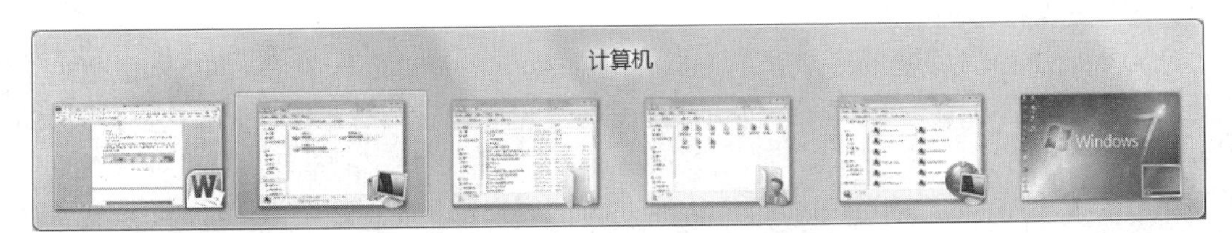

图 2-32　Windows Flip 切换效果

（2）活动任务栏缩略图。在 Windows Aero 中，活动任务栏缩略图显示了当前打开窗口的实际内容和任务栏上最小化窗口中的内容。如图 2-33 所示，当光标移动到打开的窗口时所显示的“活动任务栏缩略图”。当用户将光标悬停在任务栏上平铺的标题时，即可看到该窗口中的“活动”内容。

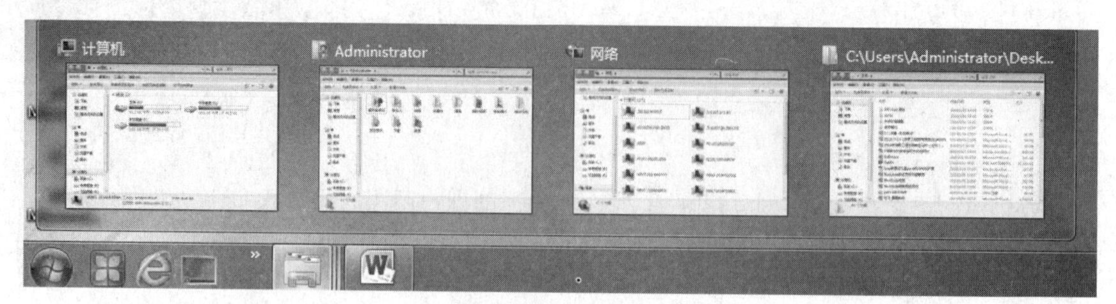

图 2-33　活动任务栏缩略图

（3）Windows Flip 3D。Windows Flip 3D 为用户提供了查找所需窗口的新方法。当按下 Windows+Tab 组合键时，Windows Flip 3D 会动态显示用户桌面上所有打开的三维堆叠视图的窗口，如图 2-34 所示。在该视图中，用户可以在打开的窗口中旋转找到所需窗口。Windows Flip 3D 甚至可以显示活动的进程，如播放视频。

图 2-34　Windows Flip 3D 切换效果

（4）Aero Shake。Aero Shake 为 Windows 7 系统中的特效之一。如果用户桌面上打开了很多窗口，但是只想使用其中一个，同时让其他窗口都最小化，这时用户可以把光标放在欲保留窗口的标题栏上，按住鼠标左键左右晃动两下，其他窗口就最小化了。如图 2-35 所示，当在浏览器标题栏上按住鼠标左键左右晃动两下后的效果图。若再晃动两下，所有窗口都会重新回来，而且会保持之前的布局。

（5）Aero Peek。Aero Peek 也是 Windows 7 特效之一。Windows 7 之前的版本都是在任务栏的快速启动区里带有“显示桌面”功能按钮，单击该按钮，所有已打开的窗口都会最小化，再单击一次，所有窗口都会还原。而在 Windows 7 中，取而代之的是任务栏时钟右侧的一块透明矩形区域，当鼠标悬停这块区域时，所有打开的窗口都将变得透明，只剩一个框架。如图 2-36 所示。此功能也可通过“Windows +空格”组合键实现。

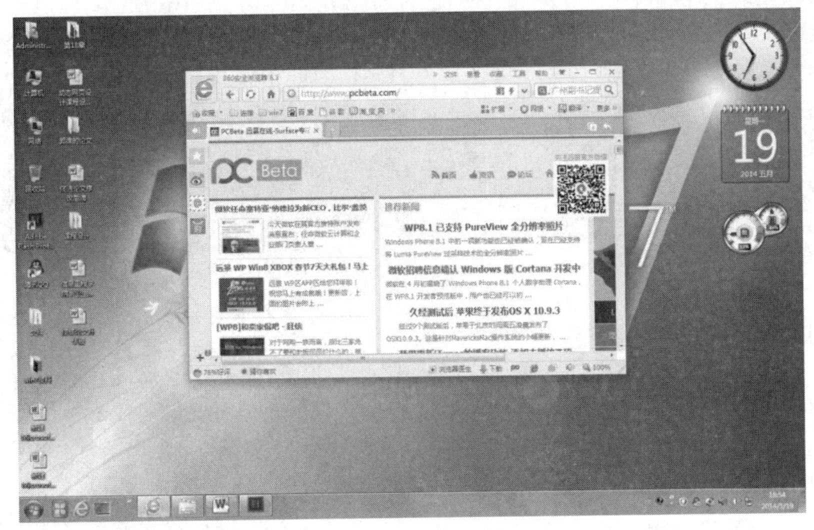

图 2-35　Aero Shake 特效

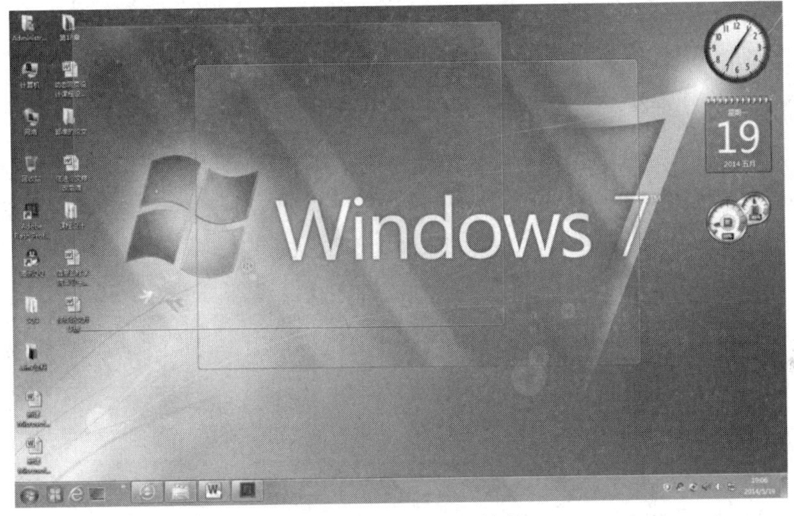

图 2-36　Aero Peek 特效

（6）Aero Snap。Aero Snap 也是 Windows 7 特效之一，它提供了大量重置窗口位置和调整窗口大小的方式，这些操作只需通过拖动鼠标或 Windows 键与方向键组合即可实现。例如，想要最大化窗口，只需选中窗口标题栏并按住不放，将窗口拖至屏幕最上方，窗口将会自动最大化，此操作也可使用“Windows + ↑”组合键；如果需要靠左（右）显示，可以使用“Windows + ←”（“Windows + →”）组合键，如图 2-37 所示；如果要将窗口还原，可使用“Windows + ↓”组合键。

（7）Clear Type 文本设置。Clear Type 不是专门的字体，而是一种显示技术，可以称为“超清晰显示技术”，主要针对 LCD 液晶显示器设计，可以大大增强所有文字的显示清晰度（包括中文）。

方法 1：“控制面板”→“外观与个性化”→“显示”，在“显示”窗口的链接区单击“调整 Clear Type 文本”，打开“Clear Type 文本调谐器”对话框，如图 2-38 所示，用户可单击“下一步”，依照向导提示进行设置。

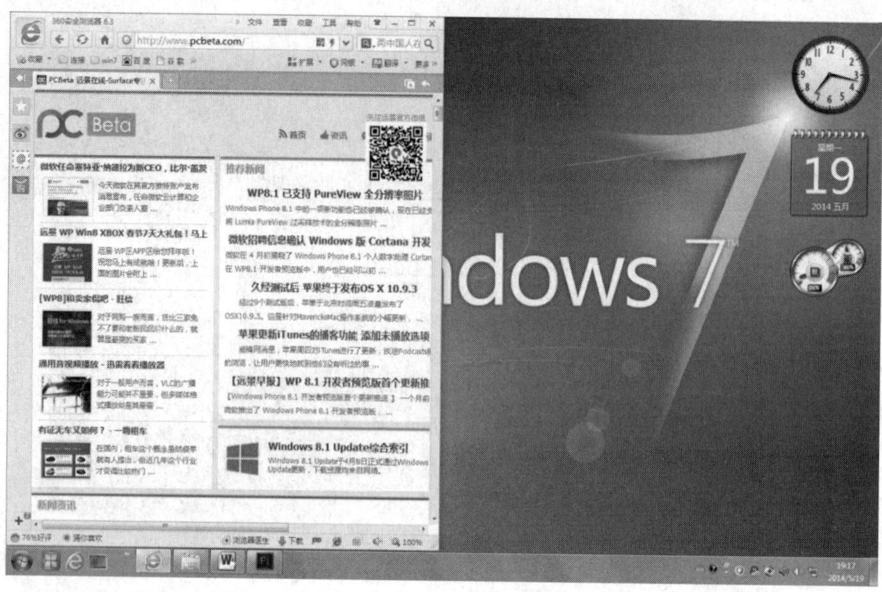

图 2-37　Aero Snap 特效

方法 2：桌面空白处右键单击，在弹出的快捷菜单中选择“个性化”，在“个性化”窗口左栏链接区底部选择“显示”，其他步骤同方法 1。

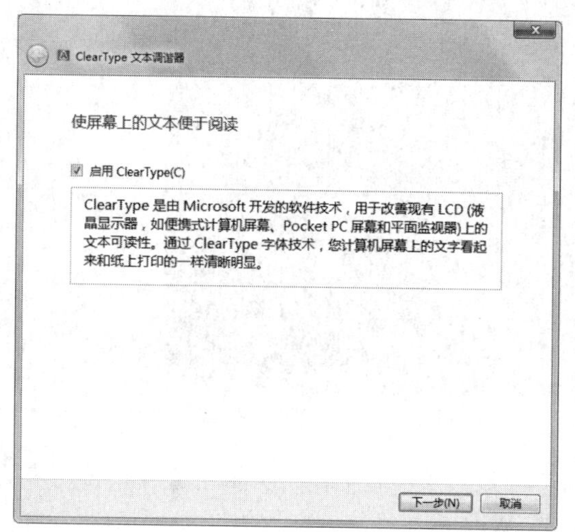

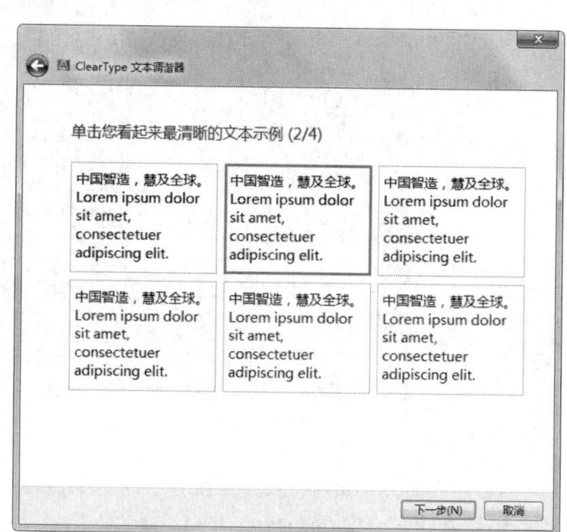

图 2-38　“Clear Type 文本调谐器”对话框

2.2.5　Windows 7 的窗口与对话框

1. 窗口

窗口是最基本的用户操作界面。在 Windows 7 系统中，应用程序、文件或文件夹被打开时，都会以窗口的形式出现在桌面上，通过窗口提供的菜单、按钮来完成操作。

（1）窗口的组成。对于不同的程序、文件，虽然每个窗口的内容各不相同，但所有窗口都具有相同的组成部分。如图 2-39，以“图片库”窗口为例。表 2-6 给出了图 2-39 对应窗口的组成和功能含义。

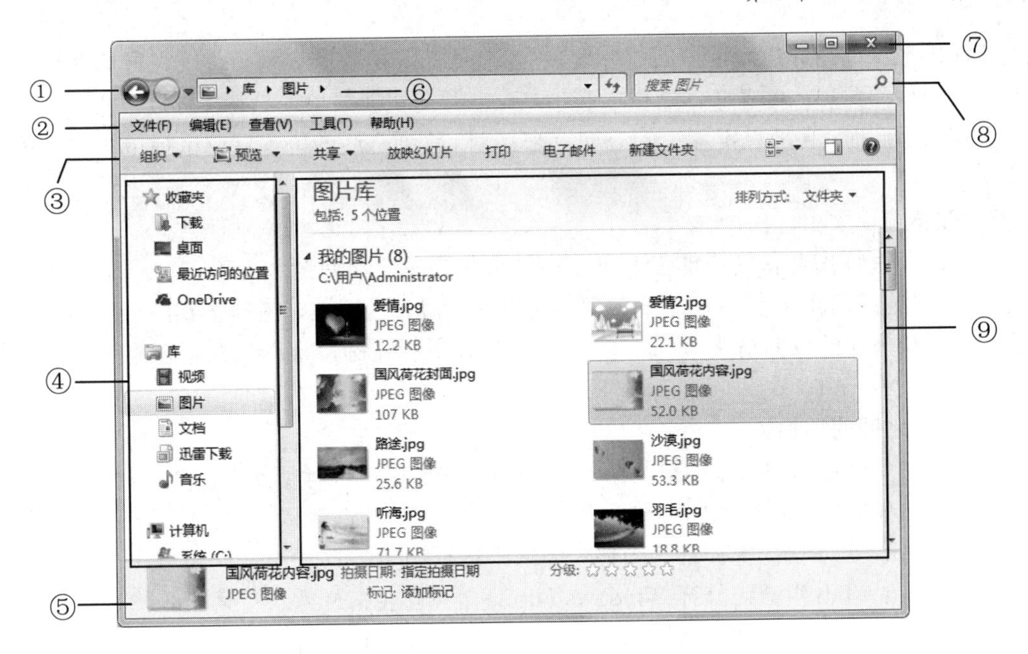

图 2-39　“图片库”窗口的组成

表 2-6　窗口组成和功能含义

序号	名称	功能含义
①	“前进”和“后退”按钮	可以快速在前一个窗口和后一个窗口间切换
②	菜单栏	提供了用户在操作过程中用到的各种访问途径（如窗口中未显示菜单栏，可通过“工具栏”→“组织”→“布局”→“菜单栏”操作显示）
③	工具栏	包括了一些常用的功能按钮，通过单击按钮即可完成相应的操作
④	导航窗格	可以方便用户查找所需的文件或文件夹的路径
⑤	详细信息面板	显示了所有文件的详细信息
⑥	地址栏	在地址栏中可以看到当前窗口在计算机或网络上的位置。在地址栏中输入文件路径后，单击“转到”按钮，即可打开相应的窗口
⑦	窗口控制按钮	包括最大化、最小化和关闭按钮
⑧	搜索栏	在“搜索计算机”文本框中输入词或短语可查找当前文件夹中存储的文件或子文件夹
⑨	窗口工作区	用于显示操作对象以及操作结果

（2）窗口的操作。

1）打开窗口。

打开窗口可通过下面三种方式来实现。

- 选中要打开的窗口图标，然后双击打开。
- 选中要打开的窗口图标，按 Enter 键。
- 右击选中的图标，在快捷菜单中选择“打开”命令。

2）移动窗口。

当窗口不是最大化时，可以移动窗口和改变窗口大小。

方法：把鼠标指针指向窗口的“标题栏”，按住左键拖动窗口到新位置，释放左键。如果需要精确地移动窗口，可以在标题栏上右击，在打开的快捷菜单中选择“移动”命令，当屏幕上出现移动标志时，再通过键盘上的方向键来移动，移到合适的位置后用鼠标单击或者按回车键确认。

3）改变窗口大小。

方法：当鼠标指针移到边框位置时，指针形状会变成双向箭头（↔、↕），这时按住鼠标左键不放，并拖动鼠标，便可以改变窗口的宽度和高度；当把鼠标指针移到四个边角位置，鼠标形状呈对角方向的双向箭头（⤡、⤢）时，按住鼠标左键，拖动鼠标可以同时在两个方向上改变窗口大小。

4）窗口之间的切换。

在打开的多个窗口中可以通过以下操作在不同的窗口中进行切换。

- 单击任务栏上对应的图标按钮。
- 按 Alt + Esc 快捷键在打开的多个窗口中进行切换。
- 按 Alt + Tab 组合键打开 Windows Flip 逐个浏览窗口标题进行切换。
- 按 Windows + Tab 组合键打开 Windows Flip 3D 窗口进行切换。

5）排列窗口。

右键单击任务栏的空白处，在弹出的快捷菜单中选择“层叠窗口”、“堆叠显示窗口”或“并排显示窗口”命令，使所有打开的窗口在桌面上重新排列。

6）关闭窗口。

用户完成对窗口的操作后，在关闭窗口时有下面几种通用方式：

- 直接在标题栏上单击“关闭”按钮。
- 双击控制菜单按钮 (在窗口标题栏左侧)。 如图 2-40 所示为记事本控制菜单按钮。
- 单击控制菜单按钮，或按下快捷键 Alt+空格，选择“关闭”命令。如图 2-41 所示，记事本控制菜单。
- 右击标题栏，从弹出的窗口控制菜单中选择“关闭”命令。
- 鼠标指向任务栏上的程序按钮，其上方显示多窗口活动缩略图，右击其中的一个缩略图，选择“关闭”命令；或鼠标移至某个缩略图右上方，单击“关闭”按钮。
- 右击任务栏上的某个程序按钮，选择“关闭窗口”命令。
- 使用 Alt+F4 组合键。

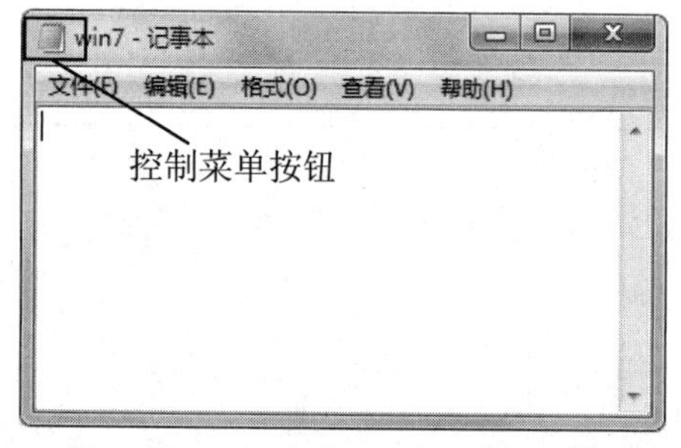

图 2-40 “记事本”的控制菜单按钮

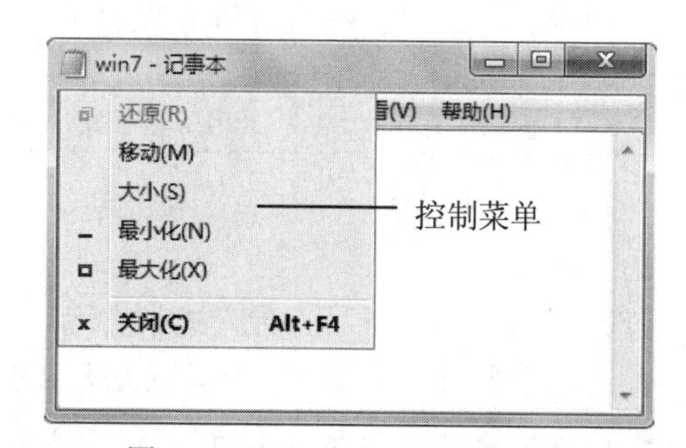

图 2-41 “记事本”的控制菜单

因不同窗口组成不同，有些窗口还有其他关闭方法，如“计算机”窗口还可有以下关闭方式。

- 选择菜单栏上的“文件”→“关闭”命令。
- 单击工具栏上的“组织”→“关闭”按钮。

2. 对话框

对话框是 Windows 为用户提供信息或要求用户提供信息而出现的一种交互界面。用户可在对话框中对一些选项进行选择，或对某些参数做出调整。

对话框是窗口的一种特殊形式，由带有“…”的菜单命令导出。对话框的组成与窗口相似，但比窗口更简洁、直观，对话框和窗口的区别如下：

- 窗口一般都包含菜单，而对话框没有。
- 对话框具有如“确定”、“取消”、“是”、“否”、或“应用”等带有选择性的按钮。
- 对话框的大小不能改变，也没有最大化、最小化按钮。
- 对话框中可包含各种特定的对象，如选项卡、单选按钮、复选框、文本框、列表框、下拉列表框等，通过它们可以实现用户与计算机之间的信息传递，设置完成特定的任务或命令所需要的参数。

不同的对话框其组成部分各不相同，下面以“打印”对话框为例予以说明，如图 2-42 所示。对话框各组成部分的功能如表 2-7 所示。

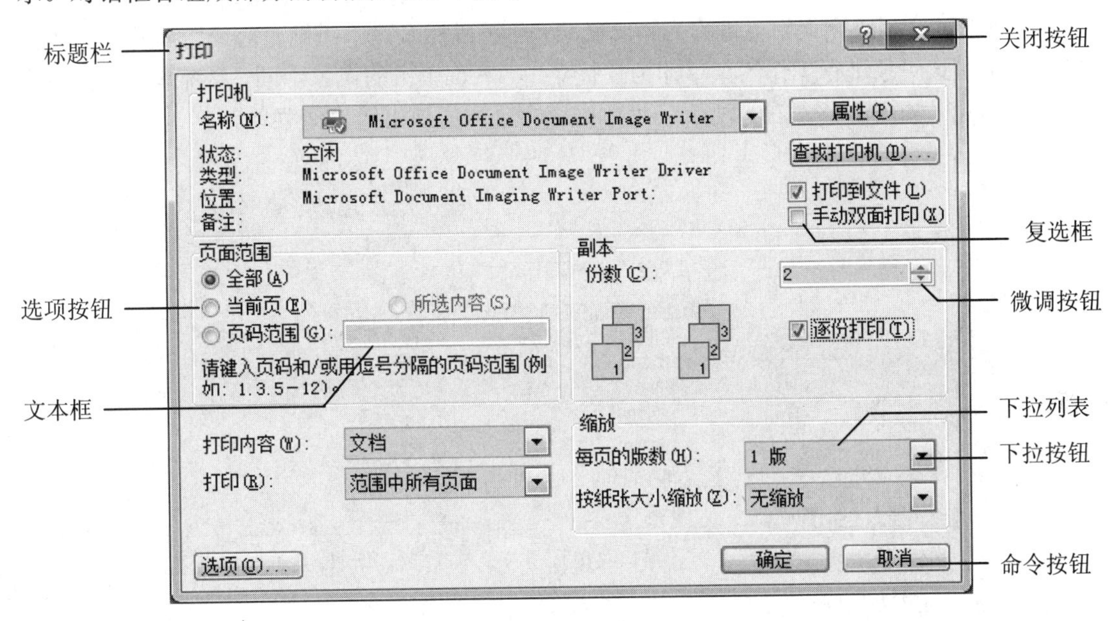

图 2-42　“打印”对话框

表 2-7　对话框的组成

名称	功能含义
标题栏	每个对话框都有标题栏，位于对话框的最上方，左侧标明对话框的名称，右侧有关闭按钮
选项卡	一些对话框内选项较多，则以多个选项卡分类显示，每个选项卡内都包含一组选项
命令按钮	带有文字的矩形按钮，直接单击可快速执行相应的命令，常见的有“确定”和“取消”按钮
文本框	一种用于输入文本信息的矩形区域
复选框	一个后面附有文字说明的小方框，当被单击选中后，在小方框内出现复选标记√

续表

名称	功能含义
下拉列表	单击下拉按钮而弹出的一种列出多个选项的小窗口，用户可以从中选择一项
选项按钮	一个后面附有文字说明的小圆圈，当被单击选中后，在小圆圈内出现蓝色圆点。通常多个选项按钮构成一个选项组，当选中其中一项后，其他选项自动失效。选项按钮又称单选按钮
微调按钮	单击微调按钮的向上或向下箭头可以改变文本框内的数值，也可在文本框中直接输入数值

3. 菜单

菜单是提供一组相关命令的清单。Windows 7 的大部分命令是通过菜单来完成的。

（1）菜单的分类。

- “开始”菜单。通过单击“开始”按钮打开的菜单。
- 控制菜单。当单击窗口标题栏中的控制菜单按钮时，打开的下拉菜单，称为控制菜单。如图 2-43（左）所示，单击记事本控制按钮打开的控制菜单。
- 窗口菜单。应用程序窗口所包含的菜单，为用户提供应用程序中可以执行的命令，通常以菜单栏形式提供。当用户单击其中某个菜单项时，系统就会打开一个响应的下拉菜单。如图 2-43（中）所示，为单击“文件”菜单弹出的下拉菜单。
- 快捷菜单。快捷菜单也可称为弹出式菜单。用鼠标右键单击某个对象时所弹出的可用于对该对象进行操作的菜单即为快捷菜单。右键单击的对象不同，系统弹出的菜单也不同。如图 2-43（右）所示，为单击空白桌面所弹出的快捷菜单。

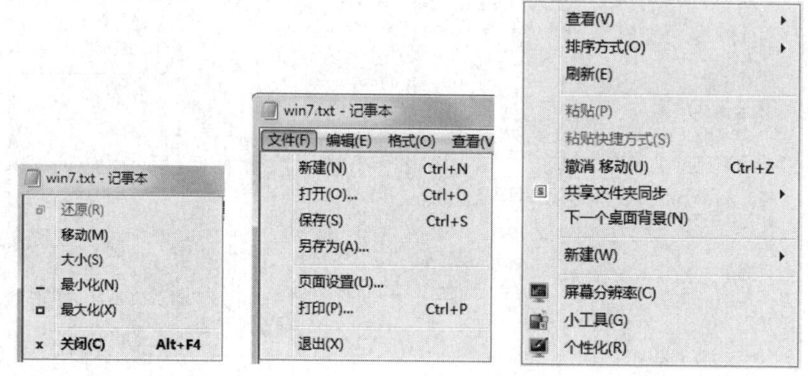

图 2-43 控制菜单（左）、窗口菜单及下拉菜单（中）和快捷菜单（右）

（2）菜单命令的选择。

无论是哪种菜单，都可以通过以下的方法来选择某个菜单命令。

- 使用鼠标。利用鼠标单击某菜单命令。
- 使用键盘。一般菜单名后面都有字母，如：编辑（E），用 ALT+字母即可选中菜单命令。
- 使用快捷键。快捷键通常是一个组合键，由 Alt、Ctrl 或 Shift 和一个字母组成，可以用来执行一个菜单命令。如：快捷键 Ctrl+A 为“全选”命令，快捷键 Ctrl+C 为“复制”命令，快捷键 Ctrl+V 为“粘贴”命令，快捷键 Ctrl+X 为“剪切”命令等。

（3）菜单命令选项。

打开菜单后，仔细观察各种菜单项，会发现它们有各种不同的表示方法，这些表示方法的含义如表 2-8 所示。

表 2-8　菜单命令的表示方法及其功能含义

表示方法	功能含义
高亮显示条	表示当前选定的命令
热键	菜单命令后的字母，可以按“Alt+字母”组合键选择菜单命令
无效	灰色菜单选项表示当前不能使用，成为无效命令
后带“…”	选择了这种菜单项后出现一个对话框，用于指定执行命令所需的详细信息
前有对号“√”	复选标记，控制某些功能的开关，一组选项中可以同时选多个，再次选择它时可以将对号去掉，即取消选择
前有圆点•	单选标记，控制某种状态的切换，一组选项中只可选中一个
后有组合键	使用菜单命令的快捷键
后有三角号▶	下级菜单箭头，表示该菜单选项有子菜单
横线	菜单命令分组界限

2.2.6　Windows 7 的附件小程序

Windows 7 系统在附件中集成了一些常用的程序，例如：写字板、计算器、录音机、放大镜、截图工具等。启动附件小程序的步骤：“开始”→“所有程序”→“附件”，即可选择所需的附件小程序。

1. 写字板

“写字板”是 Windows 7 自带的一种文字处理程序，用户可以利用它进行日常工作中对文件的编辑，如输入文本，插入图片、声音、视频剪辑，以及图文混排等。如图 2-44 所示。在后续章节读者会学到 Word 2010 的操作，写字板是简化版的 Word，这里不再介绍其功能和操作方法。

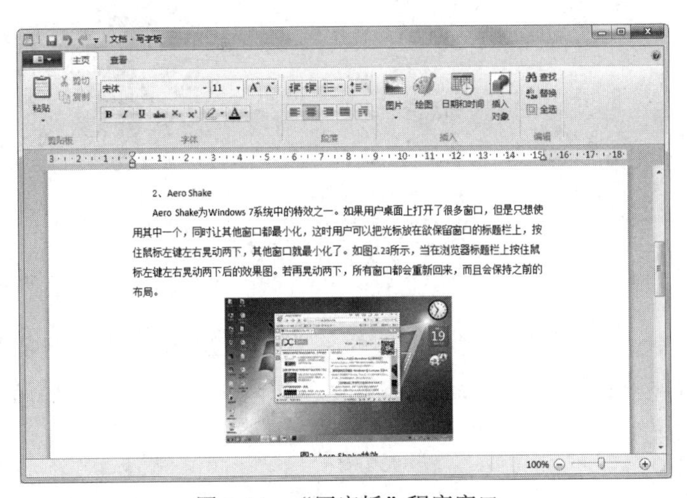

图 2-44　“写字板”程序窗口

2. 记事本

“记事本”是 Windows 7 附件中的一个文本编辑小程序，其功能没有“写字板”强，仅支持文本格式，适于编辑一些篇幅短小的简单文档。如图 2-45 所示。其功能和功能方法这里不再介绍，读者可自行学习。

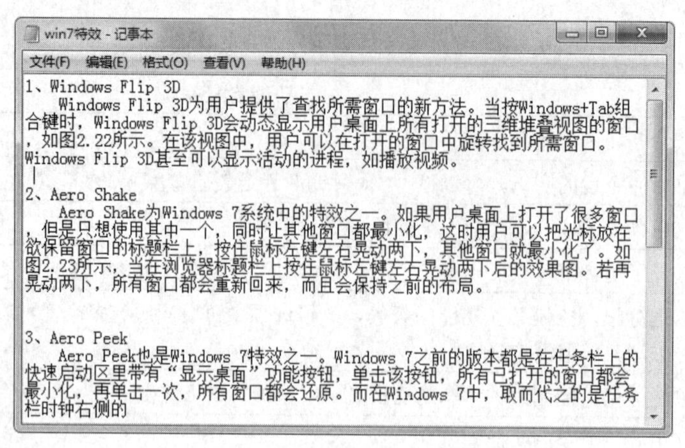

图 2-45　“记事本”程序窗口

3. 画图

Windows 7 附件中的画图程序是一个色彩丰富的图像处理程序。画图程序具有一套完整的绘图工具和颜料盒，可以绘制五颜六色的线条、椭圆、矩形等图画，也可以对其他图片进行查看和编辑。如图 2-46 所示。

图 2-46　“画图”程序窗口

4. 便笺

便笺与日常生活中的便利贴一样，不同的只是它可以粘贴到电脑屏幕上，用户在使用电脑办公时就可以方便地看到便笺上的提醒内容。如图 2-47 所示，用户只需要输入内容，移动到桌面的某个适当位置即可。单击便笺左上角的“+”按钮创建便笺，单击便笺右上角的关闭按钮删除便笺。

图 2-47　便笺

提示：Windows 7附件中还有计算器、录音机、截图工具、Microsoft讲述人、放大镜等既简易又实用的小程序，可以作为日常学习、生活、办公的小助手。

2.3　Windows 7文件与文件夹管理

Windows 7 文件系统为用户提供了一种简便、统一的存取信息和管理信息的方法。在Windows 7中采用文件的概念组织管理计算机系统信息资源和用户数据资源，用户只需要给出文件的名称，使用文件系统提供的操作命令，就可以调用、编辑和管理文件。

2.3.1　文件和文件夹

1. 文件与文件夹的概念

文件是一组逻辑上相互关联的信息的集合，用户在管理信息时通常以文件为单位。如一份报告、一张报表、一幅图片，一首歌曲，一部电影等。文件夹是用来组织和管理磁盘文件的一种数据结构，是存储文件的容器，该容器中还可以包含文件夹（通常称为子文件夹）或文件。

文件根据类型的不同，使用不同的图标显示，如图2-48所示，从左至右分别为Word文档、jpg图片文件、AVI视频文件和MP3音频文件。文件夹图标采用更直观的透明图标显示，用户一看文件夹就可以知道其中是否有文件与子文件夹，如图2-49所示，左图文件夹中包含图片，右图为空文件夹。

图2-48　文件类型

图2-49　文件夹

2. 文件名与扩展名

文件名是存取文件的依据，文件系统实行“按名存取”。Windows 7系统对文件的命名遵循“文件名.扩展名”的规则。如图2-48，“Win7 logo . jpg”、“my soul . mp3”等都是符合规则的文件名。文件名由字母、数字、下划线等字符组成，一般由用户自行定义，可以任意修改；扩展名具有特定的含义，标识文件的类型，由一些特定的字符组成，通常随应用程序自动产生，不宜随意修改。

文件的具体命名规则如下：

（1）文件名不区别字母的大小写。

（2）在文件名中，最多可用255个字符，也可以用汉字命名，最多可用127个汉字。

（3）文件名中可以使用多分隔符，如my.book.pen.txt。

（4）文件名中可以有空格但不能出现以下字符：\ / < > | * ? : "

（5）在同一文件夹中不能有同名文件。

文件扩展名代表了文件的不同类型，表2-9列出几种常见的文件类型：

表 2-9 常见的文件类型

扩展名	文件类型	扩展名	文件类型
.sys	系统文件	.txt	文本文件
.com	系统命令文件	.bmp	位图文件
.exe	可执行文件	.jpg	压缩的图形文件
.bat	批处理文件	.doc	Word 文档
.dll	动态链接库文件	.mpg	压缩的视频流文件

2.3.2 "计算机"和"资源管理器"

Windows 7 提供了两种主要的文件管理工具"计算机"和"资源管理器"。

1. 计算机

双击桌面上的"计算机"图标，即可打开"计算机"窗口，如图 2-50 所示。用户可通过左侧导航窗格中的链接，快速浏览文件和文件夹，也可以直接浏览硬盘上的文件和文件夹。

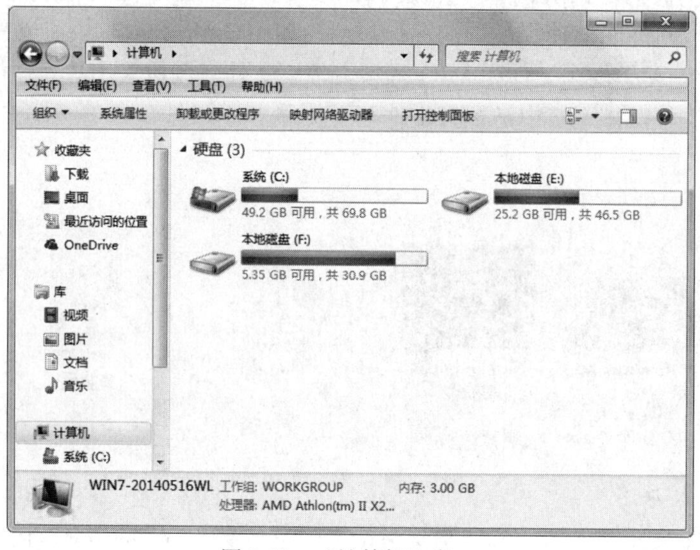

图 2-50 "计算机"窗口

"计算机"窗口主要由左右两个窗格组成。左窗格称作导航窗格，用于显示文件夹树状结构，包括"收藏夹"、"库"、"计算机"和"网络"四个根文件夹。右窗格称作内容窗格或窗口工作区，用于显示左窗格所选中的文件夹的内容。因此，"计算机"可以在一个窗口中同时显示出当前文件夹所处的层次及其存放的内容，结构清晰。

左右窗格中间有一个分隔条，鼠标指向分隔条成为双箭头时，可以拖动鼠标改变左右窗格的大小。

2. 资源管理器

在 Windows 7 系统中，"资源管理器"即是"库"。"库"是 Windows 7 提供给用户的一种快捷的文件管理方式，默认已经建立了四个库，分别为音乐、视频、图片和文档，如图 2-51 所示。

库的管理与文件夹很相似，也采用树形结构，使用与在文件夹中浏览文件相同的方式浏览文件。但是"库"是个虚拟的概念，把文件或文件夹包含到库中并不是将它们真正存储到"库"

里，而是在库中“登记”了它们的存储位置，系统把它们“链接”到库中显示为一个集合，以便于管理，用户也无需关心它们的具体存储位置。

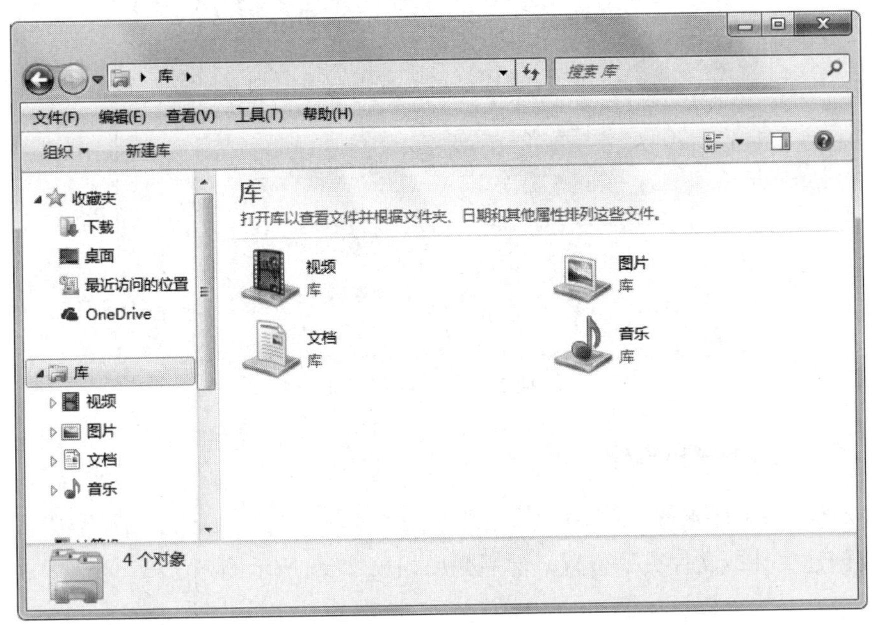

图 2-51　“库”窗口

库与文件夹有着本质的区别：文件夹下真正存储着文件和子文件夹，而库只是一个目录索引，库中并未真正存储文件；同一文件夹下的文件和子文件夹是存储在同一个位置的，而库中的内容可以来自不同的位置。

（1）打开库的方法。

- 在“计算机”窗口，单击“库”链接；
- 右键单击“开始”按钮，选择“打开 Windows 资源管理器”命令；
- 单击“开始”→ “附件”→“Windows 资源管理器”。

（2）新建“库”的方法。

- 在“库”窗口，单击“文件”菜单，选择“新建”→“库”命令；
- 单击工具栏“新建库”命令。
- 在“导航窗格”中，在“库”位置右键单击，选择“新建”→“库”命令。

（3）将文件夹添加到“库”的方法。

- 如果是新建的库，双击打开库，点击“包括一个文件夹”，再选择想要添加到当前库的文件夹即可；
- 在相应的文件夹上右键单击，在快捷菜单中选择“包含到库中”，再选择目标库即可。

如图 2-52 图片库中包含了 5 个位置，如“我的图片”、“公用图片”、“毕业照 1”等，其中“我的图片”文件夹中有 8 张图片，“毕业照 1”有 31 张图片。

删除库对其包含的文件夹或文件没有影响，使用库可以很大程度上提高工作效率，以节省时间。同一个库中可以包含多个文件夹，一个文件夹也可以包含到多个库中。

有了库后，不管库中的文件存放在哪里，只要它属于某个库，打开该库就可以找到相应的文件。

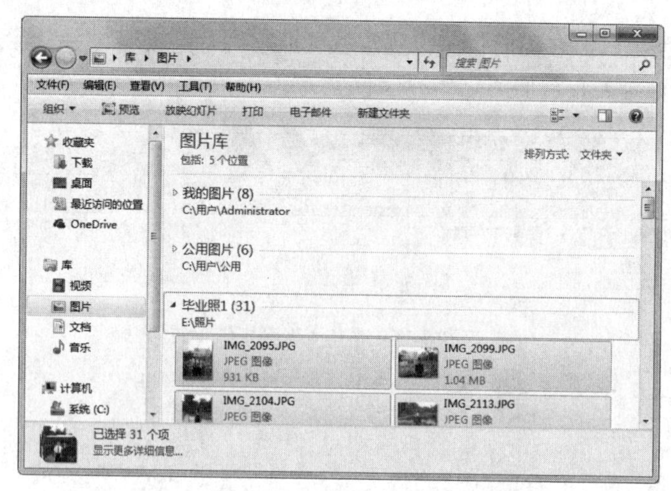

图 2-52 “图片库”窗口

2.3.3 文件和文件夹的操作

1. 新建文件和文件夹

打开要创建文件或文件夹的位置，然后采用如表 2-10 所示的方法即可新建一个新的文件或文件夹。

表 2-10 文件、文件夹的创建方法

创建	方 法
文件	选择“文件”→“新建”→选择所需的文件类型
	右击文件列表栏的空白处→“新建”→选择所需的文件类型
文件夹	选择“文件”→“新建”→“文件夹”命令
	右击文件列表栏的空白处→“新建”→“文件夹”命令
	单击工具栏上的“新建文件夹”命令按钮

2. 打开文件或文件夹

打开文件或文件夹的方法通常有以下几种：

- 双击要打开的文件或文件夹。
- 先选定文件或文件夹，执行“文件”→“打开”命令。
- 右击文件或文件夹，执行快捷菜单中的“打开”命令。
- 选定文件或文件夹，按回车键。

3. 查看文件或文件夹

为满足不同用户的需求，Windows 7 系统提供了八种查看文件或文件夹的方式，分别为：超大图标、大图标、中等图标、小图标、列表、详细信息、平铺和内容，如图 2-53 所示。当用户选择了“详细信息”，即列出了文件或文件夹的名称、修改日期、类型和大小，如图 2-54 所示。

4. 排列文件或文件夹

在 Windows 7 系统中，可以将文件按名称、类型、大小和修改日期进行递增或递减排列，如图 2-55 所示。当用户选择以“大小”“递减”排列命令后，即列出文件按所占空间大小而递减排序的结果列表，如图 2-56 所示。

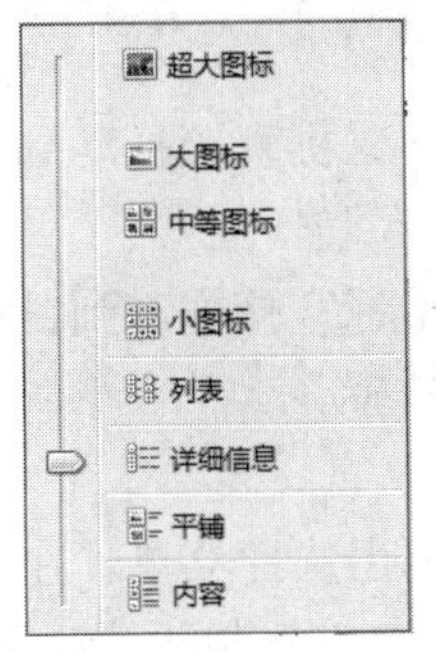

图 2-53　文件或文件夹查看方式

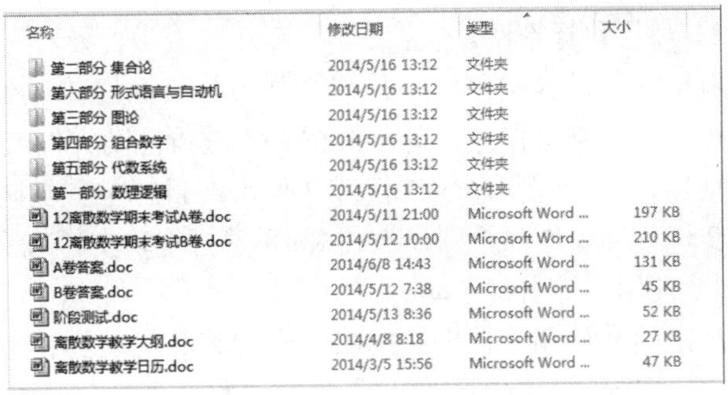

名称	修改日期	类型	大小
第二部分 集合论	2014/5/16 13:12	文件夹	
第六部分 形式语言与自动机	2014/5/16 13:12	文件夹	
第三部分 图论	2014/5/16 13:12	文件夹	
第四部分 组合数学	2014/5/16 13:12	文件夹	
第五部分 代数系统	2014/5/16 13:12	文件夹	
第一部分 数理逻辑	2014/5/16 13:12	文件夹	
12离散数学期末考试A卷.doc	2014/5/11 21:00	Microsoft Word ...	197 KB
12离散数学期末考试B卷.doc	2014/5/12 10:00	Microsoft Word ...	210 KB
A卷答案.doc	2014/6/8 14:43	Microsoft Word ...	131 KB
B卷答案.doc	2014/5/12 7:38	Microsoft Word ...	45 KB
阶段测试.doc	2014/5/13 8:36	Microsoft Word ...	52 KB
离散数学教学大纲.doc	2014/4/8 8:18	Microsoft Word ...	27 KB
离散数学教学日历.doc	2014/3/5 15:56	Microsoft Word ...	47 KB

图 2-54　“详细信息”查看方式结果列表

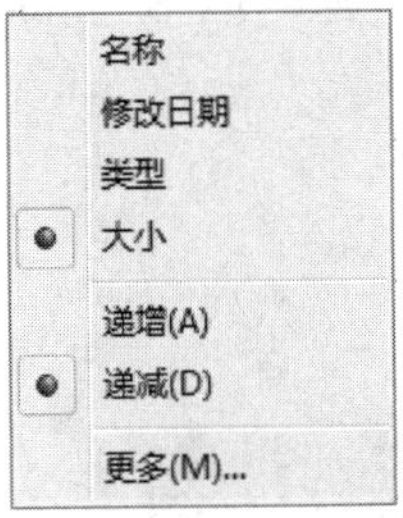

名称
修改日期
类型
大小
递增(A)
递减(D)
更多(M)...

图 2-55　文件或文件夹排列方式

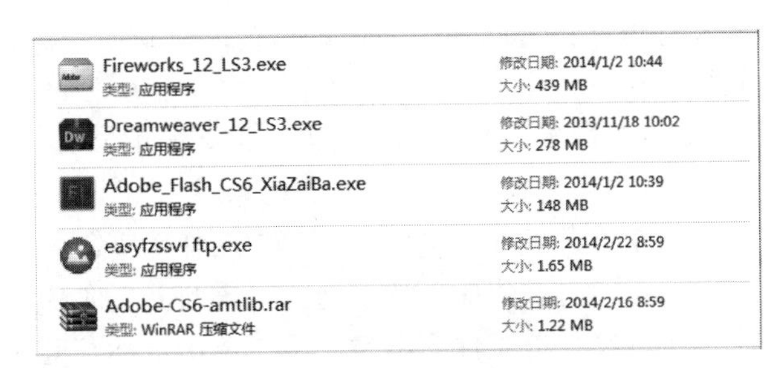

图 2-56　按“大小”递减排列结果列表

5. 选取文件或文件夹

在处理文件或文件夹之前，必须选定文件或文件夹，常用的选定文件和文件夹的方法如下：

- 选定一个文件或文件夹。如果要选定单个文件或文件夹，只需单击要选定的对象即可。
- 选定多个相邻的文件或文件夹。先单击第一个要选定的文件或文件夹，再按住 Shift 键并单击最后一个要选择的文件或文件夹即可。
- 选定多个不相邻的文件或文件夹。先按住 Ctrl 键，然后逐个单击要选定的各个文件或文件夹即可。
- 反向选择。选择非选文件或文件夹，单击 “编辑”菜单→“反向选择”命令即可。
- 全选。若要选择所有的文件或文件夹，可单击“编辑”菜单→“全选”命令或按 Ctrl+A 键。

6. 复制或移动文件或文件夹

复制文件或文件夹就是将文件或文件夹复制一份，放到其他地方，执行复制命令后，原位置和目标位置均有该文件或文件夹。移动文件或文件夹就是将文件或文件夹放到其他地方，执行移动命令后，原位置的文件或文件夹消失，出现在目标位置。

复制和移动文件或文件夹的操作方式和步骤如下：

（1）使用菜单命令。

复制操作。选定要复制的文件和文件夹，选择“编辑”→“复制”（Ctrl+C）命令，然后选定目标位置，选择“编辑”→“粘贴”（Ctrl+V）命令即可将选定的文件和文件夹复制到目标位置。

移动操作。选定要移动的文件和文件夹，选择“编辑”→“移动”（Ctrl+X）命令，然后选定目标位置，选择“编辑”→“粘贴”（Ctrl+V）命令即可将选定的文件和文件夹移动到目标位置。

（2）使用鼠标拖动。

复制操作。若被复制的文件或文件夹与目标位置不在同一驱动器，鼠标直接拖动到目标位置即可实现复制操作。否则，按住 Ctrl 键再拖动文件或文件夹到目标位置。

移动操作。若被复制的文件或文件夹与目标位置在同一驱动器，鼠标直接拖动到目标位置即可实现移动操作。否则，按住 Shift 键再拖动文件或文件夹到目标位置。

（3）使用鼠标右键拖动。

将选定的文件和文件夹，用鼠标右键将其拖动到目标位置，此时弹出快捷菜单，在菜单中根据需要选择“复制到当前位置”或“移动到当前位置”命令后即可完成复制或移动操作。

7. 重命名文件或文件夹

重命名文件或文件夹就是给文件或文件夹重新命名一个新的名称，使其可以更符合用户的要求。具体操作步骤如下。

（1）选定要重命名的文件或文件夹，使其显示反色。

（2）执行重命名操作，有以下方法：

- 在“组织”菜单或“文件”菜单中选择“重命名”命令。
- 右键单击，打开快捷菜单，选择“重命名”命令。
- 在选中的文件或文件夹的名字上，单击鼠标左键（不能单击图标）。
- 直接按 F2。

（3）此时，用户可以键入自己喜欢的名字。

8. 删除或还原文件或文件夹

（1）选定要删除的文件或文件夹，然后选择“组织”菜单或“文件”菜单中的“删除”命令。

（2）选定要删除的文件或文件夹，然后右击鼠标，选择快捷菜单中的“删除”命令。

（3）选定要删除的文件或文件夹，然后按 Delete 键。若按住 Shift 键的同时再按“Delete”键，系统将给出删除确认提示，确认后，系统将选定的文件或文件夹直接从磁盘上彻底地删除，而不放到回收站中。

（4）直接用鼠标将选定的对象拖到“回收站”实现删除操作。如果在拖动的同时，按住 Shift 键，则文件或文件夹将从计算机中删除，而不保存到回收站中。

如果想恢复被删除的文件，则应该使用“回收站”的“还原”功能。在清空回收站之前，被删除的文件将一直保存在那里。

软磁盘、U 盘等移动存储器和网络上的文件、文件夹删除时不放入回收站，而直接从存储器上删除掉，因此一旦被删除了就不能再恢复。

9. 查看文件或文件夹属性

在 Windows 7 中，每个文件或文件夹都有自己的属性信息，包括：文件或文件夹的名称、位置、大小、创建时间，只读、隐藏和存档属性等。要查看文件或文件夹的属性信息，操作步骤如下。

（1）选定要查看属性的文件或文件夹。

（2）选择“文件”→“属性”命令或右键单击选定的对象，在弹出的快捷菜单中选择“属性”命令，系统弹出“属性”对话框，如图 2-57 所示 Word 文档属性和文件夹属性。

在“属性”对话框中，用户也可对其中的部分信息进行修改。例如，用户勾选“只读”属性后，此类文件不可以被修改和删除。

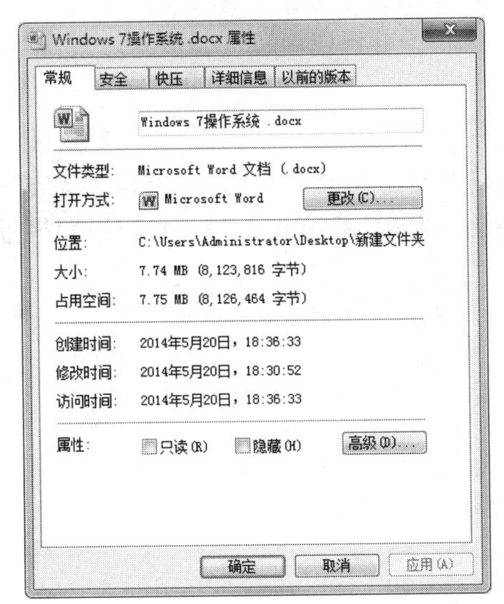

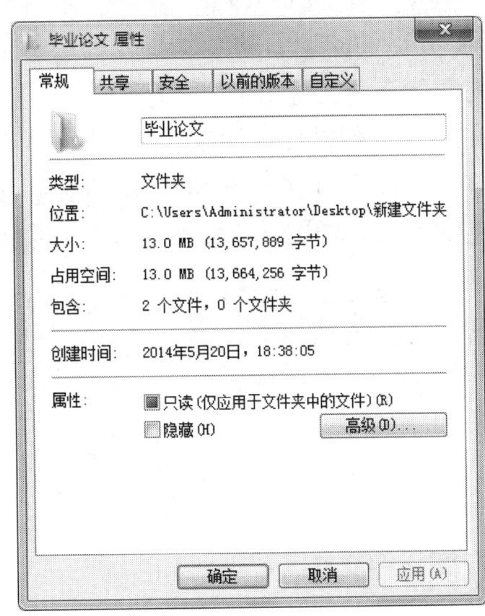

图 2-57　“文档属性”对话框（左）和“文件夹属性”对话框（右）

10. 隐藏、显示文件或文件夹

（1）隐藏文件或文件夹。选择要隐藏的文件或文件夹，从“属性”对话框中勾选“隐藏”复选框即可。隐藏的文件或文件夹并非在驱动器中真正删除，只是不可见，仍占有存储空间。

（2）显示文件或文件夹。若将已经设置隐藏属性的文件或文件夹显示出来，操作步骤如下：

1）打开要显示内容的窗口或文件夹，选择“工具”→“文件夹选项”命令，打开“文件夹选项”对话框，如图 2-58 所示。

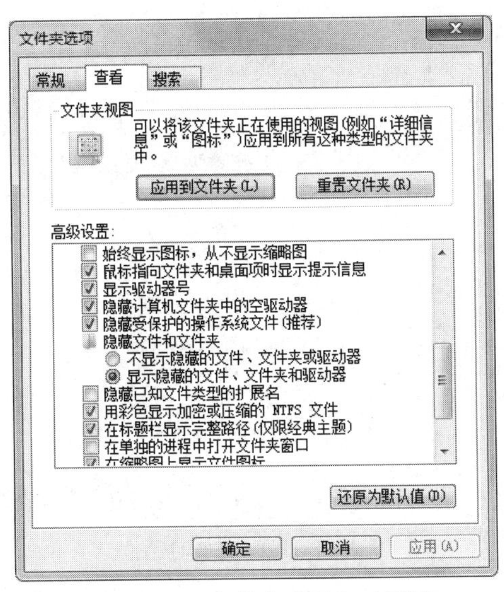

图 2-58　“文件夹选项”对话框

2）在该对话框中选择“查看”选项卡，在“高级设置”列表里面选择“隐藏文件和文件夹”→“显示隐藏的文件、文件夹和驱动器”。

3）单击确定，即可将被隐藏的文件显示出来。

11. 搜索文件或文件夹

由于现在的操作系统和软件越来越庞大，用户常常会忘记文件和文件夹的具体位置。利用 Windows 7 提供的搜索功能，不仅可根据名称和位置查找，还可以根据修改日期、作者名称及文件内容等各种线索找出所需要的文件。

搜索文件时，可以使用通配符*和?，*代表任意多个字符，?代表任意一个字符。

在“开始”菜单和“计算机”窗口中均有搜索框，其中“计算机”或“库”窗口中的搜索框功能更加强大，如图 2-59 所示，单击搜索框可以指定搜索的类型、修改日期等进行搜索。

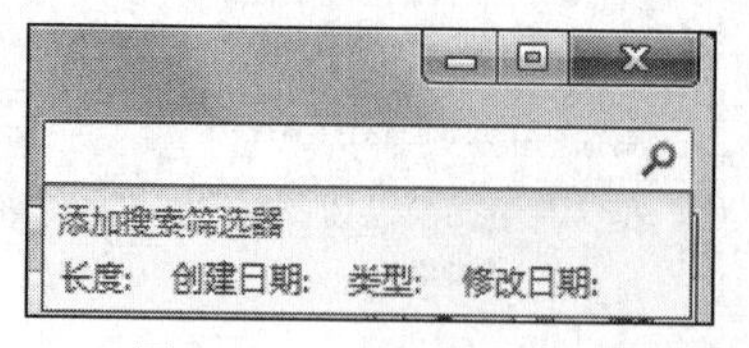

图 2-59　“视频库”搜索框（左）和“文档库”搜索框（右）

2.3.4　解压缩文件

压缩文件不仅可以把零散的文件作为一个整体以便于移动和网络传输，而且可以压缩文件的容量。当从网上下载一些应用程序或资料时，用户会发现下载的文件通常是 RAR、ZIP 或 7Z 格式的压缩文件，这些文件只有解压后才能查看并使用。

WINRAR 是目前流行的压缩工具，界面友好，使用方便，在压缩率和速度方面都有很好的表现。如图 2-60 所示。用户在压缩文件的时候可以设置各种压缩属性。例如，选择“标准”、“存储”或“最快”压缩方式；如果文件太大，可以切分为分卷；如果是隐私或机密文件，压缩文件时还可以设置密码等。

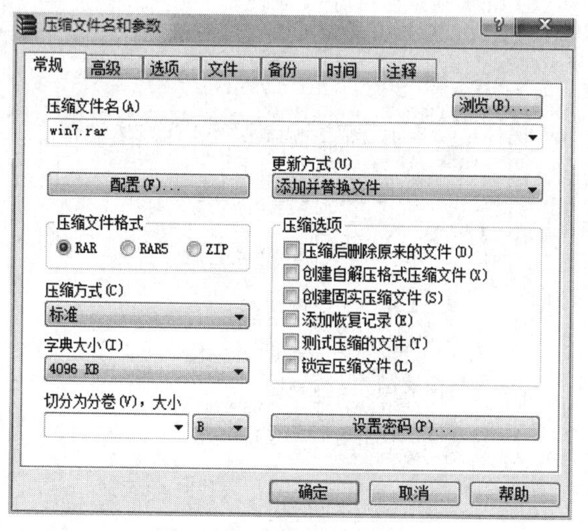

图 2-60　压缩文件对话框

2.4　Windows 7 控制面板

2.4.1　控制面板简介

“控制面板”是 Windows 7 提供的对系统环境的软硬件进行管理的工具，通过“控制面板”，用户可以对系统的设置进行查看和调整。“控制面板”中包含了一系列的工具程序，例如“系统和安全”、“外观和个性化”、“程序”、“硬件和声音”等，用户利用它们可以直观、方便的调整各种硬件和软件的设置，还可以用它们安装或删除硬件和软件。

方法：“开始”→“控制面板”，即可打开“控制面板”窗口；或在“计算机”窗口，选择“工具栏”中“打开控制面板”命令即可。如图 2-61 所示。

“控制面板”窗口有“类别”、“大图标”和“小图标”3 种显示模式，可以在窗口右上角的“查看方式”下拉列表中选择切换。如图 2-62 所示，即为“大图标”显示模式。

图 2-61　“控制面板”类别查看窗口

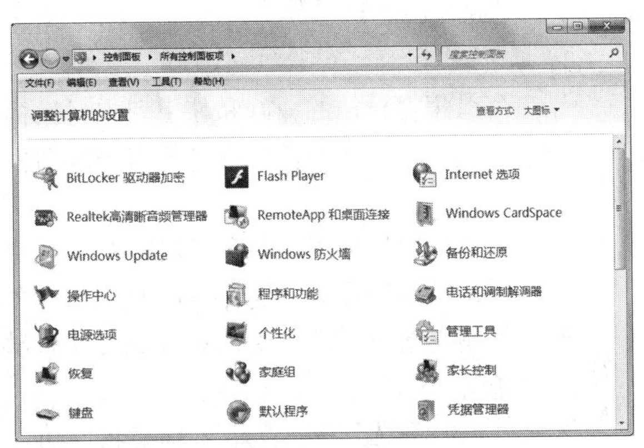

图 2-62　“控制面板”大图标查看窗口

2.4.2　鼠标和键盘的使用

键盘和鼠标是计算机操作过程中使用最频繁的输入设备，几乎所有的操作都要用到它们。Windows 7 系统对键盘和鼠标有默认的设置，用户也可以按照个人的习惯对键盘或鼠标的设置进行调整。

1. 鼠标的使用

对于用户在屏幕上看到的大多数信息，特别是窗口和对话框的对象，都可以通过鼠标进行操作。鼠标是一种带有按钮的手持输入设备，当鼠标在平面上移动时，一个指针光标将随之在屏幕上按相应的方向和距离移动，所以鼠标是选取和移动屏幕上内容的一种最为直接的手段。

常见的鼠标有 2 键式或 3 键式，通常鼠标的左键为主键，右键为辅键，中间键在不同的软件中常常有特殊的用途，如翻页和放大缩小。鼠标的左、右两个键可以组合起来使用，完成特定的操作。最基本的鼠标操作方式有以下几种：

（1）指向：把光标移动到某一对象上，一般可以用于激活对象或显示工具提示信息。

（2）单击左键：鼠标左键按下、松开，用于选择某个对象或者某个选项、按钮等。

（3）单击右键：鼠标右键按下、松开，会弹出对象的快捷菜单或帮助提示。

（4）双击：快速地连续按鼠标左键两次，用于启动程序或者打开窗口，一般是指双击左键。

（5）拖动：单击某对象，按住左键，移动鼠标，在另一个地方释放左键，常用于滚动条操作或复制、移动对象的操作。

表 2-11 给出了常见的鼠标指针形状和功能含义。

表 2-11　常见的鼠标指针含义

鼠标形状	功能含义	鼠标形状	功能含义
	正常选择状态		后台运行状态
	垂直水平调整状态		系统忙状态
	沿对角线调整		不可用状态
	移动状态		帮助选择状态
	文本选择状态		精确选择状态
	链接选择状态		手写状态

用户可以根据自己的爱好和使用习惯对鼠标进行个性化设置。

方法：选择“控制面板”→“所有控制面板项”→“鼠标”，打开“鼠标属性”对话框，如图 2-63 所示。

- “鼠标键”选项卡。互换鼠标左右键功能，更改双击速度，启用单击锁定。
- “指针”选项卡。选择指针的系统方案，更改鼠标指针的外观。
- “指针选项”选项卡。更改鼠标指针移动速度和精度，设置是否显示鼠标移动的轨迹等。
- “滑轮”选项卡。更改鼠标滑轮滚动一个齿格时，屏幕滚动的行数。

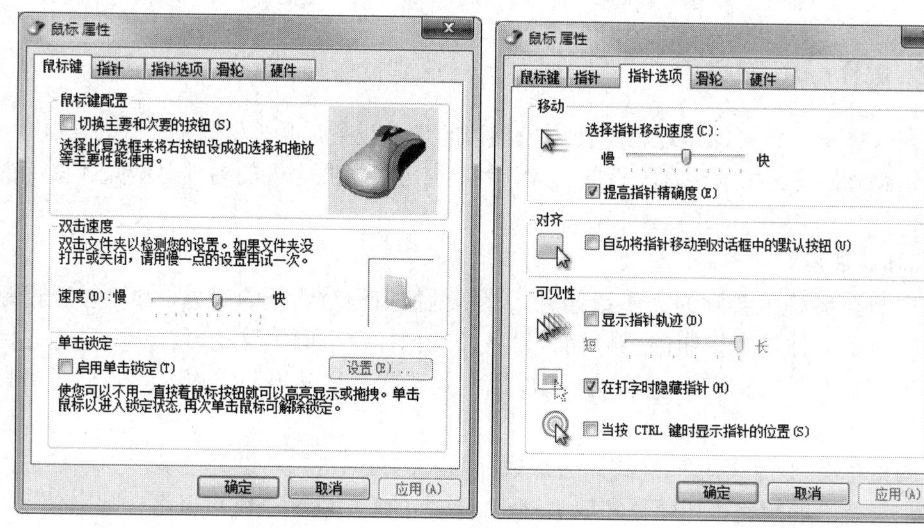

图 2-63　“鼠标属性”对话框

2. 键盘的使用

在 Windows 7 中凡是使用鼠标实现的操作，一般采用键盘也能实现。表 2-12 和表 2-13 列出了常用的键盘操作命令。掌握这些基本的键盘操作命令并灵活运用，可以加快操作速度。

表 2-12　特殊键位说明及功能

键位	功能含义	键位	功能含义
Windows	调用开始菜单和其他键组合使用	Scroll Lock	锁屏键，当处于滚屏状态时该键停止
BackSpace	退格键，消除空格或向左删除文档	Print Screen	截屏键，截取当前屏幕到粘贴板

续表

键位	功能含义	键位	功能含义
SpaceBar	空格键，输入空格或在某复选框中选取	Pause/break	暂停键，电脑开机自检时按下可暂停当前屏幕，按下继续
Shift	上档键，与其他键一起使用	Num Lock	数字开关键，小键盘数字开关键
Ctrl	控制键，与其他键一起使用	Caps Lock	大小写英文字符开关键
Alt	组合键，激活系统程序菜单或配合其他键一起使用	Delete	删除被选项目，如果是文件，将被放入回收站
Tab	制表键，在程序或菜单之间切换	Enter/Esc	确认/取消

表 2-13　常用组合键说明及功能

组合键	功能含义	组合键	功能含义
Windows + M	最小化所有被打开的窗口，按 Windows + Shift + M 恢复	Ctrl + …	Ctrl + C 复制，Ctrl + X 剪切，Ctrl + V 粘贴，Ctrl + A 全选
Windows + E	打开“计算机”或“资源管理器”	Ctrl + …	Ctrl + S 保存，Ctrl + Z 撤销，Ctrl + Y 重新执行某项操作
Windows + D	显示桌面	Ctrl + shift + Esc	打开任务管理器
Windows +F	打开“搜索”对话框	Alt + …	Alt + Tab 切换当前程序，Alt + Esc 切换当前程序
Windows + R	打开“运行”对话框	Alt + SpaceBar	打开程序控制菜单
Windows + Break	打开“系统”对话框	Ctrl + Shift	各种输入法之间切换
Windows + Tab	Windows Flip 3D 循环切换任务栏上的程序	Alt+Print Screen	将当前活动程序窗口以图像方式拷贝到剪贴板

用户可以根据自己的爱好和使用习惯对键盘进行个性化设置。

方法：选择“控制面板”→“所有控制面板项”→“键盘”，打开“键盘属性”对话框，如图 2-64 所示。用户可以调整键盘输入字符的重复速度、重复延迟，设置光标的闪烁速度等。

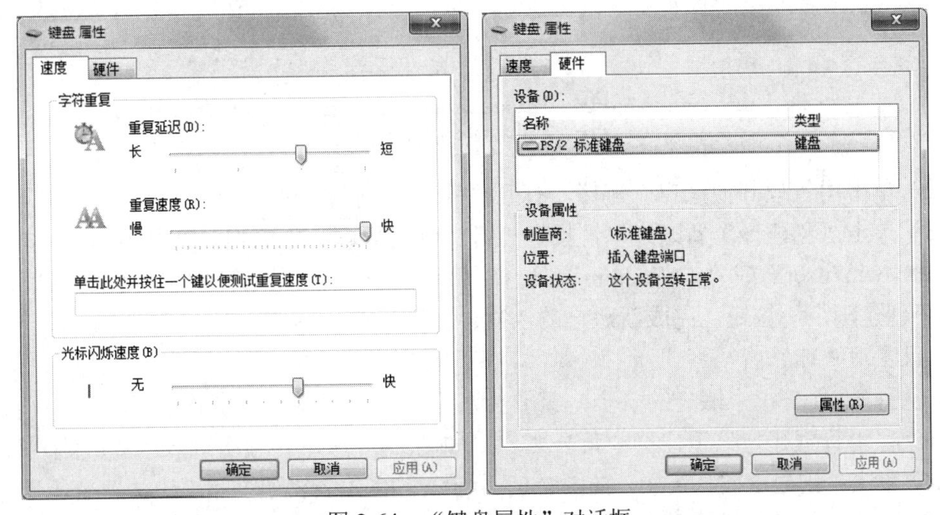

图 2-64　“键盘属性”对话框

2.4.3 设置用户账户

通过用户账号管理功能，用户可以在 Windows 7 系统中创建多个账户，并且每个账户都拥有自己的工作界面，互不干扰。这样就可以分时段使用计算机，达到多个用户共用一台计算机的目的。

1. 创建用户账户

在 Windows 7 系统中，用户可以创建管理员和标准用户两种类型的账户，其管理权限如下：

- 管理员账户：管理员账户对计算机具有安全访问权限并能够执行任意所需更改。为了使计算机更安全，在进行影响其他用户的更改之前，将要求管理员账户提供密码或进行确认。
- 标准用户账户：标准用户账户可以使用大多数软件，以及更改不影响其他用户或计算机安全的系统设置。
- 来宾账户：如果用户开启来宾账户，可以让没有账户的人员以来宾身份登录到计算机。来宾账户无法访问个人文件夹或受密码保护的文件或文件夹，也无法安装软件或硬件、更改设置或者创建密码。

创建用户账户的步骤如下：

（1）打开“控制面板”，单击“用户账户”图标，打开“用户账户”窗口，如图 2-65 所示。

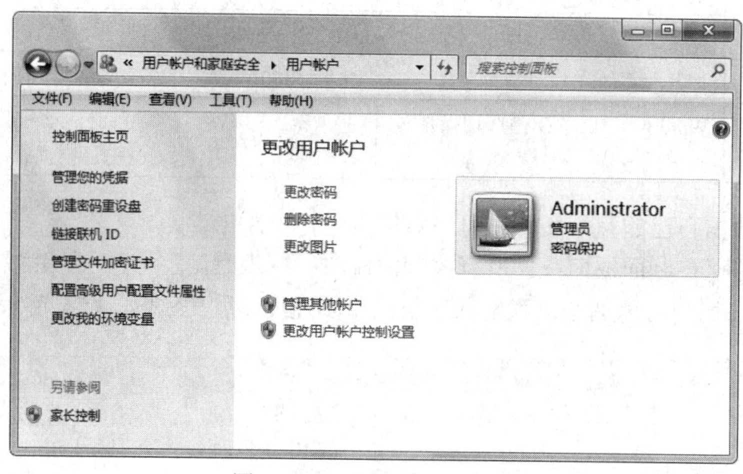

图 2-65 “用户账户”窗口

（2）单击“管理其他账户”链接，打开“管理账户”窗口；

（3）单击“创建一个新账户”链接，打开“创建新账户”窗口，在此窗口下，输入新账户名，如“win7user”或“win7admin”，选择“标准用户”或“管理员”类型，单击窗口右下角的“创建账户”按钮，完成新账户的创建。如图 2-66 所示。

2. 设置用户账户密码

为了更好地保护每个账户的安全，需要为账户设置密码，操作步骤如下：

（1）在“管理账户”窗口选中某一账户，如图 2-66 所示，双击进入“更改账户”窗口。

（2）单击“创建密码”链接，如图 2-67 所示。输入“新密码”和“确认新密码”，或“键入密码提示”，单击“创建密码”按钮即可。

图 2-66　“管理账户”窗口

用户还可以更改账户密码和删除账户密码。

在“更改账户”窗口，用户还可以“更改账户名称”、“更改图片”、“更改账户类型”、“删除账户”等操作，用户可以根据个人所需进行设置。

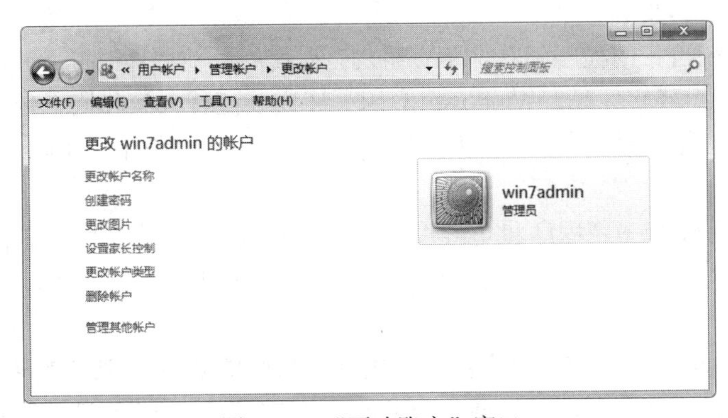

图 2-67　“更改账户”窗口

2.4.4　设置任务计划

如果用户定期使用特定的程序，则可以使用“任务计划程序”向导来创建一个根据用户选择的计划，自动为用户打开该程序的任务。例如，如果用户每月的最后一天都使用某个财务程序，则可以计划一个自动打开该程序的任务，以便提示用户。

方法：“控制面板”→“管理工具”→“任务计划程序”，打开“任务计划程序”窗口，如图 2-68 所示。如果用户想创建计划程序，步骤如下：

（1）单击“操作”菜单，选择“创建基本任务”，或右栏链接处“创建基本任务”；

（2）创建基本任务：输入任务的“名称”和“描述”，单击“下一步”；

（3）触发器：选择该任务开始的时间，单击“下一步”，具体设置日期和时间；

（4）操作：选择该任务执行的方式，如“启动程序”、“发送电子邮件”或“显示消息”，单击“下一步”；

（5）具体设置执行任务的方式，单击“完成”即可。

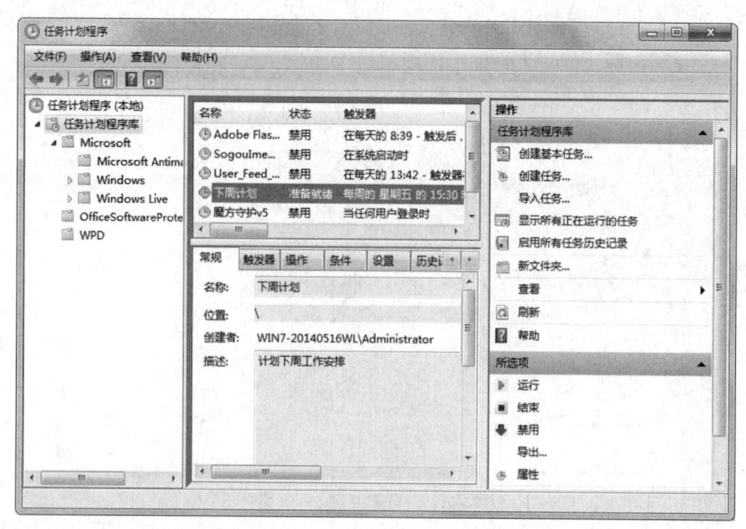

图 2-68 “任务计划程序”窗口

2.4.5 系统软硬件的管理与使用

1. 系统软件的管理与使用

Windows 7 系统自带的程序和软件是有限的，在使用其他程序时必须进行安装，如杀毒软件、PDF 阅读器、下载软件等。Windows 应用程序安装过程大致相同，依据安装向导即可完成安装。当安装的应用程序在使用一段时间后，可能会出现一些问题而无法正常使用，这时可以进行修复。

方法：“控制面板”→“程序和功能”，打开“程序和功能”窗口，在程序列表右键单击需要修复的应用程序，选择“修复”命令即可，或者单击程序列表上方的“修复”按钮，如图 2-69 所示。

卸载 Windows 应用程序有两种方法：使用软件自带的卸载程序或使用“控制面板”中的“程序和功能”组件来完成程序的卸载。如果使用“程序和功能”组件，在程序列表右键单击需要卸载的应用程序，选择“卸载”命令即可，或者单击程序列表上方的“卸载”按钮。

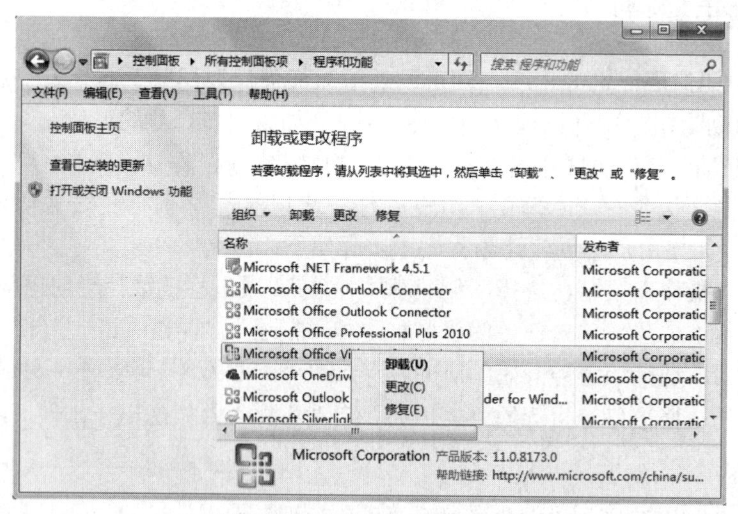

图 2-69 “程序和功能”窗口

2. 系统硬件的管理与使用

在 Windows 7 系统中，设备管理器是管理计算机硬件设备的工具，用户可以借助设备管理器查看计算机中所安装的硬件设备、设置设备属性、安装或更新驱动程序、停用或卸载设备。

方法：“控制面板”→“设备管理器”，打开“程序和功能”窗口；或者右键单击“计算机”，在快捷菜单中选择“设备管理器”，即可打开“设备管理器”窗口。如图 2-70 所示。

如果用户想要查看某硬件的详细信息，如“处理器”，则可展开“处理器”选项，显示“处理器”的具体型号。右键单击某一设备型号，选择“属性”即可查看相关信息，如设备的运行情况，更新或卸载驱动程序等；用户可以“扫描检测硬件改动”来显示新添加的硬件设备，还可以“卸载”某一硬件设备。

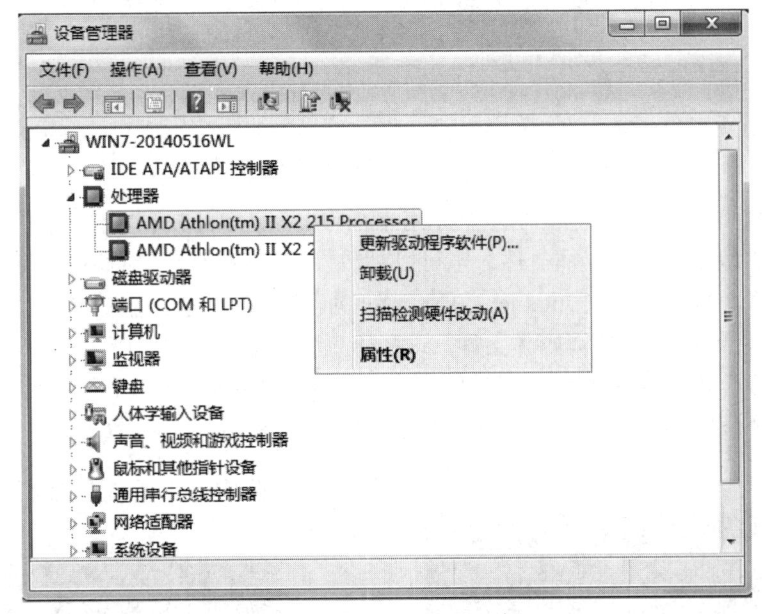

图 2-70 “设备管理器”窗口

2.5 Windows 7 媒体应用

简单来说，多媒体就是多重媒体的表现形式和传递方式，可以理解为直接作用于人感官的文本、图形、图像、声音和视频等各种媒体的统称，是一种集合了多种信息载体的技术。这里简单介绍三种 Windows 7 系统的媒体形式，其操作方法简单方便，皆可通过“开始”菜单启动。如果系统中没有某种媒体形式，可通过官方网站下载安装。

2.5.1 Windows Media Player

Windows Media Player 提供了直观易用的界面，用户可以使用它播放多种媒体文件、整理数字媒体收藏集、在线播放流媒体文件等。

Windows 7 系统为用户提供了 Windows Media Player 的安装链接，第一次启动 Windows Media Player 时，需要先安装该软件，并且在安装完成后直接进入 Windows Media Player 窗口。如图 2-71 所示。

图 2-71　“Windows Media Player”窗口

Windows Media Player 的主要功能就是用来播放各种音频、视频文件，甚至可以播放图片。它既可以播放本地磁盘中的媒体文件，也可以播放“库”中的媒体文件；既可以播放 Internet 上的流媒体文件、也可以通过 Internet 收听广播。如图 2-72 所示。

如果想播放 Internet 上的流媒体文件，选择“查看”→“在线商店”→“Media Guide”或“挖挖哇专业版”。用户还可以通过“导航窗格”中的“媒体库”创建和管理媒体库，通过“播放列表”创建和编辑播放列表，也可以通过工具栏“刻录”命令刻录 CD。

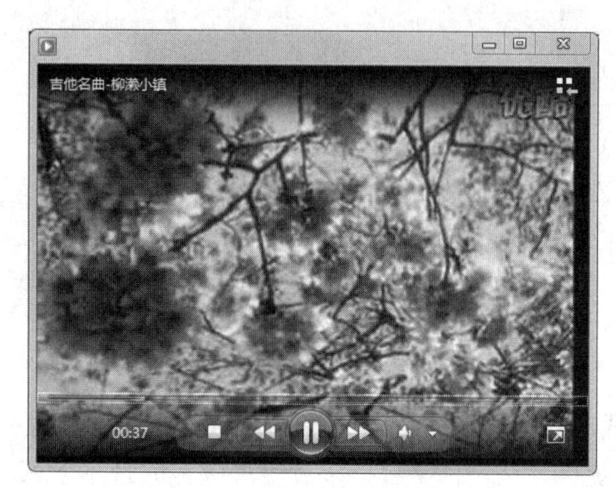

图 2-72　播放媒体库文件（左）和 Internet 上的流视频文件（右）

2.5.2　Windows 影音制作

Windows 影音制作是一款由微软 Windows Live 开发的影片编辑软件，不支持 XP 系统。

无论你喜欢好莱坞电影还是独立场景，使用影音制作软件时你就是导演。它能够将电脑或相机中的照片和素材快速添加到影音制作软件中。然后，按照用户喜欢的方式精心调整影片。用户可随意移动、快进或慢放电影内容；能够为视频配乐并添加主题，使用音频和主题来改善电影。影音制作将自动添加过渡和效果，以使制作出的电影看起来精美而专业。如图 2-73 所示。

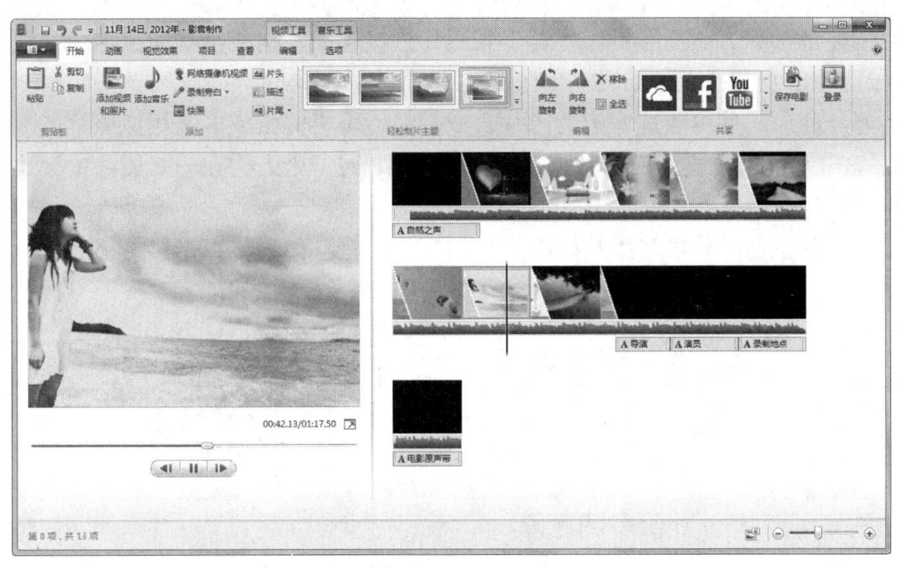

图 2-73　“影音制作”窗口

制作影片的基本步骤如下：

（1）选择“开始”菜单，单击工具栏“添加视频和照片”命令，导入要制作影片的照片和视频。

（2）为单个照片和视频添加主题。该影片制作软件提供了七种主题，用于设置过渡和转换效果。如“淡化”、“平移和缩放”等。也可以添加专业的动画和精美的视觉效果。

（3）编辑片头和片尾字幕，并设置“字幕”的出现效果，如“飞入”、“缩放”、“电影”、“流行型”等。片头字幕主要为影片“名称”，片尾字幕主要为“导演”、“演员”、“录制地点”、“电影原声带”等。

（4）编辑影片。可以剪辑视频，设置起始点和终止点；也可以分割视频，改变播放顺序；可以加快或减慢视频的播放速度。

（5）编辑音效。添加音乐，设置音乐的淡入或淡出，更改音乐的起始点和终止点，更改音频音量。

（6）保存影片，导出到本地磁盘，也可以发布到网上，或分享给朋友家人。

2.5.3　Windows 照片库

照片库是管理照片的工具，可用来查看、管理、编辑数码照片和视频。库中的所有图片都会显示在照片库中，用户可以将硬盘上的其他文件夹添加到照片库中，也可以对图片进行一些简单的效果处理。如图 2-74 所示。

照片库的五种主要功能：

（1）组织照片和视频。根据相机添加的信息（如照片拍摄日期）和用户添加的信息（如好友标记、地理标记、描述性标记）来查找和组织照片和视频。若要搜索照片和视频，先从导航窗格选择要搜索的文件夹，然后在“查找”选项卡上选择你要搜索的信息。

（2）编辑照片。照片库具有一些编辑工具，通过更改照片的对齐方式、曝光、颜色设置等改善照片的外观。使用照片库，用户可以删除红眼，修整照片，甚至为照片添加创新色彩和色调效果。若要自动调整照片，请双击照片，然后在“调整”组中单击“自动调整”。

（3）创建全景图。照片库可以将若干张照片拼接起来，构成全景图。这个方法非常适用于捕获风景照片以及其他无法局限在单张照片中的大型主题。

（4）照片合成。使用照片库中的照片合成功能，可将两张或多张相似照片的最佳部分组合成一张。这项功能可以提高照片效果，如在合照中，同一个人物在一张照片中会比在另一张照片中看上去更好。

（5）幻灯片主题。可以向照片库中添加幻灯片主题，如淡化、平移与缩放、电影、流行型等，以全屏形式放映照片，赋予它们独特的外观和感觉。

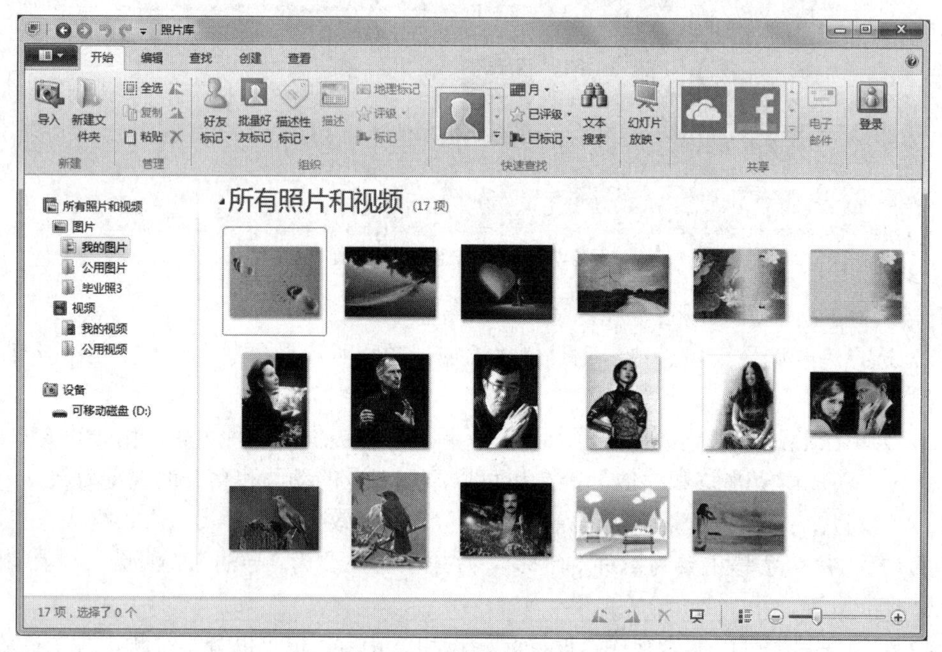

图 2-74 “照片库”窗口

2.6 Windows 7 系统优化与系统安全

2.6.1 使用任务管理器

为了便于用户监视计算机性能及了解系统运行状态，在 Windows 操作系统中提供了任务管理器功能，使用任务管理器，可以查看并管理当前系统中正在运行的程序、进程、服务和性能等。

启动任务管理器的方法有很多种，用户可以使用快捷键 Ctrl+Shift+Esc 来启动，也可以通过在任务栏空白处右键单击，选择“启动任务管理器”，打开“Windows 任务管理器”对话框。如图 2-75 所示。

用户可以通过选项卡进行查看应用程序和进程，并可通过“结束任务”按钮来结束未响应的应用程序，也可以通过“结束进程”按钮结束某些影响系统性能且不关乎系统安全的进程，如图 2-76 所示；通过“性能”选项卡查看系统的 CPU 和内存使用情况，对计算机进行性能管理。

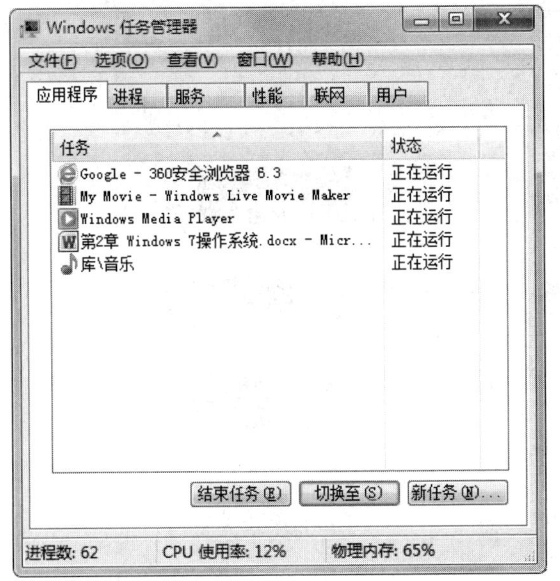

图 2-75　“Windows 任务管理器”对话框

图 2-76　“进程”选项卡

2.6.2　使用资源监视器

Windows 7 在工作过程中，与其他应用程序一样，都会消耗计算机的各种资源。监控计算机系统资源的使用情况，可以随时了解当前计算机的运行情况。如哪些应用程序使计算机变得缓慢，哪些操作使系统出现错误等。

Windows 资源监视器是一个 MMC（Microsoft Management Console）管理单元，它是一个可以帮助用户分析系统性能的工具。 通过它可以实时监视应用程序和硬件性能。合理的使用资源监视器，可以让系统资源有效地分配到最需要的服务、程序和进程中去，提高计算机的工作效率。

方法：“控制面板”→“管理工具”→“性能监视器”，在“性能监视器”窗口，单击“打开资源监视器”，打开“资源监视器”窗口，如图 2-77 所示。或在“开始”→“搜索框”中输入“perfmon”，回车即可。

- “CPU”选项卡。用户可以查看当前 CPU 的使用情况，可以轻松找到哪些进程大量占用 CPU，进而进行具体的情况分析与问题解决。
- “内存”选项卡。用户可以查看当前物理内存的使用情况，可以查看每个进程分配的内存空间，提交的数据量，哪些进程大量频繁占用内存，根据需要可以结束进程或挂起进程。
- “磁盘”选项卡。在“磁盘”项目中可以找到当前磁盘中的数据交互情况。如硬盘、U 盘或移动硬盘当前实时的总 I/O 数据传输量，有哪些磁盘活动的进程，根据需要可以结束进程、挂起进程等。
- “网络”选项卡。如果当前 Win7 系统下载连接到局域网或是 Internet，那么网络数据的监控有时会起到很大的作用。比如通过监控可以看出有没有“非法程序”（如病毒或蠕虫程序）在收发数据；监视网络活动每秒收发字节平均数和 IP 地址等。

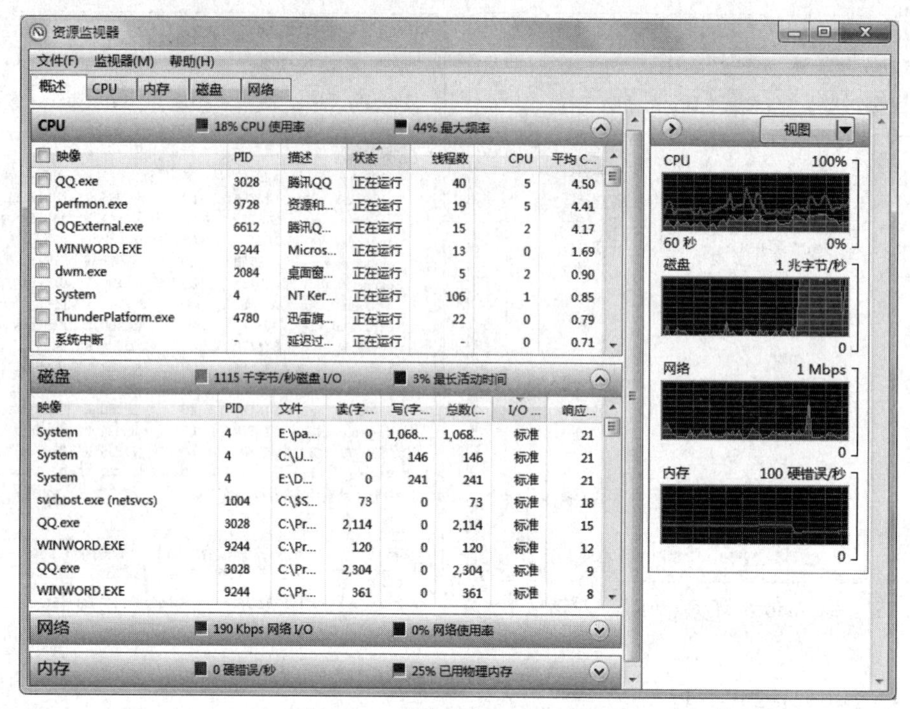

图 2-77 “资源监视器”窗口

2.6.3 磁盘管理

磁盘是计算机中存储数据的重要介质，任何不正常的关机或不当操作，都可能损坏磁盘，给用户带来一定的损失。

1. 检查磁盘

使用磁盘检查功能，可以及时发现、修复磁盘错误，确保磁盘中不存在任何错误，还可以有效解决某些计算机问题以及改善计算机的性能。

方法：在“计算机”窗口，右键单击需要检查的磁盘，选择“属性”命令，弹出“本地磁盘属性”对话框，单击“工具”选项卡，在“查错”选项组中，单击“开始检查”按钮，即可执行磁盘差错功能，如图 2-78 所示。

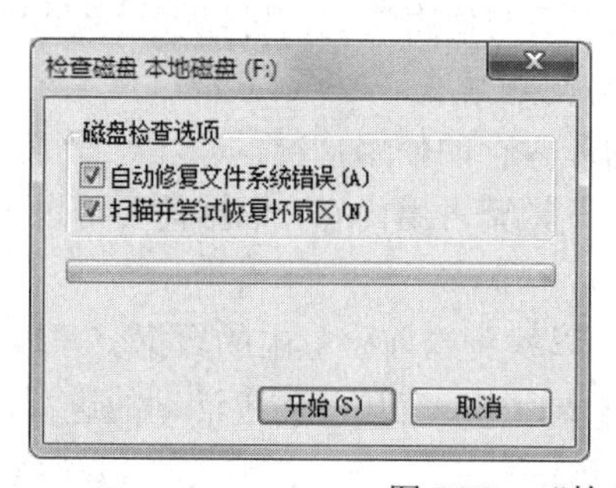

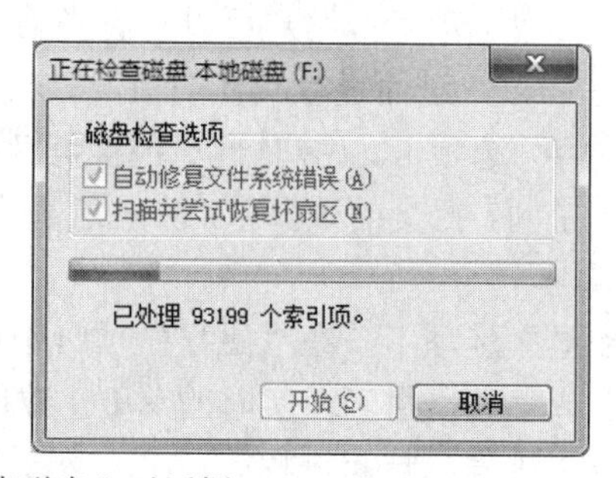

图 2-78 “检查磁盘”对话框

2. 磁盘清理

在 Windows 7 系统工作过程中会产生许多临时文件和缓冲文件，它们会占用大量的磁盘空间，影响计算机的性能。这些文件包括系统生成的临时文件、回收站内的文件和从 Internet

上下载的文件等。使用 Windows 7 自带的磁盘清理程序可以删除临时文件、缓冲文件，也可以压缩原有文件。

方法："开始"→"所有程序"→"附件"→"系统工具"→"磁盘清理"，即可打开磁盘清理对话框，如图 2-79 所示；选择需要清理的驱动器，单击"确定"按钮即可开始扫描，如图 2-80 所示；当扫描完成后，给出用户需要清理的文件和占用磁盘空间大小，只需单击"确定"按钮即可进行磁盘清理。

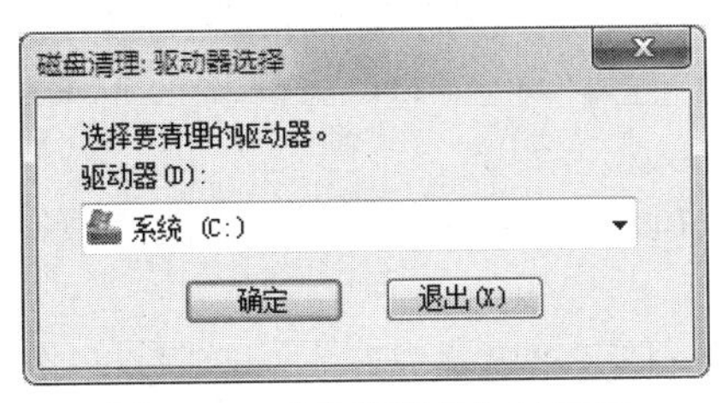

图 2-79 "磁盘清理"对话框

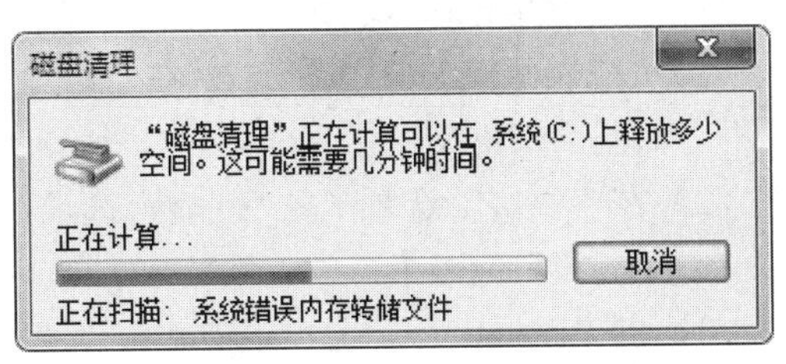

图 2-80 "磁盘清理"进度对话框

3. *磁盘碎片整理*

在使用磁盘的过程中，随着对磁盘文件进行频繁的修改、删除和保存等操作，致使许多文件分段存储在磁盘的不同位置，自由空间也不连续，形成了所谓的磁盘"碎片"，这直接影响了文件的存取速度，使计算机的整体运行速度下降。

Windows 7 提供了磁盘碎片整理程序，可以有效地清除磁盘碎片，它通过重新安排磁盘中的文件和自由空间，使文件尽可能地存放在连续的存储单元中，自由空间也形成连续块。

方法："开始"→"所有程序"→"附件"→"系统工具"→"磁盘碎片整理程序"，即可打开磁盘碎片整理程序对话框。如图 2-81 所示。通过"分析磁盘"按钮分析是否需要对磁盘进行碎片整理，若要整理磁盘，可以单击"立即进行碎片整理"按钮，开始整理磁盘中的碎片，并显示碎片整理进度。

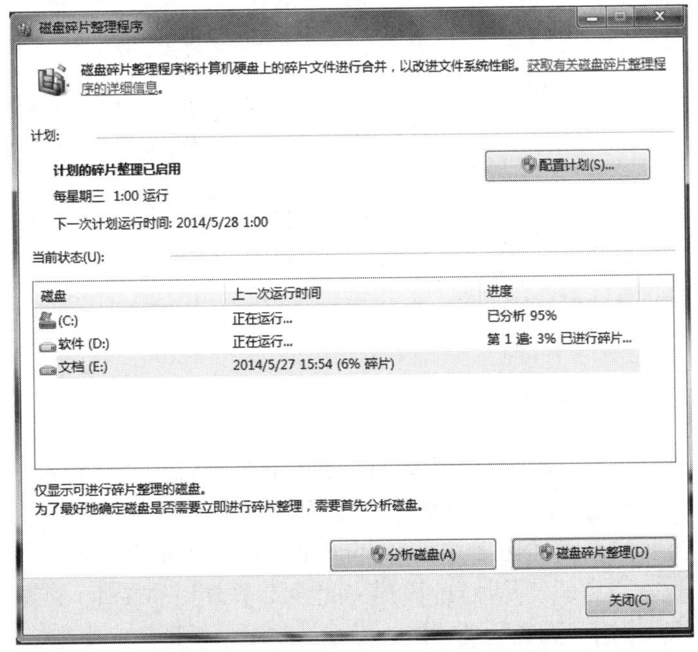

图 2-81 "磁盘碎片整理程序"对话框

2.6.4 内存优化和设置

内存是计算机的中转站，内存存取的快慢直接关系着系统的运行效率。但计算机缺少运行某程序或操作所需的随机存取内存时，系统会使用虚拟内存替代。当内存运行速度缓慢时，虚拟内存将数据从内存移动到分页文件的空间中，而将数据移入或移出分页文件，可以释放内存空间，以便计算机完成相应的工作。

设置虚拟内存基本步骤如下：

（1）“控制面板”→“系统”，在左栏链接区单击“高级系统设置”，打开“系统属性”对话框，如图 2-82 所示；

（2）在“高级”选项卡，“性能”选项组中单击“设置”按钮，打开“性能选项”对话框，单击“高级”选项卡；

（3）在“虚拟内存”选项组中单击“更改”按钮，打开“虚拟内存”对话框，如图 2-83 所示；

（4）单击“自定义大小”单选按钮，输入初始大小和最大值，单击“确定”按钮，重启计算机即可。

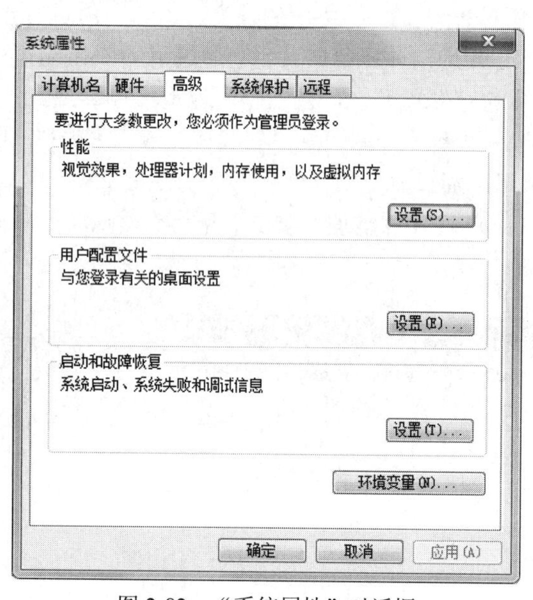

图 2-82 “系统属性”对话框

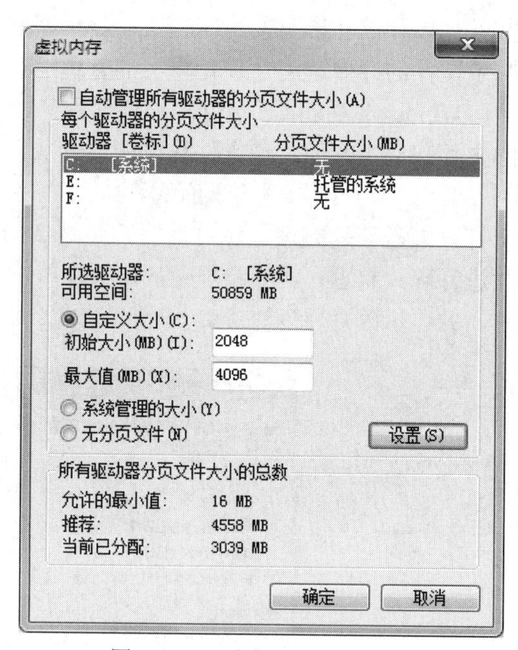

图 2-83 “虚拟内存”对话框

2.6.5 Windows 优化大师应用

Windows 优化大师是一款功能强大的系统辅助软件，它提供了全面有效且简便安全的系统检测、系统优化、系统清理、系统维护四大功能模块以及许多附加的工具软件。这里介绍一款小巧、免费且全面的系统优化工具——Windows 7 优化大师（http://www.win7china.com/windows7master/），利用它即使是计算机初学者也可以快速对 Windows 进行全面优化。如图 2-84 所示，用户可以根据其提供的功能进行操作，这里不再讲解应用方法。

图 2-84　Windows 7 优化大师

2.6.6　Windows 7 系统安全

1. Windows 7 防火墙

在 Windows 7 操作系统中内置有防火墙，它能够检查来自 Internet 或网络的信息，然后根据防火墙设置，阻止或允许这些信息通过计算机。

防火墙有助于防止黑客或恶意软件（如蠕虫）通过网络或 Internet 访问计算机。防火墙还有助于阻止计算机向其他计算机发送恶意软件。

方法：“控制面板”→“Windows 防火墙”，单击窗口右栏链接区“打开或关闭 Windows 防火墙”，即可修改所使用的每种类型网络位置的防火墙设置，如图 2-85 所示。如果无法启动，则可通过以下方法启动：“开始”→“运行”，输入“services. msc”，打开“服务”窗口，在服务列表中找到 Windows Firewall，设置启动即可。

用户还可以通过窗口左栏链接区的“高级设置”，配置防火墙文件，设置各项规则，如“出/入站规则”和“连接安全规则”，它会根据当前网络状态发挥相应作用。

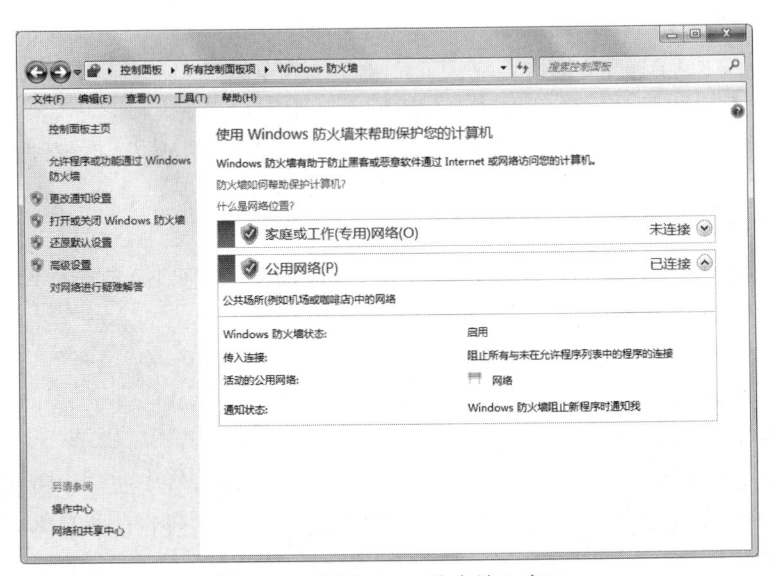

图 2-85　“Windows 防火墙”窗口

2. Windows Defender

Windows Defender 是由微软推出的一款用来移除、隔离和预防间谍软件的扫描工具，能够保护操作系统。

方法："控制面板" → "Windows Defender"，打开 "Windows Defender" 窗口，如图 2-86 所示。

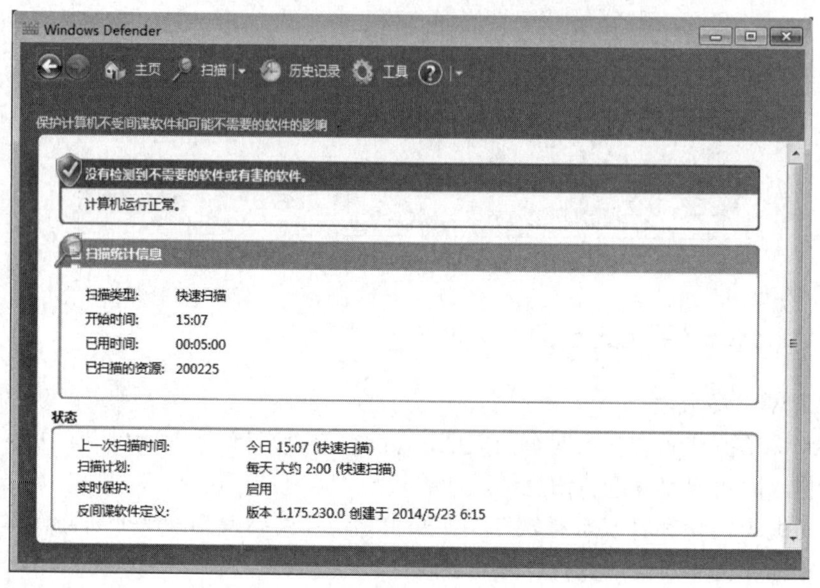

图 2-86 "Windows Defender" 窗口

- 扫描间谍软件。在 "Windows Defender" 窗口，单击 "扫描" 菜单右侧的下拉按钮，可以选择 "快速扫描"、"完全扫描" 和 "自定义扫描"。
- 设置 Windows Defender 扫描选项。在 "Windows Defender" 窗口，单击 "工具" 按钮。用户可以设置定期自动扫描计算机，并自动删除扫描过程中检测到的任何恶意软件。

3. 系统备份与还原

为了在系统感染病毒或受到黑客攻击后，减少重要文件损坏，用户应当定期备份重要文件，在数据丢失后，以便使用备份文件进行还原，减少用户损失。

（1）备份文件。在 Windows 7 系统中，用户可以手动备份文件，也可以通过设置让系统自动备份文件。

具体操作步骤如下：

1）"控制面板" → "备份和还原"，打开 "备份和还原" 窗口，单击 "设置备份"，打开 "配置备份" 对话框，选择备份文件的位置，单击 "下一步"；

2）在 "你想备份哪些内容？" 界面，既可以选择 "让 Windows 选择"，也可以 "让我选择"，比如选择 "让我选择"，单击 "下一步"；

3）选择需要备份的文件或文件夹，单击 "下一步"；

4）复查你的备份设置，无误后，单击 "保持设置并运行备份" 即可完成文件备份。

如图 2-87 所示，是选择 "让 Windows 选择" 后，显示正在进行的文件备份进度和位置。

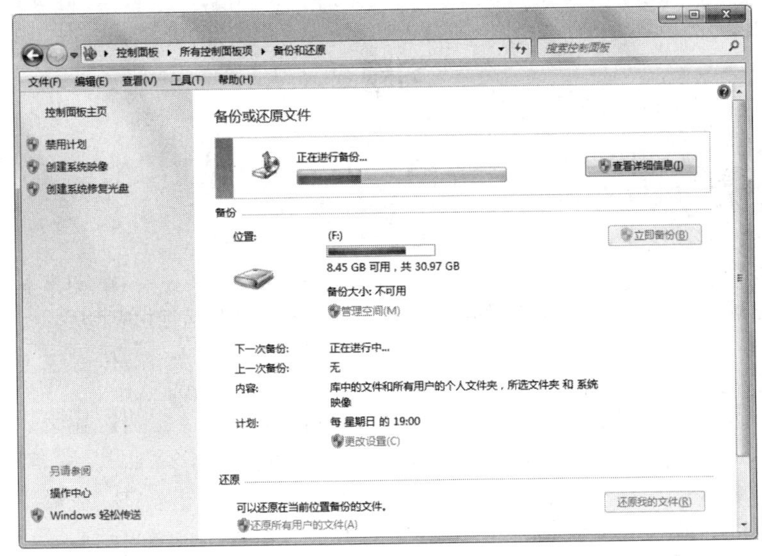

图 2-87 “备份和还原”窗口

（2）还原文件。使用文件还原功能，可以还原丢失、受到损坏或意外更改的备份版本文件，也可以还原个别文件、文件组或者已备份的所有文件。

具体操作步骤如下：

1）如果系统中已经有备份文件，在“备份和还原”窗口，单击“还原我的文件”按钮，打开“还原文件”对话框；

2）在“还原文件”对话框中，单击“搜索”、“浏览文件”或“浏览文件夹”，选择需要还原的文件，如图 2-88 所示，单击“下一步”；

3）在“您想在何处还原文件？”界面，可以选择“在原始位置”或“在以下位置”设置还原位置，单击“下一步”，即可完成文件还原。

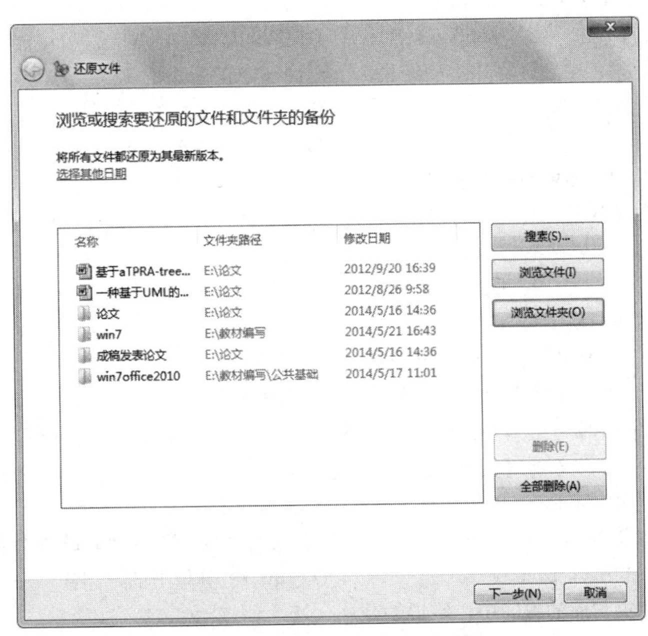

图 2-88 “还原文件”对话框

习题 2

一、单项选择题

1．Windows 7 的各项系统设置由（　　）来控制。
A．库　B．控制面板　C．任务栏　D．记事本

2．在 Windows 7 桌面上有些应用程序图标，（　　）某个图标可以运行相应程序。
A．单击　B．右击　C．拖动　D．双击

3．下列程序中，不属于附件的是（　　）。
A．计算器　B．写字板　C．控制面板　D．画图

4．在 Windows 下，能弹出对话框的操作是选择了（　　）的菜单命令。
A．有…标志　B．有√标志　C．颜色变灰　D．有●标志

5．当一个应用程序窗口被最小化后，该应用程序进入（　　）状态。
A．终止运行　B．暂停运行　C．在后台继续运行　D．未响应

6．在 Windows 7 系统中，为保护文件不被修改，可将它的属性设置为（　　）。
A．只读　B．存档　C．隐藏　D．系统

7．在 Windows 7 系统中，对同时打开的多个窗口进行层叠式排列，这些窗口的显著特点是（　　）。
A．每个窗口的内容全部可见　B．每个窗口的标题栏全部可见
C．部分窗口的标题栏不可见　D．每个窗口的部分标题栏可见

8．文件夹是一个存储文件的组织实体，采用（　　）结构，用文件夹可以将文件分成不同的组。
A．网络形　B．树形　C．逻辑形　D．层次形

9．通配符“*”表示它所在位置上的（　　）。
A．任意字符串　B．任意一个字符　C．任意一个汉字　D．任意一个文件名

10．如果要选定一组不相邻的对象，可按住（　　）键，并依次单击要选定的对象。
A．Ctrl　B．Alt　C．Shift　D．Tab

11．（　　）是显示 Windows 7 桌面的快捷键。
A．Windows+M　B．Windows+P　C．Windows　D．Windows+D

12．对运行“磁盘碎片整理”程序后的结果，下列说法中正确的是（　　）。
A．可增加磁盘的容量　B．可提高磁盘的读写速度
C．压缩文件　D．删除不需要的文件

13．在 Windows 7 中，不能对任务栏进行的操作是（　　）。
A．改变尺寸大小　B．移动位置　C．删除　D．隐藏

14．Windows 7 的文件属性不包括下列的（　　）属性。
A．只读　B．隐藏　C．应用　D．系统

15．下列叙述中，不正确的是（　　）。
A．Windows 7 中打开的窗口，既可平铺，也可层叠
B．Windows 7 可以利用剪切板实现多个文件之间的复制
C．在“资源管理器”窗口中，用鼠标左键双击应用程序名，即可运行该程序
D．在 Windows 7 中不能对文件夹进行更名操作

16．在文件夹窗口中，下列（　　）操作不能删除选定的文件。
A．按键盘上的 Delete 键　B．选择“文件”→“删除”命令
C．按键盘上的 Backspace 键　D．单击工具栏上的“组织”→“删除”按钮

17．下列关于文件夹与库的叙述中，错误的是（　　）。
A．库与文件夹都采用树形结构管理文件

B．文件 test.jpg 在库窗口中被删除后，其相应的存储文件夹中的 test.jpg 也将被删除

C．文件夹下真正存储着文件和子文件夹，而库是“虚拟”的，只是一个目录索引

D．同一文件夹的内容是存储在同一个地方的，而包含在库中的内容可以来自不同的磁盘、不同的文件夹

18．在 Windows 7 中打开多个程序窗口的时候，用户选择一个窗口，按住鼠标晃动，其他的窗口就会最小化到任务栏中，只剩下用户选定的窗口，该功能是由（　　）提供的。

A．Aero Shake　　B．Aero Snap　　C．Aero Peek 3　　D．Windows 7 桌面

19．Windows Aero 中的（　　）功能是自动调整程序窗口的大小。

A．Aero Shake　　B．Aero Snap　　C．Aero Peek 3　　D．Windows 7 任务栏

20．（　　）是微软 Windows 7 用户界面各种个性化定制内容的正式命名，包括桌面背景、窗口皮肤、声音主题和屏幕保护等。

A．Aero 主题　　B．桌面　　C．窗口工具　　D．开始菜单

二、多项选择题

1．操作系统的功能主要包括（　　）。

A．处理器管理　　B．存储器管理　　C．设备管理

D．文件管理　　E．管理网络　　F．管理用户

2．Windows 7 中菜单的种类有（　　）。

A．开始菜单　　B．下拉菜单　　C．控制菜单

D．快捷菜单　　E．跳转菜单　　F．任务菜单

3．任务栏由（　　）组成。

A．标题栏　　B．菜单栏　　C．开始按钮

D．提示区　　E．快速启动区　　F．活动任务区

4．桌面是由（　　）组成。

A．桌面小工具　　B．任务栏　　C．桌面图标

D．桌面背景　　E．窗口　　F．对话框

5．常用的鼠标操作有（　　）。

A．单击　　B．指向　　C．右点击

D．双击　　E．拖放　　F．右拖放

6．排序桌面图标的方式有（　　）。

A．名称　　B．大小　　C．项目类型

D．创建日期　　E．修改日期　　F．大图标

7．用户账户包括哪几种类型（　　）。

A．管理员账户　　B．来宾账户　　C．标准用户账户　　D．普通账户

三、填空题

1．在 Windows 7 操作系统中，使用快捷键（　　　）可以实现窗口间的切换。

2．硬盘上被删除的文件或文件夹被临时存放在（　　　）中。

3．在 Windows 7 中，每一个运行的应用程序都对应有一个程序按钮出现在（　　　）。

4．（　　　）是 Windows 提供的一个工具软件，它能有效地搜集整理磁盘碎片，从而提高系统工作效率。

5．（　　　）是打开 Windows 开始菜单的快捷键。

6．选择计算机的（　　　）状态操作系统向电源发出一种特殊信号，随后电源会停止对除了内存外其他设备的供电，内存中依然保存了系统运行中的所有数据。

7．桌面图标分为（　　　）和（　　　）两种。

8．在 Windows 系统上的一切操作，均可以从单击（　　　）按钮开始。

9．为了在系统感染病毒或受到黑客攻击后，减少重要文件损坏，用户应当定期（　　　）。

10．Windows 7 提供的对系统环境的软硬件进行管理的工具是（　　　）。

四、综合题

1．什么是操作系统？它的主要功能是什么？

2．Windows 7 的桌面和窗口由哪些基本元素组成，各有什么作用？

3．Windows 7 桌面上的“开始”按钮有什么作用？

4．Windows 7 中的图标与快捷方式有何区别？

5．如何改变任务栏的大小和位置？如何隐藏/显示任务栏？如何实现窗口的层叠和平铺？

6．优化系统的方式主要有哪些？如何设置自己的系统安全？

7．什么是库？库有什么作用？库与文件夹有什么区别？

8．怎样为桌面更改墙纸？如何设置屏幕保护程序？如何更改屏幕外观？

9．在 Windows 7 系统中复制、移动、删除文件有哪几种方法？如何实现？

10．应老师的要求，赵峰到“D:\操作系统”文件夹下去找“win7.docx”文件，可是他只看到了“win7”文件，却没看到“win7.docx”文件，这是怎么回事？如何设置能够显示“win7.docx”文件？

第 3 章　文字处理软件 Word 2010

- 掌握 Word 2010 窗口组成、启动和退出方法。
- 掌握 Word 2010 文档的创建、打开、保存、保护、关闭等操作。
- 掌握文本的选定、插入、删除、复制、移动、查找和替换等操作。
- 熟练掌握字符格式、段落格式、边框和底纹、分栏、首字下沉等排版技术。
- 熟练掌握表格的创建、编辑、计算、排序等操作。
- 掌握图片、剪贴画、艺术字等非文本对象的插入及格式设置方法。
- 掌握应用样式、生成目录、页面设置的方法。
- 了解宏、邮件合并等高级应用功能。

文字处理软件 Word 2010 是 Microsoft 公司开发的办公自动化软件 Office 2010 中的一个重要成员，具有强大的文字处理、表格处理、图文混排等功能。Word 文档中可以插入图形、图片、表格等多种信息，实现图文混排的排版效果。Word 2010 广泛应用于各种报刊、杂志、书籍、毕业论文等文档的文字录入、修改和排版工作。

3.1　文字处理软件概述

文字处理是人们日常工作中常做的工作。文档处理的最终目的是将用户需要表达和传递的各种文字、图形、表格等信息，以美观的排版格式和各种易于接受的表现形式提供给读者阅读。当前，国内常用的文字处理软件有 Microsoft 公司的 Word 和金山公司的 WPS。

3.1.1　Word 文字处理软件简介

Word 是 Microsoft 公司的一个文字处理器应用程序。它最初是由 Richard Brodie 为了运行 DOS 的 IBM 计算机而在 1983 年编写的。随后的版本可运行于 Apple Macintosh（1984 年），SCO UNIX 和 Microsoft Windows（1989 年），并成为了 Microsoft Office 的一部分，目前 Word 的最新版本是 Word 2013。

Word 作为 Microsoft Office 系列办公软件的重要组成部分，具有强大的编辑排版功能和图文混排功能，可以用于日常办公文档、文字排版工作、数据处理、建立表格等，是 Office 2010 套装软件中最常用的办公软件之一。

1. Word 2010 的功能

Word 2010 的功能十分强大，主要包括以下几方面：

（1）使用向导快速创建文档：如根据给定的模板创建文档、英文信函、电子邮件、简历、备忘录、日历等。

（2）文档编辑排版功能全面：如页面设置、文本选定与格式设置、查找与替换、项目符号、拼写与语法校对等。

（3）支持多种文档浏览与文档导航方式：支持大纲视图、页面视图、文档结构图、Web版式、目录、超链接等多种方式，使用户能快速浏览和阅读长文档。

（4）联机文档和 Web 文档：利用 Web 页可以创建 Web 文档。

（5）图形和图片：可以使用两种基本类型的图形来增强 Microsoft Word 文档的效果。

（6）图表与公式：可以在 Word 表格中创建图表，并且具备复杂数学公式的编辑功能。

2. Word 2010 的特点

（1）直观友好的操作界面：Word 界面友好、工具丰富，使用鼠标点击即可完成排版任务。

（2）多媒体混排：可以轻松实现文字、图形、动画及其他可插入对象的混排。

（3）强大的制表功能：Word 可以自动、手动制作多样的表格，表格内数据还能实现自动计算和排序。

（4）自动更正功能：Word 提供了拼写和语法检查、自动更正功能，保障了文章的正确性。

（5）模板与向导功能：它专门针对用户反复使用同一类型文档提供了模板功能，使得用户可以快速建立该模板类型的文档。

（6）Web 工具支持：因特网（Internet）是当今最普及的信息、数据平台，Word 可以方便的制作简单 Web 页（通常称为网页）。

（7）强大的打印功能：Word 对打印机具有强大的支持性和配置性，并提供了打印预览功能，打印效果在编辑屏幕上可以一目了然。

3.1.2 WPS 文字处理软件简介

WPS（Word Processing System），中文意为文字编辑系统，是金山软件公司的一种办公软件。最初出现于 1989 年，在微软Windows 系统出现以前，DOS 系统盛行的年代，WPS 曾是中国最流行的文字处理软件。

WPS 由三个模块构成，WPS 文字、WPS 表格、WPS 演示，分别对应 MS Office 的 Word、Excel、PowerPoint，无论 WPS 哪个模块软件，都具有典型 XP 风格的操作界面，工具栏和一些功能按钮的设置几乎与 MS Office 完全一致。实现了对用户操作习惯的兼容，用户能真正做到“零时间”上手，这样大大降低了软件推广使用的难度，同时有效减少培训时间，降低软件迁移成本。

另外，WPS 支持 126 种语言应用，包罗众多生僻小语种，保证文件跨国、跨地区自主交流。同时体察到PDF文件已经成为全球流行的文件格式，在其中具有强大的 PDF 输出功能。

WPS 尊重中文使用者习惯，在文本框间文字排版、稿纸格式、斜线表格、文字工具、中文项目符号、电子表格支持中文纸张规格等中文特色。

3.2 Word 2010 基础知识

3.2.1 Word 2010 的启动和退出

1. Word 2010 的启动

安装好 Microsoft Office 2010 套装软件后，可以用下列方法启动 Word 2010：

- 利用“开始”菜单启动：单击“开始”按钮，执行“所有程序”→“Microsoft office”→“Microsoft Office Word 2010”命令。
- 使用 Word 2010 快捷方式：如果桌面上有 Word 2010 的快捷方式图标，只需双击快捷方式图标。

2. Word 2010 的退出

退出 Word 2010 表示结束 Word 程序的运行，这时系统会关闭所有已打开的 Word 文档，如果文档在此之前做了修改而未存盘，则系统会出现提示对话框，提示用户是否对所修改的文档进行存盘。

关闭 Word 应用程序窗口，可以使用下列 5 种方法之一实现：

- 选择“文件”选项卡→“退出”命令。
- 快捷键 Alt+F4。
- 单击标题栏右侧的关闭按钮。
- 双击标题栏左侧的控制菜单图标。
- 单击窗口控制菜单图标或右击标题栏，弹出窗口控制菜单，选择“关闭”命令。

思考：“文件”下拉菜单中的“关闭”命令与控制菜单中的“关闭”命令有何区别？

3.2.2 Word 2010 的工作界面

Word 2010 操作窗口由上至下主要由标题栏、快速访问工具栏、功能区、文档编辑区、状态栏、视图切换按钮、显示比例、导航窗格等部分组成，程序启动后出现如图 3-1 所示的窗口界面。从窗口界面可以看出，在 Word 2010 窗口上方有各种不同功能的选项卡，当单击这些选项卡时并不会打开菜单，而是切换到与之相对应的功能区面板。每个功能区根据功能的不同又分为若干个组。

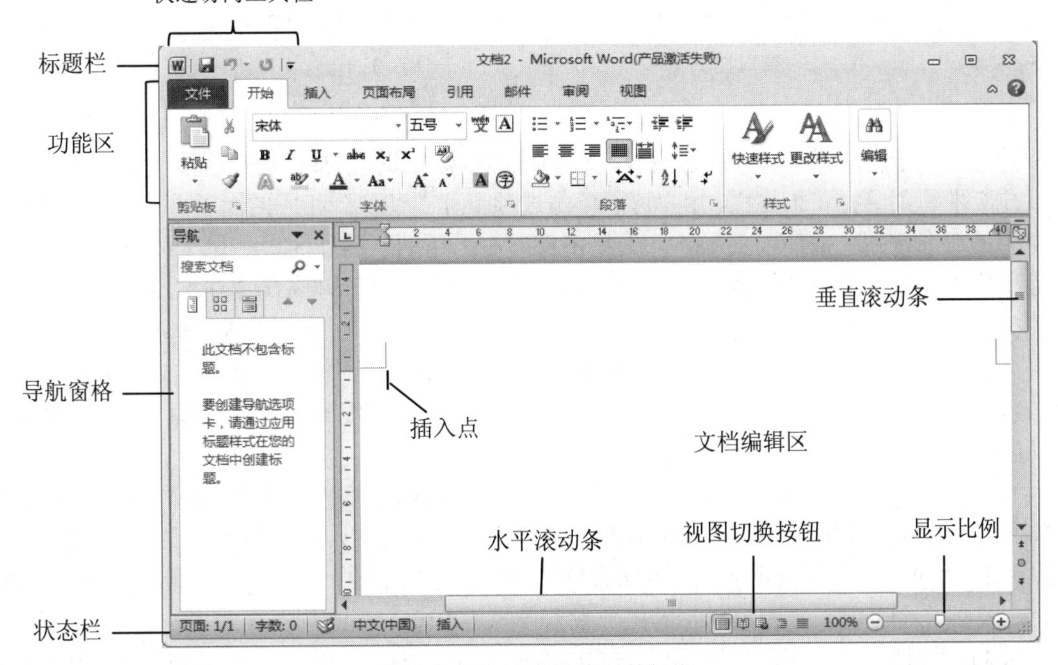

图 3-1　Word 2010 窗口的组成

1. 标题栏

标题栏是Word窗口中最上端的一栏。标题栏最左端的W称为“控制菜单”图标，单击它（或右击标题栏的空白区）可以打开窗口控制菜单，如图3-2所示。窗口控制菜单中包含Word窗口的还原、移动、大小、最大化、最小化和关闭选项。标题栏中部显示的是当前文档的文件名和应用程序名，如“文档1”是文件名，“Microsoft Word”是应用程序名。标题栏最右端是Word窗口的三个控制按钮：最小化、最大化（或还原）和关闭按钮。

2. 快速访问工具栏

默认情况下，快速访问工具栏位于标题栏上控制菜单图标W的右侧，包括一些常用的工具按钮，如“保存”按钮、“撤消”按钮、“恢复”按钮。

不仅如此，单击“自定义快速访问工具栏”按钮，在如图3-3所示的“自定义快速访问工具栏”列表中，可以将其他命令按钮添加到快速访问工具栏上，也可以选择“在功能区下方显示”来更改该工具栏的位置。

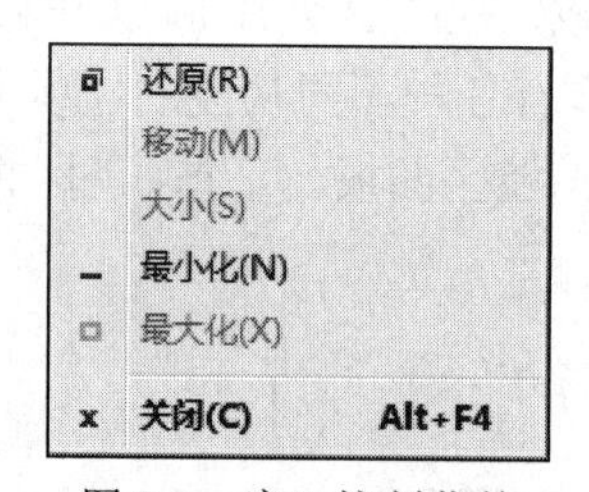

图3-2 窗口控制菜单

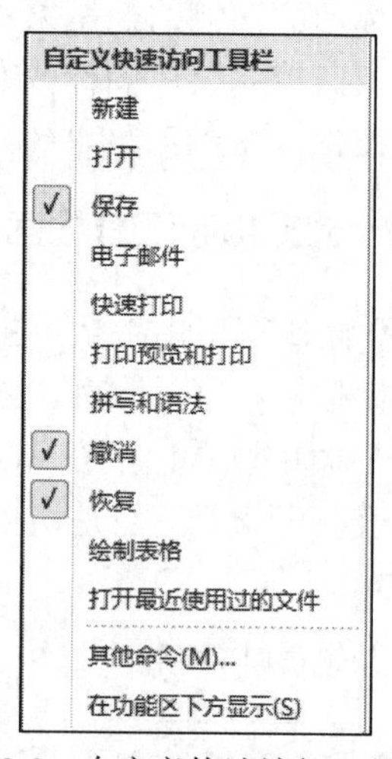

图3-3 自定义快速访问工具栏

3. 功能区

功能区位于标题栏下方，由选项卡、组、命令选项三部分组成。功能区替代了Office 2003及以前版本的菜单栏和工具栏。用户可以单击选项卡标签切换到相应的选项卡中，然后单击相应组中的命令按钮完成所需的操作。当单击窗口右上角的“功能区最小化”按钮时，功能区最小化为仅显示选项卡的名称。在每个组的右下角有一个对话框启动器按钮，单击该按钮可以打开一个相应组的对话框。

（1）“开始”选项卡。“开始”选项卡中包括剪贴板、字体、段落、样式和编辑几个分组。该选项卡主要用于帮助用户对Word 2010文档进行文字编辑和格式设置，是用户最常用的功能区。

（2）“插入”选项卡。“插入”选项卡包括页、表格、插图、链接、页眉和页脚、文本和符号几个分组。主要用于在Word 2010文档中插入各种元素，是实现图文混排的重要工具。

（3）“页面布局”选项卡。“页面布局”选项卡包括主题、页面设置、稿纸、页面背景、段落、排列几个分组。主要用于帮助用户设置Word 2010文档的页面样式。

（4）“引用”选项卡。“引用”选项卡包括目录、脚注、引文与书目、题注、索引和引文目录几个组，用于实现在 Word 2010 文档中插入目录，插入索引等比较高级的功能。

（5）“邮件”选项卡。“邮件”选项卡包括创建、开始邮件合并、编写和插入域、预览结果和完成几个组，专门用于在 Word 2010 文档中进行邮件合并方面的操作。

（6）“审阅”选项卡。“审阅”选项卡包括校对、语言、中文简繁转换、批注、修订、更改、比较和保护几个组。适用于多人协作处理 Word 2010 长文档时对文档进行校对和修订等操作。

（7）“视图”选项卡。“视图”选项卡包括文档视图、显示、显示比例、窗口和宏几个组，主要用于帮助用户设置 Word 2010 操作窗口的视图类型、显示方式以方便操作。

注意：窗口界面的“功能区”可以通过“文件”选项卡 →“选项”命令，在弹出的“Word 选项”对话框“自定义功能区”选项卡中自定义设置。

4. 文档编辑区

文档编辑区是 Word 2010 窗口中文档的工作区域，是文本录入和排版的区域。光标闪烁的位置称为“插入点”，在插入点位置可以输入、编辑、图文混排、表格编辑等多种媒体信息。在文档编辑区，当文档的内容不能全部显示时，就会在右侧或底部出现垂直和水平滚动条，拖动水平或垂直滚动条可以浏览文档的全部内容。

5. 导航窗格

导航窗格位于 Word 2010 窗口的左侧，如图 3-1 所示，在搜索框中输入文字可以从文档中找到相应的文字内容。单击导航窗格左上角的按钮，可以浏览文档的各级标题。

6. 状态栏

状态栏位于 Word 2010 窗口的底部，它显示了当前的文档信息。如文档当前页号、总页数、文档总字数，以及校对、语言、插入/改写模式等信息。

7. 视图切换按钮

视图是查看、显示、编辑文档的方式。根据文档的操作需求不同，可以选用不同的视图。虽然文档在不同的视图下显示不同，但是文档的内容不变。Word 2010 中有 5 种视图：页面视图、阅读版式视图、Web 版式视图、大纲视图、草稿。这 5 种视图的区别及适用场合，如表 3-1 所示。

表 3-1 Word 2010 的 5 种视图

视图名称	说明
页面视图	一种“所见即所得”的文档显示方式，显示的文档样式与打印出来的效果一致。主要用于文档的版面设计，可以设置页眉和页脚、分栏、首字下沉、页边距等
阅读版式视图	以最大的空间阅读或批注文档，在阅读版式视图方式中把整篇文档分屏显示，以增加文档的可读性。可以点击“视图选项”按钮设置相应内容；退出此视图模式，可以按 Esc 键完成
Web版式视图	常用于简单的网页制作。在此视图下，Word 能优化 Web 页面，使其外观与在 Web 发布时的外观一致，是以网页形式显示文档的外观
大纲视图	适合于显示、编辑文档的大纲结构。选择“视图”选项卡，在“文档视图”组中单击“大纲视图”按钮，显示大纲形式的文档；使用“升级”、“降级”按钮可实现各级标题与文本的升、降级处理
草稿	适合录入、编辑文本或只需简单文档格式时使用，可以完成大多数的文本输入和编辑工作。不能显示分栏、页眉和页脚、首字下沉等效果，是最节省计算机系统硬件资源的视图方式。在这种视图下可以看到各种分隔符，可以把分隔符当成普通字符一样删除

8．显示比例

在 Word 2010 窗口的右下角有设置文档显示比例的滑块，可以单击缩小、放大按钮调整显示比例，也可以拖动滑块调整文档的显示比例。

3.3 文档的创建与编辑

3.3.1 文档的基本操作

1．新建文档

新文档是指用户准备利用 Word 2010 来建立一个新的文件，开始一份新材料的录入与编辑等工作。用户可以新建多种类型的 Word 文档。新建方法有如下几种：

（1）选择“文件”选项卡，→“新建”命令打开面板，选择文档类型，单击“创建”按钮建立空白文档，如图 3-4 所示。

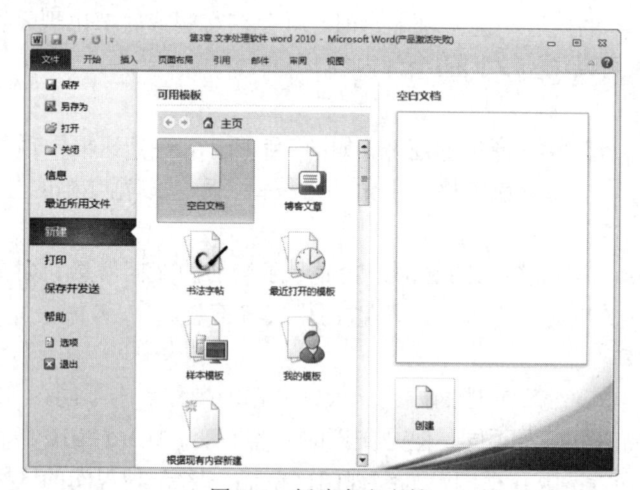

图 3-4　新建空白文档

（2）在 Word 中按快捷键 Ctrl＋N，可以直接使用快捷键建立空白文档。

（3）在当前位置空白处单击右键，在弹出菜单中选择“新建”→“Microsoft Word 文档”命令，建立一个缺省模板的空白 Word 文档。

（4）Word 提供了许多文档模板，用户可以根据自己的需要选择相应模板，轻松地创建相应类型的文档。

【例 3.1】利用 Word 2010 的模板创建“新闻稿”。

【操作方法】

选择“文件”选项卡→“新建”→“样本模板”→“黑领结新闻稿”→“创建”，如图 3-5 所示。

2．保存及保护文档

保存文档是指将 Word 编辑完成的文档以磁盘文件的形式存储到磁盘上，以便将来能够再次对文件进行编辑、打印等操作。如果文档不存盘，则本次对文档所进行的各种操作将不会被保留。如果要将文字或格式再次用于创建其他的文档，则可将文档保存为 Word 模板。在文档的编辑过程中，经常保存文档是一个好习惯。

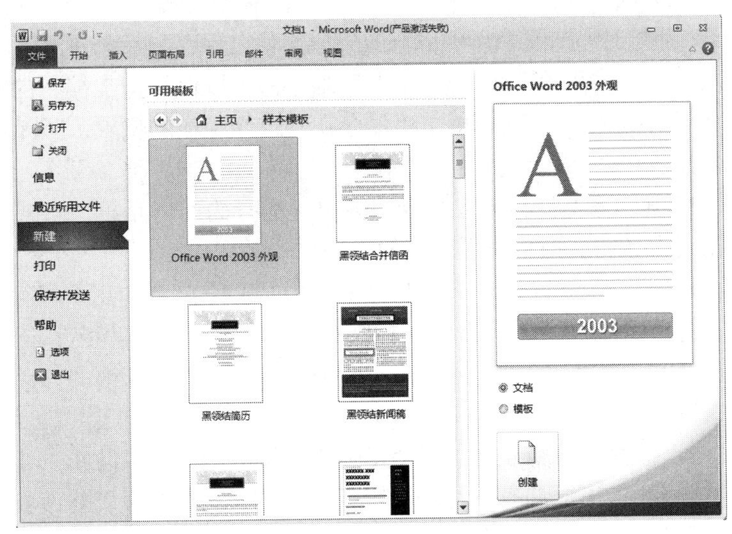

图 3-5　样本模板

（1）保存新文档。新文档的保存，可以使用下列 4 种方法：

- 单击“快速访问工具栏”上的“保存”按钮。
- 选择“文件”选项卡→“保存”命令。
- 使用快捷键 Ctrl+S。
- 选择“文件”选项卡→“另存为”命令。

文件第一次保存，使用上述所有方法都会弹出“另存为”对话框，如图 3-6 所示。

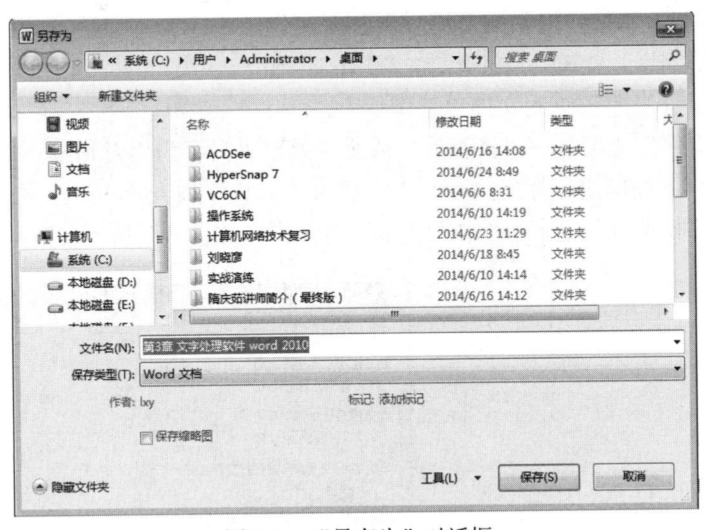

图 3-6　“另存为”对话框

保存文件最重要的就是确定好三项内容：保存位置、文件名、保存类型。Windows 7 系统下，Word 2010 文档默认的保存位置为文档库中“我的文档”，可以在“另存为”对话框左侧的导航窗格或地址栏中设定具体的保存位置；默认的保存类型为“Word 文档”，扩展名默认为.docx，允许保存为网页文件或文本文档等类型；如果允许文档在 Word 2003 等较低的 Office 版本中打开，则保存时保存类型选择“Word 97-2003 文档”。

（2）现名保存文档。若文档不是第一次保存，单击“保存”按钮，或选择“文件”选项卡的“保存”命令，都能对当前文档所做的修改以原文件名保存，不会弹出“另存为”对话框。

（3）换名保存文档。“保存”和“另存为”命令都可以保存正在编辑的文档或者模板。区别是：“保存”命令不进行询问直接将文档保存在它已经存在的位置；“另存为”提问文档保存的位置及文件名。

选择“文件”选项卡→“另存为”命令，弹出“另存为”对话框，可实现文档的换名保存，换名后的文档成为当前文档，而原名字的文档自动关闭。

（4）设置自动保存。在默认状态下，Word 2010 每隔 10 分钟为用户保存一次文档。这项功能还可以有效的避免因停电、死机等意外事故而使编辑的文档前功尽弃。

选择“文件”选项卡→“选项”命令，在“保存”选项卡中可设置“自动保存时间间隔”，单击“确定”完成设置。

（5）保护文档。有时用户需要为文档设置必要的保护措施，以防止重要的文档被轻易打开。Word 2010 对文档的保护措施有 3 种：设置以只读方式打开、设置修改权限密码、设置打开权限密码。3 种保护措施的区别，如表 3-2 所示。

表 3-2　保护文档的 3 种措施

保护措施	说明
打开文件时需要密码	打开文档时，只有正确输入打开密码，才能打开文档
修改文件时需要密码	打开文档时，要求输入修改密码，若正确，则打开并允许修改；否则可以单击“只读”按钮，以只读方式打开文档，但无法保存修改结果
以只读方式打开文档	文档只能以只读方式打开，无法保存修改结果

【例 3.2】为名为“新闻稿”的文档设置打开密码“abc”。

【操作步骤】

- 打开要设置修改密码的文档“新闻稿”。
- 选择“文件”选项卡→“另存为”命令，弹出“另存为”对话框，单击对话框底部的“工具”下拉按钮，弹出如图 3-7 所示的“工具”列表。
- 选择“常规选项”，弹出“常规选项”对话框，如图 3-8 所示。

图 3-7　“工具”列表

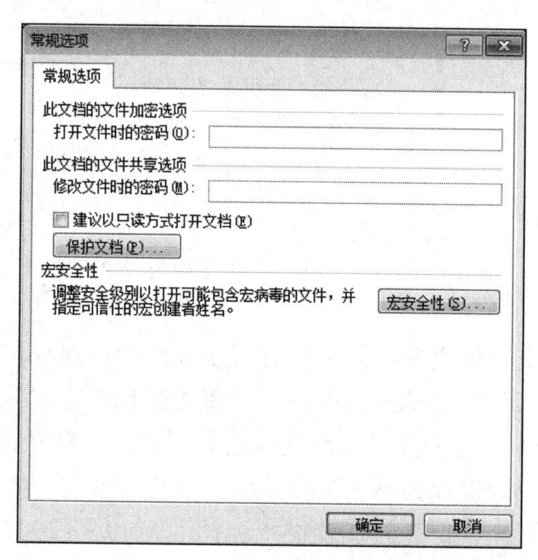

图 3-8　“常规选项”对话框

- 在“打开文件时的密码”文本框中，输入 abc，单击“确定”按钮，弹出“确认密码”对话框，如图 3-9 所示，再次输入 abc，单击“确定”按钮。
- 关闭“新闻稿”，完成打开密码的设置。

当再次打开“新闻稿”时，弹出“密码”对话框，如图 3-10 所示，输入 abc，单击“确定”才能打开该文档并允许继续编辑。

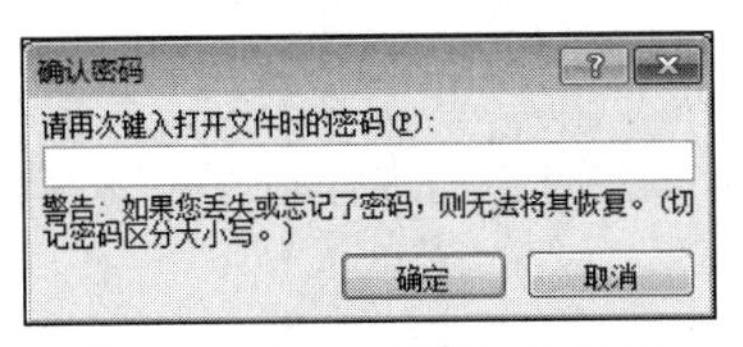

图 3-9　“确认密码”对话框

图 3-10　“密码”对话框

3. 打开文档

所谓“打开文档”就是将已经编辑并且存放在磁盘上的文档调入 Word 编辑器的过程。利用“打开文档”操作可以浏览与编辑已存盘的文档内容，打开文档的方法有如下几种：

（1）启动 Word 2010 后打开文档。启动 Word 2010 后，选择“文件”选项卡→“打开”命令，或者使用快捷键 Ctrl+O，弹出如图 3-11 所示的“打开”对话框，利用左侧导航窗格选择文档所在的位置，此时“打开”对话框中会显示出该位置的所有内容，选择要打开的文档即可打开。

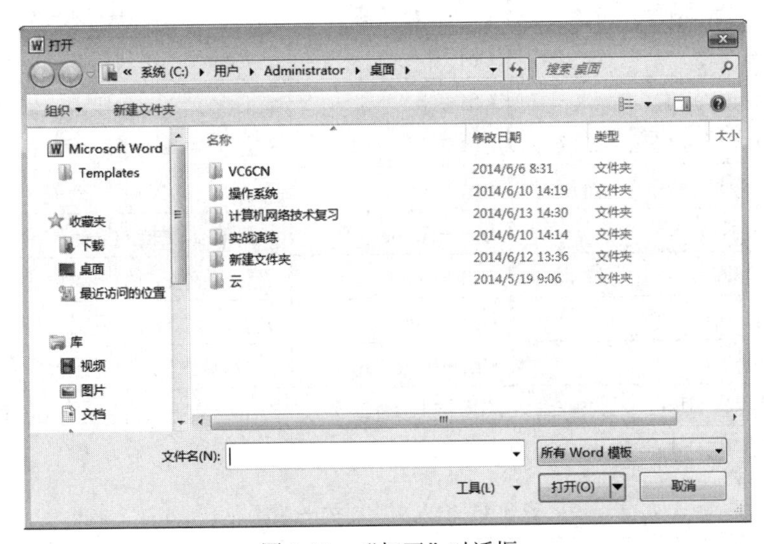

图 3-11　“打开”对话框

（2）不启动 Word 2010，双击文件名直接打开文档。对所有已保存在磁盘上的 Word 2010 文档（存盘时文件后缀名为.docx 的文件），用户可以直接找到所需要的文档，然后用鼠标双击该文档名，便可以启动 Word 2010，并将该文件调入 Word 2010 编辑器中。

（3）快速打开最近使用过的文档。在 Word 2010 中会默认显示 20 个最近打开或编辑过的 Word 文档，用户可以通过打开“文件”选项卡里的“最近所用文件”面板，在面板右侧的“最近使用的文档”列表中单击准备打开的 Word 文档名称即可。

4. 多文档切换

在 Word 中可以同时打开多个文档，在文档编辑的过程中如果要在当前文档和其他文档之间进行切换，可通过下列方式实现：

（1）单击任务栏上的相应按钮。

（2）选择“视图”选项卡，“切换窗口”命令，列表中选择需要切换到的文档名。

（3）按 Ctrl+F6 或 Alt+Esc 组合键切换到所需文档。

（4）按住 Alt 键，再反复按 Tab 键，当切换到所需文档名时同时释放两个按键。

3.3.2 文档的输入

使用一个文字处理软件的最基本操作就是输入文本，并对它们进行必要的编辑操作，以保证所输入的文本内容与用户所要求的文稿相一致。

1. 定位插入点

文字开始输入的位置就是插入点所在的位置。插入点就是光标在文档编辑区中呈“I”形、不断闪烁的位置。插入点的重新定位，可以使用下列方法：

（1）在已经输入文本的区域内，单击所需定位的文字位置处，直接定位插入点。

（2）对于文档中的空白区域如需输入文本内容，则可以通过启用“即点即输”功能，在空白区域中双击鼠标左键，立即将“插入点”定位到此位置。

（3）键盘方式实现插入点定位，各个键功能如表 3-3 所示。

表 3-3 键盘操作功能表

键盘名称	光标移动情况	键盘名称	光标移动情况
↑	上移一行	Ctrl+↑	光标移到当前段落或上一段的开始位置
↓	下移一行	Ctrl+↓	光标移到下一个段落的首行首字前面
←	左移一个字符或一个汉字	Ctrl+←	光标向左移动了一个词的距离
→	右移一个字符或一个汉字	Ctrl+→	光标向右移动了一个词的距离
Home	移到行首	Ctrl+Home	光标移到文档的开始位置
End	移到行尾	Ctrl+End	光标移到文档的结束位置
PageUp	上移一页	Ctrl+PageUp	光标移到当前页或上一页的首行首字前面
PageDown	下移一页	Ctrl+PageDown	光标移到下页的首行首字前面

在 Word 文档中进行文字的输入，需要明确输入文字的位置，关注文字的输入状态，遵守一定的原则和解决方法，如表 3-4 所示。

表 3-4 输入文字时的一般原则

原则	解决方法
段落首行不加空格	选择“开始”选项卡→“段落”组→对话框启动器，弹出“段落”对话框，在“缩进和间距”选项卡下的“特殊格式”列表框中选择“首行缩进”，在“磅值”处输入“2 字符”，实现段落的首行缩进
标题文字前不加空格	选择“开始”选项卡→“段落”组→“居中”按钮，实现标题居中
行尾处不按 Enter 键	文字到达每行的最右侧时会自动换行，插入点移至下一行的行首
另起一段	每按一次 Enter 键，生成一个新段落，段落尾以“↵”作为段落标记

在文档插入点位置进行文本的输入，要时刻关注状态栏上的“插入”或“改写”标识。“插入”表示键入的文本将录入到插入点处，原有文本将右移；而“改写”状态则表示键入的文本

将覆盖现有内容，两种标识可以通过按键盘上的 Insert 键或直接用鼠标双击状态栏中的标识实现二者的相互转换。

另外，不管在哪一种输入状态下，如果在选定文字后输入文字，那么输入的文字就替代选定的文字。当输入一个字或词组后，按 F4 键可以重复输入最后输入的字或词组。如输入“WORD”，按一下 F4 键，在文档中会再次出现“WORD”一词。

在输入文本的过程中还要注意不加不必要的空格和回车，若在不必要的地方添加空格或按 Enter 键，会给文档的排版带来非常大的困扰。

2. 插入符号或特殊符号

通常情况下，文档中除了包含字母、汉字和标点符号外，还要包括一些特殊符号，如☆、☏、♋、◷等。普通键盘上的字符个数有限，这时可以使用 Word 提供的插入符号或特殊字符的功能。在Word 2010文档窗口中，用户可以通过 “符号”对话框插入任意字体的任意字符和特殊符号，操作步骤如下所述：

（1）确定插入位置，切换到“插入”选项卡，在“符号”分组中单击“符号”按钮。

（2）在打开的符号面板中可以看到一些最常用的符号，单击所需要的符号即可将其插入。若需插入其他符号可单击“其他符号”按钮，打开如图 3-12（a）所示的对话框。

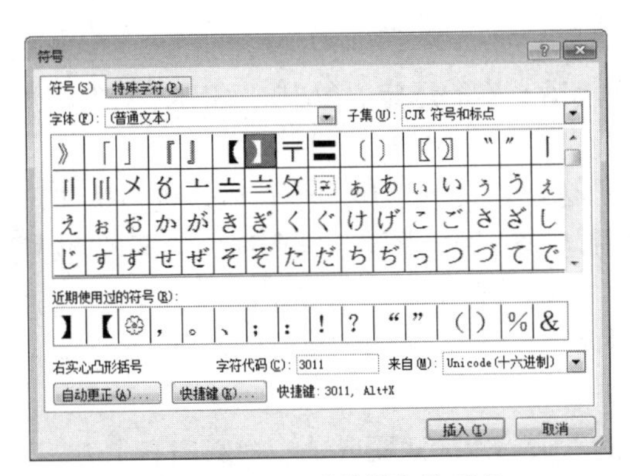

图 3-12（a）　“符号”选项卡

（3）在“符号”选项卡中单击“子集”右侧的下拉三角按钮，在打开的下拉列表中选中合适的子集（如“箭头”），然后在符号表格中选中需要的符号，单击“插入”按钮即可。若需插入特殊符号，在“符号”对话框中选择“特殊字符”选项卡，在如图 3-12（b）所示的对话框中选择。

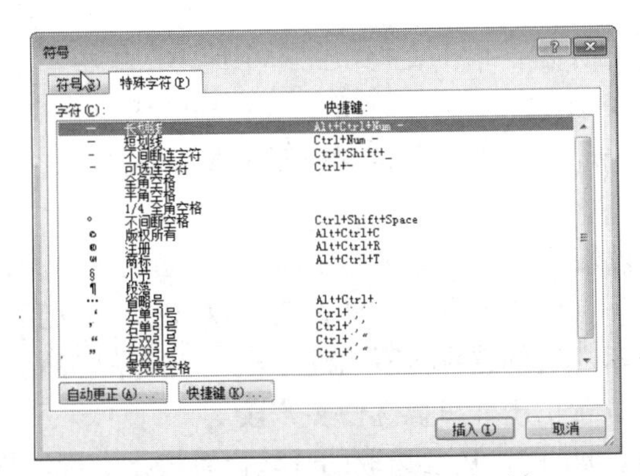

图 3-12（b）　“特殊字符”选项卡

3. 插入换行符与分段符

- 换行符：Word 2010 在进行文字输入时如果达到页面边界会自动换行，如果需要提前换行可以使用 Shift＋Enter 键进行换行，此时上行内容与下行内容仍然属于同一段文字，沿用相同的段落格式。
- 分段符：分段是通过按 Enter 键来实现的，表示开始新的一段。

分段符和分页符的标记是不同的，向下箭头标记为换行符，向左箭头标记为分段符。使用分段符和分页符的效果如图 3-13 所示。

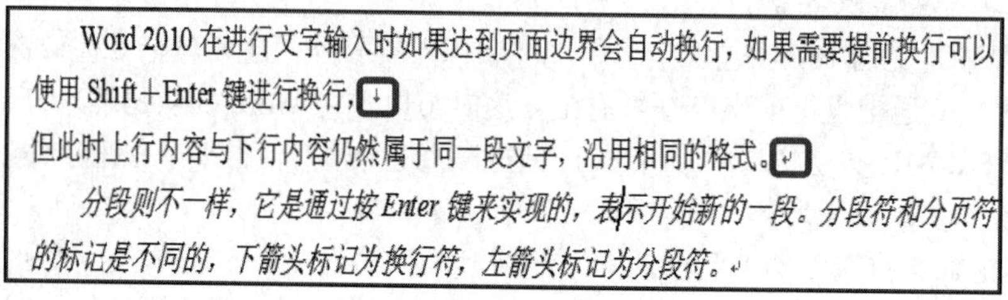

Word 2010 在进行文字输入时如果达到页面边界会自动换行，如果需要提前换行可以使用 Shift＋Enter 键进行换行，↓
但此时上行内容与下行内容仍然属于同一段文字，沿用相同的格式。↵
分段则不一样，它是通过按 Enter 键来实现的，表示开始新的一段。分段符和分页符的标记是不同的，下箭头标记为换行符，左箭头标记为分段符。↵

图 3-13　分段符与换行符效果图

3.3.3　文档的编辑

Word 文档的编辑操作包括文本的选定、复制、移动、删除、查找、替换等操作。

1. 文本的选定

文本选取的目的是将被选取的文本当作一个整体来进行操作，包括复制、删除、拖动、设置格式等。选取文本以后，单击鼠标左键，则所选取的区域将被取消。

文本选取的方法较多，根据不同的需求选择不同的文本选取方法，以便快速操作。

（1）单词的选取。用鼠标左键双击要选择的单词。

（2）行的选取。

- 把光标移动到行的左边，光标就变成了一个斜向右上方的箭头“↗”，单击鼠标左键。
- 把光标定位在要选定文字的开始位置，按 Shift＋End 键（或 Home 键），可以选中光标所在位置到行尾（行首）的文字。
- 确定插入点，按 Shift＋光标移动键，可选取从当前插入点到光标移动所经过的行或文本部分。
- 在开始行的左边单击选中该行，按住 Shift 键，在结束行的右边单击，可以选中多行。

（3）句的选取。

- 选中单句：按住 Ctrl 键，单击文档中的一个地方，鼠标单击处的整个句子就被选取。
- 选中多句：按住 Ctrl 键，在第一个要选中句子的任意位置按下左键，松开 Ctrl 键，拖动鼠标到最后一个句子的任意位置松开左键，就可以选中多句。

（4）段的选取。

- 单段选取：在一段中的任意位置三击鼠标左键，选定整个段落。或将光标移到某段的左部位置，使光标变成斜向右上方的箭头，双击左键，选取整个段落。
- 多段选取：在段落左边的选定区双击选中第一个段落，然后按住 Shift 键，在最后一个段落中的任意位置单击，可以选中多个段落。

（5）矩形选取。按住 Alt 键，在要选取的开始位置按下左键，拖动鼠标可以拉出一个矩形的选择区域。或先把光标定位在要选定区域的开始位置，同时按住 Shift 键和 Alt 键，鼠标单击要选定区域的结束位置，同样可以选择一个矩形区域。

（6）全文的选取。全文选取的方法有以下几种：

- 使用快捷键 Ctrl＋A 选取全文。
- 先将光标定位到文档的开始位置，再按 Shift＋Ctrl＋End 键选取全文。
- 按住 Ctrl 键的同时单击文档左边的选定区选取全文。
- 切换到“开始”选项卡，在“编辑”组中单击“选择”→“全选”命令即可选取全文。

2. 文本的移动和复制

“移动”是将所选的文本从一个位置（源位置）转移到另一个位置（目标位置）。

“复制”是将所选的文本复制到另一个位置，源位置和目标位置都有一份内容相同的文本。

移动和复制文本的方法基本相同，先在源位置选定要操作的文本，然后按照如表 3-5 所示的方法，将所选文本转移或复制到目标位置。

表 3-5 文本的移动和复制方法

操作方式	文本的移动	文本的复制
功能区	选择“开始”选项卡→“剪贴板”组→“剪切”；定位目标位置；选择“开始”选项卡→“剪贴板”组 →“粘贴”	选择“开始”选项卡→“剪贴板”组→“复制”；定位目标位置；选择“开始”选项卡→“剪贴板”组 →“粘贴”
快捷菜单	右击，在弹出的快捷菜单中选择“剪切”，定位目标位置，右击，选择“粘贴”	右击，在弹出的快捷菜单中选择“复制”，定位目标位置，右击，选择“粘贴”
键盘方式	按快捷键 Ctrl+X，定位目标位置，按快捷键 Ctrl+V	按快捷键 Ctrl+C，定位目标位置，按快捷键 Ctrl+V
鼠标方式	源位置和目标位置同时可见时，拖动所选文本到目标位置	源位置和目标位置同时可见时，按住 Ctrl 键，拖动所选文本到目标位置

在对选中的文本进行移动和复制的操作方法中，除鼠标拖动方式外，都是借助“剪贴板”实现的。

剪贴板是内存中的一块临时区域，当用户在程序中使用“复制”或“剪切”命令时，操作系统将把复制或剪切的内容及其格式等信息暂时存储在剪贴板上，以供“粘贴”使用。剪贴板就像是一个中转站，它被用于存储用户要复制或者移动的数据，然后，从剪贴板里粘贴（其实也是复制）到其他位置。

在“开始”选项卡“剪贴板”组中，单击“对话框启动器”，会弹出“剪贴板”任务窗格，Office 剪贴板中可存放包括文本、表格、图形等对象 24 个。如果超出了这个数目，最早的对象将自动被从剪贴板上删除。剪贴板中的内容还可以粘贴到其他应用程序中。

3. 文本的删除

删除文本，可以按 Delete 键或 Backspace 键。

- 用 Delete 键删除：按 Delete 键的作用是删除插入点后面的字符，它通常只是在删除的文字不多时使用，如果要删除多个字符，可以先选定文本，再按删除键进行删除。
- 用 Backspace 键删除：按 Backspace 键的作用是删除插入点前面的字符。

4. 撤消与恢复

在文档的编辑排版过程中误操作是难免的，因此撤消和恢复之以前的操作就非常必要。

利用 Word 2010 快速访问工具栏中的“撤消”与“恢复”按钮可轻松地做到。因此，即使进行了误操作，只需单击快速访问工具栏中的“撤消”按钮，就能恢复到误操作之前的状态。

撤消的实现方法：

- 单击快速访问工具栏的“撤消”按钮，可以撤消前一操作，如果单击该按钮右边的下三角按钮，可以撤消到某一指定的操作。
- 按 Ctrl+Z 组合键可以撤消前一个操作，反复按 Ctrl+Z 组合键可以撤消前面的多个操作，直到无法撤消为止。

当进行了撤消操作后，又想使用所撤消的操作，可以使用恢复（重复）操作。

恢复操作的实现方法是：

- 单击快速访问工具栏上的“恢复”按钮，可以恢复前一操作，如果单击该按钮右边的下三角按钮，可以打开“恢复”下拉列表框，从中可以选择恢复到某一指定的操作。
- 按 Ctrl+Y 组合键一次可以恢复前一操作，反复按 Ctrl+Y 组合键可以恢复前面的多个操作，直到无法恢复。

5. 查找与替换

利用Word 2010提供的“查找”功能，用户可以在 Word 2010 文档中快速查找特定的字符，实现文本的快速、精确定位。“替换”的功能是先查找指定的文字串，再替换成新的文字串，实现文本内容的高效、快速修改。查找和替换有简单的文本操作，也有复杂的带限制条件、带格式的查找和替换操作。

【例 3.3】查找文档中所有的“文档”字符。

【操作步骤】

方法 1：

（1）选择“开始”选项卡→“编辑”组→“查找”，或按快捷键 Ctrl+F，窗口左侧弹出“导航”任务窗格，如图 3-14 所示。

（2）在搜索框中输入要查找的文本内容“文档”，文档中所有的“文档”字样突出显示。单击“导航”窗格中某个匹配项，文档编辑区中显示的是该项对应的正文内容，匹配文本反向显示。也可以单击“下一处搜索结果”按钮（或“上一处搜索结果”按钮）依次搜索。

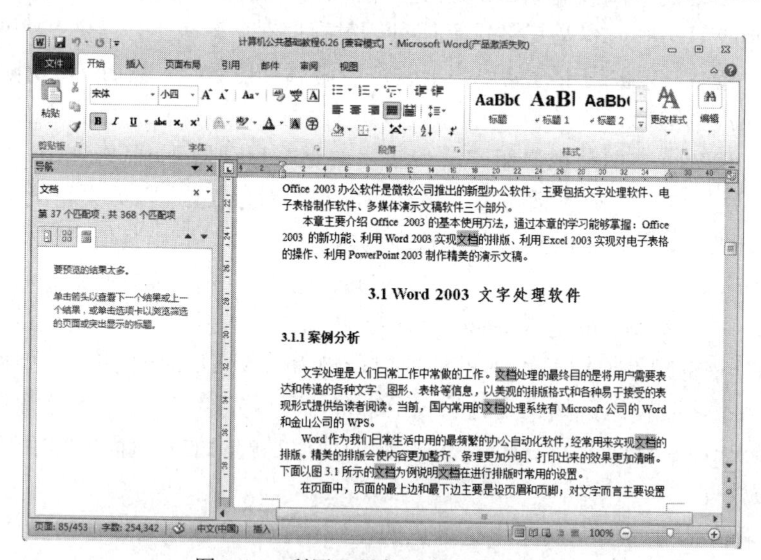

图 3-14　利用“导航”任务窗格查找

方法 2：

（1）选择“开始”选项卡→“编辑”组→“查找”下拉按钮→“高级查找”命令，弹出“查找和替换”对话框，如图 3-15 所示。

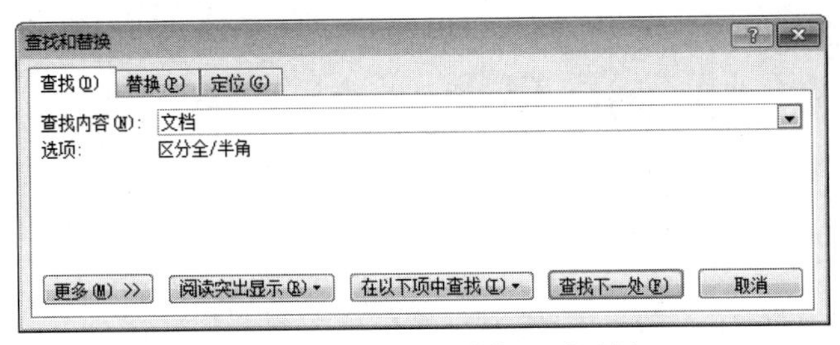

图 3-15　“查找和替换”对话框

（2）在“查找内容”文本框中输入要查找的文本“文档”，单击“查找下一处”按钮，插入点后第一个“文档”被查找到；反复单击“查找下一处”按钮，可以连续找到下一个“文档”，直至找到所有的查找文本。单击“更多”按钮，可以设置搜索选项、查找带格式的文本，实现复杂条件的高级查找。

替换是将文档中指定文本用另一文本替代的过程。

【例 3.4】将文档中所有的“计算机”修改为“Computer”。

【操作步骤】

（1）选择“开始”选项卡→“编辑”组→“替换”按钮，或按快捷键 Ctrl+H，弹出“查找和替换”对话框，此时“替换”为当前选项卡。

（2）在“查找内容”文本框中输入“计算机”，在“替换为”文本框中输入“Computer”，如图 3-16 所示。

（3）单击“全部替换”按钮，将文档中所有的“计算机”替换成“Computer”。单击“更多”按钮，可以设置搜索选项、查找带格式的文本，实现复杂条件的高级替换。

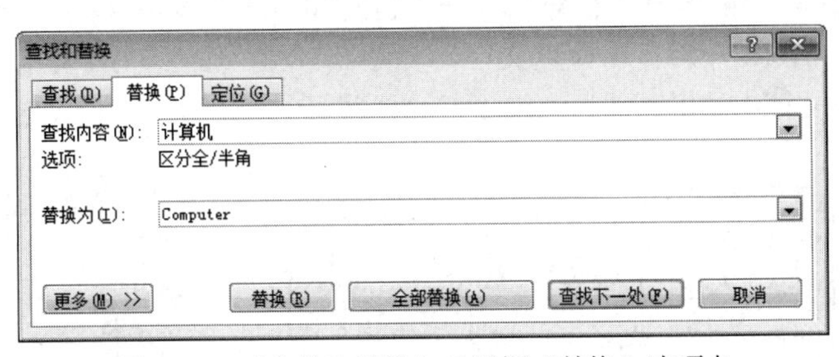

图 3-16　“查找和替换”对话框“替换”选项卡

6. 自动更正

自动更正功能即自动检测并更正键入错误或误拼的单词、语法错误和错误的大小写。例如键入“the”及空格，则自动更正会将键入内容替换为“the”。还可以使用自动更正快速插入文字、图形或符号等。若要使用“自动更正”功能，需要先添加“自动更正”条目。

【例 3.5】利用自动更正功能快速输入“长春科技学院”。

【操作步骤】

（1）选择“插入”选项卡→“符号”组→“符号”按钮→“其他符号”按钮，打开“符号”对话框。

（2）单击“自动更正”按钮，打开如图 3-17 所示的 Word 2010“自动更正”对话框。

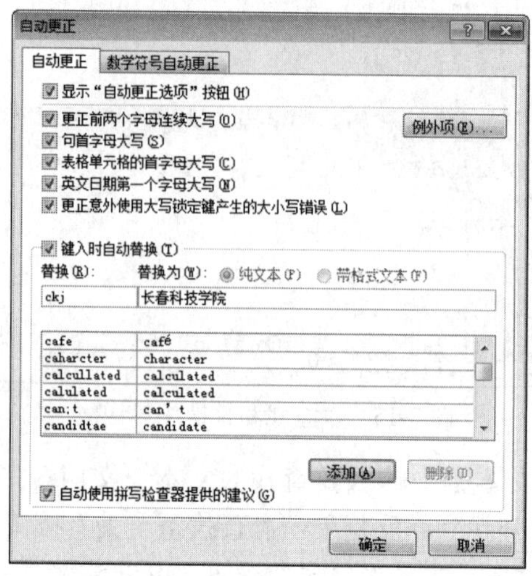

图 3-17　“自动更正”对话框

（3）添加“自动更正”条目的符号（例如“ckj”），在“替换”编辑框中输入“ckj”，在“替换为”编辑框中输入替换后的内容（例如“长春科技学院”），并依次单击“添加”、“确定”按钮。

（4）返回 Word 2010 文档，在文档中输入“ckj”后将替换为“长春科技学院”。

7. 拼写和语法检查

在默认情况下，Word 2010 可以对所输入的字符根据相应的词典自动进行拼写和语法检查，在系统认为错误的字词下面会出现彩色的波浪线，红色波浪线代表拼写错误，绿色波浪线代表语法错误。此功能能够对输入的英文、中文词句进行语法检查，从而提醒用户进行更改，减少输入文档的错误率。拼写和语法检查的方法有：

- 选择“审阅”功能区→“校对”组→“拼写和语法”按钮，Word 就开始进行检查。
- 按 F7 键，Word 开始自动检查文档，如图 3-18 所示。

Word 只能查出文档中的拼写或语法错误，一些逻辑上和语气上的错误还要用户自己去检查。

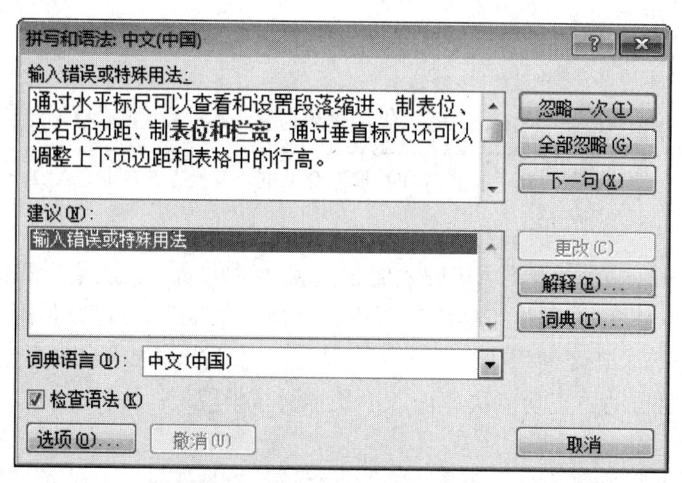

图 3-18　“拼写和语法”对话框

3.4　文档版面设计

3.4.1　字符格式化

字符是指作为文本输入的汉字、字母、数字、标点符号和特殊符号。在用户未设置字符格式时，Word 使用默认格式设置，中文为宋体、五号字；英文为 Times New Roman、五号。字符格式的设置决定了字符在屏幕上显示或打印输出的形式，包括字体、字号、颜色以及各种效果，还包括字符间距等内容。

1. 利用“字体”组设置

在“开始”选项卡“字体”组中，集合了一些常用的设置字符格式的命令选项，如图 3-19 所示，利用这些命令选项，可以很容易地设置各种字符格式。

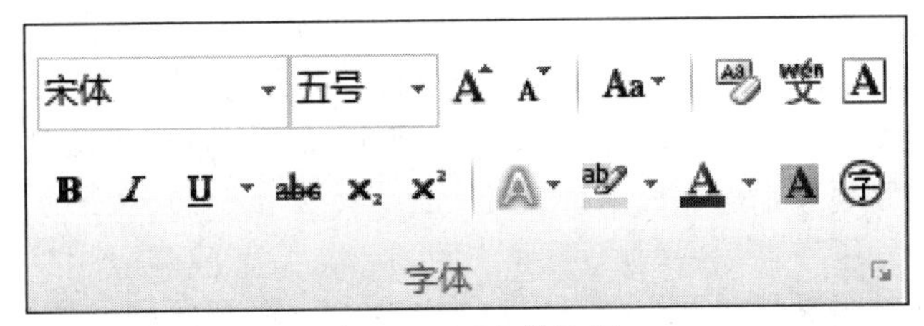

图 3-19　“字体”组

2. 利用“字体”对话框设置

使用“字体”组格式化字符可以设置一些简单的字符格式。复杂的设置可以在“开始”选项卡下单击“字体”组对话框启动器，弹出如图 3-20 所示的“字体”对话框中可设置字符的格式。在图 3-21 所示的“高级”选项卡下可以设置字符缩放比例、字符间距、字符位置等。

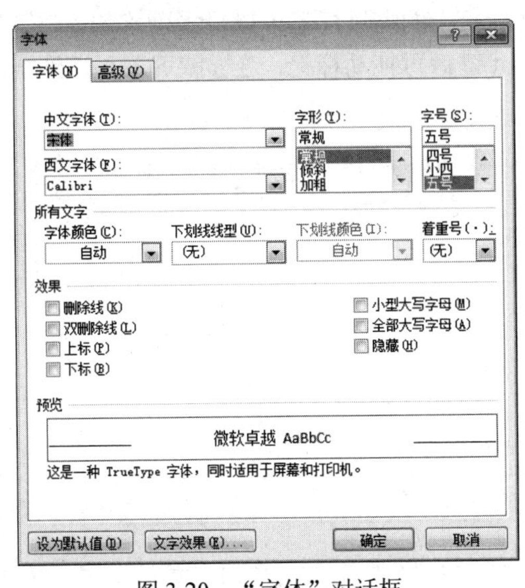

图 3-20　“字体”对话框

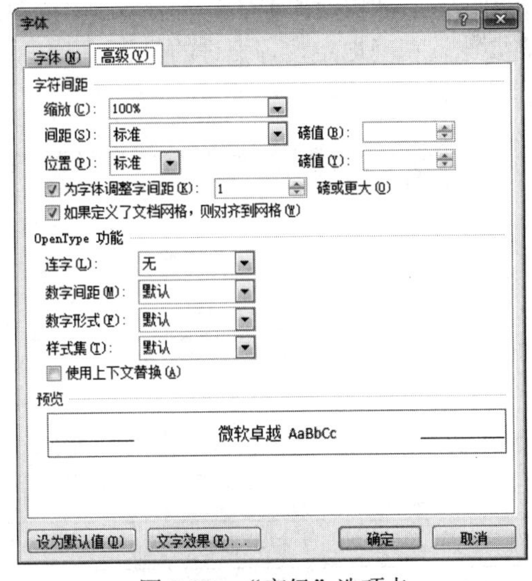

图 3-21　“高级”选项卡

- “字体”选项卡：设置中文字体、西文字体、字形、字号、颜色、着重号等，还可选中复选框设置上下标、空心字、阴影等。设置效果在“预览”框中显示。

- “字符间距”选项组：设置相邻字符的间距、字符缩放比例（水平方向缩小或放大）和字符位置等，可以得到如图 3-22 所示的字符的缩放效果。

文字缩放比例 75　　文字缩放比例 150
文字缩放比例 250　文字缩放比例 50

图 3-22　字符的缩放效果

- “文字效果”选项：进行文本颜色填充、文本边框、阴影、发光等外观效果的设置。

需要注意的是，在 Word 2010 中，字体大小有“号”和“磅”两种度量单位。以“号”为单位时，数字越小，字体越大；而以“磅”为单位时，磅值越小，字体越小。

3.4.2　段落格式化

在 Word 2010 中，段落是独立的信息单位以段落标记“↵”为结束标志，具有自身的格式特征。段落的格式化是指在一个给定的范围内对内容进行排版，使得整个段落显得更美观大方、更符合规范。按 Enter 键结束一段开始另一段时，生成的新段落会具有同前一段相同的段落格式。设置段落格式时，若只针对某一个段落，直接将插入点置于该段落中即可；若同时设置多个段落的格式，则要选定这些段落。

1. *段落格式*

段落格式包括段落对齐、段落的缩进、段落中各行之间的距离、段与段之间的距离等。

（1）段落对齐方式。段落对齐方式有五种，即“左对齐”、“居中”、“右对齐”、“两端对齐”和“分散对齐”。其中“两端对齐”为默认方式，除最后一行左对齐外，其他行能够自动调整词与词间的宽度，使每行正文两边在左右页边距处对齐。

（2）段落缩进。段落的缩进是指控制段落中的文本到正文区左、右边界的距离。Word 共提供了 4 种不同的缩进方式：左缩进、右缩进、首行缩进和悬挂缩进，各缩进标志如图 3-23 所示，各缩进功能如表 3-6 所示。使用鼠标拖动标尺上的缩进标记可以设置段落的缩进，如果需要比较精确地定位各缩进的位置，可以按住 Alt 键后再拖动标记，这样就可以平滑地拖动各标记位置。

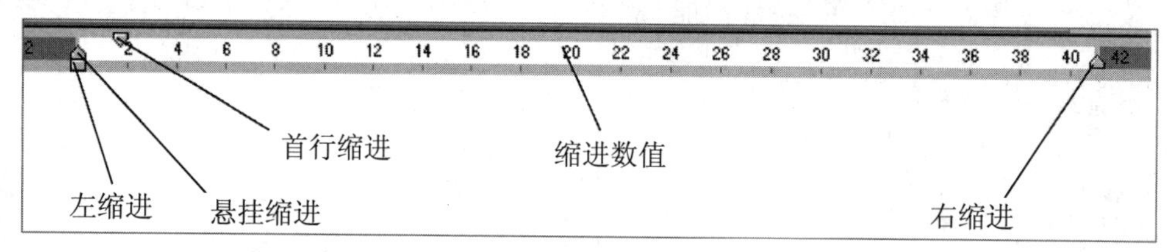

图 3-23　缩进标志

表 3-6　段落缩进功能表

名称	功能
首行缩进标记	仅控制段落第一行第一个字符的起始位置
悬挂缩进标记	控制除段落第一行外的其余各行起始位置，且不影响第一行
左缩进标记	控制整个段落的左缩进位置，拖动时首行缩进标记和悬挂缩进标记一起动
右缩进标记	控制整个段落的右缩进位置

以上各种缩进位置还可以使用如下方法来设置：

1）在如图 3-24 所示的“段落”对话框中选择“缩进和间距”选项卡，

- 在“缩进”区域调整“左侧”或“右侧”编辑框，设置左、右缩进值。
- 单击“特殊格式”下拉按钮，在下拉列表中选中“首行缩进”或“悬挂缩进”选项，设置缩进值。

2）在“页面布局”功能区的“段落”分组中，调整“左侧”或“右侧”编辑框设置左、右缩进值。

3）在“段落”分组中单击“减少缩进量”或“增加缩进量”按钮来设置段落缩进。

（3）行间距。行间距指段落中行与行之间的垂直距离。用户可以将选中内容的行距设置为固定的某个值（如 15 磅），也可以是当前行高的倍数。默认情况下，Word 文档的行距使用“单倍行距”，用户可以根据需要设置行距。各行距选项的含义如下：

- “单倍行距”选项：设置每行的高度为可容纳这行中最大的字体，并上下留有适当空隙。这是默认值。
- “1.5 倍行距”选项：设置每行的高度为这行中最大字体高度的 1.5 倍。
- “2 倍行距”选项：设置每行的高度为这行中最大字体高度的 2 倍。
- “最小值”选项：当选择“最小值”时，Word 将自动调整段落中的行距以适应不同字体以及图形的大小，但是调整后的行距不会小于设定的磅值数。
- “固定值”选项：如果选择“固定值”并输入一个磅值，Word 将一直以此作为行距，而不管该行中的字符和图形大小。
- “多倍行距”选项：行与行之间的距离是单倍行距的数倍，并且允许行距设置成带小数的倍数，如 2.25 倍等。

（4）段前、段后间距。段前间距是当前段（所选的每一段）与前一段之间的距离。段前间距默认 0 行。段后间距是当前段（所选的每一段）与后一段之间的距离，段后间距默认 0 行。

2. 利用“段落”对话框设置格式

在“开始”功能区下单击“段落”组的对话框启动器，弹出“段落”对话框，可以设置对齐方式、段落缩进、行距、段落间距等格式。

【例 3.6】将正文内容设置为左对齐，左、右缩进各 2 厘米，首行缩进 2 字符，段前间距 20 磅，段后 1 行，行距为固定值 20 磅。

【操作步骤】

（1）选定要设置格式的段落。

（2）选择“开始”选项卡→“段落”组→对话框启动器，弹出“段落”对话框。

（3）在“对齐方式”列表中，选择“左对齐”；在“缩进”一栏的“左侧”框中输入“2 厘米”，在“右侧”框中输入“2 厘米”；在“段前”框中输入“20 磅”，在“段后”框中选择“1 行”；在“特殊格式”列表中选择“首行缩进”，在其右侧“磅值”中输入“2 字符”；在“行距”列表中，选择“固定值”，在其右侧“设置值”中选择“20 磅”，如图 3-24 所示，单击“确定”按钮。

3. 利用“段落”组设置格式

利用“段落”组中的命令选项，可以设置对齐方式、行距、段落间距等段落格式。

（1）对齐方式的设置。对齐方式按钮在图 3-25 所示的“段落”组中共有 5 个，从左到右依次是文本左对齐、居中、右对齐、两端对齐、分散对齐。先选择要设置对齐方式的段落，再单击对应按钮即可。

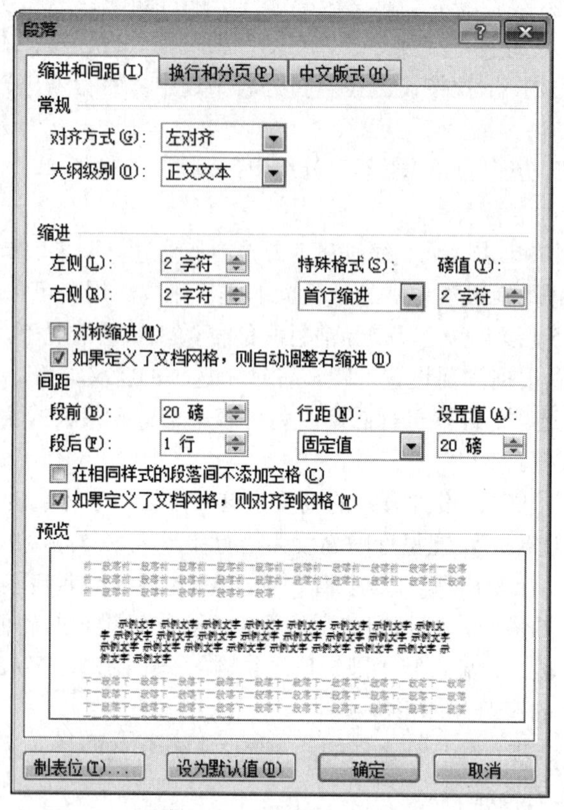

图 3-24 “段落”对话框

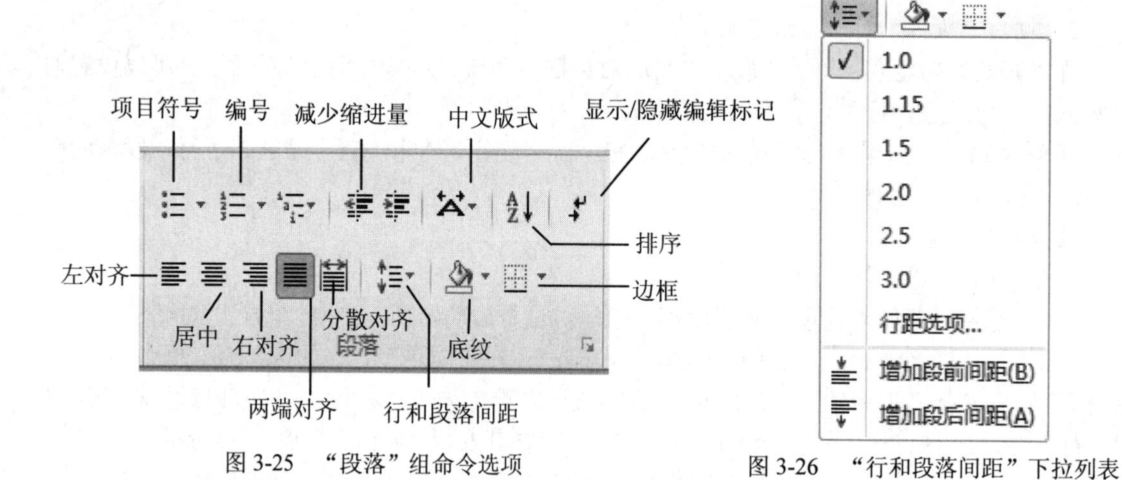

图 3-25 “段落”组命令选项

图 3-26 “行和段落间距”下拉列表

（2）行距的设置。选择“段落”组中“行和段落间距”按钮，弹出如图 3-26 所示的下拉列表，可以选择 1.0、1.15、1.5、2、2.5、3 进行相应行距的设置；如果选择“行距选项”命令则弹出“段落”对话框，可设置行距的值。

4. 设置制表位

在编辑文档时，用户经常需要将几行文本垂直对齐，例如，制作目录时就需要将标题和页码排整齐，而用空格键是无法做到的，此时可以借助 Word 的制表位来实现对齐操作。在 Word 2010 中，主要有如下 5 种制表符：

- 左对齐式制表符 ┗ ：文本在此制表符处左对齐。
- 右对齐式制表符 ┛ ：文本在此制表符处右对齐。
- 居中式制表符 ┻ ：文本的正中间都位于此制表符的竖向延伸线上。
- 小数点对齐式制表符 ┻ ：数字的小数点在此制表符处对齐，如果没有小数点则与右对齐式制表符作用相同。
- 竖线对齐式制表符 ❙ ：在此制表符处画一条竖线。

【例 3.7】利用制表位完成如图 3-27 所示的页面内容。

【操作步骤】

（1）将插入点置于段落中。

（2）选择“开始”选项卡→“段落”组→对话框启动器，弹出“段落”对话框。单击左下方的“制表位”按钮，打开“制表位”对话框，如图 3-28 所示。

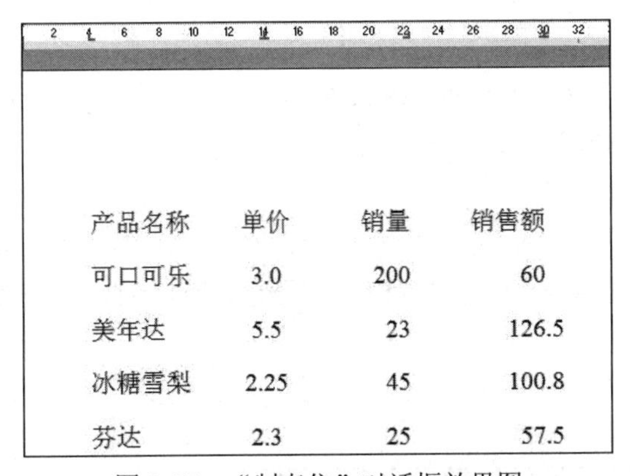

图 3-27　“制表位”对话框效果图

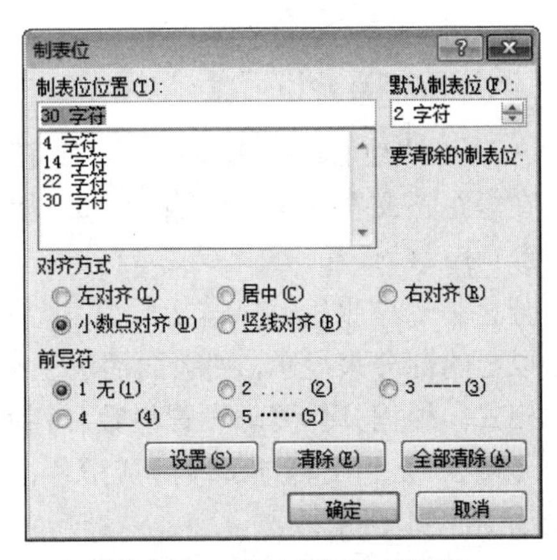

图 3-28　“制表位”对话框

（3）在“制表位位置”框中输入代表制表位位置的数值（单位为“厘米”或“字符”），在“对齐方式”区域选择对齐方式，然后选择所需的前导符，单击“设置”按钮，将设置的制表位加入到“制表位位置”列表中，完成一个制表位的设置。

（4）重复步骤（3），设置其他制表位。最后单击“确定”使设置生效。

（5）按键盘上的 Tab 键跳转到第一个制表位的位置，在页面中输入“产品名称”，按 Tab 键跳转到下一个制表位的位置，进行输入。

（6）重复步骤（5），完成所有内容的录入。

3.4.3　特殊格式设置

在对 Word 文档进行排版过程中，为了满足文档美观和版面的需要，还常常用到首字下沉、分栏、设置项目符号和编号等排版技术。

1. 首字下沉的设置

首字下沉就是将段落开头的第一个或若干个字母、文字放大显示，从而使版面更美观、突出，更能吸引读者的注意。被设置的文字以独立文本框的形式存在。

【例 3.8】将文档第 2 段设为首字下沉 3 行效果，字体为楷体，距正文 0.1 厘米。

【操作步骤】

（1）将插入点定位在文档的第 2 段。

（2）选择“插入”选项卡→“文本”组→“首字下沉”按钮，弹出“首字下沉”下拉列表，如图 3-29 所示，选择“首字下沉选项”命令，弹出如图 3-30 所示“首字下沉”对话框。

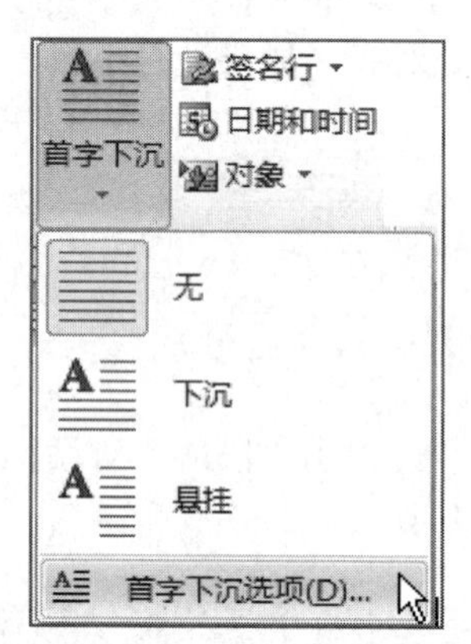

图 3-29 “首字下沉”下拉列表

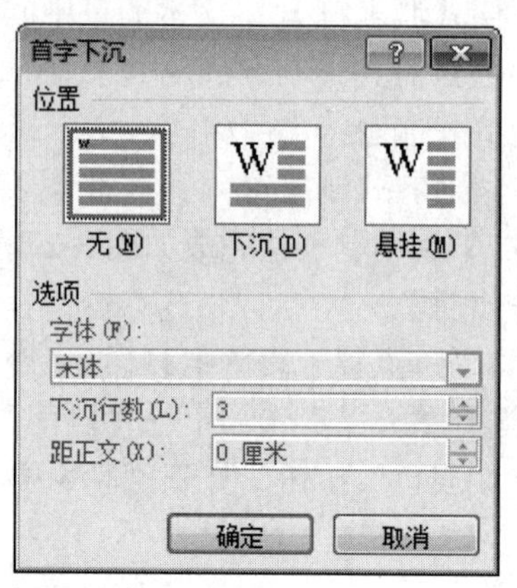

图 3-30 “首字下沉”对话框

（3）在“位置”中选择“下沉”，在“下沉行数”文本框中输入 3，在“字体”中选择“楷体”在“距正文”文本框中输入“0.1 厘米”，最后单击“确定”按钮。

2. 分栏的设置

分栏是一些报纸、杂志上经常使用的排版技术，是在一个页面上将文本纵向分为两个或两个以上的部分来显示，使版面活泼生动。分栏效果在页面视图模式下显示，所以切换到页面视图模式，根据具体要求设置栏数和栏间的距离。

【例 3.9】将文档前 3 段分成两栏，栏 1 宽度为 10 字符、带分隔线、两栏间距为 2 字符，效果如图 3-31 所示。

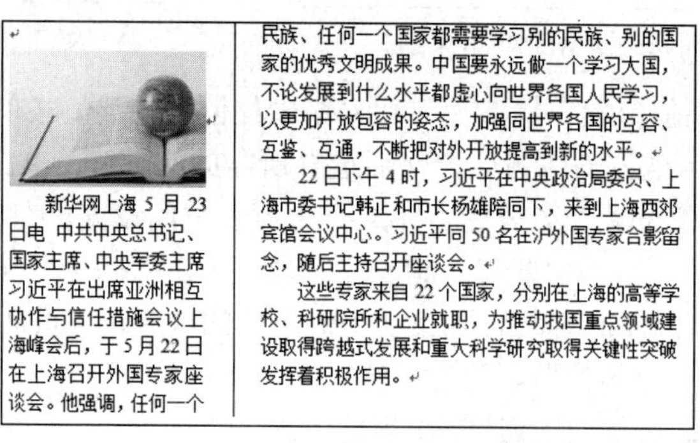
新华网上海 5 月 23 日电 中共中央总书记、国家主席、中央军委主席习近平在出席亚洲相互协作与信任措施会议上海峰会后，于 5 月 22 日在上海召开外国专家座谈会。他强调，任何一个民族、任何一个国家都需要学习别的民族、别的国家的优秀文明成果。中国要永远做一个学习大国，不论发展到什么水平都虚心向世界各国人民学习，以更加开放包容的姿态，加强同世界各国的互容、互鉴、互通，不断把对外开放提高到新的水平。

22 日下午 4 时，习近平在中央政治局委员、上海市委书记韩正和市长杨雄陪同下，来到上海西郊宾馆会议中心。习近平同 50 名在沪外国专家合影留念，随后主持召开座谈会。

这些专家来自 22 个国家，分别在上海的高等学校、科研院所和企业就职，为推动我国重点领域建设取得跨越式发展和重大科学研究取得关键性突破发挥着积极作用。

图 3-31 设置分栏的文档

【操作步骤】

（1）将要分栏的文本第 1、2、3 段选定。

（2）选择“页面布局”选项卡→“页面设置”组→“分栏”按钮，弹出“分栏”下拉列表，如图 3-32 所示，选择“更多分栏”，弹出“分栏”对话框，如图 3-33 所示。

（3）在“预设”一栏中单击“左”，在栏 1 后边的宽度中输入“10 字符”；在“间距”文本框中输入“2 字符”；选择“分隔线”复选框，最后单击“确定”按钮。

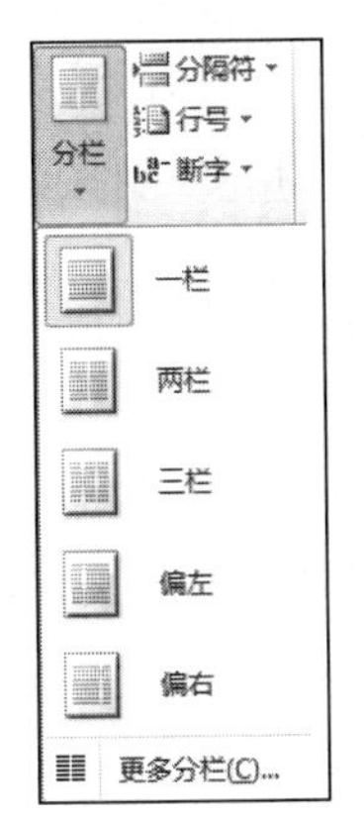

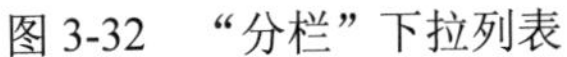
图 3-32　“分栏”下拉列表

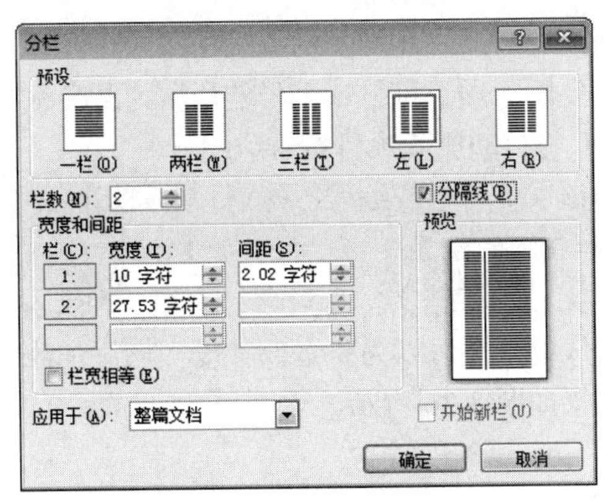

图 3-33　“分栏”对话框

对分栏设置不满意，删除分栏的方法是重复执行分栏设定中的操作方法，在如图 3-33 所示的对话框中，选取“预设”下的“一栏”后单击“确定”按钮，可取消分栏。

3. 项目符号和编号的设置

项目符号常用于需要强调的段落前，各项目之间无前后顺序之分。编号用于标识文档中各要点的前后顺序，还可以设置编号的格式。

在文字段落中添加项目符号或编号可以使得段落层次鲜明，当设置了项目符号或编号后，按回车键开始新的段落时，Word 会按上一段落的格式自动添加项目符号或编号。在 Word 中，可以在键入时自动给段落创建编号或项目符号，也可以给已键入的各段文本添加项目符号或编号。

（1）添加项目符号与编号。选择要添加项目符号与编号的段落，在“开始”选项卡下的“段落”组中，单击“项目符号” ☰▾ 下拉按钮，在列表中选择相应的项目符号即可为段落添加项目符号；单击“项目编号” ☰▾ 下拉按钮，在列表中选择项目编号可为段落添加项目编号。

（2）定义新编号格式与项目符号。单击“项目编号”下拉三角按钮，在打开的下拉列表中选择“定义新编号格式”选项，打开“定义新编号格式”对话框，如图 3-34 所示，可完成新编号的定义；单击“项目符号”下拉按钮，在打开的下拉列表中选择“定义新项目符号”选项，打开“定义新项目符号”对话框，如图 3-35 所示，可完成新项目符号的定义。

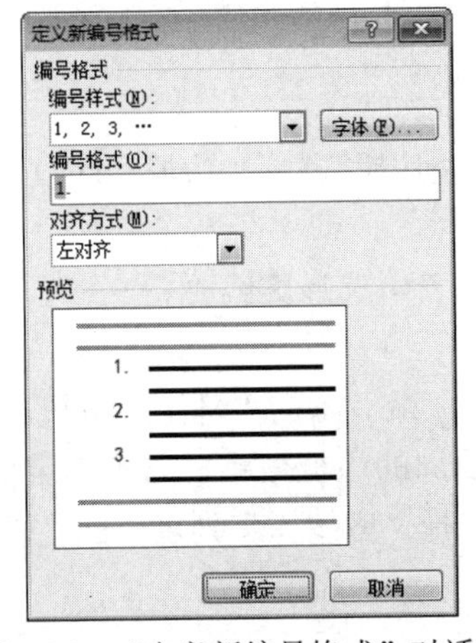

图 3-34　“定义新编号格式”对话框

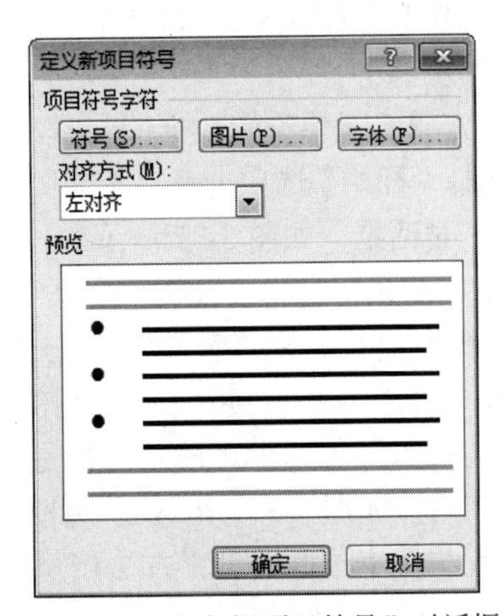

图 3-35　“定义新项目符号”对话框

（3）删除项目符号或编号。

- 选定要删除项目符号或编号的段落，再次单击“项目符号”按钮或“项目编号”按钮，Word 将自动删除项目符号或编号。
- 单击该项目符号或编号，然后按 BackSpace 键即可实现删除。

4. 边框和底纹的设置

为了突出文档中某些文本、段落、表格、单元格的打印效果，使其更加醒目，可以为文本添加边框或底纹。还可以为整页或整篇文档添加线形边框或艺术型边框，美化文档。边框、底纹的设置效果如图 3-36 所示。

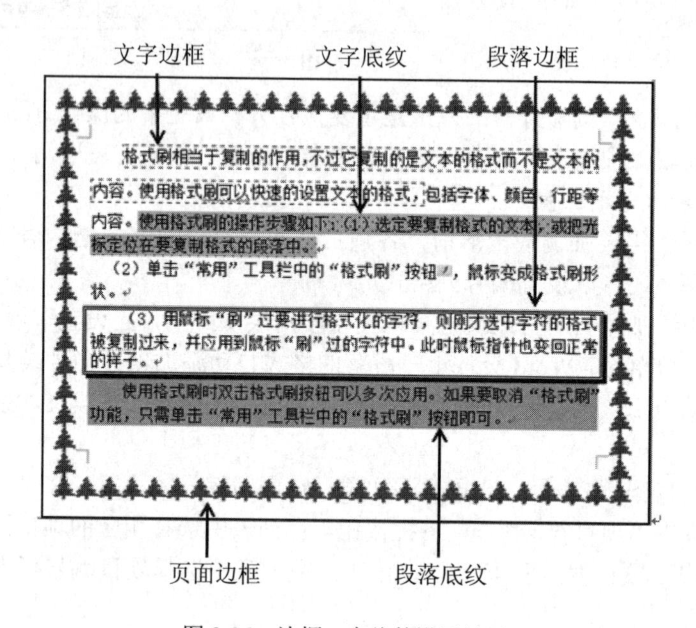

图 3-36　边框、底纹的设置效果

（1）添加文本边框。选定文本，单击“字体”组中的“字符边框”按钮A，则添加默认的“黑色、细实线”边框，再次单击A可取消文本边框。若要添加其他效果的文本边框，需要在“边框和底纹”对话框中进行设置。

【例 3.10】为图 3-36 中的第 1 段所选文字添加红色方框，并设置为 1.5 磅、虚线。

【操作步骤】

1）选定第 1 段要设置边框的文本。

2）选择“开始”选项卡→“段落”组→“边框”下拉按钮→“边框和底纹”，弹出“边框和底纹”对话框，如图 3-37 所示。

3）在“设置”一栏中选择“方框”；在“样式”列表中选择虚线“- - - - -”，在“颜色”列表中选择“红色”，在“宽度”列表中选择“1.5 磅”。

4）在“应用于”列表中选择应用的范围为“文字”；最后单击“确定”按钮。

也可为段落添加边框，段落边框是加在整个段落四周的边框效果。首先选定要设置边框的段落，然后在如图 3-37 所示的“边框”选项卡中，选择“应用于”列表中的“段落”，其他各项的设置与文字边框的设置方法相同。

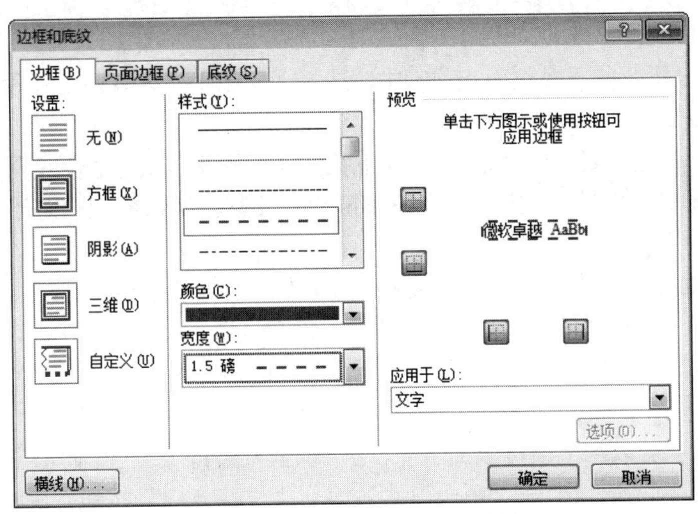

图 3-37　“边框和底纹”对话框

（2）添加文本底纹。文本底纹是一种字符格式，指位于字符下方的填充色、图案样式等文本显示效果。

设置文本底纹首先选定要设置底纹的文本，单击“字体”组中的“字符底纹”按钮A，在文字下方便添加了默认效果的字符底纹（15%的图案样式）；也可单击“段落”组中的“底纹”下拉按钮，在弹出的下拉列表中选择字符底纹填充色；添加更多效果的字符底纹，可以在“边框和底纹”对话框中进行设置。

【例 3.11】将第一段文字设置橙色、5%图案样式的底纹。

【操作步骤】

1）选定文本，选择“开始”选项卡→“段落”组→“边框”下拉按钮→“边框和底纹”命令，弹出“边框和底纹”对话框，选择“底纹”选项卡。

2）在“填充”列表中选择“橙色”，在图案“样式”列表中选择“5%”，在“应用于”列表中选择“文字”，如图 3-38 所示，最后单击“确定”按钮。

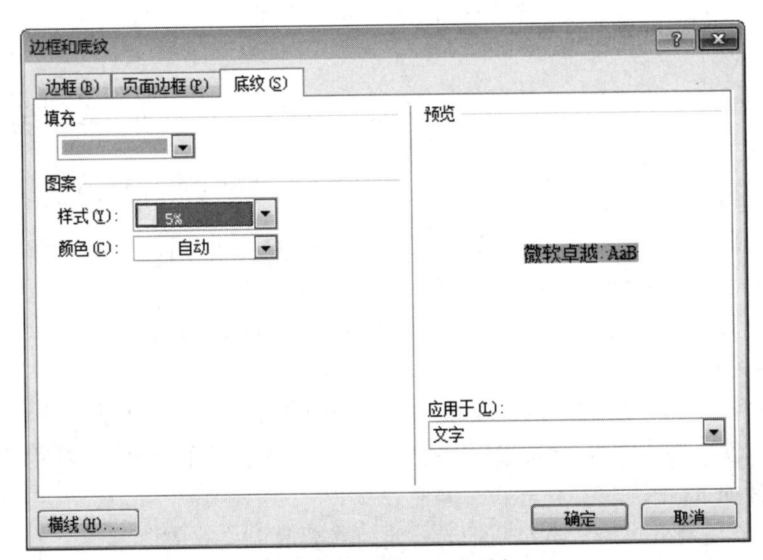

图 3-38　“底纹”选项卡

段落底纹是一种段落格式，段落所在矩形区域将全部充满底纹效果。选定要添加底纹的段落，在如图 3-38 所示的“底纹”选项卡中，选择“应用于”列表中的“段落”，即可为选定段落添加段落底纹。

如果是利用“段落”组中的“底纹”下拉按钮设置文本底纹，无论是否选择整个段落，都只能为所选文本设置字符底纹填充色。该按钮不能设置段落底纹，也不能设置图案样式的字符底纹。

（3）添加页面边框。将插入点置于文档任意位置，打开“边框和底纹”对话框，单击“页面边框”选项卡。“页面边框”选项卡与“边框”选项卡类似，只是增加了“艺术型”下拉列表，供用户选择艺术型边框。在“应用于”列表框中选择应用范围。

5. 文字方向

在 Word 中除了可以水平横排版文字外，还可以垂直竖排版文字，显示出古代书籍的风格。

单击“页面布局”选项卡→“页面设置”组→“文字方向”按钮，弹出“文字方向”下拉列表，在列表中选择相应的文字方向；或者选择“文字方向选项”命令，在弹出的如图 3-39 所示对话框中进行设置。

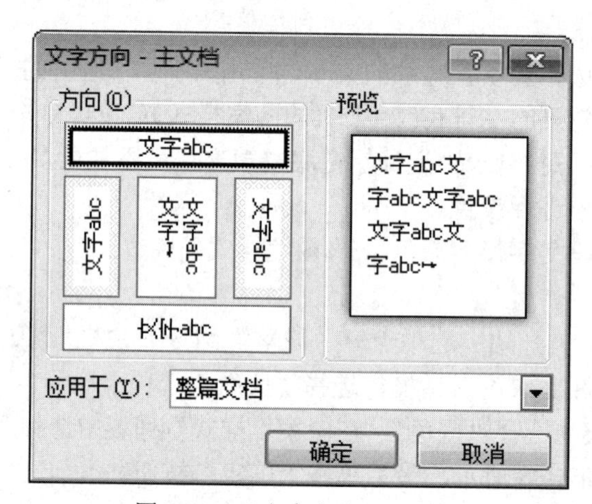

图 3-39 “文字方向”对话框

6. 中文版式

在文档排版时，有些格式是中文特有的，称为“中文版式”。常用的中文版式包括拼音指南、带圈字符等。

（1）拼音指南：对中文文字加注拼音，如：长春科技学院（chángchūn kē jì xuéyuàn）

（2）带圈字符：对中文设置更多样的边框，如：长春科技学院

选择“开始”选项卡→“段落”组→对话框启动器，弹出“段落”对话框，在“中文版式”选项卡中进行设置，也可在“字体”组中选择相应的按钮设置。

7. 使用格式刷

格式刷是“刷”格式用的，格式刷相当于复制的作用，不过它复制的是文本的格式而不是文本的内容。使用格式刷可以快速的设置文本格式，包括字体、颜色、行距等内容。使用格式刷的操作步骤如下:

（1）选定要复制格式的文本，或把光标定位在要复制格式的段落中。

（2）选择“开始”功能区，在“剪贴板”分组中，单击“格式刷”按钮，光标就变成

了一个小刷子的形状。

（3）用鼠标“刷”过要进行格式化的字符，则刚才选中字符的格式被复制过来，并应用到鼠标“刷”过的字符中。此时鼠标指针也变回正常的样子。

使用格式刷时，双击格式刷按钮可以多次应用。如果要取消“格式刷”功能，只需单击“常用”工具栏中的“格式刷”按钮即可。

选定要清除格式的文本或段落，在“字体”组中单击“清除格式”按钮，即可将字符或段落格式清除，内容保留。

3.4.4　页面格式化

Word 在建立新文档时，已经默认设置了纸型、纸的方向、页边距等页面属性，用户可以根据具体工作的需要修改这些设置。文档的页面设置主要包括设置页面大小、方向、边框效果、页眉/页脚和页边距等。页面设置的合理与否直接关系到文档的打印效果。页面设置可以在输入文档之前，也可以在输入文档过程中或文档输入之后进行。

1. 页面设置

【例 3.12】设置文档纸张大小为 B5；上、下边距均为 2.5 厘米；左、右页边距为 3 厘米，纸张方向横向。

【操作步骤】

方法 1：

（1）选择“页面布局”选项卡→“页面设置”组→对话框启动器，弹出“页面设置”对话框，单击“页边距”选项卡，设置上、下、左、右页边距；选择纸张方向为“横向”，如图 3-40 所示。

（2）单击“纸张”选项卡，如图 3-41 所示，在“纸张大小”列表中选择“B5”，单击“确定”按钮完成设置。

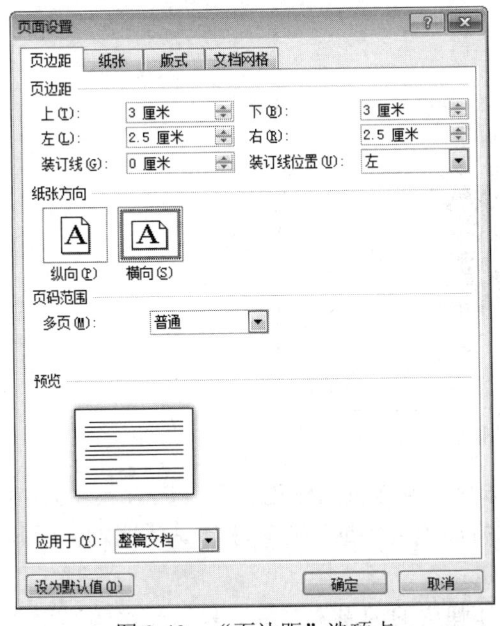

图 3-40　“页边距”选项卡

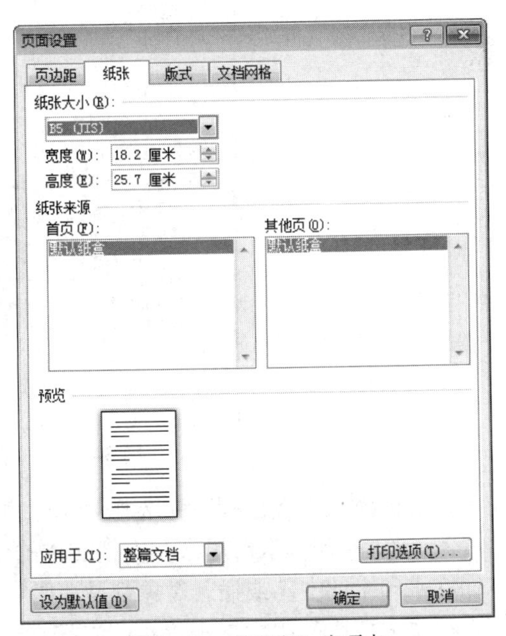

图 3-41　“纸张”选项卡

方法 2：

（1）单击“页面布局”选项卡→“页面设置”组中的“页边距”按钮，如图 3-42 所示，在下拉列表中选择“自定义边距”选项，弹出“页面设置”对话框，设置上、下、左、右边距。

（2）在“纸张方向”列表中选择“横向”。

（3）单击“纸张大小”按钮，在其列表中选择“B5”。

图 3-42 “页面设置”组

2. 背景设置

新建 Word 文档的背景都是白色的，通过“页面布局”选项卡→“页面背景”分组中的按钮，可以对文档进行水印、页面颜色、页面边框和背景的设置。

（1）设置页面背景。选择“页面布局”功能区，在“页面背景”分组中单击“页面颜色”按钮，在出现的面板中设置页面背景。

设置页面颜色：单击选择所需页面颜色，如果颜色不符合要求，可单击“其他颜色”选取其他颜色；

设置填充效果：单击“填充效果”按钮，弹出如图 3-43 所示的“填充效果”对话框，可添加渐变、纹理、图案或图片做为页面背景；

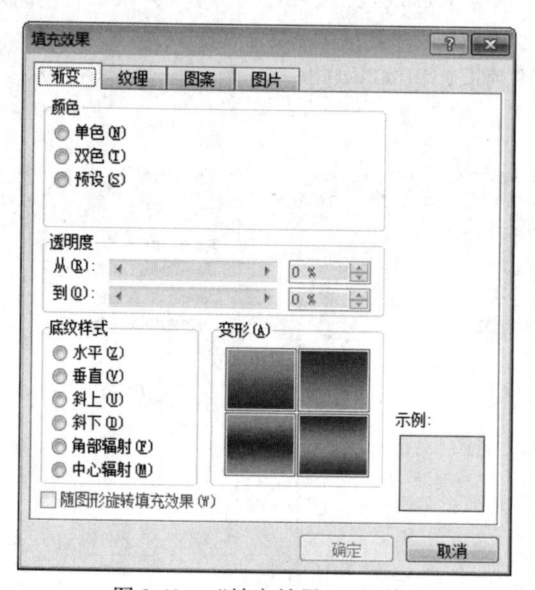

图 3-43 “填充效果”对话框

在“页面颜色”下拉列表中选择“无颜色”命令可删除页面颜色。

（2）设置水印。水印用来在文档文本的下面打印出文字或图形。水印是透明的，因此任何打印在水印上的文字或插入对象都是清晰可见的。

在“页面背景”组中单击“水印”按钮，在弹出的列表中选择“自定义水印”命令，将弹出如图 3-44 所示的“水印”对话框。

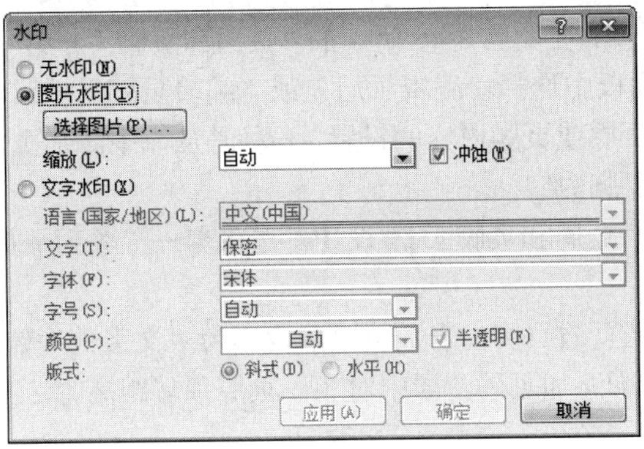

图 3-44　“水印”对话框

- 选择“无水印”单选按钮，删除文档页面上创建的水印。
- 选中“图片水印”单选按钮，然后单击“选择图片”按钮，浏览并选择所需的图片，单击“插入”，单击“确定”按钮。这样文档页面上显示出创建的图片水印。
- 选择“文字水印”单选按钮，然后在对应的选项中完成相关信息输入，单击“确定”按钮。文档页面上即可显示出创建的文字水印。

3. 文档分页与分节

一般情况下，系统会根据纸张大小自动对文档分页，但是用户也可以根据需要对文档进行强制分页。除此之外，用户还可以将文档划分成若干节。所谓“节”，就是 Word 用来划分文档的一种方式。

通过在 Word 2010 文档中插入分隔符，将 Word 文档分成多个部分。这样划分有利于在同一篇文档中设置不同的页边距、页眉页脚、纸张大小等。如果不再需要分隔符，可以将其删除，删除分隔符后，被删除分隔符前面的页面将自动应用分隔符后面的页面设置。分隔符分为“分节符”和“分页符”两种。

将光标定位到准备插入分隔符的位置。在“页面布局”选项卡→“页面设置”分组中，单击“分隔符”按钮，打开“分隔符”列表，如图 3-45 所示。在打开的分隔符列表中，选择合适的分隔符即可。

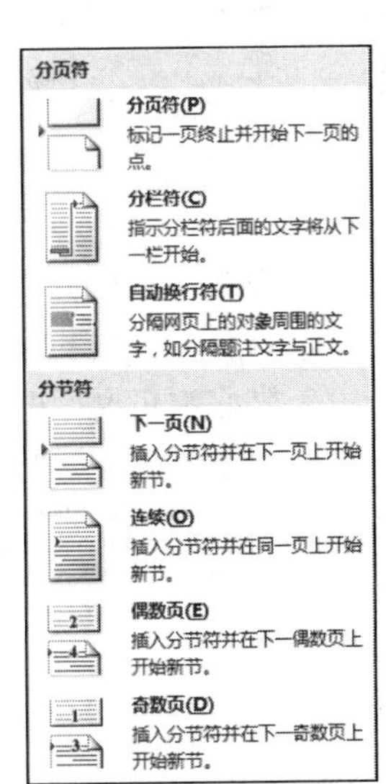

图 3-45　“分隔符”列表

4. 设置页眉和页脚

在制作专业文档的时候，经常会使用页眉和页脚。页眉打印在上页边距中，而页脚打印在下页边距中。在页眉和页脚中可以插入页码、日期、公司徽标、文档标题、文件名、作者名等文字或图形。页眉和页脚只在页面视图或打印预览视图中可见，与文档的正文处于不同层次上，在编辑页眉页脚时不能编辑正文，而编辑正文时也不能同时编辑页眉页脚。

（1）添加页码。切换到“插入”功能区，在如图 3-46 所示的“页眉和页脚”分组中，单击“页码”按钮，选择所需的页码位置，然后滚动浏览库中的选项，单击所需的页码格式即可。若要返回至文档正文，只要单击“页眉和页脚工具/设计”选项卡中的“关闭页眉和页脚”按钮即可。

图 3-46　“页眉或页脚”分组

（2）添加页眉或页脚。在如图 3-46 所示的“页眉和页脚”分组中，单击“页眉”或“页脚”按钮，在打开的面板中选择“编辑页眉”或“编辑页脚”按钮，定位到文档中的位置，接下来有两种方法完成页眉或页脚内容的设置，一种是从库中添加页眉或页脚内容，另外一种就是自定义添加页眉或页脚内容。

完成设置后，选择“页眉和页脚工具/设计”选项卡→“关闭页眉和页脚”按钮，可返回至文档正文。

【例 3.13】设置文档页眉页脚，奇数页页眉内容为“文字处理软件”，偶数页页眉为“大学计算机公共基础”；页脚添加页码，居中对齐；页眉顶端距离为 1.7 厘米；页脚底端距离为 1.7 厘米。

【操作步骤】

- 选择“插入”选项卡→“页眉和页脚”组→“页眉”按钮，单击“编辑页眉”命令，打开“页眉和页脚工具”选项卡，在“选项”组中选中“奇偶页不同”复选框，如图 3-47 所示。

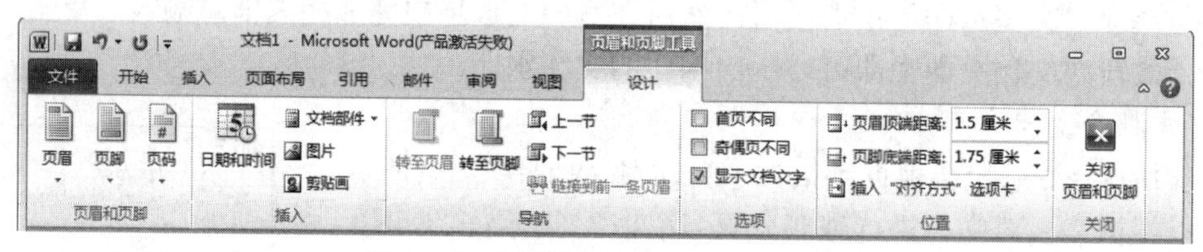

图 3-47 “页眉和页脚工具”选项卡

- 设置奇数页页眉内容为“文字处理软件”，切换到偶数页，设置偶数页页眉为“大学计算机公共基础”；在“位置”组中的“页眉顶端距离”框中输入“1.7 厘米”，在“页脚底端距离”框中输入“1.7 厘米”。
- 单击“导航”组中的“转至页脚”按钮，切换到页脚位置，单击“位置”组中的“插入‘对齐方式’选项卡”，打开如图 3-48 所示“对齐制表位”对话框，选择“居中”选项。

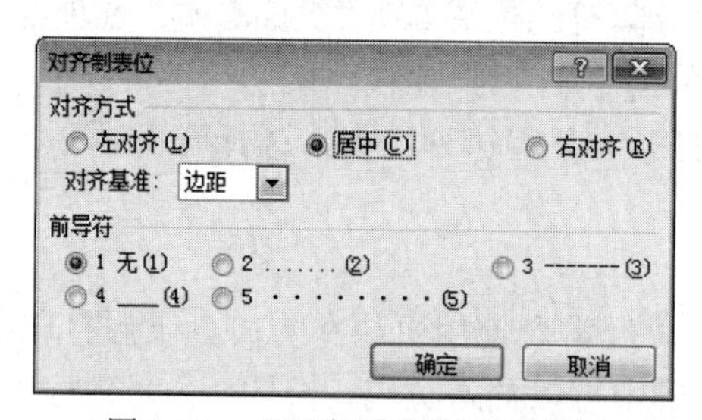

图 3-48 “对齐制表位”对话框

- 单击“页眉和页脚”组中的“页码”→“当前位置”→“普通数字”，插入页码。

若要删除页眉页脚，只需双击页眉、页脚或页码，然后选择要删除的页眉、页脚或页码，再按 Delete 键。若使文档具有不同页眉、页脚或页码，在每个节中重复上面步骤即可。

3.4.5 使用样式和模板格式化文档

1. 使用样式

（1）样式的基本概念。样式就是指一组已经命名的字符格式或者段落格式。使用样式不但可以快速地完成段落、字符以及各级标题格式的编排，而且当修改了某个样式后，可以迅速地将修改后的格式应用到设置了此样式的文本上。

（2）样式的分类。按定义来分样式分为“段落样式”和“字符样式”。

- 段落样式：以集合形式命名并保存的具有字符和段落格式特征的组合。段落样式控制段落外观的所有方面，如文本对齐、制表位、行间距、边框等，也可能包括字符格式。
- 字符样式：影响段落内选定文字的外观，例如文字的字体、字号、加粗及倾斜的格式设置等。即使某段落已整体应用了某种段落样式，该段中的字符仍可以有自己的样式。

（3）样式应用。在文本中应用某种内置样式，操作步骤如下：

1）将光标置于需要应用样式的段落中或选中要应用样式的文本。

2）在如图 3-49 所示“样式”功能组中，单击样式名，即可将该样式的格式集一次应用到选定段落或文本上。或者选择“开始”选项卡→“样式”组→对话框启动器，将弹出如图 3-50 所示的“样式”任务框。列表框中列出了可选的样式，有段落样式、字符样式、表格样式以及列表样式，单击需要的样式即可应用该样式。

注意：样式名后带 a 符号的表示“字符样式”，带 ↵ 符号的表示是段落样式。

图 3-49　“样式”功能组

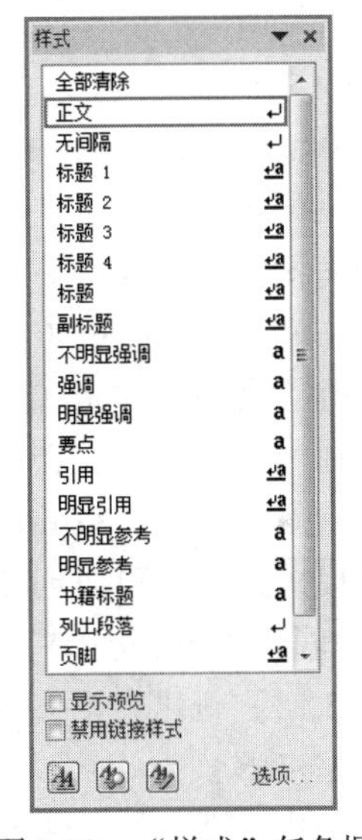

图 3-50　“样式”任务框

（4）样式管理。若需要段落样式包含一些特殊格式，而现有样式中又没有设置，用户可以新建段落样式或通过修改现有样式实现。

【例 3.14】新建一个名为“新样式”的段落样式，文字格式为楷体、小四、居中对齐。

【操作步骤】

- 选择“开始”选项卡→“样式”组→对话框启动器，在如图 3-50 所示的“样式”任务框中，单击“新建样式”按钮，弹出如图 3-51 所示的“创建新样式”对话框。
- 在“名称”框中输入“新样式”，在“样式类型”框中选择“段落”，“格式”选项中设置楷体、小四、居中对齐。
- 最后单击“确定”即可创建新的样式。

如果新样式的格式要求比较复杂，可以单击对话框左下角的“格式”按钮，进行详细设置。对样式列表中的样式进行修改，需要在如图 3-50 所示的“样式”任务框中，右键单击样式列表中显示的样式，选择“修改样式”按钮，弹出如图 3-52 所示的“修改样式”对话框，可进行样式的修改。

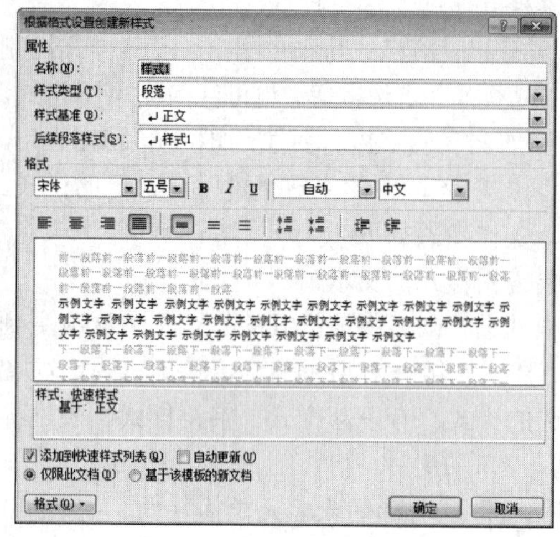

图 3-51　“创建新样式”对话框

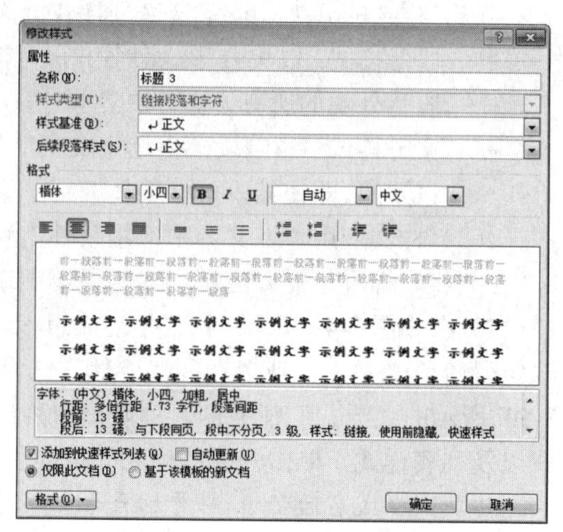

图 3-52　“修改样式”对话框

2. 文档模板

任何 Microsoft Word 文档都以模板为基础。模板决定文档的基本结构和文档设置，例如自动图文集词条、字体、快捷键指定方案、宏、菜单、页面布局、特殊格式和样式。

模板有两种基本类型：共用模板和文档模板。共用模板包括 Normal 模板，所含设置适用于所有文档。文档模板（如“新建”对话框中的备忘录和传真模板）所含设置仅适用于以该模板为基础的文档。Word 提供了许多文档模板，用户也可以创建自己的文档模板。

除了通用型的空白文档模板，Word 2010 中还内置了多种文档模板，如博客文章模板、书法字帖模板等。另外，Office.com 网站还提供了证书、奖状、名片、简历等特定功能模板。借助这些模板，用户可以创建比较专业的 Word 2010 文档。

（1）创建模板。

【例 3.15】新建一个关于教材样式的模板，名为“教材模板”。

【操作步骤】

- 新建一个文档，输入一个目录，然后分别对文章、节（1.1）、小节（1.1.1）应用样式标题 1、标题 2、标题 3。然后再分别修改这几个样式完成需要的样式。
- 选择“文件”→“另存为”命令，在“另存为”对话框中选择文件类型为“文档模板”，文件名为“教材模板”。

（2）修改模板。模板通常存放在 Templates 文件夹中。修改模板的步骤是：

- 单击“文件”→“打开”命令，然后在 Templates 文件夹中找到并打开要修改的模板。
- 更改模板中的文本、图形、样式、格式等。单击“保存”按钮。

更改模板后，并不影响基于此模板的已有文档的内容。只有在选中“自动更新文档样式”复选框的情况下，打开已有文档时，Word 才更新修改过的样式。

3.4.6　实战演练——简单文档排版

利用 Word 实现简单文档排版，完成如图 3-53 所示的效果。

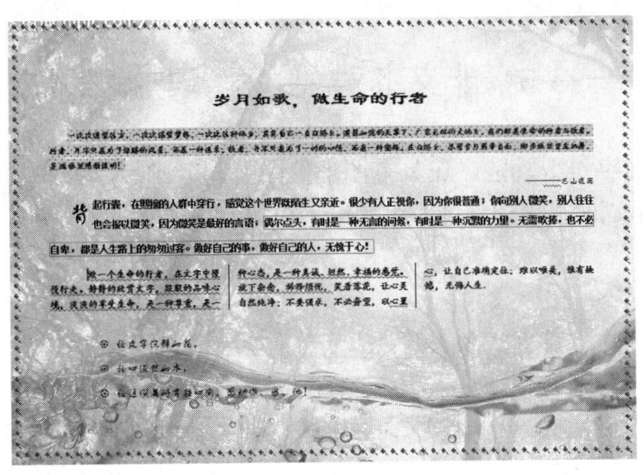

图 3-53　文档排版样式

【任务要求】

（1）设置页边距左、上为 3 厘米，纸型：B5，方向：横向。

（2）文字添加边框和底纹。

（3）设置首字下沉和分栏效果。

（4）为文档添加页面边框。

（5）设置页面背景。

【操作步骤】

（1）启动 Word 新建一个空白文档，将文字内容输入，并将其保存在磁盘中。

（2）选择“页面布局”选项卡→“页面设置”组→“页边距”→“自定义边距”，弹出“页面设置”对话框，设置上：3 厘米，左：3 厘米；在“纸张方向”列表中选择“横向”；单击“纸张大小”按钮，在其列表中选择“B5”。

（3）选中标题，设置字体为“隶书”，字号：“小一”，加粗，居中。

（4）选中第一段文字，选择“开始”选项卡→“段落”组→“边框”下拉按钮→“边框和底纹”→“底纹”，在“填充”列表中选择“水绿色：强调文字颜色 5，单色 60%”，在图案“样式”列表中选择“5%”，在“应用于”列表中选择“文字”。

（5）选中第二段的相应文字设置文字边框，选择“开始”选项卡→“段落”组→“边框”下拉按钮→“边框和底纹”→“边框”选项卡，设置边框：方框，颜色：橙色，宽度：0.5 磅，在“应用于”列表中选择“文字”。选择“页面边框”→“艺术型”，设置页面边框。

（6）设置首字下沉效果。选择“插入”选项卡→“文本”组→“首字下沉”→“首字下沉选项”命令。设置位置：下沉，下沉行数：2，字体：方正舒体，最后单击“确定”按钮。

（7）设置分栏效果。选中文字，选择“页面布局”选项卡→“页面设置”组→“分栏”→“更多分栏”，在“预设”一栏中单击“3 栏”，选择“分隔线”复选框，单击“确定”按钮。

（8）设置项目符号。选中文字，单击“项目编号”下拉三角按钮→“定义新编号格式”→“符号”→“字体”→“wingdings”，选择符号。

（9）设置页面背景。选择“页面布局”选项卡→“页面背景”组→“页面颜色”→“填充效果”→“图片”，选择合适的图片设为背景。

（10）调整文字，保存文件。

3.5 非文本对象的插入与编辑

Word 不仅提供文字排版功能，还具有图形、图片、艺术字、公式、文本框等各种非文本对象的处理能力。图文混排是 Word 的特色功能之一。

3.5.1 图片

Word 文档中的图片主要有 2 个来源：来自文件的图片和来自剪辑库的剪贴画。

1. 插入图片文件和剪贴画

利用“插入图片”对话框，可以将以文件形式存放在计算机中的图片插入到 Word 文档中。

【例 3.16】将“图片库”中的“图片 1.jpg”插入到文档的指定位置。

【操作步骤】

（1）打开文档，将插入点定位到要插入图片的位置。

（2）选择“插入”选项卡→“插图”组→“图片”按钮，弹出“插入图片”对话框，如图 3-54 所示。

（3）在导航窗格或地址栏中选择图片文件所在位置，默认位置为“图片库”。

（4）选择要插入的图片“图片 1.jpg”后，单击“插入”按钮，或者双击该图片文件完成插入。

剪贴画是用各种图片和素材剪贴合成的图片，通常用来制作海报或作为文档的小插图。Word 剪辑库中有许多精美的动物、植物、人物、风景等各类剪贴画。

【例 3.17】在文档中插入一幅剪贴画。

【操作步骤】

（1）将插入点定位于文档中要插入剪贴画的位置。

（2）选择“插入”选项卡→“插图”组→“剪贴画”按钮，弹出如图 3-55 所示的“剪贴画”任务窗格。

（3）单击“搜索”按钮，在搜索结果列表中选择所需的剪贴画。

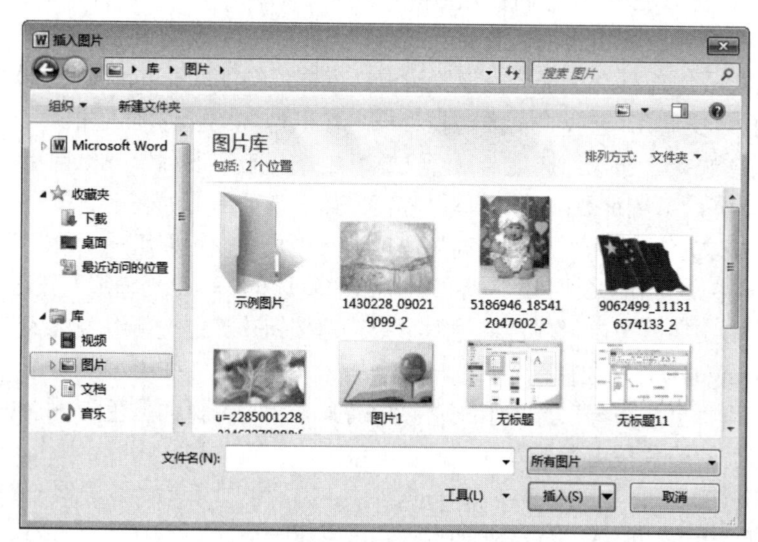

图 3-54 “插入图片”对话框

图 3-55 “剪贴画”任务窗格

如果要插入指定名字的剪贴画，可以在“搜索文字”文本框中输入描述要搜索的剪贴画类型的单词或短语，或输入剪贴画的完整或部分文件名，单击“搜索”按钮进行搜索。

2. 选定及删除图片

图片插入到文档后，往往需要设置格式，如调整大小、移动位置等。要对图片进行编辑，首先需要选定图片。单击要操作的图片，图片周围出现 8 个控制点，此时图片被选定。选定多个图片的方法是：按住 Ctrl 键的同时依次单击每个图片。选定图片后，窗口功能区增加了一项“图片工具”，如图 3-56 所示。

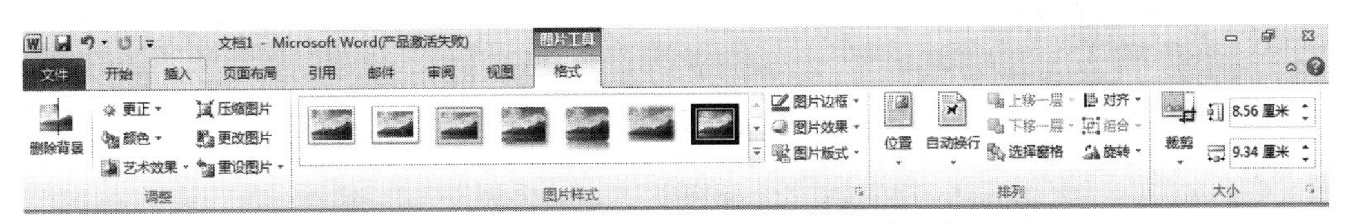

图 3-56　“图片工具”中的“格式”选项卡

删除图片时需选定要删除的图片，直接按 Delete 键，或者选择“开始”选项卡→“剪贴板”组→“剪切”按钮。

3. 图片的编辑

（1）改变图片的大小。

- 鼠标拖动方式

选定图片，鼠标指针移到图片周边的控制点上，当鼠标指针形状变为↕、⟺、⤡或⤢时，拖动鼠标可以调整图片的大小。

- 利用“大小”组选项

选定图片，在如图 3-56 所示的“大小”组中，分别在“高度”和“宽度”设置框中输入图片的高度和宽度值以调整图片的大小。

- 利用“布局”对话框

选择“图片工具”中的“格式”选项卡→“大小”组→对话框启动器，或右击图片，在快捷菜单中选择“大小和位置”，弹出如图 3-57 所示的“布局”对话框，在“大小”选项卡中设置图片的高度和宽度，还可以等比例调整宽和高。

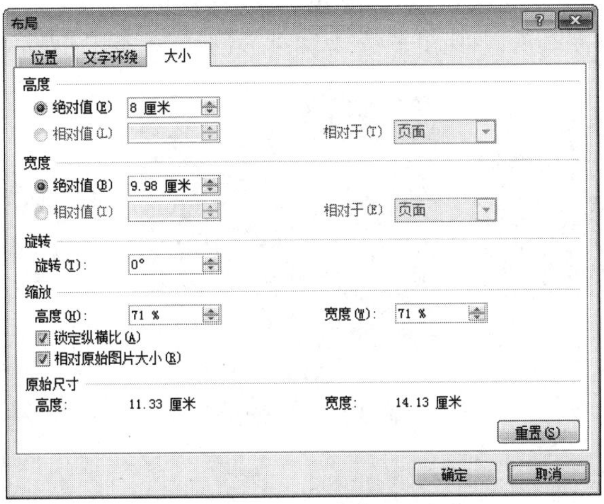

图 3-57　“大小”选项卡

（2）设置图片的文字环绕方式。

实现图文混排时，应使文字按照一定的方式环绕在图片的周围。图片的文字环绕方式，是指图片与周围文字的位置关系。图片的默认环绕方式为“嵌入型”，在这种方式下，图片像字符一样嵌入到文本中。非嵌入型环绕方式有四周型、紧密型、穿越型、上下型、衬于文字下方和浮于文字上方。

设置文字环绕方式的方法有以下两种：

- 在“布局”对话框中，单击“文字环绕”选项卡，如图 3-58 所示，在“环绕方式”一栏中选择所需的环绕方式。
- 选择“图片工具”中的“格式”选项卡→“排列”组→“自动换行”按钮，在弹出的下拉列表中选择所需的环绕方式。

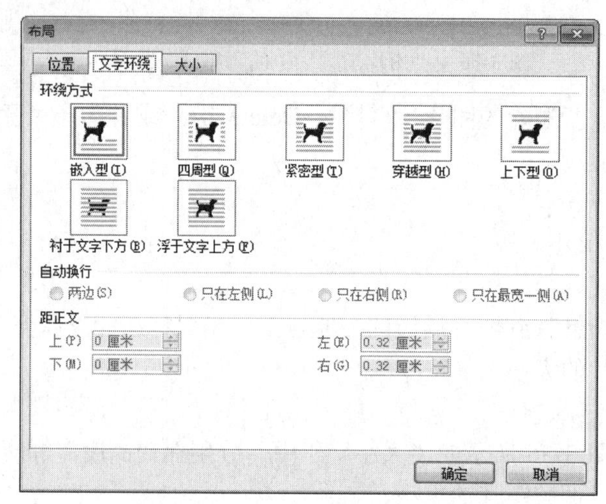

图 3-58 “文字环绕”选项卡

（3）图片的裁剪。

改变图片的大小，只是将图片按比例扩大或缩小，图片的内容并没有减少。如果要减少图片的内容，则可以使用图片的裁剪功能。利用 Word 2010 提供的裁剪工具，不仅可以裁掉图片中不需要的部分，而且可以将图片裁剪成指定的形状。

【例 3.18】利用裁剪功能分别将（a）原图裁剪成（b）和（c）图，如图 3-59 所示。

（a）原图

（b）裁剪左侧部分

（c）裁剪成心形

图 3-59 裁剪示例

【操作步骤】

- 插入图 3-59（a）所示的图片，并将该图片复制两份。

- 选定图片，选择“图片工具”中的“格式”选项卡→“大小”组→“裁剪”按钮，移动鼠标至图片左侧的控制点位置，按住左键向右推动至适当位置释放鼠标，裁剪后效果如图 3-59（b）所示。
- 选定另一图片，选择“图片工具”中的“格式”选项卡→“大小”组→“裁剪”下拉按钮→“裁剪为形状”→“心形”，效果如图 3-59（c）所示。

（4）图片的样式设置。

图片的样式包括图片的边框颜色、边框形状、阴影等效果。插入图片后，可以通过选择“图片工具”的“格式”选项卡→“样式”组，在“图片样式”列表中选择合适的样式，也可以自定义设置。

1）图片边框。图片的边框效果指对图片设置轮廓线条颜色及线型。选中图片后，单击“图片边框”按钮，在弹出的列表中选择相应的颜色、粗细和线型。

2）图片效果。图片效果主要设置图片的阴影、发光、三维旋转等。选中图片，单击“图片效果”按钮，弹出“图片效果”列表，如图 3-60 所示。选择“柔化边缘”→“50 磅”即可实现如图 3-61 所示的类似于边缘羽化的效果。用户可以根据实际情况选择其他选项进行设置。

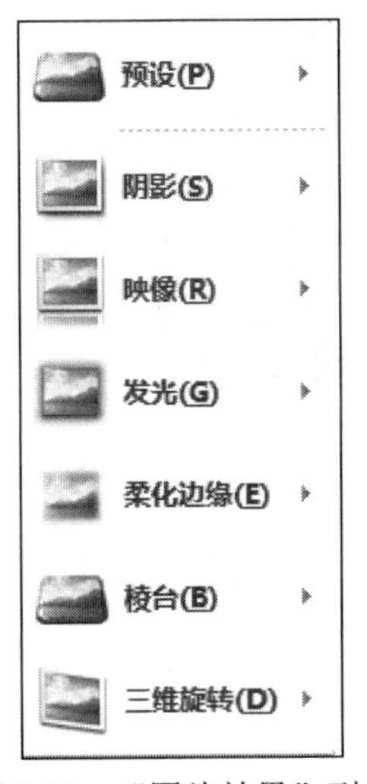

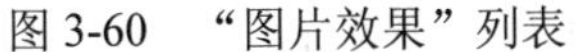

图 3-60　“图片效果”列表

图 3-61　“柔化边缘”效果

3）图片版式。Word 2010 中还可以将图片和 SmartArt 结合在一起使用。单击“图片版式”按钮，在弹出的列表中选择合适的形状，实现文字与图形的结合。

（5）图片的色彩调整。图片的编辑除了传统的操作以外，Word 2010 还可以实现删除背景、修改图片的亮度、对比度、颜色、增加艺术效果等功能。使用户在编辑文档时不需要专业的图片编辑工具，也可以制作出精美的图片。

双击图片，选择“图片工具”→“格式”选项卡→“调整”组的相关按钮进行调整。

1）更改“亮度、对比度”。如果感觉插入的图片亮度、对比度、清晰度没有达到自己的要求，单击“更正”按钮，弹出如图 3-62 所示“亮度、对比度”列表，选择相应的效果缩略图，调节图片的亮度、对比度和清晰度。

2）更改“色彩饱和度、色调”。如果图片的色彩饱和度、色调不符合自己的要求，可以单击“颜色”按钮，弹出如图 3-63 所示“颜色饱和度，色调”列表，在效果缩略图中根据需要选择合适的效果，调节图片的色彩饱和度、色调，或者为图片重新着色。

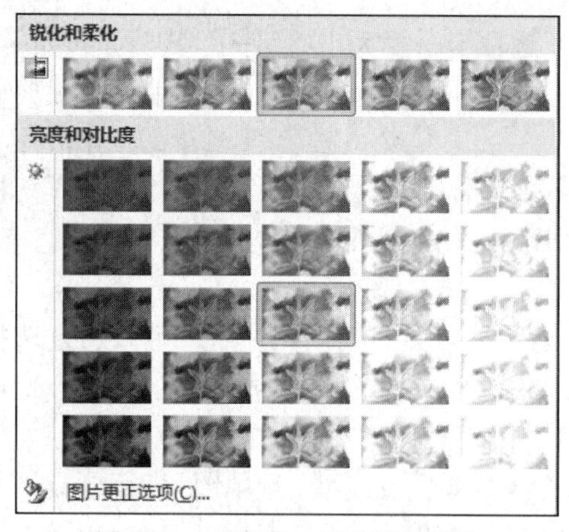

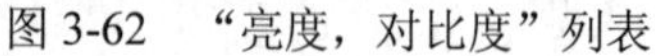

图 3-62　“亮度，对比度”列表

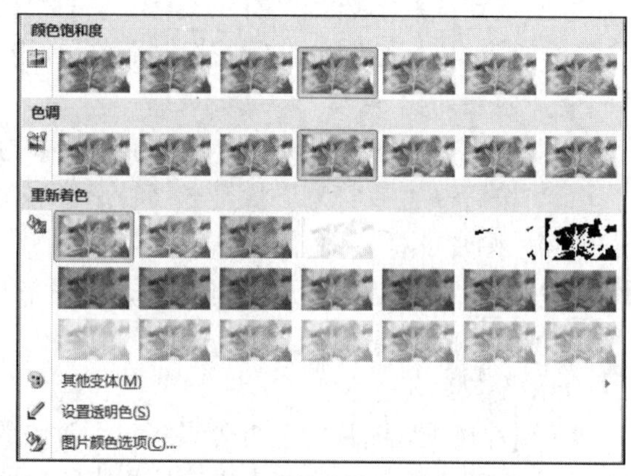

图 3-63　“色彩饱和度，色调”列表

3）设置“艺术效果”。在 Word 2010 文档中，用户可以为图片设置艺术效果，这些艺术效果包括铅笔素描、影印、图样等多种效果，可以达到类似于 Photoshop 中的滤镜效果。如果要为图片添加特殊效果，可以单击“艺术效果”按钮，在弹出的效果缩略图中选择一种艺术效果，为图片加上特效，如图 3-64 所示。

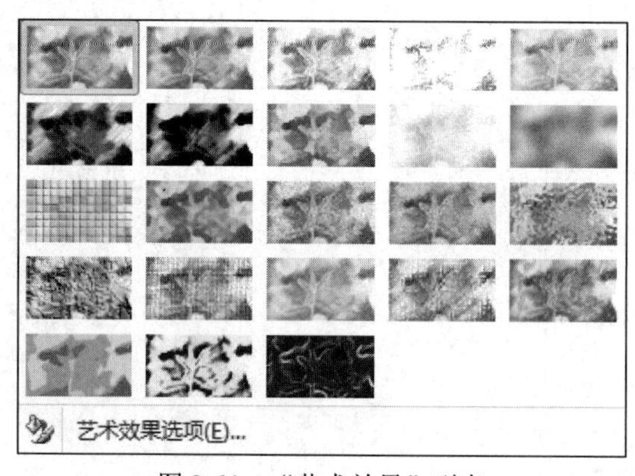

图 3-64　“艺术效果”列表

4）删除背景。另外，利用“删除背景”按钮，还可以删除图片的背景。

【例 3.19】利用“删除背景”功能，删除图片的背景，完成如图 3-65 所示效果。

图 3-65　“删除背景”效果图

【操作步骤】

- 选中已经插入 Word 2010 编辑窗口的图片，单击“删除背景”按钮，Word 2010 会对图片进行智能分析，并以红色遮住照片背景；矩形框内的为保留的部分，可以通过调整矩形框上的控制点改变保留范围。
- 如果发现背景有误遮，可以通过“图片工具”→“背景消除”选项卡→“标记要保留的区域”或“标记要删除的区域”工具手动标记调整保留范围，如图 3-66 所示。这个工具看起来有点像 Photoshop 中的“快速选择工具”。

图 3-66　“背景消除”选项卡

- 设置准确无误后，单击“保留更改”按钮，即可去除图片背景。

3.5.2　图形

Word 文档中不仅可以插入各种图片，还可以利用如图 3-67 所示的“形状”下拉列表，绘制文本框、线条、矩形、基本形状、箭头等各种图形。绘制图形后，可利用“图片工具”中“格式”选项卡下的各组命令，或利用如图 3-68 所示的“设置形状格式”对话框，设置图形的各种格式。由于只有在“页面视图”下才可以插入图形，所以在创建图形之前，应该将视图方式切换为“页面视图”。

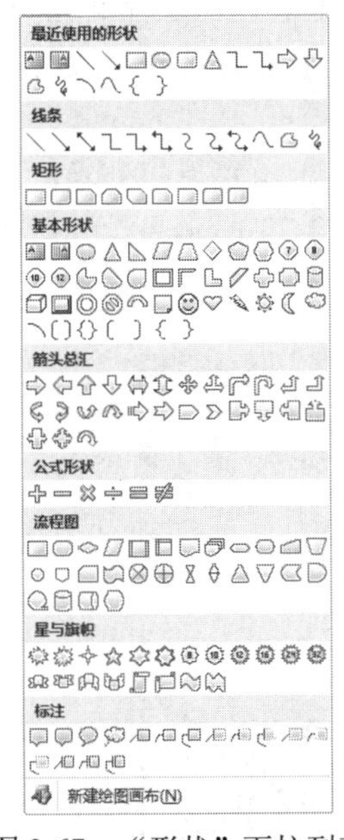

图 3-67　“形状”下拉列表

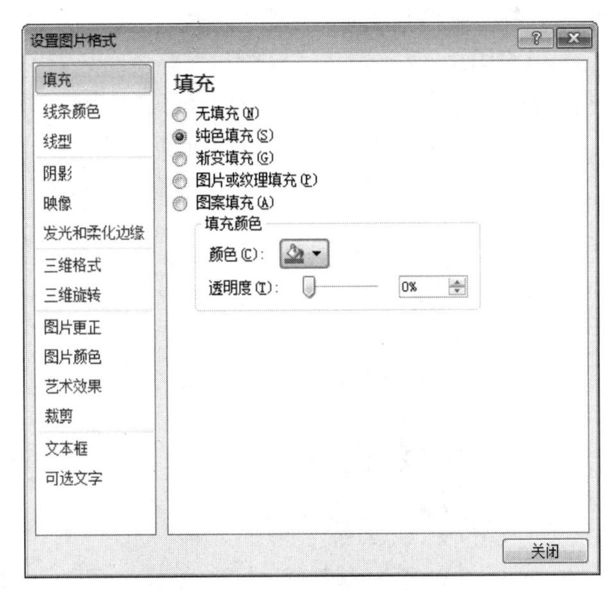

图 3-68　“设置图片格式”对话框

1. 绘制图形

切换到“插入”选项卡，在“插图”分组中单击“形状”按钮，在如图 3-67 所示的“形状”下拉列表中选择线条、基本形状、流程图、箭头总汇、星形与旗帜、标注等图形，然后在绘图起始位置按住鼠标左键，拖动至结束位置就能完成所选图形的绘制。

注意：

（1）拖动鼠标的同时按住 Shift 键，可绘制等比例图形，如圆、正方形等。

（2）拖动鼠标的同时按住 Alt 键，可平滑地绘制和所选图形的尺寸大小一样的图形。

2. 添加文字

绘制的各种形状，只要是封闭的图形，都可以在图形中添加文字。操作方法是：右击要添加文字的图形，在弹出的快捷菜单中选择“添加文字”选项，此时插入点将出现在图形内部，可在插入点位置输入文字。

3. 图形格式的设置

如果需要设形状填充、形状轮廓、颜色设置、阴影效果、三维效果、旋转和排列等基本操作，均可先选定要编辑的图形对象，出现如图 3-69 所示的“绘图工具/格式”选项卡，选择相应功能按钮来实现。

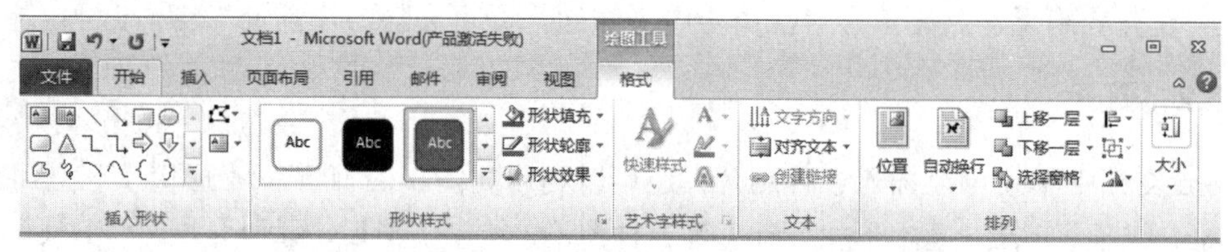

图 3-69 “绘图工具”中的“格式”选项卡

（1）形状填充。选择要设置形状填充的图形，选择“绘图工具/格式”选项卡的“形状填充”按钮，出现如图 3-70 所示下拉列表。

- 选择设置单色填充，可选择面板已有的颜色或单击“其他颜色”选择其他颜色填充；
- 选择设置图片填充，单击“图片”选项，出现“打开”对话框，选择相应的图片做为填充图片；
- 选择设置渐变填充，则单击“渐变”选项，弹出如图 3-71 所示下拉列表，选择一种渐变样式即可，也可单击“其他渐变”选项，出现如图 3-72 所示“设置形状格式”对话框，选择相关参数设置其他渐变效果。

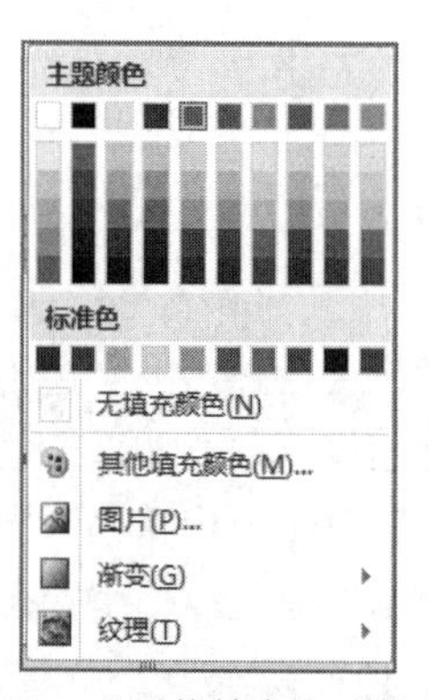

图 3-70 “形状填充”下拉列表

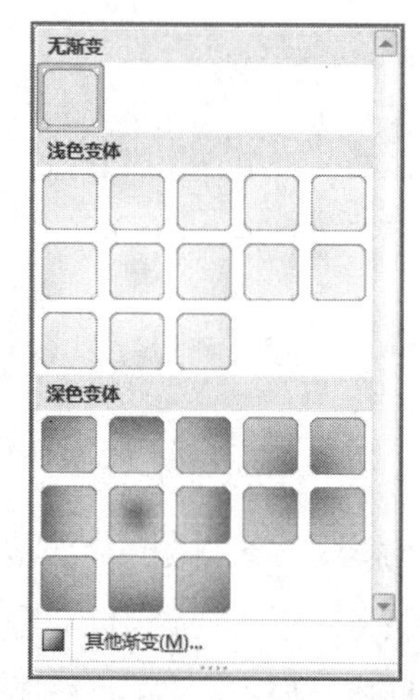

图 3-71 “形状填充样式”下拉列表

（2）形状轮廓。选择要设置形状轮廓的图形，单击“绘图工具/格式”选项卡的“形状轮廓”按钮，在出现的面板中可以设置轮廓线的线型、大小和颜色。

（3）形状效果。选择要设置形状效果的图形，单击“绘图工具/格式”选项卡的“形状效果”按钮，出现如图 3-73 所示面板。选择一种形状效果即可。

（4）应用内置样式。选择要形状填充的图片，切换到“绘图工具/格式”功能区，在“形状样式”列表中选择一种内置样式即可应用到图形上。

图 3-72　“设置形状格式”对话框

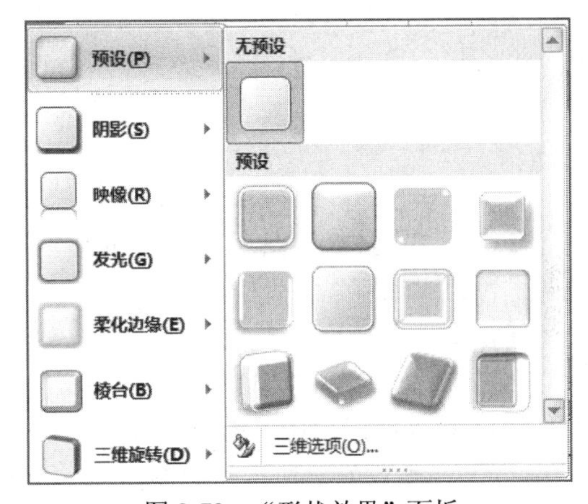

图 3-73　“形状效果”面板

4. 设置图形的叠放次序

两个或两个以上的图形叠放在一起时，最新绘制的图形默认在其他图形的上面。调整图形叠放次序的方法是：右键单击要调整次序的图形，在弹出的快捷菜单中选择设置相应的叠放次序，可选项有置于底层、置于顶层、上移一层、下移一层、浮于文字上方、衬于文字下方。

5. 组合多个图形

一个复杂的图形也许是由若干个简单图形组成的，这些简单图形都是独立的对象。当要移动这样的复杂图形时，需要先把每个简单图形依次选定，然后再进行移动。然而复杂图形常常会因操作不当而被破坏。事实上，利用 Word 提供的图形组合功能可以避免这个问题。

- 组合图形的方法：按住 Shift 键选定所有要组合的图形，右键单击，在快捷菜单中选择“组合”→“组合”命令 。
- 取消组合的方法：右键单击已组合完成的图形，在快捷菜单中选择“组合”→“取消组合”命令。

3.5.3　艺术字

在编辑文档时，为了使标题更加醒目、活泼，可以应用 Word 提供的艺术字功能来绘制特殊的文字，如图 3-74 所示。Word 中的艺术字是图形对象，所以可以像对待图形那样来编辑艺术字，也可以给艺术字加边框、底纹、纹理、填充颜色、阴影和三维效果等。

我的中国梦

图 3-74 “艺术字”实例

若需对艺术字的内容、边框效果、填充效果等进行修改或设置，可选中艺术字，在如图 3-75 所示的“绘图工具/格式”选项卡中单击相关按钮完成相关设置。

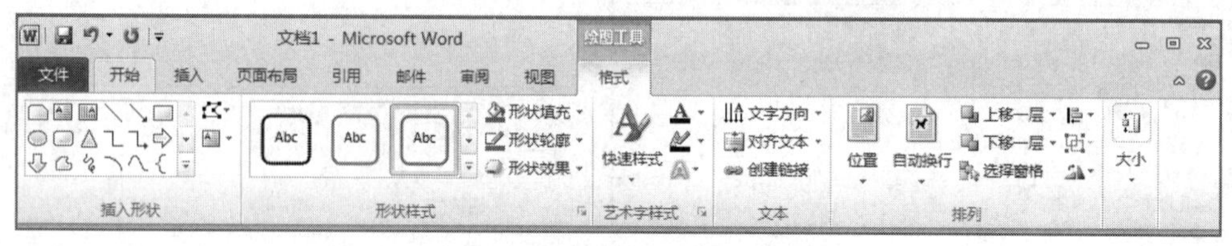

图 3-75 “绘图工具/格式”功能区

【例 3.20】插入如图 3-74 所示的艺术字，应用样式 1，填充预设颜色“碧海青天”，设置线条颜色为“深蓝”，三维旋转效果。

【操作步骤】

（1）选择“插入”选项卡→“文本”组→“艺术字”下拉按钮，弹出艺术字样式下拉列表，如图 3-76 所示，选择第 1 个样式。

（2）在弹出的“请在此放置您的文字”文本框中输入文字“我的中国梦”。设置字体为楷体，字号为小初。

（3）选定艺术字，选择“绘图工具”中的“格式”选项卡→“艺术字样式”组→对话框启动器，弹出“设置文本效果格式”对话框，如图 3-77 所示，选择“文本填充”选项→“渐变填充”单选按钮→“预设颜色”下拉按钮→“碧海青天”，单击“关闭”按钮。

（4）选定艺术字，选择“绘图工具”中的“格式”选项卡→“艺术字样式”组，在样式列表中选择“填充-蓝色，强调文字颜色 1，塑料棱台，映像”。

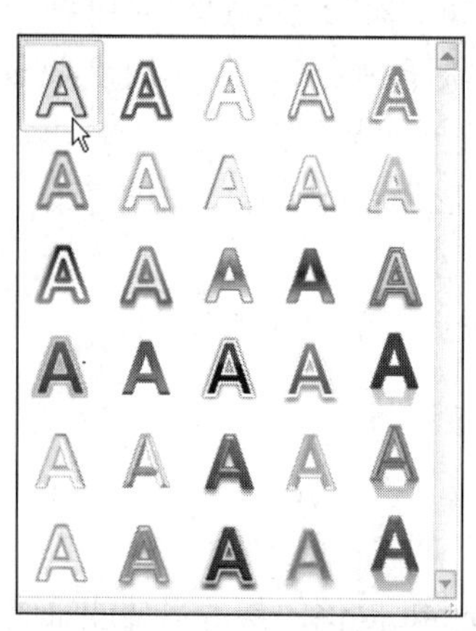

图 3-76 艺术字样式下拉列表

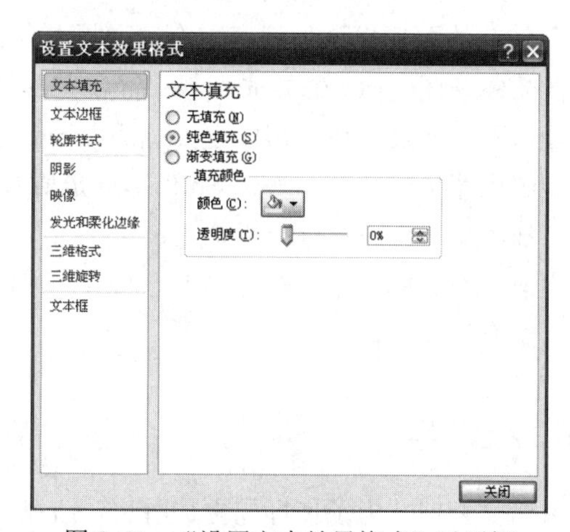

图 3-77 “设置文本效果格式”对话框

用户也可以根据自己的实际需要，通过选择“文本轮廓”和“文本效果”自定义艺术字文字的边框、颜色、形状等。

3.5.4　文本框

在进行图文混排时，有时需要将文本对象置于页面的任意位置，或在一篇文档中使用两种文字方向，用户可以通过使用文本框的功能来实现。用户可以将 Word 文本很方便地放置到 Word 2010 文档页面的指定位置，可以像处理一个新页面一样来处理文字，如设置文字的方向、格式化文字、设置段落格式等，效果如图 3-78 所示。文本框有两种，一种是横排文本框，一种是竖排文本框。Word 2010 内置有多种样式的文本框供用户选择使用。

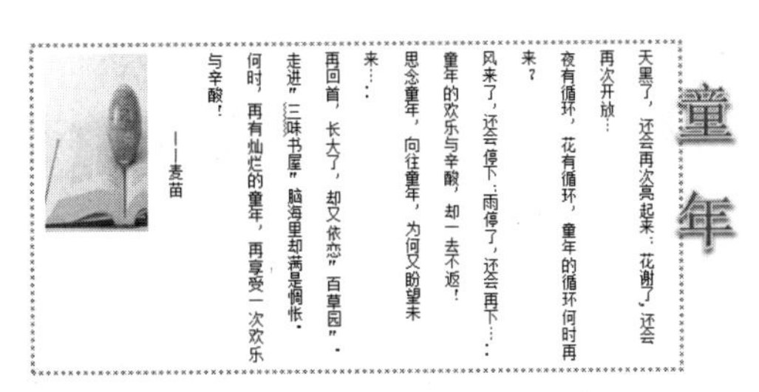

图 3-78　“文本框”效果图

1. 插入文本框

（1）用户可以先插入一空文本框，再输入文本内容或者插入图片。在“插入”功能区的“文本”分组中单击“文本框”按钮，选择合适的文本框类型，然后返回到 Word 2010 文档窗口，在要插入文本框的位置拖动鼠标到合适位置松开鼠标，即可完成空文本框的插入，然后输入文本内容或者插入图片。

（2）用户也可以将已有内容设置为文本框，选中需要设置为文本框的内容，在“插入”功能区的“文本”分组中单击“文本框”按钮，在打开的文本框列表中选择“绘制文本框”或“绘制竖排文本框”命令，被选中的内容将被设置为文本框。

2. 设置文本框格式

在文本框中处理文字就像在一般页面中处理文字一样，可以在文本框中设置页边距，同时也可以设置文本框的文字环绕方式、大小等。

设置文本框格式时，右键单击文本框边框，选择“设置形状格式”命令，将弹出如图 3-79 所示的“设置文本框格式”对话框。在该对话框中主要可完成如下设置：

图 3-79　“设置文本框格式”对话框

（1）设置文本框的线条和颜色，在“线条颜色”区中可根据需要进行具体的线条颜色设置。

（2）设置文本框内部边距，在“文本框”区中的“内部边距”区输入文本框与文本之间的间距数值即可。

若要设置文本框版式，右键单击文本框边框，选择“其他布局选项”命令，在打开的“布局”对话框“版式”选项卡中，进行类似于图片“版式”的设置即可。

另外，如果需要设置文本框的大小、文字方向、内置文本样式、三维效果和阴影效果等其他格式，可单击文本框对象，切换到“绘图工具/格式”选项卡，通过相应的按钮来实现。

3. 文本框的链接

在使用Word 2010制作手抄报、宣传册等文档时，往往会通过使用多个文本框进行版式设计。通过在多个 Word 2010 文本框之间创建链接，可以在当前文本框中充满文字后自动转入所链接的下一个文本框中继续输入文字。

【例 3.21】绘制 3 个文本框，并实现链接。

【操作步骤】

（1）打开 Word 2010 文档窗口，并插入 3 个文本框，调整文本框的位置和尺寸。

（2）单击选中第 1 个文本框，在打开的“绘图工具/格式”选项卡中，单击“文本”分组中的“创建链接”按钮，鼠标指针变成水杯形状，将水杯状的鼠标指针移动到准备链接的下一个文本框内部，单击鼠标左键即可创建链接。

（3）重复上述步骤可以将第 2 个文本框链接到第 3 个文本框，依此类推可以在多个文本框之间创建链接。

3.5.5 实战演练——制作生日贺卡

利用 Word 2010 的图形和艺术字功能制作如图 3-80 所示的生日贺卡。

图 3-80 生日贺卡样式

【操作步骤】

（1）新建一个空白的文档，保存文件名为“生日贺卡.docx”。

（2）选择“插入”选项卡→“插图”组→“形状”按钮，在列表框中选择“基本形状”→“圆柱形”。

（3）右键单击插入的圆柱形，选择“设置形状格式”命令，选择“填充”→“图案填充”，选择“草皮”图案选项，设置前景色为“橙色，强调文字颜色 6，淡色 60%”，背景色为“白色”。

（4）选择“插入”选项卡→“插图”组→“形状”按钮，在列表框中选择“线条”→“曲线”，在图中画出奶油的轮廓，双击结束绘制过程。

（5）右键单击绘制的曲线形状，选择“设置形状格式”命令，选择“填充”→“纯色填充”，设置颜色为“橙色，强调文字颜色 6，淡色 60%”；单击该形状，选择“绘图工具”的“格式”选项卡→“形状样式”组→“形状效果”→“预设”→“预设 3”。

（6）选择“插入”选项卡→“插图”组→“形状”按钮，在列表框中选择“基本形状”→“圆柱形”，绘制蜡烛。右键单击绘制的形状，选择“设置形状格式”→“填充”→“纯色填充”，选取一种颜色；选择“线条颜色”→“无线条”。重复操作绘制所需的蜡烛。

（7）选择“插入”选项卡→“插图”组→“形状”按钮，在列表框中选择“基本形状”→“心形”；选中形状，选择“绘图工具”的“格式”选项卡→“排列”组→“旋转”→“垂直翻转”；右键单击绘制的形状，选择“设置形状格式”命令，选择“填充”→“渐变填充”→“预设颜色”→“熊熊火焰”。重复操作绘制所需的蜡烛火焰，并调整位置。

（8）选择“插入”选项卡→“插图”组→“形状”按钮，在列表框中选择“基本形状”→“新月形”；单击该形状，选择“绘图工具”的“格式”选项卡→“形状样式”组，在样式表中选择“中等效果-橄榄色，强调颜色 3”。复制形状并设置为水平翻转效果，放到合适位置。

（9）同样的方式插入 2 个“空心弧”，设置格式后放到相应的位置。

（10）选择“插入”选项卡→“文本”组→“艺术字”下拉按钮，弹出艺术字样式下拉列表，选择“填充-颜色，强调文字颜色 2，暖色粗糙棱台”样式。输入文字为“HAPPY BIRTHDAY”，字体为 black adder，字号 48，放到合适位置。

（11）调整完成后，点击“保存”按钮。

3.5.6　公式

对于一些比较复杂的数学公式的输入问题，如积分公式、求和公式等，Word 2010 中内置了公式编写和编辑公式支持，可以在行文的字里行间非常方便的编辑公式。在文档中插入公式的方法如下：

- 将插入点置于公式插入位置，使用快捷键 Alt+=，系统自动在当前位置插入一个公式编辑框，同时出现如图 3-81 所示的“公式工具”中的“设计”选项卡，单击相应按钮在编辑框中编辑公式。

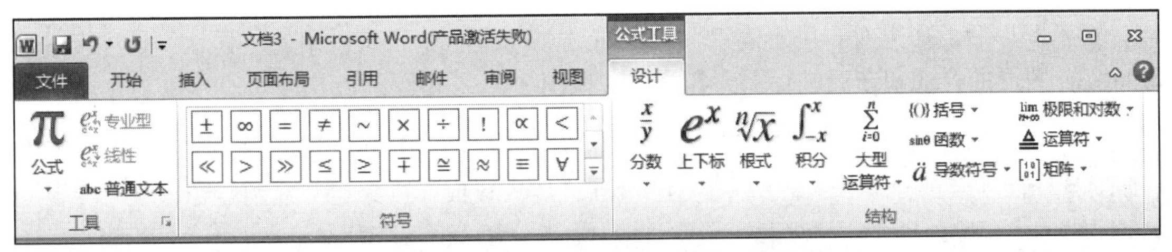

图 3-81　“公式工具”中的“设计”选项卡

- 切换到“插入”功能区，在“符号”分组中单击“公式”按钮π，插入一个公式编辑框，然后在其中编写公式，或者单击“公式”按钮下方的向下箭头，在内置公式的下拉列表中直接插入一个常用数学结构。

【例 3.22】插入数学公式：$y = ax^2 + bx + \sin x$

【操作步骤】

（1）将插入点定位于文档中要插入公式的位置。

（2）选择“插入”选项卡→“符号”组→“公式”下拉按钮→“插入新公式”，文档插入点位置插入了一个公式框，如 在此处键入公式。 。

（3）在公式编辑框中输入“y=a”，单击“上下标”按钮，在下拉列表中选择第 1 个样式 ⬚⬚，底数位置输入“x”，指数位置输入 2，向右移动一列，输入“+bx+”。

（5）单击“函数”按钮，选择“三角函数”第 1 个样式 sin□，在函数参数位置输入“x”。单击公式框外任意位置，结束公式的创建。

3.5.7 SmartArt 图形

SmartArt 图形是信息和观点的视觉表示形式。可以通过多种不同布局进行选择来创建 SmartArt 图形，从而快速、轻松、有效地传达信息。

创建 SmartArt 图形时，切换到“插入”功能区，选择“插图”组的 SmartArt 按钮，弹出如图 3-82 所示的“选择 SmartArt 图形”对话框，选择一种 SmartArt 图形类型，例如“列表”、“流程”、“循环”、“层次结构”、“关系”、“矩阵”等。类型类似于 SmartArt 图形类别，而且每种类型包含多个不同的布局。

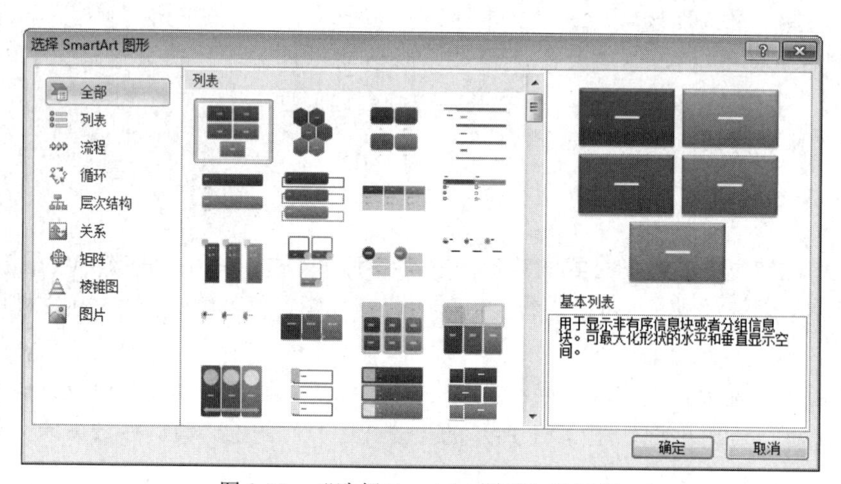

图 3-82 “选择 SmartArt 图形”对话框

插入图形后，如果对布局不满意，可以通过“SmartArt 工具”中的“设计”选项卡，对 SmartArt 图形的样式和布局进行调整和修饰，如图 3-83 所示。

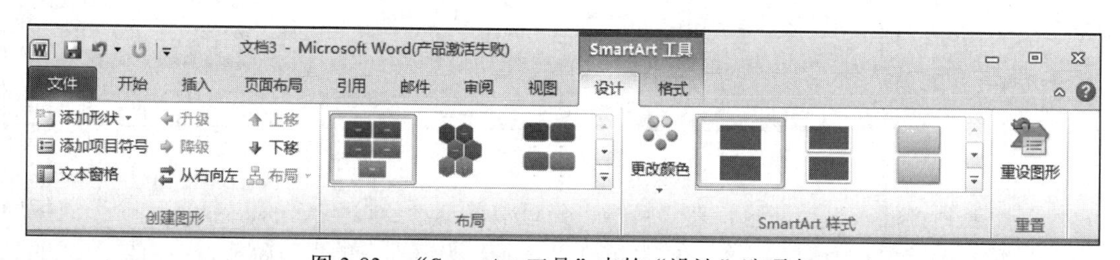

图 3-83 “SmartArt 工具”中的“设计”选项卡

3.5.8　图表

在编辑办公文档中，我们往往需要添加一些图表。相对于单纯用表格显示数据来说，以图形的方式能更加直观地反映数据的变化情况，使行情走势等一目了然。

在 Word 2010 中，可以插入多种数据图表和图形，如柱形图、折线图、饼图、条形图、面积图、散点图、股价图、曲面图、圆环图、气泡图和雷达图。

在 Word 2010 中插入图表的步骤是：

（1）打开 Word 2010 文档窗口，切换到“插入”功能区。在“插图”分组中单击“图表”按钮，弹出如图 3-84 所示的“插入图表”对话框。

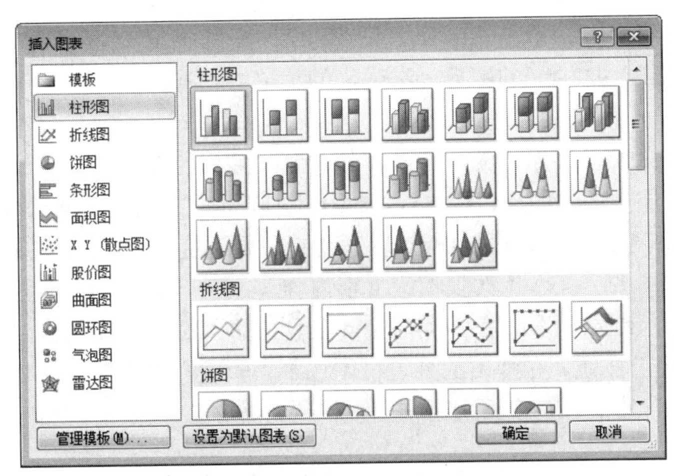

图 3-84　“插入图表”对话框

（2）在“插入图表”对话框左侧的图表类型列表中选择需要创建的图表类型，在右侧图表子类型列表中选择合适的图表，并单击“确定”按钮。

（3）并排打开 Word 和 Excel 两个窗口，在 Excel 窗口中编辑图表数据。例如修改系列名称和类别名称，并编辑具体数值等。在编辑 Excel 表格数据的同时，Word 窗口中将同步显示图表的结果。

（4）完成 Excel 表格数据的编辑后关闭 Excel 窗口，在 Word 窗口中可以看到创建完成的图表。

3.5.9　屏幕截图

Word 2010 提供了屏幕截图功能，轻松实现对一些应用程序界面的截图。操作方法是：

选择“插入”选项卡→“插图”组→“屏幕截图”按钮，在“可用视窗”中显示当前已经开启的程序窗口，点击一下就可以截取到这些应用程序的窗口图片，并插入到当前文档中。

如果仅需要将特定窗口的一部分作为截图插入到文档中，则可以只保留该特定窗口为非最小化状态，然后在“可用窗口”面板中选择“屏幕剪辑”命令，进入屏幕裁剪状态后，拖动鼠标选择需要的部分窗口即可将其截图插入到当前文档。

3.5.10　实战演练——公司结构图

创建如图 3-85 所示的组织结构图。

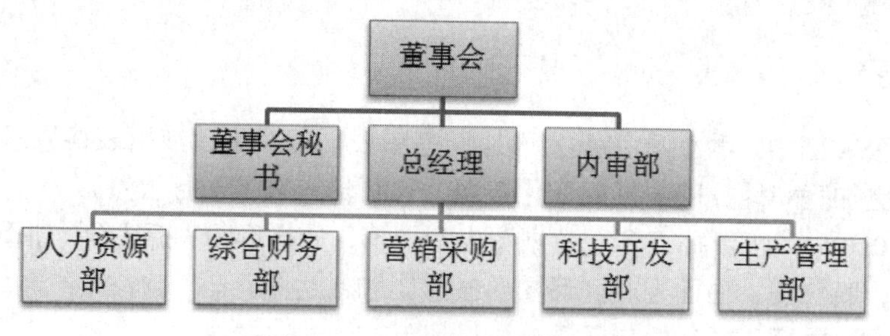

图 3-85 “组织结构图”效果

具体步骤如下：

（1）选择“插入”选项卡→“插图”组→“SmartArt”按钮，弹出“选择 SmartArt 图形”对话框，选择“层次结构”。单击右侧样式面板的第一个样式，组织机构。

（2）右键单击第二层中间的图形，在弹出的菜单中选择“添加形状”按钮，选择“在下方添加形状”。

（3）重复操作（2），添加相应的形状，同时删除多余的图形。

（4）双击第二层中间的图形，在“SmartArt 工具”的“设计”选项卡中选择“创建图形”组→“布局”按钮，在弹出的列表框中选择“标准”，同时完成组织结构图的结构设计。

（5）将结构图中的“文本”改为相应文字内容。

（6）选中整个组织结构图，在“SmartArt 工具”的“设计”选项卡中选择“SmartArt 样式”组→“更改颜色”按钮，在弹出的列表框中选择“彩色”类的第一个样式；在样式表中选择第三个“细微”效果，完成组织结构图设计。

3.6 表格的创建与编辑

表格是文档中的一个重要组成部分，在文档中使用表格，可以更形象地说明某些问题，表达一些文本所不能充分表达的信息，还可以使文档的结构更加清晰。

Word 提供了丰富的表格处理功能，包括表格的创建、表格的编辑、表格的格式化、表格的计算和排序等操作。

3.6.1 表格的创建

Word 2010 中提供了多种表格制作的方法，可以插入空白表格、手工绘制表格，可以创建有虚拟数据的快速表格，还可以创建 Excel 电子表格。

Word 中创建表格通常先插入一个空白表格，再利用合并、拆分单元格等操作，制作一个符合要求的复杂表格。

1. 插入表格

（1）利用“插入表格”对话框建立空表格。选择“插入”选项卡→“表格”组→“表格”按钮→“插入表格”命令，弹出如图 3-86 所示“插入表格”对话框。在对话框中设置要插入表格的列数和行数，单击“确定”按钮。

（2）利用“插入表格”按钮建立空表格。选择“插入”选项卡→“表格”组→“表格”按钮，弹出如图 3-87 所示“插入表格”面板， 拖动鼠标指针到合适位置单击鼠标左键，一个符合要求的表格就插入到了文档的插入点位置。

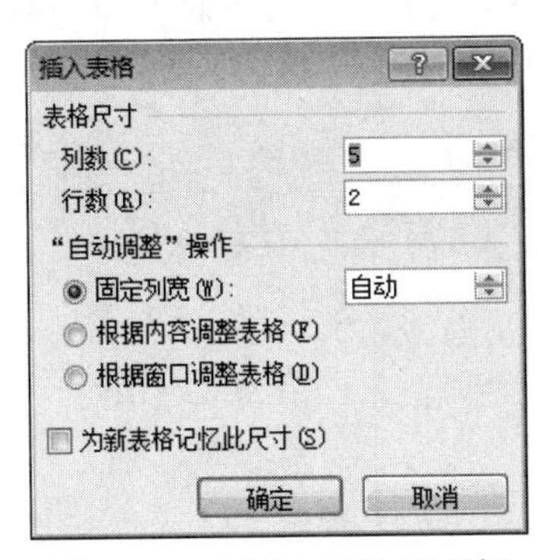

图 3-86　“插入表格”对话框

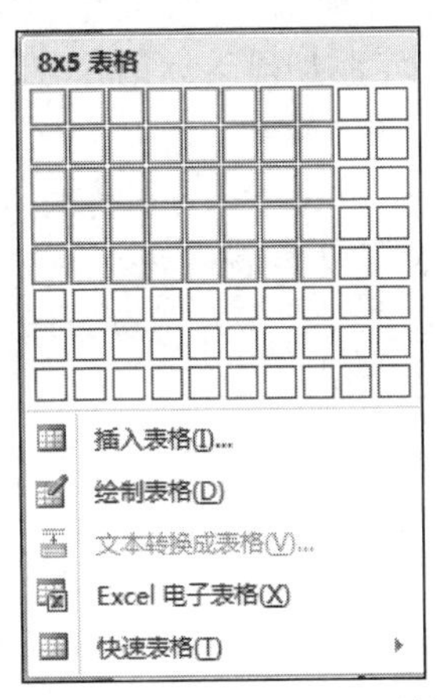

图 3-87　“插入表格”面板

Word 2010 允许在表格中插入另外的表格：把光标定位在表格的单元格中，执行相应的插入表格的操作，就将表格插入到相应的单元格中，也可以在单元格中单击右键，选择“插入表格”命令，在单元格中插入一个表格。

2. 手工绘制表格

创建比较复杂的表格，比如表格中的行和列有错位甚至有斜线的表格时，可以使用手工方式绘制，具体操作步骤如下：

（1）插入点定位于要创建表格的位置。

（2）选择“插入”选项卡→“表格”组→“表格”按钮→“绘制表格”命令，鼠标指针在文档编辑区呈笔形，表明进入手工绘制表格状态。

（3）鼠标指向要绘制表格位置的左上角，然后按住鼠标左键拖动，当到达自己所想要的位置时，释放鼠标左键，得到一个实线表格外框，此时窗口的功能区中增加了一项“表格工具”，有“设计”和“布局”两个选项卡，图 3-88 所示。

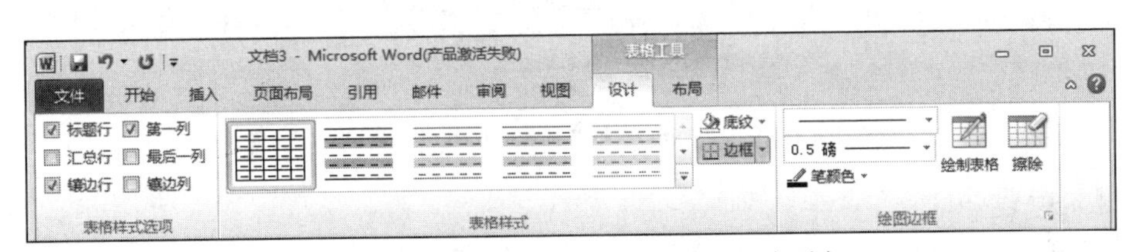

图 3-88　“表格工具”中的“设计”选项卡

（4）根据需要在表格框内拖动笔形鼠标指针绘制任意绘制横线、竖线和对角线，完成对行和列的设置。

（5）删除线条时，单击“表格工具”中的“设计”选项卡→“绘图边框”组→“擦除”按钮，鼠标指针呈橡皮擦状，移动鼠标指针到要删除的线条上，单击该线条，线条即被删除。

（6）双击文档编辑区任何位置，或取消“绘制表格”和“擦除”按钮的选定，完成表格的手工绘制。

3. 将文本转换为表格

Word 2010 可以将已经存在的文本转换为表格。要进行转换的文本应该是格式化的文本，即文本中的每一行用段落标记符分开，每一列用分隔符（如空格、逗号或制表符等）分开。其操作方法是：

（1）选定添加段落标记和分隔符的文本。

（2）选择“插入”选项卡→“表格”组→“表格”按钮→“文本转换成表格”命令，弹出如图 3-89 所示的“将文本转换为表格”对话框，单击“确定”按钮。Word 能自动识别出文本的分隔符，并计算表格列数，即可得到所需的表格。

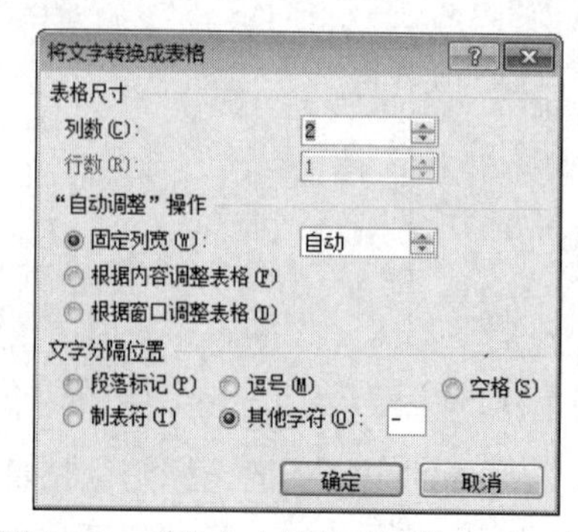

图 3-89 “将文本转换为表格”对话框

3.6.2 表格的编辑

表格创建后，通常要对它进行修改。Word 2010 提供了强大的表格编辑功能，包括表格的拆分、合并和删除，表格中的行、列、单元格的插入与删除，单元格的合并与拆分，表格、行、列、单元格的选定等操作。

表格的各种编辑操作可以利用如图 3-90 所示的“表格工具”中的“布局”选项卡下各组命令来实现。

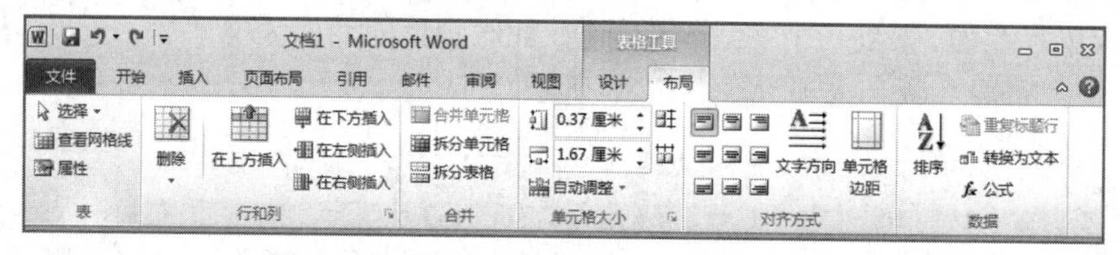

图 3-90 “表格工具”中的“布局”选项卡

1. 选定操作

表格的各种操作也必须遵从“先选定，后操作”的原则。

（1）选定表格。选定要操作的整个表格，可以使用下列两种方法来实现：

- 单击表格左上角的标识⊞。在“页面视图”下，当鼠标指针移动到表格的任一单元格时，在表格左上角会出现一个标识⊞，单击该标识，表格反向显示，整个表格被选定。
- 利用“选择”下拉列表。插入点置于表格内任一单元格，选择“表格工具”中的“布局”选项卡→“表”组→“选择”按钮选择，弹出“选择”下拉列表，选择“选择表格”命令，则整个表格被选定。利用其他命令，可以选定插入点所在的一行、一列或一个单元格。

（2）选定行。当鼠标指针移动到表格左边框线外侧时，指针呈↗形状，表明进入行选择区，单击行选择区，该行呈反向显示，整行被选定。

- 选定连续多行：单击第一行的行选择区，按住 Shift 键，单击最后一行的行选择区。则两次单击之间的所有行被选定。或者鼠标拖动行选定区，也可以选定连续的多行。

- 选定不连续多行：单击第一个要选定行的行选择区，按住 Ctrl 键依次单击其他行选择区。

（3）选定列。当鼠标指针移动到表格的上边框线上方时，指针呈⬇形状，表明进入列选择区，单击列选择区，该列呈反向显示，整列被选定。

连续多列、不连续多列的选定方法和多行的选定方法相类似，连续的使用 Shift 键，不连续的使用 Ctrl 键。

（4）选定单元格。当鼠标指针移动到单元格的左边框线附近时，指针呈⬈形状，表明进入单元格选择区，单击单元格选择区，单元格呈反向显示，该单元格被选定。连续多个单元格的选定方法有两种：

- 鼠标拖动选择。
- 单击第一个要选定的单元格，Shift+单击最后一个单元格，这样，以第一个单元格为左上角，以最后一个单元格为右下角，这个矩形区域内的所有单元格都被选定。

2. 拆分与合并

拆分与合并的操作对象包括表格和单元格两个部分。表格的拆分是把一个表格拆分为两个，表格的合并是合二为一。单元格的合并是相邻的多个单元格合并成一个单元格，单元格的拆分可以把单元格拆分成多行多列的多个单元格。

（1）表格的拆分。首先将插入点定位于表格拆分处，选择“表格工具”中的“布局”选项卡→“合并”组→“拆分表格”按钮，原表格被拆分为上下两个新表格，两个表格之间有一个空行分隔。

（2）表格的合并。将两个相邻的表格合并成一个表格，首先将插入点定位在两个表格之间的段落标记处，然后按键盘上的 Delete 键，删除段落标记即可实现合并。

（3）单元格的拆分。选定一个或多个相邻的单元格，选择“表格工具”中的“布局”选项卡→“合并”组→“拆分单元格”按钮，弹出如图 3-91 所示的“拆分单元格”对话框，默认选择“拆分前合并单元格”选项，输入列数和行数，单击“确定”按钮。

（4）单元格的合并。选定两个或两个以上相邻的单元格，选择“表格工具”中的“布局”选项卡→“合并”组→“合并单元格”按钮，或右键单击鼠标，在如图 3-92 所示的快捷菜单中选择“合并单元格”命令。

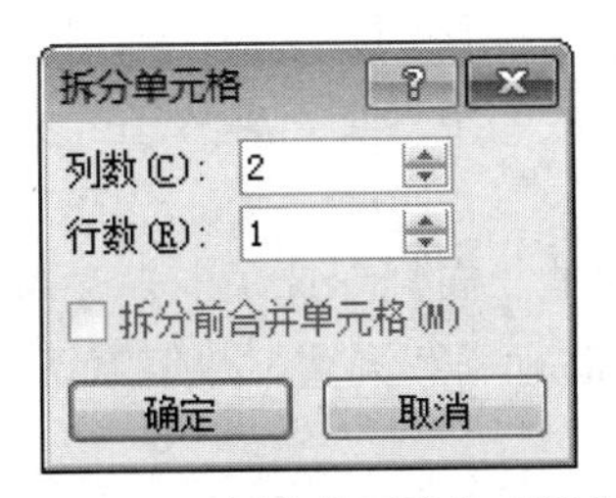

图 3-91　“拆分单元格”对话框

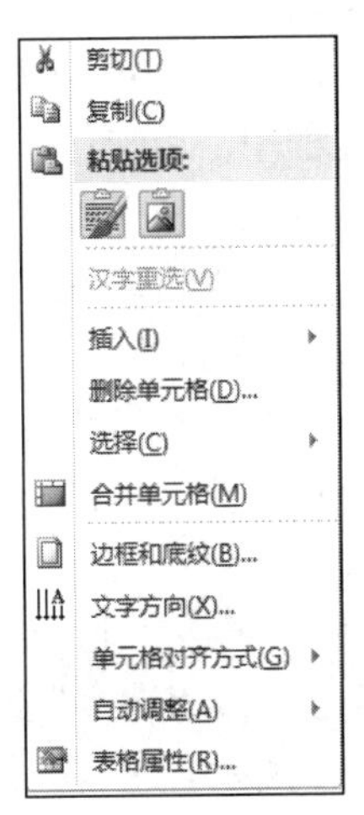

图 3-92　“合并单元格”菜单

3. 插入单元格、行或列

创建一个表格后，要增加单元格、行或列，只需在原有表格上进行插入操作即可。插入的方法是：

- 选定单元格、行或列，右键单击，在快捷菜单中选择“插入”菜单，选择插入的项目（表格、列、行或单元格）。
- 选定单元格、行或列，选择“表格工具”中的“布局”选项卡→“行和列”组，单击如图 3-93 所示的分组中的相应按钮实现。

4. 删除单元格、行或列

删除单元格、行或列的方法有以下两种：

- 选定了表格或某一部分后，右键单击，在快捷菜单中选择删除的项目（表格、列、行或单元格）。
- 在如图 3-93 所示的“行和列”组中单击“删除”按钮，在出现的如图 3-94 所示的面板中单击相应按钮来完成。

选定整个表格，按 Delete 键，则表格内的全部内容都被删除，表格成为空表；按 Backspace 键，实现表格的删除。

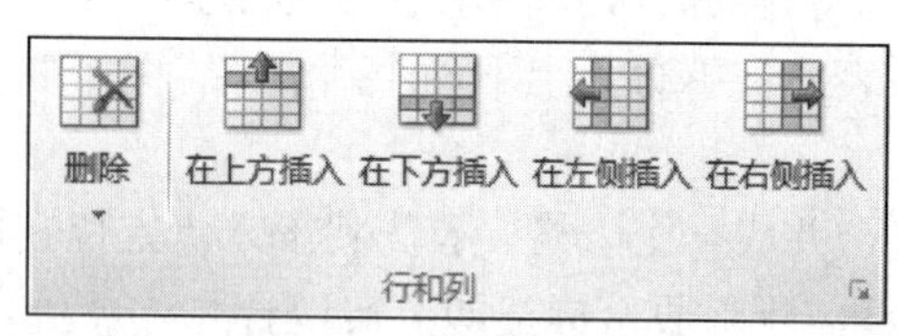

图 3-93 “行和列”组

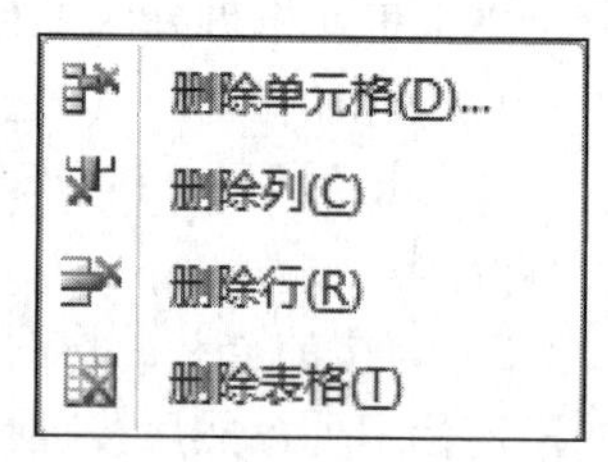

3-94 “删除”面板

3.6.3 表格的修饰

表格的修饰是指调整表格的行高、列宽，设置表格的边框、底纹效果，表格对齐等属性，使表格更加清晰和美观。

1. 调整表格大小 、列宽与行高

在默认情况下，Word 2010 所创建的表格中各行的高度是相等的，列的宽度也是相等的。在实际应用过程中，用户往往要改变某些行的高度和某些列的宽度。

表格中相邻两条水平线的距离称为行高，相邻两条垂直线的距离称为列宽。行高、列宽的修改可以利用“表格属性”对话框、“表格大小”组和鼠标拖动 3 种方法。

（1）利用“表格属性”对话框。选定表格，选择“表格工具”中的“布局”选项卡→“单元格大小”组→对话框启动器，弹出“表格属性”对话框，单击“行”选项卡，选择“指定高度”复选框，输入值；单击“列”选项卡，选择“指定宽度”复选框，输入值，如图 3-95 和图 3-96 所示。

（2）利用“表格大小”组中的命令。“表格工具”中的“布局”选项卡下“单元格大小”组中，有“高度”及“宽度”设置框，分别用来设置表格的行高和列宽，数值默认单位是“厘米”，如图 3-97 所示。

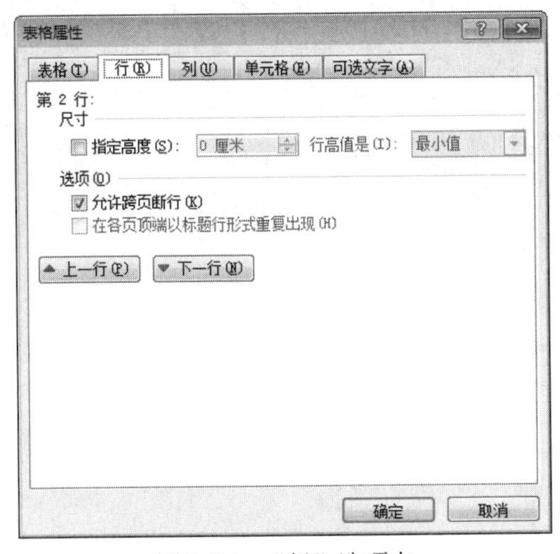

图 3-95　“行”选项卡

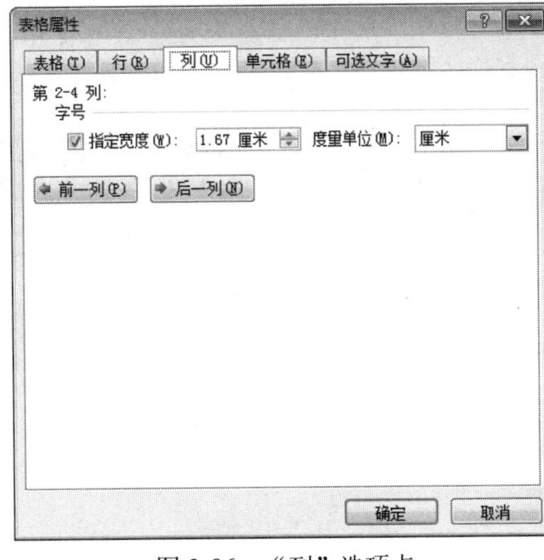

图 3-96　“列”选项卡

（3）鼠标拖动修改行高和列宽。将鼠标指针移动到表格的水平框线上时，鼠标指针呈“÷”状，按住鼠标左键，此时出现一条水平的虚线，当拖动到合适位置时，松开左键即可调整好行高。

将鼠标指针移动到表格的垂直框线上时，鼠标指针呈“+||+”状，按住鼠标左键，此时出现一条垂直的虚线，当拖动到合适位置时，松开左键即可调整好列宽。

技巧：在拖动时按住 Alt 键，可以在水平、垂直标尺上看到具体的列宽、行高的数值。

以上是手动调整表格行高和列宽的方法，Word 还可以自动调整表格，平均分布各行和列。自动调整表格的方法有：在表格中右键单击，选择“自动调整”命令，弹出如图 3-98 所示的“自动调整”子菜单。

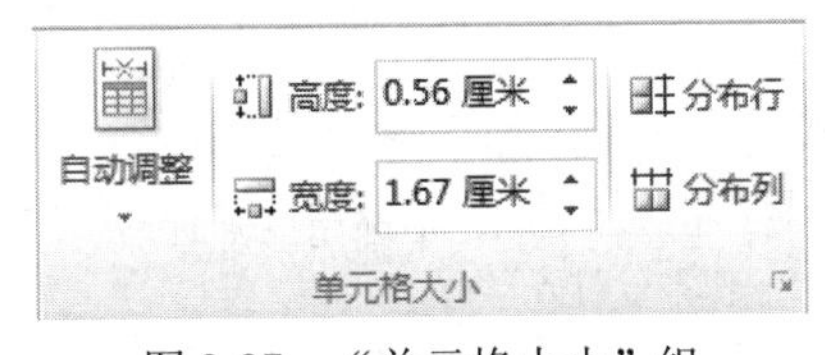

图 3-97　“单元格大小”组

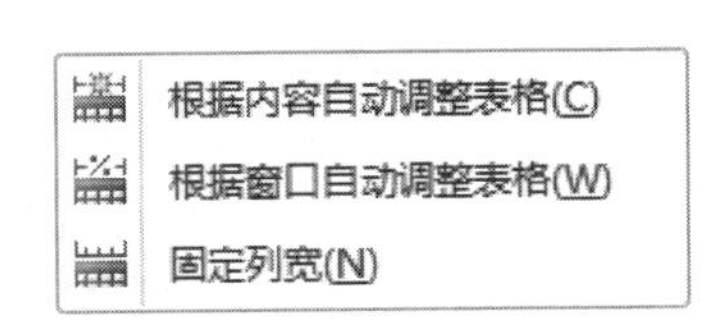

图 3-98　“自动调整”子菜单

- 选择“根据内容调整表格”命令，可以看到表格单元格的大小都发生了变化，仅仅能容下单元格中的内容。
- 选择“根据窗口调整表格”，表格将自动充满 Word 的整个窗口。
- 选择“固定列宽”，此时向单元格中输入文本，当文本长度超过表格宽度时，会自动加宽表格行，而表格列不变。

如果希望表格中的多列具有相同的宽度或高度，选定这些列或行，右键单击选择“平均分布各列”或“平均分布各行”命令，列或行就自动调整为相同的宽度或高度。

2. 调整表格位置

表格的对齐方式是指表格在页面中的位置，包括左对齐、居中对齐、右对齐。表格默认的对齐方式为“左对齐”，可以利用“表格属性”对话框来实现。

将插入点置于表格内，选择“表格工具”中的“布局”选项卡→“表”组→“属性”按钮，弹出如图 3-99 所示的“表格属性”对话框。在“表格”选项卡的“对齐方式”一栏中，有“左对齐”、“居中”、“右对齐”三种对齐方式，利用文字环绕选项可以设置文字和表格的位置关系。

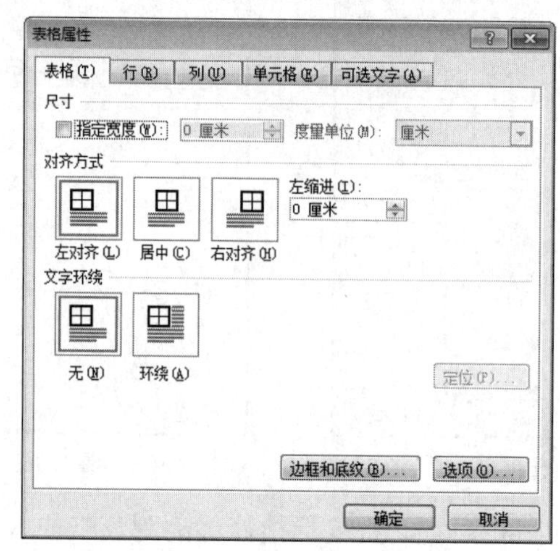

图 3-99 “表格属性”对话框

也可以选中整个表格后，切换到“开始”选项卡，通过单击“段落”分组中的“居中”、“左对齐”、“右对齐”等按钮来调整表格的位置。

3. 设置单元格的对齐方式

单元格内的文字相对于左右两条列线的位置关系是水平对齐方式，相对于上下两条行线的位置关系是垂直对齐方式。在“表格工具”中的“布局”选项卡，“对齐方式”组中有 9 个设置单元格对齐方式的按钮，如图 3-100 所示。在选中相应单元格后可以直接单击按钮设置单元格的对齐方式。

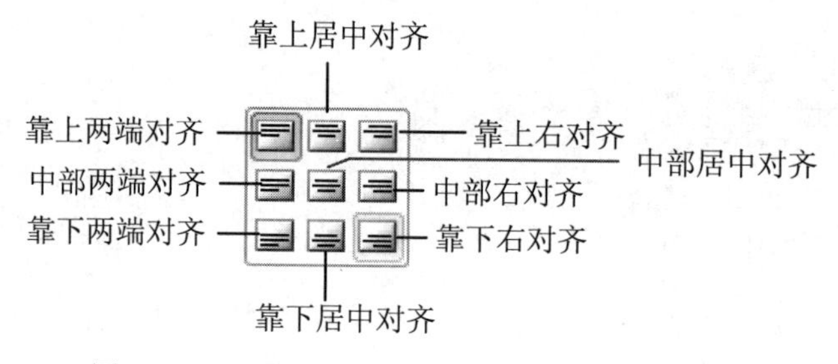

图 3-100 “单元格对齐方式”按钮

还可以通过“表格属性”对话框实现单元格内容垂直对齐方式的设置。具体操作步骤是：

选定单元格，选择“表格工具”中的“布局”选项卡→“表”组→“属性”按钮，弹出“表格属性”对话框，选择“单元格”选项卡，如图 3-101 所示，在“垂直对齐方式”一栏中，设置竖直方向上的位置关系。

4. 添加表格边框和底纹

新创建的表格默认状态下为黑色细实线，为使表格的外观美观，突出显示所强调的内容，可以通过给该表格或其中的部分单元格添加边框和底纹来实现。表格边框和底纹的添加方法主要有两种：利用“边框和底纹”对话框以及利用“边框”和“底纹”按钮。

【例 3.23】将如图 3-102 所示表格的第一行填充“橙色”，其余各行为“白色，背景 1”底纹，整个表格设置外边框深蓝色、1.5 磅的实框，内边框蓝色、0.5 磅的虚框。

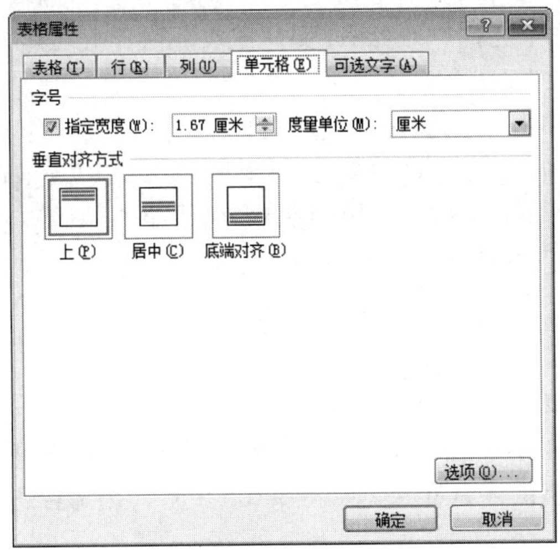

图 3-101　“表格属性”对话框“单元格”选项卡

准考证号	姓名	性别	数学	语文
LHGZ31025	王申银	男	99.0	95.0
LHGZ31005	王自立	男	95.0	88.0
LHGZ31012	周春国	男	67.0	95.0
LHGZ31017	李　玲	女	85.5	95.0
LHGZ31020	郭卫华	男	69.0	76.0
LHGZ31007	郭建平	男	67.0	73.0
LHGZ31009	韩俊平	女	66.0	89.0

图 3-102　表格的“边框和底纹”示例

【操作步骤】

（1）选定表格的第一行，选择“表格工具”中的“设计”选项卡→“表格样式”组→“底纹”下拉按钮，弹出“底纹”下拉列表，如图 3-103 所示，在“主题颜色”中选择“橙色，强调文字颜色 6，淡色 60%”。

（2）选定整个表格，选择“表格工具”中的“设计”选项卡→“表格样式”组→“边框”下拉按钮→“边框和底纹”，或右键单击，在快捷菜单中选择“边框和底纹”，弹出“边框和底纹”对话框，如图 3-104 所示。

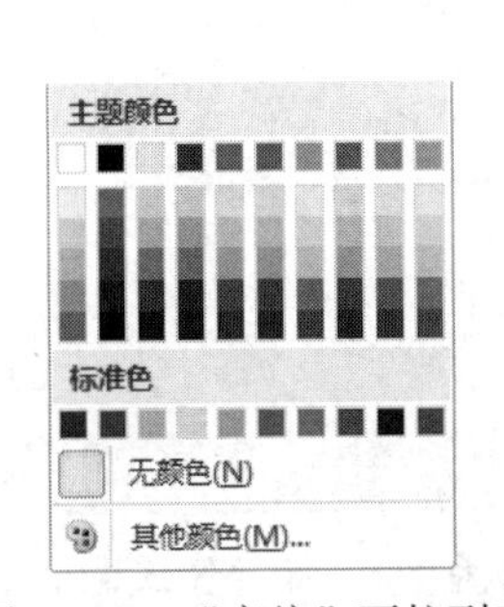

图 3-103　“底纹”下拉列表

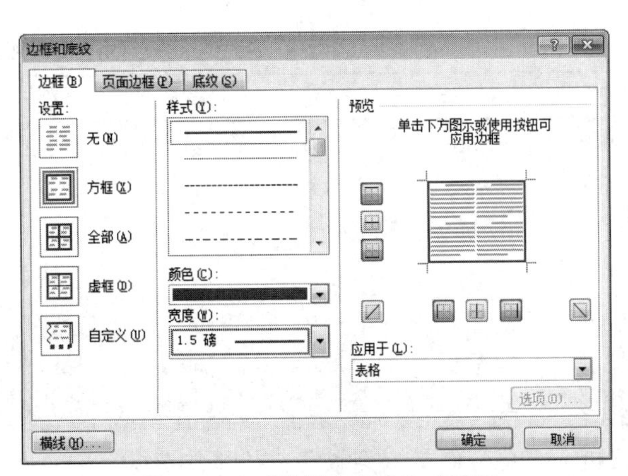

图 3-104　“边框和底纹”对话框

（3）在“设置”一栏中选择“方框”，在“样式”列表中选择单实线“—”，在“颜色”列表中选择“深蓝，文字 2”，在“宽度”列表中选择“1.5 磅”，在“应用于”列表中选择“表格”，最后单击“确定”按钮，完成表格外边框的设置。

（4）在“设置”一栏中选择“自定义”，在“样式”列表中选择单虚线“………”，在“颜色”列表中选择“蓝色”，在“宽度”列表中选择“0.5 磅”，预览面板中单击⊟和⊞按钮，设置表格内部的线型；在“应用于”列表中选择“表格”，最后单击“确定”按钮，完成表格内边框的设置。

5. *表格自动应用样式*

Word 提供了许多现成的表格样式，用户可以方便、快捷地设置表格格式。

将插入点定位到表格中的任意单元格，切换到“表格工具”中的“设计”选项卡，在“表格样式”分组中列出了表格的内置样式，如图 3-105 所示，选择合适的表格样式，表格将自动套用所选的表格样式。

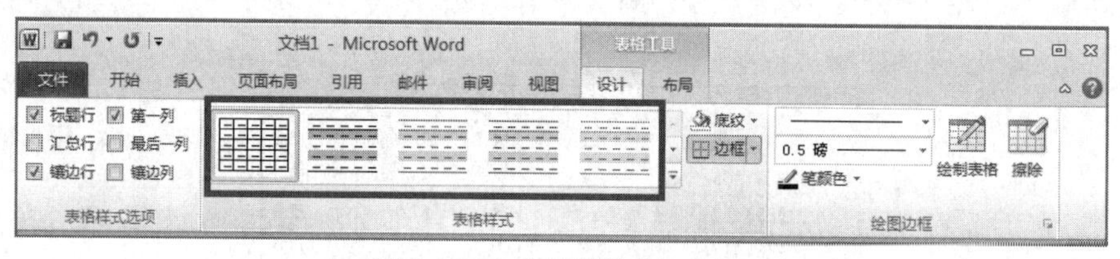

图 3-105 “表格样式”分组

3.6.4 表格的计算与排序

Word 提供了对表格数据进行简单计算和排序的功能。

1. *表格计算*

在 Word 2010 文档中，用户可以借助 Word 2010 提供的数学公式运算功能对表格中的数据进行数学运算，包括加、减、乘、除、求和、求平均值等常见运算。用户可以自己构造公式进行计算，也可以使用函数计算。

表格计算中有两个常用的函数：求和函数 SUM 和求平均值函数 AVERAGE。常用的两个函数参数：LEFT 表示当前单元格左侧的单元格区域，ABOVE 表示当前单元格上方的单元格区域。

【例 3.24】以表 3-7 为例，计算某中学初三（1）班期终考试成绩表最后两列的值。

表 3-7 某中学初三（1）班期终考试成绩表

姓名	数学	语文	英语	政治	物理	总分	平均分数
王申银	99.0	95.0	93.0	98.0	97.5		
王自立	95.0	88.0	97.0	83.5	85.5		
周春国	67.0	95.0	88.0	97.0	83.5		
李　玲	85.5	95.0	97.5	88.0	78.0		
郭卫华	69.0	76.0	66.0	90.0	66.0		
郭建平	67.0	73.0	69.0	89.0	78.0		
韩俊平	66.0	89.0	79.0	97.0	67.0		

分析：“总分”是一列求和；“平均分数”是一列求平均。用函数、构造公式两种方法实现。

【操作步骤】

方法 1：利用函数计算。

（1）单击存放总分的单元格：G2（即第 2 行第 7 列）。

（2）选择“表格工具”中的“布局”选项卡→“数据”组→“公式”按钮，弹出“公式”对话框，如图 3-106 所示。

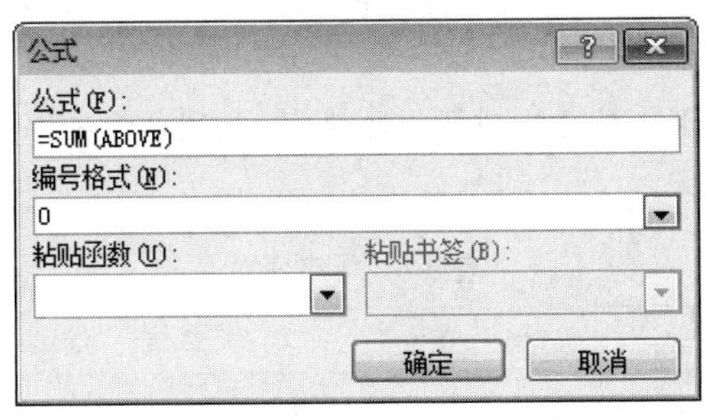

图 3-106　“公式”对话框（求和）

（3）在“公式”文本框中输入“=SUM(LEFT)”，也可以在“粘贴函数”列表中选择所需的函数。

（4）在“编号格式”列表中选择“0”格式，表明数据将保留 0 位小数。

（5）单击“确定”按钮，公式所在单元格的值就被计算出来了。

同样的步骤，计算出其他单元格中的“总计”值。

技巧：在用函数进行计算时，可利用功能键 F4，来重复上一个公式。

类似的过程，计算最后一列“平均”值：

（6）插入点置于 H2 单元格中，单击“数据”组中的“公式”按钮，在“公式”文本框中输入“=AVERAGE(LEFT)”，“编号格式”列表中选择“0.00”格式，表明数据将保留两位小数，如图 3-107 所示。单击“确定”按钮后，第一个平均值就计算出来了，再依次单击下一个单元格，并分别按一次 F4 键。

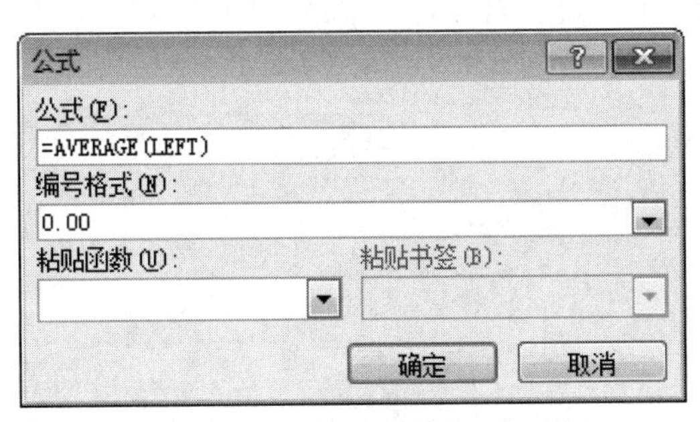

图 3-107　“公式”对话框（求平均）

技巧：选定有公式的表格，按 Shift+F9 键，该单元格会显示出公式，若不正确，可修改，再按 F9 键，该单元格显示计算结果。

方法 2：利用构造公式计算。

（1）在“公式”对话框中，输入公式“=B2+C2+D2+E2+F2”，计算 G2 单元格的总分。

（2）同理，在“公式”对话框中输入公式“=(B2+C2+D2+E2+F2)/5”，计算 H2 单元格的平均值。

注意：利用构造的公式计算时，再用功能键 F4 重复公式，显然就不适用了。“公式”文本框中的公式以“=”开头，所有的字符和符号都必须英文半角状态。

2. 表格排序

表格排序是按排序关键字重新调整各行数据在表格中的位置。排序关键字就是排序的依据，通常是按某一列的值的大小进行排序。Word 允许按照多个关键字排序，即当某列（主关键字）有多个相同的值时，可按另一列（次关键字）排序，若该列也有多个相同的值，再按照第三列（第三关键字）排序。

【例 3.25】以表 3-7 为例，按数学成绩降序排序，如果数学成绩相同按语文成绩降序排列。排序样文如表 3-8 所示。

表 3-8　排序样文

姓名	数学	语文	英语	政治	物理
王申银	99.0	95.0	93.0	98.0	97.5
王自立	95.0	88.0	97.0	83.5	85.5
李　玲	85.5	95.0	97.5	88.0	78.0
郭卫华	69.0	76.0	66.0	90.0	66.0
周春国	67.0	95.0	88.0	97.0	83.5
郭建平	67.0	73.0	69.0	89.0	78.0
韩俊平	66.0	89.0	79.0	97.0	67.0

【操作步骤】

（1）将插入点定位在选定表格中。

（2）选择“表格工具”中的“布局”选项卡→“数据”组→“排序”按钮，弹出“排序”对话框，如图 3-108 所示。

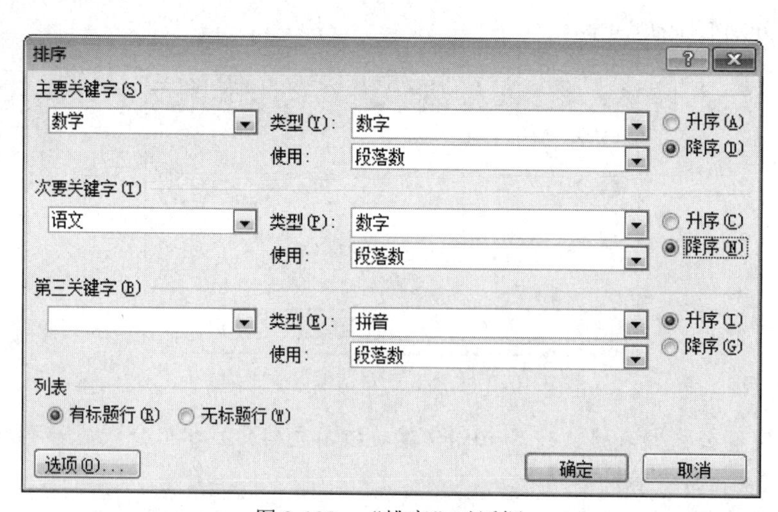

图 3-108　“排序”对话框

（3）选择“有标题行”，在“主要关键字”列表中，选择“数学”、排序方式为“降序”，在“次要关键字”列表中，选择“语文”、排序方式为“降序”，单击“确定”按钮。

3.7　Word 2010 的高级应用

3.7.1　目录与索引

1. 编制目录

（1）目录概述。目录是文档中标题的列表，在目录的首页通过 Ctrl+单击左键可以跳到目录所指向的章节。Word 2010 提供了目录编制与浏览功能，可使用 Word 中的内置标题样式和大纲级别设置自己的标题格式。

标题样式：应用于标题的格式样式。Word 2010 有 6 个不同的内置标题样式。

大纲级别：应用于段落的格式等级。Word 2010 有 9 级段落等级。

（2）用大纲级别创建标题级别。

1）切换到“视图”选项卡，在“文档视图”分组中单击“大纲视图”按钮，将文档以大纲视图显示。

2）切换到“大纲”选项卡，在图 3-109 所示的“大纲工具”分组中选择目录中显示的标题级别数。

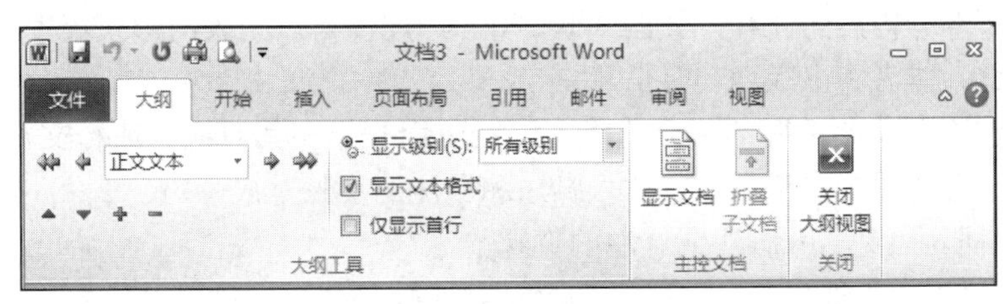

图 3-109　“大纲工具”分组

3）选择要设置为标题的各段落，在“大纲工具”分组中分别设置各段落级别。

（3）用内置标题样式创建标题级别。具体操作步骤：选定要设置为标题的段落，选择“开始”选项卡→“样式”分组，选择相应的“标题样式”按钮即可。

（4）编制目录。通过使用大纲级别或标题样式设置指定目录要包含的标题之后，可以选择一种设计好的目录格式生成目录，并将目录显示在文档中。操作步骤如下：

1）将插入点定位于要插入目录的位置。

2）选择“引用”选项卡→“目录”组→“目录”按钮→“插入目录”命令，弹出“目录”对话框，如图 3-110 所示。

3）在“目录”选项卡中，可以设置是否显示页码、页码是否右对齐、设置目录中显示标题的级别，默认显示级别为 3。单击“确定”按钮。

（5）更新目录。如果文档内容有改动需要更新目录，在页面视图中，用鼠标右击目录中的任意位置，从弹出的快捷菜单中选择“更新域”命令，在弹出的“更新目录”对话框选择更新类型，单击“确定”按钮，目录即被更新。

2. 编制索引

目录可以帮助读者快速了解文档的主要内容，索引可以帮助读者快速查找需要的信息。生成索引的方法是切换到“引用”功能区，在“索引”分组中单击“插入索引”按钮，打开如图 3-111 所示“索引”对话框，在对话框中设置选择相关的项，单击“确定”即可。

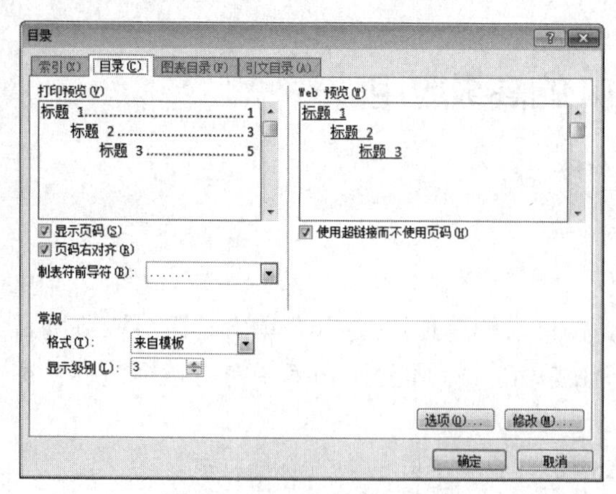

图 3-110 “目录”对话框

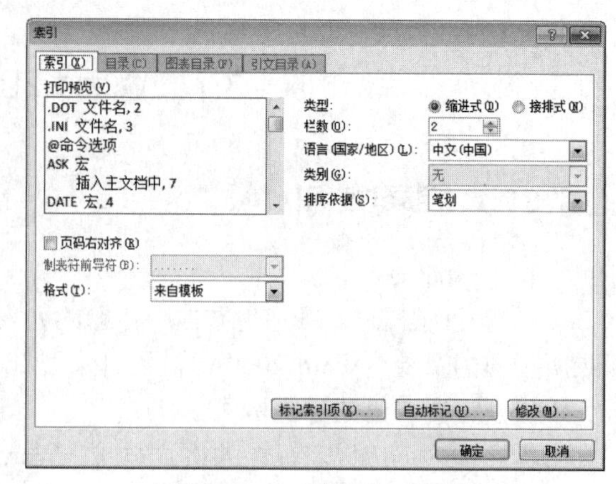

图 3-111 “索引”对话框

3.7.2 脚注与尾注

在编著书籍或撰写论文时，经常需要对文中的某些内容进行注释说明，或标注出所引文章的相关信息。这些注释或引文信息如果直接出现在正文中会影响文章的整体性，所以可以使用脚注和尾注功能来进行编辑。作为文章的补充说明，脚注按编号顺序写在文档页面的底部，可以作为文档某部分内容的注释，如图 3-112 所示；尾注是以列表的形式集中放在文档末尾，列出引文的标题、作者和出版期刊等信息。

脚注和尾注由两个相关联的部分组成：注释引用标记和其对应的注释文本。注释引用标记通常以上标的形式显示在正文中。插入脚注和尾注的步骤是：

（1）定位插入点到插入脚注或尾注的位置。

（2）选择“引用”选项卡→“脚注”组→对话框启动器，弹出“脚注和尾注”对话框，如图 3-113 所示。

歼十战斗机 即 歼-10

歼-10 战斗机[1]（英文：J-10 或 F-10，北约代号：萤火虫 Firefly），是中国中航工业集团成都飞机工业公司从 20 世纪 80 年代末开始自主研制的单座单发第四代战斗机。该机采用大推力涡扇发动机和鸭式气动布局，是中型、多功能、超音速、全天候空中优势战斗机。中国空军赋予其编号为歼-10，对外称 J-10 或称 F-10。

2004 年 1 月，解放军空军第 44 师 132 团第一批装备歼-10。

[1] 1998 年 3 月 23 日首飞。

图 3-112 脚注效果

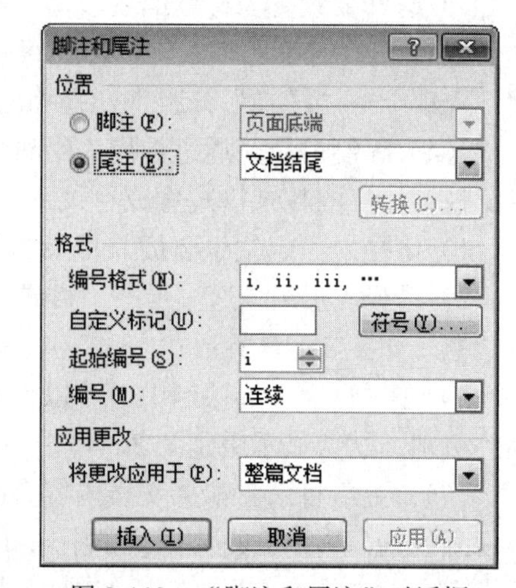

图 3-113 “脚注和尾注”对话框

（3）若选中“脚注”单选按钮后，则可以插入脚注；若选中“尾注”单选按钮后，则可以插入尾注。

（4）单击“确定”按钮后，就可以在出现的编辑框中输入注释文本。

3.7.3 批注与修订的应用

1. 批注

批注功能允许协作处理文档的用户提出问题、提供建议、插入备注以及给文档内容做出一般性解释。批注在审阅者添加注释或对文本提出疑问时十分有用，而当审阅者逐行查看文档时，就要使用修订功能。为了保留文档的版式，Word 2010 在文档的文本中显示一些标记元素，而其他元素则显示在边距上的批注框中，在文档的页边距或“审阅窗格”中显示批注，如图 3-114 所示。

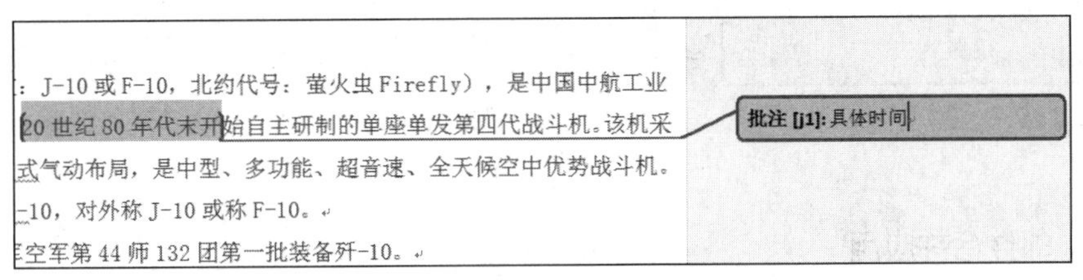

图 3-114 修订与批注示意图

（1）插入批注：选中要插入批注的文字或插入点，选择“审阅”选项卡→“批注”组→“新建批注”按钮，弹出“批注”框，并输入批注内容。

（2）删除批注：鼠标右键单击要删除的批注，从弹出的快捷菜单中选择“删除批注”命令。

2. 修订

修订是显示文档中所做的诸如删除、插入或其他编辑、更改的位置的标记，启动“修订”功能后，被删除的文字上会出现一条横线，字体为红色，添加文字也会以红色字体呈现；当然，用户可以修改成自己喜欢的颜色。

（1）标注修订：选择“审阅”选项卡→“修订”组→“修订”三角按钮，选择“修订”命令或按 Ctrl＋Shift＋E 启动修订功能。

（2）取消修订：启动修订功能后，再次在“修订”分组中单击“修订”三角按钮，选择“修订”命令或按 Ctrl＋Shift＋E 可关闭修订功能。

（3）接收或拒绝修订：用户可对修订的内容选择接收或拒绝修订，在“审阅”功能区的“更改”分组中单击“接收”或“拒绝”按钮即可完成相关操作。

3.7.4 中/英文和英/中文在线翻译

在编辑文档的过程中，常常需要将文档中的英文单词或英文文档翻译成中文。Word 2010 提供了中英文在线翻译的功能。具体操作步骤是：

（1）首先在 Word 2010 中打开文档页面，选择“审阅”选项卡→“语言”组→“翻译”按钮，弹出如图 3-115 所示的菜单，并在菜单中选择“翻译屏幕提示”命令。

（2）再次单击“翻译”按钮，在菜单中选择“选择转换语言”命令，弹出如图 3-116 所示的对话框。在“翻译语言选项”对话框的“选择翻译屏幕提示语言”区单击“翻译为”下三角按钮。在列表中选择“中文（中国）”选项，单击“确定”按钮。

回到文档页面后，当用鼠标指向某个英文单词时，会自动对该单词进行翻译。

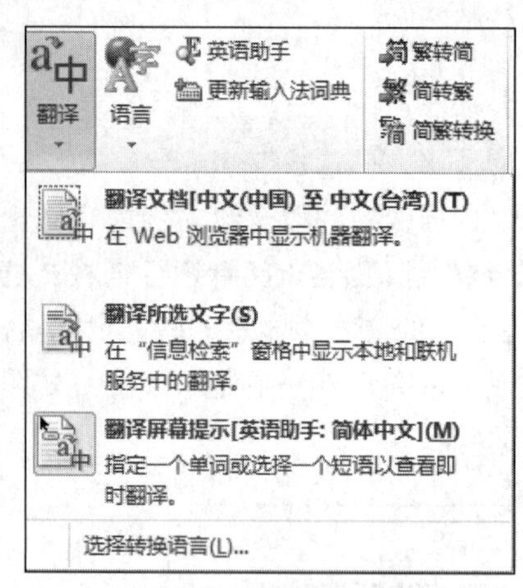

图 3-115　“翻译”菜单

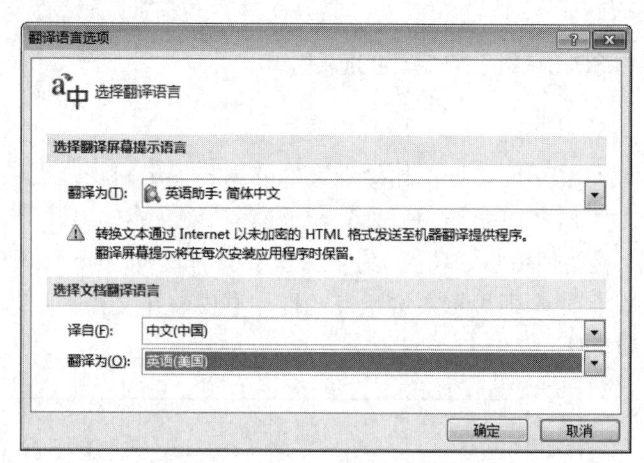

图 3-116　“翻译语言选项”对话框

3.7.5　邮件合并应用

“邮件合并”这个名称最初是在批量处理“邮件文档”时提出的。具体地说，就是在邮件文档（主文档）的固定内容中，合并与发送信息相关的一组通信资料（数据源：如 Excel 表、Access 数据表等），从而批量生成需要的邮件文档，因此大大提高工作的效率。“邮件合并”功能除了可以批量处理信函、信封等与邮件相关的文档外，还可以轻松地批量制作标签、工资条、成绩单等。

邮件合并思想是首先建立两个文档：一个主文档，包括创建文档中共有的内容，例如邀请函的主要内容；另一个是数据源，包括需要变化的信息，如姓名、地址等。有了这两个文档就可以利用 Word 2010 提供的邮件合并功能，在主文档中需要加入变化的信息的地方插入称为“合并域”的特殊指令，在执行合并命令后 Word 2010 便能够从数据源中将相应的信息插入到主文档中。

邮件合并的基本过程包括 3 个部分：建立主文档、创建数据源、合并文档与数据域。

1．建立主文档

建立主文档的过程和平时新建一个 Word 文档一样，在进行邮件合并之前它只是一个普通的文档。唯一不同的是，在为邮件合并创建主文档时，需要考虑这份文档要如何写才能与数据源更完美地结合并满足要求（最基本的一点，就是在合适的位置留下数据填充的空间）。

可以自己创建设计样式，也可以选择“邮件”选项卡→“创建”组，选择相应的标签。

2．创建数据源

主文档创建好了，但还需要明确相应的数据内容等信息，这些信息以数据源的形式存在。可以创建新的数据源，也可以利用已有的数据源。

新建一个 Excel 数据簿，在工作表中输入数据源，需要注意的是数据表中不能有表的标题，因为在合并到主文档中要引用数据表的相关字段。

3．合并文档与数据源

邮件合并可以通过邮件向导按步骤实现，也可以通过如图 3-117 所示的“邮件”选项卡来实现。以创建“信函”为例，具体操作步骤如下：

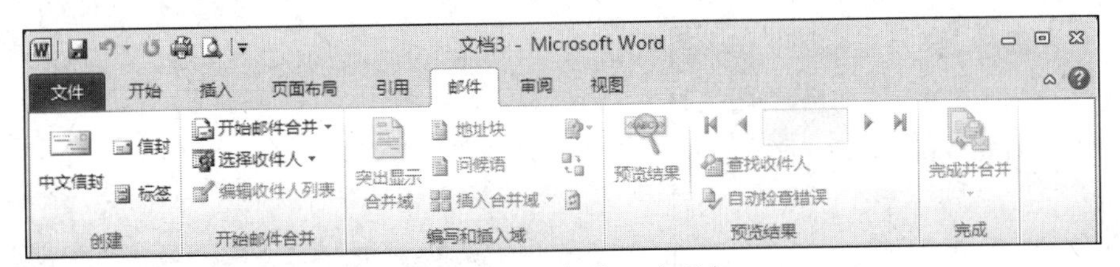

图 3-117　“邮件”选项卡

（1）打开主文档，选择“邮件”选项卡→“开始邮件合并”组→“开始邮件合并”按钮，选择“邮件合并分步向导”命令。在弹出的如图 3-118 所示的“邮件合并”任务窗格中选择文档类型为“信函”。

（2）单击任务窗格下方的“下一步：正在启动文档”按钮，因为主文档已打开，所以选择“使用当前文档”如图 3-119 所示。

（3）单击任务窗格下方的“下一步：选取收件人”按钮，在如图 3-120 所示的窗口中选择收件人，可以新建收件人，也可以选择“浏览”命令打开“选取数据源”对话框，找到数据源并打开。在打开的“邮件合并收件人”对话框中，对数据表中的数据进行选择，单击“确定”按钮，添加收件人。

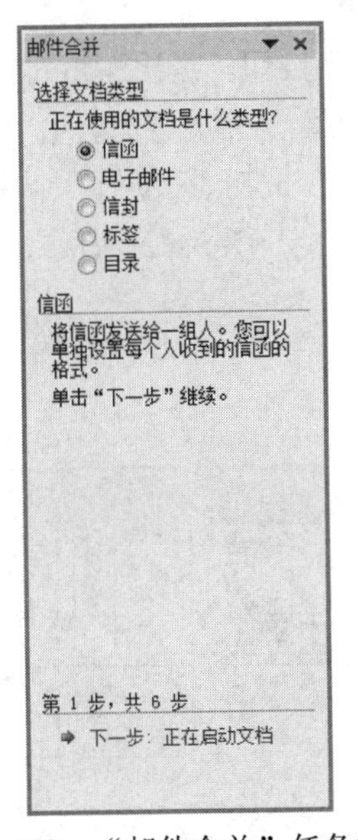

图 3-118　“邮件合并”任务窗格

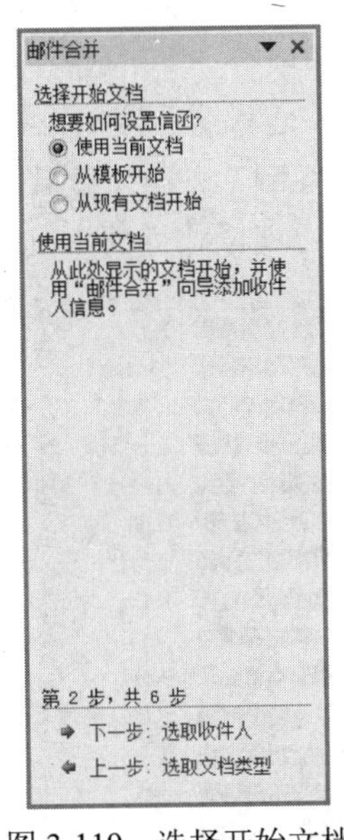

图 3-119　选择开始文档

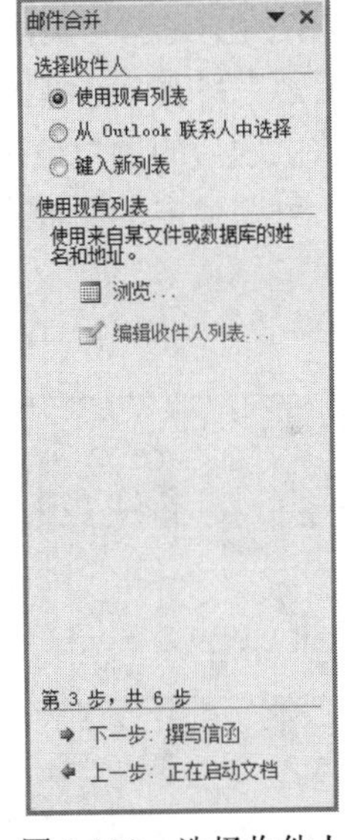

图 3-120　选择收件人

（4）单击任务窗格下方的“下一步：撰写信函”按钮，在“地址块”、“问候语”、“电子邮政”和“其他项目”四个选项中，根据情况确定。这里选择“其他项目”选项，打开“插入合并域”对话框，如图 3-121 所示。选中相应字段，单击“插入”按钮，用同样方法加入其他字段。合并后的主文档出现了两个引用字段，引用字段被书名号括起来。

（5）单击任务窗格下方的“下一步：预览信函”按钮，可以看到一封一封填写完成的信函，查看格式、内容是否要修改的，如不用修改，则进入下一步“完成合并”。

（6）选择“打印”或“编辑个人信函”。如果选择“打印”，则直接打印，不进入预览界面，如选择“编辑个人信函”，弹出如图 3-122 所示的“合并到新文档”对话框，Word 会另外生成一个文档，根据情况选择合并记录的范围。该文档包括所有数据单位，还可以进行个别修改。

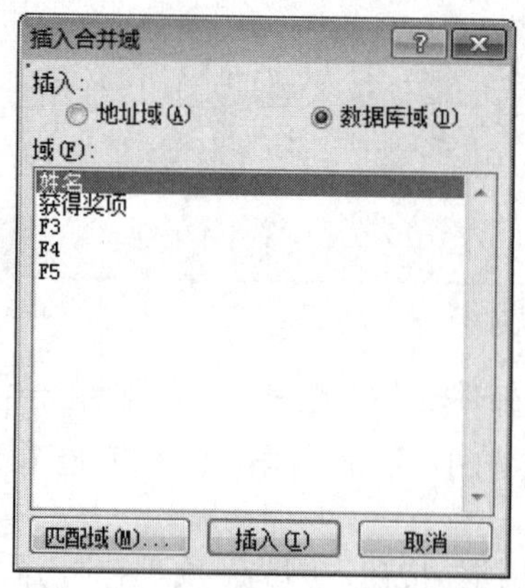

图 3-121 “插入合并域”对话框

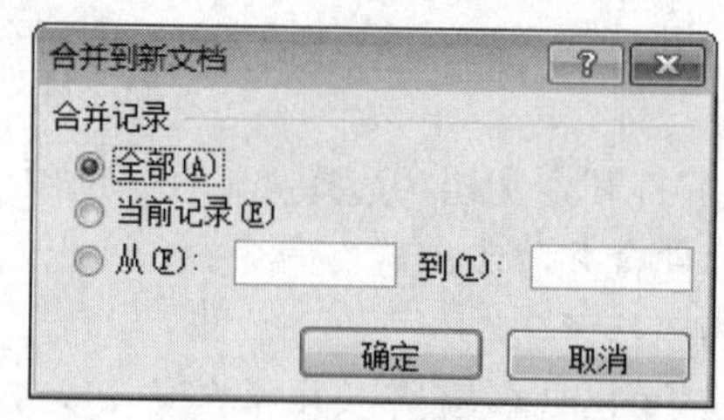

图 3-122 “合并到新文档”对话框

3.7.6 为文档应用主题效果

主题是 Word 2010 的新功能，和模板类似。主题是一套统一的设计元素和颜色方案。通过设置主题，可以非常容易地创建具有专业水准、设计精美的文档。主题包括：主题颜色、主题字体（各级标题和正文文本字体）和主题效果（线条和填充效果）。

设置方法是：选择“页面布局”选项卡→“主题”组→“主题”按钮，在出现的如图 3-123 所示的“主题”列表中选择内置的“主题样式”即可。当鼠标指向某一种主题时，会在文档中显示应用该主题后的预览效果。通过单击“主题”分组中的“颜色”按钮、“字体”按钮、“效果”按钮，可在弹出的面板中选择相应项修改当前主题，如图 3-124、图 3-125 所示。

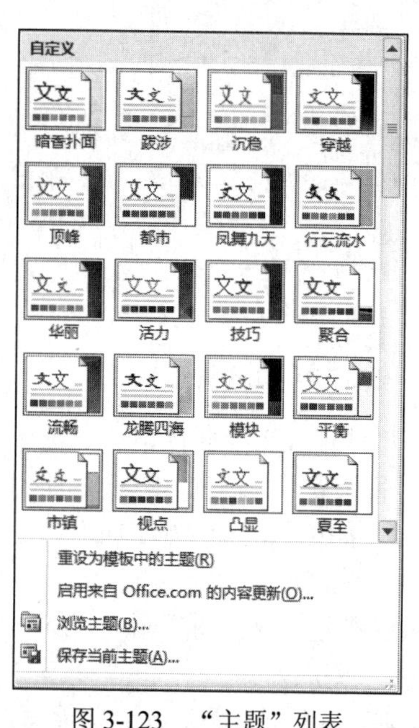

图 3-123 “主题”列表

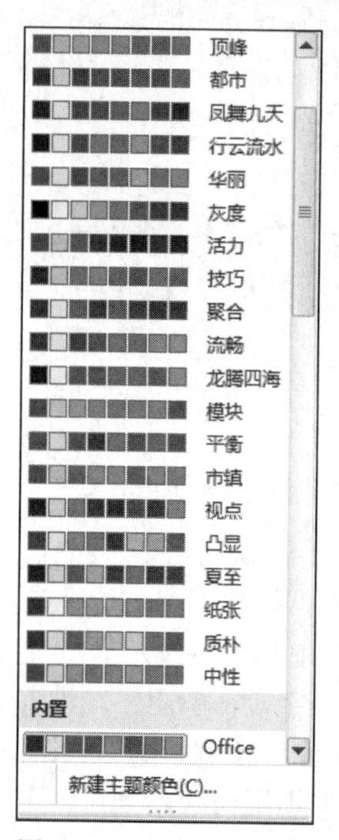

图 3-124 “颜色”列表

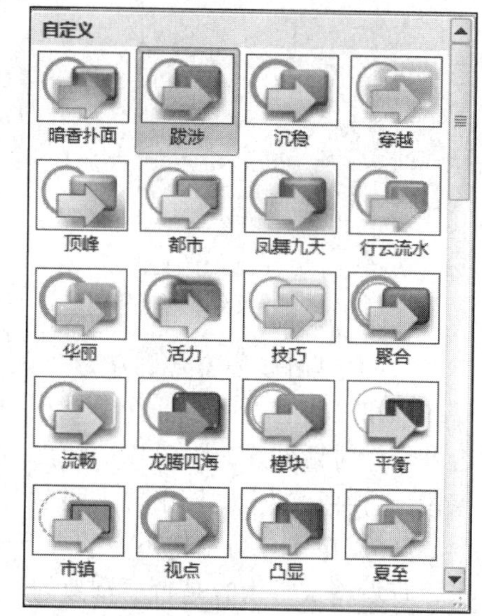

图 3-125 “效果”列表

若要清除文档中应用的主题，单击“主题”按钮，在弹出的列表中选择“重设为模板中的主题”按钮即可。

3.7.7　Word 2010 宏的使用

“宏”是 Word 中多个操作指令的集合，类似于批处理，可以说是将几个步骤连接在一起，通过宏按钮来一步完成。我们经常会在 Word 中进行一些固定的操作，比如，页面设置、文本字体格式设置、插入日期时间、插入特殊符号等，可以通过“宏”录制，把这些操作步骤事先记录下来，以后碰到相同操作，只需按一下“宏”按钮，一键自动完成。

Word 提供两种方法来创建宏：宏录制器和 Visual Basic 编辑器。本文仅介绍通过宏录制器录制的方法。

下面，以插入“日期时间”为例，介绍宏功能应用。

（1）打开 Word 2010，选择“视图”选项卡→“宏”组→“宏”按钮→“录制宏”选项，弹出如图 3-126 所示的“录制宏”对话框。

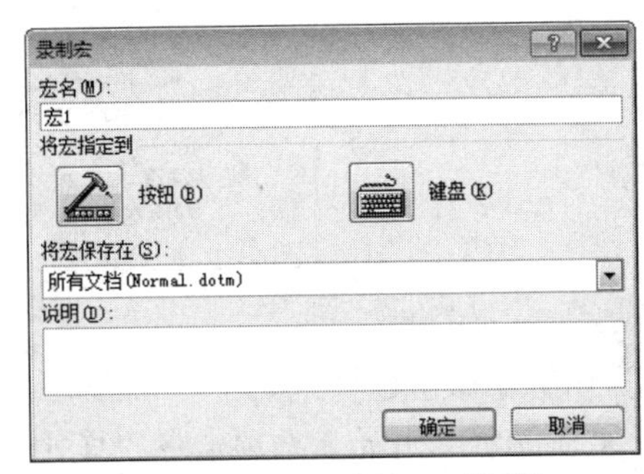

图 3-126　“录制宏”对话框

（2）在出现的对话框中，有两个按钮，分别是“按钮”和“键盘”。点击“键盘”，出现自定义键盘对话框。

（3）此对话框可设置对应的键盘上的快捷键。在“新快捷键”输入框中按下设置的快捷键，比如 Ctrl+D，然后点“关闭”按钮即出现“录制宏”的工具栏。

（4）选择“插入”选项卡→“文本”组→“日期与时间”按钮，设置插入日期和时间的格式。

（5）完成后选择“视图”选项卡→“宏”组→“宏”按钮，选择“停止录制”命令。

宏录制完毕，以后每次要插入时间，直接按快捷键 Ctrl+D 就可以了。

3.7.8　实战演练

实战演练（一）——毕业论文的排版

论文排版是许多同学头疼的问题，下面介绍排版的相关知识。

【内容要求】

（1）打开文档“论文正文.docx”，完成下列任务后，另存为“论文排版.docx”。

- 页边距：上 2.5cm，下上 2.5cm，左上 3cm，右上 2.5cm。
- 一级标题：黑体、小三、居中、段前 1 行、段后 1 磅、1.5 倍行距。
- 二级标题：黑体、四号、左对齐、段前 0.5 行、段后 0.5 行、1.5 倍行距。
- 三级标题：黑体、小四、左对齐、段前 0.5 行、段后 0.5 行、1.5 倍行距。
- 字体：正文（宋体、小四），行间距：固定值 20 磅。

（2）插入目录。设置目录行格式：宋体、小四、多倍行距 1.25；目录标题文字：“目录”、设一级标题格式，如图 3-127 所示。

（3）插入页眉，页脚。页眉内容为“基于 ASP 的动态网站的设计与实现”，楷体，四号，右对齐；在页脚插入页码，格式为“-1-”，居中对齐。

【操作步骤】

打开文档“论文正文.docx”，完成下列操作。

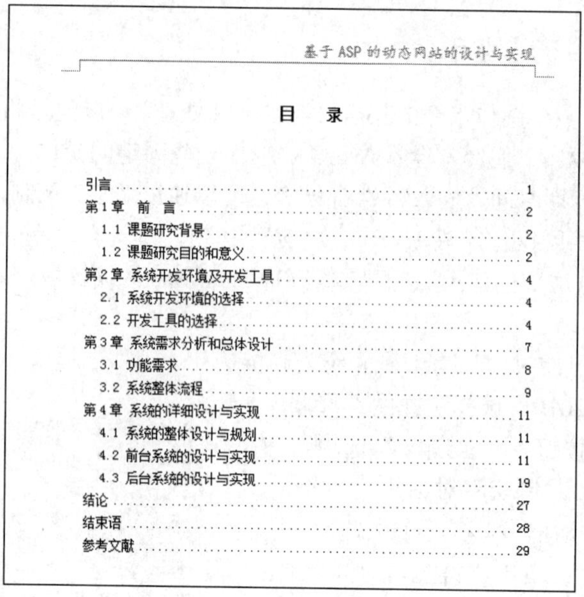

基于 ASP 的动态网站的设计与实现

目　录

图 3-127　目录样式

（1）修改标题样式。

- 选择“开始”选项卡→“样式”组→对话框启动器，弹出“样式”任务窗格。
- 右键单击“标题 1”，选择“修改”命令，弹出“修改样式”对话框，可进行样式的修改。
- 重复上述操作，修改“标题 2”和“标题 3”。

（2）应用标题样式。

- 在“开始”选项卡下，单击“样式”组对话框启动器，弹出“样式”任务窗格。
- 选定章标题，如“第 1 章　前言”，在“样式”任务窗格中单击“标题 1”样式。
- 选定节标题，如“1.1 课题研究背景”，单击“标题 2”样式。
- 选定小节标题，如“1.1.1 课题研究现状”，单击“标题 3”样式。

（3）设置正文格式。

- 选中正文文字，选择“开始”选项卡→“字体”组，设置宋体、小四。
- 选中正文文字，选择“开始”选项卡→“段落”组→“行距”按钮→“行距选项”命令，设置固定值 20 磅。

（4）插入目录。

- 插入点定位于文档开始处，选择“引用”选项卡→“目录”组→“目录”按钮→“插入目录”，弹出“目录”对话框，设置“显示页码”、“页码右对齐”，目录项“显示级别”为 3、“制表符前导符”为“-------”，单击“确定”按钮。
- 选定目录行，字符格式设置为宋体、小四，行距为多倍行距 1.25；目录行前插入一个空行，输入标题文字“目录”，应用“标题 1”样式。

（5）插入页眉/页脚。

- 选择“插入”选项卡→“页眉页脚”组→“页眉”按钮，单击“编辑页眉”命令，设置页眉内容为“基于 ASP 的动态网站的设计与实现”。
- 选择“开始”选项卡→“字体”组，设置页眉内容为：楷体，四号，右对齐。

- 选择“插入”选项卡→“页眉页脚”组→“页脚”按钮，单击“编辑页脚”命令，选择“页码”→“当前位置”→“普通数字”，插入页码。
- 选择“页码”→“设置页码格式”，将页码格式设为“-1-”，插入页码。
- 选择“开始”→“另存为”命令，设置名称为“论文排版.docx”。

实战演练（二）——批量制作获奖证书

利用 Word 2010 的邮件合并功能，制作获奖证书。

【操作步骤】

（1）前期准备。

- 新建证书样式文档如图 3-128 所示，保存为“获奖证书正文.docx”。
- 创建学生的基本信息 Excel 文档（包括学生姓名、获得奖项等信息）如图 3-129 所示，保存为“获奖信息.xlsx”。

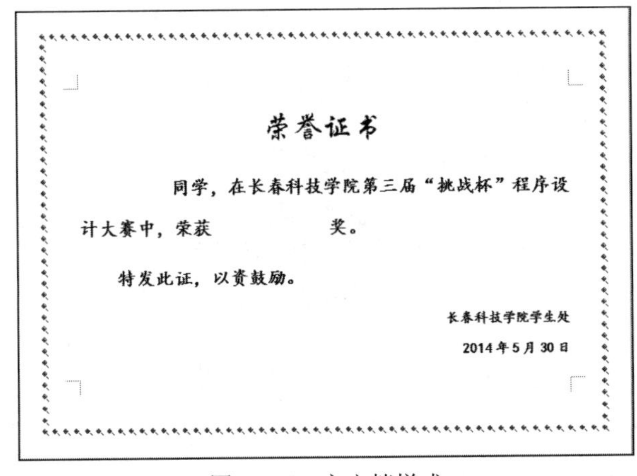

荣誉证书

同学，在长春科技学院第三届“挑战杯”程序设计大赛中，荣获　　　　奖。

特发此证，以资鼓励。

长春科技学院学生处

2014 年 5 月 30 日

图 3-128　主文档样式

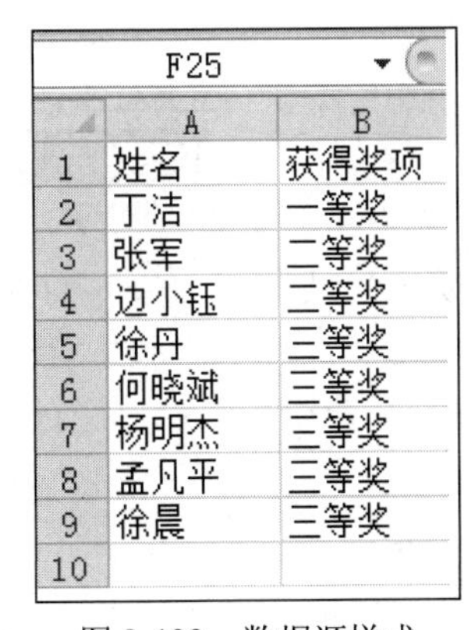

F25

	A	B
1	姓名	获得奖项
2	丁洁	一等奖
3	张军	二等奖
4	边小钰	二等奖
5	徐丹	三等奖
6	何晓斌	三等奖
7	杨明杰	三等奖
8	孟凡平	三等奖
9	徐晨	三等奖
10		

图 3-129　数据源样式

（2）制作证书。

1）打开文档“获奖证书正文.docx”，选择“邮件”选项卡→“开始邮件合并”组→“开始邮件合并”按钮，选择“邮件合并分步向导”命令。

2）在文档右侧导航栏中进行以下操作：

- 选择文档类型“信函”→“下一步：正在启动文档”。
- 选择“使用当前文档”→“下一步：选取收件人”。
- 点击“浏览”，打开对应学生信息的 Excel 文档，找到学生获奖信息具体所在数据表（如 Sheet1、Sheet2……），然后确定。
- 选择需要生成的学生信息列表，然后确定。
- 点击“下一步：撰写信函”进入到合并域的操作。
- 先将鼠标插入到需要添加学生“姓名”的位置，选择“其他项目”，选择“姓名”列名，然后“插入”→“关闭”；同样的方法完成“获得奖项”的插入。合并后的主文档出现了两个引用字段，引用字段被书名号括起来。
- 点击“下一步：预览信函”按钮，可以看到一个填写完成的获奖证书，查看格式、内容是否需要修改，如不用修改，则进入下一步“完成合并”。
- 选择“打印”或“编辑个人信函”，完成获奖证书的制作。

3.8　打印和预览

文档排版后要打印输出，通过打印预览可查看文档的效果。

选择“文件”面板→“打印”命令，打开“打印”窗口，如图3-130所示。右侧的“预览”区域可以查看效果。左侧为默认的打印属性区设置项，可以设置打印范围、打印份数、单面或双面打印等内容。

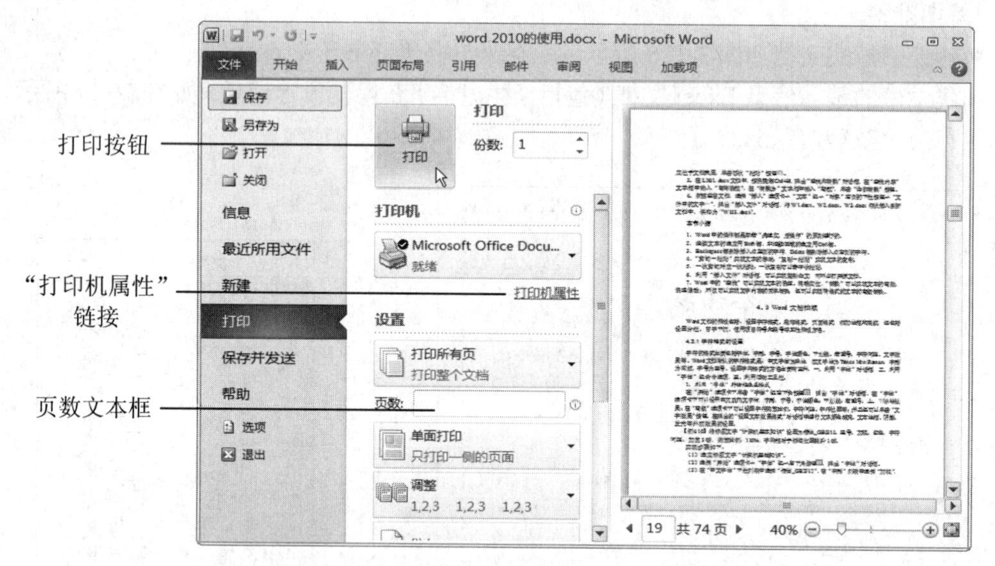

图3-130　“打印”窗口

（1）在打印预览区，提供了打印文档前在屏幕上观察打印输出效果的功能，可以拖动窗口右下角的显示比例滑块，增大或缩小文档的显示比例。若单击“缩放至页面”按钮，则文档以当前页面的显示比例来显示。如果还需进一步修改文档，按Esc键可以退出打印预览，回到文档原来的视图状态。

（2）在打印属性区，单击“打印机属性”链接，利用弹出的对话框，可以设置页面大小、页面方向；在“设置”一栏中，可以设置打印范围，默认为“打印所有页”；在页数文本框中，可以输入打印的页数，如“1，3，5-12”。

（3）若文档打印预览效果、打印属性的设置都符合要求，则可以单击打印窗口左上角的“打印”按钮，实现文档的打印输出。

习题3

一、单项选择题

1．Word 2010文字处理软件属于（　　）。

A．管理软件　　B．网络软件　　C．应用软件　　D．系统软件

2．进行“替换”操作时，应当使用（　　）。

A．“开始”功能区中的按钮　　B．“视图”功能区中的按钮

C．“插入”功能区中的按钮 D．“引用”功能区中的按钮

3．在 Word 编辑状态下，利用（　　）可以快速、直接调整文档的左右边界。

A．格式栏 B．工具栏 C．菜单 D．标尺

4．以下选定文本的方法中正确的是（　　）。

A．把鼠标指针放在目标处，按住鼠标左键拖动 B．Ctrl＋左右箭头

C．把鼠标指针放在目标处，双击鼠标右键 D．Alt＋左右箭头

5．“页眉页脚”分组在（　　）功能区中。

A．页面布局 B．引用 C．插入 D．开始

6．分栏效果只能在（　　）视图模式下查看到。

A．页面 B．草稿 C．Web 版式 D．阅读版式

7．在下列操作中不能完成文档保存的是（　　）。

A．单击快速访问工具栏上的“保存”按钮 B．按“Ctrl+O”组合键

C．单击“文件”→“保存”命令 D．单击“文件”→“另存为”命令

8．Word 可将一段文字转换成表格，对这段文字的要求是（　　）。

A．必须是一个段落 B．每行的几个部分之间必须用空格分开

C．必须是一节 D．每行的几个部分之间必须用统一的符号分隔

9．下列说法错误的是（　　）。

A．行间距指段落中行与行之间的垂直距离

B．1.5 倍行距指的是设置每行的高度为这行中最大字体高度的 1.5 倍

C．1.5 倍行距指的是设置每行的高度为 1.5 厘米

D．2 倍行距指的是设置每行的高度为这行中最大字体高度的 2 倍

10．若将表格中一个单元格的文本改为竖排，应选择（　　）命令。

A．分栏 B．制表位 C．中文版式 D．文字方向

11．关于样式说法错误的是（　　）。

A．样式是一组已经命名的字符格式或者段落格式 B．样式分为段落样式和字符样式两种

C．Word 自带的样式不能被修改 D．用户可根据自己需要创建新的样式

12．以下关于表格排序的说法，错误的是（　　）。

A．可按数字进行排序 B．可按日期进行排序

C．拼音不能作为排序的依据 D．排序规则有递增和递减

13．“边框与底纹”对话框的命令按钮，在（　　）功能区中。

A．页面布局 B．引用 C．插入 D．开始

14．选择纸张大小，可以在（　　）功能区进行设置。

A．开始 B．引用 C．页面布局 D．视图

15．删除一个段落标记，该段落标记之前的文本为下一个段落的一部分（　　）。

A．并维持原有的段落格式不变 B．改变成下一个段落的段落格式

C．无法确定 D．改变成另一种段落格式

二、多项选择题

1．在 Word 2010 中打开的多个文档之间进行切换可以通过（　　）实现。

A．单击任务栏上的相应按钮 B．按住 Ctrl+F6 组合键切换

C．按住 Alt+Esc 组合键切换 D．按住 Alt 键，再反复按 Tab 键

2．以下说法正确的是（　　）。

A．在草稿中，可以显示页眉、页脚、页号以及页边距

B．在 Web 版式视图中文档的显示与在浏览器中的显示完全一致

C．页面视图支持“所见即所得”的视图模式

D．大纲视图方式主要用于显示文档的结构

E．在阅读版式视图方式中把整篇文档分屏显示，以增加文档的可读性

3．Word 提供的退出或关闭的方法有（　　）。

A．选择“文件”→“退出”命令　　B．单击 Word 窗口右上角的“关闭”× 按钮

C．双击 Word 窗口左上角的“控制菜单”图标　　D．按组合键 Alt+F4

E．按组合键 Ctrl+O

4．选定文本块的方法很多，关于选定文本说法正确的有（　　）。

A．用鼠标左键双击要选择的单词可以选定一个单词

B．按住 Shift 键，同时单击要选择的句子可以选定一个句子

C．将鼠标指针移到这一行左端的选定区，当鼠标指针变成向右上方指的箭头时，单击就可选定一行文本

D．将鼠标指针移到所要选定段落左侧选定区，当鼠标指针变成向右上方指的箭头时双击可选定一端文本

E．将鼠标指针移到文档左侧的选定区，并连续快速三击鼠标左键，可以选定全文

5．下列说法正确的是（　　）。

A．在对选中的文本进行移动和复制操作方法中，除鼠标方式外，都是借助“剪贴板”实现的

B．剪贴板是内存中的一块临时区域

C．Office 剪贴板中可存放包括文本、表格、图形等对象 24 个

D．Office 剪贴板中的内容还可以粘贴到其他应用程序中

E．执行复制或剪切命令时，将把复制或剪切的内容及其格式等信息暂时存储在剪贴板中

三、填空题

1．Word 2010 文档默认扩展名是（　　），默认保存位置是（　　）。

2．在水平滚动条的左边有五个按钮，称为视图按钮，从左至右依次为（　　）、阅读版式视图、（　　）、（　　）和草稿视图。

3．移动文本的操作与复制类似，选中需要移动的文本，按（　　）组合键将选中的文本剪切到剪贴板中，将光标移动到目的位置，按（　　）组合键将剪切的文本粘贴到光标处。

4．利用 Delete 键或 BackSpace 键可以实现文本和其他内容的删除。不同的是按（　　）键，删除插入点前的字符；按（　　）键，删除插入点后的字符。

5．（　　）就是指一组已经命名的字符格式或者段落格式。

6．Word 使用默认格式设置，中文为（　　）、五号；西文为 Times New Roman、（　　）。

7．段落对齐方式有五种，即“左对齐”、“居中”、（　　）、“两端对齐”和（　　）。

8．保存文件最重要的是确定好三项内容：（　　）、文件名和（　　）。

9．文本查找的快捷键是（　　），替换的快捷键是（　　）。

10．对多个图形进行组合时，需要按住（　　）键，然后依次选定要组合的图形。

四、 综合题

1．如何在文档中设置各段首字下沉？

2．如何设置奇数页与偶数页不同的页眉和页脚？

3．单击格式刷和双击格式刷有什么区别？

4．在 Word 2010 中如何对文档的内容进行选定、复制、删除、移动和替换？

5．简述样式、模板的概念，二者的区别有哪些。

6．简述设置分栏的步骤。

7．简述邮件合并的思想。

8．简述创建目录的操作步骤。

第4章　数据处理软件 Excel 2010

本章要点

- 了解 Excel 工作簿的创建、打开、保存、关闭、共享等方法。
- 掌握工作表的新建、删除、重命名、复制和移动、保护等操作方法。
- 掌握单元格数据录入及格式设置方法。
- 熟练掌握公式和常用函数的使用方法。
- 熟练掌握图表的创建与修改方法。
- 熟练掌握数据表的排序、筛选、分类汇总、合并计算、模拟分析等操作。
- 掌握工作表的页面设置与打印方法。
- 了解 Excel 2010 中宏的简单应用。

电子表格处理软件 Excel 2010 是 Microsoft Office 2010 中的一个重要组件，具有强大的表格处理能力，可以制作表格，利用公式和函数进行计算，创建各种图表，还可以对表格中的数据进行排序、分类汇总、筛选等操作。本章将详细介绍 Excel 2010 的基本操作和使用方法。

4.1　Excel 2010 入门

4.1.1　Excel 2010 概述

Microsoft Excel 2010 是一款功能非常强大的电子表格制作软件，它是美国微软公司（Microsoft）开发的大型办公套件 Microsoft Office 2010 中的一个重要组件。利用 Excel 2010 内置的大量函数，可以快速对数据进行统计和分析，有助于用户做出准确的判断和明智的经营决策；利用 Excel 2010 面向结果的页面（UI）、内置的图表以及数据透视表等功能，能够轻松地创建具有专业水准的图表；Excel 2010 还内置了 VBA（Visual Basic For Applications）功能，主要为日常应用开发制定一些应用表格以实现 Excel 常用进程的自动化操作，从而弥补了 Excel 本身的不足；Excel 2010 还具有强大的网络功能，用户可以广泛快速地实现与其他用户之间的数据共享。和以往的 Excel 版本相比，Excel 2010 又增加了很多实用性的功能，主要体现在以下几个方面：

1. 方便快捷的电子表格功能

用户启动 Excel 2010 后，软件就会自动建立一份空白的二维表格（工作簿），在相应的单元格（区域）中输入数据，并适当设置表格的格式，就可以轻松地制作出一份规范的电子表格。

2. 丰富强大的函数统计功能

Excel 2010 比起以前的版本又新增了一些函数，使得 Excel 内置的函数种类更加丰富、功能更加强大。Excel 2010 内置的函数达到了 11 大类 400 余种，用户可以直接调用这些函数，从而快速完成对大量数据的统计、处理和分析工作。另外，利用 Excel 2010 内嵌的 VBA 二次开发功能，通过自定义函数，可以完成用户在实际工作中需要的一些特殊统计计算要求。

3. 直观形象的图表分析功能

Excel 2010 对 Excel 传统图表功能进行了改进，使内置的图表类型达到了 11 大类 700 余种，用户可以直接利用表格里的数据，在图表向导引导下，制作出直观形象的图表，以方便对数据进行全方位的分析和评价。

4. 渠道众多的数据共享功能

Excel 2010 不仅可以在 Office 套件内的各个组件之间实现数据共享，还可以同其他软件实现数据共享。同时，Excel 2010 可以直接从网络中获取数据，并与网络数据实现动态更新。利用 SharePoint，SkyDrive 等，还能够实现文档和数据的远程共享。

5. 开放交互的程序开发功能

Excel 2010 对传统版本的 VBA 程序开发功能又进行了强化和优化，用户可以利用这一功能对 Excel 进行定制开发，打造出符合自己工作需求的程序表格。

4.1.2 Excel 2010 的启动与退出

1. Excel2010 的启动

打开 Excel 2010 的方法有多种，常用的启动方式有 3 种：

（1）从“开始”菜单启动：执行“开始”→“所有程序”→“Microsoft Office”→“Microsoft Excel 2010”命令。

（2）通过快捷方式启动：双击 Microsoft Excel 2010 快捷方式图标。

（3）通过 Excel 文件启动：双击任意一个 Excel 文件图标，则在启动 Excel 应用程序的同时，也打开了该文件。

2. Excel 2010 的退出

退出 Excel 2010 的方法有多种，若希望退出 Excel 应用程序窗口的同时，也关闭工作簿窗口，可采用下列方法退出 Excel：

（1）选择“文件”选项卡→“退出”命令。

（2）快捷键 Alt+F4。

（3）单击标题栏右侧的关闭按钮。

（4）双击标题栏左侧的控制菜单图标。

（5）单击控制菜单图标或右击标题栏，弹出 Excel 窗口的控制菜单，选择“关闭”命令。

4.1.3 Excel 2010 的工作界面

Excel 2010 启动后，打开了两个嵌套的窗口，分别是 Excel 2010 应用程序窗口和工作簿窗口，如图 4-1 所示，此时的工作簿窗口是最大化状态，与 Excel 应用程序窗口合二为一。Excel 创建的文件被称为工作簿。

Excel 应用程序窗口由标题栏、快速访问工具栏、功能区、状态栏、名称框、编辑栏和 Excel 工作簿窗口、视图切换按钮、显示比例滑块等组成。

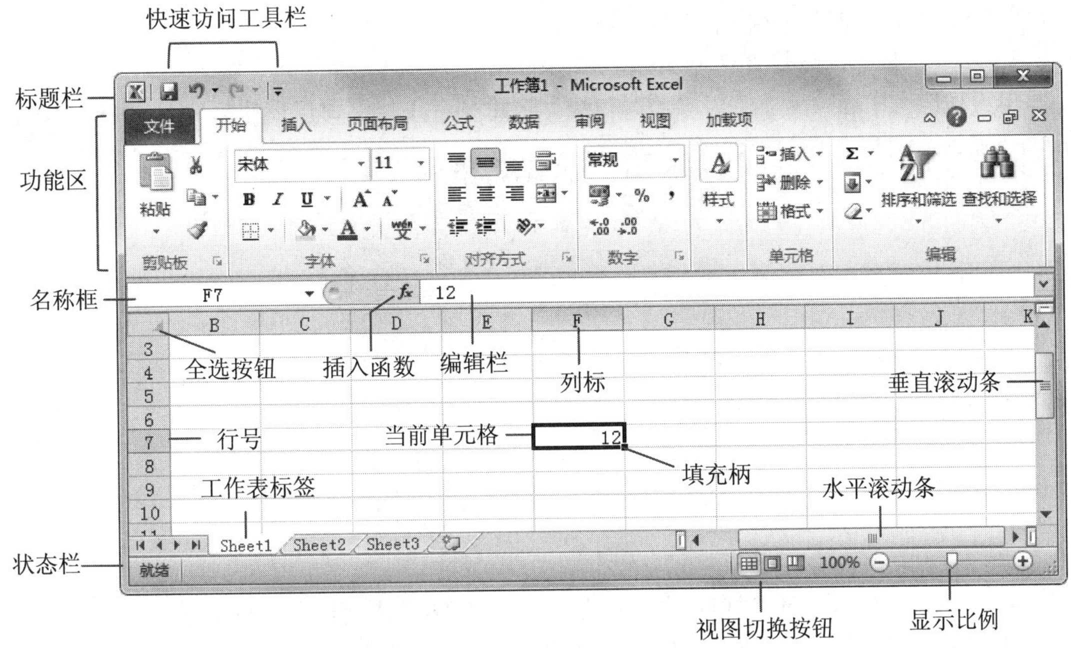

图 4-1　Excel 窗口的构成

Excel 2010 的功能区、快速访问工具栏的操作与 Word 2010 的操作一样，在此不再赘述，只介绍 Excel 2010 所特有的部分。

1. 标题栏

标题栏是 Excel 窗口中最上端的一栏。标题栏最左端的“ ”称为“控制菜单”图标，单击它可以打开控制菜单，该菜单选项可实现窗口的移动、改变大小、关闭等操作。标题栏中部显示的是当前工作簿的文件名和应用程序名，如“工作簿 1”是文件名，“Microsoft Excel”是应用程序名。标题栏最右端是 Excel 应用程序窗口的三个控制按钮：最小化 、最大化 （或还原 ）和关闭按钮 。

2. 状态栏

状态栏位于 Excel 窗口的底部，显示了当前窗口操作或工作状态。如：修改单元格内容时，状态栏上显示“编辑”，按 Enter 键后，状态栏上显示“就绪”。

3. 名称框

工作表由单元格组成，每个单元格都有各自的名称，名称框显示的是活动单元格（即被选中的单元格）的名称。图 4-1 所示的活动单元格的名称为 F7。在 Excel 中，所有的操作都是针对活动单元格进行的。用户如果在名称框中输入单元格名称，就能直接把单元格变成活动单元格。

4. 编辑栏

编辑栏是用来输入和编辑当前单元格内容的区域，位于名称框的右侧。双击单元格或单击编辑栏，进入单元格内容的编辑状态，此时名称框和编辑栏之间会出现三个按钮，分别是“取消” 、“输入” 和“插入函数” 。用户如果要向某个单元格中输入数据、公式或编辑某单元格的数据、公式，可先选定该单元格，在编辑栏输入数据或公式后，按回车键或单击编辑栏左侧的 按钮（输入），输入或编辑的数据与公式便插入到当前单元格中。在完成数据与公式输入之前，如果要取消操作，可单击编辑栏左侧的✖按钮（取消），点击“插入函数”按钮可以在当前单元格中使用相应的数学函数进行计算。

5. 主工作区（工作簿窗口）

单击功能区中选项卡右侧的“还原窗口”按钮，工作簿窗口被还原，如图4-2所示。

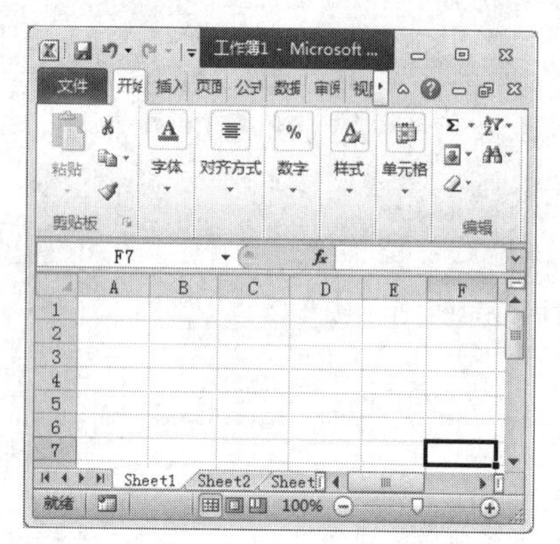

图4-2 工作簿窗口

从上图可以看出，工作簿窗口也有标题栏、控制菜单图标、最大化、最小化或还原、关闭窗口按钮。标题栏上显示当前工作簿的名称，如“工作簿1”。

一个工作表最多可由1048576（2^{20}）行、16384（2^{14}）列构成，行和列交叉的位置称为单元格，不同的行和列分别用行标和列标进行标注。列标位于工作簿窗口的上方，由左到右依次采用字母A～Z，AA～XFD编号。行标位于工作簿窗口左方，由上到下采用数字1～1048576编号，在Excel中，工作簿由多张工作表构成，不同的工作表用工作表标签名进行区别，工作表标签显示在工作簿窗口的底部，如Sheet1、Sheet2、Sheet3，当前工作表突出显示（如Sheet1）；单击工作簿窗口中的最大化按钮时，工作簿窗口将与Excel应用程序窗口合二为一。最大化工作簿窗口可以增大工作表的空间，此时工作簿窗口的标题栏合并到Excel窗口的标题栏，有三个控制窗口按钮：最小化、还原按钮、关闭按钮，显示在功能区选项卡的右侧。

6. 视图切换按钮

Excel中视图方式指工作簿不同的显示方式。工作簿视图有普通、页面布局、分页预览、全屏显示、自定义视图5种。在状态栏右侧有视图方式的切换按钮，从左至右依次是普通、页面布局、分页预览。

4.1.4 Excel 2010中的基本概念

Excel中有三个重要的基本概念：工作簿、工作表、单元格，理解好它们之间的关系，对学好Excel很重要。

1. 工作簿

Excel创建的文件称为“工作簿”。打开Excel 2010时，默认创建并打开一个名为“工作簿1”，扩展名默认为“xlsx”的工作簿。实际上，Excel 2010工作簿文档主要有4种类型，除了上述工作簿类型，还包括Excel模板类型（扩展名.xltx）、Excel启用宏的工作簿（扩展名.xlsm）和Excel启用宏的模板（扩展名.xltm），用户可以根据需要选择创建和保存不同类型的工作簿。

2. 工作表

在Excel中，工作表是用于存储和处理数据的主要文档，也称为电子表格。一个新的工作簿中默认有 3 张工作表，分别是 Sheet1、Sheet2、Sheet3（工作表标签）。用户可以插入新工作表，一个工作簿中最多可以包含 255 个工作表。不同的工作表用工作表标签进行区分，单击对应的工作表标签，该标签突出显示，该工作表就成为当前工作表，工作簿窗口工作区显示的就是当前工作表的内容，用户可以对当前工作表进行各种操作。通过点击不同的工作表标签，可以实现不同工作表之间的切换，使之轮流成为当前工作表。当一个工作簿中包含的工作表较多、一些工作表标签不可见时，可以使用工作簿窗口左下角的标签滚动按钮，滚动显示各个工作表标签。如果希望在启动 Excel 2010 时创建多于 3 个的工作表，可以进行如下设置：

打开“Excel 选项”对话框，在“常规”选项中，调整“新建工作簿时”下面的“包含的工作表数”后面的数值至需要的数目后，点击“确定”返回即可，如图 4-3 所示。

图 4-3　Excel 选项对话框

3．单元格

工作表中任意一行和任意一列交叉的位置构成一个单元格，单元格是在 Excel 中输入数据的基本单位。每一个单元格都有一个单元格名称，是用所在列的列标和所在行的行号组成的，如 B3 表示第 2 列第 3 行的单元格。单元格名称也叫单元格地址。单击某个单元格，其周围出现粗框，该单元格被称为“当前单元格”或“活动单元格”。用户可以在活动单元格内实现输入数据等操作。一个工作表包含 1048576 行（用 1～1048576 行号表示，显示在行的左侧）、16384 列（用 A～XFD 列标表示，显示在列的上方）。

单元格名称的表示方法有两种：

（1）列行名称法。默认情况下，在 Excel 中列的名称用英文字母表示，行的名称用阿拉伯数字表示。通常用列的名称和行的名称组合在一起来表示某个单元格的名称。例如第 4 列第 6 行交叉的单元格就表示为 D6，可以在工作簿的名称框中看到当前相应单元格的名称。

表示某个连续的单元格区域的格式是“区域左上角单元格名称+:+区域右下角单元格名称”，如 B2:D6，表示从 B2 单元格一直到 D6 单元格这个连续的单元格区域。

（2）坐标名称法。用行的英文名称（Row）第一个字母+行的序号+列的英文名称（Column）第一个字母+列的序号来表示单元格的名称。

由于默认情况下，Excel 是用“列行名称法”表示单元格名称的，要使用“坐标表示法”需要重新设定一下。执行“文件→选项”命令，打开“Excel 选项”对话框（如图 4-4 所示），切换到“公式”选项中，在“使用公式”下方选中“R1C1 引用样式”选项，单击“确定”返回即可。此时，如果表示第 4 列第 6 行交叉单元格，可以写成 R6C4；同样，可以用 R2C2:R6C4 来表示一个连续的单元格区域。

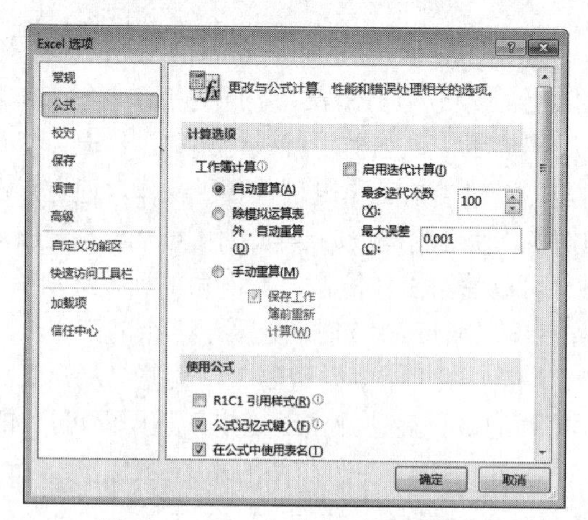

图 4-4　Excel 选项对话框（公式）

4.2　工作簿的管理

4.2.1　工作簿的基本操作

1. 新建工作簿

Excel 2010 中可以创建空白工作簿，也可以利用模板新建工作簿。

（1）创建空白工作簿。创建空白工作簿可以使用下列方法：

1）选择“文件”选项卡→“新建”→“空白工作簿”→“创建”，如图 4-5 所示。

2）快捷键 Ctrl+N。

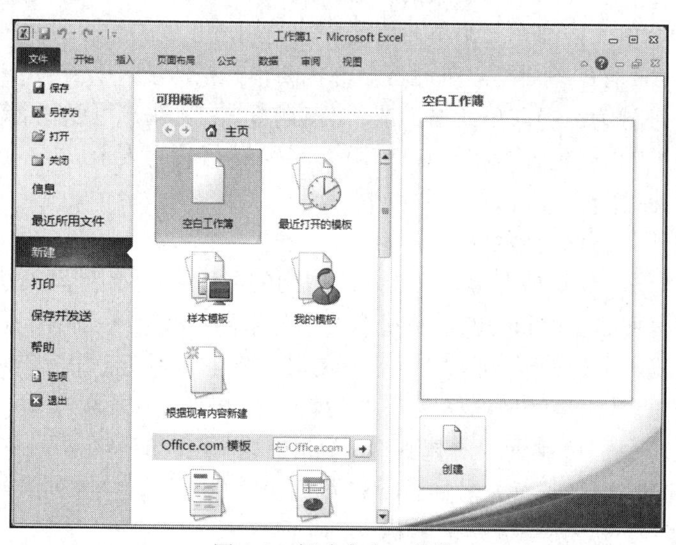

图 4-5　新建空白工作簿

（2）利用模板新建工作簿。默认情况下，在启动 Excel 2010 的同时，软件利用其内置的“空白工作簿”模板创建空白工作簿文档。此外，Excel 还提供了许多表格模板，如“样本模板”和“Office.com 模板”，利用这些模板，可以轻松地创建考勤卡、贷款分期付款、销售报表等工作簿。例如，利用“样本模板”创建“贷款分期偿还计划表”，实现方法为：选择“文件”选项卡→“新建”→“样本模板”→“贷款分期付款”→“创建”即可（如图 4-6 所示）。

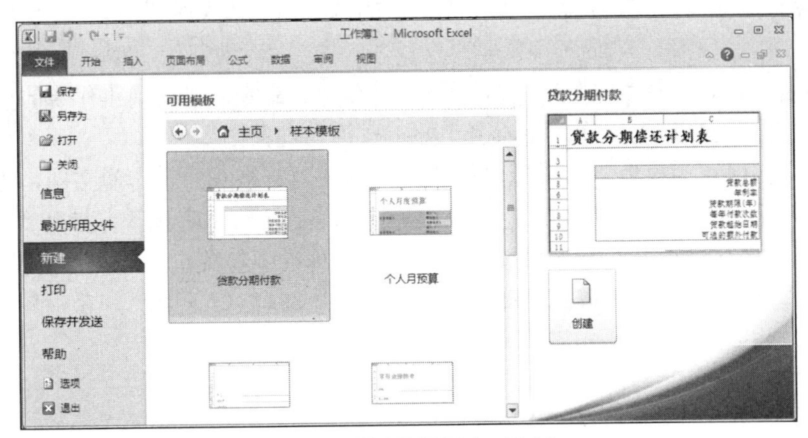

图 4-6　利用模板创建工作簿

如果觉得内置模板不能满足需要，还可以在线利用网络模板来创建工作簿文档。这里不再多说。

2. 保存工作簿

为了防止电脑、系统或 Excel 2010 出现意外（例如死机、意外退出等），造成录入数据丢失，建议用户先将创建的空白文档保存起来，并在操作过程中养成随时保存文档的习惯。保存工作簿包括新工作簿保存、换名保存和用原名保存 3 种情况。

（1）新工作簿保存。新工作簿的保存主要有以下 4 种方法：

- 单击“快速访问工具栏”上的“保存”按钮。
- 选择“文件”选项卡→“保存”命令。
- 快捷键 Ctrl+S。
- 选择“文件”选项卡→“另存为”命令。

文件第一次保存时，会弹出“另存为”对话框，如图 4-7 所示。默认的保存位置是文档库中的“我的文档”，可以通过导航窗格或地址栏选择保存位置；在“文件名”文本框中输入文件主名，扩展名不必更改，单击“保存”按钮完成保存。默认的保存类型为“Excel 工作簿”，扩展名为 xlsx。

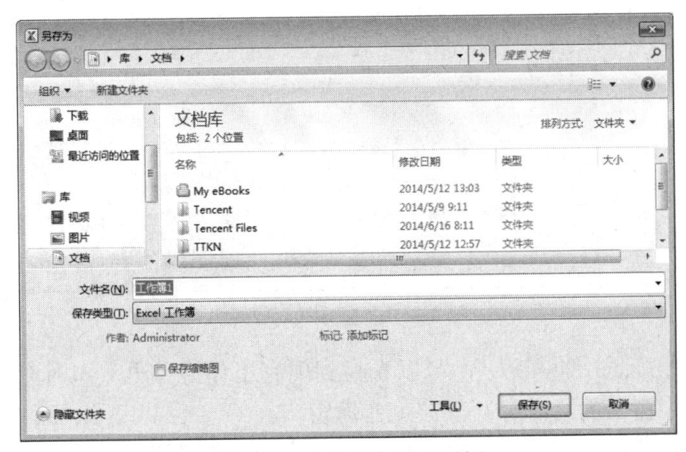

图 4-7　“另存为”对话框

（2）现名保存。若工作簿不是第一次保存，无论单击“保存”按钮，还是选择“文件”选项卡→“保存”命令，都只是将对工作簿所做的修改内容以原名保存，不会弹出“另存为”对话框。

（3）换名保存。选择“文件”选项卡→“另存为”命令，可实现工作簿的换名保存，换名后的工作簿将成为当前工作簿，而原名字的工作簿自动关闭。

（4）将文档保存为模板。如果经常需要使用某种固定格式的工作簿文档，还可以自定义一个模板文档来供自己以后调用。自定义模板方法如下：执行保存操作，打开“另存为”对话框，然后单击“保存类型”右侧下拉按钮，在随后出现的下拉菜单中选择一种模板文档类型，在文件名右侧方框中输入一个模板名称，单击“保存”即可。

3. 关闭工作簿

关闭工作簿窗口，并不退出 Excel 应用程序，可以使用下列方法：

- 选择“文件”选项卡→“关闭”命令。
- 快捷键 Ctrl+F4。
- 单击工作簿窗口的“关闭窗口”按钮。
- 工作簿窗口还原时，双击工作簿窗口控制菜单图标。
- 工作簿窗口还原时，单击工作簿窗口控制菜单图标，弹出控制菜单，从中选择“关闭”命令。

4. 打开工作簿

（1）在 Excel 应用程序窗口中打开工作簿。启动 Excel 后，打开一个现有的工作簿，可以选择“文件”选项卡→“打开”命令或者按快捷键 Ctrl+O，弹出“打开”对话框（如图 4-8 所示），可在导航窗格或地址栏中，选择工作簿所在的位置，如文档库；在文件类型列表中，默认选择“所有 Excel 文件”；在显示出的文件列表中找到要打开的工作簿，如“工作簿 1”，双击该文件名，或选中该文件名后再单击“打开”按钮，即可打开选定的工作簿。

图 4-8 “打开”对话框

（2）在未启动 Excel 的情况下，可以先找到现有工作簿，再双击对应的文件图标，则在打开 Excel 应用程序窗口的同时打开了该工作簿窗口。

4.2.2　工作簿的管理与保护

1. 工作簿窗口的隐藏和显示

（1）隐藏工作簿窗口。打开需要隐藏的工作簿文档，切换到“视图”选项卡，单击“窗口”组中的“隐藏”按钮（如图 4-9 所示），即可隐藏工作簿文档，效果如图 4-10 所示，工作簿窗口区变成灰色，“隐藏”按钮自动变成“取消隐藏”。

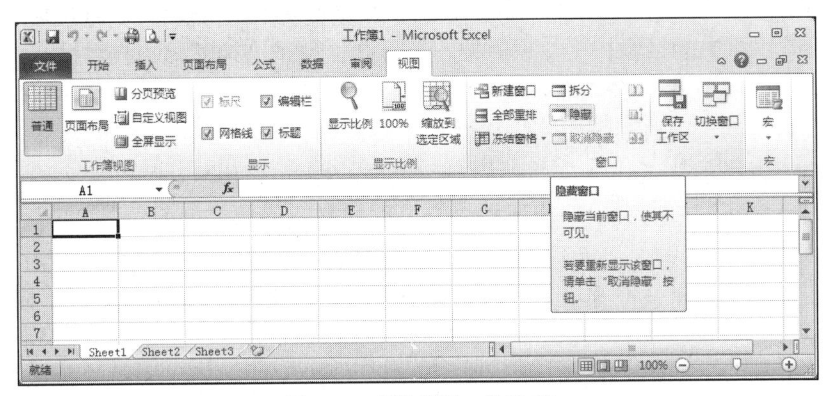

图 4-9　“隐藏窗口”选项

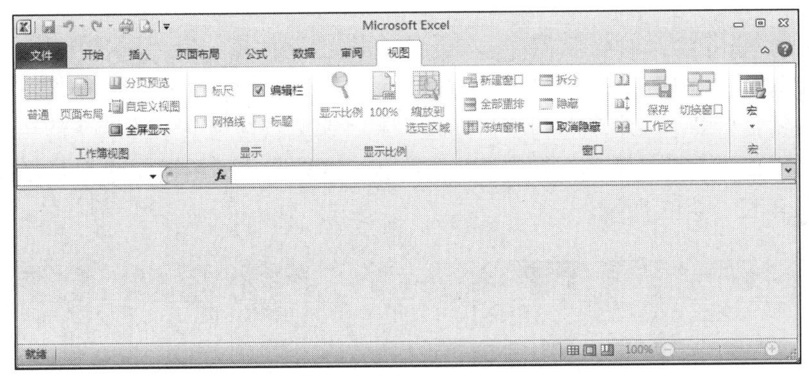

图 4-10　隐藏工作簿窗口效果图

（2）取消隐藏的窗口。打开被隐藏的工作簿文档，切换到“视图”选项卡，单击“窗口”组中的“取消隐藏”按钮，打开“取消隐藏”对话框，选中需要取消隐藏的工作簿文档名称，单击“确定”即可。

2. 工作簿的加密与解密

通过设置密码，要求用户输入正确的密码才能打开或编辑工作簿文档中的工作表，也可以对工作簿起到保护作用。

（1）为工作簿设置密码。打开需要保护的工作簿，在“另存为”对话框中，单击“工具”按钮，在随后出现的下拉菜单中，选择“常规选项”，打开“常规选项”对话框（如图 4-11 所示）。根据需要，在“打开权限密码”或“修改选项密码”后面的方框中输入密码，单击“确定”按钮，再次确认输入密码，保存工作簿文档即可。

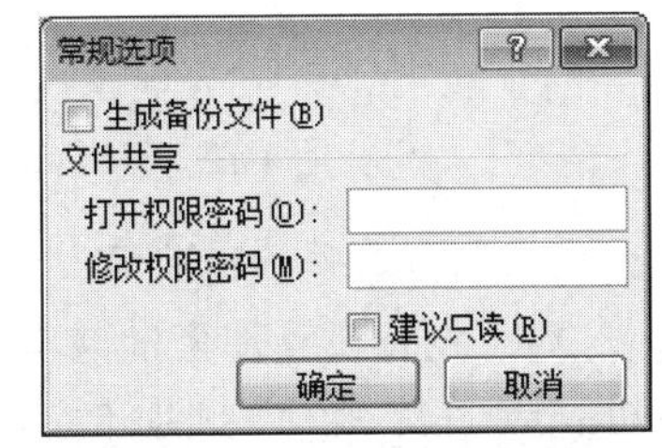

图 4-11　“常规选项”对话框

（2）打开加密的工作簿文档。打开设置了密码保护的工作簿文档时，会弹出相应的密码输入对话框，输入正确的密码并单击“确定”后，就会打开已经加密的工作簿文档。设置了“修改权限密码”的工作簿文档，只有输入了正确的修改权限密码才能修改文档，否则只能浏览。

（3）清除密码。打开设置了密码的工作簿文档，再次打开“另存为”对话框，调出“常规选项”对话框，清除其中的密码，再保存文档即可。

3. 工作簿的保护

（1）保护工作簿。启动 Excel 2010，打开需要保护的工作簿文档。切换到“审阅”选项卡，单击“更改”组中的“保护工作簿”按钮，打开“保护结构和窗口”对话框。如果要保护工作簿的结构，就选中其中的“结构”选项；如果要保护工作簿窗口，就选中其中的“窗口”选项；也可以两者都选。再根据实际需要添加密码，设置完成后单击“确定”即可。

保护结构后，不能对工作簿文档中的工作表进行添加、删除、移动和复制等操作；保护窗口后，相应工作簿窗口的大小不能调整，窗口位置不能移动。

（2）取消工作簿保护。切换到“审阅”功能选项卡，再次单击“更改”组中的“保护工作簿”按钮即可。如果已经设置了密码，必须提供正确的密码才能取消保护。

4.2.3 工作簿的共享

如果需要多个用户在同一时间段使用同一个工作簿文档，需要将工作簿文档设置成共享状态。

1. 工作簿的共享

打开需要设置共享的工作簿文档，切换到“审阅”功能选项卡，单击“更改”中的“共享工作簿”按钮，打开“共享工作簿”对话框，在“编辑”选项卡中选中“允许多用户同时编辑，同时允许工作簿合并”选项。再切换到“高级”选项卡中，根据实际需要设置好相关选项的参数，如图 4-12、4-13 所示。

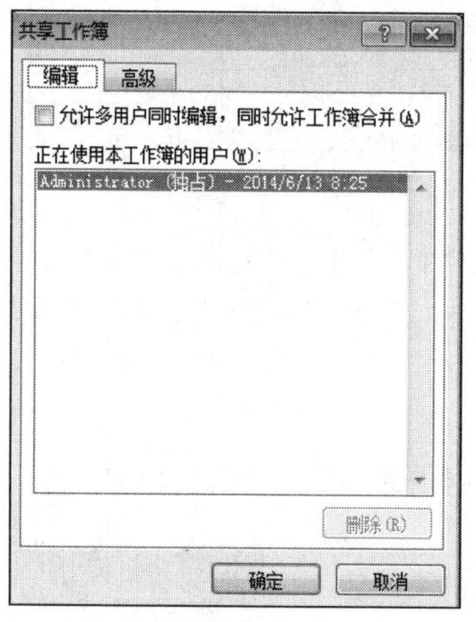

图 4-12 “编辑”选项卡

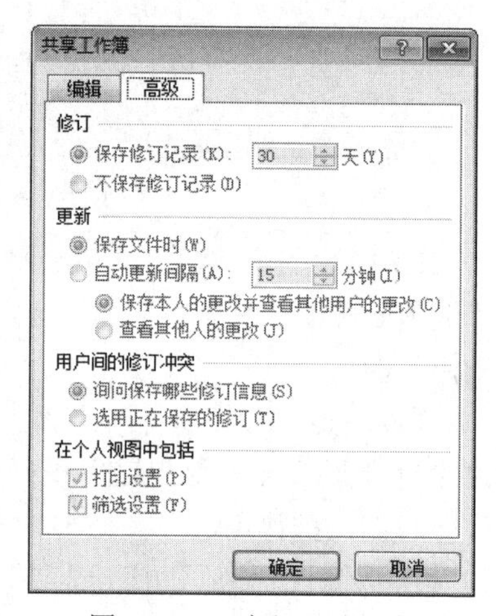

图 4-13 “高级”选项卡

2. 取消工作簿的共享

对于没有设置加密的共享工作簿，取消工作簿共享功能的方法是：打开“工作簿共享”对话框，在“编辑”选项卡中，清除“允许多用户同时编辑，同时允许工作簿合并”选项前面的复选框，单击“确定”按钮，在接着弹出的对话框中单击“是（Y）”按钮即可。

如果是加密共享的工作簿，需要单击“撤消对共享工作簿的保护”按钮，再在弹出的对话框中，单击其中的“是（Y）”按钮。

4.2.4　工作表的编辑与保护

工作表的基本操作包括工作表的选定、重命名、移动、复制、插入与删除等操作。

1. 选定工作表

选定工作表的包括选定一个工作表、选定相邻的多个工作表、不相邻的多个工作表和全部工作表，操作方法如表 4-1 所示。

表 4-1　选定工作表的方法

选定范围	操作方法
一个工作表	单击需要选定的工作表标签
相邻的多个工作表	单击第一个工作表的标签，Shift+单击最后一个工作表标签
不相邻的多个工作表	按住 Ctrl 键，依次单击工作表标签
全部工作表	右击任意一个工作表标签，在快捷菜单中选择“选定全部工作表”

2. 重命名工作表

根据工作表数据的性质，重新对工作表命名，有助于快速了解工作表，操作方法为：

（1）双击工作表标签，输入工作表名称，再按 Enter 键，或单击任意单元格。

（2）右键单击工作表标签，在打开的快捷菜单中选择“重命名”，工作表标签名反向显示，输入工作表的新名字，按 Enter 键，或单击任意单元格。

3. 插入工作表

插入工作表，是在指定的工作表之前插入一个新工作表。新工作表标签在当前工作表标签左侧显示。可以使用下列方法：

（1）按快捷键 Shift+F11。

（2）选择“开始”选项卡→“单元格”组→“插入”下拉按钮→“插入工作表”。

（3）右键单击工作表标签，在快捷菜单中选择“插入”，弹出“插入”对话框，如图 4-14 所示，选择“工作表”，单击“确定”按钮。

图 4-14　工作表“插入”对话框

4. 删除工作表

选定要删除的工作表，选择“开始”选项卡→“单元格”组→“删除”下拉按钮→“删除工作表”，或者右键单击工作表标签，在快捷菜单中，选择“删除”命令。

5. 移动或复制工作表

移动工作表是将源工作表移至指定工作簿的指定工作表之前。复制工作表是将源工作表复制到指定工作簿的指定工作表之前，生成副本。源位置和目标位置可以在不同的工作簿中。

在同一个工作簿中移动或复制工作表时，可以直接拖动源工作表标签到目标位置，实现移动；也可按住 Ctrl 键，再拖动工作表标签到目标位置，实现复制。

在不同工作簿之间实现工作表的移动或复制操作，可以利用“移动或复制工作表”对话框实现。例如：要将工作簿 2 中的 Sheet2 工作表，复制到工作簿 1 的 Sheet1 工作表之前，实现步骤如下：

（1）同时打开两个工作簿：源工作簿“工作簿 2”、目标工作簿“工作簿 1”。

（2）选定源工作表即工作簿 2 中的 Sheet2，右击，在快捷菜单中选择“移动或复制”，弹出“移动或复制工作表”对话框，如图 4-15 所示。

（3）先选择目标工作簿“工作簿 1”，再选择目标工作表 Sheet1。

（4）选择“建立副本”复选框，最后单击“确定”按钮。

此时在工作簿 1 的 Sheet1 之前生成了 Sheet2（2）的工作表。如果不选择“建立副本”选项，实现的是工作表的移动操作。

6. 显示和隐藏工作表

对于有些工作表，如果其内容不希望其他用户浏览，可以将其隐藏起来，当希望看到时再将其显示出来，效果如图 4-16 所示。

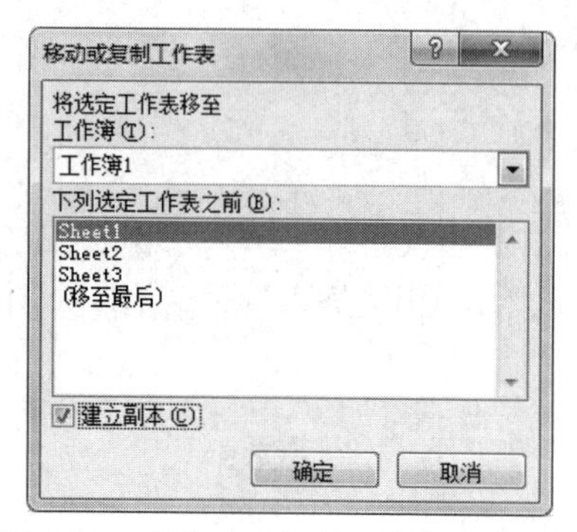

图 4-15 “移动或复制工作表”对话框

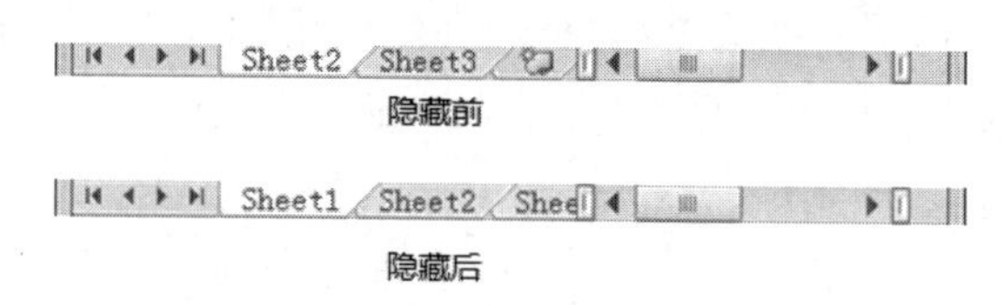

图 4-16 隐藏/显示工作表效果图

（1）隐藏工作表。

方法一：右键单击需要隐藏的工作表名称，在最后出现的快捷菜单中选择“隐藏”选项即可；

方法二：切换到需要隐藏的工作表中，在“开始”选项卡中，单击“单元格”组中的“格式”按钮，在随后出现的下拉菜单中依次选择“隐藏和取消隐藏”→“隐藏工作表”。

（2）显示工作表。

要将隐藏的工作表显示出来的常用方法是：

在任意工作表名称上右击鼠标，在随后出现的快捷菜单中，选取“取消隐藏”选项，打开“取消隐藏”对话框，选中需要重新显示的工作表名称，单击“确定”即可。

7. 拆分工作表窗口

在浏览过宽、过长的工作表时，有时需要对比查看上下或左右的数据，反复拖动滚动条很不方便。可以采用窗口拆分的方法，让不同区域中的数据都能显示到当前窗口中。

方法一：打开相应的工作表，选中工作表中任意一个单元格，切换到“视图”选项卡，单击“窗口”组中的“拆分”按钮，即可将当前窗口拆分成 4 个显示区域，如图 4-17 所示。拆分后的每个区域都可以单独调整，达到在一个窗口中浏览多个区域中数据的目的。

	A	C	D	
1	姓名	班级(最好包含年级)	学号（确保唯一性）	用
3	王猛	11级软件1班	0804130102	08
4	陆颖	11级软件1班	0804130103	08
5	白除除	11级软件1班	0804130104	08
6	乔乔	11级软件1班	0804130105	08
7	任易	11级软件1班	0804130106	08

图 4-17　拆分窗口效果图

方法二：把鼠标指针指向垂直滚动条顶端或水平滚动条右端的拆分框，当指针变为拆分指针或时，将拆分框向下或向左拖至所需的位置。要取消拆分，可双击分割窗格的拆分条的任何部分。

将鼠标移动到窗口拆分线上，成双向拖动箭头状时，按住左键左右或上下拖动，还可调整拆分窗口区域的相对大小。

再次单击“拆分”按钮，或者将鼠标移至窗口拆分线上双击，可以清除拆分窗口效果。

8. 工作表的保护

（1）保护整个工作表。选中需要保护的工作表，切换到“审阅”选项卡，单击“更改”组中的“保护工作表”按钮，打开“保护工作表”对话框，如图 4-18 所示。在该对话框中设置工作表保护的密码和允许所有用户进行的操作等，进行相应的选择和设置后，单击“确定”即可完成工作表的保护。

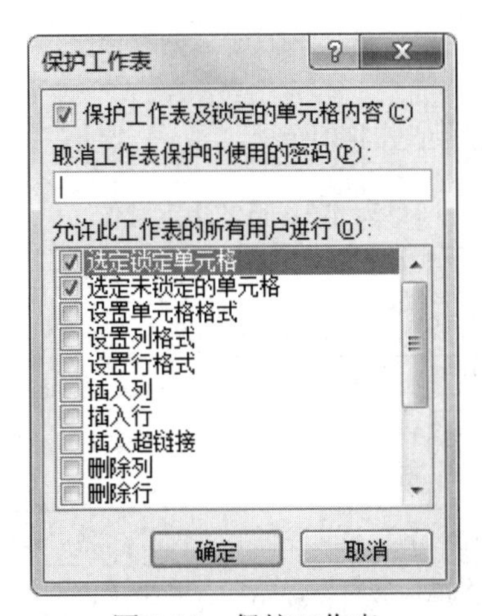

图 4-18　保护工作表

如果工作表保护没有设置密码，其他用户只要单击“更改”组中的“撤消工作表保护”按钮，即可清除工作表的保护，对工作表进行正常的编辑修改操作。对于加密保护的工作表，取消保护操作也很简单，在选择了“审阅”→“更改”→“撤消工作表保护”按钮时，会打开一个“输入密码”对话框，输入正确密码，即可取消保护。

（2）保护部分单元格区域。有时用户只需要将工作表中的一部分单元格保护起来（如公式、函数），实现方法为：首先，打开需要保护的工作表，选中整个工作表（单击左上角的“全选”按钮），打开“设置单元格格式”对话框，切换到保护标签中，取消“锁定”复选框的选定状态，单击“确定”返回；然后，选中希望锁定的单元格，在“设置单元格格式”对话框中设置成锁定状态；最后，选择“审阅”下的“保护工作表”即可。

4.3 数据的录入与修改

4.3.1 单元格、行、列的选择

1. 单元格的选择

Excel 中的操作均以“先选定，后操作”为原则。单元格是工作表的基本单位，单元格的正确选定是其他工作的基础，操作方法如表 4-2 所示。

表 4-2 单元格的选定操作

选定单元格	操作方法
选定一个单元格	单击某一单元格
	在“名称框”输入单元格的名称后，按 Enter 键
选定连续多个单元格	当鼠标指针呈 ✚ 状时，拖动鼠标可以选定一个单元格区域
	单击第一个单元格，Shift+单击最后一个单元格，可以选定一个矩形区域内的所有单元格，该区域以第一个和最后一个为对角单元格
选定不连续的单元格	单击第一个单元格，Ctrl+依次单击其他单元格
选定所有单元格	单击“全选按钮”
	快捷键 Ctrl+A

2. 行的选定

工作表中选定行的操作方法如表 4-3 所示。

表 4-3 行的选定操作

选定行	操作方法
选择一行	名称法：若要选中第 3 行，可以先在名称框中输入“3:3”，然后按下 Enter 键即可
选择连续多行	拖拉法：从起始行行号开始，按住鼠标左键向下（或上）拖拉至结束行行号即可
	Shift 法：将鼠标移动到起始行行号处单击，然后按住 Shift 键的同时，将鼠标移至结束行行号上单击即可
	名称法：在“名称框”中输入“3:6”，然后按下 Enter 键即可选中第 3 至第 6 行
选择不连续多行	Ctrl 法：将鼠标移动到起始行行号处单击，然后按住 Ctrl 键的同时，用鼠标依次单击其他行

3. 列的选定

工作表中选定列的操作方法如表 4-4 所示。

表 4-4 列的选定操作

选定列	操作方法
选择一列	名称法：若要选中 B 列，可以先在名称框中输入“B:B”，然后按下 Enter 键即可
选择连续多列	拖拉法：从起始列列号开始，按住鼠标左键向右（或左）拖拉至结束列列号即可
	Shift 法：将鼠标移动到起始列列号处单击，然后按住 Shift 键的同时，将鼠标移至结束列列号上单击即可
	名称法：在“名称框”中输入“B:E”，然后按下 Enter 键即可选中 B 列至 E 列
选择不连续多列	Ctrl 法：将鼠标移动到起始列列号处单击，然后按住 Ctrl 键的同时，用鼠标依次单击其他行

4.3.2 数据的录入与编辑

1. 单元格数据的录入

Excel 中的数据有文本型、数值型、日期型、时间型、逻辑型等多种类型，不同类型的数据有各自的输入方法，在单元格中的默认对齐方式也不同。

（1）录入文本型数据。文本型数据由汉字、字母、数字等各种符号组成。一般将数学符号 0～9 构成的文本称为“数字文本”，将其他符号组成的文本称为“普通文本”。文本型数据在单元格中默认的对齐方式为水平方向左对齐。在 Excel 2010 中，按 Alt+Enter 组合键可将单元格中输入的内容进行分段，按 Esc 键可取消输入。

1）普通文本的录入。单击某单元格，输入文本内容，按 Enter 键，或者单击名称框与编辑栏之间的“输入”按钮✔。

2）数字文本的录入。数字文本没有量的意义，不能参加运算，如学号、编号、邮编等数据可以作为数字文本进行输入。数字文本在输入时，要先键入一个英文半角状态的单引号“'”。如输入学号 0301001，正确的输入方法是“'0301001”；输入身份证号“220342197011094322”，正确的输入方法为“'220342197011094322”。

（2）录入数值型数据。数值型数据一般由数字、正负号、小数点、货币符号$或¥、百分比%、指数符号 E 或 e 等组成。数值型数据的特点是可以进行算术运算。数值型数据在单元格中默认的对齐方式为水平方向右对齐。

1）普通整数或小数的输入。选中某单元格，输入数值内容，按 Enter 键，或者单击名称框与编辑栏之间的“输入”按钮✔。小数或整数形式的数值型数据，长度超过单元格列宽时，系统自动将其转换成指数形式；若其指数形式的数据长度也超过列宽时，单元格中将显示若干个#号。

2）指数形式数值的输入。指数形式数值的输入格式：<系数>E±<指数>，系数可以是小数也可以是整数；指数必须为整数；指数符号可以是 E 或 e。例如，要在 A2 单元格中，输入数学式 6×10^2 。正确的方法是：单击 A2 单元格，输入 6e2，按 Enter 键，A2 单元格显示 6.00E+02。

（3）分数的输入。分数的输入格式：<整数>空格<分子>/<分母>。例如：在 A3 单元格中，输入分数“四分之三”的正确方法是：单击 A3 单元格，输入“0 3/4”，按 Enter 键，A3 单元格显示 3/4，编辑栏中显示 0.75；在 A4 单元格中，输入分数“二又四分之三”的实现方法是：单击 A4 单元格，输入“2 3/4”，按 Enter 键，A4 单元格显示“2 3/4”，编辑栏中显示 2.75。

（4）录入逻辑值。Excel 中逻辑型数据有两个：TRUE 和 FALSE。TRUE 表示逻辑真，FALSE

表示逻辑假。可以在当前单元格直接输入 true 或 TRUE、false 或 FALSE，按 Enter 键后，单元格都会显示大写字母表示的 TRUE 或 FALSE。单元格中显示的逻辑值也可以是公式的计算结果。例如：计算 5<3 的值，实现方法为：在当前单元格中输入“=5<3”，按 Enter 键，单元格中显示计算结果 FALSE，编辑栏中显示公式“=5<3”。逻辑型数据在单元格中默认的对齐方式为水平居中。

（5）录入日期和时间。

1）录入日期。日期型数据的输入格式：“年-月-日”或“年/月/日”。如输入 2014-5-20 或 2014/5/20 都能在单元格中显示 2014/5/20。如果年份省略，则输入的日期默认是当年的年份。

2）录入时间。时间型数据的输入格式：“时:分:秒”或“时:分:秒 PM/AM”。如输入“13:20”，或者输入“1:20 PM”。注意 PM 前必须有空格。

3）录入日期和时间。日期和时间型数据输入格式：<日期>空格<时间>。例如：输入日期时间型数据“2015 年 1 月 1 日 11 时 30 分”，实现方法为：输入“2015/1/1 11:30”。

注意： 日期或时间型数据在单元格中的对齐方式为水平方向右对齐。

（6）填充序列。Excel 提供了对有规律的数据进行自动填充的功能，可以填充数值序列、日期序列和文本序列。填充序列一般使用两种方法：拖动填充柄和使用“序列”对话框。

填充柄是所选定的单元格右下角的一个黑色小方块，当移动鼠标到填充柄时，鼠标指针呈“十”形状，此时拖动鼠标左键可以进行序列的填充、公式和数据的复制。

【例 4.1】在 D2:D6 单元格区域，填充一个“学号”序列，学号起始值为“200101001”。

【操作步骤】

（1）单击序列开始单元格 D2，输入数字文本’0804130101，按 Enter 键。

（2）拖动单元格 D2 的填充柄到 D6。则在 D2 到 D6 单元格区域内，填充了一个数字文本序列，如图 4-19 所示。

【例 4.2】实现等比序列的填充。

【操作步骤】

（1）在起始单元格中输入初始数值（如 2），按 Enter 键后，再单击该单元格。

（2）选择“开始”选项卡→“编辑”→“填充”按钮→“系列”，弹出“序列”对话框，如图 4-20 所示。

1	姓名	性别	班级(最好包含	学号（确保唯一性）
2	马祖卿	女	11级软件1班	0804130101
3	王猛	男	11级软件1班	0804130102
4	陆颖	男	11级软件1班	0804130103
5	白除除	女	11级软件1班	0804130104
6	乔乔	男	11级软件1班	0804130105

图 4-19　序列填充示例

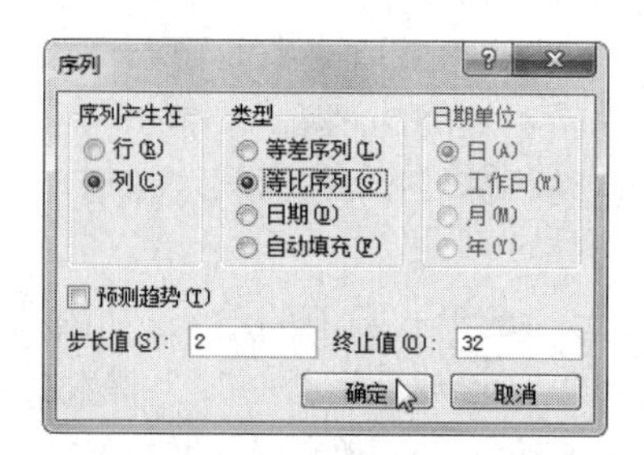

图 4-20　“序列”对话框

（3）在“序列产生在”区域选择“列”、类型为“等比序列”，输入步长值（例如 2）和终止值（例如 32）。在输入序列首元素后，如果选定要生成序列的单元格区域，那么在“序列”对话框中不必给定“终止值”。

2. 单元格内容的修改

（1）直接在单元格中修改：双击要修改内容的单元格，在单元格中修改。

（2）在编辑栏中修改：单击要修改内容的单元格，再单击编辑栏，在编辑栏中修改。

3. 单元格内容的删除

若要删除单元格内容但不删除单元格的格式、批注等其他属性，实现方法为：

（1）选定要删除内容的单元格；

（2）选择“开始”选项卡→“编辑”组→“清除”下拉按钮→“清除内容”，或按 Delete 键，即可删除单元格中的内容。

4. 单元格的复制/移动

单元格的复制和移动是针对单元格所有属性（包括内容、格式、批注等）的操作。其操作方法与 Word 中文本的复制和移动相似。首先选定要复制或移动的单元格，然后按照表 4-5 中所列的方法，实现单元格的复制或移动。

表 4-5　单元格的复制和移动方法

操作方式	复制	移动
功能区	选择“开始”选项卡→“剪贴板”组 →“复制”命令；定位目标位置；选择“开始”选项卡→“剪贴板”组 →“粘贴”	选择“开始”选项卡→“剪贴板”组 →“剪切”命令；定位目标位置；选择“开始”选项卡→“剪贴板”组 →“粘贴”
快捷菜单	右击，在快捷菜单中选择“复制”，定位目标位置，右击，选择“粘贴”	右击，在快捷菜单中选择“剪切”，定位目标位置，右击，选择“粘贴”
键盘方式	按快捷键 Ctrl+C，定位目标位置，按快捷键 Ctrl+V	按快捷键 Ctrl+X，定位目标位置，按快捷键 Ctrl+V
鼠标方式	移动鼠标至单元格的边框线上，鼠标指针呈✥状，按住 Ctrl 键拖动到目标位置	移动鼠标至单元格的边框线上，鼠标指针呈✥状，拖动到目标位置

在 Excel 中，鼠标指针呈现不同的形状时，拖动鼠标实现的操作也不同。具体说明如表 4-6 所示。

表 4-6　拖动鼠标可以实现的操作

鼠标形状	出现位置	拖动鼠标实现的操作
✚	单元格框线内	选定单元格
+	单元格右下角	填充单元格
✥	单元格框线上	拖动则移动单元格；Ctrl+拖动则复制单元格

4.3.3　图形和图片

在表格中使用自选图形、外部图片和 SmartArt 图形等，可以让平面表格变得立体化，让枯燥的数据变得形象化。Excel 2010 的图形图片编辑功能较之以前的版本有了很大的提升，完全可以作为一款标准图像处理软件来使用。Excel 2010 中图形图像的编辑方法和 Word 2010 相似，这里不再赘述，请读者参考 Word 相关章节进行学习。

4.3.4　实战演练——建立员工信息表

【实验目的】

- 掌握各种数据的输入方法。

- 掌握单元格的选定、复制、移动、清除内容等操作。
- 掌握工作表的插入、删除、复制、移动、重命名等操作。

【实验内容】

（1）新建工作簿“员工信息.xlsx”，将 Sheet1 工作表改名为“档案管理表”。

（2）按样本输入数据，如图 4-21 所示。

员工信息

	A	B	C	D	E	F	G	H	I	J	K
1	员工档案管理表										
2	编号	姓名	性别	年龄	学历	专业	所在部门	所属职位	户口所在地	身份证	入职时间
3	001	王凯迪	男	30	本科	设计	企划部	员工	吉林	220625198411056245	2010/5/6
4	002	孔骞	男	35	本科	财会	财务部	员工	黑龙江	240456197901057890	2002/8/3
5	003	冯文喧	男	30	本科	中文	行政部	员工	上海	120354198406151112	2010/7/1
6	004	刘寒静	女	25	高中	市场营销	销售部	业务员	青岛	333120198905264187	2013/10/1
7	005	汪宇	女	28	大专	市场营销	销售部	业务员	济南	410123198606012223	2013/7/1
8	006	陈鹏	男	34	本科	设计	企划部	部门经理	北京	100189198012264567	2008/7/1
9	007	邵奇	男	29	高中	市场营销	销售部	业务员	吉林	220103198502146523	2008/4/10
10	008	林世民	男	36	大专	市场营销	销售部	业务员	杭州	401102197906234231	2003/3/11
11	009	郑华俊	男	37	硕士	电子工程	网络安全部	员工	长春	220123197711019874	2000/6/1
12	010	赵方亮	男	31	硕士	计算机	网络安全部	部门经理	上海	120354198306151112	2009/4/7
13	011	赵雪竹	女	27	本科	电子商务	行政部	员工	合肥	342701198702138528	2009/5/1
14	012	赵越	女	37	本科	计算机	行政部	员工	四川	610789197701051245	2000/3/5
15	013	姜柏旭	男	27	大专	市场营销	销售部	业务员	青岛	341652198704123654	2011/5/10
16	014	谈政	男	32	本科	设计	企划部	员工	杭州	521125198203010115	2004/5/1
17	015	蔡大千	男	39	硕士	财会	财务部	总监	沈阳	230222197512010001	1998/6/5
18	016	蔡超群	女	33	大专	市场营销	销售部	业务员	大连	510123198110016543	2005/4/1

档案管理表 Sheet2 Sheet3

图 4-21　“档案管理表“样本

（3）复制“档案管理表”的 A 列、B 列、C 列、K 列到工作表 Sheet2 中，并将工作表 Sheet2 改名为“基本信息”。

（4）复制“档案管理表”工作表，并将其复制的副本改名为“档案备份”。

【操作步骤】

（1）建立并保存工作簿。

启动 Excel，按 Ctrl+S 键，弹出“另存为”对话框，将“工作簿 1”保存为“员工信息.xlsx”。

（2）重命名 sheet1 工作表。

右击 Sheet1 标签，选择“重命名”，输入“档案管理表”，按 Enter 键。

（3）按样本输入数据。

- 输入编号序列。单击 A3 单元格，输入’001，确认输入后，拖动 A2 单元格的填充柄到到 A18。
- 输入身份证号。I3:I18 中为身份证号，应输入数字字符。单击 I3 单元格，输入’220625198411056245，其他单元格操作相同。
- 输入日期型数据。K3:K18 中为日期型数据，日期型数据可以输入 1996-08-12，也可以输入 1996/8/12。
- 在图示的其余单元格中输入对应的文本字符，制作如图 4-21 所示的工作表。

（4）复制单元格。

- 拖动鼠标选定 A2:C18 单元格区域，按住 Ctrl 键同时拖动选择 K2:K18 单元格区域。
- 选择“剪贴板”组中的“复制”按钮。
- 单击 Sheet2 标签→单击 A1 单元格。
- 选择“剪贴板”组中的“粘贴”按钮。

（5）重命名工作表 sheet2。

右击 Sheet2 标签→“重命名”→输入“基本信息”→按 Enter 键。效果如图 4-22 所示。

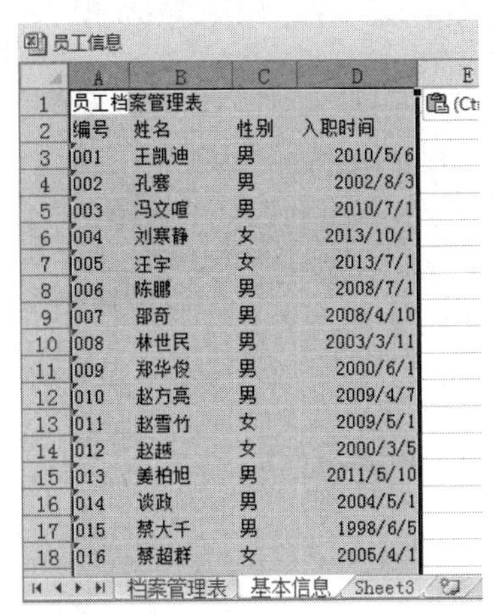

员工信息

	A	B	C	D
1	员工档案管理表			
2	编号	姓名	性别	入职时间
3	001	王凯迪	男	2010/5/6
4	002	孔骞	男	2002/8/3
5	003	冯文喧	男	2010/7/1
6	004	刘寒静	女	2013/10/1
7	005	汪宇	女	2013/7/1
8	006	陈鹏	男	2008/7/1
9	007	邵奇	男	2008/4/10
10	008	林世民	男	2003/3/11
11	009	郑华俊	男	2000/6/1
12	010	赵方亮	男	2009/4/7
13	011	赵雪竹	女	2009/5/1
14	012	赵越	女	2000/3/5
15	013	姜柏旭	男	2011/5/10
16	014	谈政	男	2004/5/1
17	015	蔡大千	男	1998/6/5
18	016	蔡超群	女	2005/4/1

档案管理表　基本信息　Sheet3

图 4-22　“基本信息”表

（6）复制工作表。

右击“档案管理表”工作表标签→单击“移动或复制”→选择“移至最后”→勾选“建立副本”复选框→单击“确定”按钮。

（7）重命名工作表。右击“档案管理表（2）”工作表标签→“重命名”→输入“档案备份”→按 Enter 键。效果如图 4-23 所示。

档案管理表　基本信息　Sheet3　档案备份

图 4-23　重命名工作表效果

（8）保存并关闭文档。

4.4　工作表格式化

工作表中单元格不仅可以存储数值、公式，还可以存储格式。工作表的格式化，就是对表中数据所在的单元格区域设置各种格式，为单元格设置边框与底纹等。

格式化操作是通过功能区“开始”选项卡中“字体”、“对齐方式”、“数字”、样式、“单元格”命令组中的相关选项来实现的，如图 4-24 所示。

图 4-24　“开始”选项卡

4.4.1　“单元格”格式设置

1.　“字体”设置

“字体”命令组（如图 4-24）中的功能按钮，主要为选定的单元格区域设置字体、字形、字号、字体颜色、下划线、上下标等格式；单击“字体”命令组旁边的对话框启动器按钮，打开如图 4-25 所示的“字体”选项卡，在该选项卡中对选中单元格的字体格式进行设置。

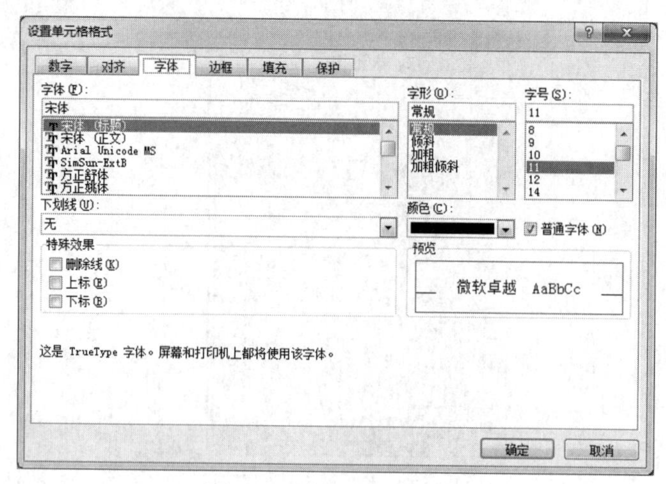

图 4-25 “字体”选项卡

2. 添加边框

利用“字体”组中的命令选项，还可以设置选定单元格区域的边框样式。单击该按钮，在展开的下拉列表中选择对应的边框样式即可。如果在该列表中选择了“其他边框样式”，则会打开如图 4-26 所示的“边框”选项卡，可以在该选项卡中设置单元格区域的内、外边框。注意，一定要先选择线条样式及颜色，再选择预置选项、预览草图及上面的按钮来添加边框效果。

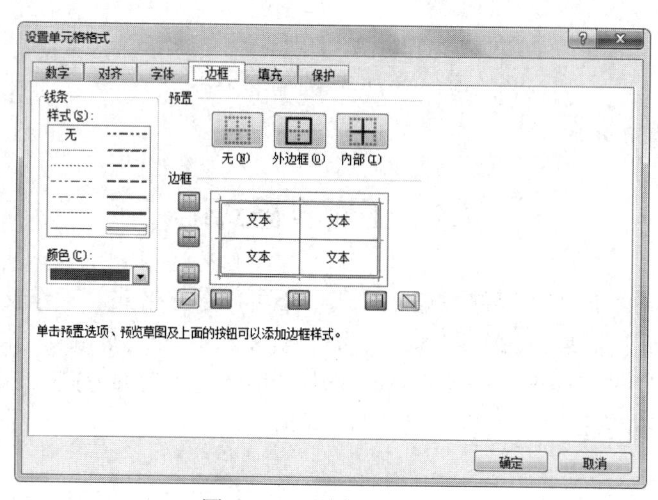

图 4-26 “边框”选项卡

3. 添加底纹

利用“字体”组中的“填充颜色”按钮命令选项，也可以为单元格区域填充背景颜色。或者在“设置单元格格式”对话框中，单击“填充”选项卡（见图 4-27），可以设置单元格的背景色和图案。

4. “对齐方式”设置

“对齐方式”命令组（如图 4-24）中的功能按钮，主要为选定的单元格区域设置字符对齐方式，包括顶端对齐、垂直居中、底端对齐、文本左对齐、文本右对齐、居中（水平）、减少缩进量、增加缩进量、自动换行、合并后居中、文字方向等格式。其中，单击“文字方向”按钮下拉列表，可从中为文字选择相应的方向；选择“合并后居中”按钮，在展开的下拉列表中可以设置合并单元格的方式（注意：只有多个相邻的单元格才能实现合并操作）。单击“对齐方式”命令组旁边的对话框启动器按钮，打开如图 4-28 所示的“对齐”选项卡，在该选项卡中设置需要的单元格对齐方式，单击“确定”即可。

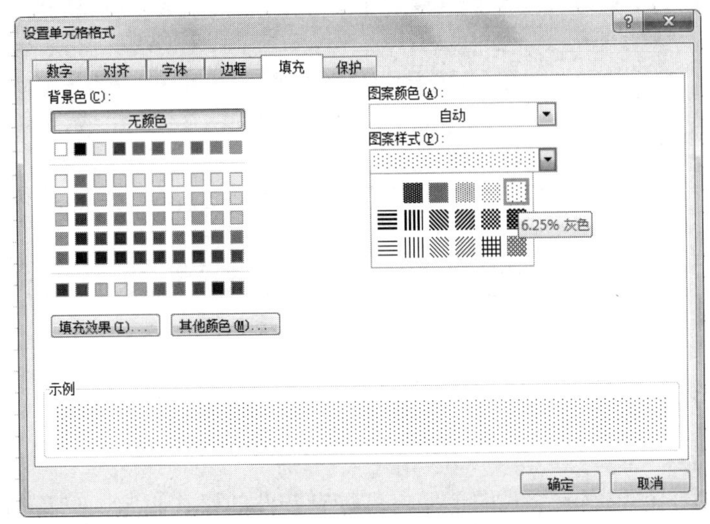

图 4-27　“填充”选项卡

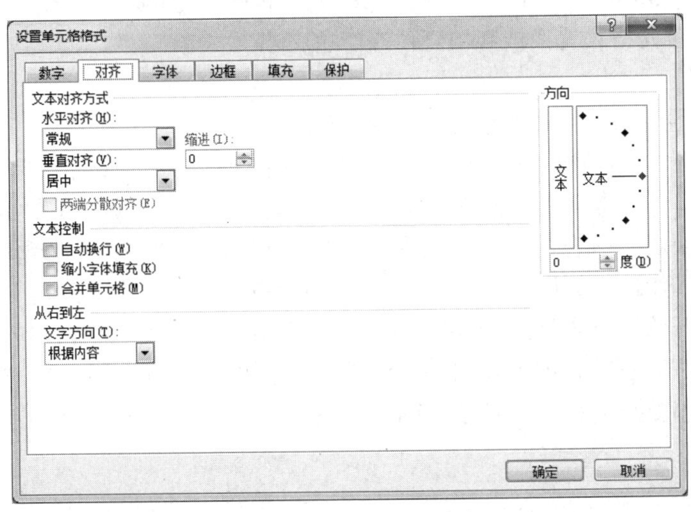

图 4-28　“对齐”选项卡

5.　“数字”格式设置

“数字”命令组（如图 4-24）中的功能按钮，主要为选定的单元格区域设置数字格式，包括数据类型、小数位数等。单击“数字”命令组旁边的对话框启动器按钮，打开如图 4-29 所示的“数字”选项卡，在该选项卡中能够对数字格式进行更为详尽的设置。由图可以看出，数字的“分类”列表中共列出了常规、数值、货币、会计专用、日期、时间、百分比等 11 种不同的数字格式，选中每个分类，右侧都会有对应的选项供用户进行设置。单元格默认的数字格式为“常规”，即单元格中不包含任何特定的数字格式。常用的数字格式，如货币符号、百分比、增加及减少小数位数等。除此之外，也可以利用“数字”组中的命令选项来进行数字格式的设置。

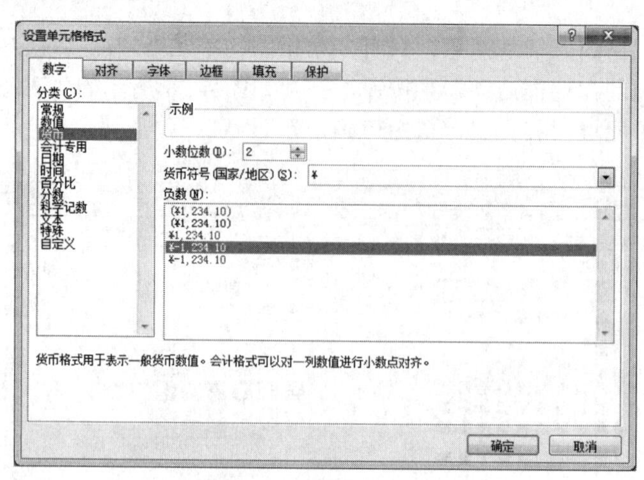

图 4-29 “数字”选项卡

4.4.2 样式设置

1. 条件格式

条件格式是对含有数值或公式的单元格进行有条件的格式设定，当符合条件时，将以数据条、色阶、图标集等形式突出显示单元格，达到强调异常值、实现数据的可视化效果。

【例 4.3】在 C3:C8 单元格中，为大于 6000 的单元格设置条件格式：字形“加粗”、“倾斜”，小于 500 的单元格设置“浅红填充色深红色文本”。

【操作步骤】

（1）选定要设置条件格式的单元格区域 C3:C8。

（2）选择“开始”选项卡→“样式”组→“条件格式”→“突出显示单元格规则”→“大于”，弹出“大于”对话框，如图 4-30 所示，在文本框中输入 6000，在“设置为”下拉列表中选择“自定义格式”，弹出“设置单元格格式”对话框，在“字体”选项卡中设置字形为加粗、倾斜，单击“确定”按钮，返回到“大于”对话框。最后单击“确定”按钮。

（3）选择“开始”选项卡→“样式”组→“条件格式”→“突出显示单元格规则”→“小于”，弹出“小于”对话框，如图 4-31 所示，在文本框中输入 500，在“设置为”下拉列表中选择“浅红填充色深红色文本”，单击“确定”按钮。

图 4-30 “大于”对话框

图 4-31 “小于”对话框

2. 套用表格格式

套用表格格式是将 Excel 预定义的表格样式应用到选定的单元格区域中，从而方便、快捷地设置单元格格式，并将其转换为表。

操作方法为：首先选定需要设置格式的单元格区域，然后选择“开始”选项卡→“样式”组→“套用表格格式”下拉按钮，弹出“套用表格格式”下拉列表，如图 4-32 所示，在列表中选择需要的格式选项即可。

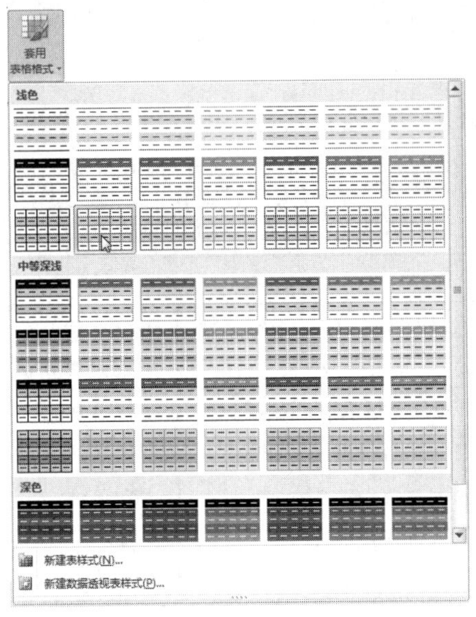

图 4-32　“套用表格格式”下拉列表

3. 单元格样式

通过“样式”组中的“单元格样式”选项，可以通过选择预定义的单元格样式，快速的设置单元格格式。

4.4.3　单元格设置

如图 4-24 所示，“开始”选项卡下的“单元格”组中，主要实现单元格、行、列及工作表的插入、删除和格式操作。

1. 单元格、行、列的插入

Excel 中插入或删除单元格时，工作表中的单元格数目并不会增加或减少。插入单元格只会将活动单元格（当前单元格）向下方或向右侧移动；删除单元格只会将其右侧或下方的单元格移至活动单元格位置。

（1）插入单元格。选定一个或相邻的多个单元格，选择“开始”选项卡→“单元格”组→“插入”下拉按钮→“插入单元格”，弹出“插入”对话框。若选择“活动单元格下移”，则在原选定单元格上方插入了相同数量的单元格。

（2）插入行。选定一行或连续多行，选择“开始”选项卡→“单元格”组→“插入”下拉按钮→“插入工作表行”，则在选定行的上方插入了相同数量的空行。

（3）插入列。选定一列或连续多列，选择“开始”选项卡→“单元格”组→“插入”下拉按钮→“插入工作表列”，则在选定列的左侧插入了相同数量的空列。

2. 单元格、行、列的删除

（1）删除单元格。选定一个或相邻的多个单元格，选择“开始”选项卡→“单元格”组→“删除”下拉按钮→“删除单元格”，弹出“删除”对话框，若选择“右侧单元格左移”，则原选定单元格右侧相同数量的单元格左移至原选定位置，而原选定的单元格被删除。

（2）删除行。选定一行或连续多行，选择“开始”选项卡→“单元格”组→“删除”下拉按钮→“删除工作表行”，则所选定的行都被删除。

（3）删除列。选定一列或连续多列，选择“开始”选项卡→“单元格”组→“删除”下拉按钮→“删除工作表列”，则所选定的列都被删除。

3. 设置行高和列宽

Excel 中的单元格具有默认的行高和列宽，用户可以根据需要设置单元格的行高和列宽，设置的方法如表 4-7 所示。

表 4-7 行高、列宽的调整方法

操作方式	行高	列宽
鼠标拖动	鼠标移动至行与行分隔线，鼠标指针呈 状，拖动调整行高	鼠标移动至列与列分隔线，鼠标指针呈 状，拖动调整列宽
对话框	选择“开始”选项卡→“单元格”组→“格式”下拉按钮→“行高”，弹出“行高”对话框，输入行高值	选择“开始”选项卡→“单元格”组→“格式”下拉按钮→“列宽”，弹出“列宽”对话框，输入列宽值
自动调整行高、列宽	选择“开始”选项卡→“单元格”组→“格式”下拉按钮→“自动调整行高”	选择“开始”选项卡→“单元格”组→“格式”下拉按钮→“自动调整列宽”

4.4.4 清除单元格的格式

实现方法：选定要清除格式的单元格，选择“开始”选项卡→“编辑”组→“清除”下拉按钮→“清除格式”，可以在保留单元格数据的同时，清除单元格的所有格式，包括数字格式、边框、底纹、字符格式、对齐方式、条件格式以及套用表格格式等。

4.4.5 网格线的隐藏和调色

Excel 2011 启动后，默认情况下空白工作表的单元格之间被浅灰色的线条分隔开，这种线条就是“网格线”。可以通过下面的操作让网格线隐藏起来，或者改变网格线的颜色。

1. 隐藏网格线

打开“Excel 选项”对话框，切换到“高级”选项中，在“此工作表的显示选项”中清除“显示网格线”前面复选框中的对号，“确定”返回即可（如图 4-33 所示）。

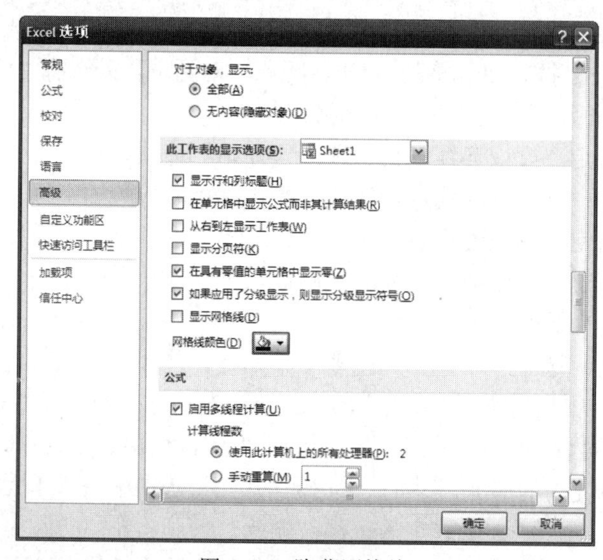

图 4-33 隐藏网格线

2. 调配网格线的颜色

在图 4-33 中单击“网格线颜色”右侧下拉按钮，在随后出现的调色板中，选择一种颜色，“确定”返回，即可为网格线重新调配一种颜色。

4.4.6　工作表背景设置

1. 为工作表添加图片背景

切换到“页面布局”选项卡，单击“页面设置”组中的“背景”按钮，打开“工作表背景”对话框，如图 4-34 所示，定位到背景图片所在的文件夹中，选中相应的图片，单击“插入”按钮返回即可将选中的图片作为工作表的背景。值得说明的是，虽然为工作表添加了背景图片，但这种背景图片是不支持打印效果的。

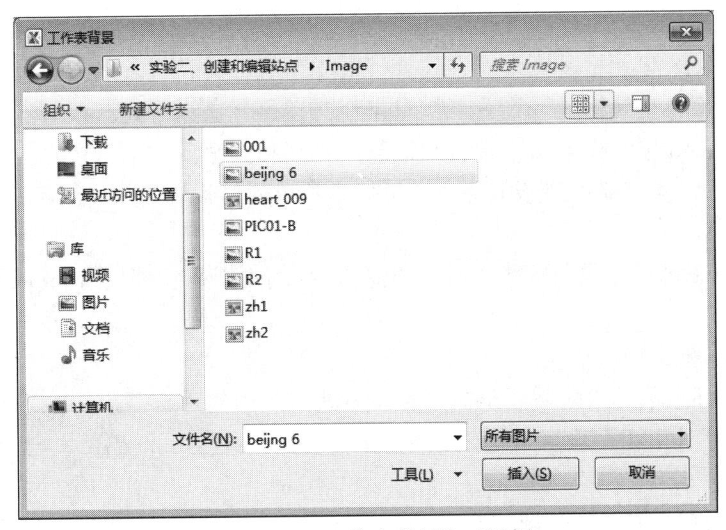

图 4-34　“工作表背景”对话框

2. 删除工作表的图片背景

为工作表添加了背景图片后，原来的“背景”按钮智能化的转换成了“删除背景”，单击此按钮，即可清除工作表背景。

4.4.7　实战演练——美化员工信息表

【实验目的】

- 掌握单元格格式的设置方法。
- 掌握套用表格格式的方法。
- 掌握条件格式的设置方法。

【实验内容】

打开工作簿“员工信息.xlsx”，复制工作表“档案管理表”，将复制副本改名为“格式化档案管理表”。按如下的要求对“格式化档案管理表”进行格式化，样文如图 4-35 所示。

（1）标题设置：合并单元格且水平居中，设置华文彩云、红色、20 磅。

（2）将 A1:K18 单元格区域设置表格外边框为蓝色粗实线，内边框为绿色单实线。

（3）将 A2:K2 单元格区域设置隶书、16 磅、黄色底纹、水平居中。

员工档案管理表

编号	姓名	性别	年龄	学历	专业	所在部门	所属职位	户口所在地	身份证	入职时间
001	王凯迪	男	30	本科	设计	企划部	员工	吉林	220625198411056245	2010年5月6日
002	孔骞	男	35	本科	财会	财务部	员工	黑龙江	240456197901057890	2002年8月3日
003	冯文喧	男	30	本科	中文	行政部	员工	上海	120354198406151112	2010年7月1日
004	刘寒静	女	25	高中	市场营销	销售部	业务员	青岛	333120198905264187	2013年10月1日
005	汪宇	女	28	大专	市场营销	销售部	业务员	济南	410123198606012223	2013年7月1日
006	陈鹏	男	34	本科	设计	企划部	部门经理	北京	100189198012264567	2008年7月1日
007	邵奇	男	29	高中	市场营销	销售部	业务员	吉林	220103198502146523	2008年4月10日
008	林世民	男	36	大专	市场营销	销售部	业务员	杭州	401102197906234231	2003年3月11日
009	郑华俊	男	37	硕士	电子工程	网络安全部	员工	长春	220123197711019874	2000年6月1日
010	赵方亮	男	31	硕士	计算机	网络安全部	部门经理	上海	120354198306151112	2009年4月7日
011	赵雪竹	女	27	本科	电子商务	行政部	员工	合肥	342701198702138528	2009年5月1日
012	赵越	女	37	本科	计算机	行政部	员工	四川	610789197701051245	2000年3月5日
013	姜柏旭	男	27	大专	市场营销	销售部	业务员	青岛	341652198704123654	2011年5月10日
014	谈政	男	32	本科	设计	企划部	员工	杭州	521125198203010115	2004年5月1日
015	蔡大千	男	39	硕士	财会	财务部	总监	沈阳	230222197512010001	1998年6月5日
016	蔡超群	女	33	大专	市场营销	销售部	业务员	大连	510123198110016543	2005年4月1日

图 4-35 格式化档案管理表样文

（4）将 A3:K18 单元格区域设置宋体、12 磅、水平居中。

（5）将 K3:K18 单元格区域设置“****年**月**日”显示格式。

（6）将 A2:K18 单元格区域设置自动调整的行高和列宽。

（7）将 E3:E18 单元格区域设置条件格式，本科单元格设置为“浅红填充色深红色文本”。

【操作步骤】

（1）启动 Excel，打开工作簿“员工信息”，复制“档案管理表”，将其副本改名为“格式化档案管理表”。

（2）设置标题文字格式。

- 选定 A1:K1 单元格区域，单击“对齐方式”组中的“合并后居中”按钮。
- 利用“字体”组，设置 A1 单元格为华文彩云、红色、20 磅。

（3）添加边框。

- 选定 A2:K18 单元格区域。
- 选择“开始”选项卡→“字体”组→“边框”下拉按钮→“其他边框”，弹出“设置单元格格式”对话框。
- 在“边框”选项卡中，选择“粗实线”、“蓝色”，单击预置“外边框”；选择“单实线”、“绿色”，单击预置“内部”按钮；最后单击“确定”按钮。

（4）添加底纹。

- 选定 A2:K2 单元格区域。
- 单击“字体”组中的“填充颜色”下拉按钮，选择“黄色”。
- 利用“字体”组，设置字体为隶书、字号为 16 磅。
- 单击“对齐方式”组中的“居中”按钮。

（5）选定 A3:K18 单元格区域，设置宋体、12 磅、水平居中。

（6）设置日期格式。

- 选定 K3:K18 单元格区域。
- 选择“开始”选项卡→“单元格”组→“格式”下拉按钮→“设置单元格格式”，弹出“设置单元格格式”对话框，选择“数字”选项卡
- 单击“分类”列表中的“日期”，选择“类型”列表中的“2001 年 3 月 14 日”日期显示格式，单击“确定”按钮。

（7）设置行高、列宽。

- 选定 A2:K18 单元格区域。
- 选择“开始”选项卡→“单元格”组→“格式”下拉按钮→“自动调整行高”。
- 选择“开始”选项卡→“单元格”组→“格式”下拉按钮→“自动调整列宽”。

（8）设置条件格式。

- 选定 E3:E18 单元格区域。
- 选择“开始”选项卡→“样式”组→“条件格式”→“突出显示单元格规则”→“等于”，弹出“等于”对话框，在文本框中输入 TRUE，在“设置为”下拉列表中选择“浅红填充色深红色文本”，单击“确定”按钮。

（9）保存并关闭文档。

4.5　函数和公式

Excel 中，用户要对数据进行统计、处理、分析等操作时，函数和公式是必不可少的工具。

4.5.1　函数

函数的功能是 Excel 众多功能中的精华。Excel 中所谓的函数，就是根据数据统计、处理和分析的实际需要，事先在 Excel 软件内部定制的一段运算程序，然后以简单的形式面向用户，简化用户操作过程，采取后台运算的方式，解决用户的一些复杂的运算工作。Excel 2010 为用户提供了 13 种类别的函数，利用函数可以高效地完成许多运算。包括财务函数、数学与三角函数、日期与时间函数、数据库函数、查找与引用函数、逻辑函数等。

1. 函数的构成

函数格式：函数名（参数表）。

函数一般由函数名和参数表两部分组成，如 SUM(A1,B1,C1)。

函数名中的大小写字母等价，参数表是由英文逗号分隔的若干个参数组成的，参数可以是常数、单元格名称、单元格区域、还可以是函数值。

2. 单元格的引用

使用单元格名称来标识单元格或单元格区域中数据的方法叫做单元格的引用，此时单元格相当于一个变量，只要单元格的数据发生变化，函数就会自动重新计算。通过引用，可以在一个函数中使用工作表中不同区域的数据进行计算，或者在多个函数中使用同一个单元格的数值，还可以引用同一个工作簿中其他工作表上的单元格，甚至可以引用其他工作簿中的数据。在函数式中，用得最多的参数就是单元格（区域）的引用。

（1）单元格引用的类型。对单元格的引用通常有以下三种类型。

1）相对引用。直接引用单元格（区域）地址（如 A8，A8:A18）作为函数式的参数称之为单元格的相对引用。使用了相对引用单元格的函数式，如果复制到其他单元格中，其中引用的单元格的地址也会随着函数式单元格位置的变化，而自动发生相应变化。例如，在 G2 单元格中的函数式：=SUM（C2:F2），将该公式复制到 G3 单元格中时，公式将自动调整为=SUM（C3:F3）；将该公式复制到 H4 单元格中时，公式将自动调整为=SUM（D4:G4）。

2）绝对引用。在引用单元格的地址行和列号前面加上一个“$”符号，例如$A$8，$A$8:$A$18 等，这样的引用称为单元格的绝对引用。使用了绝对引用单元格的函数式，无论移动和复制到任何单元格，引用的单元格地址都不会随着函数式单元格位置的改变而改变。例如，G2 单元格中的函数式为“=SUM($C$2:$F$2)”，将该公式复制到 G3（或其他）单元格中时，公式仍然是“=SUM($C$2:$F$2)”。

3）混合引用。如果引用单元格的地址，有些是相对引用的，有些是绝对引用的，则称为“混合引用”。例如 A$8，$A8:$A18 等。使用了“混合引用”单元格的函数式，移动或复制到其他单元格中后，绝对引用的地址不会改变，而相对引用的地址会随着函数式单元格位置的改变自动相对调整。例如，在 G2 单元格中的函数式“=SUM($C2:F$2)”，将该公式复制到 H3 单元格中时，公式自动调整为“=SUM($C3:G$2)”。

提示：通过 F4 键可以在绝对引用、相对引用和混合引用之间进行转换。方法是：选中需要转换引用方式的函数式所在单元格如 G2，将光标定位到编辑栏中，选中需要转换的单元格（区域）地址，根据需要反复按下 F4 功能键，至需要引用的方式为止，如图 4-36 所示。

图 4-36　用 F4 功能键转换单元格地址引用方式

（2）不同工作表中单元格的引用。在函数中，可以引用同一工作簿不同工作表内的单元格，其表示方法为“工作表名称！单元格名称”，如 Sheet1！A1 表示对 Sheet1 工作表中的 A 列 1 行交叉的单元格的引用。

（3）不同工作簿中单元格的引用。在函数中，可以引用不同工作簿内某一工作表中的单元格，其表示方法为“[工作簿名]工作表名称！单元格名称”。格式中的“[ ]”是工作簿与工作表之间的分隔符，省略工作簿表明单元格来自当前工作簿；“!”是工作表与单元格之间的分隔符，省略工作表名表明单元格来自当前工作表。

3. 常用函数

Excel 2010 为广大用户内置了 13 类 400 余种函数，供用户直接调用。下面将对一些类别的常用函数及功能进行说明。

（1）常用财务函数。如表 4-8 所示。

表 4-8　常用财务函数功能说明

函数	功能	说明
DB(cost，salvage，life，period，[month])	使用固定余额递减法，计算某一笔资产在给定期间内的折旧值	cost——资产原值；salvage——资产残值；life——资产折旧期数；period——需要计算折旧值的期间；month——第一年的月份数，省略默认为 12
PMT (rate，nper，pv，fv，type)	在固定利率及等额分期付款的情况下，计算每期偿还的货款金额	rate——贷款利率，nper——贷款还款时间或总投资时间；pv——贷款总数；fv——未来值，或最后一次付款后希望得到的现金余额，省略默认为 0；type——0 或 1，用来指定各期还款是在期初还是期末
FV(rate，nper，pmt，pv，type)	在固定利率及等额分期付款的情况下，计算给笔资金的未来值	rate——利率，nper——总投资年限；pmt——各期所付金额；pv——账户上现有的值；type——0 或 1，用来指定各期还款是在期初还是期末

（2）常用日期与时间函数。如表 4-9 所示。

表 4-9　常用日期与时间函数功能说明

函数	功能	说明
DATE(year,month,day)	给出指定数值的日期	year——指定的年份数，小余 9999；month——指定的月份数，可以大于 12；day——指定的天数，可以大于 31
DATEDIF(startdate,enddate,"y")	返回两个日期间的差值，y 处还可以是 m 或 d	startdate——开始日期；enddate——结束日期；y（m，d）——返回两个日期相差的年（月，天）数

（3）常用数学和三角函数。如表 4-10 所示。

表 4-10　常用数学和三角函数功能说明

函数	功能	说明
SUM(参数表)	计算所有参数之和	SUM(1,A2:A3)等价于 1+A2+A3
INT(Number)	将数值 Number 向下取整为最接近的整数	INT(34.58)的值为 34 INT(-34.28)的值为-35
MOD(Number,Divisor)	求被除数 Number 除以除数 Divisor 的余数值，函数值符号与除数相同	MOD(15,-4)的值为-1 MOD(-15,4)的值为 1
ROUND(Number,Num_digits)	按指定位数 Num_digits 对数值 Number 进行四舍五入	ROUND(1234.58,1)的值为 1234.6

（4）常用统计函数。如表 4-11 所示。

表 4-11　常用统计函数功能说明

函数	功能	说明
AVERAGE(参数表)	计算各参数的平均值	AVERAGE(1,A2:A3)等价于(1+A2+A3)/3
MAX(参数表)	求各参数中的最大值	MAX(1,A2:A3)，求 1，A2，A3 中的最大值
MIN(参数表)	求各参数中的最小值	MIN(1,A2:A3)，求 1，A2，A3 中的最小值
COUNT(参数表)	求参数表中数字的个数	COUNT（A1:A4），统计单元格区域 A1:A4 中数字单元格的个数
COUNTIF(Range,Criteria)	计算单元格区域 Range 中满足条件 Criteria 的单元格数目	COUNTIF(A1:A3,">=5")，计算单元格区域 A1:A3 中大于或等于 5 的单元格个数； COUNTIF(B1:B3,"计算")，计算单元格区域 B1:B3 中等于“计算”的单元格个数

（5）常用查找函数。如表 4-12 所示。

表 4-12　常用查找函数功能说明

函数	功能	示例
VLOOKUP(lookup_value, table_array, col_index_num, range_lookup)	在引用的数据表首列查找指定的数据，并由此返回数据表查找到的数据对应行指定列处的数据	lookup_value 代表需要查找的数值；table_array 代表需要在其中查找数据的引用单元格区域；col_index_num 在 table_array 区域中待返回的匹配的序列号；range_lookup 逻辑值，如果 true 或省略则返回近似匹配值，如果 false 或 0 则返回精确匹配值，找不到则返回"#N/A"

（6）常用逻辑函数。如表 4-13 所示。

表 4-13　常用逻辑函数功能说明

函数	功能	示例
IF(Logical_test,Value_true,Value_false)	先判断条件 Logical_test 是否满足，如果满足则函数返回值为 Value_true，否则返回值为 Value_false	当 C5 单元格的值大于或等于 60 时，IF(C5>=60, "及格","不及格")的值为“及格”，否则值为“不及格”

4. 函数的使用

在单元格中引用函数，可以利用“自动求和”按钮Σ 自动求和、函数库、直接输入、插入函数 4 种方法。

【例 4.4】计算“商品销售情况表”中的“合计”列和“总计”行。利用 4 种方法实现函数计算。

【操作步骤】

方法 1：直接输入法计算“合计”。

在 F3 单元格输入公式=sum(B3:E3)，如图 4-37 所示。

SUM　=sum(b3:e3)

	A	B	C	D	E	F
1	某商场商品销售数量情况表					
2	商品名称	一月	二月	三月	四月	合计
3	空调	567	342	125	345	=sum(b3:e3)
4	热水器	324	223	234	412	
5	彩电	435	456	412	218	
6	总计					

商品销售情况表　Sheet2　Sheet3

图 4-37　直接输入公式示例

方法 2：利用“编辑”组中的“自动求和”按钮，计算“合计”。

（1）单击要放置公式的单元格 F3。

（2）单击“自动求和”的下拉按钮，在展开的函数列表中选择“求和”。

（3）F3 中的公式如图 4-38 所示，函数参数 B3:E3 反向显示，此时需要确认函数参数是否恰当。如不恰当，可以直接输入修改，也可以拖动选择要引用的单元格区域。

（4）按 Enter 键，计算结果显示在 F3 单元格。拖动 F3 的填充柄到 F5 即可。

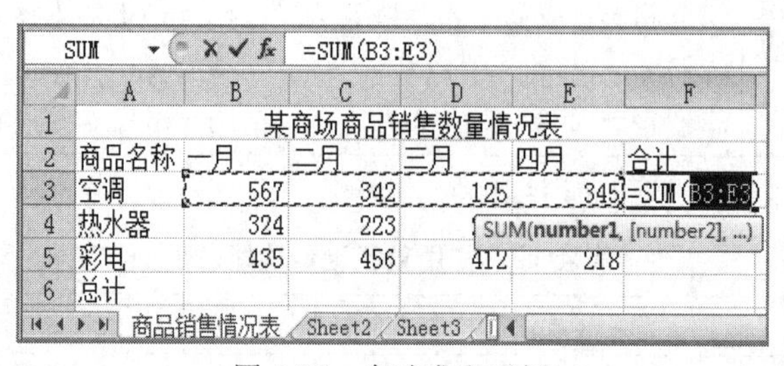

SUM　=SUM(B3:E3)

	A	B	C	D	E	F
1	某商场商品销售数量情况表					
2	商品名称	一月	二月	三月	四月	合计
3	空调	567	342	125	345	=SUM(B3:E3)
4	热水器	324	223			
5	彩电	435	456	412	218	
6	总计					

图 4-38　自动求和示例

方法 3：利用“插入函数”对话框，计算“总计”。

（1）单击要放置公式的单元格 B6。

（2）单击“编辑栏”左侧的“插入函数”按钮fx，弹出“插入函数”对话框，如图 4-39 所示。

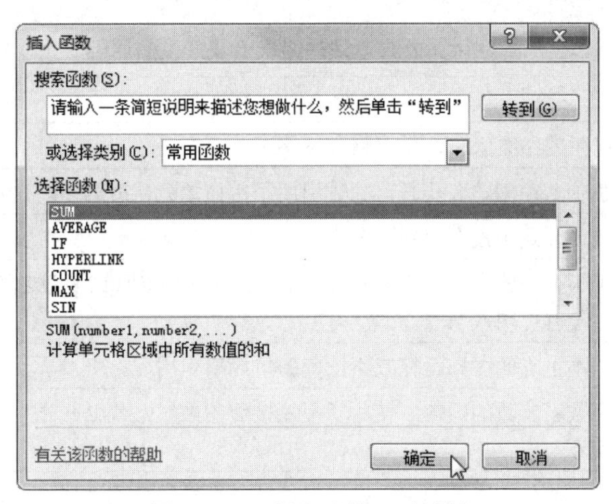

图 4-39　“插入函数”对话框

（3）选择类别为“常用函数”，选择函数为“SUM”，单击“确定”按钮，弹出“函数参数”对话框，如图 4-40 所示，键盘输入或者鼠标拖动选择函数参数，单击“确定”按钮。

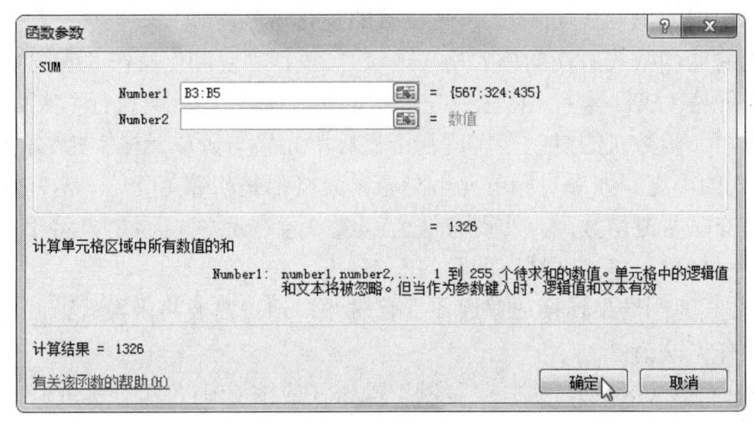

图 4-40　“函数参数”对话框

（4）公式的计算结果显示在单元格 B6 中，拖动 B6 的填充柄到 F6 即可。

方法 4：利用如图 4-41 所示的“函数库”，计算“总计”。

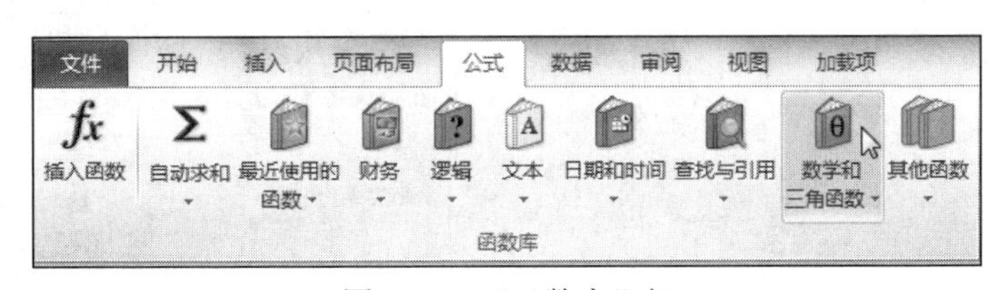

图 4-41　“函数库”组

单击 B6 单元格，选择“公式”选项卡→“函数库”组→“数学和三角函数”→“SUM”，弹出“函数参数”对话框，如图 4-40，完成设置后单击“确定”按钮。

5. 出错信息

在使用公式和函数的时候有时会出现一些诸如“#NAME？”的符号，这说明公式出现了错误，而这些字母就是公式返回的错误值。这些错误值究竟是如何产生的，应该怎样对这些错误值进行处理呢？Excel 中常见的错误值以及产生的原因，如表 4-14 所示。

表 4-14　公式返回的错误值及产生的原因

返回的错误信息	产生原因
###########	公式产生的结果太长，单元格容纳不下
#DIV/0!	被零整除。在创建公式时，除数引用了空白单元格就会出现这种情况
#N/A	在函数或公式中没有可用数值
#NAME?	使用了不存在的名称；名称的拼写错误；公式中名称或函数名拼写错误；在公式中输入文本时没有使用双引号
#NULL	使用了不正确的区域运算或不正确的单元格引用
#NUM!	在需要数字参数的函数中使用了不能接受的参数，或公式产生的数字太大或太小 Excel 不能表示
#REF!	删除了其他公式引用的单元格或将移动单元格粘贴到由其他公式引用的单元格中
#VALUE?	需要数字或逻辑值时输入了文本，Excel 不能将文本转换成为正确的数计类型

6. 函数式的复制与填充

（1）函数式的复制。将某个单元格中的函数表达式复制到一个新的单元格中后，原来函数表达式中相对引用的单元格（区域），随位置的变化做相应调整。

选中需要复制的函数式所在的单元格（区域），执行“复制”操作（或按 Ctrl+C 组合键），然后选中目标单元格（或目标单元格区域左上角的第一个单元格），执行“粘贴”（或按 Ctrl+V 组合键）命令即可。函数式的复制操作适合于目标单元格与源单元格不相邻的情况下使用。

（2）函数式的填充。如果目标单元格与源单元格都是相邻单元格，且需要批量复制函数式，可以选用填充法复制函数式。实现方法为：选中源单元格（区域），将“填充柄”拖拉，依次经过相应的目标单元格（区域）即可。

（3）把函数式返回结果转换成普通值。有时候，用户需要将函数式返回结果转换成普通值进行复制。操作方法为：

1）选中源单元格（区域），执行“复制”操作（或按 Ctrl+C 组合键）；

2）选中目标单元格（或目标单元格区域左上角的第一个单元格），右击鼠标，在随后出现的快捷菜单中，选择“粘贴选项”中的“值”即可，如图 4-42 所示；或者选择“选择性粘贴”中的“数值”选项（如图 4-43 所示）。

图 4-42　粘贴选项

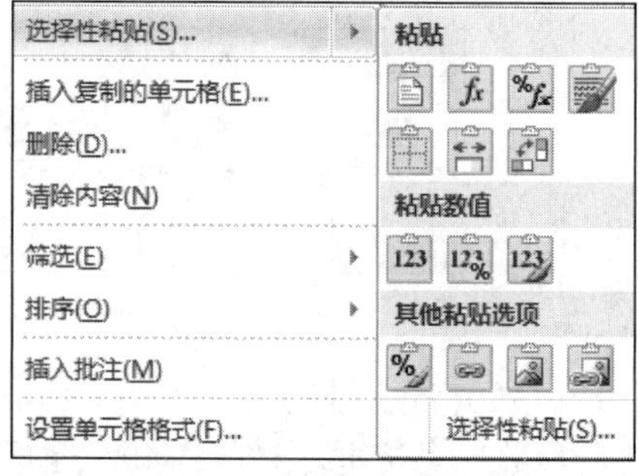

图 4-43　选择性粘贴选项

7. 函数的高级应用

在某些情况下，用户可能需要将某一函数作为另一函数的参数使用，这就是函数的嵌套。例如，“=IF(AVERAGE(F2:F5)>50,SUM(G2:G5),0)”的公式中就用到了 AVERAGE 和 SUM 函数嵌套。在函数嵌套时，函数的返回值的数值类型必须与参数使用的数值类型相同。在 Excel 2010 中，公式中可包含多达七层的嵌套函数。

在 Excel 中，对两个或多个工作表上相同单元格或单元格区域的引用被称为三维引用。例：=SUM(Sheet1:Sheet3!A1:A10)是对 Sheet1 和 Sheet3 之间（包括 Sheet1 与 Sheet2）的所有工作表的 A1:A10 单元格进行求和。在 Excel 中，支持三维引用的函数有 SUM、AVERAGE、AVERAGEA、COUNT、COUNTA、MAX、MAXA、MIN、MINA、PRODUCT、STDEV、STDEVA、STDEVP、STDEVPA、VAR、VARA、VARP 与 VARPA。

4.5.2　公式

1．公式概述

Excel 公式是指在单元格中实现计算功能的等式，所有的公式都必须以“=”号开头，后面是由运算符和操作数构成的表达式。其一般形式为：=<表达式>。

Excel 公式中的操作数可以是常数、单元格名称、单元格区域等。具体的引用方法和函数相同，例如“=A5+B2”表示将 A5 中的数据和 B2 中的数据相加。

运算符用于指定对公式中的数据执行的计算方法，根据运算符的不同，表达式分为算术表达式、关系表达式和字符串表达式。

（1）运算符类型。运算符分为算术运算符、比较运算符、文本连接运算符和引用运算符 4 种不同类型。

1）算术运算符：完成基本的算术运算（如加法、减法或乘法）生成数值结果。算术运算符的种类及每种运算的含义如表 4-15 所示。

表 4-15　算术运算符及其含义

算术运算符	含义	示例
+（加号）	加法	3+3
–（减号）	减法、负数	3-1、-1
*（星号）	乘法	3*3
/（正斜杠）	除法	3/3
%（百分号）	百分比	20%
^（脱字号）	乘方	3^2

【例 4.5】数学式 3×6÷3+5，Excel 中的表示方法为：单击任一单元格，输入=3*6/3+5，按 Enter 键，单元格计算结果为 11。

2）比较运算符：用于数据的比较，比较运算的结果为逻辑 TRUE 或逻辑 FALSE。比较运算符及其含义如表 4-16 所示。

表 4-16　比较运算符及其含义

比较运算符	含义	示例
=（等号）	等于	A1=B1
>（大于号）	大于	A1>B1
<（小于号）	小于	A1<B1
>=（大于等于号）	大于或等于	A1>=B1

续表

比较运算符	含义	示例
<=（小于等于号）	小于或等于	A1<=B1
<>（不等号）	不等于	A1<>B1

【例 4.6】数学式 3≥6，Excel 中计算方法为：在目标单元格中输入“=3>=6”按 Enter 键，显示计算结果为 FALSE。

3）文本连接运算符：使用&连接一个或多个文本字符串以生成一段文本。如“='North'&'wind'”，结果为“'Northwind'”。

4）引用运算符：在使用公式时，可以使用引用运算符对单元格区域进行合并计算，引用运算符如表 4-17 所示。

表 4-17　引用运算符及其含义

引用运算符	功能	示例
:（冒号）	区域运算符，引用连续的单元格区域	B5:B15
,（逗号）	联合运算符，将多个引用合并为一个引用	SUM(B5:B15,D5:D15)
（空格）	交集运算符，生成对两个引用中共有的单元格的引用	B7:D7 C6:C8

（2）运算符优先级别。在一个公式中，如果含有不优先级的运算符，先执行优先级高的运算，再执行优先级低的运算，同一等级的运算符，通常按从左到右的顺序进行计算。四类运算符的优先级：引用运算符>算术运算符>字符串连接运算符>关系运算符。

如表 4-18 所示，各种运算符按优先级从高到低的顺序在表中由上而下排列。

表 4-18　运算符的优先顺序表

优先级	运算符	说明
1	:（冒号）、（单个空格）、,（逗号）	引用运算符
2	-	负数（如：-1）
3	%	百分比
4	^	乘方
5	* 和 /	乘和除
6	+ 和 –	加和减
7	&	连接两个文本字符串（串连）
8	=、<>、<=、>=	比较运算符

若要更改公式的计算顺序，可将公式中要先计算的部分用括号括起来。例如，公式“=5+2*3”的结果是 11，公式“=(5+2)*3”的结果为 21。

2. 公式的建立

单击要放置公式的单元格，在单元格或在编辑栏中输入公式。公式输入后按 Enter 键，或者单击“名称框”与“编辑栏”之间的✔按钮，则在单元格中显示公式的计算结果，编辑栏中显示公式。

【例 4.7】利用公式计算学生总分，如图 4-44 所示。

【操作步骤】

（1）单击要放置公式的单元格 D2→输入“=”；

（2）输入“B2”（或单击 B2 单元格）；

（3）输入“+”；

（4）输入“C2”（或单击 C2 单元格）；

（5）按 Enter 键（或单击“名称框”与“编辑栏”之间的✓按钮）。

输入完成，公式结果显示在 D2 单元格。

D2　fx　=B2+C2

	A	B	C	D
1	姓名	计算机	英语	总分
2	胡克	88	90	178
3	王宁	99	50	
4	胡克	66	77	
5	孙倩	77	63	
6	董晓鹏	42	65	

图 4-44　建立公式示例

公式的复制和填充方法与函数式的复制与填充方法相同。要计算 D4 和 D5 单元格的结果，只要拖动 D3 单元格的填充柄到 D5 即可。

4.5.3　实战演练——员工工资核算

企业每月工资的发放是再正常不过的一件事，在工资发放前，财务人员必须要完成对本月工资的核算。工资的最终结算金额来自于多项数据，如员工基本工资、福利津贴、奖惩表。如果采用手工方式计算这些数据，工作效率低下，并且容易出错。利用 Excel 软件的函数可以自动计算这些数据，提高财务人员的工作效率。

在 Excel 中建立了工资核算管理表之后，以后每个月份的工资核算将会变得相对简单，只要更改一些基本表格的数据，工资表将会自动得出相应计算结果。操作过程如下：

1. 创建员工基本工资管理表

（1）打开“员工工资核算表”工作表→“基本工资表”工作表，如图 4-45 所示。

员工工资核算表.xlsx

	A	B	C	D	E	F	G	H
1	基本工资管理表							
2	编号	姓名	所在部门	所属职位	入职时间	工龄	基本工资	工龄工资
3	001	王凯迪	企划部	员工	2010/5/6			
4	002	孔骞	财务部	员工	2002/8/3			
5	003	冯文喧	行政部	员工	2010/7/1			
6	004	刘寒静	销售部	业务员	2013/10/1			
7	005	汪宇	销售部	业务员	2013/7/1			
8	006	陈鹏	企划部	部门经理	2008/7/1			
9	007	邵奇	销售部	业务员	2008/4/10			
10	008	林世民	销售部	业务员	2003/3/11			
11	009	郑华俊	网络安全部	员工	2000/6/1			
12	010	赵方亮	网络安全部	部门经理	2009/4/7			
13	011	赵雪竹	行政部	员工	2009/5/1			
14	012	赵越	行政部	员工	2000/3/5			
15	013	姜柏旭	销售部	业务员	2011/5/10			
16	014	谈政	企划部	员工	2004/5/1			
17	015	蔡大千	财务部	总监	1998/6/5			
18	016	蔡超群	销售部	业务员	2005/4/1			

基本工资表 / 福利补贴管理表 / 本月奖惩管理表

图 4-45　基本工资表

（2）计算工龄。

1）选中 F3 单元格，在公式编辑栏中输入公式：=YEAR(TODAY())-YEAR(E3)，按 Enter 键返回日期值，如图 4-46 所示。选中 F3 单元格，在“开始”标签下的“数字”选项组中设置单元格格式为“常规”，即可显示出工龄，如图 4-47 所示。

fx =YEAR(TODAY())-YEAR(E3)

员工工资核算表.xlsx

	A	B	C	D	E	F	G	H
1	基本工资管理表							
2	编号	姓名	所在部门	所属职位	入职时间	工龄	基本工资	工龄工资
3	001	王凯迪	企划部	员工	2010/5/6	1900/1/4		
4	002	孔骞	财务部	员工	2002/8/3			

图 4-46 用函数计算工龄

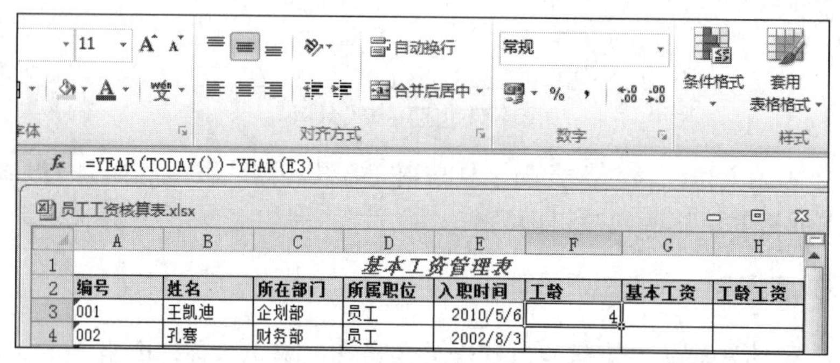

图 4-47 设置工龄格式

2）选中 F3 单元格，将光标定位到该单元格右下角，当出现黑色十字形时向下拖动复制公式，可一次性计算出所有员工工龄。如图 4-48 所示。

员工工资核算表.xlsx

	A	B	C	D	E	F	G	H
1	基本工资管理表							
2	编号	姓名	所在部门	所属职位	入职时间	工龄	基本工资	工龄工资
3	001	王凯迪	企划部	员工	2010/5/6	4		
4	002	孔骞	财务部	员工	2002/8/3	12		
5	003	冯文喧	行政部	员工	2010/7/1	4		
6	004	刘寒静	销售部	业务员	2013/10/1	1		
7	005	汪宇	销售部	业务员	2013/7/1	1		
8	006	陈鹏	企划部	部门经理	2008/7/1	6		
9	007	邵奇	销售部	业务员	2008/4/10	6		
10	008	林世民	销售部	业务员	2003/3/11	11		
11	009	郑华俊	网络安全部	员工	2000/6/1	14		
12	010	赵方亮	网络安全部	部门经理	2009/4/7	5		
13	011	赵雪竹	行政部	员工	2009/5/1	5		
14	012	赵越	行政部	员工	2000/3/5	14		
15	013	姜柏炟	销售部	业务员	2011/5/10	3		
16	014	谈政	企划部	员工	2004/5/1	10		
17	015	蔡大千	财务部	总监	1998/6/5	16		
18	016	蔡超群	销售部	业务员	2005/4/1	9		

基本工资表 福利补贴管理表 本月奖惩管理表

图 4-48 计算出所有员工工龄

（3）计算工龄工资。根据员工工龄可以计算工龄工资。本例中约定工龄不足 2 年时不计工龄，工龄大于 2 年时按每年 100 元递增。

1）选中 H3 单元格，在公式编辑栏中输入“=IF(F3<2，0,(F3-2)*100)”，按 Enter 键可根据员工工龄计算出员工工龄工资，如图 4-49 所示。

=IF(F3<2,0,(F3-2)*100)

员工工资核算表.xlsx

	A	B	C	D	E	F	G	H
1	基本工资管理表							
2	编号	姓名	所在部门	所属职位	入职时间	工龄	基本工资	工龄工资
3	001	王凯迪	企划部	员工	2010/5/6	4		200

图 4-49　计算工龄工资

2）选中 H3 单元格，将光标定位到该单元格右下角，当出现黑色十字形时向下拖动复制公式，可一次性计算出所有员工工龄工资。

（4）根据员工所属职位计算基本工资。根据员工所属职位可以计算基本工资。本例中约定业务员基本工资 800 元，员工基本工资 2000 元，部门经理基本工资 2500 元，总监基本工资 3000 元。

1）选中 G3 单元格，在公式编辑栏中输入“=IF(D3="业务员",800,IF(D3="员工",2000,IF(D3="部门经理",2500,3000)))”，按 Enter 键可根据员工所属职位计算出员工基本工资。

2）选中 G3 单元格，将光标定位到该单元格右下角，当出现黑色十字形时向下拖动复制公式，可一次性计算出所有员工基本工资。最终效果如图 4-50 所示。

=IF(D3="业务员",800,IF(D3="员工",2000,IF(D3="部门经理",2500,3000)))

员工工资核算表.xlsx

	A	B	C	D	E	F	G	H
1	基本工资管理表							
2	编号	姓名	所在部门	所属职位	入职时间	工龄	基本工资	工龄工资
3	001	王凯迪	企划部	员工	2010/5/6	4	2000	200
4	002	孔骞	财务部	员工	2002/8/3	12	2000	1000
5	003	冯文喧	行政部	员工	2010/7/1	4	2000	200
6	004	刘寒静	销售部	业务员	2013/10/1	1	800	0
7	005	汪宇	销售部	业务员	2013/7/1	1	800	0
8	006	陈鹏	企划部	部门经理	2008/7/1	6	2500	400
9	007	邵奇	销售部	业务员	2008/4/10	6	800	400
10	008	林世民	销售部	业务员	2003/3/11	11	800	900
11	009	郑华俊	网络安全部	员工	2000/6/1	14	2000	1200
12	010	赵方亮	网络安全部	部门经理	2009/4/7	5	2500	300
13	011	赵雪竹	行政部	员工	2009/5/1	5	2000	300
14	012	赵越	行政部	员工	2000/3/5	14	2000	1200
15	013	姜柏旭	销售部	业务员	2011/5/10	3	800	100
16	014	谈政	企划部	员工	2004/5/1	10	2000	800
17	015	蔡大千	财务部	总监	1998/6/5	16	3000	1400
18	016	蔡超群	销售部	业务员	2005/4/1	9	800	700

基本工资表　福利补贴管理表　本月奖惩管理表

图 4-50　计算出所有员工基本工资

2. 创建员工福利津贴管理表

根据企业的规模不同，对员工的福利保障水平也不相同。本例中设包含住房补贴、伙食补贴、交通补贴几项，具体补贴标准如下。

住房补贴：性别为女，补贴为 300，性别为男，补贴为 200。

伙食补贴：部门为销售部，补贴为 200；部门为企划部，补贴为 150；部门为网络安全部，补贴为 150；部门为行政部，补贴为 100；部门为财务部，补贴为 100。

交通补助：部门为销售部，补贴为 300；部门为企划部，补贴为 200；部门为网络安全部，补贴为 200；部门为行政部，补贴为 100；部门为财务部，补贴为 100。

【操作步骤】

（1）打开如图 4-51 所示的福利补贴管理表。

员工工资核算表.xlsx

福利补贴管理表							
编号	姓名	性别	所在部门	住房补贴	伙食补贴	交通补贴	合计金额
001	王凯迪	男	企划部				
002	孔骞	男	财务部				
003	冯文喧	女	行政部				
004	刘寒静	女	销售部				
005	汪宇	女	销售部				
006	陈鹏	男	企划部				
007	邵奇	男	销售部				
008	林世民	男	销售部				
009	郑华俊	男	网络安全部				
010	赵方亮	男	网络安全部				
011	赵雪竹	女	行政部				
012	赵越	男	行政部				
013	姜柏旭	男	销售部				
014	谈政	男	企划部				
015	蔡大千	男	财务部				
016	蔡超群	男	销售部				

基本工资表 福利补贴管理表 本月奖惩

图 4-51　福利补贴管理表

（2）选中 E3 单元格，在公式编辑栏里输入公式“=IF(C3="女",300,200)”，按 Enter 键可以根据员工性别计算出住房补贴金额。选中 E3 单元格，向下复制公式，可一次性得出所有员工的住房补贴。

（3）选中 F3 单元格，在公式编辑栏里输入公式“=IF(D3="销售部",200,IF(D3="企划部",150，IF(D3="网络安全部",150,100)))”，按 Enter 键可以根据员工所在部门计算出伙食补贴金额。选中 F3 单元格，向下复制公式，可一次性得出所有员工的伙食补贴。

（4）选中 G3 单元格，在公式编辑栏里输入公式“=IF(D3="销售部",300,IF(D3="企划部",200,IF(D3="网络安全部",200，100)))”，按 Enter 键可以根据员工所在部门计算出交通补贴金额。选中 G3 单元格，向下复制公式，可一次性得出所有员工的交通补贴。

（5）选中 H3 单元格，在公式编辑栏中输入公式“=SUM(E3:G3)”，按 Enter 键可以计算出第一位员工各项补贴的合计金额；选中 H3 单元格，向下复制公式，可一次性得出每位员工各项补贴的合计金额，效果如图 4-52 所示。

fx =SUM(E3:G3)

员工工资核算表.xlsx

编号	姓名	性别	所在部门	住房补贴	伙食补贴	交通补贴	合计金额
001	王凯迪	男	企划部	200	150	200	550
002	孔骞	男	财务部	200	100	100	400
003	冯文喧	女	行政部	300	100	100	500
004	刘寒静	女	销售部	300	200	300	800
005	汪宇	女	销售部	300	200	300	800
006	陈鹏	男	企划部	200	150	200	550
007	邵奇	男	销售部	200	200	300	700
008	林世民	男	销售部	200	200	300	700
009	郑华俊	男	网络安全部	200	150	200	550
010	赵方亮	男	网络安全部	200	150	200	550
011	赵雪竹	女	行政部	300	100	100	500
012	赵越	男	行政部	200	100	100	400
013	姜柏旭	男	销售部	200	200	300	700
014	谈政	男	企划部	200	150	200	550
015	蔡大千	男	财务部	200	100	100	400
016	蔡超群	男	销售部	200	200	[illegible]	700

基本工资表 福利补贴管理表 本月奖惩

图 4-52　福利补贴计算结果

3. 创建本月奖惩管理表

对于销售型企业而言，企业销售人员的工资很大一部分来自业绩提成。同时，其他部门的员工也可能会因为表现突出获取一定奖金，因为一些工作失误产生一定罚款金额。这些数据都要记录在本期的工资中，因此需要建立一张工作表来统计这些数据。如图 4-53 所示。

员工工资核算表.xlsx

本月奖惩管理表

编号	姓名	所在部门	销售业绩	提成或奖金	罚款	奖励或罚款说明
004	刘寒静	销售部	30040			业绩提成
005	汪宇	销售部	56000			业绩提成
007	邵奇	销售部	295880			业绩提成
008	林世民	销售部	45690			业绩提成
013	姜柏旭	销售部	17000			业绩提成
016	蔡超群	销售部	328000			业绩提成
009	郑华俊	网络安全部			160	损坏公物
010	赵方亮	网络安全部		500		解决突发事件
001	王凯迪	企划部		1000		项目奖金
006	陈鹏	企划部		1000		项目奖金
014	谈政	企划部			100	拖延进度
003	冯文喧	行政部		200		表现突出
011	赵雪竹	行政部		200		表现突出
012	赵越	行政部			120	损坏公物
002	孔骞	财务部		200		表现突出
015	蔡大千	财务部		200		表现突出

福利补贴管理表 本月奖惩管理表

图 4-53 本月奖惩管理表

本例约定：销售金额小于 20000 时，提成比例为 3%；销售金额在 20000 至 50000 时，提成比例为 5%；销售金额大于 50000 时，提成比例为 8%。

计算操作方法为：打开如图所示的本月奖惩管理表，选中 E3 单元格，输入公式："=IF(D3<=20000,D3*0.03,IF(D3<=50000,D3*0.05, D3*0.08))"，按 Enter 键可以根据销售业绩计算出提成金额。选中 E3 单元格，向下复制公式（将其填充柄拖至 E8），可一次性得出所有销售部员工的提成金额，效果如图 4-54 所示。

fx =IF(D3<=20000,D3*0.03,IF(D3<=50000,D3*0.05, D3*0.08))

员工工资核算表.xlsx

本月奖惩管理表

编号	姓名	所在部门	销售业绩	提成或奖金	罚款	奖励或罚款说明
004	刘寒静	销售部	30040	1502		业绩提成
005	汪宇	销售部	56000	4480		业绩提成
007	邵奇	销售部	295880	23670.4		业绩提成
008	林世民	销售部	45690	2284.5		业绩提成
013	姜柏旭	销售部	17000	510		业绩提成
016	蔡超群	销售部	328000	26240		业绩提成
009	郑华俊	网络安全部			160	损坏公物
010	赵方亮	网络安全部		500		解决突发事件
001	王凯迪	企划部		1000		项目奖金
006	陈鹏	企划部		1000		项目奖金
014	谈政	企划部			100	拖延进度
003	冯文喧	行政部		200		表现突出
011	赵雪竹	行政部		200		表现突出
012	赵越	行政部			120	损坏公物
002	孔骞	财务部		200		表现突出
015	蔡大千	财务部		200		表现突出

福利补贴管理表 本月奖惩管理表

图 4-54 本月奖惩计算结果

4. 创建工资统计表

打开本月工资统计表，如图 4-55 所示。

员工工资核算表.xlsx

本月工资统计表											
编号	姓名	所在部门	基本工资	工龄工资	福利补贴	提成或奖金	应发合计	罚款	个人所得税	应扣合计	实发工资
001	王凯迪	企划部									
002	孔骞	财务部									
003	冯文喧	行政部									
004	刘寒静	销售部									
005	汪宇	销售部									
006	陈鹏	企划部									
007	邵奇	销售部									
008	林世民	销售部									
009	郑华俊	网络安全部									
010	赵方亮	网络安全部									
011	赵雪竹	行政部									
012	赵越	行政部									
013	姜柏旭	销售部									
014	谈政	企划部									
015	蔡大千	财务部									
016	蔡超群	销售部									

本月奖惩管理表 工资统计表

图 4-55 工资统计表

（1）计算应发工资。

1）选中 D3 单元格，在公式编辑栏中输入公式“=VLOOKUP(A3，基本工资表!$A$2:$H$18,7,FALSE)”，按 Enter 键即可从“基本工资表”中返回第一位员工的基本工资。

2）选中 E3 单元格，在公式编辑栏中输入公式“=VLOOKUP(A3,基本工资表!$A$2:$H$18,8,FALSE)”，按 Enter 键即可从“基本工资表”中返回第一位员工的工龄工资。

3）选中 F3 单元格，在公式编辑栏中输入公式“=VLOOKUP(A3,福利补贴管理表!$A$2:$H$18,8,FALSE)”，按 Enter 键即可从“福利补贴管理表”中返回第一位员工的福利补贴。

4）选中 G3 单元格，在公式编辑栏中输入公式“=VLOOKUP(A3,本月奖惩管理表!$A$2:$G$18,5,FALSE)”，按 Enter 键即可从“本月奖惩管理表”中返回第一位员工的提成或奖金。

5）选中 H3 单元格，在公式编辑栏中输入公式“=SUM(D3:G3)”，按 Enter 键即返回第一位员工的应发工资。

6）选中 D3:H3 单元格区域，向下复制公式至最后一条记录，可以快速得出所有员工的应发金额及各项明细。效果如图 4-56 所示。

员工工资核算表.xlsx

本月工资统计表											
编号	姓名	所在部门	基本工资	工龄工资	福利补贴	提成或奖金	应发合计	罚款	个人所得税	应扣合计	实发工资
001	王凯迪	企划部	2000	200	550	1000	3750				
002	孔骞	财务部	2000	1000	400	200	3600				
003	冯文喧	行政部	2000	200	500	200	2900				
004	刘寒静	销售部	800	0	800	1502	3102				
005	汪宇	销售部	800	0	800	4480	6080				
006	陈鹏	企划部	2500	400	550	1000	4450				
007	邵奇	销售部	800	400	700	23670.4	25570.4				
008	林世民	销售部	800	900	700	2284.5	4684.5				
009	郑华俊	网络安全部	2000	1200	550	0	3750				
010	赵方亮	网络安全部	2500	300	550	500	3850				
011	赵雪竹	行政部	2000	300	500	200	3000				
012	赵越	行政部	2000	1200	400	0	3600				
013	姜柏旭	销售部	800	100	700	510	2110				
014	谈政	企划部	2000	800	550	0	3350				
015	蔡大千	财务部	3000	1400	400	200	5000				
016	蔡超群	销售部	800	700	700	26240	28440				

福利补贴管理表 本月奖惩管理表 工资统计表

图 4-56 应发工资计算结果

（2）计算工资表中应扣金额并生成工资表。

1）选中 I3 单元格，在公式编辑栏中输入公式“=VLOOKUP(A3，本月奖惩管理表!

$A$2:$G$18,6,FALSE)”，按 Enter 键即可从“本月奖惩管理表”中返回第一位员工的扣款。

2）个人所得税有专业的计算方法，为方便学习，本例虚构以下个人所得税计算方法供读者练习。即：个人所得税=s*k，其中，S=应发工资-3500；当 S<=0 时，k=0；0<S<1500 时，k=0.03；1500<=S<=4500，k=0.08；s>4500，k=0.1。

根据以上计算方法，进行如下计算：

选中 J3 单元格，输入公式“=IF(H3<=3500,0,IF(H3<5000,(H3-3500)*0.03,IF(H3<8000,(H3-3500)*0.08,(H3-3500)*0.1)))”按 Enter 键即返回第一位员工的个人所得税。

3）选中 K3 单元格，输入公式“=SUM(I3:J3)”，按 Enter 键即返回第一位员工的应扣合计金额。

4）选中 L3 单元格，输入公式“=H3-K3”，按 Enter 键即返回第一位员工的实发工资。

5）选中 I3:L3 单元格区域，向下复制公式至最后一条记录，可以快速得出所有员工工资。最终如图 4-57 所示。

员工工资核算表.xlsx

本月工资统计表

编号	姓名	所在部门	基本工资	工龄工资	福利补贴	提成或奖金	应发合计	罚款	个人所得税	应扣合计	实发工资
001	王凯迪	企划部	2000	200	550	1000	3750	0	7.5	7.5	3742.5
002	孔骞	财务部	2000	1000	400	200	3600	0	3	3	3597
003	冯文喧	行政部	2000	200	500	200	2900	0	0	0	2900
004	刘寒静	销售部	800	0	800	1502	3102	0	0	0	3102
005	汪宇	销售部	800	0	800	4480	6080	0	206.4	206.4	5873.6
006	陈鹏	企划部	2500	400	550	1000	4450	0	28.5	28.5	4421.5
007	邵奇	销售部	800	400	700	23670.4	25570.4	0	2207.04	2207.04	23363.36
008	林世民	销售部	800	900	700	2284.5	4684.5	0	35.535	35.535	4648.965
009	郑华俊	网络安全部	2000	1200	550	0	3750	160	7.5	167.5	3582.5
010	赵方亮	网络安全部	2500	300	550	500	3850	0	10.5	10.5	3839.5
011	赵雪竹	行政部	2000	300	500	200	3000	0	0	0	3000
012	赵越	行政部	2000	1200	400	0	3600	120	3	123	3477
013	姜柏旭	销售部	800	100	700	510	2110	0	0	0	2110
014	谈政	企划部	2000	800	550	0	3350	100	0	100	3250
015	蔡大千	财务部	3000	1400	400	200	5000	0	120	120	4880
016	蔡超群	销售部	800	700	700	26240	[illegible]	0	2494	2494	25946

福利补贴管理表　本月奖惩管理表　工资统计表

图 4-57　工资统计表最后计算结果

（3）保存工作簿文件，关闭 Excel 应用程序。

4.6　数据统计和分析

当用户面对海量的数据时，如何从中获取有价值的信息，不仅要选择数据分析的方法，还必须掌握数据分析的工具。Excel 2010 提供了大量帮助用户进行数据分析的功能。本节主要讲述如何在 Excel 中运用各种分析工具进行数据分析，重点介绍排序、筛选、分类汇总、合并计算、数据透视表等。

4.6.1　数据排序

在 Excel 2010 中，用户经常需要对数据进行排序，以查找需要的信息，通常情况下排序的规则如下：①数字从最小的负数到最大的正数；②按字母先后顺序排序；③逻辑值 FALSE 排在 TRUE 之前；④全部错误值的优先值相同；⑤空格始终排在最后。

1. 简单排序

简单排序就是指在排序的时候，设置单一的排序条件，将工作表中的数据按照指定的数据类型进行重新排序，简单排序的具体操作如下：

建立“教学管理”工作簿如图 4-58 所示，假设要将“计算机”课程进行升序排序，步骤为：

（1）选择“计算机”列的任意单元格，如图 4-58 所示。

（2）在“数据”选项卡中的“排序和筛选”组中单击“升序”按钮。

（3）排序后的数据如图 4-59 所示。

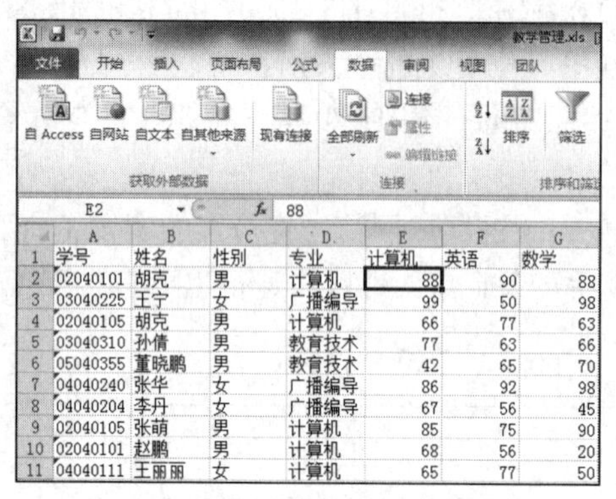

学号	姓名	性别	专业	计算机	英语	数学
02040101	胡克	男	计算机	88	90	88
03040225	王宁	女	广播编导	99	50	98
02040105	胡克	男	计算机	66	77	63
03040310	孙倩	男	教育技术	77	63	66
05040355	董晓鹏	男	教育技术	42	65	70
04040240	张华	女	广播编导	86	92	98
04040204	李丹	女	广播编导	67	56	45
02040105	张萌	男	计算机	85	75	90
02040101	赵鹏	男	计算机	68	56	20
04040111	王丽丽	女	计算机	65	77	50

图 4-58　教学管理工作表

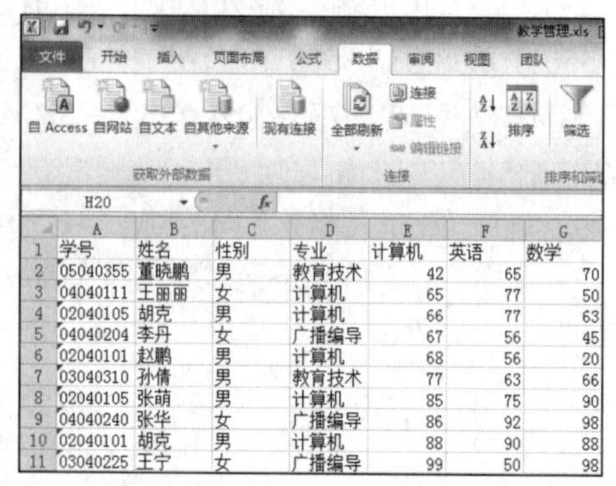

学号	姓名	性别	专业	计算机	英语	数学
05040355	董晓鹏	男	教育技术	42	65	70
04040111	王丽丽	女	计算机	65	77	50
02040105	胡克	男	计算机	66	77	63
04040204	李丹	女	广播编导	67	56	45
02040101	赵鹏	男	计算机	68	56	20
03040310	孙倩	男	教育技术	77	63	66
02040105	张萌	男	计算机	85	75	90
04040240	张华	女	广播编导	86	92	98
02040101	胡克	男	计算机	88	90	88
03040225	王宁	女	广播编导	99	50	98

图 4-59　按“计算机”升序排序结果

同样，如果要对“计算机”课程进行降序排序，只需在上述步骤的 Step2 中，单击“降序”按钮即可。

2. 多关键字排序

多关键字排序也称复杂排序，是指按多个关键字对数据进行排序。打开“排序”对话框，然后在“主要关键字”和“次要关键字”选项组中编辑排序的条件，以实现对数据进行复杂的排序，具体的操作步骤如下：

（1）需要排序的数据如图 4-58 所示，在“排序和筛选”功能组中单击“排序”按钮，打开如图 4-60 所示对话框。

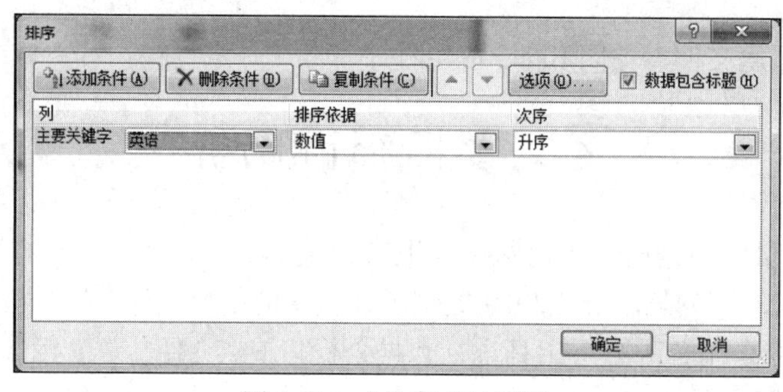

图 4-60　“排序“对话框

（2）在“排序”对话框中的“主要关键字”下拉列表中选择“英语”，设置“排序依据”为“数值”，在次序下拉列表框中选择“升序”。

（3）在“排序”对话框中单击“添加条件”按钮，下面增加一行次要关键字，如图 4-61 所示。

（4）设置次要关键字为数学，排序依据为“数值”，次序为“升序”。

（5）如需增加其他关键字排序，重复（3）、（4）步骤。

（6）最后单击“确定”按钮，按多关键字排序的结果如图 4-62 所示。

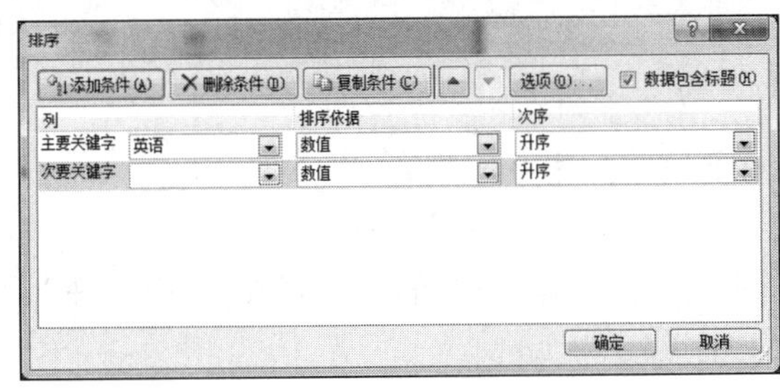

图 4-61　添加次要关键字

	A	B	C	D	E	F	G
1	学号	姓名	性别	专业	计算机	英语	数学
2	03040225	王宁	女	广播编导	99	50	98
3	02040101	赵鹏	男	计算机	68	56	20
4	04040204	李丹	女	广播编导	67	56	45
5	03040310	孙倩	男	教育技术	77	63	66
6	05040355	董晓鹏	男	教育技术	42	65	70
7	02040105	张萌	男	计算机	85	75	90
8	04040111	王丽丽	女	计算机	65	77	50
9	02040105	胡克	男	计算机	66	77	63
10	02040101	胡克	男	计算机	88	90	88
11	04040240	张华	女	广播编导	86	92	98

图 4-62　按多关键字排序结果

4.6.2　数据筛选

Excel 的数据筛选功能可以在工作表中有选择性地显示满足条件的数据，对于不满足条件的数据，Excel 工作表会自动将其隐藏，Excel 的数据筛选功能包括：自动筛选、自定义筛选以及高级筛选 3 种方式。

1. 自动筛选

如果需要在工作表中只显示满足给定条件的数据，那么可以使用 Excel 的自动筛选功能来达到此要求。例如，要在图 4-58 所示工作表中筛选出所有“专业”为“计算机”的学生记录，自动筛选数据的具体操作步骤如下：

（1）在“排序和筛选”组中单击“筛选”按钮。

（2）单击“专业”筛选按钮，从展开的筛选列表中勾选“计算机”，如图 4-63 所示。

（3）单击“确定”按钮，筛选结果如图 4-64 所示。

图 4-63　筛选专业为“计算机”的记录

	A	B	C	D	E	F	G
1	学号	姓名	性别	专业	计算机	英语	数学
3	02040101	赵鹏	男	计算机	68	56	2
7	02040105	张萌	男	计算机	85	75	9
8	04040111	王丽丽	女	计算机	65	77	5
9	02040105	胡克	男	计算机	66	77	6
10	02040101	胡克	男	计算机	88	90	8

图 4-64　筛选结果

2. 自定义筛选

用户在筛选数据的时候，需要设置多个条件进行筛选，可以通过“自定义自动筛选方式”对话框进行设置，从而得到更为精确的筛选结果。常见的自定义筛选方式有：筛选文本、筛选数字、筛选日期或时间、筛选最大或最小数字、筛选平均数以上或以下的数字、筛选空值或非空值以及按单元格或字体颜色进行筛选。

（1）筛选文本。以筛选“教学管理”工作簿中姓王的学生信息为例，操作步骤为

- 在“排序和筛选”组中单击“筛选”按钮；
- 单击“姓名”筛选按钮；
- 从展开的筛选列表中单击“文本筛选”标签，将弹出下级列表；
- 选择文本筛选方式，如“开头是”；
- 在弹出的“自定义自动筛选方式”对话框中的“开头是”右侧的下拉列表中输入“王”。
- 然后点击“确定”按钮，如图 4-65 所示。

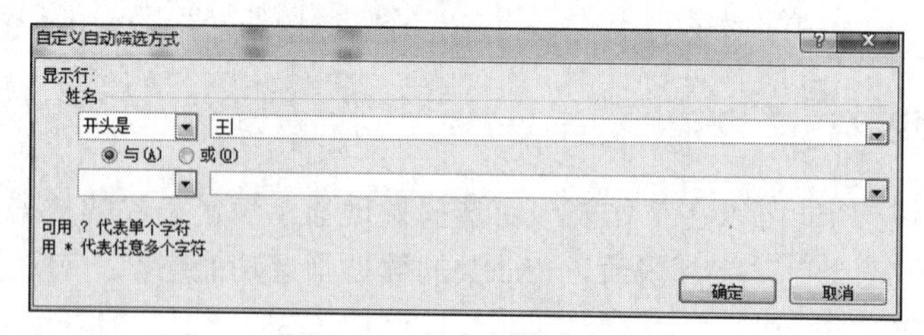

图 4-65　自定义筛选方式

- 最终筛选结果如图 4-66 所示。

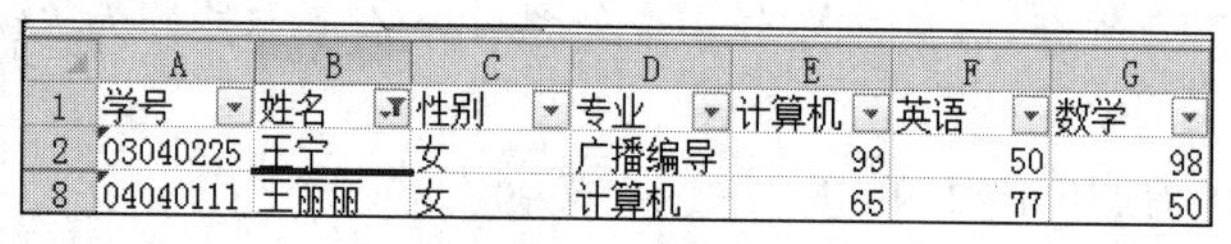

	A	B	C	D	E	F	G
1	学号	姓名	性别	专业	计算机	英语	数学
2	03040225	王宁	女	广播编导	99	50	98
8	04040111	王丽丽	女	计算机	65	77	50

图 4-66　筛选结果

（2）数值型数据的筛选。对于数值型数据，除了可以使用类似于文本的筛选方式外，还可以直接筛选出前面 n 个最大值。

例如，在前面的“教学管理”工作簿中，筛选出“计算机”课程前 5 个最大值，操作步骤为：

- 单击“计算机”筛选按钮；
- 在展开的下拉列表框中选择“数字筛选”命令；
- 在下级下拉列表框中选择“10 个最大值”命令；
- 在弹出的“自动筛选前 10 个”对话框中修改要筛选的个数后，如图 4-67 所示，单击“确定”按钮，显示筛选结果如图 4-68 所示。

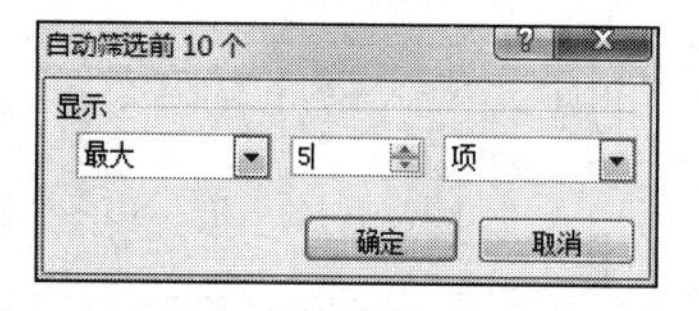

图 4-67　“自动筛选前 10 个“对话框

	A	B	C	D	E	F	G
1	学号	姓名	性别	专业	计算机	英语	数学
2	03040225	王宁	女	广播编导	99	50	98
5	03040310	孙倩	男	教育技术	77	63	66
7	02040105	张萌	男	计算机	85	75	90
10	02040101	胡克	男	计算机	88	90	88
11	04040240	张华	女	广播编导	86	92	98

图 4-68　筛选结果

提示：在数字筛选列表中，“等于”选项用于筛选与某个数值相等的数据；“不等于”用来筛选除某个数值以外的数据；“大于”用来筛选比某个值大的数据；“大于或等于”用来筛选与某个值相同或比该值大的数据；“小于或等于”用来筛选比某个值小或与该值相同的数据；“介于”用来筛选介于两个数值之间的数据；“10 个最大的值”可用于筛选出 n 个最大值或最小值，n 值由用户根据需要确定，在“自动筛选前 10 个”对话框中单击中间的调节按钮确定个数；“高于平均值”用来筛选出此平均值高的数据；“低于平均值”则用于筛选出比平均值低的数据。

（3）按单元格颜色或字体颜色筛选。在 Excel 2010 中，除了可以按数值筛选外，还可以按单元格颜色或字体颜色等格式进行筛选。

- 在工作表中单击“姓名”筛选按钮；
- 从展开的下拉列表中选择“按颜色筛选”命令；
- 然后从下级下拉列表中选择颜色（如黄色），筛选结果如图 4-69 所示。

	A	B	C	D	E	F	G
1	学号	姓名	性别	专业	计算机	英语	数学
4	02040105	胡克	男	计算机	66	77	63
8	03040310	孙倩	男	教育技术	77	63	66
11	03040225	王宁	女	广播编导	99	50	98

图 4-69　按单元格颜色筛选结果

3. 高级筛选

一般来说，自动筛选和自定义筛选都是不太复杂的筛选，如果要执行复杂的条件，那么可以使用高级筛选，高级筛选要求在工作表中无数据的地方指定一个区域用于存放筛选条件，这个区域就是条件区域，高级筛选的具体操作步骤如下：

例如：要在“教学管理”工作簿中高级筛选出这样的女学生，她的“计算机”成绩是“99”，或者“专业”是“广播编导”和“计算机”。

（1）在 A13 至 C16 单元格区域中输入条件，如图 4-70 所示。

（2）选择菜单中的“数据”选项卡→“排序和筛选”→“高级筛选”命令，弹出“高级筛选”对话框，在对话框中设置列表区域为“A1:G11”，条件区域为“A13:C16”，如图 4-71 所示。

	A	B	C	D	E	F	G
1	学号	姓名	性别	专业	计算机	英语	数学
3	03040225	王宁	女	广播编导	99	50	98
7	04040240	张华	女	广播编导	86	92	98
8	04040204	李丹	女	广播编导	67	56	45
11	04040111	王丽丽	女	计算机	65	77	50
12							
13	性别	专业	计算机				
14	女		99				
15	女	广播编导					
16	女	计算机					

图 4-70　设置筛选条件

图 4-71　“高级筛选”对话框

（3）单击“确定”按钮，高级筛选结果如图 4-72 所示。

	A	B	C	D	E	F	G
1	学号	姓名	性别	专业	计算机	英语	数学
3	03040225	王宁	女	广播编导	99	50	98
7	04040240	张华	女	广播编导	86	92	98
8	04040204	李丹	女	广播编导	67	56	45
11	04040111	王丽丽	女	计算机	65	77	50
12							
13	性别	专业	计算机				
14	女		99				
15	女	广播编导					
16	女	计算机					

图 4-72　高级筛选结果

提示： 在其他位置显示筛选结果的操作如下：如果要在其他位置显示筛选结果，可在“高级筛选”对话框中的“方式”区域单击选中“将筛选结果复制到其他位置”单选按钮，然后单击“复制到”框右侧的单元格引用按钮选择要显示的位置即可。

4.6.3 分类汇总

分类汇总是对数据清单中的数据进行管理的重要工具，可以快速汇总各项数据，但在汇总之前，需要对数据进行排序，排序的方法在前面已经介绍过了，本节主要介绍分类汇总的方法。在 Excel 2010 中，分类汇总的相关命令多放在“数据”选项卡的“分级显示”组中，如图 4-73 所示。

1. 创建分类汇总

打开“教学管理”工作簿，在该工作簿中首先按照“专业”字段排序，接下来要汇总各专业的分数情况。操作步骤如下：

（1）在“数据”选项卡中的“分级显示”组中单击“分类汇总”按钮；

（2）在“分类汇总”对话框中的“分类字段”下拉列表中选择“专业”；

（3）在“汇总方式”下拉列表框中选择“平均值”；

（4）在“选定汇总项”列表框中选中“计算机”、“英语”、“数学”，如图 4-74 所示；

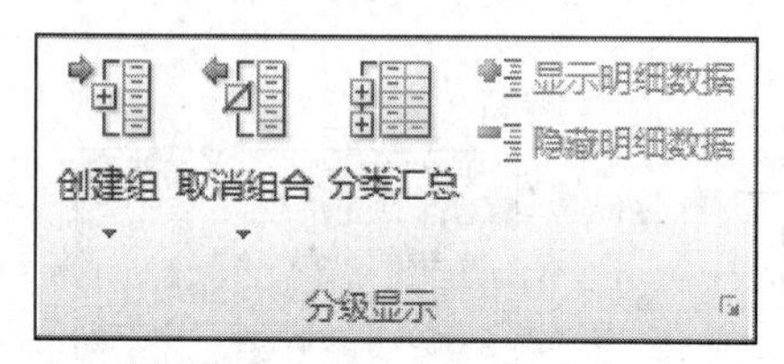

图 4-73 “分级显示”功能组

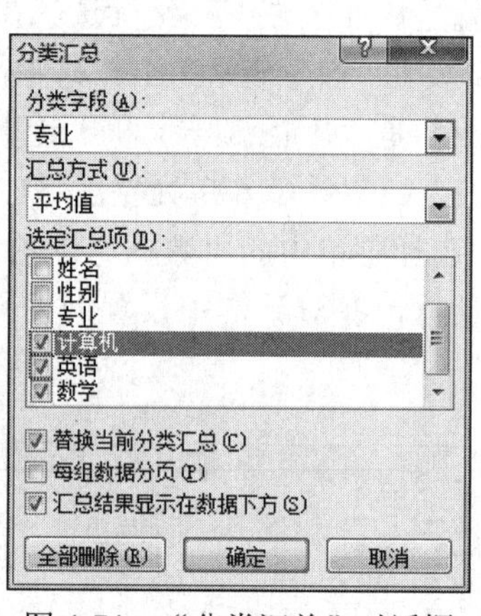

图 4-74 “分类汇总”对话框

（5）最后单击“确定”按钮，分类汇总后的数据如图 4-75 所示。

	A	B	C	D	E	F	G
1	学号	姓名	性别	专业	计算机	英语	数学
2	04040240	张华	女	广播编导	86	92	98
3	04040204	李丹	女	广播编导	67	56	45
4	03040225	王宁	女	广播编导	99	50	98
5				**广播编导**	84	66	80.33333
6	02040101	胡克	男	计算机	88	90	88
7	02040105	胡克	男	计算机	66	77	63
8	04040111	王丽丽	女	计算机	65	77	50
9	02040105	张萌	男	计算机	85	75	90
10	02040101	赵鹏	男	计算机	68	56	20
11				**计算机**	74.4	75	62.2
12	05040355	董晓鹏	男	教育技术	42	65	70
13	03040310	孙倩	男	教育技术	77	63	66
14				**教育技术**	59.5	64	68
15				**总计平均**	74.3	70.1	68.8

图 4-75 分类汇总结果

2. 分级显示分类汇总的结果

对数据清单进行分类汇总后，Excel 会自动按汇总时的分类对数据清单进行分级显示，并在数据清单的行号左侧出现了一些层次分级显示按钮-和+，分级显示汇总结果有两种方法，具体介绍如下。

（1）使用数字分级显示按钮。用户可以直接单击工作表列标签左侧的数字分级显示按钮

123来设置显示的级别，例如，单击数字“2”，只显示二级分类汇总，如图 4-76 所示，还可以单击分级显示按钮⊟，使它变为⊞按钮，这样即可将明细数据隐藏，又只显示分类汇总数据，反之亦然，如图 4-77 所示。

	A	B	C	D	E	F	G
1	学号	姓名	性别	专业	计算机	英语	数学
5				**广播编导 平均值**	84	66	80.33333
11				**计算机 平均值**	74.4	75	62.2
14				**教育技术 平均值**	59.5	64	68
15				**总计平均值**	74.3	70.1	68.8

图 4-76　显示二级分类汇总

	A	B	C	D	E	F	G
1	学号	姓名	性别	专业	计算机	英语	数学
5				**广播编导 平均值**	84	66	80.33333
11				**计算机 平均值**	74.4	75	62.2
12	05040355	董晓鹏	男	教育技术	42	65	70
13	03040310	孙倩	男	教育技术	77	63	66
14				**教育技术 平均值**	59.5	64	68
15				**总计平均值**	74.3	70.1	68.8

图 4-77　单击折叠按钮隐藏显示明细数据

（2）通过“隐藏明细数据”按钮显示汇总信息。

用户还可以通过隐藏明细数据来达到只显示分类汇总信息的目的。

- 单击“全选”按钮选择工作表；
- 在“分级显示”组中单击“隐藏明细数据”按钮；
- 隐藏明细数据后，工作表中只显示分类汇总行，如图 4-78 所示。

	A	B	C	D	E	F	G
1	学号	姓名	性别	专业	计算机	英语	数学
5				**广播编导 平均值**	84	66	80.33333
11				**计算机 平均值**	74.4	75	62.2
14				**教育技术 平均值**	59.5	64	68
15				**总计平均值**	74.3	70.1	68.8

图 4-78　只显示分类汇总信息

提示：要显示所有的数据，可以在数字分级显示按钮中单击最大的数字，或者是单击“分级显示”组中的“显示明细数据”按钮。

3. 删除分类汇总

若不需要已经存在的分类汇总效果，可以将它从工作表中删除：在“分级显示”组中单击“分类汇总”按钮，在弹出的“分类汇总”对话框中单击“全部删除”按钮。

4.6.4　合并计算

一个公司内可能有很多的销售地区或者分公司，各个分公司具有各自的销售报表和会计报表，为了对整个公司的所有情况进行全面了解，就要将这些分散的数据进行合并，从而得到一份完整的销售统计报表或者会计报表。在 Excel 中提供了合并计算的功能，来完成这些汇总工作。

合并计算是指可以通过合并计算的方法来汇总一个或多个源区中的数据。Microsoft Excel 提供了两种合并计算数据的方法。一是通过位置，适合于将源区域有相同位置的数据汇总。二是通过分类，当源区域没有相同的布局时，则采用分类方式进行汇总。

合并计算数据前先必须为汇总信息定义一个目标区域，用来显示摘录的信息。此目标区域可位于与源数据相同的工作表上，或在另一个工作表上或工作簿内。其次，需要选择要合并计算的数据源。此数据源可以来自单个工作表、多个工作表或多重工作簿中。

1. 通过位置来合并计算数据

通过位置来合并计算数据是指：在所有源区域中的数据被相同地排列，也就是说想从每一个源区域中合并计算的数值必须在被选定源区域的相同的相对位置上。这种方式非常适用于处理日常相同表格的合并工作，例如，总公司将各分公司的报表合并形成一个整个公司的报表。再如，税务部门可以将不同地区的税务报表合并形成一个市的总税务报表等。

合并计算中，计算结果的工作表称为“目标工作表”，接受合并数据的区域称为“源区域”。合并计算有两种方法：按位置进行合并计算和按分类进行合并计算。

下面将以一个实例来说明这一操作过程，打开“销售统计”工作簿文件，包含郑州、上海、汇总三张工作表，分别如图 4-79、4-80 所示。

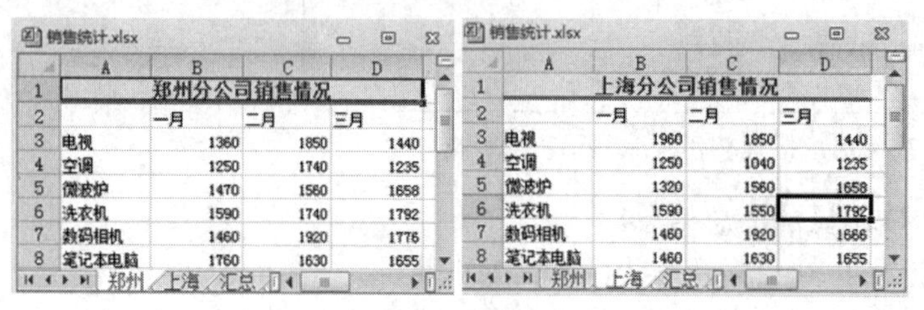

销售统计.xlsx

	A	B	C	D
1	郑州分公司销售情况			
2		一月	二月	三月
3	电视	1360	1850	1440
4	空调	1250	1740	1235
5	微波炉	1470	1560	1658
6	洗衣机	1590	1740	1792
7	数码相机	1460	1920	1776
8	笔记本电脑	1760	1630	1655

郑州 上海 汇总

销售统计.xlsx

	A	B	C	D
1	上海分公司销售情况			
2		一月	二月	三月
3	电视	1960	1850	1440
4	空调	1250	1040	1235
5	微波炉	1320	1560	1658
6	洗衣机	1590	1550	1792
7	数码相机	1460	1920	1666
8	笔记本电脑	1460	1630	1655

郑州 上海 汇总

图 4-79 郑州和上海分公司销售情况

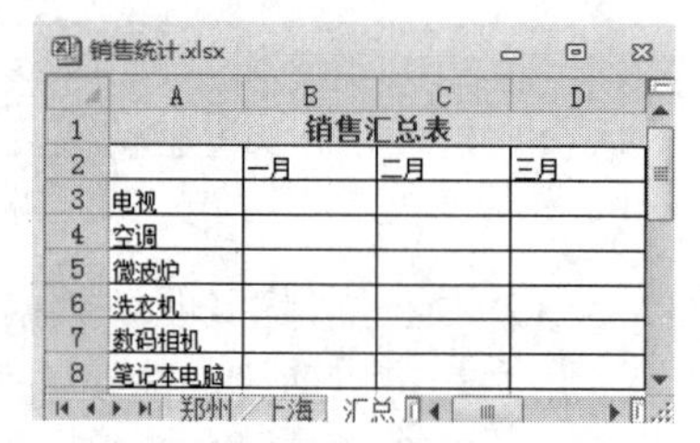

销售统计.xlsx

	A	B	C	D
1	销售汇总表			
2		一月	二月	三月
3	电视			
4	空调			
5	微波炉			
6	洗衣机			
7	数码相机			
8	笔记本电脑			

郑州 上海 汇总

图 4-80 销售汇总表

对工作表郑州、上海销售情况进行合并求和操作，其结果保存在“汇总“工作表中，执行步骤如下：

（1）在“汇总”工作表中为合并计算的数据选定目的区 B3:D80。

（2）选择“数据”→“数据工具”→“合并计算”按钮，打开“合并计算”对话框，如图 4-81 所示。

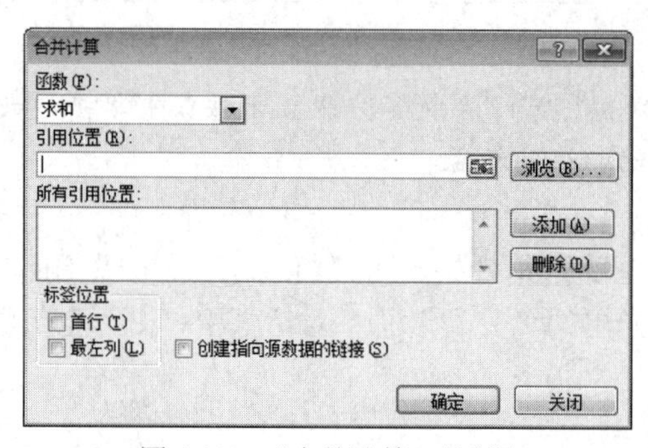

图 4-81 “合并计算”对话框

（3）单击“函数”下拉列表，根据实际情况选择对应的函数，本例选择“求和”。

（4）先选定“引用位置”框，然后在工作表选项卡上单击“郑州”，在工作表中选定源区域 B3:D8。该区域的单元格引用将出现在“引用位置”框中，如图 4-82 所示。

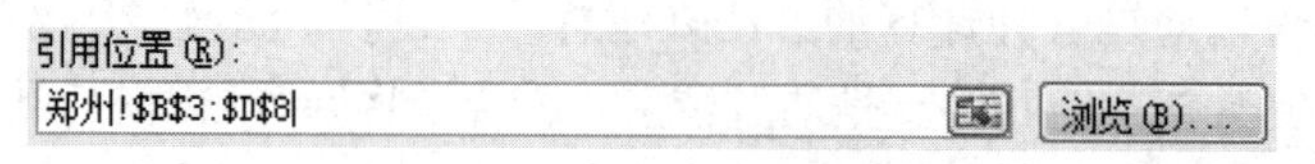

图 4-82 设置“引用位置”

（5）返回“合并计算”对话框，单击“添加”按钮。

（6）重复步骤（4）和（5），添加“上海”工作表的 B3:D8 引用位置，最后单击“确定”按钮，如图 4-83 所示。

（7）最终求得各科平均分，如图 4-84 所示。

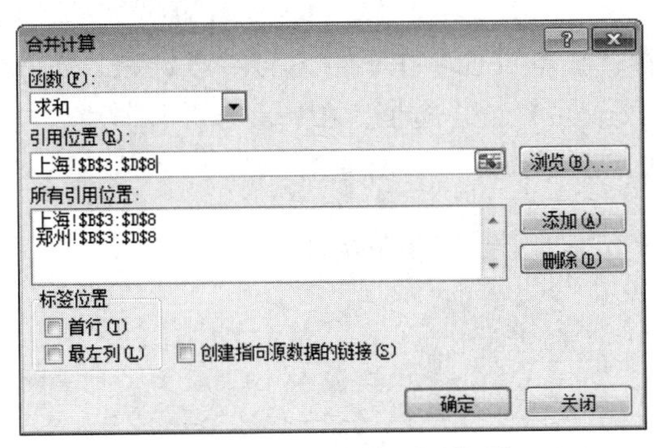

图 4-83　添加所有引用位置

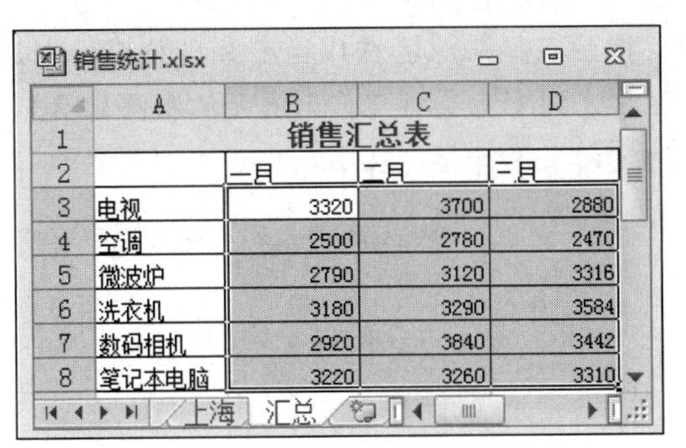

	A	B	C	D
1	销售汇总表			
2		一月	二月	三月
3	电视	3320	3700	2880
4	空调	2500	2780	2470
5	微波炉	2790	3120	3316
6	洗衣机	3180	3290	3584
7	数码相机	2920	3840	3442
8	笔记本电脑	3220	3260	3310

图 4-84　合并计算结果

2. 按分类合并计算

通过分类来合并计算数据是指：当多重来源区域包含相似的数据却以不同方式排列时，此命令可使用标记，依不同分类进行数据的合并计算，也就是说，当选定格式的表格具有不同的内容时，就可以根据这些表格的分类来分别进行合并工作。举例来说，假设某公司共有两个分公司，它们分别销售不同的产品，如图 4-85 所示，总公司要得到完整的销售报表时，就必须使用“分类”来合并计算数据。

例如对工作簿“郑州分公司.xlsx”、“上海分公司.xlsx”进行合并操作，其结果保存在工作簿“合并.xlsx”中的“按位置合并”工作表中，如图 4-86 所示。执行步骤如下：

（1）打开工作簿“郑州分公司.xlsx”→“郑州”工作表、“上海分公司.xlsx”→“上海”工作表→“合并.xlsx”→“按位置合并”工作表。

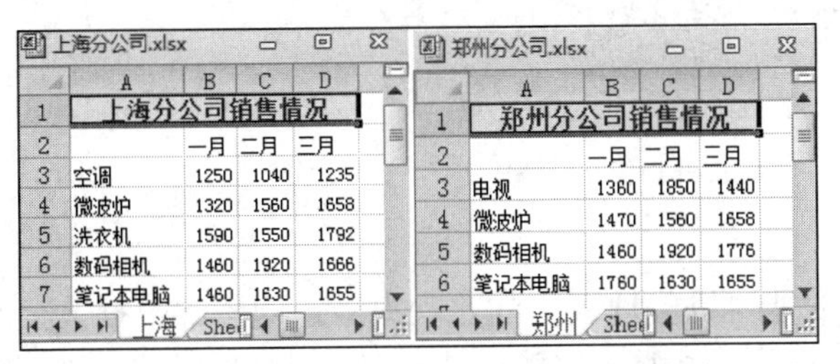

	A	B	C	D
1	上海分公司销售情况			
2		一月	二月	三月
3	空调	1250	1040	1235
4	微波炉	1320	1560	1658
5	洗衣机	1590	1550	1792
6	数码相机	1460	1920	1666
7	笔记本电脑	1460	1630	1655

	A	B	C	D
1	郑州分公司销售情况			
2		一月	二月	三月
3	电视	1360	1850	1440
4	微波炉	1470	1560	1658
5	数码相机	1460	1920	1776
6	笔记本电脑	1760	1630	1655

图 4-85　需要分类来合并计算的范例表格

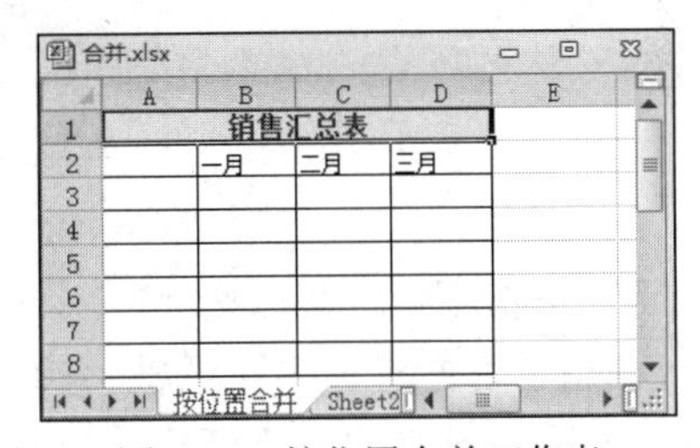

图 4-86　按位置合并工作表

（2）在“合并.xlsx”工作簿的“按位置合并”工作表中为合并计算的数据选定目的区域的起始单元格 A3。

（3）执行“数据”选项卡→“合并计算”命令，出现一个“合并计算”对话框，如图 4-87 所示，完成其中相应的设置。

1）在“函数”框中，选定用来合并计算数据的汇总函数。求和（SUM）函数是默认的函数。

2）在“引用位置”框中，输入希望进行合并计算的源区域的定义。如果想不击键就输入一个源区域定义，先选定“引用位置”框，然后选择需要合并计算的工作簿文件“郑州.xlsx”中的“郑州分公司”工作表。

3）在工作表中选定源区域 A3:D6，在合并计算对话框中选择“添加”按钮，该区域的单元格引用将出现在“引用位置”框中。

4）重复步骤 2）和 3），将“上海.xlsx”工作簿中“上海分公司”工作表的源区域 A3:D7 添加到引用位置列表中。

提示：如果源区域顶行有分类标记，则选定在“标签位置”下的“首行”复选框。如果源区域左列有分类标记，则选定“标签位置”下的“最左列”复选框。在一次合并计算中，可以选定两个选择框。在本例中选择“最左列”选项，设定分类，如图 4-87 所示。

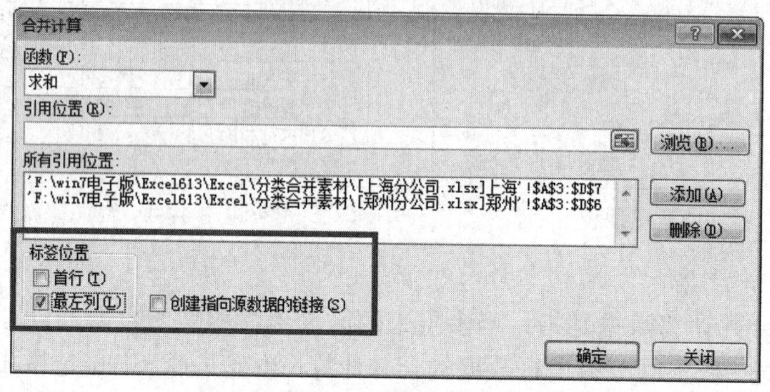

图 4-87 设定分类

5）按下“确定”按钮就可以看到合并计算的结果，如图 4-88 所示。

合并.xlsx

	A	B	C	D	E
1	销售汇总表				
2		一月	二月	三月	
3	空调	1250	1040	1235	
4	电视	1360	1850	1440	
5	微波炉	2790	3120	3316	
6	洗衣机	1590	1550	1792	
7	数码相机	2920	3840	3442	
8	笔记本电	3220	3260	3310	

按位置合并 Sheet2

图 4-88 分类合并计算的结果

3. 合并计算的自动更新

利用“合并计算”对话框上的链接功能可以实现表格的自动更新，即当源数据改变时，Microsoft Excel 会自动更新合并计算表。操作方法是，在“合并计算”对话框中选定“创建指向源数据的链接”复选框。还应注意的是：当源区域和目标区域在同一张工作表中时，是不能够建立链接的。

4. 改变源区域的引用

改变源区域引用的操作步骤如下：

（1）选定一个存在的目标区域。执行“数据”选项卡的“数据工具”组中的“合并计算”命令，打开“合并计算”对话框。在“所有引用位置”框中，选定想改变的源区域。

（2）在“引用位置”框中，编辑引用，选择“添加”按钮。如果不想保留原有引用，选择“删除”按钮。利用新的源区域来重新合并计算，按下“确定”按钮。

5. 删除一个源区域的引用

操作步骤：选定一存在的目标区域，打开“合并计算”对话框，在“所有引用位置”框中，选定想删除的源区域，选择“删除”按钮。利用新的源区域来重新合并计算，按下“确定”按钮。

4.6.5　数据透视表

Excel 2010 为用户提供了一种简单形象、实用的数据分析工具——数据透视表，使用数据透视表，可以全面对数据清单进行重新组织以统计数据。数据透视表是一种对大量数据进行快速汇总和建立交叉列表的交互式表格，它不仅可以转换行和列以显示源数据的不同汇总的结果，而且可以显示不同页面以筛选数据，还可以根据用户的需要显示数据区域中的明细数据。数据透视图是另一种数据表现形式，与数据透视表不同的地方在于它可以选择适当的图表，并使用多种颜色来描述数据的特性。

数据透视表是一种交互式的、交叉制表的 Excel 报表。用来创建数据透视表的源数据区域可以是工作表中的数据清单，也可以是导入外部数据。使用数据透视表有以下几个优点：①完全并面向结果化的按用户设计的格式来完成数据透视表的建立；②当原始数据更新后，只需要单击“更新数据”按钮，数据透视表就会自动更新数据；③当用户对创建的数据透视表不满意时，可以方便地修改数据透视表。

当在工作表中创建好数据清单后，可以根据这些数据清单中的数据直接创建数据透视表，下面以“教学管理”工作为例，统计人数汇总情况，步骤如下所示。

（1）将光标定位到数据区域，在“插入”选项卡中的“表格”组中单击“数据透视表”下三角按钮，在展开的下拉列表框中单击“数据透视表”命令，弹出“创建数据透视表”对话框，如图 4-89 所示。

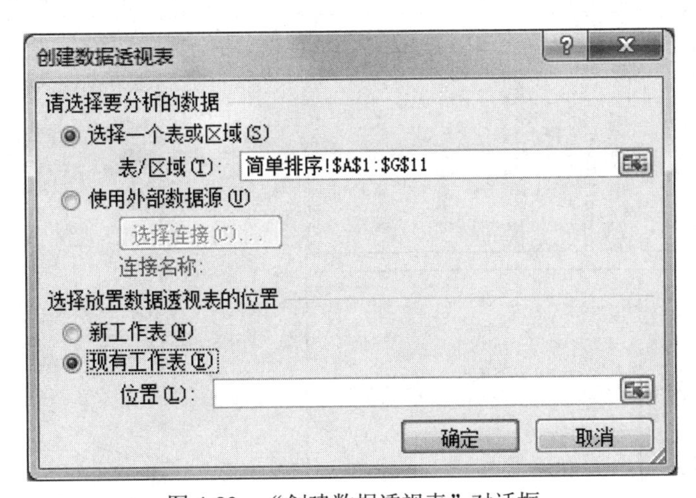

图 4-89　“创建数据透视表”对话框

（2）在“创建数据透视表”对话框中单击选中“选择一个表或区域”单选按钮，单击“表/区域”框右侧的单元格引用按钮选择单元格区域 A1:G11，在“选择放置数据透视表的位置”区域单击选中“现有工作表”单选按钮，单击“位置”框右侧的单元格引用按钮选择单元格 A12，然后单击“确定”按钮，如图 4-90 所示。

（3）此时 Excel 会在用户指定的位置创建一个数据透视表模板，并且在 Excel 窗口右侧显示“数据透视表字段列表”任务窗格，如图 4-91 所示。

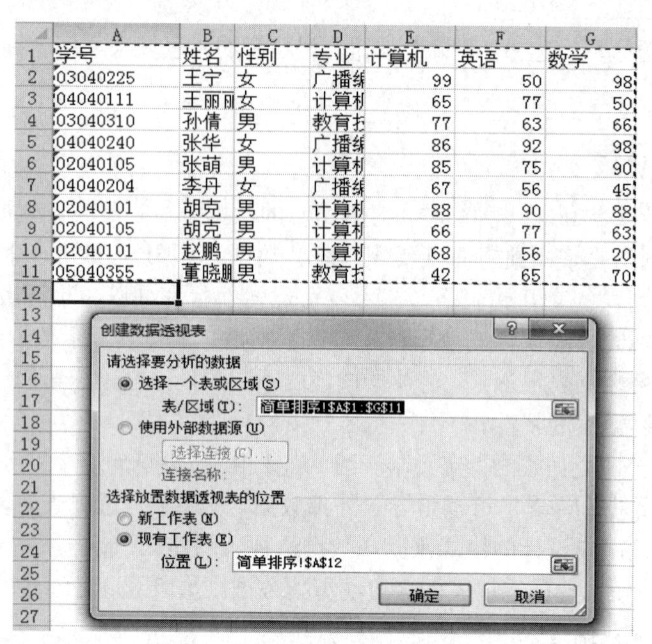

图 4-90　选择数据区域和位置区域

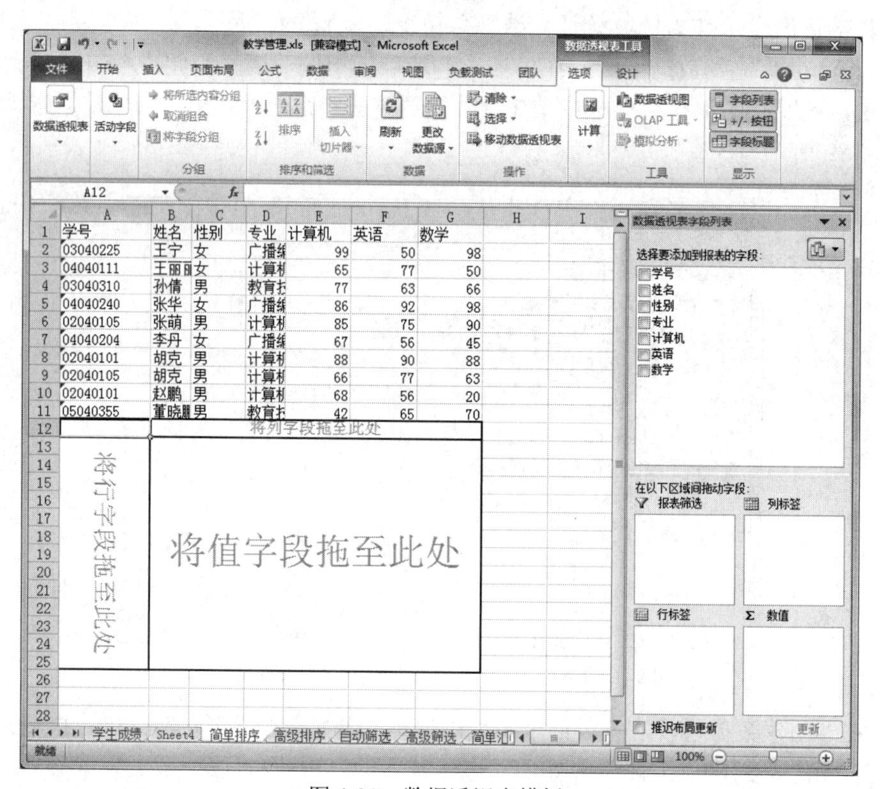

图 4-91　数据透视表模板

（4）从“选择要添加到报表的字段”区域中选择“专业”拖动到“行标签”区域，“性别”字段拖动到“列标签”区域，“学号”字段拖动到“数值”区域，如图 4-92 所示。最终得到的数据透视表效果如图 4-93 所示，单击“性别”或“专业”下拉列表，从中选择不同的选项，可以从不同视角对表格数据进行透视分析。

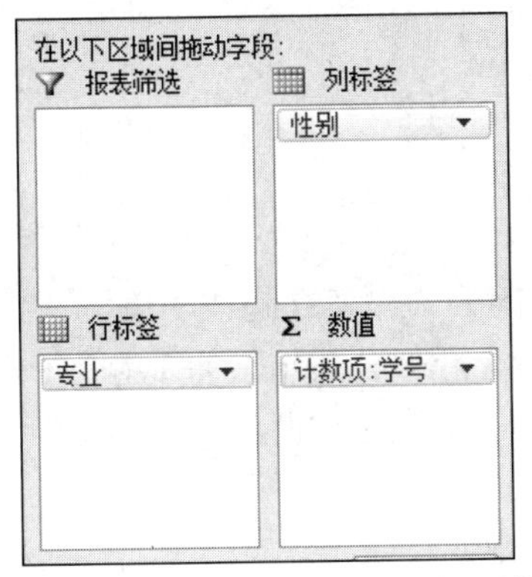

图 4-92 拖动字段到透视表相应区域图

12	计数项:学号	性别		
13	专业	男	女	总计
14	广播编导		3	3
15	计算机	4	1	5
16	教育技术	2		2
17	总计	6	4	10

图 4-93 创建的数据透视表效果

4.6.6 数据模拟分析及运算

模拟分析是在单元格中更改值以查看这些更改将如何影响工作表中公式结果的过程。通过使用 Microsoft Excel 中的模拟分析工具，用户可以在一个或多个公式中试用不同的几组值来分析所有不同的结果。

Excel 附带了三种模拟分析工具：方案、模拟运算表和单变量求解。方案和模拟运算表可获取一组输入值并确定可能的结果。模拟运算表仅可以处理一个或两个变量，但可以接受这些变量的众多不同的值。一个方案可具有多个变量，但它最多只能容纳 32 个值。单变量求解与方案和模拟运算表的工作方式不同，它获取结果并确定生成该结果可能的输入值。

除了这三种工具外，用户还可以安装有助于执行模拟分析的加载项（例如规划求解加载项）。规划求解加载项类似于单变量求解，但它能容纳更多变量。您还可以使用内置于 Excel 中的填充柄和各种命令来创建预测。对于更多的高级模式，可以使用分析包加载项。

1. 单变量求解

所谓单变量求解，就是数学上的求解一元方程。下面以求解一元一次方程 2x+4=20 为例介绍单变量求解过程。

（1）在 Excel 的一个工作表中建立如图 4-94 所示的求解模型。

（2）选中 C2 单元格，切换到“数据”选项卡的“数据工具”组中单击“模拟分析”按钮，在弹出的下拉菜单中选择“单变量求解”命令，打开“单变量求解”对话框。如图 4-95 所示。

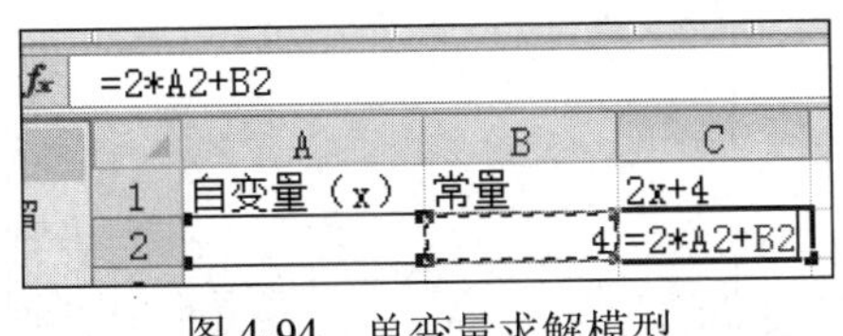
fx =2*A2+B2

	A	B	C
1	自变量（x）	常量	2x+4
2		4	=2*A2+B2

图 4-94 单变量求解模型

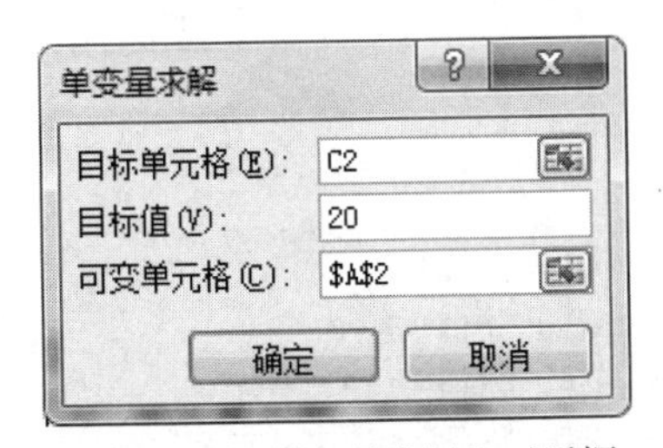

图 4-95 “单变量求解”对话框

（3）在“目标值”右侧方框中输入“20”，在可变单元格中输入 A2（或将光标插入点定位在“可变单元格”对话框中，在工作表中选择 A2 单元格），单击“确定”即可显示出求解结果，如图 4-96 所示。

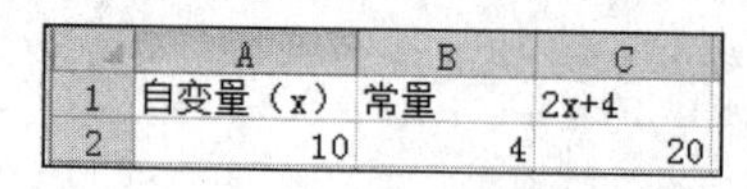

	A	B	C
1	自变量（x）	常量	2x+4
2	10	4	20

图 4-96　单变量求解结果

2. 模拟运算表

利用模拟运算表可以为一个单元格区域创建相似的公式，建立起数学模型。当公式中的某些数值发生变化时，可以利用这个数学模型来研究多个相似公式结果的影响，并进行风险和灵敏度的分析与评价。用户可以模拟运算表分析商品利润的变化对商品单价的影响、存款年利率的变化对每月利息的影响等。

（1）建立单变量数据表。很多单位都实行奖金系数制，即先确定一个奖金基数（假设是 800 元）和不同岗位的奖金系数（如 0.8、0.9、1.0、1.1、1.2、1.3、1.5、1.7、2.0、3.0），然后用基数乘系数来确定各个岗位的奖金金额。对于这个问题，可以用数据表功能来一次性解决。步骤如下：

1）在空白工作表中，建立一个基本表格（即数学模型）。

2）在 D2 单元格中输入公式：=B1*B2，建立模拟运算表的公式，如图 4-97 所示。

D2　fx　=B1*B2

	A	B	C	D
1	奖金基数	800	岗位系数	奖金金额
2	岗位系数	0.8	0.8	640
3			0.9	
4			1.0	
5			1.1	
6			1.2	
7			1.3	
8			1.5	
9			1.7	
10			2.0	
11			3.0	

图 4-97　单变量模拟运算数学模型

3）同时选中 C2:D12 单元格区域，切换到“数据”菜单选项卡中，单击“数据工具”组中的“模拟分析”下拉按钮，在随后出现的下拉菜单中选择“模拟运算表”选项，打开“模拟运算表对话框，在“输入引用列的单元格”中输入$B$2；或在将光标定位到“输入引用列的单元格”文本框中，在工作表中单击 B2 单元格。如图 4-98 所示。

4）输入完成后单击“确定”按钮，所有的岗位奖金金额即刻被计算出来，参见图 4-99 所示。

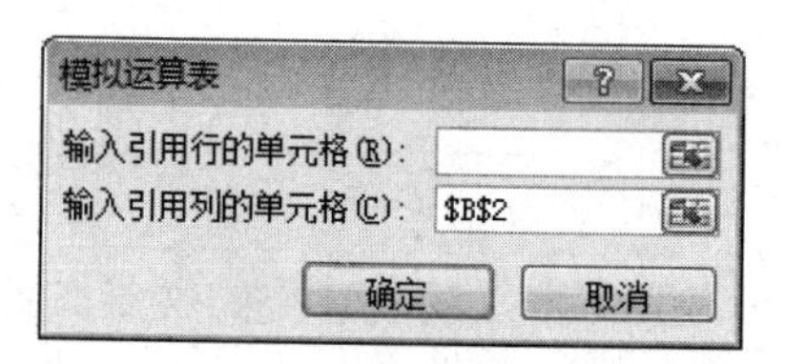

图 4-98　单变量模拟运算参数设置

	A	B	C	D
1	奖金基数	800	岗位系数	奖金金额
2	岗位系数	0.8	0.8	640
3			0.9	720
4			1.0	800
5			1.1	880
6			1.2	960
7			1.3	1040
8			1.5	1200
9			1.7	1360
10			2.0	1600
11			3.0	2400

图 4-99　用模拟运算计算出的奖金分配表结果

如果奖金基数或者奖金的计算方式发生改变，只要修改一下 B1 中的数值或 D2 中的计算公式，其他数据会自动发生变化。

（2）建立双变量数据表。如图 4-100 所示，行区域 F1:k1 保存了“销售数量”数据，列区域 E2:E7 保存了“销售价格”数据，现在通过“模拟运算表”功能，可以研究不同销售价格和销售数量对销售金额的影响情况。

SUM　=B2*C2

	A	B	C	D	E	F	G	H	I	J	K	L
1	产品名称	销售价格	销售数量		=B2*C2	100	200	300	400	500	600	销售数量
2	产品A	8.8	100		8.8							
3					7.8							
4					6.8							
5					5.8							
6					4.8							
7					4.2							
8					销售价格							

图 4-100　销售情况分析数学模型

1）首先在一个空白工作表中建立基本表格（即数学模型），并在 E1 单元格中输入公式“=B2*C2”，即建立模拟运算表的基本公式，如图 4-100 所示。

2）选中 E1:K7 单元格区域，选择菜单中的“数据”→“模拟分析”→“模拟运算表”选项，打开“数据”对话框。

3）在“输入引用行的单元格”中输入“$C$2”（销售数量所在单元格），在“输入引用列的单元格”中输入“$B$2”（销售价格所在单元格），参见图 4-101。

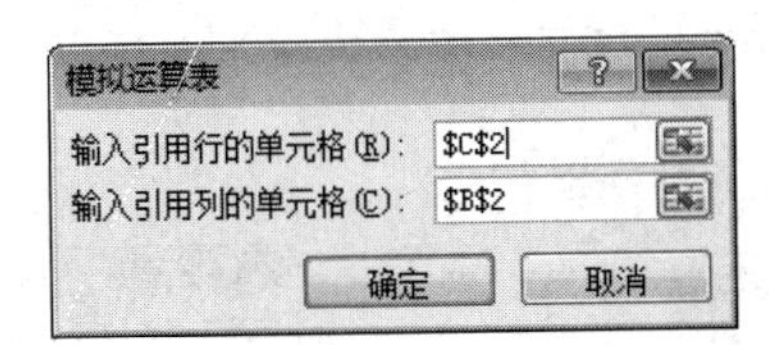

图 4-101　设置双变量模拟运算参数表

4）单击“确定”按钮，所有销售金额数据即刻被计算出来。如图 4-102 所示。

F2　{=TABLE(C2, B2)}

	A	B	C	D	E	F	G	H	I	J	K	L
1	产品名称	销售价格	销售数量		880	100	200	300	400	500	600	销售数量
2	产品A	8.8	100		8.8	880	1760	2640	3520	4400	5280	
3					7.8	780	1560	2340	3120	3900	4680	
4					6.8	680	1360	2040	2720	3400	4080	
5					5.8	580	1160	1740	2320	2900	3480	
6					4.8	480	960	1440	1920	2400	2880	
7					4.2	420	840	1260	1680	2100	2520	
8					销售价格							

图 4-102　双变量模拟运算结果

以后，销售数量或销售价格发生改变时，只要修改一下上述行或列中的对应数值，其他数据就会自动随之变化。

3. 方案管理

“单变量求解”和“模拟运算表”都只能分析一两个变量对公式运算结果的影响情况，如果需要分析多个变量对公式运算结果的影响，就要用到“方案管理器”了。

（1）建立数学模型。图 4-103 是东风公司 2014 年利润预测表，其中的销售价格、销售数量、直接成本、设备折旧和管理费用等因素都会影响毛利润的结果。

提示：模型中销售收入、成本总价、毛利润需要使用公式或函数计算得到。

（2）进行方案设计。为提高公司利润，公司拟提出四种方案：①提高销售价格——122元/件；②增加销售数量——25000件；③降低直接成本——45元/件；④压缩管理费用——40000元。

为准确使用方案管理器，将上述方案设计后列入表格中，结果如图4-104所示。

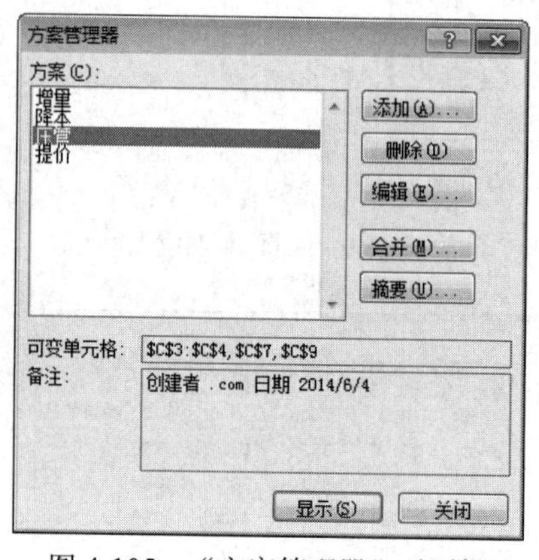

	A	B	C	D
1	东风公司2014年利润预测			
2				
3		销售价格	122	元/件
4		销售数量	20000	件
5		销售收入	2440000	元
6				
7		直接成本	48	元/件
8		设备折旧	20000	元
9		管理费用	40000	元
10		成本总价	1020000	元
11				
12		毛利润	1420000	元

图4-103　建立方案分析数学模型

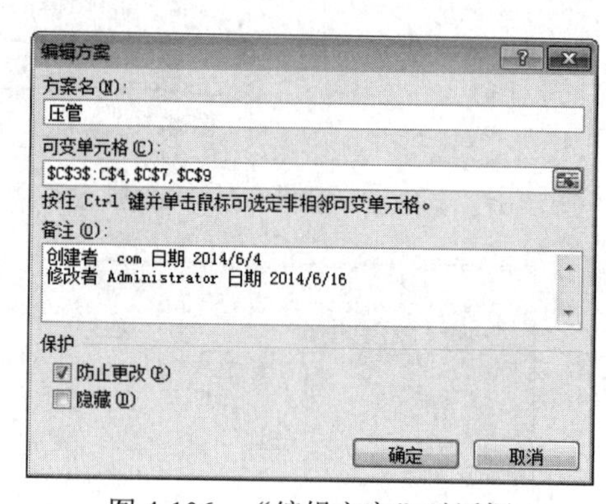

	A	B	C	D	E	F	G
1	东风公司2014年利润预测						
2	序号	方案名	销售价格	销售数量	直接成本	设备折旧	管理费用
3	1	提价	122	20000	48	20000	50000
4	2	增量	118	25000	48	20000	50000
5	3	降本	118	20000	45	20000	50000
6	4	压管	118	20000	48	20000	40000

图4-104　方案设计

（3）建立方案。

1）切换到“方案设计”工作表中，打开“数据”→“数据工具”→“模拟分析”下拉列表，选择“方案管理器”选项，打开“方案管理器”对话框，如图4-105所示。

2）单击其中的“添加”按钮，打开“编辑方案”对话框，如图4-106所示。

图4-105　“方案管理器”对话框

图4-106　“编辑方案”对话框

3）在“方案名”下面输入第一个方案名称（如“提价”），利用可变单元格方框右侧的红色折叠按钮，选择输入可变单元格地址（C3、C4、C7、C9，即销售价格、销售数量、直接成本、管理费用所在单元格），单击“确定”按钮，打开“方案变量值”对话框，如图4-107所示。

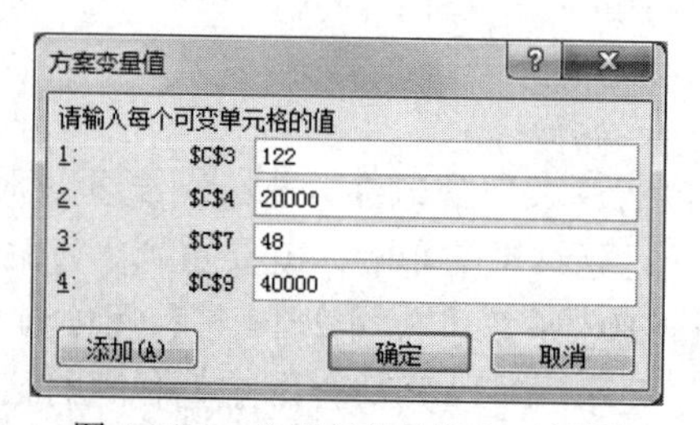

图4-107　“方案变量值”对话框

4）在相应的可变单元格中输入该方案设计变化的数值（如：提价到 122）。

5）如果只有一个方案，单击“确定”按钮返回到“方案管理器”窗口，完成方案建立；如果有多个方案，单击“添加”按钮，完成后再次打开“编辑方案”对话框，添加其他方案（增量、降本、压管），完成后单击“确定”返回，方案建立完成。

（4）用方案分析数据变化对“毛利润”的影响。切换到图 4-103 所示的数学模型工作表中，打开“方案管理器”对话框，在其中选择一种方案（如：压管），然后按下“显示”按钮，即可在数学模型表中预览到该方案运行的结果，如图 4-108 所示。

	A	B	C	D
1	东风公司2014年利润预测			
2				
3		销售价格	118	元/件
4		销售数量	20000	件
5		销售收入	2360000	元
6				
7		直接成本	48	元/件
8		设备折旧	20000	元
9		管理费用	40000	元
10		成本总价	1020000	元
11				
12		毛利润	1340000	元

方案管理器
方案(C):
增量
降本
压管
提价
添加(A)...
删除(D)
编辑(E)...
合并(M)...
摘要(U)...
可变单元格: $C$3, $C$4, $C$7, $C$9
备注: 创建者 .com 日期 2014/6/4
显示(S)　关闭

图 4-108　预览方案影响结果

（5）建立方案摘要报表。采取“显示”方案结果的方法只能一个一个地预览，不便于多个方案对比。使用“方案摘要”功能可以将多个方案的运行结果全部显示在其中。操作方法是：打开“方案管理器”对话框，从中选择“摘要”按钮，打开“方案摘要”对话框，如图 4-109 所示。

填写相应的选项后单击“确定”按钮，则自动生成一个名为“方案摘要”的工作表，将多个方案的运行结果全部显示在内，从而可以方便比较多个方案的影响结果，如图 4-110 所示。

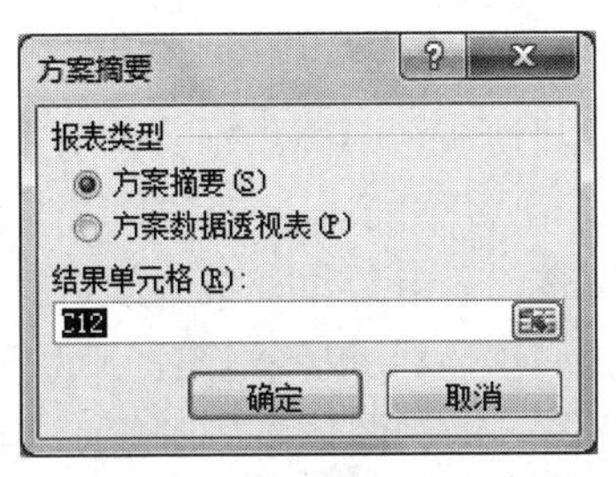

图 4-109　“方案摘要”对话框

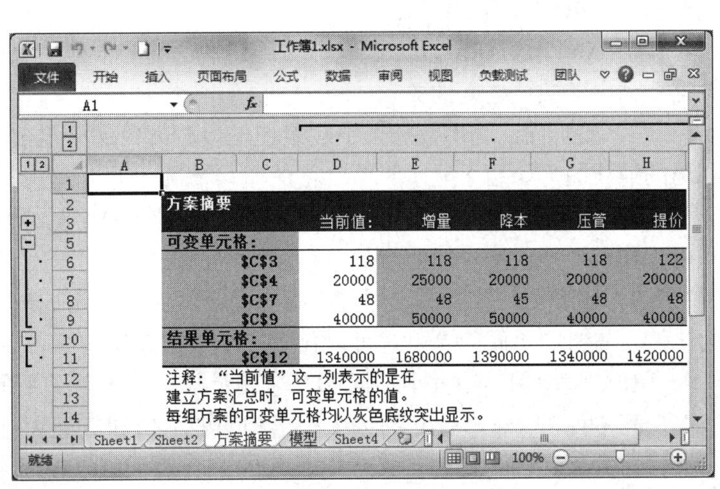

方案摘要	当前值:	增量	降本	压管	提价
可变单元格:					
$C$3	118	118	118	118	122
$C$4	20000	25000	20000	20000	20000
$C$7	48	48	45	48	48
$C$9	40000	50000	50000	40000	40000
结果单元格:					
$C$12	1340000	1680000	1390000	1340000	1420000

注释：“当前值”这一列表示的是在
建立方案汇总时，可变单元格的值。
每组方案的可变单元格均以灰色底纹突出显示。

图 4-110　“方案摘要”结果

4.7 图表

由于 Excel 工作表中的数据有时错综复杂，具有一定抽象性。为了直观、形象地描述工作表中数据的特征（如变化趋势、所占百分比等），在 Excel 中引入了图表来直观描述工作表中的数据。图表是工作表数据的图形表示，它能直观、形象地反映数据之间的关系。

4.7.1 认识图表

1. 图表的类型

Excel 2010 提供了柱形图、折线图、饼图、条形图、散点图等 11 大类 73 种图表类型供用户直接调用，用户可以根据需要建立各种图表。下面先对各大类图表进行简要地介绍。

（1）柱形图。柱形或锥形图形，主要用于显示一段时间内的数据变化或显示各项之间的比较情况。利用工作表中行或列中的数据可以绘制柱形图，在柱形图中，通常类别数据显示在横轴（x 轴）上，数值显示在纵轴（y 轴）上。

（2）折线图。用折线显示随时间变化的一组连续数据的变化情况，尤其适用于分析在相等时间间隔下数据的发展趋势。利用工作表中的数据，可以绘制柱形图，在柱形图中，通常类别数据显示在横轴（x 轴）上，数值显示在纵轴（y 轴）上。

（3）饼图。用圆心角不同的扇形表示不同类别数据所占的比例，并组成一个圆形。利用工作表中的一列或一行数据可以绘制饼图。在饼图中，同一个颜色的数据标志组成一个数据系列显示为整个饼图的百分比。

（4）条形图。用水平柱形或水平锥形图形，显示一段时间内的数据变化或显示各项之间的比较情况。利用工作表中行或列中的数据可以绘制条形图。在条形图中，通常类别数据显示在纵轴上，数值显示在横轴上。

（5）面积图。利用一组与横轴组成的封闭多边形，强调数量随时间而变化的程度，以引起用户重视总值的发展趋势。通过显示所绘制的值的总和，面积图还可以显示部分与整体的关系。利用工作表中行或列中的数据可以绘制面积图。在面积图中，通常类别数据显示在横轴上，数值显示在纵轴上。

（6）XY 散点图。以工作表中的两列（行）的数值为坐标，绘制出的点或曲线，显示出数据系列中各数值之间的关系。

（7）股价图。利用数据表中股票在一段时间内的开盘价、最高价、最低价和收盘价，绘制出的连续图形。用于显示股票价格的波动情况，并据此判断股票价格的发展趋势。

（8）曲面图。类似于地形图，显示两组数据间的相互关系，并找到其中的最佳组合数据。利用工作表中行或列中的两组数据可以绘制曲面图。

（9）环形图。像饼图一样，用圆心角不同的环形组成一个整圆，表示不同类别数据所占的比例。与饼图不同的是，它可以包含多个数据系统，即可以显示出多个圆环。

（10）气泡图。用大小不同的气泡表示数据的相互关系的图形。利用工作表中列的数据（第一列中列出 x 值，在相邻列中列出相应的 y 值和气泡大小的值）可以绘制气泡图。

（11）雷达图。比较若干数据系列的聚合值，可以使用雷达图。这种图形不好理解，非专业运用，建议用户不要使用此图形。

2. 图表的组成元素

以柱形图为例，说明图表的主要组成元素。如图 4-111 所示，图表主要的组成部分有：图表区、绘图区、图例、坐标轴、模拟运算表、图表标题、坐标轴标题等。

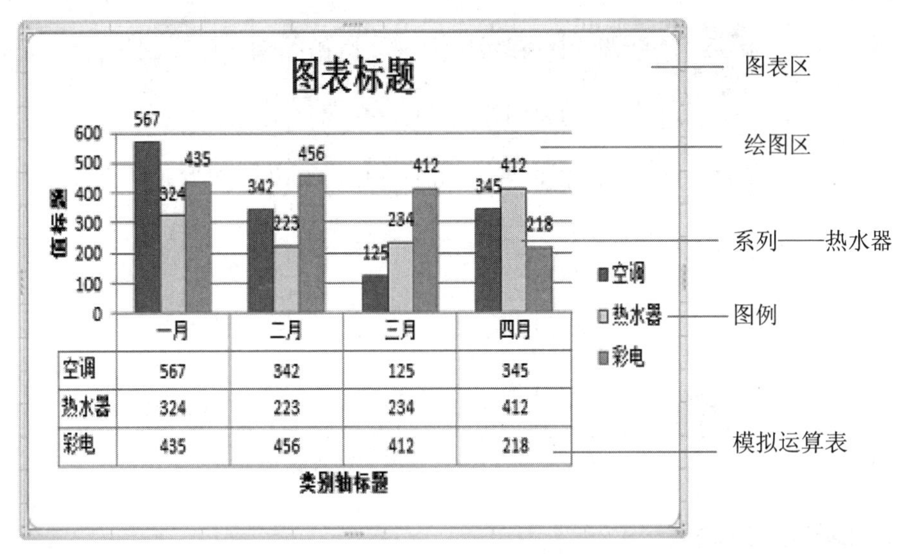

	一月	二月	三月	四月
空调	567	342	125	345
热水器	324	223	234	412
彩电	435	456	412	218

图 4-111　图表的组成

4.7.2 创建图表

Excel 中的图表按照创建位置的不同，分为嵌入式图表和独立图表两类。嵌入式图表是作为一个对象插入的图表，图表与数据在同一个工作表中。独立图表是作为一个新工作表创建的图表，图表与数据不在同一个工作表。

利用图 4-112 所示的“图表”组或“插入图表”对话框，可以创建嵌入式图表。利用“迷你图”组可以在一个单元格中生成迷你图表。

【例 4.8】根据图 4-113 所示的“学生成绩表”工作表中 A2:D5 单元格区域数据，利用“插入图表”对话框，创建一个簇状柱形图。

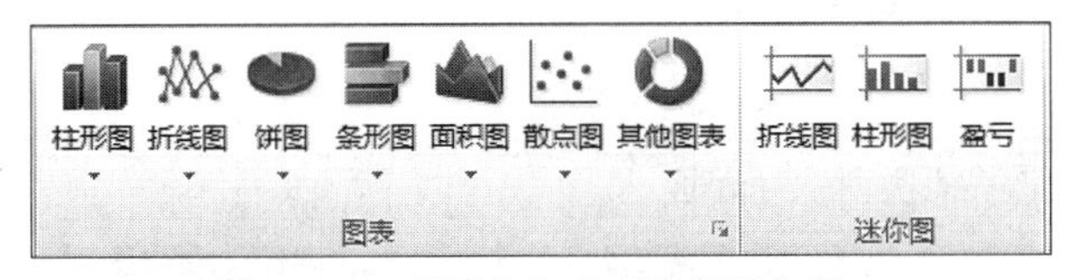

图 4-112　“图表”和“迷你图”组

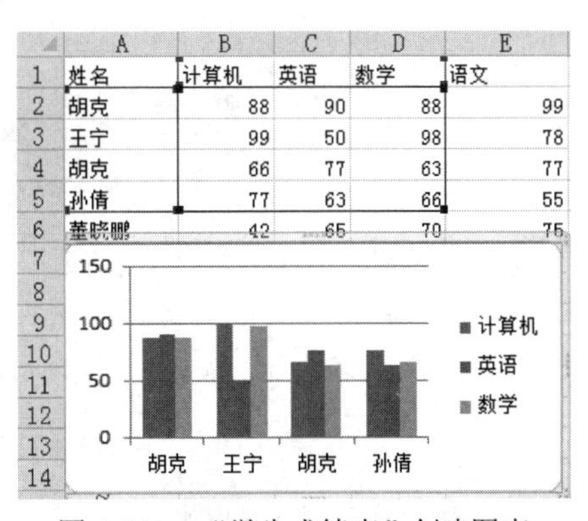

	A	B	C	D	E
1	姓名	计算机	英语	数学	语文
2	胡克	88	90	88	99
3	王宁	99	50	98	78
4	胡克	66	77	63	77
5	孙倩	77	63	66	55
6	董晓鹏	42	65	70	75

图 4-113　“学生成绩表”创建图表

【操作步骤】

(1) 选定 A2:D5 单元格区域。

（2）选择“插入”选项卡→“图表”组对话框启动器，弹出“插入图表”对话框，如图 4-114 所示，默认选择“柱形图”→“簇状柱形图”，单击“确定”按钮。（选择“插入”选项卡→“图表”组→“柱形图”→“簇状柱形图”，可以快速地创建所需的图表。）

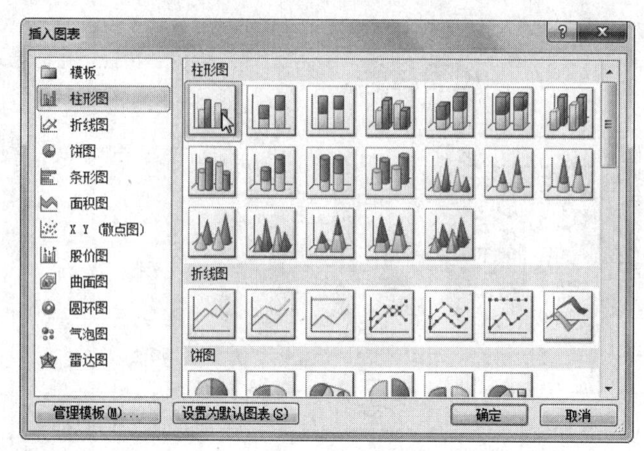

图 4-114 “插入图表”对话框

4.7.3 编辑与美化图表

图表创建后，用户可以根据需要对图表的类型、数据源、图表布局、图表位置等进行修改。嵌入式图表插入后，功能区增加“图表工具”的 3 个选项卡：设计、布局和格式。嵌入式图表在工作表中，可以像图形对象一样，进行选定、移动、复制、删除、调整大小等编辑操作。

1. 图表中相关元素的修改

（1）修改图表类型。选中需要修改的图表，软件自动展开“图表工具”功能选项卡，并定位到其中的“设计”功能选项卡中，单击“类型”组中的“更改图表类型”按钮（或者直接在图表上右击鼠标，在弹出的快捷菜单中需选择“更改图表类型”选项），打开“更改图表类型”对话框，如图 4-115 所示，选中需要的图表类型和子类型后，“确定”返回，相应的图表类型被改变。

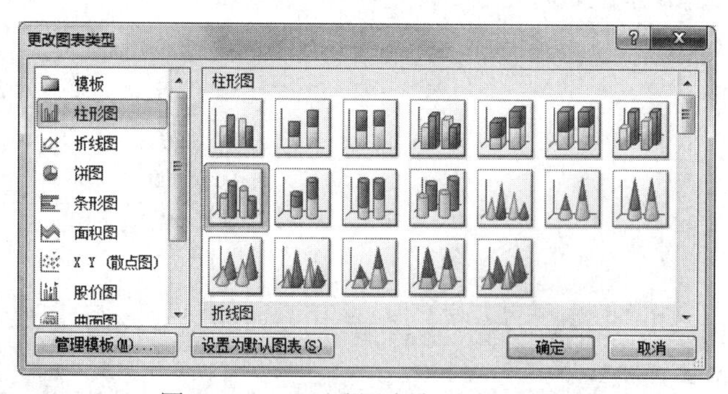

图 4-115 “更改图表类型”对话框

（2）为图表添加标题。

1）选中图表，在“图表工具/布局”选项卡中，单击“标签”组中的“图表标题”下拉按钮，在随后出现的下拉列表中（如图 4-116 所示），选择一种标题格式，如“图表上方”，效果如图 4-116 所示。

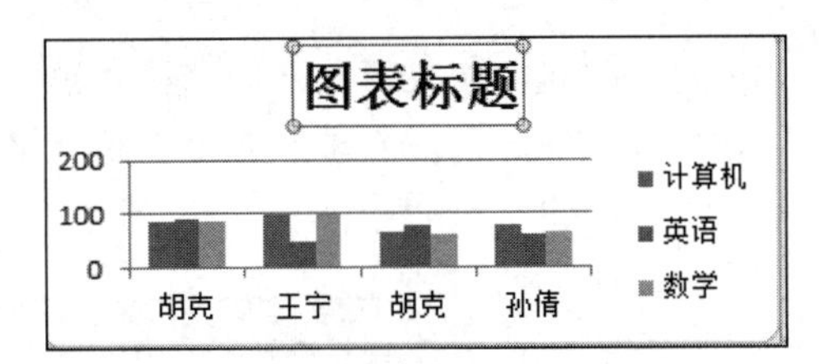

图 4-116　添加图表标题效果

2）选中“图表标题”文本框（参见图 4-116），删除“图表标题”字符，输入新的图表标题字符即可。

（3）修改图例名称。图表中显示“计算机”、“英语”、“数字”的部分称为图表的图例。修改图例的方法为：

选中图表，在“图表工具”→“设计”选项卡中单击“数据”组中的“选择数据”按钮，打开“选择数据源”对话框，如图 4-117 所示。

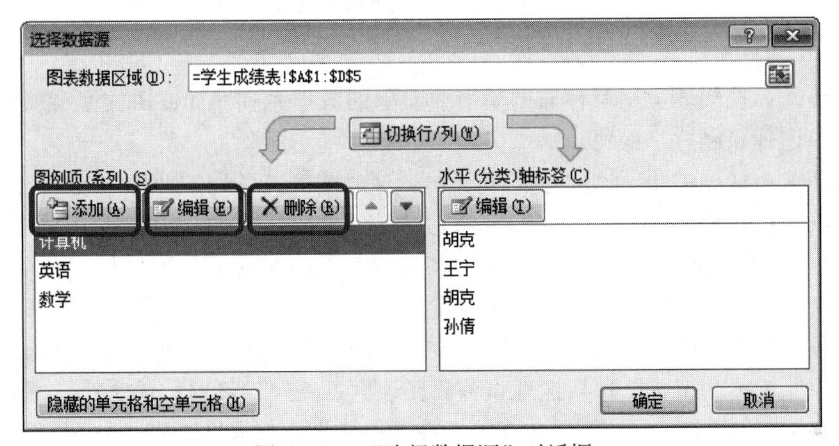

图 4-117　“选择数据源”对话框

在“图例（系列）”列表中选择需要修改的图例项（如计算机），然后单击上方的“编辑”按钮，打开“编辑数据系列”对话框，单击确定，如图 4-118 所示。

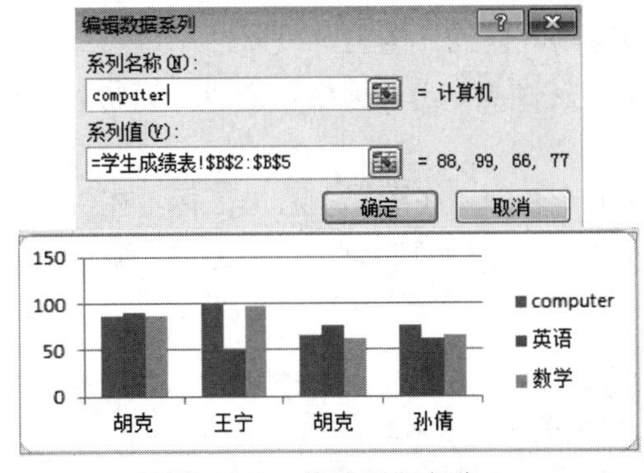

图 4-118　修改图例名称

（4）添加新系列。

1）打开“选择数据源”对话框，在“图例项”下面，单击“添加”按钮，再次打开“编辑数据系列”对话框。

2）单击“系列名称”文本框，在其中输入新系列的名称“语文”或单击“语文”所在的单元格 E1；单击“系列值”文本框，在工作表中选中 E2:E5 单元格区域（语文对应的成绩值单元格区域）；单击“确定”返回，如图 4-119 所示。

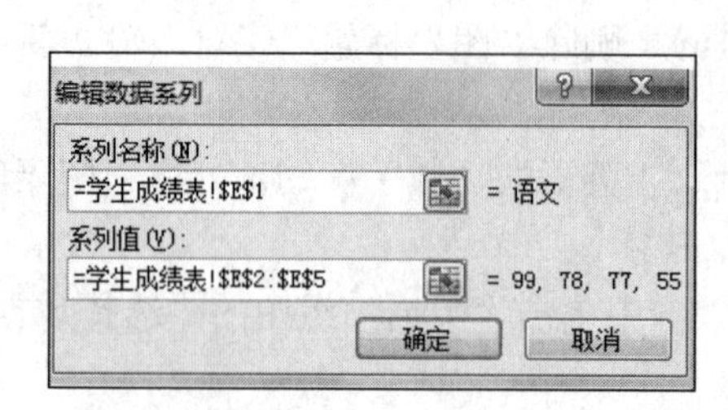

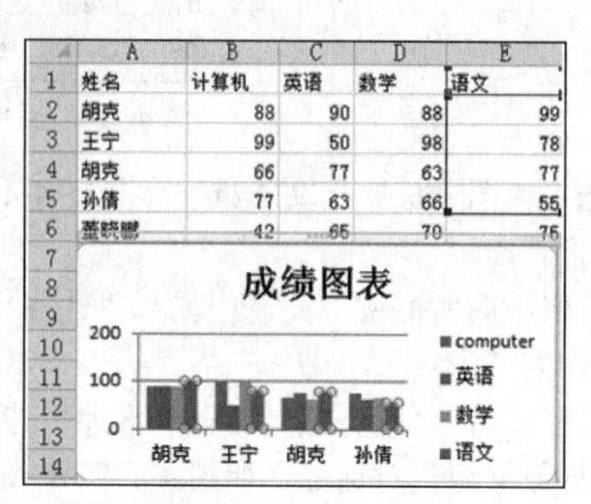

图 4-119　添加新系列设置及效果

（5）删除数据系列。

- 方法一：在图表上用鼠标右键单击要删除的数据系列（如：语文），在弹出的快捷菜单中选择“删除”即可。
- 方法二：打开 “选择数据源”对话框，在“图例（系列）”列表中选择希望删除的图例项（如：语文），然后单击上方的“删除”按钮，单击“确定”返回即可。

2. 格式化图表元素

（1）调整图表大小。

- 拖拉法：将鼠标移动到“图表区”或“绘图区”边缘，当鼠标呈双向拖动箭头状时，按住左键拖动鼠标即可快速地调整“图表区”或“绘图区”的大小。
- 数值法：选中图表，在“图表工具”→“格式”选项卡，调整“大小”组中的“宽度”和“高度”值，可以精准地调整图表大小。
- 对话框法：选中图表，在“图表工具”→“格式”选项卡，选择“大小”组右下角的拓展按钮，打开“大小和属性”对话框，通过更改高度和宽度来精准地调整图表大小。

（2）移动图表位置。

1）在一个工作表内部移动：嵌入式图表可以通过拖拉法改变其位置，使其在当前数据工作表内移动。实现方法为：旋转图表，当鼠标指针变成梅花状时，按住左键将其拖动到合适的位置，释放鼠标即可。

2）将图表移动到新的工作表中：在图表上右击鼠标，在快捷菜单中选择“移动图表”选项，打开“移动图表”对话框（如图 4-120 所示），选中“新工作表”选项，并设置好新工作表的名字，单击“确定”后，嵌入式图表转换成独立图表。

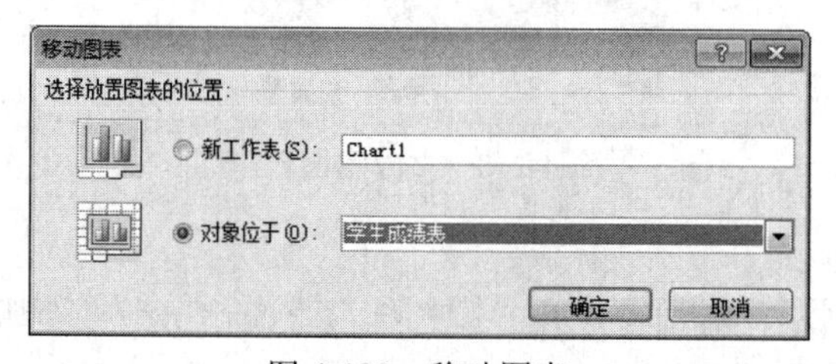

图 4-120　移动图表

（3）格式化文本字符。图表中的图标标题、坐标轴标题、图例项、坐标轴上的标识等都是文本字符。这些字符对象其实就是特殊的文本框。设置这些对象中的字体、字号、字符颜色等格式，与设置单元格中的字符格式相同，通常有以下两种方法。

- 直接设置法：选中相应的对象，切换到“开始”选项卡，利用“字体”组中的字体、字号、颜色等按钮进行设置。
- 对话框法：选中相应的对象，右击鼠标，在随后出现的快捷菜单中选择“字体”选项，打开“字体”对话框，设置好相关的参数后，单击“确定”返回即可。

（4）格式化图表中的其他对象。图表中的图标区域、坐标轴、刻度线及上面的字符等对象都可以分别进行格式化。下面以格式化总向坐标为例，说明具体操作过程。

选中图表，切换到“图表工具”→“格式”功能选项卡。

1）单击最左端“当前所选内容”组中的“图表元素”框右侧下拉按钮，在随后出现的图表元素列表中，选择需要重新设置格式的图表元素——垂直（值）轴；

2）再单击下面的“设置所选内容格式”按钮，打开“设置坐标轴格式”对话框，参见 4-121。

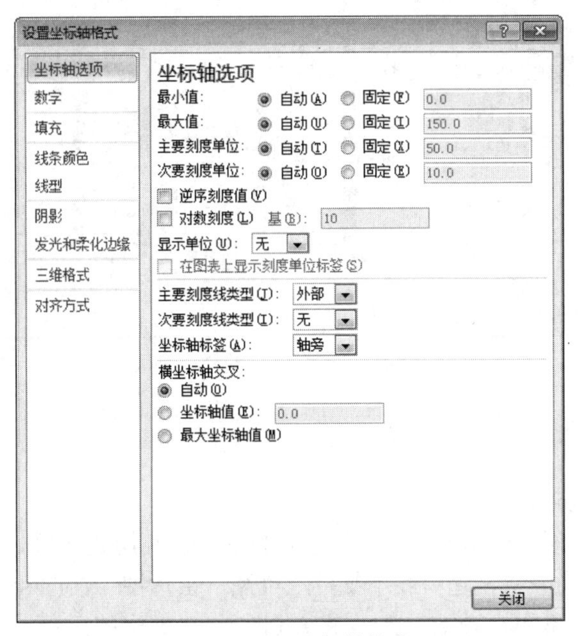

图 4-121　设置坐标轴格式

3）根据图表的实际需要，利用对话框中的相关选项，格式化坐标轴的格式。设置完成后，“关闭”对话框返回即可。

3. 利用样式修饰图表

（1）快速应用样式。选中图表，切换到“图表工具”→“设计”选项卡中，单击“图表样式”组右侧的下拉按钮，在随后出现的内置“图表样式”列表中，选择需要的样式即可，如图 4-122 所示。

同时，用户还可以利用“图表工具”→“设计”选项卡中的“形状样式”和“艺术字样式”组中的相关按钮，快速格式化图表。

（2）将主题样式应用于图表。主题样式是自 Excel 2007 开始新增的一个功能，也可以将主题样式直接应用于图表，以快速实现图表格式化操作。

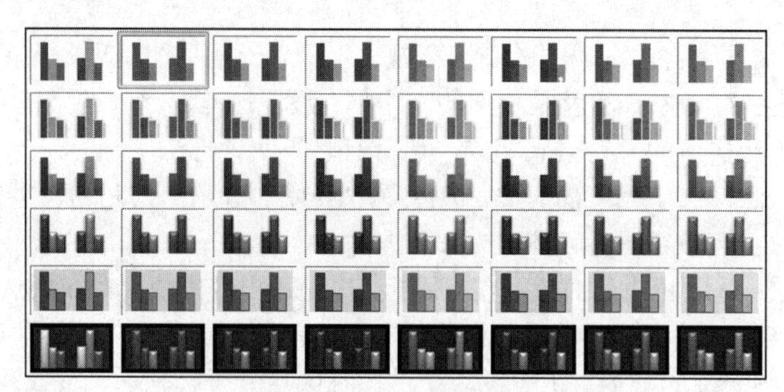

图 4-122　内置图表样式

选中图表，切换到“页面布局”→“主题”选项卡中，单击“主题”组中的“主题”下拉按钮，在随后出现的内置主题样式下拉列表中，选择一种主题样式即可将该主题应用于图表，如图 4-123 所示。

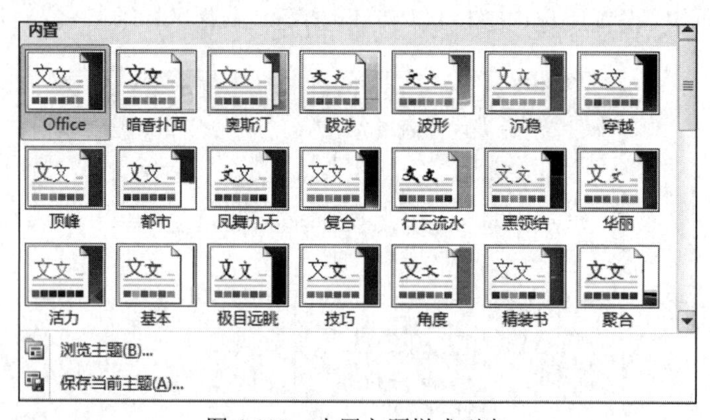

图 4-123　内置主题样式列表

4.7.4　图表的分析

1. *为图表添加趋势线*

所谓趋势线，就是一种描绘数据走向趋势的图形，利用趋势线，可以了解数据的发展趋势，对数据作出全面的分析。趋势线不支持三维图、雷达图、饼图和圆环图。

（1）为图表系统添加趋势线。选中图表（图 4-119）中的语文系列，切换到“图表工具”→“布局”选项卡中，单击“分析”组中的“趋势线”按钮，在随后出现的下拉列表中选择一种趋势线类型（如：线性趋势线）即可。效果如图 4-124 所示。

（2）删除趋势线。在图表中，选中添加了趋势线的某个系列，单击“趋势线”下拉按钮，在随后出现的下拉列表中选择“无”即可。

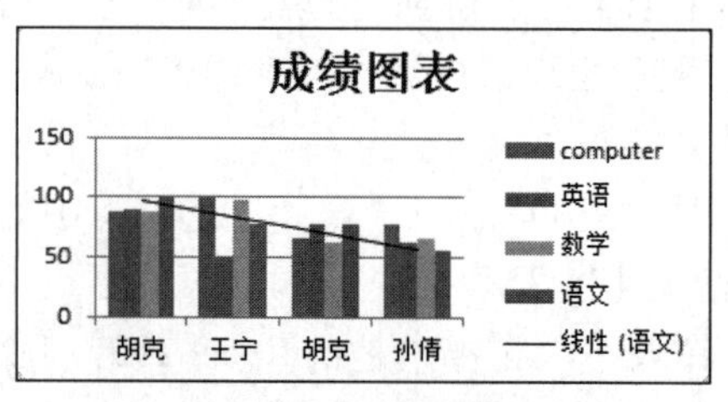

图 4-124　添加趋势线效果图

2. 其他系列方式

（1）误差线是表示图形上相对于数据系列中每个数据点或数据标记的潜在误差量。

（2）系列线主要适用于堆积条形图、堆积柱形图和饼图。

（3）垂直线适用于折线图和面积图。

（4）低点连线通常适用于股价图和具有两个系列的折线图，创建了股价图，软件将会自动添加高低点连线。

（5）涨/跌柱线通常适用于股价图或有两个系列的折线图。

4.7.5　迷你图表

“迷你图表”即小型图表，是 Excel 2010 版本中新增的一个功能，只有在扩展名是 xlsx 的工作簿中才可用。利用“迷你图表”可以将制作的图表保存在一个普通单元格中。在 Excel 2010 中，目前提供了折线图、列图（柱形图）和盈亏图三种迷你图表。

1. 创建迷你图表

（1）创建单个迷你图表。

1）选中需要创建迷你图的一组数据区域，如 B3:E3。

2）切换到“插入”选项卡中，单击“迷你图”组中的“折线图”按钮，打开“创建迷你图”对话框（如图 4-125 所示）。

3）选中放置迷你图的单元格中输入 F3 或单击工作表中 F3 单元格，“确定”返回，如图 4-126 所示。

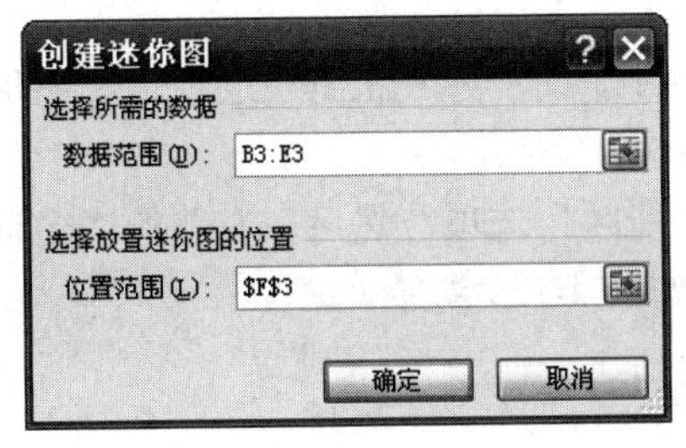

图 4-125　“创建迷你图”对话框

	A	B	C	D	E	F
1	姓名	计算机	英语	数学	语文	
2	胡克	88	90	88	99	
3	王宁	99	50	98	78	

图 4-126　单个迷你图效果

（2）创建迷你图组。

1）选中需要创建迷你图的一组数据区域 C2:C4。

2）切换到“插入”选项卡中，单击“迷你图”组中的“折线图”按钮，打开“创建迷你图”对话框，选中放置迷你图的单元格 F4，“确定”返回，效果如图 4-127 所示。

	A	B	C	D	E	F
1	姓名	计算机	英语	数学	语文	
2	胡克	88	90	88	99	
3	王宁	99	50	98	78	
4	胡克	66	77	63	77	

图 4-127　迷你图组效果（F4 单元格）

2. 迷你图表的编辑与格式设置

单击了迷你图的表格后将会出现“迷你图/设计”选项卡，如图 4-128 所示。

各选项组功能如下：

（1）编辑数据：修改迷你图图组的源数据区域或单个迷你图的源数据区域。

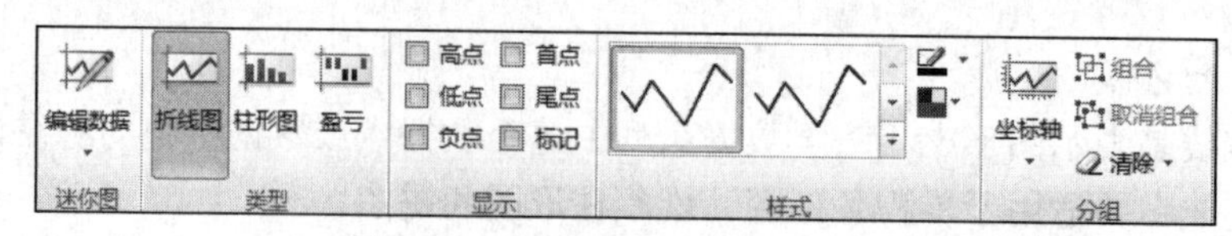

图 4-128 “迷你图/设计”选项卡

（2）类型：更改迷你图的类型为折线图、柱形图、盈亏图。

（3）显示：在迷你图中标识什么样的特殊数据。

（4）样式：使迷你图直接应用预定义格式的图表样式。

（5）迷你图颜色：修改迷你图折线或柱形的颜色。

（6）单击清除：可以删除迷你图。

4.8 Excel 宏的简单应用

4.8.1 宏的应用

Excel 除了能利用函数自动完成对数据的统计、处理和分析，还可以利用内置的二次开发语言 Visual Basic for Applications（简称 VBA），实现对 Excel 局部自动化控制操作，进一步提高用户的工作效率。宏是保存在 VBA 模块中，用 VBA 语言编辑的一段能在 Excel 环境中独立运行的一个程序（也叫命令集），运行宏能够让一些 Excel 的连续操作自动的完成，进一步提高用户的工作效率。

1. 添加“开发工具”功能选项卡

Excel 2010 中有关宏的操作位于“开发工具”选项卡中，将“开发工具”选项卡中添加到功能区后，用户就可以直接调用其中的相关功能了，具体操作是：

打开“Excel 选项”对话框，选中左侧的“自定义功能区”选项，然后在右侧的“主选项卡”中选择“开发工具”选项卡，单击“确定”按钮。如图 4-129 所示。

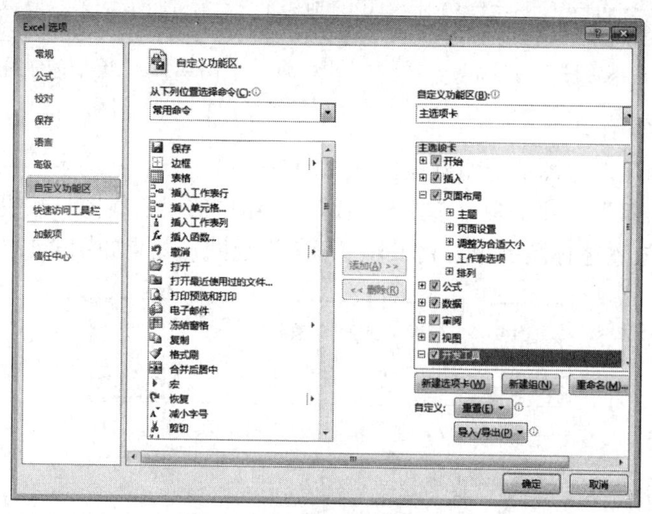

图 4-129 添加“开发工具”

2. 录制宏

（1）激活“使用相对引用”按钮。选中目标单元格，切换到“开发工具”选项卡中，单击“代码”组中的“使用相对引用”按钮即可。

激活“使用相对引用”功能后，录制的宏可以对整个工作簿中的不同工作表、不同单元格产生作用。如果不激活“使用相对引用”功能，录制的宏仅对当前单元格区域有效。

（2）录制“宏”。单击“录制宏”按钮，打开如图 4-130 所示的“录制新宏”对话框，分别设置宏名、保存位置和说明文字，单击“确定”，进入录制状态。在 Excel 中进行宏操作录制。

图 4-130　录制新宏

（3）停止录制。操作完成，单击“代码”组中的“停止录制”按钮，完成宏的录制。

录制了宏的文档，用户一定要将其保存为“Excel 启动宏的工作簿”文档格式，否则宏代码会被自动删除。

3. 运行宏

（1）设置宏的安全性。要让宏能顺利的运行起来，通常要降低宏的安全性设置。打开“Excel 选项”对话框，选中左侧的“信任中心”选项，然后单击右侧的“信任中心设置”按钮，打开如图 4-131 所示的“信任中心”对话框，选中左侧的“宏设置”，再根据需要选定宏的安全性选项（例如：启用所有宏），单击“确定”按钮即可完成设置。

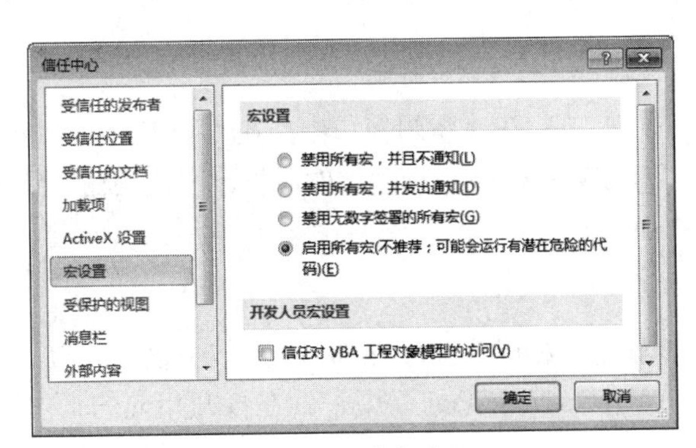

图 4-131　信任中心

对话框中 4 个选项的含义如下：

- “禁用所有宏，并且不通知”：所有宏都不能运行，且打开带有宏的工作簿时没有任何提示，
- “禁用所有宏，并发出通知”：打开带有宏的文档时，所有宏都不能运行，并出现提示条。
- “禁用无数字签署的所有宏”：没有经过认证的宏不能运行。

- “启用所有宏”：所有的宏都可以正常运行。

（2）运行宏。在“开发工具”选项卡中，单击“代码”组中的“宏”按钮（或 Alt+F8 组合键），打开“宏”对话框，如图 4-132 所示。选中需要运行的宏，然后单击“执行”，则选中的宏被执行一次。

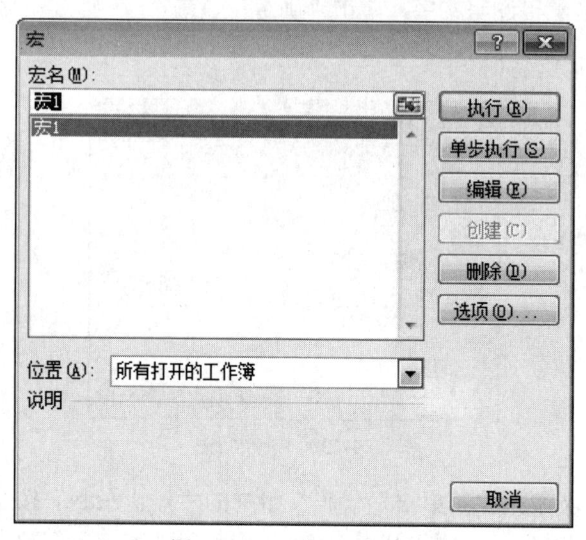

图 4-132　“宏”对话框

4.8.2　常用宏代码举例

1.自动运行的宏

（1）Auto_Close 宏。下面的宏在关闭相应的工作簿文档时，对当前工作簿文档执行一次保存操作，避免因错误而造成编辑成果的丢失。

```
Sub Auto_Close()
ActiveWorkbook.Save
End Sub
```

（2）Workbook_Open 宏。在 VBA 编辑窗口中，在“工程资源管理器”中，展开相应的工作簿文档，双击其中的“ThisWorkBook”选项，然后将下述代码输入到右侧的代码编辑区中。

```
Sub Workbook_Open()
[A1]=“开始工作”
End Sub
```

以后在打开相应的工作簿文档时，自动在 A1 单元格中输入字符“开始工作”。

如果把下述代码放在“ThisWorkBook”中，则在打开相应的工作簿文档时，软件自动删除该工作簿。

```
Sub Workbook_Open()
Active Work.ChangeFileAccessxlReadOnly
Kill ActiveWorkbook.FullName
ThisWorkbook.CloseFalse
End Sub
```

这里需要特别说明的是，用户如果把上述代码放在一个重要的 Excel 文档中进行测试，一定要备份源文档。

（3）Workbook_BeforeClose 宏。仿照上面的操作，将下面的代码放在“ThisWorkBook”中，以后在关闭相应的工作簿文档时，自动对工作簿文档执行一次保存操作。

```
Sub Workbook_BeforeClose(CancelAsBoolean)
Active Workbook.Save
End Sub
```

（4）Workbook_SheetSelectionChange 宏。仿照上面的操作，将下面的代码放在“ThisWorkBook”中，以后在对工作簿中当前工作表进行任何修改操作时，每修改一次，A1 单元格中的数值会自动增加“1”。

```
PrivateSub Workbook_SheetSelectionChange(ByValShAsObject,ByValTargetRange)
[A1]= [A1]+1
End Sub
```

2. 控制工作表的宏

（1）添加指定名称工作表的宏。财务工作人员编辑 Excel 表格时，通常需要 12 份工作表，并且依次命名为“1 月、2 月……12 月”，运行下面的宏可以将 Sheet1 工作表复制 12 份，并实现上述命名。

```
Sub 年表格()
Dim i As Intege
For i=1 To 12
Sheets("Sheet1").CopyAfter: =Sheets(Worksheets.Count)
ActiveSheet.Name=i&"月"
Next
End Sub
```

（2）修改工作表名称的宏。如果用户已经将 12 张工作表全部编辑完毕，现在需要将其依次修改成“1 月、2 月……12 月”，假设原工作簿中没有该名称工作表，则可以运行下面的宏实现名称的修改操作。

```
Sub 改名()
For i=1 To 12sheets.Count
Sheets(i).name=i&"月"
Next i
End Sub
```

（3）依次保存多个工作表的宏。用户前面进行保护工作表操作时，一次只能对一个工作表进行操作。用下面的宏，可以一次性的对整个工作簿中的所有工作表加密保护或取消保护。

```
Sub 保护所有工作表()
For i=1 To Sheets.Count
Sheets(i).Protect("123")
Next
End Sub
Sub 撤销所有保护()
For For i=1 To Sheets.Count
Sheets(i).UnProtect("123")
Next
End Sub
```

4.9 页面设置与打印

1. 页面设置

工作表打印输出前，还需要设置页面格式、页眉和页脚、页边距、打印区域等。

（1）利用“页面布局”选项卡→“页面设置”组中功能按钮，可以设置页边距、纸张方向、纸张大小、打印区域等页面效果，如图 4-133 所示，此处简单介绍以下几个功能；

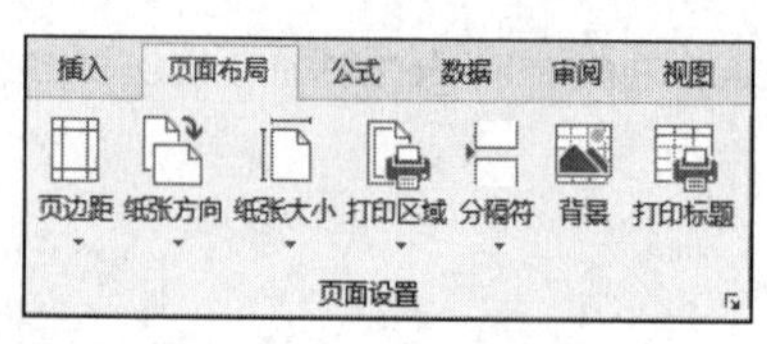

图 4-133 “页面设置”功能组

1）页边距：即页面边框距离打印内容的距离。用户可以根据文档的装订需求、视觉美观效果来设置适当的页边距，可以直接在“页面设置”组中的“页边距”下拉列表框中选择适当的页边距，也可以自定义页边距。

具体方法为：点击“页边距”按钮，在展开的下拉列表框中选择预定义的页边距；如果“页边距”下拉列表框中的预定义不能满足用户的需求，可以单击“自定义选项”标签打开“页面设置”对话框，用户可以在“上”、“下”、“左”、“右”四个方向上设置页边距值，当试图更改“左”方向的值时，中间的预览区域会显示一条直线标识此时的页边距。

2）纸张方向：打开其下拉列表，可以设置“横向”或“纵向”打印。

3）打印区域：在下拉列表中可以设置文档的打印区域。

（2）利用打印窗口和“页面设置”对话框，可以设置打印份数、打印机属性、纸张大小、页面边距、页眉和页脚、打印区域等。单击“页面设置”组中的对话框启动器按钮，可以打开“页面设置”对话框。

1）“页面”选项卡：可以设置纸张方向，还可以设置打印缩放比例等，如图 4-134 所示。

2）“页边距”选项卡：主要用来设置上、下、左、右边距，还可以选择打印区域在页面中的居中对齐方式，“水平”和“垂直”，如图 4-135 所示。

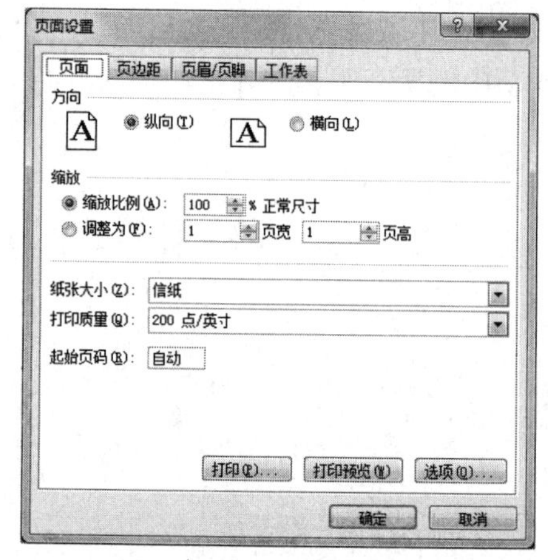

图 4-134 “页面”选项卡

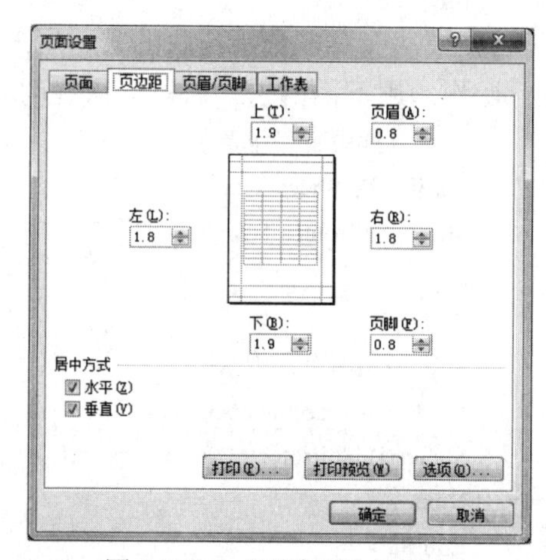

图 4-135 “页边距”选项卡

3）“页眉/页脚”选项卡：可以设置页眉页脚内容、奇偶页是否相同等，如图 4-136 所示。

4）“工作表”选项卡：主要设置工作表打印的区域、打印标题及打印顺序等，如图 4-137 所示。

图 4-136　“页眉/页脚”选项卡

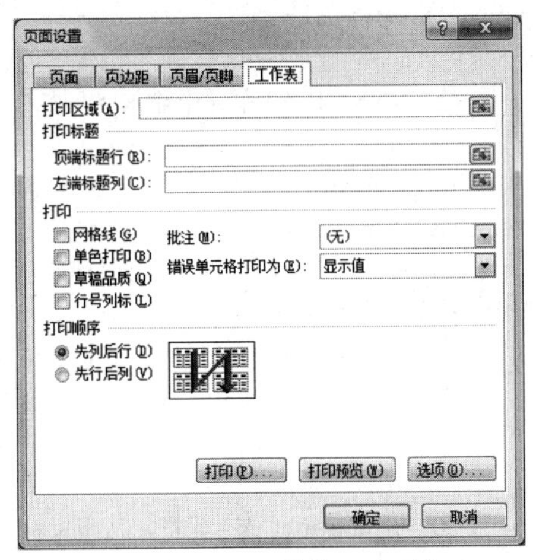

图 4-137　“工作表”选项卡

2. 打印预览

页面效果设置完成后，如需在打印前观看打印效果，在“页面设置”对话框中选择“打印预览”按钮即可。

3. 打印

完成打印设置、预览达到预期效果后，单击“页面设置”对话框中的“打印”按钮，或选择“文件”下拉列表中的“打印”命令，在展开的选项列表中设置打印份数、打印的工作表以及打印页数等，如图 4-138 所示，然后再次单击“打印”按钮即可实现对文档的打印。

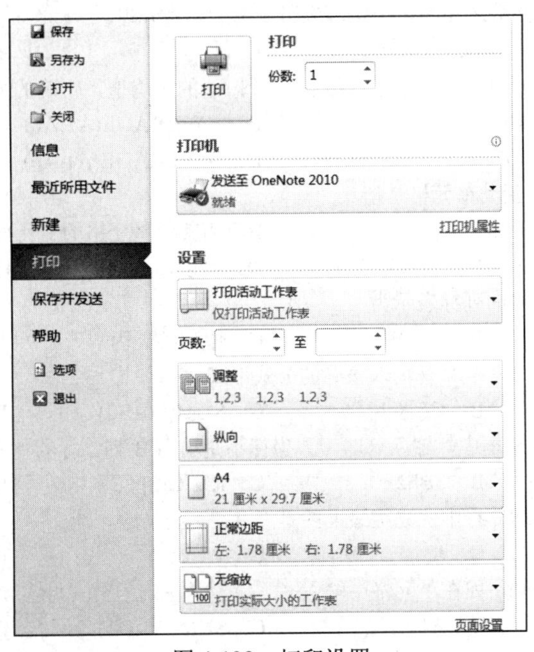

图 4-138　打印设置

习题 4

一、单项选择题

1．若在 Excel 的 A2 单元中输入“=8^2”，则显示结果为（　　）。

A．16　　B．64　　C．=8^2　　D．8^2

2．在 Excel 2010 中，按（　　）组合键可将单元格中输入的内容进行分段。

A．Ctrl+Enter　　B．Alt+Enter　　C．Shift+Enter　　D．Tab+Enter

3．在 Excel 2010 工作表中，可以运用鼠标拖动的方法填入有规律的数据，具体的做法是在某一单元格输入第一个数据，然后（　　）。

A．用鼠标指向该单元格边框右下角的控制点，使鼠标指针呈“+”形，按下鼠标左键开始拖动

B．用鼠标指向该单元格，按下 Ctrl 键后再按下鼠标左键开始拖动

C．用鼠标指向该单元格边框右下角的控制点，使鼠标指针呈“+”形，按下 Shift 键后再按下鼠标左键开始拖动

D．用鼠标指向该单元格，按下鼠标左键开始拖动

4．在 Excel 2010 中，函数 SUM(A1:B3)的功能是（　　）。

A．计算 A1+B3 的和　　B．计算 A1+A2+A3+B1+B2+B3 的和

C．计算 A 列和 B 列之和　　D．计算 1、2、3 行之和

5．在 Excel 2010 中，如果 A1 单元格的值为 4，B1 为空，C1 为一个字符串，D1 为 8，则函数 AVERAGE(A1:D1)的值是（　　）。

A．6　　B．4　　C．3　　D．不予计算

6．在 Excel 2010 中，要计算单元格区域的平均值除了编辑公式外，还可以调用函数（　　）。

A．SUM　　B．COUNT　　C．AVERAGE　　D．SUMIF

7．在 Excel 2010 中，单元格区域 B5: D5 包含的单元格个数是（　　）。

A．6　　B．3　　C．9　　D．18

8．在 Excel 2010 中，函数之间的多个参数应用（　　）号分隔。

A．:　　B．。　　C．,　　D．;

9．在 Excel 2010 工作表中，要求计算单元格 A1 到 A6 的平均值，正确的公式是（　　）。

A．=COUNT(A1,A6)　　B．=AVERAGE(A1:A6)

C．=COUNT(A1:A6)　　D．=AVERAGE(A1,A6)

10．在 Excel 2010 中，活动单元格是指（　　）。

A．正在操作的单元格　　B．随其他单元格的变化而变化的单元格

C．已经改动了的单元格　　D．可以随意移动的单元格

11．在 Excel 中，工作表的列标表示为（　　）。

A．1、2、3　　B．A、B、C　　C．甲、乙、丙　　D．I、II、III

12．在 Excel 中，下列（　　）是输入正确的公式形式。

A．B2*D3+1　　B．C7+C1　　C．SUM(D1:B2)　　D．=8^2

13．在工作表左上角名称框中，输入（　　）坐标不是引用 B 列 2 行的单元格。

A．B2　　B．$B$2　　C．R[2]C[2]　　D．$B2

14．在 Excel 中，下列运算符中优先级最高的是（　　）。

A．^　　B．*　　C．+　　D．%

15．建立 Excel 工作表时，如在单元格中输入（　　）是正确的公式形式。

A．A1*D2+100　　B．A1+A8　　C．SUM(A1:D1)　　D．=1.57*Sheet2!B2

二、多项选择题

1．用筛选条件“数学>70”、“总分>350”，两条件在同一行上，对考生成绩数据表进行筛选，关于筛选结果中说法不准确的是（　　）。

A．所有数学>70 的记录　　B．所有数学>70 与总分>350 的记录

C．所有总分>250 的记录　　D．所有数学>70 或者总分>350 的记录

2．在 Excel 单元格中，输入下列（　　）表达式是正确的。

A．=SUM($A2:A$3)　B．=A2;A3　C．=SUM(Sheet2!A1)　D．=10

3．在 Excel 中，关于选取一行单元格的方法错误的是（　　）。

A．单击该行行号

B．单击该行的任一单元格

C．在名称框输入该行行号

D．单击该行的任一单元格，并单击“编辑”菜单的“行”命令

4．下列操作中，不能正确选取单元格区域 A2:D10 的操作是（　　）。

A．在名称框中输入单元格区域 A2-D10

B．鼠标指针移到 A2 单元格并按住鼠标左键拖动到 D10

C．单击 A2 单元格，然后单击 D10 单元格

D．单击 A2 单元格，然后按住 Ctrl 键单击 D10 单元格

5．在 Excel 的单元格中，如要输入数字字符串 68812344（电话号码），输入错误的有（　　）。

A．68812344　B．"68812344"　C．68812344'　D．'68812344

三、填空题

1．Excel 的筛选功能包括（　　）和高级筛选。

2．在 Excel 中，A5 的内容是“A5”，拖动填充柄至 B5，则 B5 单元格的内容为（　　）。

3．若在 Excel 的 A2 单元格中输入“=56>=57”，则显示结果为（　　）。

4．一个工作簿是一个 Excel 文件（其扩展名为.xlsx），其最多可以含有（　　）个工作表。

5．在 Excel 2010 默认状态下，字符输入后为（　　）对齐状态。

6．在 Excel 2010 中，按（　　）键可取消输入。

7．在 Excel 2010 中，单元格区域 B5: D5 包含的单元格个数是（　　）。

8．在 Excel 工作表中已输入的数据如下图所示，按 Enter 键后，D1 单元格中的结果是（　　）；如将 D1 单元格中的公式复制到 B1 单元格中，则 B1 单元格的值为（　　）。

	A	B	C	D
1	1	1	3	=C1+$D$2
2	2	2	4	

9．在 Excel 工作表中已输入的数据如下所示，按 Enter 后，D1 单元格中的结果是（　　）；如将 D1 单元格中的公式复制到 E2 单元格中，则 E2 单元格的值为（　　）。

	A	B	C	D
1	1	10	10%	=$A$1*B1
2	2	20	20%	

10．Excel 中单元格的引用类型有（　　）、（　　）、（　　）。

11．Excel 公式以（　　）符号开头。

12．工作簿文件默认的扩展名是（　　），一个工作簿中默认包含（　　）张工作表，一个工作表中有（　　）个单元格。

13．如果 A3 单元格中的公式为“=B4+E2”，将 A3 单元格内容复制到 C5 单元格，则 C5 单元格的内容是（　　）。

14．如果 A3 单元格中的公式为“=$B$4+$E$2”，将 A3 单元格内容复制到 C5 单元格，则 C5 单元格的内容是（　　）。

15．如果 A3 单元格中的公式为“=B$4+$E2”，将 A3 单元格内容复制到 C5 单元格，则 C5 单元格的内容是（　　）。

四、综合题

1．相对引用单元格与绝对引用单元格的区别是什么？

2.下图是一个 Excel 表格，请分别计算 SUM（D3:F3），AVERAGE（D5:F5），COUNTIF（E3:E7, ">=60"）－COUNTIF（E3:E7, ">=80"）。

	A	B	C	D	E	F
1	计算机二班学生成绩单					
2	学号	姓名	性别	计算机	英语	数学
3	02020101	胡克	男	78	84	87
4	02020102	王宁	女	99	78	95
5	02020103	胡克	男	87	98	62
6	02020104	孙倩	男	77	57	57
7	02020105	董晓鹏	男	94	64	81

第5章　演示文稿软件 PowerPoint 2010

- 掌握演示文稿的基本概念及基本操作。
- 掌握主题、母版、背景的使用及设置。
- 掌握幻灯片对象动画的设置与幻灯片间的切换效果。
- 了解演示文稿的打印，掌握演示文稿的打包、解包及创建视频。

日常生活中，人们常常需要向他人展示或介绍某些事物，这就需要有相关的软件作为辅助。演示文稿是应用信息技术，将文字、图片、声音、动画等多种媒体有机结合在一起形成的多媒体幻灯片，广泛应用于广告宣传、产品演示、教学培训、会议报告等方面。

目前，制作演示文稿的软件工具主要有微软公司的 Office 套件中的 PowerPoint 软件、金山公司的 WPS Office 套件中的 WPS 演示软件、Apple 公司的 Keynote 软件等。本章重点介绍使用 PowerPoint 制作、编辑和播放演示文稿的方法。

5.1　PowerPoint 2010 基础

PowerPoint 是微软公司 Office 套件中非常实用的一个应用软件，它的主要功能是进行幻灯片的制作和演示，可有效帮助用户进行教学、产品演示和演讲等。PowerPoint 2010 提供了比以往版本更多的功能，可以让用户创作更加完美的作品。如可插入剪辑视频和音频功能、面板的分节功能、录制演示功能、将鼠标转变为激光笔功能等。

5.1.1　PowerPoint 2010 启动和退出

1. 启动 PowerPoint 2010

启动 PowerPoint 2010 的方法有如下几种。

- 在 Windows 7 界面下，单击“开始”→“所有程序”→Microsoft Office→Microsoft Office PowerPoint 2010 命令，进入 PowerPoint 界面。
- 用鼠标双击桌面上的 PowerPoint 快捷方式图标，可进入 PowerPoint 界面。
- 双击一个 PowerPoint 文件，可以在启动 PowerPoint 的同时打开该演示文稿文件。

2. 退出 PowerPoint 2010

PowerPoint 2010 的退出方法与退出 Word、Excel 应用程序的方法相同，本节不再介绍。

5.1.2　PowerPoint 2010 窗口界面

PowerPoint 的窗口界面由标题栏、快速访问工具栏、选项卡、窗格、状态栏等部分组成，使用方法与 Word 2010 应用程序中相对应部分的使用方法相同。

1. 标题栏

PowerPoint 2010 的标题栏如图 5-1 所示。标题栏最左端为快速访问工具栏，默认情况下会显示 PowerPoint 控制菜单图标、“保存”按钮、“撤消”按钮、“重复”按钮，以及“扩展”按钮。单击“扩展”按钮 ，可以弹出如图 5-2 所示的快捷菜单，在此可将使用频繁的工具添加到快速访问工具栏中。

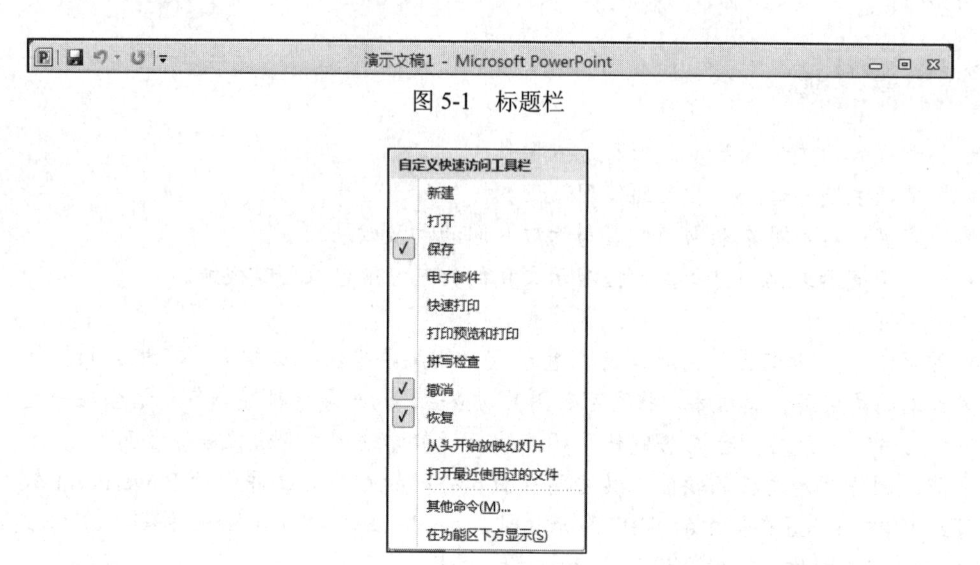

图 5-1　标题栏

图 5-2　快捷菜单

2. 选项卡与功能区

PowerPoint 2010 窗口中用选项卡和功能区取代了传统的菜单栏和工具栏，单击某一选项卡，如“开始”选项卡，会显示与其相对应的功能区，如图 5-3 所示。用户还可通过单击“文件”选项卡→“选项”命令，打开如图 5-4 所示的“PowerPoint 选项”对话框，对 “自定义功能区”、“快速访问工具栏”、“保存”等选项进行设置。

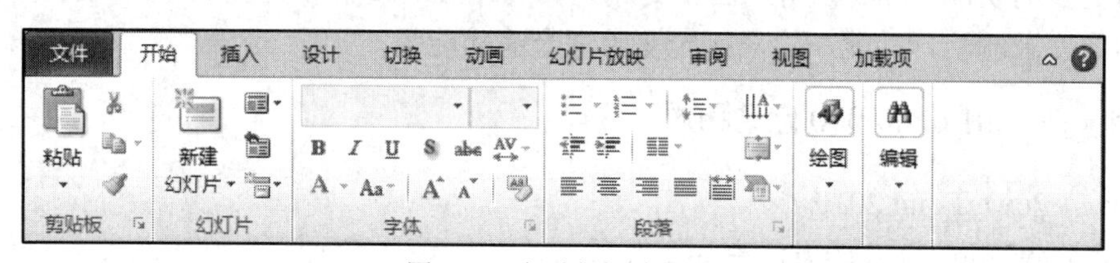

图 5-3　选项卡与功能区

3. 幻灯片编辑区和备注窗格

幻灯片编辑区是整个工作界面的核心区域，用于显示和编辑幻灯片，在其中可输入文字内容、插入图片和设置动画效果等，是使用 PowerPoint 制作演示文稿的操作平台。

备注窗格位于幻灯片编辑区下方，可供幻灯片制作者或幻灯片演讲者查阅该幻灯片信息或在播放演示文稿时对需要的幻灯片添加说明和注释。如图 5-5 所示。

4. “幻灯片/大纲”窗格

“幻灯片/大纲”窗格用于显示演示文稿的幻灯片数量及位置，通过它可以更加方便地掌握整个演示文稿的结构。在“幻灯片”窗格下，将显示整个演示文稿中幻灯片的编号及缩略图，在“大纲”窗格下列出当前演示文稿中各张幻灯片中的文本内容。如图 5-6 所示。

图 5-4　“PowerPoint 2010”选项对话框

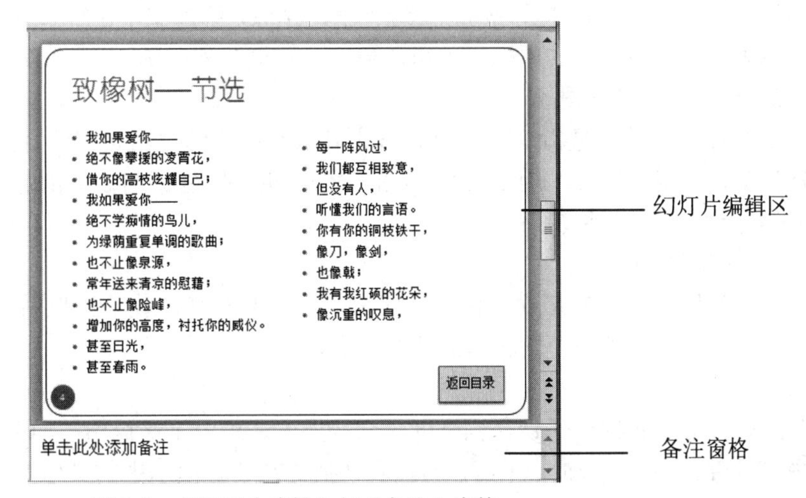

图 5-5　“幻灯片编辑”与“备注”窗格

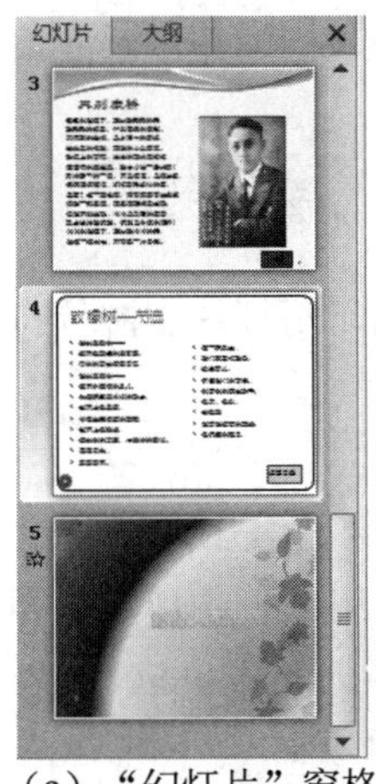

（a）“幻灯片”窗格

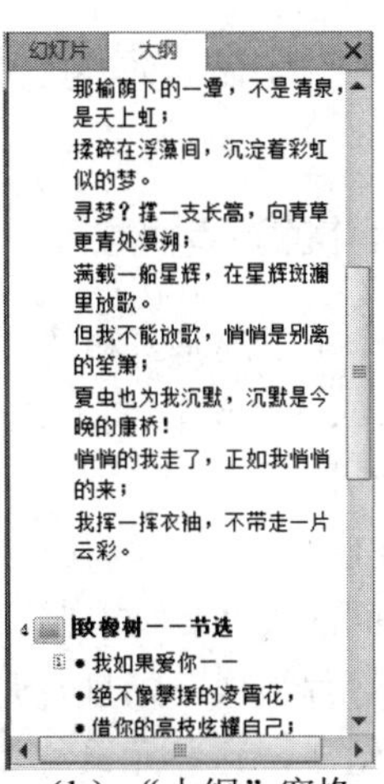

（b）“大纲”窗格

图 5-6　“幻灯片/大纲”窗格

5. 状态栏

状态栏位于整个窗口的最下方，用于显示演示文稿中所选幻灯片及幻灯片总张数、幻灯片采用的模板类型、视图切换按钮以及页面显示比例等。

5.1.3 PowerPoint 2010 视图模式

视图是为了便于用户操作所提供的不同的工作环境。PowerPoint 2010 提供了 4 种视图模式，分别是普通视图、幻灯片浏览视图、阅读视图、幻灯片放映视图，其中最常使用的两种视图是普通视图和幻灯片浏览视图。

视图方式的切换可以通过“视图”选项卡→“演示文稿视图”组来实现，也可以使用视图切换按钮 实现。视图切换按钮位于窗口的右下角，单击其中的按钮可以切换到对应的视图方式。

1. 普通视图

普通视图是演示文稿的编辑视图，主要用于撰写和设计演示文稿，是 PowerPoint 程序默认的视图。在此视图下可以对幻灯片进行编辑排版，添加文本，插入图片、表格、SmartArt 图形、图表、图形对象、文本框、电影、声音、超链接和动画。

2. 幻灯片浏览视图

幻灯片浏览视图是指以缩略图的形式显示幻灯片的视图。在此视图下，可方便对幻灯片进行移动、复制、删除、页面切换效果的设置，也可以隐藏和显示指定的幻灯片，但不能对单独的幻灯片内容进行编辑。

3. 阅读视图

阅读视图是指将演示文稿作为适应窗口大小的幻灯片放映的视图方式。该视图用于在本机查看放映效果，而不是大屏幕放映演示文稿。

4. 幻灯片放映视图

幻灯片放映视图用于切换到全屏显示效果下，对演示文稿中的当前幻灯片内容进行播放。用户可以看到图形、计时、电影、动画和切换等在实际演示中的具体效果，但无法对幻灯片的内容进行编辑和修改。用户可通过按 Esc 键退出幻灯片放映视图。

5.2 演示文稿的设计与制作

5.2.1 PowerPoint 中的基本概念

PowerPoint 中有几个重要的基本概念：演示文稿、幻灯片、占位符、版式，理解好它们之间的关系，对于学习 PowerPoint 非常重要。

1. 演示文稿与幻灯片

利用 PowerPoint 创建的演示文稿其扩展名为 pptx。演示文稿和幻灯片之间的关系就像一本书和书中的每一页之间的关系。一本书由不同的页组成，各种文字和图片都书写、打印到每一页上；演示文稿由幻灯片组成，幻灯片是演示文稿的基本单位，幻灯片一般由标题、文本、图片、表格等多种元素组成，这些元素称为幻灯片对象。

2. 占位符与幻灯片版式

占位符是幻灯片中各种元素实现占位的虚线框。有标题占位符、文本占位符、内容占位符等。内容占位符中可以插入表格、图表、SmartArt 图形、图片、剪贴画、媒体剪辑等各种对象。

版式是一个幻灯片的整体布局方式，是定义幻灯片上待显示内容的位置信息。幻灯片本身只定义了幻灯片上要显示内容的位置和格式设置信息，可以包含需要表述的文字及幻灯片需要容纳的内容，也可以在版式或幻灯片母版中添加文字和对象占位符。但不能直接在幻灯片中添加占位符，对于一个新幻灯片，要根据幻灯片表现的内容来选择一个合适的版式。如图 5-7 所示的幻灯片为“标题和内容”版式的幻灯片，包含 2 个占位符，一个标题占位符，一个内容占位符。单击内容占符中左下角的“插入来自文件的图片”图标，弹出“插入图片”对话框，选择文件中的一幅图片即可将其插入到内容占位符内。

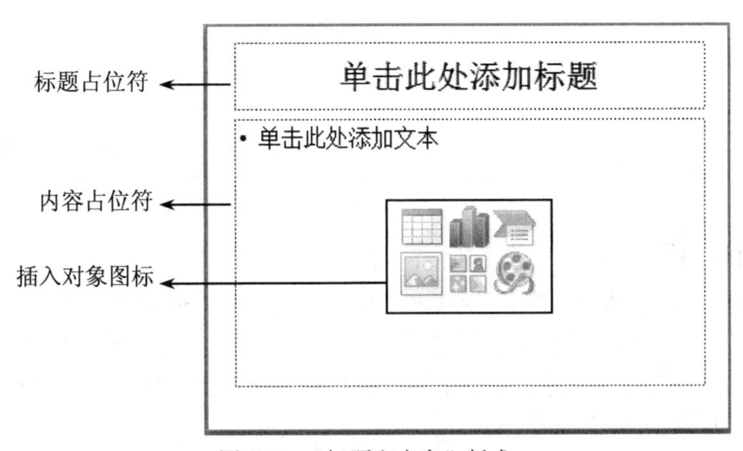

图 5-7　“标题和内容”版式

5.2.2　演示文稿的基本操作

1. 演示文稿的创建

PowerPoint 中可以创建空演示文稿，也可以根据样本模板、主题、现有内容新建演示文稿。

（1）新建空白演示文稿。

方法一：单击“快速访问工具栏”上的按钮，在弹出的“自定义快速访问工具栏”列表中选择“新建”，把“新建”按钮添加到“快速访问工具栏”中，如图 5-8 所示。单击“新建”按钮即可创建一个新的空白演示文稿。

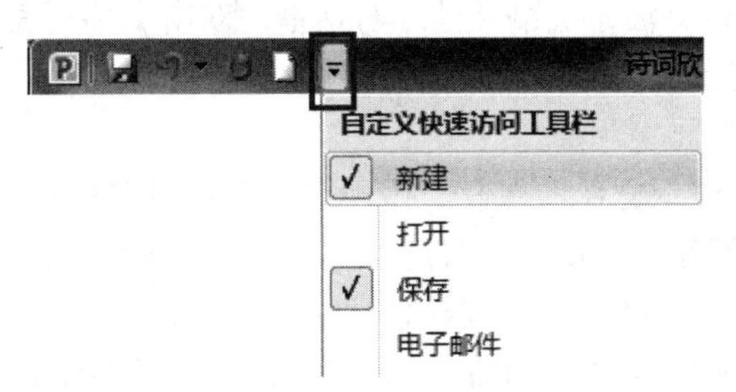

图 5-8　添加“新建”按钮到快速访问工具栏

方法二：单击“文件”选项卡，在弹出的快捷菜单中选择“新建”命令，在中间的“可用模板和主题”栏中选择“空白演示文稿”选项。在最右边的“空白演示文稿”栏中单击“创建”按钮，新建演示文稿完成，如图 5-9 所示。

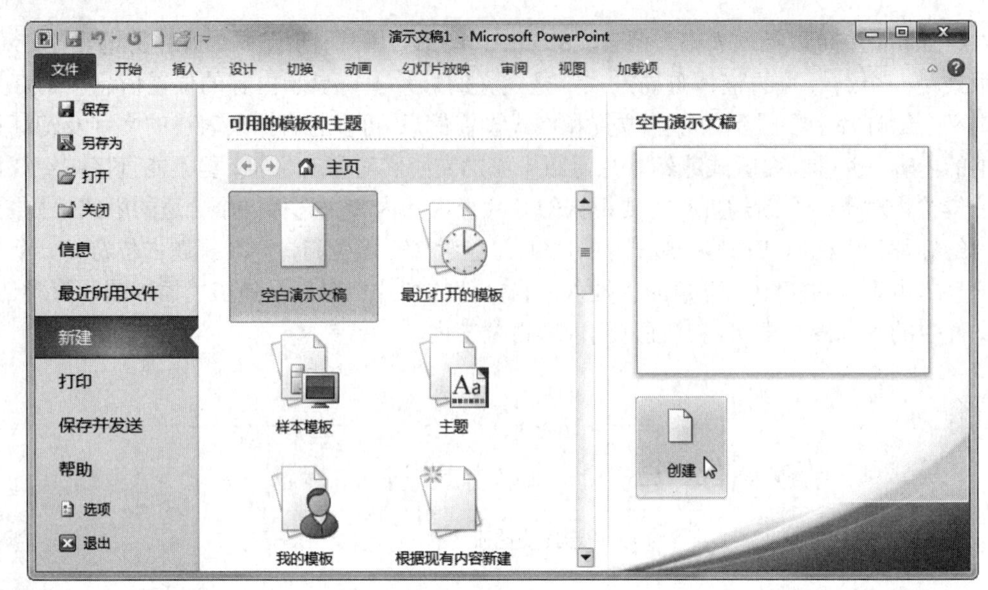

图 5-9 新建演示文稿

方法三：利用组合键 Ctrl+N，新建空白演示文稿。

（2）利用模板创建演示文稿。PowerPoint 中提供了大量精美的设计模板，不同的模版为演示文稿设计了不同的标题样式、背景图案和项目符号等。使用“设计模板”创建演示文稿，模板上的所有美工设计、风格等便应用于新建的文稿之中，便于那些没有美术基础的用户设计出美观和谐的幻灯片。

根据模板创建演示文稿的操作步骤为：选择“文件”选项卡→“新建”→“样本模板”，在样本模板列表中选择所需的模板→“创建”按钮。

（3）根据主题创建演示文稿。主题是主题颜色、主题字体和主题效果三者的组合。主题可以作为一套独立的选择方案应用于文件中。PowerPoint 提供了多种设计主题，包含协调配色方案、背景、字体样式和占位符位置。使用预先设计的主题，可以轻松快捷地更改演示文稿的整体外观。

根据主题创建演示文稿的操作步骤为：选择“文件”选项卡→“新建”→“主题”，在主题样式中选择所需的主题→“创建”按钮。

（4）根据已有演示文稿创建新演示文稿。选择“文件”选项卡→“新建”→“根据现有内容新建”，弹出“根据现有演示文稿新建”对话框，双击文件列表中的一个演示文稿，则建立了一个内容相同的新演示文稿。

2. 演示文稿的保存

保存演示文稿包括新演示文稿的保存、用现名保存和换名保存 3 种情况。

（1）新演示文稿的保存。新演示文稿的保存可分为四种方法，分别是：

- 单击“快速访问工具栏”上的保存按钮。
- 利用组合键 Ctrl+S。
- 选择“文件”选项卡→“保存”选项。
- 选择“文件”选项卡→“另存为”选项。

文件第一次保存时，会弹出“另存为”对话框，默认的保存位置是“文档库”中的“我的文档”，用户可以在导航窗格或地址栏中选择其他保存位置；在“文件名”文本框中输入文件名，此时扩展名可以不写；在“保存类型”下拉列表中选择文件类型，默认的保存类型为“PowerPoint 演示文稿”，扩展名为 pptx。

（2）现名保存。若演示文稿不是第一次保存，无论选择“文件”选项卡→“保存”选项，还是单击“保存”按钮，都将对演示文稿所做的修改以原文件名保存，不会弹出“另存为”对话框。

（3）换名保存。选择“文件”选项卡→“另存为”选项，在弹出的“另存为”对话框中选择新的保存位置及输入新的文件名称，即可实现演示文稿的换名保存。换名后的演示文稿成为当前演示文稿，而原名字的演示文稿将自动关闭，并且内容和修改前一致。

5.2.3　演示文稿的编辑

演示文稿是由多张幻灯片组成的，对演示文稿的编辑即为对每一张幻灯片的编辑。编辑幻灯片包括幻灯片的基本操作、更改幻灯片版式和编辑幻灯片内容。

1. 幻灯片基本操作

（1）选择幻灯片。在演示文稿中要对某一张或某几张幻灯片进行操作，必须先选中幻灯片，选中幻灯片可按照表 5-1 所示的方法。

表 5-1　选择幻灯片方法

选择幻灯片	普通视图中的操作
选定一张	单击幻灯片/大纲窗格中某张幻灯片的缩略图
选定连续的多张	幻灯片/大纲窗格中，单击第一张要选定的幻灯片，Shift+单击要选定的最后一张幻灯片
选定不连续的多张	幻灯片/大纲窗格中，单击第一张要选定的幻灯片，Ctrl+依次单击要选定的其他幻灯片
选定所有幻灯片	幻灯片/大纲窗格中，单击任一张幻灯片，按快捷键 Ctrl+A
	选择“开始”选项卡→“编辑”组→“选择”下拉按钮→“全选”

（2）插入新幻灯片。在原演示文稿中要插入新的幻灯片，可以将光标定位在“幻灯片”窗格中某张幻灯片的上方或下方，亦或是选中某张幻灯片的缩略图，通过下面方法中的一种，即可实现新幻灯片的插入。

- 选择“开始”选项卡→“幻灯片”组→“新建幻灯片”按钮。
- 按 Ctrl+M 键，可在当前选中幻灯片之后插入一张新幻灯片。

（3）移动与复制幻灯片。幻灯片的移动和复制操作，可以像文本一样借助于剪贴板来实现。实现步骤如下：

- 选定要移动或复制的幻灯片。
- 单击“剪贴板”组中的“剪切”或“复制”按钮。
- 选择目标幻灯片。
- 单击“剪贴板”组中的“粘贴”按钮，所选定的幻灯片将被移动或复制到目标幻灯片之后。

在幻灯片浏览视图或在大纲窗格中，当移动（复制）的源位置与目标位置同时可见时，将幻灯片拖动到目标位置，实现幻灯片的移动；如果拖动时按住 Ctrl 键，则可实现幻灯片的复制。

（4）隐藏幻灯片。隐藏幻灯片是指将一些不必要放映出来但又不想将其从演示文稿中删除的幻灯片隐藏，隐藏后在放映该演示文稿时，隐藏的幻灯片将会自动跳过。

隐藏幻灯片的操作步骤为：选中要进行隐藏的幻灯片，打开“幻灯片放映”选项卡，单击“设置”组中“隐藏幻灯片”命令按钮。在普通视图下被隐藏幻灯片的左上角编号处会出现1的隐藏标记，表明该幻灯片被隐藏。

（5）删除幻灯片。用户可将不需要的幻灯片从演示文稿中删除，具体的删除方法为：选中需要删除的幻灯片，按键盘的 Del 键实现删除或通过右键单击选中的幻灯片，在快捷菜单中选择“删除幻灯片”命令。

2. 更改幻灯片版式

幻灯片版式是幻灯片中标题、副标题、图片、表格、图表和视频等元素的排列方式，由若干个占位符组成。幻灯片中的占位符就是设置了某种版式后，自动显示在幻灯片中的各个虚线框。幻灯片的版式一旦确定，占位符的个数、排列方式也就确定下来了。

幻灯片版式的更改可通过下面操作实现：

（1）选择一张要更改版式的幻灯片。

（2）打开“开始”选项卡→“幻灯片”组→“版式”下拉按钮，打开“幻灯片版式”下拉列表，如图 5-10 所示。

（3）选择图 5-10 中的某一种版式即可替换幻灯片原有版式。

3. 编辑幻灯片内容

在幻灯片中，合理布局文本、表格、图片、图表等元素，可以制作出生动的演示文稿。其中，图片、剪贴画和形状的插入方法及设置与 Word 中的方法一致，这里就不再重复。

（1）输入与编辑文本。文本是演示文稿中最基本的元素，在幻灯片的占位符中输入需要的文本。选中文本，可以通过“开始”选项卡的“字体”和“段落”分组对选中文本进行编辑。

注意：如果要在没有占位符的地方输入文本，可以通过插入文本框的方法实现文本的录入。

（2）插入表格及图表。在幻灯片中可以添加表格，但最多只能添加 8 行 10 列的表格。用户可选择“插入”选项卡→“表格”组→“表格”下拉按钮，打开“表格”下拉列表，如图 5-11 所示，直接拖动鼠标选择相应行、列数来插入表格；也可以通过“插入表格”、“绘制表格”，甚至可以插入“Excel 电子表格”命令来插入表格。

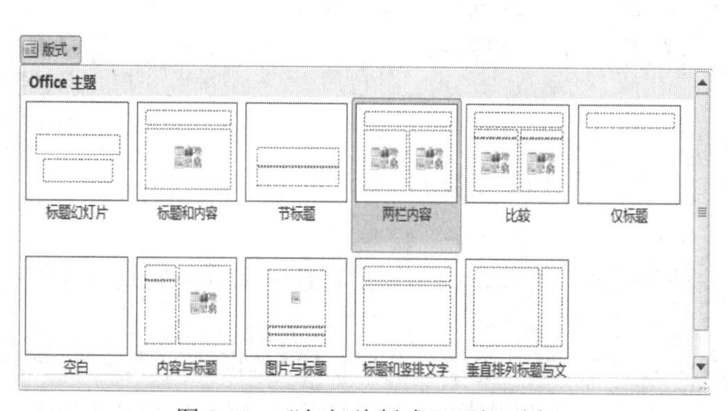

图 5-10 “幻灯片版式”下拉列表

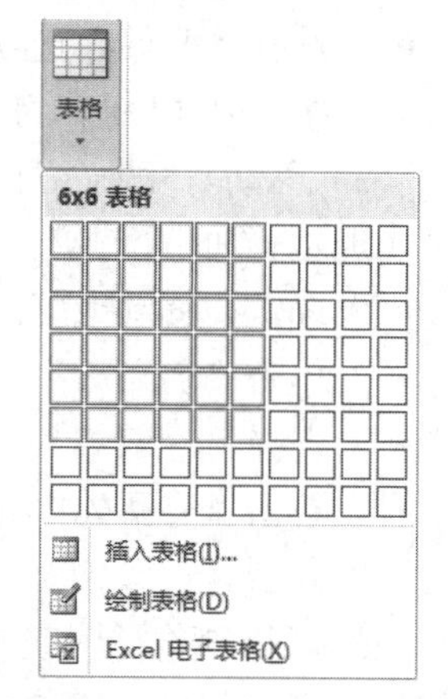

图 5-11 “表格”下拉列表

新创建的表格样式是统一的，为满足不同用户的需求，可对表格样式进行更改。设置和修改表格样式有两种方法：快速套用已有样式和用户自定义样式。

快速套用已有格式：选择需要修改样式的表格，单击“设计”选项卡→“表格样式”组，如图 5-12 所示，选择表格样式。还可以单击按钮，进行更多样式的选择。

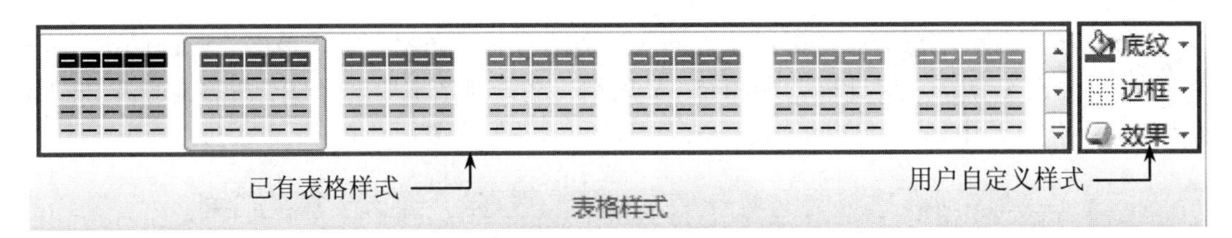

图 5-12 表格样式

用户自定义样式：用户自定义样式可以单独为表格中的每个单元格独立设置不同的样式，主要能设置表格的边框、底纹、效果，如图 5-12 所示。边框设置与底纹设置类似于 Word 中的表格边框和表格背景的设置，本章不再重复。效果设置包括：单元格凹凸效果、阴影效果和映像效果。

在幻灯片中可以使用图表来表示数据之间的大小、比例等关系和数据的变化趋势等。有两种方法可以打开“插入图表”对话框，实现图表的插入：

方法一：在包含“内容”版式的幻灯片中，单击“内容”占位符中的“插入图表”图标。

方法二：选择“插入”选项卡→“插图”组→“图表”选项。

在图 5-13 所示的“插入图表”对话框中，选择图表类型，单击“确定”按钮后，幻灯片中插入了一个如图 5-14 所示的虚拟数据的图表。同时打开了 Excel 窗口，如图 5-15 所示，先拖拽区域右下角来调整图表数据区域的大小，再将区域内数据更新为具体的图表数据，关闭 Excel 窗口，完成图表的创建。

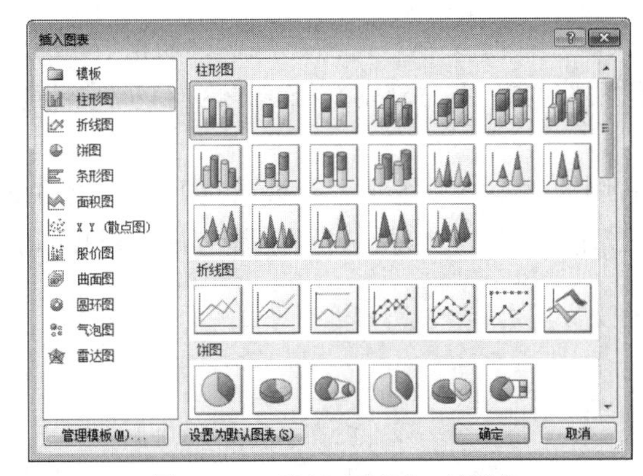

图 5-13 “插入图表”对话框

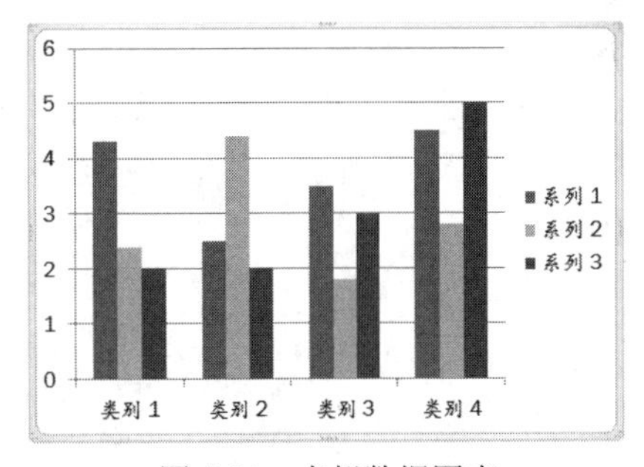

图 5-14 虚拟数据图表

	A	B	C	D	E	F
1		系列 1	系列 2	系列 3		
2	类别 1	4.3	2.4	2		
3	类别 2	2.5	4.4	2		
4	类别 3	3.5	1.8	3		
5	类别 4	4.5	2.8	5		
6						
7						
8		若要调整图表数据区域的大小，请拖拽区域的右下角。				

Sheet1

图 5-15 图表数据

（3）插入 SmartArt 图形。SmartArt 图形是信息和观点的视觉表示形式。可以通过从多种不同布局中进行选择来创建 SmartArt 图形。与文字相比，插入图和图形更有助于人们理解和记住信息。

创建 SmartArt 图形的方法是：在“插入”选项卡→“插图”组，单击“SmartArt”弹出“选择 SmartArt 图形”对话框，如图 5-16 所示。在该对话框中选择适合的图形，单击“确定”即可在幻灯片中插入相应的 SmartArt 图形。

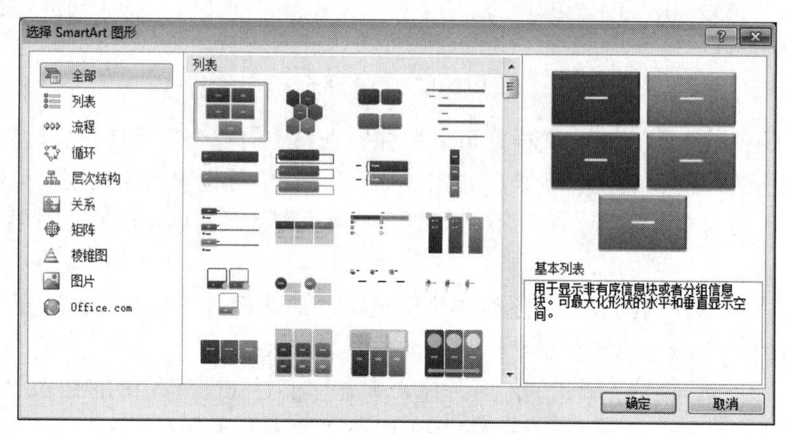

图 5-16　选择 SmartArt 图形

SmartArt 图形中的形状可能与用户需求的形状个数不符，需要添加形状时可以单击 SmartArt 图形中最接近新形状添加位置的现有形状，通过“设计”选项卡上的“创建图形”组中单击“添加形状”下拉箭头进行形状的添加，如图 5-17 所示。删除形状只需选中要删除的形状按 Delete 键即可。

（4）插入多媒体。在幻灯片制作过程中，除了添加文本、图片、形状、表格、SmartArt 图形等对象以外，还可以添加声音与视频等多媒体对象，下面分别介绍这些对象的添加与使用方法。

单击“插入”选项卡，在选项卡功能区右侧的“媒体”组中，有视频与音频对象的添加按钮，如图 5-18 所示。幻灯片中视频和音频信息可以来自文件，也可以是剪贴画视频和剪贴画音频。

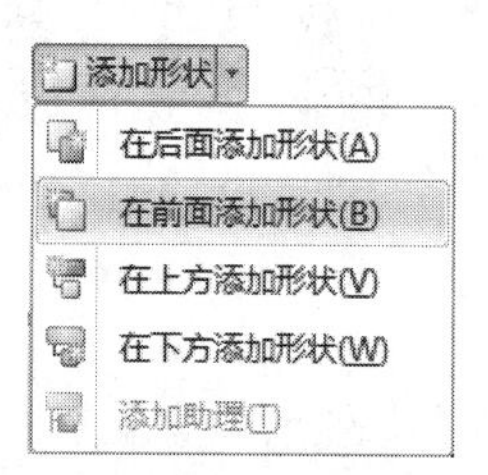

图 5-17　添加形状下拉列表

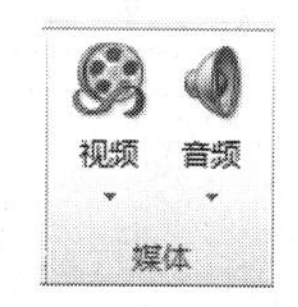

图 5-18　多媒体对象添加按钮

1）插入视频的方法如下。

- 利用包含“内容”版式的幻灯片中的“插入媒体剪辑”图标 插入视频文件，也可通过选择“插入”选项卡→“媒体”组→“视频”下拉按钮→“文件中的视频”插入视频文件。
- 插入剪贴画视频可选择“插入”选项卡→“媒体”组→“视频”下拉按钮→“剪贴画

视频”，在“剪贴画”任务窗格中，选择所需的剪贴画视频。

2）插入音频的方法如下。

- 选择“插入”选项卡→“媒体”组→“音频”下拉按钮→“文件中的音频”，弹出“插入音频”对话框，选择要插入的音频文件。
- 通过选择“插入”选项卡→“媒体”组→“音频”下拉按钮→“剪贴画音频”，弹出“剪贴画”任务窗格，选择所需的剪贴画音频。声音插入后幻灯片中显示一个声音图标和播放音乐的工具栏，如图 5-19 所示，单击播放音乐工具栏左侧的“播放或暂停”按钮可实现播放或暂停音乐的播放。

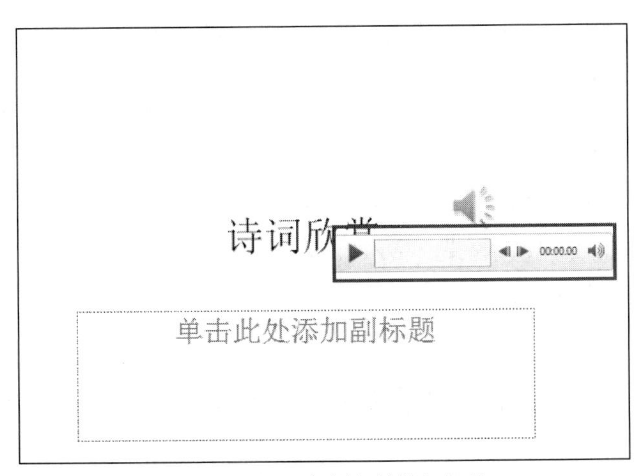

图 5-19　插入音频文件的幻灯片

【例 5.1】新建一个演示文稿，并在第 1 张幻灯片下插入 4 张新幻灯片，新幻灯片版式分别为：空白、内容与标题、两栏内容和空白。5 张幻灯片的内容如图 5-20 所示。在第 1 张幻灯片中插入来自文件的音乐“如诗般宁静.mp3”，制作完成后以“诗词欣赏.pptx”保存在 D 盘中。

图 5-20　“诗词欣赏”样张

【操作步骤】

- 启动 PowerPoint 2010，选择“文件”选项卡→“保存”命令，将文件保存在 D 盘中，命名“诗词欣赏.pptx”。
- 选择“开始”选项卡→“幻灯片”组→“新建幻灯片”，按要求选择版式，进行幻灯片插入。
- 第 1 张幻灯片中输入标题“诗词欣赏”，并选择“插入”选项卡→“媒体”组→“音频”下拉列表中的“文件中的音频”，将音频文件“如诗般宁静.mp3”找到，通过“插入”按钮插入到该幻灯片中。
- 第 2 张幻灯片中插入矩形形状，上方为“同侧圆角矩形”，输入文字“目录”，下方为“矩形”，输入文字“再别康桥”和“致橡树”。
- 第 3 张幻灯片中输入“再别康桥”标题及内容，再在右侧文本占位符中单击“插入来自文件的图片”。
- 第 4 张幻灯片中，输入标题“致橡树——节选”，和“致橡树”诗句中的节选内容。
- 第 5 张为空白幻灯片，选择“插入”选项卡→“文本”组→“艺术字”按钮以插入艺术字，输入“谢谢大家观赏”。

5.3 演示文稿的修饰与美化

演示文稿中每张幻灯片的内容可能不同，但各张幻灯片应具有统一的外观，如有相同的背景、统一的文字格式、统一的布局及统一的色彩搭配等。演示文稿中背景、标题样式、文本样式、布局、色彩搭配等方面的设置，直接决定了整个演示文稿的设计风格。

5.3.1 主题的应用

在 PowerPoint 2010 中预设了多种主题样式，用户可根据需要选择所需的主题样式，这样可以轻松快捷地更改演示文稿的整体外观。

主题包含主题颜色、主题字体和主题背景效果。默认情况下，PowerPoint 会将“Office 主题”应用于新的空演示文稿。用户可以从内置的主题入手，修改该主题的字体、颜色、效果，创建新主题并保存至主题库中。

1. *为所有幻灯片应用同一主题*

【例 5.2】为“诗词欣赏”演示文稿中所有幻灯片应用“夏季”主题。

【操作步骤】

- 打开“诗词欣赏”演示文稿，选中某一张幻灯片。
- 选择“设计”选项卡→“主题”组，单击“夏季”主题，该主题应用到演示文稿所有幻灯片中。如图 5-21 所示。

注意：*演示文稿制作完成后，应用某一主题，幻灯片中内容的位置可能会发生一定的位移，需要稍加修改即可。*

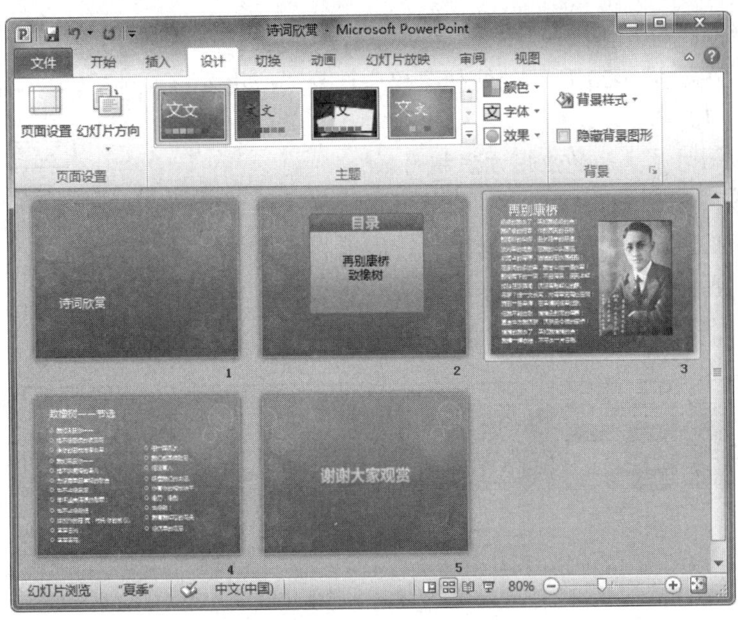

图 5-21　应用“夏季”主题效果

2. 为选中幻灯片应用不同主题

一个演示文稿的多张幻灯片可以应用不同的主题，使演示文稿整体变得更加丰富多彩。

【例 5.3】为“诗词欣赏”演示文稿中的第 1 张幻灯片应用“时装设计”主题，第 2 张幻灯片应用“夏至”主题，第 3 张幻灯片应用“流畅”主题，第 4 张幻灯片应用“平衡”主题，第 5 张幻灯片应用“秋季”主题。效果如图 5-22 所示。

图 5-22　应用主题效果图

【操作步骤】

- 选中“诗词欣赏”演示文稿中的第 1 张幻灯片。

- 单击“设计”选项卡→“主题”组，右击“时装设计”样式，在如图 5-23 所示的快捷菜单中选择“应用于选定幻灯片”。

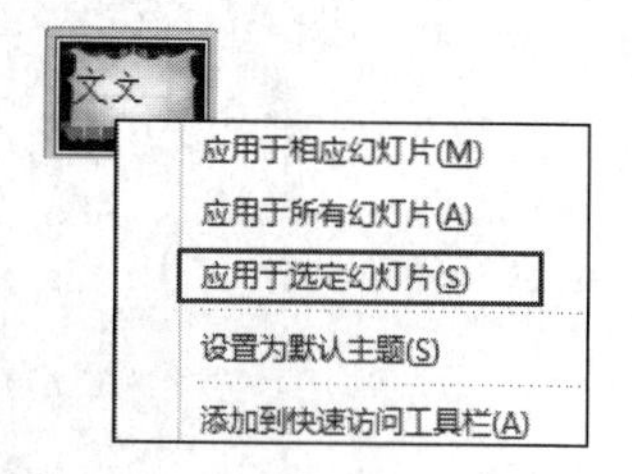

图 5-23 “时装设计”主题应用快捷菜单

提示：其他幻灯片主题的应用方法相同。

3. 修改主题

主题的颜色、字体和效果可根据用户的需求和审美进行修改设置，主要通过“设计”选项卡→“主题”组右侧的三个按钮实现。如图 5-24 所示。

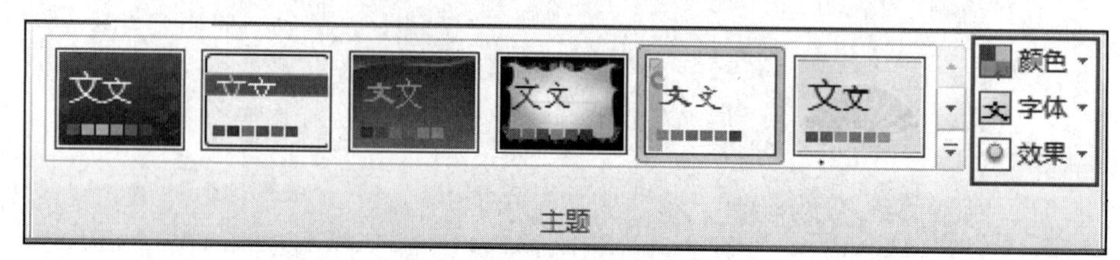

图 5-24 修改主题所用按钮

【例 5.4】将“诗词欣赏”演示文稿中的第 2 张幻灯片所应用的主题进行修改，要求：颜色修改为“模块”，字体修改为“跋涉”，效果修改为“流畅”。修改后第 2 张幻灯片的效果如图 5-25 所示。

图 5-25 修改主题后的幻灯片效果

【操作步骤】

- 选中“诗词欣赏”演示文稿中的第 2 张幻灯片。
- 单击“设计”选项卡→“主题”组→“颜色”下拉按钮，在“颜色”下拉列表中，单击“模块”，修改主题颜色。
- 在“字体”下拉列表中，单击“跋涉”，修改主题字体。
- 在“效果”下拉列表中，单击“流畅”，修改主题效果。

注意：如果演示文稿中所有幻灯片均采用同一种主题样式，那么在更改某一张幻灯片的主题时，需要右击选中的效果，选择“应用于所选幻灯片”，否则，所有幻灯片对应的主题样式均会被修改。

5.3.2 母版的应用

母版具有统一每张幻灯片上共同具有的背景图案、颜色、字体、效果、占位符的大小和位置的作用，PowerPoint 2010 提供了三种母版，分别是幻灯片母版、讲义母版、备注母版，如图 5-26 所示。其中使用最多的是幻灯片母版，本节只介绍幻灯片母版的使用。

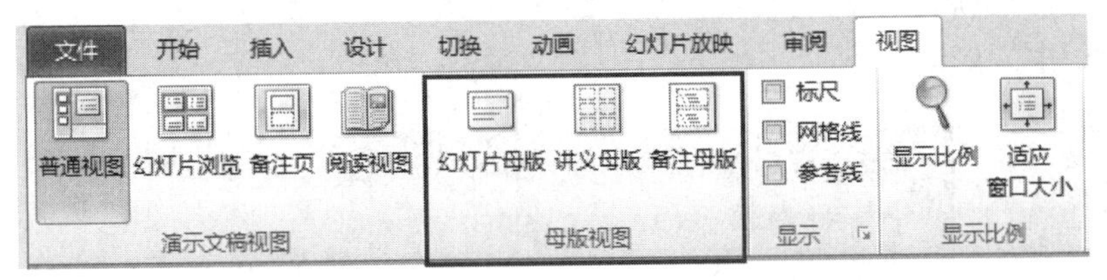

图 5-26 “视图”选项卡中的“母版视图”组

所谓幻灯片母版，实际上就是一张特殊的幻灯片，它可以被看作是一个用于构建幻灯片的框架。在演示文稿中，所有的幻灯片都基于该幻灯片母版而创建。如果更改了幻灯片母版，则会影响所有基于母版而创建的演示文稿幻灯片。

PowerPoint 2010 中自带了一个幻灯片母版，该母版中包括 11 个版式。要进入母版视图，应单击“视图”选项卡，选择“母版视图”组中的“幻灯片母版”，切换到母版视图下。

在“诗词欣赏”演示文稿中应用了 5 种主题，所以该演示文稿的幻灯片母版就有 5 种不同的样式，而且每一种母版下又包含 11 种版式。如图 5-27 所示为第 2 张幻灯片所对应的幻灯片母版样式，可根据需要对其中的某一个版式进行设置。

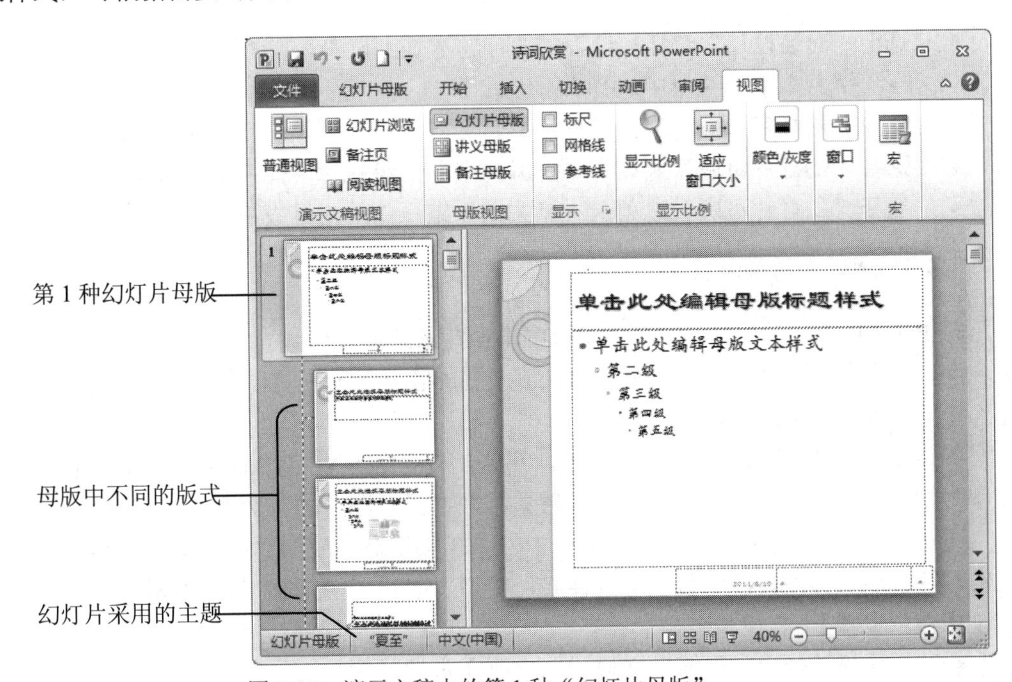

图 5-27 演示文稿中的第 1 种“幻灯片母版”

【例 5.5】为“诗词欣赏”演示文稿中所有幻灯片添加幻灯片编号，并为应用了“时装设计”主题的第 1 张幻灯片设置幻灯片母版样式，要求：将标题文字大小设置为 36 磅、主题颜色为“华丽”，主题字体为“沉稳”。

【操作步骤】

- 打开“诗词欣赏”演示文稿。
- 选择“视图”选项卡→“母版视图”组→“幻灯片母版”选项，切换至“幻灯片母版”

视图。

- 选择第 1 种幻灯片母版，单击“插入”选项卡→“文本”组，单击“页眉和页脚”按钮，打开页眉和页脚对话框，如图 5-28 所示。选择“幻灯片编号”复选框后单击“全部应用”按钮。

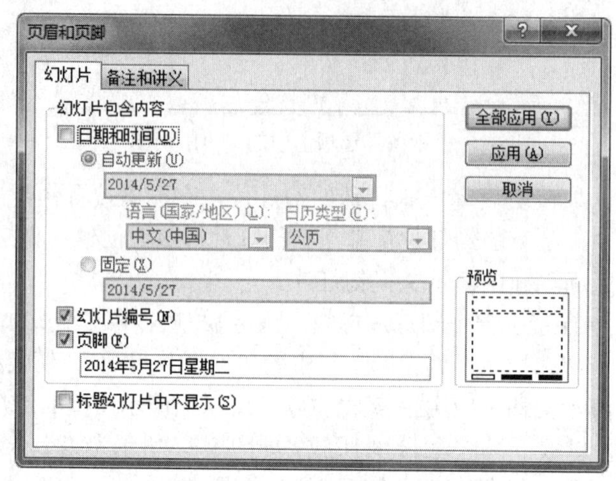

图 5-28　“页眉和页脚”对话框

- 选定“时装设计”幻灯片母版中的标题样式占位符，在“开始”选项卡→“字体”组→“字号”下拉菜单中选择 36 磅 。
- 选择“幻灯片母版”选项卡→“编辑主题”组→“颜色”下拉按钮→“华丽”。
- 选择“幻灯片母版”选项卡→“编辑主题”组→“字体”下拉按钮→“沉稳”。
- 选择“幻灯片母版”选项卡→“关闭”组→“关闭母版视图”。

5.3.3　幻灯片背景设置

在 PowerPoint 2010 中，向演示文稿中添加背景是添加一种背景样式。背景样式是来自当前主题，主题颜色和背景亮度的组合构成该主题的背景填充变体。当更改主题时，背景样式会随之更新以反映新的主题颜色和背景。

如果是一张没有应用主题的幻灯片，那么幻灯片背景可以填充纯色、渐变色、纹理、图案作为幻灯片的背景，也可以将图片作背景，并可以对图片的饱和度及艺术效果进行设置。

【例 5.6】为“诗词欣赏”演示文稿中的第 3 张幻灯片应用“样式 11”背景样式，为第 5 张幻灯片添加“漫漫黄沙”预设背景样式，类型“射线”，方向“从右下角”。

【操作步骤】

- 打开“诗词欣赏”演示文稿，选中第 3 张幻灯片。
- 单击“设计”选项卡→“背景”组，单击“背景样式”按钮的向下箭头，弹出“背景样式”下拉列表。
- 在下拉列表中，右击“样式 11”，从弹出的快捷菜单中选择“应用于所选幻灯片”命令。如图 5-29 所示。
- 选中第 5 张幻灯片，打开“背景样式”下拉列表，选择“设置背景格式”命令，弹出“设置背景格式”对话框，如图 5-30 所示。
- 选择“渐变填充”单选按钮，在“预设颜色”下拉列表中选择“漫漫黄沙”，在“类型”下拉列表中选择“射线”，在“方向”下拉列表中选择“从右下角”。

- 单击“关闭”按钮，将背景设置应用于所选定的幻灯片。若单击“全部应用”按钮，则将背景设置应用于所有幻灯片。

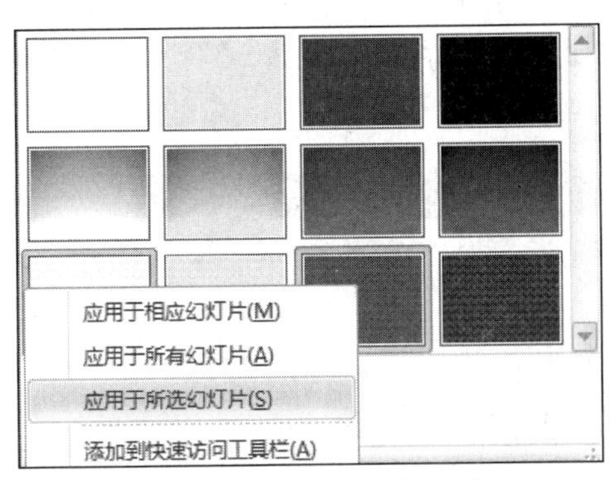

图 5-29　背景样式下拉列表

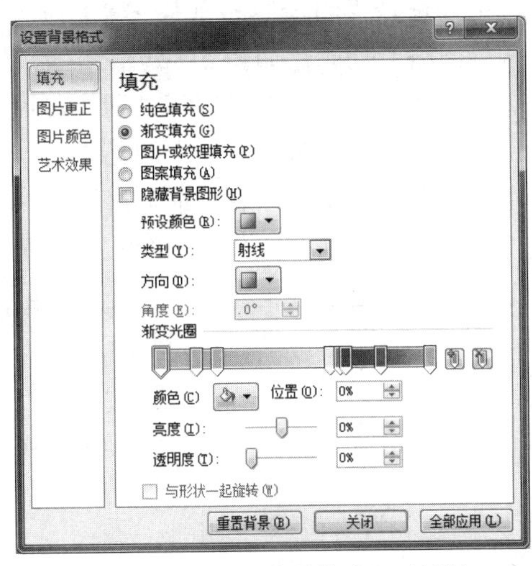

图 5-30　“设置背景格式”对话框

5.4　演示文稿动画设置与放映

演示文稿的演示效果如何，除了对每张幻灯片精心设置外，更主要的是幻灯片的动画设置，只有丰富合理的动画效果，才能完成预期播放效果。幻灯片动画设置包括幻灯片上对象的动画设置和幻灯片切换效果设置。幻灯片切换可通过设置“幻灯片切换”命令实现，还可通过设置超级链接和添加动作按钮实现。

5.4.1　添加动画效果

演示文稿中每一张幻灯片都是由对象构成的，对象可以是标题、文本、表格、图形等。幻灯片动画就是指为幻灯片中的对象添加的各种动画效果，如进入屏幕、退出屏幕的动画效果，也可以添加动作路径，还可为所选对象设置放大、缩小、填充颜色等强调动画效果。

1. *添加动画效果*

添加动画的方法主要有两种：第一种是选中幻灯片中某个对象，通过“动画”选项卡→“动画”组，添加动画效果；第二种是通过“动画”选项卡→“高级动画”组中的“添加动画”下拉按钮实现动画的添加。如图 5-31 所示。

图 5-31　“动画”选项卡

【例 5.7】为“诗词欣赏”演示文稿中第 1 张幻灯片的标题文字设置“弹跳”动画效果，

第 5 张幻灯片中的艺术字动画效果为“快速旋转”进入。

【操作步骤】

- 选中“诗词欣赏”演示文稿中第 1 张幻灯片的标题占位符。
- 选择“动画”选项卡→“动画”组中“其他”按钮，在“进入”分组中选择“弹跳”动画，如图 5-32 所示。在动画效果选择下拉列表中除了“进入”分类外还包括“强调”、“退出”和“动作路径”效果分类，用户可以根据需要进行选择。
- 选中第 5 张幻灯片中的艺术字，选择“动画”选项卡→“动画”组→“旋转”效果。
- 单击“动画”组对话框启动器，弹出“旋转”对话框，如图 5-33 所示。选择“计时”选项卡，在“期间”列表中选择“快速（1 秒）”。

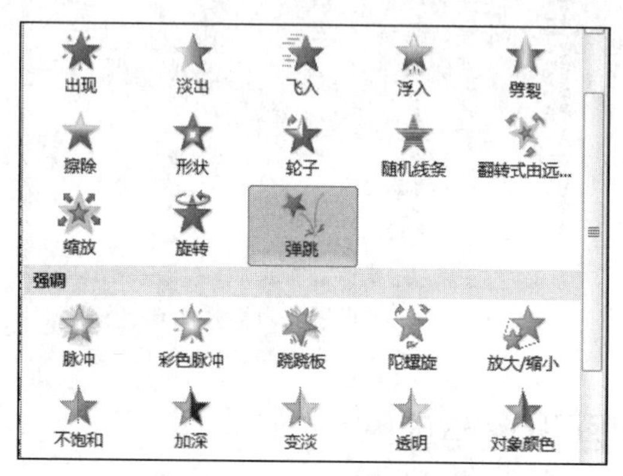

图 5-32 动画效果下拉列表

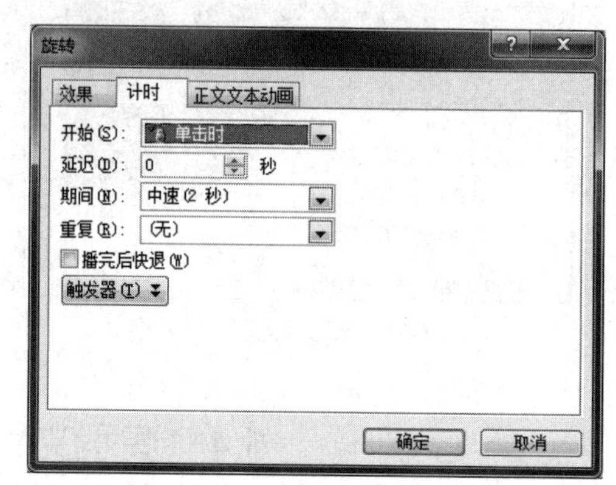

图 5-33 “旋转”对话框

注意：有些动画效果需要设置方向，可通过图 5-33 中的“效果”选项卡→“方向”进行设置。

2. 设置动画顺序

幻灯片中动画的播放顺序是按添加动画的先后顺序确定的。选择“动画”选项卡→“高级动画”组→“动画窗格”，弹出“动画窗格”，如图 5-34 所示，当前幻灯片中所有的动画都会在窗格中显示。选定一个对象动画，单击“重新排序”按钮，或者在动画窗格中拖动对象动画，均可调整动画的放映顺序。

3. 复制动画

选择一个已经设置动画的对象，单击“高级动画”组中的“动画刷”按钮，如图 5-35 所示，鼠标指针呈“”状，再单击幻灯片中的其他对象，则两个对象的动画效果一致。若双击“动画刷”，则可以多次复制动画到多个对象上。

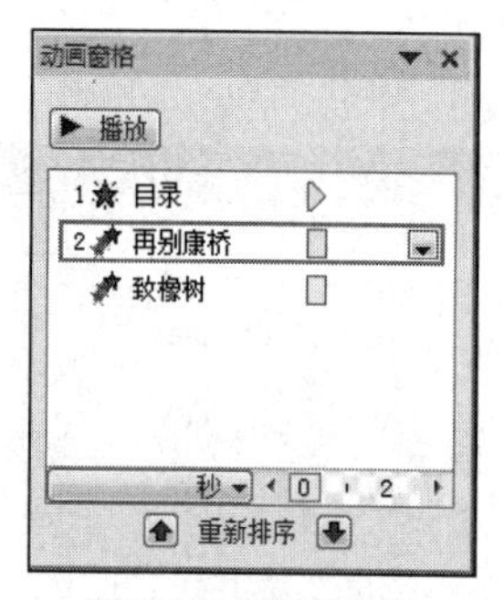

图 5-34 动画窗格

图 5-35 动画刷

4. 删除动画

在图 5-34 所示的“动画窗格”中选定某个对象动画，按 Delete 键，可以删除动画效果，而不会删除该对象。

5.4.2　添加幻灯片切换效果

幻灯片切换效果，就是指两张连续的幻灯片之间的过渡效果，即从前一张幻灯片转到下一张幻灯片之间要呈现出的样貌。幻灯片在切换的同时还可伴随声音。默认情况下，演示文稿中的幻灯片没有任何切换效果。

幻灯片的切换类型分为：细微型、华丽型和动态内容三种类型。

【例 5.8】为“诗词欣赏”演示文稿中每 1 张幻灯片设置一种不同的切换效果，所有幻灯片在切换时都伴随风铃声，切换时间间隔均为 5 秒。

【操作步骤】

（1）为每一张幻灯片设置一种切换效果。

- 打开“诗词欣赏”演示文稿，选中第 1 张幻灯片。
- 选择“切换”选项卡→“切换到此幻灯片”组→“其他”效果按钮，弹出切换效果下拉列表，如图 5-36 所示，选择“细微型”中的“形状”。
- 选择“切换”选项卡→“切换到此幻灯片”组→“效果选项”下拉按钮→“菱形”。如图 5-37 所示。

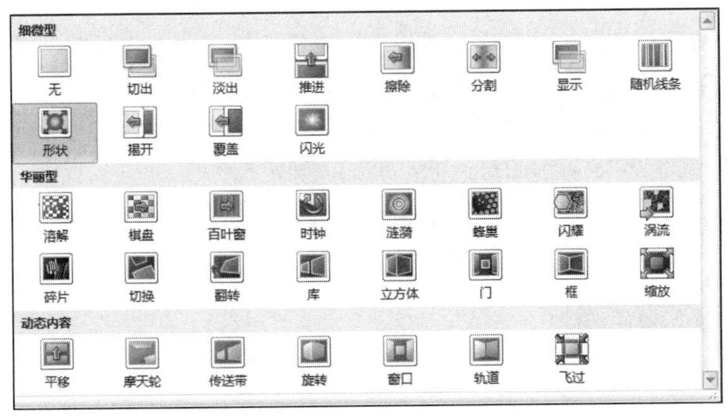

图 5-36　幻灯片切换效果

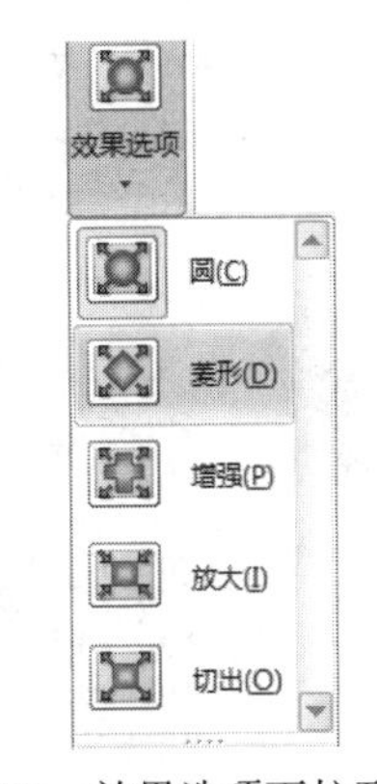

图 5-37　效果选项下拉列表

- 分别选择第 2、3、4、5 张幻灯片重复上面操作，为其添加不同的切换效果。

（2）设置切换时伴随的声音。

- 选择某一张幻灯片，打开“切换”选项卡→“计时”组→“声音”下拉按钮→“风铃”。
- 在“计时”组中，选择“设置自动换片时间”复选框，输入“00:05.00”。
- 在“计时”组中，单击“全部应用”按钮。

5.4.3　设置超链接

超链接是由当前幻灯片的标题或内容指向别的目的页面的连接点，具体的识别方法是当鼠标移动到某些文字、图片或按钮上，鼠标箭头变成了一个小手或变为特殊的颜色，即为超链接，单击可进入相关页面。

超链接是控制演示文稿播放的一种重要手段，可以在播放时以顺序或定位方式“自由跳转”。创建超链接的对象可以是文字、文本框、图形、图片、动作按钮等对象。本节主要介绍以动作按钮和文字创建的超链接。

1. 插入动作按钮

PowerPoint 的标准动作按钮包括“自定义”、“第一张”、“后退或前一项”、“前进或下一项”、“开始”等。尽管这些按钮都有自己的名称，用户仍可以将它们应用于其他功能。

【例 5.9】在“诗词欣赏”演示文稿的第 2 张幻灯片右下角插入“下一项”动作按钮。为第 4 张幻灯片添加“自定义”动作按钮，按钮上文字为“返回目录”，使其与第 2 张幻灯片链接。

【操作步骤】

（1）为第 2 张幻灯片添加动作按钮。

- 选择“诗词欣赏”演示文稿中的第 2 张幻灯片。
- 选择“插入”选项卡→“插图”组→“形状”下拉按钮，在“动作按钮”类中单击“前进或下一项”按钮。
- 鼠标变为十字型，在第 2 张幻灯片的右下角拖拽鼠标，画出一个矩形按钮。
- 松开鼠标，弹出“动作设置”对话框，如图 5-38 所示。选择“超链接到”单选按钮，单击“确定”按钮。

（2）为第 4 张幻灯片添加动作按钮。

- 选中第 4 张幻灯片，打开“插入”选项卡→“插图”组→“形状”下拉按钮，选择“自定义”动作按钮。
- 在第 4 张幻灯片的右下角绘制动作按钮，松开鼠标左键，弹出“动作设置”对话框，选择“超链接到”单选按钮，并打开下方的下拉菜单，选择“幻灯片…”。
- 弹出如图 5-39 所示的“超链接到幻灯片”对话框，选择演示文稿中第 2 张幻灯片，单击“确定”，退回到图 5-38 所示的对话框，单击“确定”。
- 此时动作按钮上是空的，没有文字，右击该按钮弹出快捷菜单，选择“编辑文字”，即可在按钮上输入文字，输入“返回目录”。

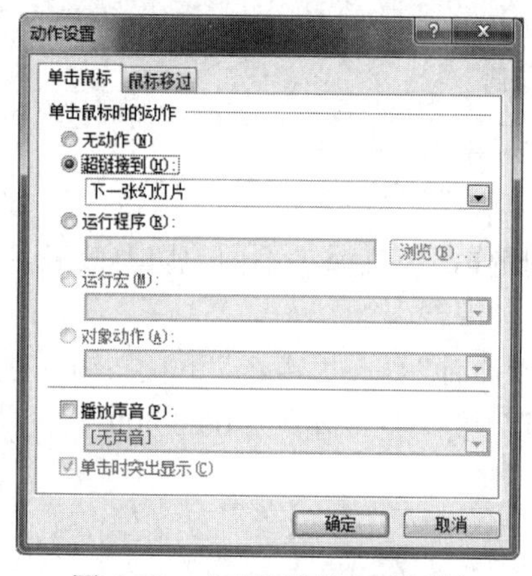

图 5-38 “动作设置”对话框

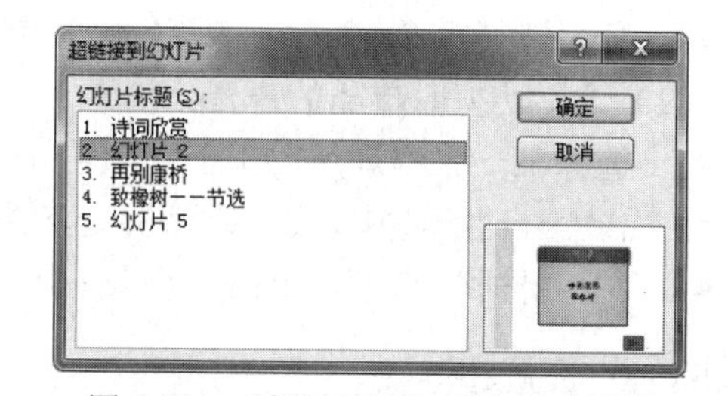

图 5-39 “超链接到幻灯片”对话框

注意：动作按钮的样式可通过“格式”选项卡中“形状样式”组进行选择和设置。

2. 创建超链接文字

【例 5.10】为“诗词欣赏”演示文稿中第 2 张幻灯片上的文字创建超链接。要求：文字

“再别康桥”与第 3 张幻灯片链接，文字“致橡树”与第 4 张幻灯片链接。

【操作步骤】

- 选中第 2 张幻灯片上的文字“再别康桥”。
- 选择“插入”选项卡→“链接”组→“超链接”，或者按 Ctrl+K 键，弹出“插入超链接”对话框，如图 5-40 所示。

图 5-40　“插入超链接”对话框

- 单击“链接到”一栏中的“本文档中的位置”，在“请选择文档中的位置”列表中，选择要链接到的目标幻灯片“3. 再别康桥”，单击“确定”按钮，完成超链接的创建。
- 选中第 2 张幻灯片中的文字“致橡树”，在“插入超链接”对话框中，选择“4. 致橡树——节选”，单击“确定”按钮，完成超链接的创建。

放映带有超链接的幻灯片时，鼠标指针移动到设置为超链接的对象上时，鼠标指针呈“👆”状，单击鼠标，会跳转到指定的目标幻灯片上。

5.4.4　演示文稿放映方式

演示文稿制作完成后，要通过播放的形式向他人展示文稿中的内容信息。PowerPoint 中演示文稿的放映方式可以通过“幻灯片放映”选项卡设置并实现。“幻灯片放映”选项卡内容，如图 5-41 所示。

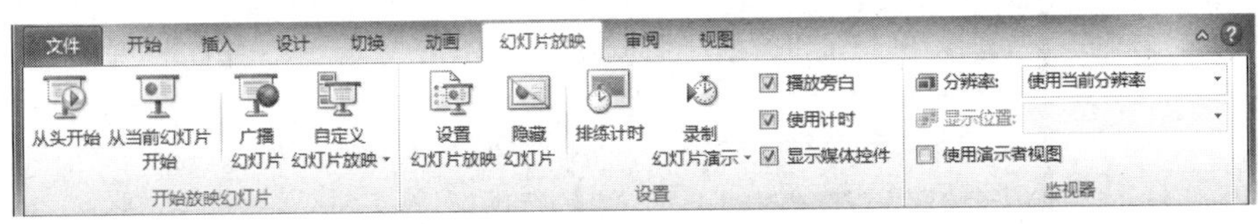

图 5-41　“幻灯片放映”选项卡

1. 放映幻灯片

在“幻灯片放映”选项卡左侧“开始放映幻灯片”组中，通过单击“从头开始”命令按钮，可实现从演示文稿第 1 张幻灯片开始进行放映。单击“从当前幻灯片开始”命令按钮可实现从选中的当前幻灯片开始进行放映。

演示文稿中包含若干张幻灯片，但放映演示文稿时可能只需放映其中的某几张幻灯片，此时可单击“开始放映幻灯片”组→“自定义幻灯片放映”下拉按钮→单击“自定义放映”命令，弹出“自定义放映”对话框，如图 5-42 所示。

单击“自定义放映”对话框上的“新建”按钮，弹出“定义自定义放映”对话框，在“幻灯片放映名称”处输入名称，如“新内容欣赏”，在左侧选择要播放的幻灯片，可结合 Shift 键或 Ctrl 键进行选择，单击“添加”按钮，被选中的幻灯片出现在对话框的右侧“在自定义放映中的幻灯片”中，如图 5-43 所示。单击“确定”后回到图 5-42 所示的对话框，可单击“关闭”按钮完成自定义放映幻灯片的设置，单击“放映”按钮可对自定义的幻灯片进行放映。

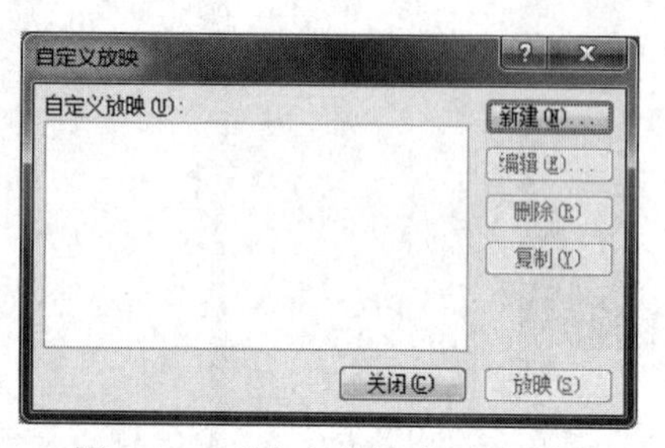

图 5-42　“自定义放映”对话框

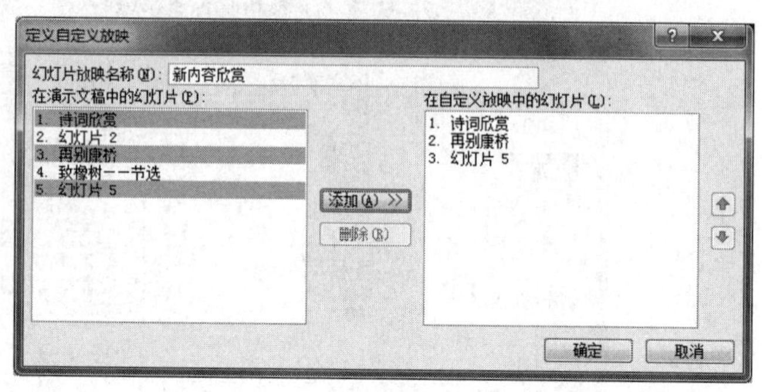

图 5-43　“定义自定义放映”对话框

对于已经存在的自定义放映，可在“自定义放映”对话框中进行“编辑”、“删除”和“复制”操作。

无论选择哪一种放映方式，如若结束幻灯片放映，可通过 Esc 键或在右键快捷键菜单中选择“结束放映”命令来结束演示文稿的放映。

2. 设置幻灯片放映方式

默认情况下，演讲者需要手动放映演示文稿，如通过按任意键完成从一张幻灯片切换到另一张幻灯片。演讲者还可以创建自动播放演示文稿，如用于商贸展示或展台。演示文稿放映方式的设置可通过选择“幻灯片放映”选项卡→“设置”组→单击“设置幻灯片放映”按钮，弹出如图 5-44 所示的“设置放映方式”对话框进行设置。

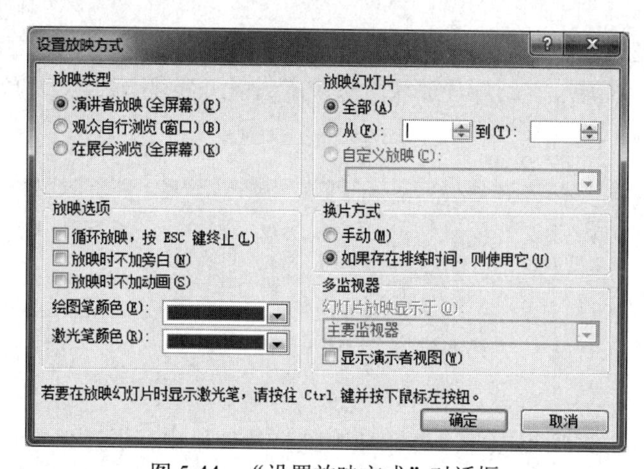

图 5-44　“设置放映方式”对话框

用户可根据在不同场合运用演示文稿的需要，选择 3 种不同的幻灯片放映方式。

- 演讲者放映（全屏幕）：这是最常用的放映方式，由演讲者自动控制全部放映过程，可以采用自动或人工的方式进行放映，还可以改变幻灯片的放映流程。

- 观众自行浏览（窗口）：这种放映方式可以用于小规模的演示。以这种方式放映演示文稿时，演示文稿会出现在小型窗口内，并提供相应的操作命令，允许移动、编辑、复制和打印幻灯片。在此方式中，观众可以通过该窗口的滚动条从一张幻灯片移到另一张幻灯片，同时打开其他程序。
- 在展台浏览（全屏幕）：这种方式可以自动放映演示文稿，是不需要专人播放幻灯片就可以发布信息的绝佳方式，能够使大多数控制都失效，这样观众就不能改动演示文稿。当演示文稿自动运行结束，或者某张人工操作的幻灯片已经闲置一段时间，它都会自动重新开始。

放映方式选择完成后，用户还可以选择“放映选项”，包括：循环放映、按 Esc 键终止、放映时不加动画、放映时不加旁白。

3. 录制幻灯片

在 PowerPoint 2010 中新增了“录制幻灯片演示”功能，该功能可以选择开始录制或清除录制的计时和旁白位置。它相当于以往版本中的“录制旁白”功能，将演讲者在讲解演示文件整个过程中的解决声音录制下来，方便日后在演讲者不在的情况下，听众能更准确地理解演示文稿的内容。

【例 5.11】从头开始录制演示文稿“诗词欣赏”，要求：录制的内容为“幻灯片和动画计时”。

【操作步骤】

- 在“幻灯片放映”选项卡中，单击“录制幻灯片演示”按钮，在弹出的下拉列表中单击“从头开始录制”命令，如图 5-45 所示。
- 弹出“录制幻灯片演示”对话框，选中“幻灯片和动画计时”复选框，单击“开始录制”按钮，如图 5-46 所示。
- 进入幻灯片放映视图，弹出“录制”工具栏，如图 5-47 所示。演讲者手动放映演示文稿中的每一张幻灯片，“录制”工具栏将会录制每一张幻灯片上进行的操作，并对该幻灯片演示的时间进行统计。
- 演示文稿中的所有幻灯片均放映完成后，按 Esc 键结束录制，此时演示文稿会自定切换到幻灯片浏览视图下，并在每一张幻灯片的下方显示幻灯片的播放时间。

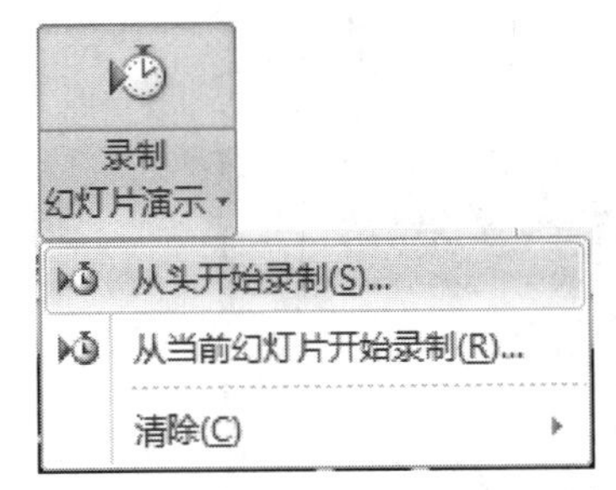

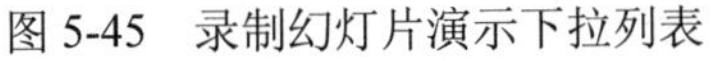
图 5-45　录制幻灯片演示下拉列表

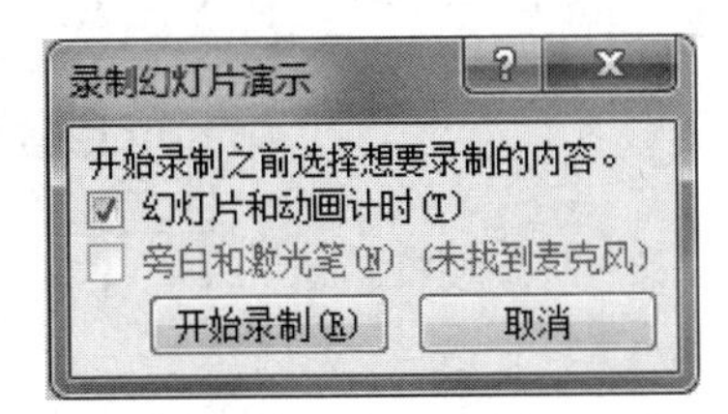

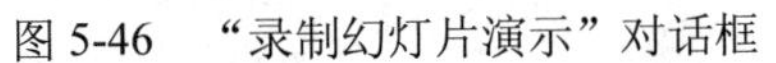
图 5-46　“录制幻灯片演示”对话框

图 5-47　“录制”工具栏

如果对录制的旁白或计时不满意，可单击图 5-45 下拉列表中的“清除”命令，在其下一级菜单中单击“清除当前幻灯片中的计时”命令或者“清除当前幻灯片中的旁白”命令，即可删除当前幻灯片中的计时或旁白。

5.5 演示文稿的打印与打包

5.5.1 演示文稿的打印

为了查阅方便，可以将制作好的演示文稿打印出来，在打印前，一般需要进行页面设置。具体操作步骤如下：

（1）在“设计”选项卡下的“页面设置”组中单击“页面设置”按钮，打开页面设置对话框，如图 5-48 所示，设置好幻灯片大小、方向等。

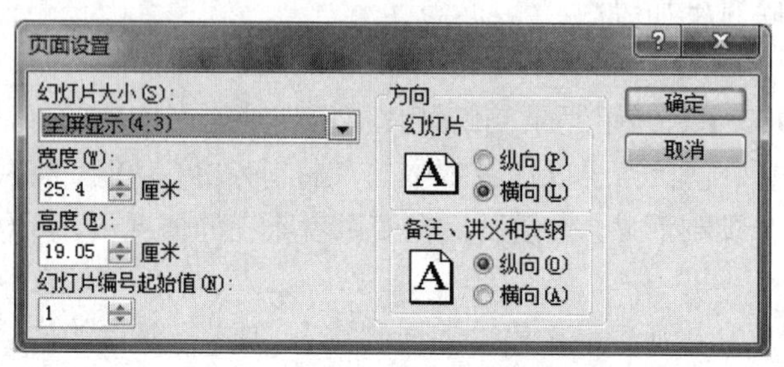

图 5-48 “页面设置”对话框

（2）在“文件”选项卡中选择“打印”命令，打开打印窗口，如图 5-49 所示。单击该窗口右侧“打印机属性”超链接，在弹出的对话框中设置打印纸张大小与方向。

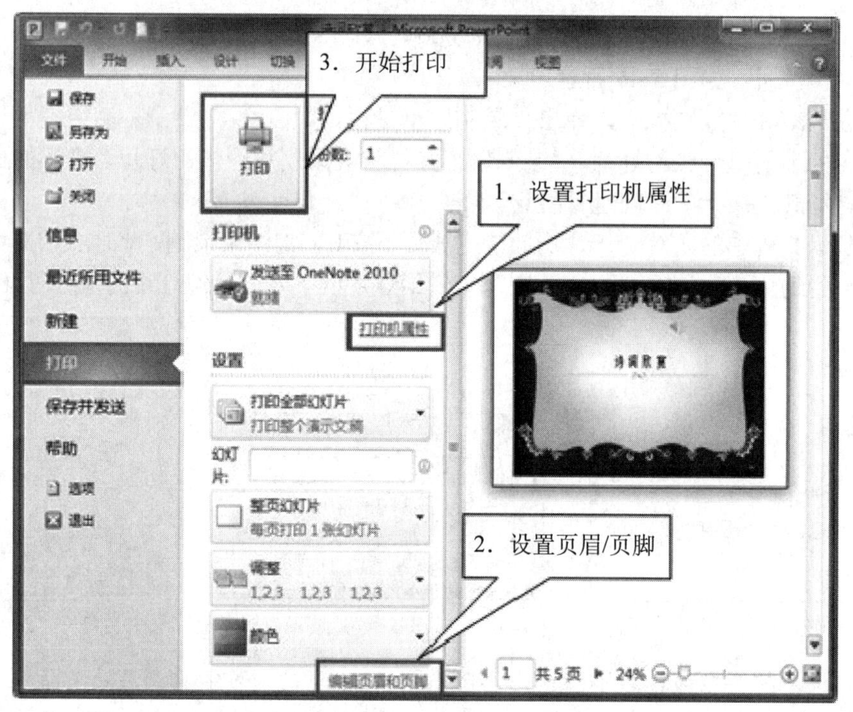

图 5-49 打印设置

（3）再单击“编辑页眉页脚”超链接，对页眉页脚进行设置，并单击“全部应用”按钮，返回打印设置页面，单击“打印”按钮进行演示文稿的打印。

5.5.2　演示文稿的打包

PowerPoint 提供的打包功能是将演示文稿编辑过程中所涉及的各种文件，包括演示文稿本身、媒体文件、图像文件、PowerPoint 播放器和链接对象的其他文件，打包成 CD 或复制到一个文件夹。放映演示文稿时，即使计算机中没有安装 PowerPoint，也可通过解包的方法来放映演示文稿。

1. 打包成文件夹

【例 5.12】打包演示文稿“诗词欣赏”。

【操作步骤】

- 打开“诗词欣赏”演示文稿。
- 选择“文件”选项卡→“保存并发送”组→“将演示文稿打包成 CD”，如图 5-50 所示，单击“打包成 CD”按钮，弹出“打包成 CD”对话框，如图 5-51 所示。

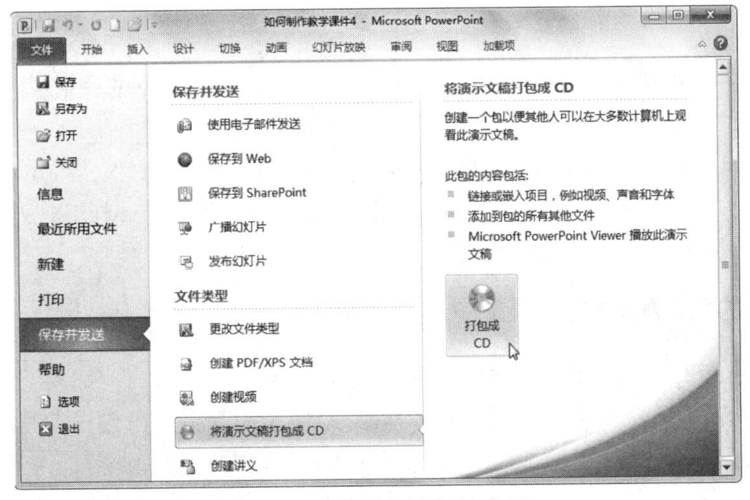

图 5-50　将演示文稿打包成 CD

- 单击“复制到文件夹”按钮，弹出“复制到文件夹”对话框，如图 5-52 所示。打包文件夹名称可以直接输入，文件夹位置可以单击“浏览”按钮进行确定。

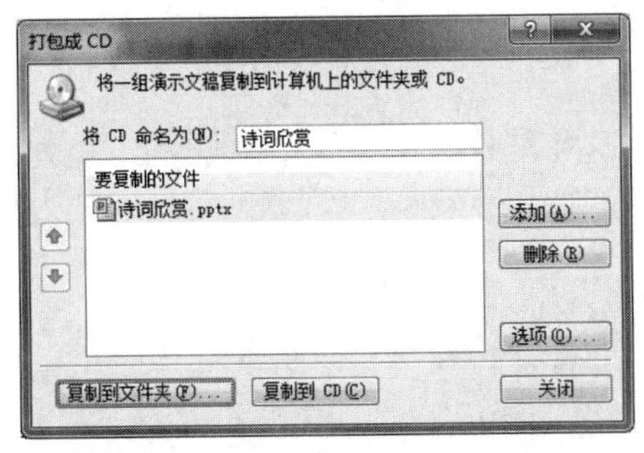

图 5-51　“打包成 CD”对话框

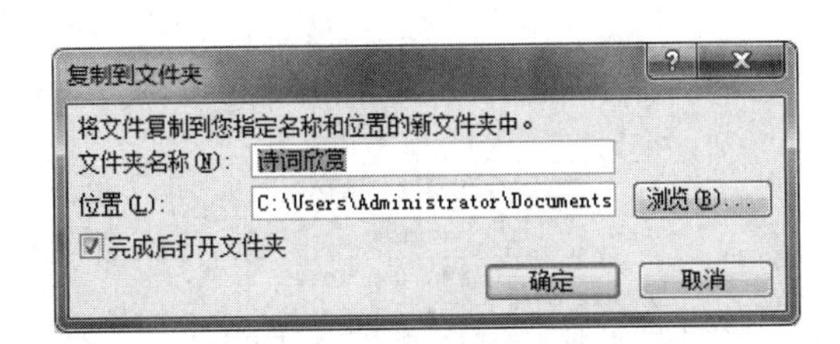

图 5-52　“复制到文件夹”对话框

- 单击“确定”按钮，即可将演示文稿、链接文件等文件复制到指定位置。

2. 解包

如需在没有安装 PowerPoint 的计算机上放映演示文稿打包文件，需要先解包才可以放映。

实现步骤如下：

- 打开打包文件夹中的“PresentationPackage\ PresentationPackage.html”文件，如图 5-53 所示。

图 5-53 解包窗口

- 单击“Download Viewer”按钮，下载 PowerPoint 播放器，安装 PowerPoint 播放器。
- 运行“开始”→“所有程序”→“Microsoft PowerPoint Viewer”，选择打包文件夹中的演示文稿，演示文稿即可放映。

5.5.3 将演示文稿创建为视频文件

在 PowerPoint 2010 中新增了将演示文稿创建成视频文件功能，可以将当前演示文稿创建为一个全保真的视频，此视频可通过光盘、Web 或电子邮件分发。创建的视频中包含所有录制的计时、旁白，还包括幻灯片放映中未隐藏的所有幻灯片。

创建视频所需的时间视演示文稿的长度和复杂度而定。在创建视频的同时，可继续使用 PowerPoint 应用程序。

【例 5.13】为“诗词欣赏”演示文稿创建视频文件。

【操作步骤】

- 选择“文件”选项卡→“保存并发送”命令，在“文件类型”组中选择“创建视频”选项。
- 在右侧的“创建视频”选项下，单击“计算机和 HD 显示”，在弹出的下拉列表中选择视频文件的分辨率，如图 5-54 所示。

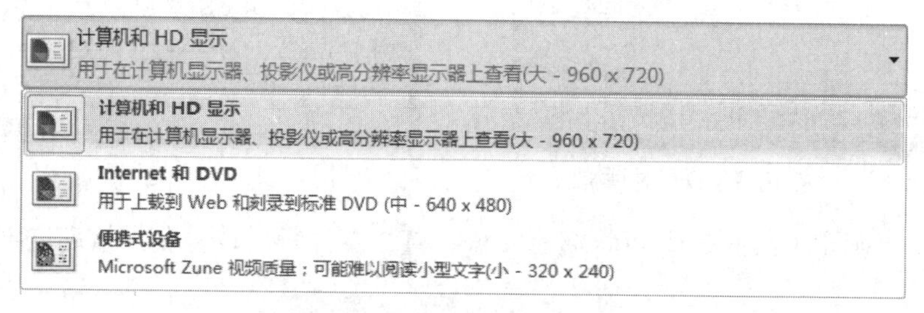

图 5-54 选择视频文件的分辨率

- 如果要在视频中使用计时和旁白，可以单击“使用录制的计时和旁白”下拉列表按钮，在弹出的下拉列表中单击“使用录制的计时和旁白”选项。如图 5-55 所示。

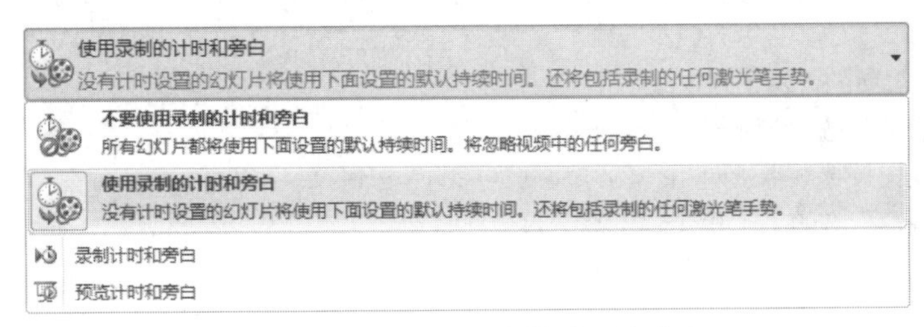

图 5-55　选择使用录制的计时和旁白

- 单击“创建视频”按钮，在弹出的“另存为”对话框中设置视频文件的文件名及保存该视频的位置，单击“保存”按钮。
- 此时，在 PowerPoint 演示文稿的状态栏中，会显示演示文稿创建为视频的进度，用户可在此状态下放映演示文稿，当完成制作视频进度后，将演示文稿创建为视频就制作完成。
- 双击视频文件，即可开始播放该演示文稿。如图 5-56 所示。

图 5-56　播放视频文件

习题 5

一、单项选择题

1．PowerPoint 2010 的功能是（　　）。

　A．文字处理　　B．表格处理　　C．图表处理　　D．电子演示文稿处理

2．PowerPoint 2010 中，执行插入新幻灯片的操作，被插入的幻灯片将出现在（　　）。

A．当前幻灯片之前　B．当前幻灯片之后　C．最前　D．最后

3．要选择多张不连续的幻灯片，可借助（　　）键。

A．Shift　B．Ctrl　C．Enter　D．Alt

4．进入幻灯片母版的方法是（　　）。

A．在“设计”选项卡上选择一种主题

B．在“视图”选项卡上单击“幻灯片浏览视图”按钮

C．在“视图”选项卡上单击“幻灯片母版”按钮

D．在“文件”选项卡上选择“新建”命令下的“样本模式”

5．PowerPoint 2010 中“超链接”的作用是（　　）。

A．在演示文稿中插入幻灯片　B．关闭幻灯片

C．内容跳转　D．删除幻灯片

6．如果要终止演示文稿的放映，可直接按（　　）键。

A．Shift　B．Ctrl　C．Esc　D．Alt

7．对于演示文稿中不准备放映的幻灯片可用（　　）选项卡中的“隐藏幻灯片”命令隐藏。

A．工具　B．视图　C．幻灯片放映　D．幻灯片浏览视图

8．用 PowerPoint 2010 创建的文件扩展名是（　　）。

A．.pptx　B．.ppt　C．.txt　D．.bmp

9．在 PowerPoint 2010 中，“动画”的功能是（　　）。

A．插入 Flash 动画　B．设置放映方式

C．设置幻灯片的放映方式　D．给幻灯片内的对象添加动画效果

10．在任何版式的幻灯片中都可以插入图表，除了在“插入”选项卡中单击“图表”按钮来完成图表的创建外，还可以用（　　）实现图表的插入操作。

A．SmartArt 图形中的矩形图　B．图片占位符

C．表格　D．图表占位符

11．在 PowerPoint 2010 中，不能对幻灯片内容进行修改的视图是（　　）。

A．大纲视图　B．普通视图　C．幻灯片浏览视图　D．幻灯片视图

12．为了在切换幻灯片时播放声音，可以单击（　　）选项卡的“声音”下拉列表。

A．幻灯片放映　B．设计　C．动画　D．切换

13．当在展览会上进行产品广告片放映时，应选择（　　）放映方式。

A．演讲者放映　B．观众自行浏览　C．在展台浏览　D．幻灯片放映

14．如果想在一个没有安装 PowerPoint 2010 的计算机上打开演示文稿，可以（　　）。

A．先打包演示文稿，再通过下载 PowerPoint 播放器播放演示文稿

B．先压缩演示文稿，再解压缩演示文稿

C．先打包演示文稿，再解压缩演示文稿

D．先压缩演示文稿，再解包演示文稿

15．（　　）是能够复制一个对象的动画，并将这些动画应用到其他对象的工具。

A．动画排序　B．格式刷　C．动画刷　D．计时

二、多项选择题

1．在 PowerPoint 2010 中，创建新演示文稿的方法有（　　）。

A．打开内置模板　B．空演示文稿　C．根据主题创建　D．根据已有演示文稿创建

2．PowerPoint 2010 可用于（　　）。

A．学术交流　B．产品演示　C．制作授课课件　D．制作商业演示广告

3．在 PowerPoint 2010 中，幻灯片版式有（　　）。

A．标题版式　B．内容版式　C．标题和内容版式　D．空白版式

4. 在 PowerPoint 2010 中，下列（　　）对象可以创建超链接。
A. 文本　　B. 表格　　C. 图片　　D. 形状

5. 幻灯片被隐藏后，可在（　　）看到幻灯片的隐藏标记。
A. 幻灯片浏览视图　　B. 幻灯片放映视图
C. 普通视图的“幻灯片”选项卡　　D. 普通视图的“大纲”选项卡

6. 下列关于调整幻灯片位置方法的叙述，正确的是（　　）。
A. 在幻灯片浏览视图中，直接用鼠标拖拽到合适位置
B. 可以在大纲视图下拖动
C. 可以用“剪切”和“粘贴”的方法
D. 以上操作都对

7. 在使用了版式之后，幻灯片标题（　　）。
A. 可以修改格式　　B. 不能修改格式　　C. 可以移动位置　　D. 不能移动位置

8. 在使用幻灯片放映视图放映演示文稿的过程中，若要结束放映，可（　　）。
A. 按【Esc】　　B. 右键单击，从快捷菜单中选择“结束放映”
C. 按【Enter】　　D. 按【Ctrl】+【E】

9. PowerPoint 2010 中的普通视图下，包含（　　）。
A. 大纲/幻灯片窗格　B. 幻灯片窗格　　C. 备注窗格　　D. 任务窗格

10. 在 PowerPoint 2010 中，页面设置可以（　　）。
A. 设置幻灯片大小　　B. 设置演示文稿大小
C. 设置演示文稿方向　　D. 设置幻灯片方向

三、填空题

1. 在一个演示文稿中（　　　）（能或不能）同时使用不同的模板。

2. 在 PowerPoint 2010 中，可以对幻灯片进行移动、删除、复制、设置动画效果，但不能对单独的幻灯片内容进行编辑的视图是（　　　）。

3. 插入一张新幻灯片，可以单击“开始”选项卡下的（　　　）按钮。

4. 幻灯片删除可以先选择要删除的幻灯片，然后通过快捷键（　　　）或快捷菜单中的（　　　）命令进行删除。

5. 对于演示文稿中不准备放映的幻灯片可以用（　　　）选项卡中的“隐藏幻灯片”命令隐藏。

6. 在 PowerPoint 2010 中要插入图片，可在“插入”选项卡中选择（　　　）按钮。

7. 在 PowerPoint 2010 中，为每张幻灯片设置放映时的切换方式，可以使用两种方式：一种是（　　　），另一种是设置自动换片时间。

8. 在 PowerPoint 2010 中可以使用组合键（　　　）来创建新的演示文稿。

四、综合题

1. 简述演示文稿、幻灯片及幻灯片对象之间的关系。
2. 简述超链接的定义及作用。
3. 简述演示文稿的视图方式。
4. 简述如何将演示文稿转换为视频文件。

第 6 章　计算机网络与 Internet 应用

- 了解计算机网络的概念、发展、分类、功能和组成。
- 掌握网络体系结构的概念、OSI 参考模型和 TCP/IP 模型。
- 掌握局域网相关知识。
- 了解 Internet 的发展、特点、接入方式及 Internet 应用。
- 熟悉物联网相关技术。

当前，人类社会已经迈入了网络时代，计算机和互联网已经与人们的日常工作、学习和生活密不可分，甚至已成为我们社会结构的一个基本组成部分。人类社会目前又处于一个历史飞跃时期，正由高度的工业化时代迈向日趋完善的计算机网络时代。在计算机技术、网络通讯技术高速发展的今天，计算机网络正在以惊人的速度充斥人类社会的各个角落，它在电子银行、电子商务、现代化的企业管理、信息服务业等领域都扮演着非常重要的角色。更值得一提的是，互联网过去连接的主要是人，现在已经增加到物，它将和环境进行交互，由此拓展到物联网，从而极大程度地改变了我们的生活方式。无所不在的物联网通信时代即将来临，物联网被专家及多个国家认为是继互联网浪潮之后的又一次科技革命。不管是 IBM 提出的智慧地球，还是温家宝总理在无锡提出的感知中国，都意味着物联网将是当下最热门最具竞争性的产业。

6.1　计算机网络基础知识

6.1.1　计算机网络的概念

从广义上来讲，计算机网络是将分布在不同物理位置具有独立功能的计算机系统及其外部设备，利用互联设备和传输介质将之连接起来，在网络协议和软件的支持下进行数据通信，实现资源共享的计算机系统的集合。

从狭义上来讲，可从以下两个角度来定义计算机网络：

按连接定义，计算机网络是由特定的传输介质和连接设备，通过协议互连起来，并配置网络软件，以实现计算机资源共享的系统。

按需求定义，计算机网络是由多台具有独立功能的计算机连接起来，共同完成计算机任务的系统。

6.1.2　计算机网络的发展

随着计算机网络技术的蓬勃发展，计算机网络的发展大致可划分为以下 4 个阶段：

第一阶段——诞生阶段

20 世纪 60 年代中期之前的第一代计算机网络是以单个计算机为中心的远程联机系统。典型应用是由一台计算机和全美范围内 2000 多个终端组成的飞机订票系统。终端是一台计算机的外部设备，其中包括显示器和键盘，无 CPU 和内存。随着远程终端的增多，在主机前增加了前端机（FEP）。当时，人们把计算机网络定义为“以传输信息为目的而连接起来，实现远程信息处理或进一步达到资源共享的系统”，但这样的通信系统已具备了网络的雏形。

第二阶段——形成阶段

20 世纪 60 年代中期至 70 年代的第二代计算机网络是将多个主机通过通信线路互联起来，为用户提供服务，它兴起于 60 年代后期，典型代表是美国国防部高级研究计划局协助开发的 ARPANET。主机之间不是直接用线路相连，而是由接口报文处理机（IMP）转接后互联的。IMP 和它们之间互联的通信线路一起负责主机间的通信任务，构成了通信子网。通信子网互联的主机负责运行程序，提供资源共享，组成了资源子网。这个时期，网络概念为“以能够相互共享资源为目的互联起来的、具有独立功能的计算机的集合体”，初步形成了计算机网络。

第三阶段——互联互通阶段

20 世纪 70 年代末至 90 年代的第三代计算机网络是具有统一的网络体系结构并遵循国际标准的开放式和标准化的网络。ARPANET 兴起后，计算机网络发展迅猛，各大计算机公司相继推出自己的网络体系结构及实现这些结构的软硬件产品。由于没有统一的标准，不同厂商的产品之间互联很困难，人们迫切需要一种开放性的标准化实用网络环境，这样应运而生了两种国际通用的最重要的体系结构，即 TCP/IP 体系结构和国际标准化组织的 OSI 体系结构。

第四阶段——高速网络技术阶段

20 世纪 90 年代末至今的第四代计算机网络，由于局域网技术发展成熟，出现光纤及高速网络技术、多媒体网络、智能网络，整个网络就像一个对用户透明的大的计算机系统，发展为以 Internet 为代表的互联网。

6.1.3　计算机网络的分类

计算机网络种类繁多、结构复杂，因此需要按照不同的标准对计算机网络进行不同的划分，主要可以归类如下：

1. 按覆盖的地理范围划分

根据计算机网络所覆盖的地理范围的不同，可将网络分为以下 3 种。

（1）局域网（Local Area Network，LAN）。局域网是使用专用的高速数字通信线路和通信设备把较小地理范围（10km 以内）内的多台计算机相互连接而形成的网络，是最常见的、应用最广的网络，它随着整个计算机网络技术的发展和提高得到充分的应用和普及，几乎每个单位都有自己的局域网，甚至家庭中都有小型局域网。一个局域网能接入的主机数量是有限的。

（2）城域网（Metropolitan Area Network，MAN）。地理范围介于广域网和局域网之间（5～50km），通常使用与局域网相似的技术，如 FDDI、ATM 等，因此基本上是一种大型局域网。目前城域网使用最多的是基于光纤的千兆或万兆以太网技术。

（3）广域网（Wide Area Network，WAN）。使用公用或专用的高速数字通信线路和分组交换机把相距遥远（几十公里到几千公里范围）的许多局域网和主机相互连接而形成的网络。广域网对接入的主机数量通常没有限制，可连接任意多个场地的任意多台主机。

2. 按传输介质划分

传输介质是网络中连接通信双方的物理通道。按照网络中所使用的传输介质的不同，可将计算机网络分为以下两种。

（1）有线网：采用同轴电缆、双绞线、光纤等物理介质来传输数据的网络。

（2）无线网：采用红外、卫星、微波等无线电波来传输数据的网络。

3. 按传输速率划分

通常在计算机网络中传输的是数字信号，即所传输的信息是二进制比特序列。因此数据传输的速度通常是以每秒钟传输的比特个数 b/s 来计算的。根据传输速率的不同，可将网络分为以下 3 种。

（1）低速网：传输速率为 Kb/s 级。

（2）中速网：传输速率为 Mb/s 级。

（3）高速网：传输速率为 Gb/s 级，信息高速公路的数据传输速率会更高。

4. 按传输技术分类

计算机网络数据依靠各种通信技术进行传输，根据网络传输技术分类，计算机网络可分为以下 5 种类型。

（1）普通电信网：普通电话线网，综合数字电话网，综合业务数字网。

（2）数字数据网：利用数字信道提供的永久或半永久性电路以传输数据信号为主的数字传输网络。

（3）虚拟专用网：指客户基于 DDN 智能化的特点，利用 DDN 的部分网络资源所形成的一种虚拟网络。

（4）微波扩频通信网：是电视传播和企事业单位组建企业内部网和接入 Internet 的一种方法，在移动通信中十分重要。

（5）卫星通信网：是近年发展起来的空中通信网络。与地面通信网络相比，卫星通信网具有许多独特的优点。

5. 按拓扑结构划分

网络的拓扑结构是借用几何上的一个词汇，从英文 Topology 音译而来。计算机网络的拓扑结构指表示网络传输介质和节点连接的形式，即线路构成的几何形状。根据拓扑结构不同，可将计算机网络分为以下 5 种。

（1）星型网络。星型网络是指网络中的各节点设备通过一个网络集中设备（如集线器 HUB 或者交换机 Switch）连接在一起，各节点呈星状分布的网络连接方式。这种结构相对简单，便于管理，建网容易，是局域网中普遍采用的拓扑结构之一。其结构如图 6-1 所示。

星型拓扑结构特点：结构简单、容易实现、便于管理，连接点的故障容易监测和排除。缺点是电缆长度和安装工作量可观；中央节点的负担较重，形成瓶颈，中心结点出现故障会导致网络的瘫痪；各站点的分布处理能力较低。

（2）总线型网络。总线拓扑结构采用一个信道作为传输媒体，所有站点都通过相应的硬件接口直接连到这一公共传输媒体上，该公共传输媒体即称为总线。总线型网络也是局域网中使用较普遍的一种结构。其结构如图 6-2 所示。

总线型拓扑结构的优点：结构简单灵活，非常便于扩充；可靠性高，网络响应速度快；设备量少、价格低、安装使用方便；共享资源能力强，非常便于广播式工作。主要缺点是：总线的传输距离有限，通信范围受到限制；故障诊断和故障隔离较困难；分布式协议不能保证信息的及时传送，不具有实时功能。

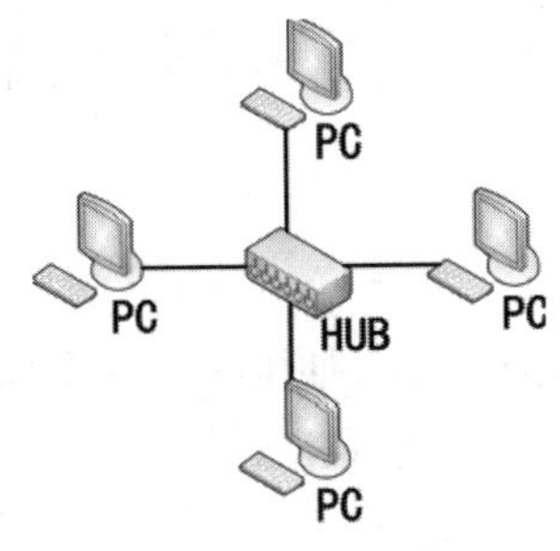

图 6-1　星型网络

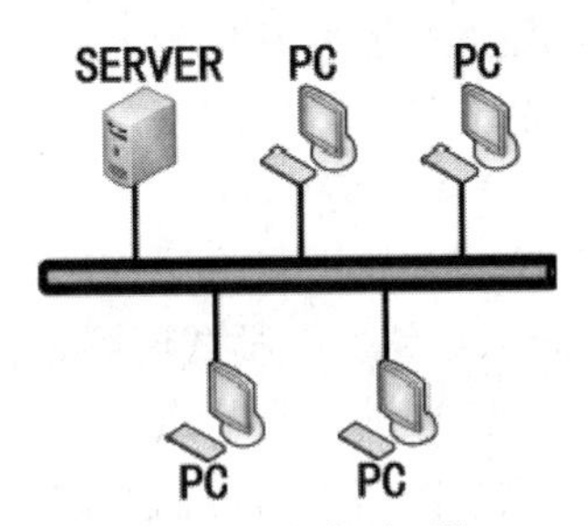

图 6-2　总线型网络

（3）树型网络。树型拓扑从总线拓扑演变而来，形状像一棵倒置的树，顶端是树根，树根以下带分支，每个分支还可再带子分支。这种拓扑结构的网络一般采用光纤作为网络主干，用于军事单位、政府单位等上、下界限相当严格和层次分明的部门。其结构如图 6-3 所示。

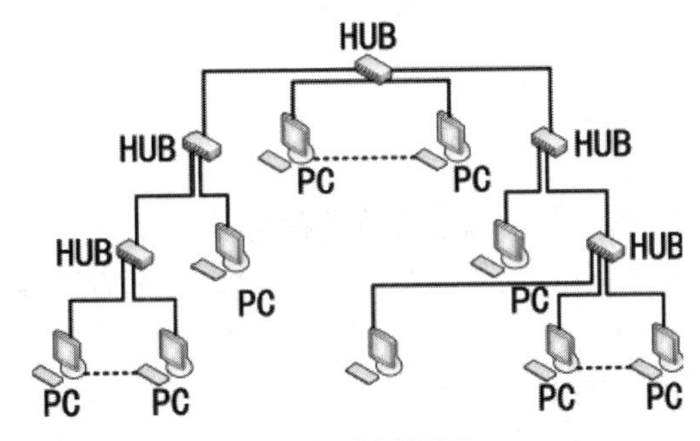

图 6-3　树型网络

树型拓扑的优点：易于扩展；故障隔离较容易。缺点是：各个节点对根的依赖性太大。

（4）环型网络。环型拓扑网络由站点和连接站的链路组成一个闭合环。适用于局域网及实时性要求较高的环境。其结构如图 6-4 所示。

环型拓扑的优点：电缆长度短；增加或减少工作站时，仅需简单的连接操作；可使用光纤。缺点是：节点的故障会引起全网故障；故障检测困难；媒体访问控制协议都采用令牌传递的方式，在负载很轻时，信道利用率相对来说就比较低。

（5）网状型网络。网状拓扑结构主要指各节点通过传输线互相连接起来，并且每一个节点至少与其他两个节点相连。这种结构不适合局域网，但在广域网中得到了广泛的应用。其结构如图 6-5 所示。

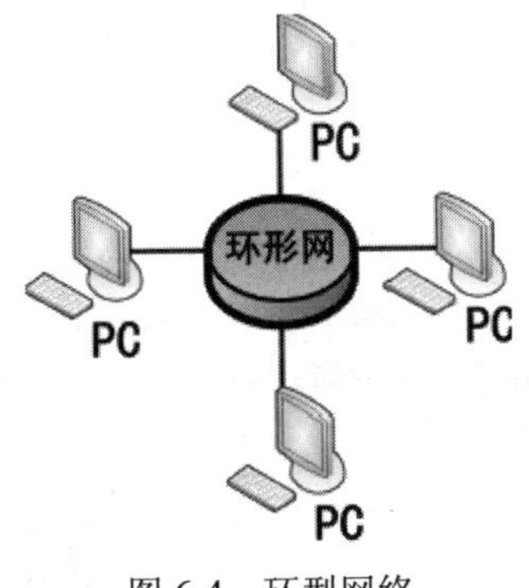

图 6-4　环型网络

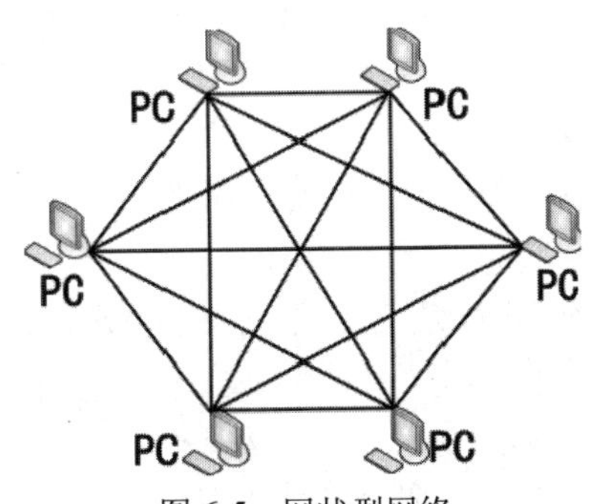

图 6-5　网状型网络

网状型网络的优点：可靠性较高；容错能力较强。缺点是：结构复杂；实现起来费用较高；不易管理和维护。

6. 按传播方式分类

按照传播方式不同，可将计算机网络分为“广播网络”和“点-点网络”两大类。

（1）广播式网络。广播式网络是指网络中的计算机或者设备使用一个共享的通信介质进行数据传播，网络中的所有节点都能收到任意节点发出的数据信息。

目前，广播式网络中的传输方式有 3 种：

- 单播：采用一对一的发送形式将数据发送给网络所有目的节点。
- 组播：采用一对一组的发送形式，将数据发送给网络中的某一组主机。
- 广播：采用一对所有的发送形式，将数据发送给网络中所有目的节点。

（2）点-点网络（Point-to-point Network）。点-点式网络即两个节点之间的通信方式是点对点的。如果两台计算机之间没有直接连接的线路，那么它们之间的分组传输就要通过中间节点的接收、存储、转发，直至目的节点。

点-点式网络主要应用于 WAN 中，通常采用的拓扑结构有：星型、环型、树型、网状型。

7. 按资源共享方式划分

（1）对等网。在计算机网络中，每台计算机都可以平等地使用其他计算机内部的资源，每台计算机磁盘上的空间和文件都为公共财产，这种网络就称为对等网。对等网非常适合于小型的、任务轻的局域网，例如在普通办公室、家庭、学生宿舍内建立对等局域网。

（2）客户/服务器网络。如果网络所连接的计算机较多，数目在 10 台以上且共享资源较多时，就需要考虑专门设立一个计算机来存储和管理需要共享的资源，这台计算机被称为文件服务器，其他计算机称为工作站，工作站里的资源不必与他人共享。如果想与某用户共享一份文件，就必须先把文件从工作站复制到文件服务器上，或者一开始就把文件放在服务器上，这样其他工作站上的用户才能访问到该文件。这种网络称为客户/服务器（Client/Server）网络。

6.1.4 计算机网络的功能

计算机网络可以提供各种信息和服务，主要有以下几个方面的功能：

1. 数据通信

通信即在计算机之间传送信息。数据通信是计算机网络最基本的功能。用于传递计算机与终端、计算机与计算机之间的各种信息，包括数据、文本、图形、动画、声音和视频等。通过网络人们享受到了在网上收发电子邮件，发布新闻消息，进行电子商务、远程教育、远程医疗等现代化便捷服务。通过数据通信这项基本功能，实现了不同地区的用户之间的网络连接，从而便于进行统一地控制和管理。

2. 资源共享

计算机资源主要是指计算机的硬件、软件和数据资源。“共享”指的是网络中的用户都能够部分或全部地享用这些资源。资源共享是计算机网络的一项重要功能。通过资源共享，可使网络中各处的资源互通有无、分工协作。此外，通过网络的资源共享，实现了分布式计算，从而大大提高了工作效率。

3. 分布式处理

所谓分布式处理，是指在网络系统中若干台在结构上独立的计算机可以互相协作完成同一个任务的处理。在处理过程中，每台计算机独立承担各自的任务。在实施分布式处理过程中，当某台计算机负担过重时，或该计算机正在处理某项工作时，网络可将新任务转交给空闲的计算机来完成，这样处理能均衡各计算机的负载，提高处理问题的实时性；对大型综合性问题，可将问题各部分交给不同的计算机分头处理，充分利用网络资源，扩大计算机的处理能力，增强实用性。多台计算机进行网络互连能够构成高性能的计算机体系，对于解决复杂的问题，发挥了重要作用。

4. 提高计算机系统的可靠性和可用性

网络中的计算机可以互为备份，一旦其中一台计算机出现故障，其任务则可以由网络中其他计算机代其处理，这样可以避免在单机情况下，一台计算机发生故障引起整个系统瘫痪的现象，从而提高系统的可靠性。而当网络中的某台计算机负担过重时，网络又可以将新的任务交给较空闲的计算机完成，均衡负载，从而提高了每台计算机的可用性。

6.1.5　计算机网络的组成

为了便于分析，按照数据通信和数据处理的功能，逻辑上将计算机网络分为通信子网和资源子网两个部分。如图 6-6 所示。

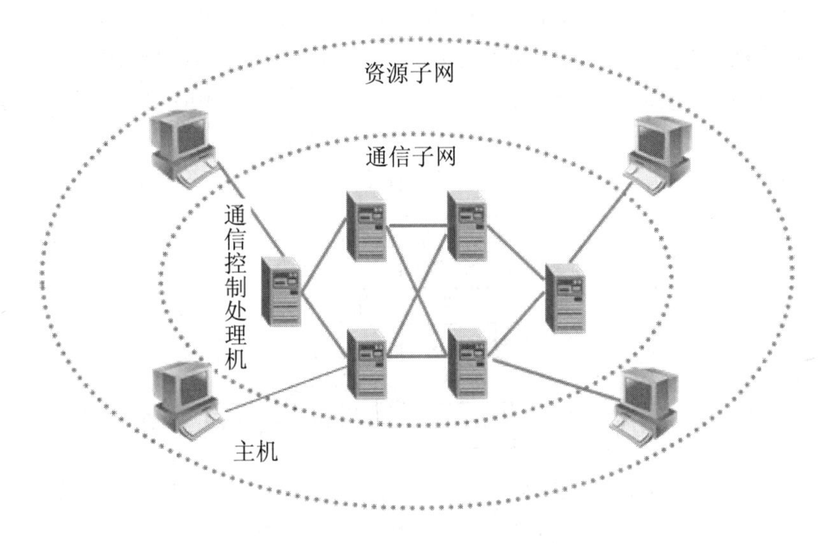

图 6-6　计算机网络的基本结构

1. 通信子网

通信子网由通信控制处理机（CCP）、通信线路与其他通信设备组成，它的主要任务是负责连接网上各种计算机，完成数据的传输、交换、加工和通信处理工作。

通信控制处理机在网络拓扑结构中被称为网络节点。它一方面作为与资源子网的主机、终端连结的接口，将主机和终端连入网内；另一方面它又作为通信子网中的分组存储转发节点，完成分组的接收、校验、存储、转发等功能，实现将源主机报文准确发送到目的主机的作用。

通信线路是连接各计算机系统终端的物理通路。通信设备的采用与线路类型有很大关系：如果是模拟线路，在线中两端使用 Modem（调制解调器）；如果是有线介质，在计算机和介质之间就必须使用相应的介质连接部件。

2. 资源子网

资源子网由主机系统、终端、终端控制器、连网外设、各种软件资源与信息资源组成。

它的主要任务是负责收集、存储和处理信息，为用户提供网络服务和资源共享功能等

（1）主机系统（Host）。它是资源子网的主要组成单元，装有本地操作系统、网络操作系统、数据库、用户应用系统等软件。它通过高速通信线路与通信子网的通信控制处理机相连接。普通用户终端通过主机系统连入网内。早期的主机系统主要是指大型机、中型机与小型机。

（2）终端。它是用户访问网络的界面。终端可以是简单的输入、输出终端，也可以是带有微处理器的智能终端。智能终端除具有输入、输出信息的功能外，本身具有存储与处理信息的能力。终端可以通过主机系统连入网内，也可以通过终端设备控制器、报文分组组装与拆卸装置或通信控制处理机连入网内。

（3）网络操作系统。它是网络软件中最主要的软件，用于实现不同主机之间的用户通信，以及全网硬件和软件资源的共享，并向用户提供统一的、方便的网络接口，便于用户使用网络。目前网络操作系统有三大阵营：UNIX、NetWare 和 Windows。目前，我国最广泛使用的是 Windows 网络操作系统。

（4）网络数据库。它是建立在网络操作系统之上的一种数据库系统，可以集中驻留在一台主机上（集中式网络数据库系统），也可以分布在每台主机上（分布式网络数据库系统），它向网络用户提供存取、修改网络数据库的服务，以实现网络数据库的共享。

（5）应用系统。它是建立在上述部件基础上的具体应用，以实现用户的需求。如图 6-7 所示，表示了主机操作系统、网络操作系统、网络数据库系统和应用系统之间的层次关系。

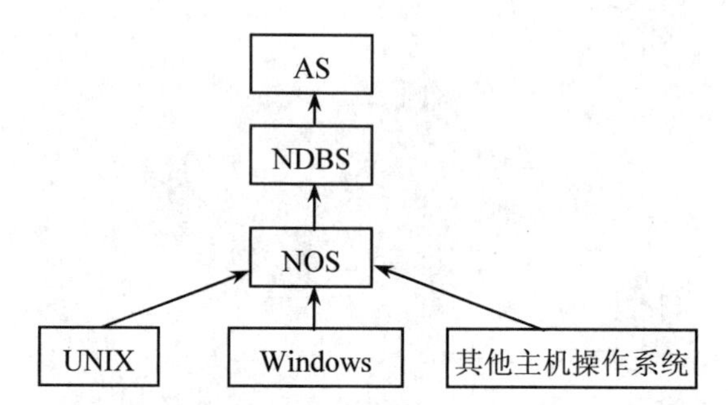

图 6-7 主机操作系统、网络操作系统、网络数据库系统和应用系统之间的关系

图中 Unix、Windows 为主机操作系统，NOS 为网络操作系统，NDBS 为网络数据库系统，AS 为应用系统。

6.2 计算机网络的体系结构

计算机网络中各节点之间要不断地交换数据和控制信息，要做到有条不紊地交换数据，每个节点就必须遵守一整套合理而严谨的结构化管理体系。计算机网络就是按照高度结构化设计方法采用功能分层原理来实现的，即计算机网络体系结构的内容。

计算机网络是一个复杂的具有综合性技术的系统，为了允许不同系统实体互连和互操作，不同系统的实体在通信时都必须遵从相互均能接受的规则，这些规则的集合称为协议（Protocol）。其中，系统指计算机、终端和各种设备。实体指各种应用程序、文件传输软件、数据库管理系统、电子邮件系统等。互连指不同计算机能够通过通信子网互相连接起来进行数据通信。互操作指不同的用户能够在通过通信子网连接的计算机上，使用相同的命令或操作，使用其他计算机中的资源与信息，就如同使用本地资源与信息一样。

计算机网络体系结构为不同的计算机之间互连和互操作提供相应的规范和标准。

6.2.1　网络体系结构的基本概念

1. 计算机网络协议

在计算机网络中，为了实现各种服务，就要在计算机系统之间进行通信和对话。为了使通信双方能够正确理解、接受和执行，就要遵守相同的规定，就像两个人交谈时必须采用双方听得懂的语言和语速。具体地说，在怎样通信、通信内容以及何时通信方面，两个对象要遵从相互可以接受的一组约定和规则，这些约定和规则的集合称为协议。因此，网络协议就是为进行网络中的数据通信或数据交换而建立的规则、标准或约定。

一般来说，网络协议由语法、语义和时序三大要素组成。

- 语法（Syntax）：规定了通信双方“如何讲”，即确定用户数据与控制信息的结构与格式。
- 语义（Semantics）：规定通信的双方准备“讲什么”，即需要发出何种控制信息，完成何种动作以及做出何种应答。
- 时序（Timing）：又可称为“同步”，规定了双方“何时进行通信”，即事件实现顺序的详细说明。

2. 网络体系结构

（1）网络体系结构的定义。网络体系结构是指计算机网络的各组成部分及计算机网络本身所必须实现的功能的精确定义，更直接地说，是计算机网络中的层次、各层的协议以及层间的接口的集合。

（2）网络体系结构的分层原则。网络协议都采用层次结构。不同网络协议的分层方法会有很大差异。分层需考虑的原则：

- 各层功能明确。具有自己特定的，与其他层次不同的基本功能。
- 接口清晰简洁。要求通过接口的信息量最小。
- 层次数量适中。避免层次太多而引起系统和协议复杂化。
- 强调标准化。各层功能的划分和设计应强调协议的标准化。

（3）网络体系层次结构的优点。采取层次结构具有如下一些优点：

- 各层相互独立：只要知道下一层服务，而不需了解其实现的细节。
- 灵活性好：某一层发生变化时，只要层间接口不变，则上、下层均不受影响。
- 实现技术最优化：分层结构使得各层都可以选择最优的实现技术，并不断更新。
- 易于实现和维护：可以在较小范围内来实现、调试和维护，操作要简便。
- 促进标准化：各层的功能和所提供的服务都可以进行确定、说明，这有助于促进标准化。

6.2.2　OSI 参考模型

1974 年美国 IBM 公司按照分层的方法制定了系统网络体系结构 SNA（System Network Architecture）。SNA 已成为世界上较广泛使用的一种网络体系结构。

最初，各个公司都有自己的网络体系结构，这使得各公司自己生产的各种设备容易互联成网，有助于该公司垄断自己的产品。但是，随着社会的发展，不同网络体系结构的用户迫切要求能互相交换信息。为了使不同体系结构的计算机网络都能互联，国际标准化组织 ISO 于

1977年成立专门机构研究这个问题。1978年ISO提出了“异种机连网标准”的框架结构，这就是著名的开放系统互联基本参考模型 OSI/RM (Open Systems Interconnection Reference Model)，简称为 OSI 。“开放”这个词表示：只要遵循 OSI 标准，一个系统可以和位于世界上任何地方的遵循OSI标准的其他任何系统进行连接。

OSI得到了国际上的承认，成为其他各种计算机网络体系结构依照的标准，大大地推动了计算机网络的发展。

1. OSI参考模型的结构和功能

OSI参考模型按功能划分为7层，分别是物理层、数据链路层、网络层、传输层、会话层、表示层和应用层，如图6-8所示。

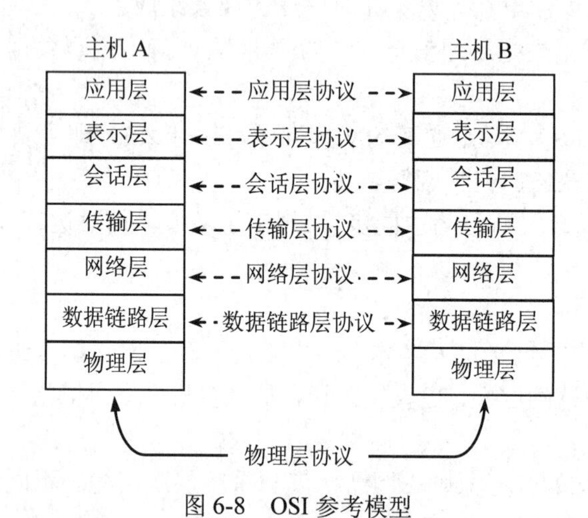

图6-8 OSI参考模型

在 OSI 七层模型中，每一层都为其上一层提供服务，并为其上一层提供一个访问接口或界面。不同主机之间的相同层次称为对等层。如主机A中的表示层和主机B中的表示层互为对等层、主机A中的会话层和主机B中的会话层互为对等层等。对等层之间互相通信需要遵守一定的规则，如通信的内容、通信的方式，我们将其称为协议（Protocol）。我们将某个主机上运行的某种协议的集合称为协议栈。主机正是利用这个协议栈来接收和发送数据的。OSI参考模型通过将协议栈划分为不同的层次，可以简化问题的分析、处理过程以及网络系统设计的复杂性。

下面详细地介绍一下各层的主要功能。

第一层：物理层（Physical Layer）。

规定通信设备机械的、电气的、功能的和规程的特性，用以建立、维护和拆除物理链路连接。具体地讲，机械特性规定了网络连接时所需接插件的规格尺寸、引脚数量和排列情况等；电气特性规定了在物理连接上传输bit流时线路上信号电平的大小、阻抗匹配、传输速率距离限制等；功能特性是指对各个信号先分配确切的信号含义，即定义了DTE和DCE之间各个线路的功能；规程特性定义了利用信号线进行bit流传输的一组操作规程，是指在物理连接的建立、维护、交换信息时，DTE和DCE双方在各电路上的动作系列。在局域网中物理层上的功能基本在网卡上实现。

在这一层，数据的单位称为比特（bit）。

物理层的主要设备：中继器、集线器、适配器。

第二层：数据链路层（Data Link Layer）。

数据链路层是 OSI 参考模型中的第二层，介乎于物理层和网络层之间。数据链路层在物理层提供服务的基础上向网络层提供服务，其最基本的服务是将源机网络层传来的数据可靠地传输到相邻节点的目标机网络层。为达到这一目的，数据链路必须具备一系列相应的功能，主要有：如何将数据组合成数据块，在数据链路层中称这种数据块为帧（frame），帧也是数据链路层的传送单位；如何控制帧在物理信道上的传输，包括如何处理传输差错，如何调节发送速率以使与接收方相匹配；以及在两个网络实体之间提供数据链路通路的建立、维持和释放的管理。数据链路层的地址为 MAC 地址，也称为物理地址或硬件地址。

数据链路层主要设备：网桥。

第三层：网络层（Network Layer）。

网络层是 OSI 参考模型中的第三层，介于运输层和数据链路层之间，它在数据链路层提供的两个相邻端点之间的数据帧的传送功能上，进一步管理网络中的数据通信，将数据设法从源端经过若干个中间节点传送到目的端，从而向传输层提供最基本的端到端的数据传送服务。主要内容有：虚电路分组交换和数据报分组交换、路由选择算法、阻塞控制方法、X.25 协议、综合业务数据网（ISDN）、异步传输模式（ATM）及网际互连原理与实现。网络层的目的是实现两个端系统之间的数据透明传送，具体功能包括寻址和路由选择、连接的建立、保持和终止等。

在这一层，数据的单位称为数据包（packet）。

网络层协议的代表包括：IP、RIP、ARP、RARP 等。

网络层主要设备：路由器。

第四层：传输层（Transport Layer）。

传输层（Transport Layer）是 OSI 中最重要、最关键的一层，是唯一负责总体的数据传输和数据控制的一层。传输层提供端到端的交换数据的机制；传输层对会话层等高三层提供可靠的传输服务，对网络层提供可靠的目的地站点信息。

在这一层，数据的单位称为段（segments）或者数据报（datagrams）。

传输层协议的代表包括：TCP、UDP 等。

第五层：会话层（Session Layer）。

这一层也可以称为会晤层或对话层，在会话层及以上的高层次中，数据传送的单位不再另外命名，统称为报文。会话层不参与具体的传输，它提供包括访问验证和会话管理在内的建立和维护应用之间通信的机制。如服务器验证用户登录便是由会话层完成的。

第六层：表示层（Presentation Layer）。

这一层主要解决用户信息的语法表示问题。它将欲交换的数据从适合于某一用户的抽象语法，转换为适合于 OSI 系统内部使用的传送语法。即提供格式化的表示和转换数据服务。数据的压缩和解压缩，加密和解密等工作都由表示层负责。例如图像格式的显示，就是由位于表示层的协议来支持。

第七层：应用层（Application Layer）。

应用层为操作系统或网络应用程序提供访问网络服务的接口。

应用层协议的代表包括：Telnet、FTP、HTTP、SNMP 等。

ISO 模型是一种概念化的模型，实际中使用的网络体系结构一般遵循它的一些基本原则，但在具体实现上更讲究实用性。例如，实际中一般的网络体系结构没有七层，ISO 中的第五层、第六层和第七层在这些体系结构中通常合为一层。

2. OSI 参考模型中的数据传输过程

OSI 参考模型的最高层为应用层，面向用户提供网络应用服务；最低层为物理层，与通信介质相连实现真正的数据通信。两台主机通过网络进行通信时，除物理层之外，其余各对等层之间均不存在直接的通信关系，具体通信过程如图 6-9 所示：主机 A 的数据在送入传输介质之前，分成数据包，从高到低依次通过模型中的七层，且在每一层，控制信息以报头或报尾的形式加入到数据中。在第七、六、五、四、三、二层中报头加入信息，在第二层再加入报尾。在接收方主机 B 上，数据从第一层传输到第七层的过程中则依次将报头、报尾去掉，还原数据。

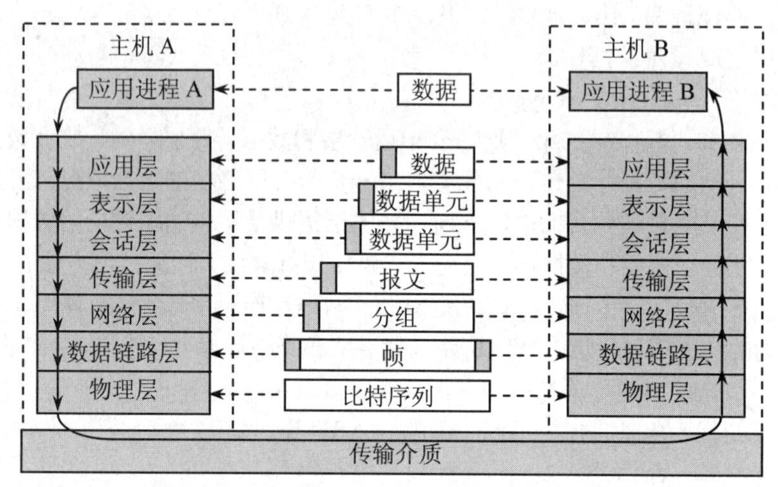

图 6-9　OSI 参考模型中主机之间的通信过程

6.2.3　TCP/IP 模型

OSI 参考模型的提出是为了解决不同厂商、不同结构的网络产品之间互连时遇到的不兼容性问题。但是该模型的复杂性阻碍了其在计算机网络领域的实际应用。与此对照，TCP/IP 参考模型，则获得了非常广泛的应用。

TCP/IP 参考模型是计算机网络的祖父 ARPANET 和其后继的因特网使用的参考模型。ARPANET 是由美国国防部 DoD（U.S.Department of Defense）赞助的研究网络，逐渐通过租用的电话线连接了数百所大学和政府部门。当无线网络和卫星出现以后，现有的协议在和它们相连的时候出现了问题，所以需要一种新的参考体系结构。这个体系结构在它的两个主要协议出现以后，被称为 TCP/IP 参考模型（TCP/IP Reference Model）。

TCP/IP（传输控制协议/互联网协议）是一组用于实现网络互连的通信协议。Internet 网络体系结构以 TCP/IP 为核心。基于 TCP/IP 的参考模型将协议分成四个层次，它们分别是：网络接入层、网际互连层、传输层和应用层。

1. 应用层

应用层对应于 OSI 参考模型的第五层、第六层和第七层，为用户提供所需要的各种服务。该层涉及的主要协议有：文件传输协议（FTP）、远程登录协议（Telnet）、简单邮件传送协议（SMTP）、域名服务（DNS）等。其中，FTP 在网络上实现文件共享，用户可以访问远程计算机上的文件，进行有关文件的操作，如复制等；Telnet 允许网上一台计算机作为另一台的虚拟终端，用户可在仿真终端上操作网上远程计算机，利用这种功能来享用远程计算机上的资源；SMTP 保证在网络上任何两个用户之间能互相传递报文，它提供报文发送和接收的功能，并提供收发之间的确认和响应；DNS 是一个名字服务的协议，提供主机名字到 IP 地址的转换，允许对名字资源进行分散管理。

2. 传输层

传输层对应于 OSI 参考模型的传输层，为应用层实体提供端到端的通信功能，保证了数据包的顺序传送及数据的完整性。该层定义了两个主要的协议：传输控制协议（TCP）和用户数据报协议（UDP)。

TCP 协议提供的是一种可靠的、面向连接的数据传输服务，是 TCP/IP 中的核心；而 UDP 协议提供的则是不可靠的、无连接的数据传输服务，主要适用于不需要对报文进行排序和流量控制的场合。UDP 报文可能会出现丢失、重复、失序等现象。

3. 网际互联层

网际互联层对应于 OSI 参考模型的网络层，主要解决主机到主机的通信问题。它所包含的协议涉及数据包在整个网络上的逻辑传输。注重重新赋予主机一个 IP 地址来完成对主机的寻址，它还负责数据包在多种网络中的路由。该层有三个主要协议：网际协议（IP)、互联网控制报文协议（ICMP）和地址解析协议（ARP)。

IP 协议是网际互联层最重要的协议，它提供的是一个不可靠、无连接的数据报传递服务。ICMP 协议为了有效转发 IP 数据报和提高交付成功的机会，允许主机或路由器报告差错情况和提供有关异常情况的报告。网络互联通过 IP 协议来实现，但实际通信确是通过 MAC 地址来实现的，使用 ARP 协议，可将 IP 数据包包头中的 IP 地址信息解析出 MAC 地址信息，以保证通信的顺利进行。

4. 网络接入层（即主机-网络层）

网络接入层与 OSI 参考模型中的物理层和数据链路层相对应。它负责监视数据在主机和网络之间的交换。事实上，TCP/IP 本身并未定义该层的协议，而由参与互连的各网络使用自己的物理层和数据链路层协议，然后与 TCP/IP 的网络接入层进行连接。

为了更好地理解 TCP/IP 的特点，将 TCP/IP 和 OSI/RM 的 7 层模型作对比，如表 6-1 所示。

表 6-1　TCP/IP 与 OSI 各层对应关系

OSI	TCP/IP	功能
应用层	应用层	为用户提供网络应用，把用户的数据发送到低层，为应用程序提供网络接口
表示层		
会话层		
传输层	传输层	在源节点与目的节点之间提供可靠的端到端的数据通信
网络层	网际互联层	逻辑寻址、路径选择
数据链路层	网络接入层	定义物理地址、封装数据帧、差错检测、传输二进制
物理层		

6.3　局域网技术

局域网（Local Area Network，LAN）是在一个局部的地理范围内（如一个学校、工厂和机关内），一般是方圆几千米以内，将各种计算机、外部设备和数据库等互相联接起来组成的计算机通信网。它可以通过数据通信网或专用数据电路，与远方的局域网、数据库或处理中心相连接，构成一个较大范围的信息处理系统。局域网可以实现文件管理、应用软件共享、打印机共享、扫描仪共享、工作组内的日程安排、电子邮件和传真通信服务等功能。局域网严格意义上是封闭型的。它可以由办公室内几台甚至成千上万台计算机组成。决定局域网的主要技术要素为：网络拓扑、传输介质与介质访问控制方法。

6.3.1 局域网概述

1. 局域网的特点

局域网是一种覆盖一座或几座大楼、一个校园或者一个厂区等地理区域的小范围的计算机网络。局域网建网、维护以及扩展等较容易，系统灵活性高。其主要特点是：

（1）覆盖的地理范围较小，只在一个相对独立的局部范围内联网，如一座或集中的建筑群内。

（2）使用专门铺设的传输介质进行联网，数据传输速率高（10Mb/s～10Gb/s）。

（3）通信延迟时间短，可靠性较高。

（4）局域网可以支持多种传输介质。

2. 局域网的构成

局域网包括网络硬件和网络软件两大部分。它的基本组成部分有网络适配器、传输介质、网络服务器、网间互联设备、网络系统软件等。

（1）网络适配器。网络适配器又称网卡或网络接口卡（NIC），插在计算机主板插槽中，负责将用户要传递的数据转换为网络上其他设备能够识别的格式，通过网络介质传输。目前各厂家提供的网络适配器已多达近百种。用户应根据自己的环境，即组网的拓扑结构、使用的传输媒体的类型、网络段的最大长度、节点之间的距离等选择合适的网卡。

（2）传输介质。网络传输介质是网络中发送方与接收方之间的物理通路，它对网络的数据通信具有一定的影响。常用的传输介质有：双绞线、同轴电缆、光纤、无线传输媒介等，其中无线传输媒介包括：无线电波、微波、红外线等。

1）双绞线。双绞线简称TP，是由一对或者一对以上相互绝缘的导线按照一定的规格互相缠绕（一般以逆时针缠绕）在一起而制成的一种传输介质，过去主要是用来传输模拟信号的，但现在同样适用于数字信号的传输，它是一种常用的布线材料，如图6-10所示。

双绞线可按其是否外加金属丝套的屏蔽层而分为非屏蔽双绞线（UTP）和屏蔽双绞线（STP）。从性价比和可维护性出发，非屏蔽双绞线在局域网组网中作为传输介质起着重要的作用。在EIA/TIA-568标准中，将双绞线按电气特性区分为：三类线、四类线、五类线、超五类线、六类线和七类线。网络中最常用的是三类线和五类线，三类线是2对4芯导线，五类线是4对8芯导线，且使用8种不同颜色（橙白、橙、绿白、蓝、蓝白、绿、棕白、棕）而进行区分。如图6-11所示，显示了5类UTP中导线的颜色与线号的对应关系。

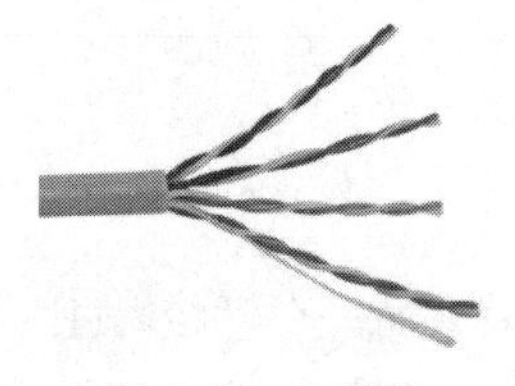

图6-10 双绞线

图6-11 UTP中导线的颜色与线号的对应关系

5 类 UTP 主要作为 10Base-T 和 100Base-TX 网络的传输介质，但 10Base-T 和 100Base-TX 规定以太网上的各站点分别将 1、2 线作为自己的发送线，3、6 线作为自己的接收线，如图 6-12 所示。

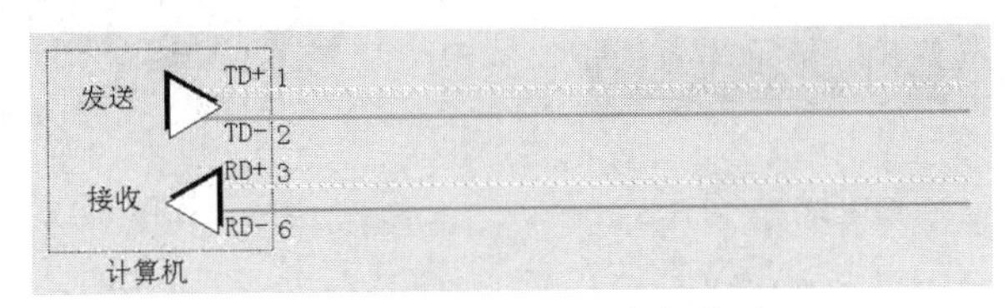

图 6-12　以太网中的收发线对

为了将 UTP 与计算机、集线器（HUB）等其他设备相连接，每条 UTP 的两侧需要安装 RJ-45 水晶头。如图 6-13 所示，显示了 RJ-45 接口和一条带有 RJ-45 水晶头的 UTP。

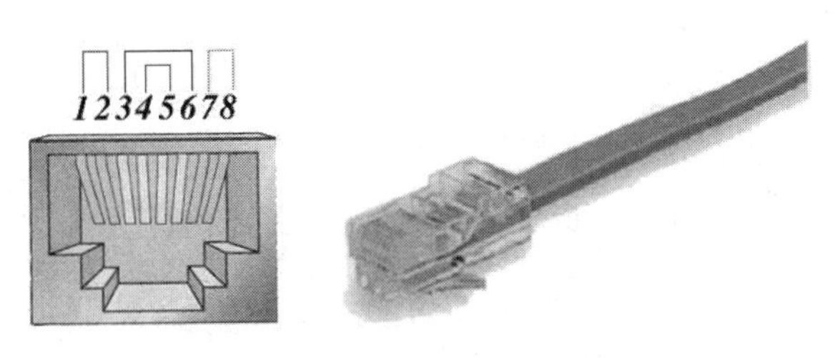

图 6-13　RJ-45 接口和水晶头

2）同轴电缆。同轴电缆由一根粗铜导线或多股细线组成的内导体裹一层绝缘保护材料，加上外面的用圆形铜箔或细钢丝网构成的外导体组成。外导体起屏蔽作用，屏蔽层与内导线之间有一层厚实绝缘材料用作隔离，整个电缆外面覆一层绝缘防护皮，外径为 10～25mm，如图 6-14 所示。具有抗干扰能力强，连接简单等特点，信息传输速度可达每秒几百兆位，是中、高档局域网的首选传输介质。同轴电缆可分为 75Ω（粗缆）和 50Ω（细缆）两种，粗缆传输距离长，性能好；但成本高，网络安装、维护困难，一般用于大型局域网的干线，连接时两端需终接器。细缆通过 T 型连接器（T 型头）与 BNC 网卡相连，细缆网络每段干线长度最大为 185 米，每段干线最多接入 30 个用户。如采用 4 个中继器连接 5 个网段，网络最大距离可达 925 米。细缆安装较容易，造价较低，但日常维护不方便，一旦一个用户出故障，便会影响其他用户的正常工作。根据传输频带的不同，可分为基带同轴电缆和宽带同轴电缆两种类型：基带用于传送数字信号，信号占整个信道，同一时间内能传送一种信号。宽带可传送不同频率的信号。同轴电缆需用带 BNC 头的 T 型连接器连接。

3）光纤。又称为光缆或光导纤维，由光导纤维纤芯、玻璃网层和能吸收光线的外壳组成。是一种用来传播光束的、细小而柔韧的传输介质。应用光学原理，由光发送机产生光束，将电信号变为光信号，再把光信号导入光纤，在另一端由光接收机接收光纤上传来的光信号，并把它变为电信号，经解码后再处理。与其他传输介质比较，光纤的电磁绝缘性能好、信号衰小、频带宽、传输速度快、传输距离大。主要用于传输距离较长、布线条件特殊的主干网连接。具有不受电磁干扰、噪声影响，传输信息量大，数据传送速率高，损耗低，保密性好等特点，可以实现每秒几十兆位的数据传送，尺寸小、重量轻，数据可传送几百千米，但价格昂贵。如图 6-15 所示。

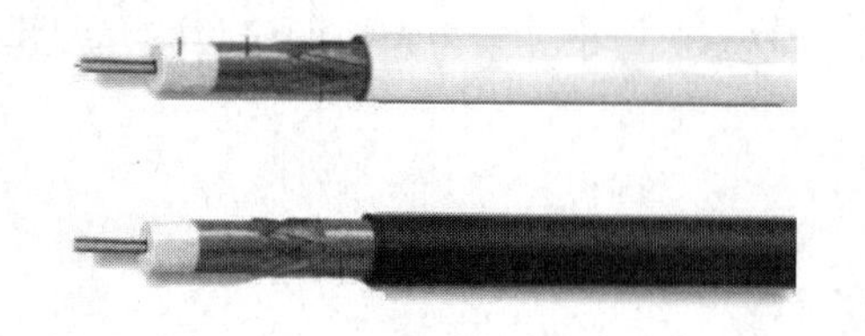

图 6-14　同轴电缆

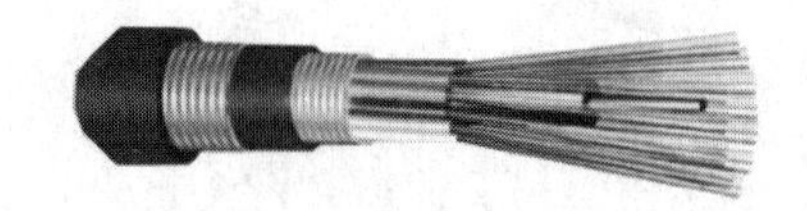

图 6-15　光纤

4）无线电波。无线电波是指在自由空间（包括空气和真空）传播的电磁波。无线电技术是通过无线电波传播声音或其他信号的技术。无线电技术利用变化的电场产生磁场，变化的磁场产生电场的原理，变化的磁场与变化的电场就是电磁波。利用这一原理，我们可通过调制将信息加载于无线电波之上。当电磁波通过空间传播到达收信端，电磁波引起的电磁场变化又会在导体中产生电流，通过解调将信息从电流变化中提取出来，就达到了信息传递的目的。无线电频率的划分与主要通信应用如表 6-2 所示。目前，卫星通信就是一种利用人造地球卫星作为中继站来转发微波信号而进行的两个或多个地球站之间的通信。

表 6-2　无线电频率的划分与主要通信应用

波段名称	波长	频率	主要用途	频段名称
长波（LW）	10000 -1000m	30-300KHz	电报通信	低频（LF）
中波（MW）	1000-100m	300-3000KHz	广播	中频（MF）
短波（SW）	100-10m	3-30MHz	电报通信、广播	高频（HF）
超短波	10-1m	30-300MHz	雷达、电视、无线电导航	甚高频（VHF）
微波	1m 以下	300MHz-3GHz	电视、雷达导航、卫星通信	超高频（UHF）

5）红外线。红外线是太阳光线中众多不可见光线中的一种，由德国科学家霍胥尔于 1800 年发现。红外线通信有两个最突出的优点：一是不易被人发现和截获，保密性强；二是几乎不会受到电气、天气、人为干扰，抗干扰性强。但是它必须在直视距离内通信，且传播一定程度上受天气的影响。

6）激光通信。利用激光作为传输信息的载体进行的通信称为激光通信。激光和无线电波一样同属于电磁波。激光的频率成分比较单纯，容易进行调制，而且方向性极好，光束散开角很小，是一种很理想的光载波。激光通信中各个信道之间不会互相干扰，能避免中短波、微波通信中经常发生的同频干扰和邻频干扰现象。激光的频率很高，频段极宽，按理论计算，可容纳上百亿个话路，可传上千万套电视节目，潜在的通信容量极大。

激光作为光载波传送信息，可以经过大气传输，也可经光纤维传输。经过大气传输，光信号会受到严重衰减，大气中的任何意外飞行物体的遮挡，都可使通信中断，但是，激光通信像微波通信一样，不需铺设线路，方向性好，对于近距离机动通信，尤其对新闻信息的现场采访传输，有一定的实用价值。在没有大气影响的宇宙空间完成卫星之间的通信，利用激光进行传输是大有前途的。为避免大气传输所带来的欠缺，已使用损耗较小的光导纤维。

（3）其他网络互联设备。由上面所介绍的硬件再加一些附件就可以构成一个基本的网络系统。但如果网上站点数或站点分布超过规定的最大距离，或采用混合型的拓扑结构，就要增加中继器、网桥、路由器、网关等设备。

1）中继器：是局域网互连的最简单设备，它工作在 OSI 体系结构的物理层，用于接收并识别网络信号，并将信号放大后再传送给其他设备。中继器可以用来连接不同的物理介质，并在各种物理介质中传输数据包，从而起到扩展网络的作用。

2）网桥：工作在数据链路层，它根据物理地址（MAC 地址）来转发帧，可实现 LAN 与 LAN 之间的连接，并且仍然属于一个 LAN。而交换机则是一种多端口的网桥，是局域网的核心连接设备，它支持端口连接的节点之间的多个并发连接，从而增大网络带宽，改善局域网的性能和服务质量，实现同类型的局域网的互联。

3）集线器（Hub）：用于将单一的传送通道变为多口的传送通道，以便于多台计算机能通过一条网线上网，可视为多端口的中继器，也是常见的网络连接设备。集线器多用于共享式局域网中，现已逐渐被交换机替代。

4）路由器：也是一个多端口的网络设备，它能够连接多个不同网络或网段，主要实现 LAN 与 LAN 之间的联接或者实现 LAN 与 WAN 之间的连接。其功能比网桥强，除了具有网桥的全部功能，它还有选择路径的功能，是工作在网络层实现网络连接的设备。

5）网关：是工作在传输层及其以上高层实现异构网络连接的设备。异构网络中，各网络的操作系统不同，从而引发了不同协议之间的转换问题。网关除了具有路由器的全部功能外，还要承担异种网之间不同协议的转换。网关可以是能够起到将数据从一种格式转化成另一种格式的功能的任何设备、系统或软件应用程序，但网关本身并不改变数据本身。

6）无线 AP：也称为无线访问点或无线桥接器，通过无线 AP，任何一台装有无线网卡的主机都可以连接有线局域网络。无线 AP 的型号不同则具有不同的功率，非常适用于在建筑物之间、楼层之间等不便于架设有线局域网的地方构建无线局域网。

实现网间连接，不仅需要相应的硬件，而且还有相应的软件。计算机网络操作系统是网络用户和计算机网络的接口。网络用户通过网络操作系统请求网络服务。网络操作系统的任务就是支持局域网络的通信及资源共享。网络操作系统承担着整个网络范围内的资源管理，支持各用户间的通信。常用的网络操作系统有 Windows 2000/2003、Linux、UNIX 等。网络协议是计算机之间信息交换所遵守的统一的规则或约定。目前，典型的网络协议软件有 TCP/IP 协议、IPX/SPX 协议、IEEE802 标准协议系列等。其中，TCP/IP 是当前网络互连应用最为广泛的网络协议软件。

3. 局域网拓扑结构

局域网拓扑结构主要有总线型、环型、星型等，还有专门用于无线网络的蜂窝状物理拓扑。各拓扑结构的构成及其优缺点前面已经介绍，这里不再说明。

4. 局域网通信协议

IEEE（国际电子和电气工程师协会）于 1980 年 2 月成立了一个关于局域网方面的标准化小组，简称 IEEE 802 委员会或 IEEE 802 小组，该小组制订了若干协议标准，这些标准主要涉及数据链路层和物理层的协议细节，其差异体现在物理层和数据链路层中的介质访问子层（MAC），而在数据链路层的逻辑链路子层是一致的，具体内容如下。

（1）IEEE 802.1：局域网体系结构、网络互联，以及网络管理、性能测试等。

（2）IEEE 802.2：逻辑链路控制（LLC）子层的功能与服务。

（3）IEEE 802.3：以太网 CSMA/CD 总线介质访问控制方法及物理层规范。

（4）IEEE 802.4：令牌总线（Token Bus）介质访问控制方法及物理层规范。

（5）IEEE 802.5：令牌环（Token Ring）介质访问控制方法及物理层规范。

（6）IEEE 802.6：城域网的介质访问控制方法及物理层规范。

（7）IEEE 802.7：宽带局域网技术。

（8）IEEE 802.8：光纤局域网（FDDI）技术。

（9）IEEE 802.9：综合语音/数据服务（ISDN）局域网技术。

（10）IEEE 802.10：安全与加密访问方法。

（11）IEEE 802.11：无线局域网技术。

在 IEEE 802 系列标准中，目前应用最广泛的是 802.3 以太网标准和 802.5 令牌环标准。

5. 无线局域网

无线局域网（Wireless Local-Area Network，WLAN，简写翻译为微览）是计算机网络与无线通信技术相结合的产物，它提供了使用无线多址通道的一种有效方法，用来支持计算机之间的通信，并为通信的移动化、个性化多媒体应用提供了潜在的手段。它是相当便利的数据传输系统，利用射频（Radio Frequency，RF）技术，取代旧式碍手碍脚的双绞铜线（Coaxial）所构成的局域网络，使得无线局域网络能利用简单的存取架构让用户透过它达到“信息随身化、便利走天下”的理想境界。

无线局域网不使用任何导线或传输电缆连接的局域网，而使用无线电波作为数据传送的媒介，传送距离一般只有几十米。无线局域网的主干网络通常使用有线电缆，无线局域网用户通过一个或多个无线访问点（AP）接入无线局域网。无线局域网现在已经广泛的应用在商务区、大学、机场及其他公共区域。无线局域网最通用的标准是 IEEE 定义的 802.11 系列标准。

无线局域网第一个版本发表于 1997 年，其中定义了介质访问接入控制层和物理层。物理层定义了工作在 2.4GHz 的 ISM 频段上的两种无线调频方式和一种红外传输的方式，总数据传输速率设计为 2Mbit/s。两个设备之间的通信可以自由直接（Ad hoc）的方式进行，也可以在基站（Base Station）或者访问点（Access Point）的协调下进行。

1999 年，加上了两个补充版本： 802.11a 定义了一个在 5GHz ISM 频段上的数据传输速率可达 54Mbit/s 的物理层，802.11b 定义了一个在 2.4GHz 的 ISM 频段上但数据传输速率高达 11Mbit/s 的物理层。2.4GHz 的 ISM 频段为世界上绝大多数国家通用，因此 802.11b 得到了最为广泛的应用。1999 年工业界成立了 Wi-Fi 联盟，致力于解决符合 802.11 标准的产品的生产和设备兼容性问题。

无线局域网与有线网络的最大区别是 WLAN 不是使用双绞线或光纤，而是红外线和无线电等。因此，这种方式不仅可以节省铺设线缆的投资，而且建网灵活、快捷、节省空间。

6.3.2 局域网体系结构

局域网体系结构中共分为 3 层：物理层、媒体访问控制（MAC）子层和逻辑链路控制（LLC）子层（实际上仍是两层，即物理层和数据链路层）。下面分别介绍它们各自的主要作用。

1. 物理层

局域网体系结构中的物理层和计算机网络 OSI 参考模型中物理层的功能一样，主要处理物理链路上传输的比特流，实现比特流的传输与接收、同步前序的产生和删除；建立、维护、撤消物理连接，处理机械、电气和过程的特性。

2. 媒体访问控制（MAC）子层

MAC 子层负责介质访问控制机制的实现，即处理局域网中各站点对共享通信介质的争用问题，不同类型的局域网通常使用不同的介质访问控制协议，另外 MAC 子层还涉及局域网中的物理寻址。局域网体系结构中的 LLC 子层和 MAC 子层共同完成类似于 OSI 参考模型中数据链路层的功能，将数据组成帧进行传输，并对数据帧进行顺序控制、差错控制和流量控制，使不可靠的链路变为可靠的链路。

3. 逻辑链路控制（LLC）子层

LLC 子层负责屏蔽掉 MAC 子层的不同实现，将其变成统一的 LLC 界面，从而向网络层提供一致的服务。

6.3.3 介质访问控制

传输访问控制方式与局域网的拓扑结构/工作过程有密切关系。目前，计算机局域网常用的访问控制方式有三种，分别用于不同的拓扑结构：带有冲突检测的载波侦听多路访问法（CSMA/CD），令牌环访问控制法（Token Ring），令牌总线访问控制法（Token Bus）。

1. CSMA/CD

最早的 CSMA 方法起源于美国夏威夷大学的 ALOHA 广播分组网络，1980 年美国 DEC、Intel 和 Xerox 公司联合宣布 Ethernet 网采用 CSMA 技术，并增加了检测碰撞功能，称之为 CSMA/CD。这种方式适用于总线型和树形拓扑结构，主要解决如何共享一条公用广播传输介质。其简单原理是：在网络中，任何一个工作站在发送信息前，要侦听一下网络中有无其他工作站在发送信号，如无则立即发送，如有，即信道被占用，此工作站要等一段时间再争取发送权。等待时间可由两种方法确定，一种是某工作站检测到信道被占用后，继续检测，直到信道出现空闲。另一种是检测到信道被占用后，等待一个随机时间进行检测，直到信道出现空闲后再发送。

CSMA/CD 要解决的另一主要问题是如何检测冲突。当网络处于空闲的某一瞬间，有两个或两个以上工作站要同时发送信息，这时，同步发送的信号就会引起冲突，现由 IEEE802.3 标准确定的 CSMA/CD 检测冲突的方法是：当一个工作站开始占用信道进行发送信息时，再用碰撞检测器继续对网络检测一段时间，即一边发送，一边监听，把发送的信息与监听的信息进行比较，如结果一致，则说明发送正常，抢占总线成功，可继续发送。如结果不一致，则说明有冲突，应立即停止发送。等待一随机时间后，再重复上述过程进行发送。

CSMA/CD 控制方式的优点是：原理比较简单，技术上易实现，网络中各工作站处于平等地位，不需集中控制，不提供优先级控制。但在网络负载增大时，发送时间增长，发送效率急剧下降。

CSMA/CD 载波监听/冲突检测，属于计算机网络以太网的工作类型，即在总线上不断地发出信号去探测线路是否空闲，如果不空闲则随机等待一定时间，再继续探测。直到发出信号为止。CSMA/CD 工作原理：在 Ethernet 中，传送信息是以“包”为单位的，简称信包。在总线上如果某个工作站有信包要发送，它在向总线上发送信包之前，先检测一下总线是“忙”还是“空闲”，如果检测的结果是“忙”，则发送站会随机延迟一段时间，再次去检测总线，若检测总线是“空闲”，这时就可以发送信包了。而且在信包的发送过程中，发送站还要检测其发到总线上的信包是否与其他站点的信包产生了冲突，当发送站一旦检测到产生冲突，它就立即放弃本次发送，并向总线上发出一串干扰串（发出干扰串的目的是让那些可能参与碰撞但尚未感知到冲突的节点，能够明显地感知，也就相当于增强冲突信号），总线上的各站点收到此干扰串后，则放弃发送，并且所有发生冲突的节点都将按一种退避算法等待一段随机的时间，然后重新竞争发送。从以上叙述可以看出，CSMA/CD 的工作原理可用四个字来表示：“边听边说”，即一边发送数据，一边检测是否产生冲突。

2. 令牌环

令牌环只适用于环形拓扑结构的局域网。其主要原理是：使用一个称之为“令牌”的控制标志（令牌是一个二进制数的字节，它由“空闲”与“忙”两种编码标志来实现，既无目的地址，也无源地址），当无信息在环上传送时，令牌处于“空闲”状态，它沿环从一个工作站到另一个工作站不停地进行传递。当某一工作站准备发送信息时，就必须等待，直到检测并捕获到经过该站的令牌为止，然后，将令牌的控制标志从“空闲”状态改变为“忙”状态，并发送出一帧信息。其他的工作站随时检测经过本站的帧，当发送的帧目的地址与本站地址相符时，就接收该帧，待复制完毕再转发此帧，直到该帧沿环一周返回发送站，并收到接收站指向发送站的肯定应签信息时，才将发送的帧信息进行清除，并使令牌标志又处于“空闲”状态，继续插入环中。当另一个新的工作站需要发送数据时，按前述过程，检测到令牌，修改状态，把信息装配成帧，进行新一轮的发送。

令牌环控制方式的优点是它能提供优先权服务，有很强的实时性，在重负载环路中，“令牌”以循环方式工作，效率较高。其缺点是控制电路较复杂，令牌容易丢失。但 IBM 在 1985 年已解决了实用问题，近年来采用令牌环方式的令牌环网实用性已大大增强。

3. 令牌总线

令牌总线主要用于总线型或树型网络结构中。它的访问控制方式类似于令牌环，但它是把总线型或树型网络中的各个工作站按一定顺序（如按接口地址大小）排列形成一个逻辑环。只有令牌持有者才能控制总线，才有发送信息的权力。信息是双向传送，每个站都可检测到其他站点发出的信息。在令牌传递时，都要加上目的地址，所以只有检测到并得到令牌的工作站，才能发送信息，它不同于 CSMA/CD 方式，可在总线和树形结构中避免冲突。

这种控制方式的优点是各工作站对介质的共享权力是均等的，可以设置优先级，也可以不设；有较好的吞吐能力，吞吐量随数据传输速率增高而加大，连网距离较 CSMA/CD 方式大。缺点是控制电路较复杂、成本高，轻负载时，线路传输效率低。

6.3.4 局域网组网基础

1. RJ-45 接口网络连线的制作

带有 RJ-45 水晶头的 UTP 可以使用专用的剥线/压线钳制作。根据制作过程中线对的排列不同，以太网使用的 UTP 分为直通 UTP 线和交叉 UTP 线。

（1）直通 UTP 线。在通信过程中，计算机的发线要与集线器的接收线相接，计算机的收线要与集线器的发线相连。但由于集线器内部发线和收线进行了交叉，如图 6-16 所示，因此，在将计算机连入集线器时需要使用直通 UTP 线。

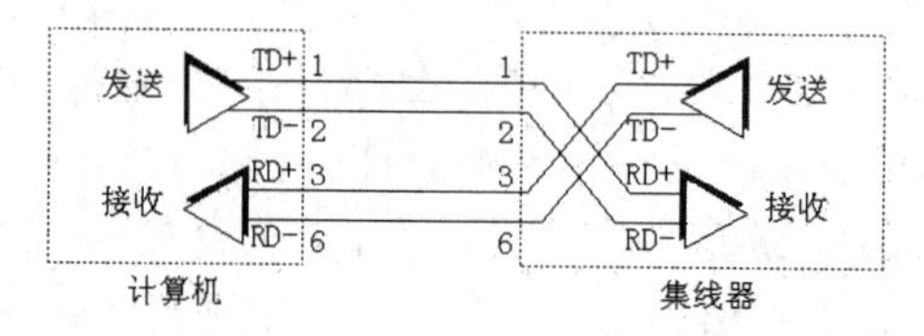

图 6-16 直通 UTP 电缆的使用

直通 UTP 线中水晶头触点与 UTP 线对的对应关系如图 6-17 所示。

图 6-17 直通 UTP 线的线对排列

（2）交叉UTP线。计算机与集线器的连接可以使用直通UTP线，那么集线器与集线器之间的级联使用什么样的线缆呢？集线器之间的级联可以采取两种不同的方法。如果利用集线器的级联端口（直通端口）与另一集线器的普通端口（交叉端口）相连接，如图6-18所示，那么普通的直通UTP线就可以完成级联任务。如果利用集线器的普通端口（交叉端口）与另一集线器的普通端口（交叉端口）相连，如图6-19所示，则必须使用交叉UTP线。

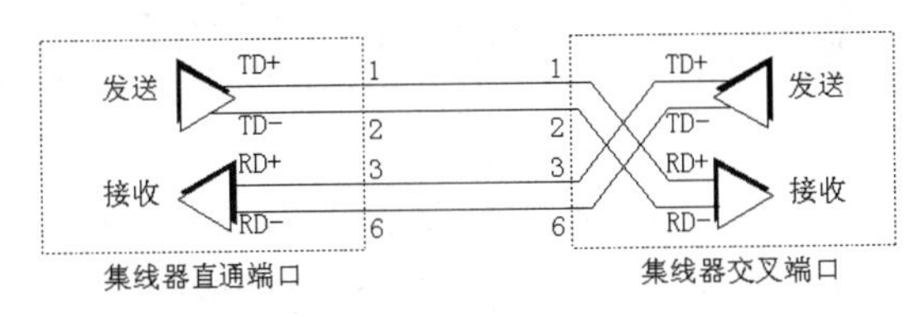

图 6-18 利用级联端口（直通端口）与另一集线器的普通端口（交叉端口）级联

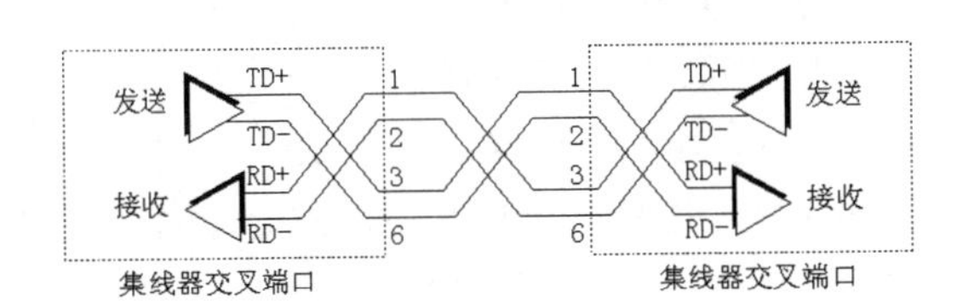

图 6-19 利用两个集线器的普通端口（交叉端口）级联

交叉 UTP 线中水晶触点与 UTP 线的对应关系如图 6-20 所示。

图 6-20 交叉 UTP 线的线对排序

说明：

（1）双绞线一般分为三类、五类线，我们使用的是五类线。由八根铜线分成四对互绞在一起，分别为：白橙、橙、白蓝、蓝、白绿、绿、白棕、棕。

（2）直通线两端的排线线序相同，次序为：白橙、橙、白绿、蓝、白蓝、绿、白棕、棕。（注：一定要记清线序）依次平行紧密排列。用于不同设备的连接，如：计算机与交换机、交换机与路由器之间。

（3）交叉线一端线序为：白橙、橙、白绿、蓝、白蓝、绿、白棕、棕。另一端线序为：白绿、绿、白橙、蓝、白蓝、橙、白棕、棕（注：可记为橙与绿的颠倒）。用于相同设备的连接，如计算机与计算机之间、交换机与交换机的级联。

（3）制作步骤。

1）确定所需线缆的长度，确定后加上 30cm 的冗余。根据 TIA/EIA 线缆的标准，长度为 3m，不过在实际应用中往往变化很大。线缆的一般长度为 1.8m、3.05m。

2）剥线：取双绞线一头，用压线钳的剪线刀口将双绞线端头剪齐，再利用剪线刀口将双绞线端头卡住，适度握紧压线钳同时慢慢旋转双绞线，让刀口划开双绞线的保护胶皮，取出端头，剥下保护胶皮，如图 6-21 所示。

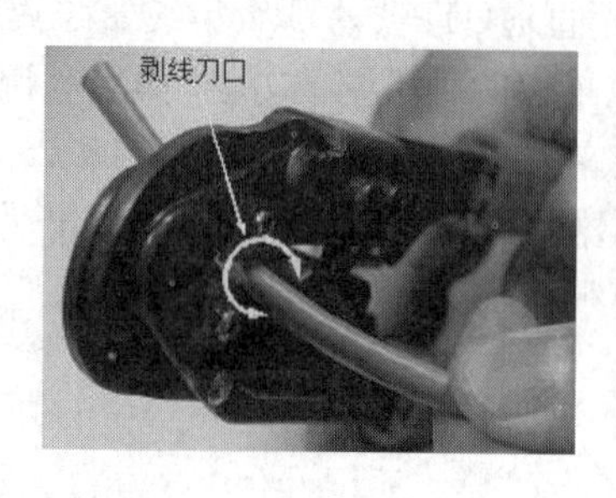

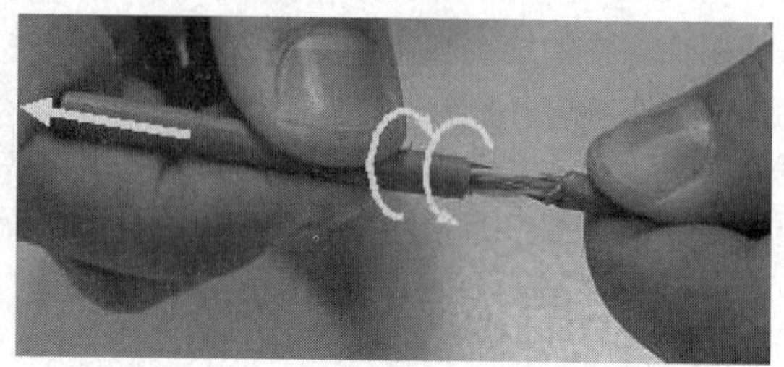

图 6-21　剥线

注意：握压线钳力度不能过大，否则会剪断芯线；剥线的长度为 2～3cm，不宜太长或太短。

3）排线：紧紧地拿好 4 对绞好而且护皮已经被剥去的网线，将各对线缆拆开一小段，以白橙、橙、白绿、蓝、白蓝、绿、白棕、棕的线序将网线编组并且小心保持绞好的状态，因为这样可以减轻噪声。拆开的部分尽量短，因为过长的接口部分是产生电噪声的主要原因。

4）理线：将线平直排好，保留已剥去护皮网线 1.2cm 左右，将线缆剪平整如图 6-22 所示。

5）插线：将一个 RJ-45 接口安在线的一端，尖头放在下面，轻轻将网线放在接头里，使其滑进接头，最后用力推线缆，使线缆抵入 RJ-45 中，在接头的另一端可以看见网线的铜质线芯，如图 6-23 所示。

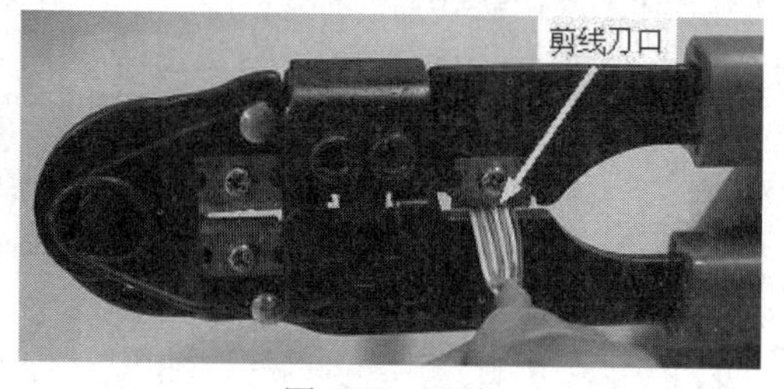

图 6-22　理线

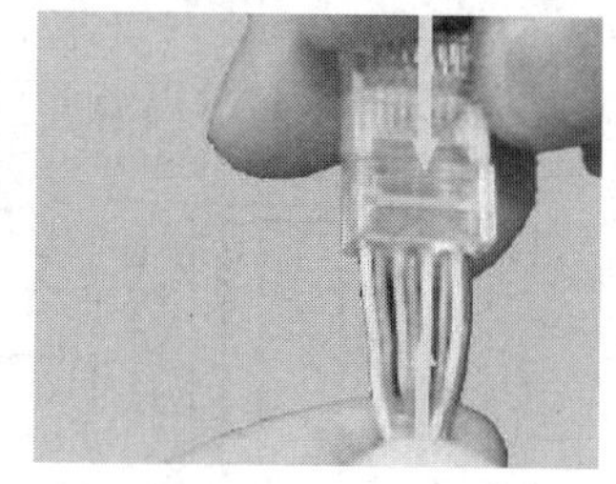

图 6-23　插线

6）压线：使用压线钳压紧 RJ-45 接口，使 RJ-45 的铜片穿透线芯的护皮并与线芯接触，如图 6-24 所示。

7）根据不同的双绞线类型制作另外一端。

（4）连通性测试。双绞线制作完成后，需要借助测线工具来测试双绞线的连通性。通常采用电缆测试仪。电缆测试仪可以说是比较便宜的专用网络测试器，通常测试仪一组有两个：其中一个为信号发射器，另一个为信号接收器，双方各有 8 个 LED 灯以及至少一个 RJ-45 插槽（有些同时具有 BNC、AUI、RJ-45 等测试功能），使用非常方便（如图 6-25 所示）。

1）直通连线的测试：测试直通连线时，主测试仪的指示灯应该从 1 到 8 逐个顺序闪亮，而远程测试端的指示灯也应该从 1 到 8 逐个顺序闪亮。如果是这种现象，说明直通线的连通性没问题，否则就得重做。

图 6-24　压线

图 6-25　电缆测试仪

2）交错线连线的测试：测试交错连线时，主测试仪的指示灯也应该从 1 到 8 逐个顺序闪亮，而远程测试端的指示灯应该是按着 3、6、1、4、5、2、7、8 的顺序逐个闪亮。如果是这样，说明交错连线连通性没问题，否则就得重做。

3）若网线两端的线序不正确时，主测试仪的指示灯仍然从 1 到 8 逐个闪亮，只是远程测试端的指示灯将按着与主测试端连通的线号的顺序逐个闪亮。也就是说，远程测试端不能按着 1）和 2）的顺序闪亮。

2. *局域网的网络配置*

局域网的特点是网络速度快、误码率低，在进行配置之前，要知道网络服务器的 IP 地址和分配给客户机的 IP 地址，配置方法如下。

（1）安装网卡驱动程序。现在使用的计算机及附属设备一般都支持“即插即用”功能，所以安装了即插即用的网卡后，第一次启动电脑时，系统会出现“发现新硬件并安装驱动程序”的提示信息，用户只需要按提示安装所需的驱动程序即可。

（2）安装通信协议。

1）选择“开始”→“控制面板”命令，双击其中的“网络和 Internet”图标，如图 6-26 所示。

2）选中“网络和共享中心”中的“查看网络状态和任务”图标。

3）选中“更改适配器设置”，在弹出的对话框中选择“本地连接”，单击鼠标右键，选择“属性”，如图 6-27 所示，在该对话框中选中“Internet 协议（TCP/IPv4）”选项，然后单击“属性”按钮，弹出如图 6-28 所示的对话框。在该对话框中设置 TCP/IP 协议的“IP 地址”、“子网掩码”和“网关地址”，如“10.102.1.21”、“255.255.255.0”和“10.102.1.1”。并设置“首选 DNS 服务器”地址，如“202.98.0.68”。

4）单击“确定”按钮，就完成网络参数的配置。

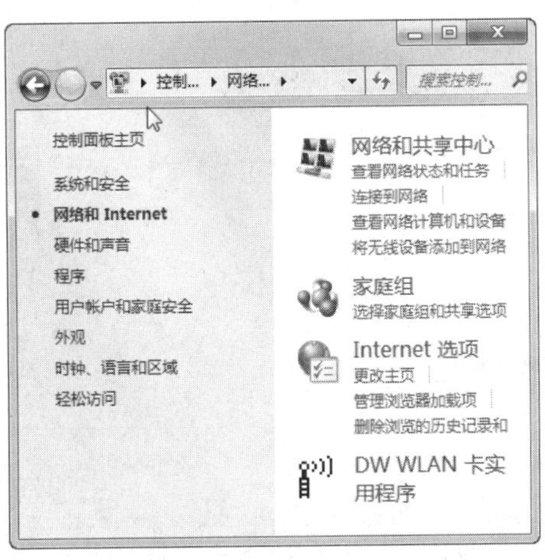

图 6-26　“控制面板”窗口

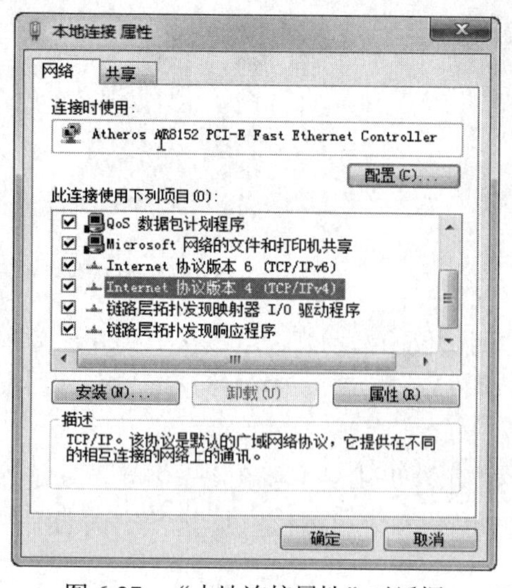

图 6-27 “本地连接属性”对话框

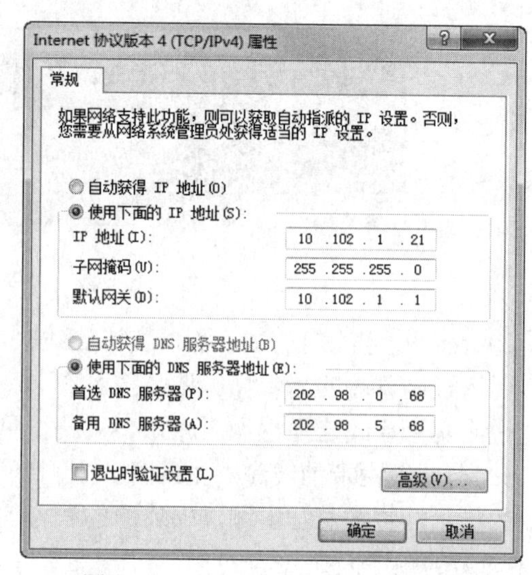

图 6-28 “TCP/IPv4 属性”对话框

3. 宽带拨号网络配置

拨号网络是通过调制解调器和电话网建立一个网络连接，它遵循 TCP/IP 协议。拨号网络允许用户访问远程计算机上的资源，同样，也允许远程用户访问本地用户机器上的资源。在配置拨号网络之前，用户应从 Internet 服务商（ISP）处申请账号、密码和 DNS 服务器地址，以及上网所拨的服务器的电话号码。

（1）安装调制解调器。调制解调器和其他硬件的安装方法类似，但应注意安装的调制解调器是内置的还是外置的。如果是内置的，则将其直接插到主板上即可；如果是外置的，可以使用串口进行连接。

（2）添加拨号网络。

1）选择“开始”→“控制面板”命令，单击其中的“网络和 Internet”图标，如图 6-26 所示，选中“网络和共享中心”中的“设置新的连接或网络”图标，弹出如图 6-29 所示的窗口。

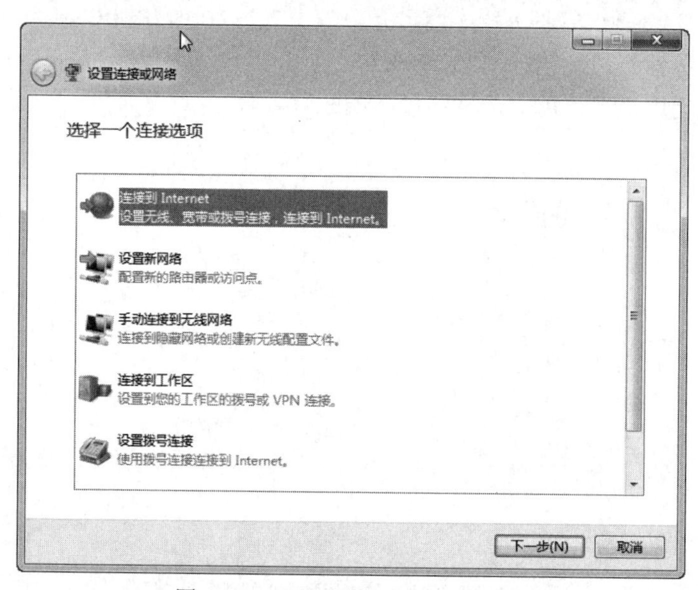

图 6-29 “设置连接或网络”窗口

2）设置网络连接类型。如图 6-30 所示，选择连接到 Internet 上的方式。

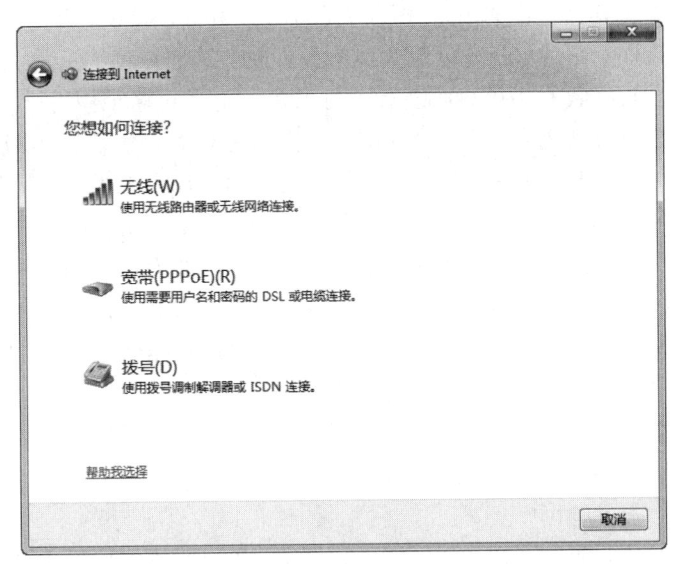

图 6-30　设置连接到 Internet 方式

3）如图 6-31 所示，设置连接名称，进行有效用户的设置，输入 ISP 账号与密码，如果设置正确那么点击“宽带连接”图标并输入 ISP 账号与密码后就能访问 Internet。

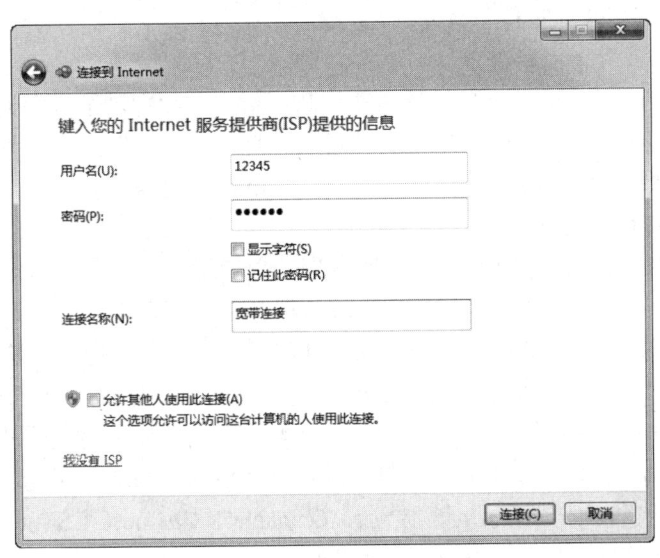

图 6-31　设置 ISP 账号与密码

6.4　Internet 技术与应用

6.4.1　Internet 的发展

1. Internet 的形成与发展

从某种意义上，Internet 可以说是美苏冷战的产物。这样一个庞大的网络，它的由来可以追溯到1962年。当时，美国国防部为了保证美国本土防卫力量和海外防御武装在受到前苏联第一次核打击以后仍然具有一定的生存和反击能力，认为有必要设计出一种分散的指挥系统：它由一个个分散的指挥点组成，当部分指挥点被摧毁后，其他点仍能正常工作，并且这些点之间，能够绕过那些已被摧毁的指挥点而继续保持联系。为了对这一构思进行验证，1969年，美国国防部国防高级研究计划署（DoD/DARPA）资助建立了一个名为ARPANET（即“阿帕网”）的网络，这个网络把位于洛杉矶的加利福尼亚大学、位于圣芭芭拉的加利福尼亚大学、斯坦福大学，以及位于盐湖城的犹它州州立大学的计算机主机联接起来，位于各个节点的大型计算机采用分组交换技术，通过专门的通信交换机（IMP）和专门的通信线路相互连接。这个阿帕网就是Internet最早的雏形。现代计算机网络的许多概念和方法，如分组交换技术都来自ARPANET。ARPANET不仅进行了租用线互联的分组交换技术研究，而且做了无线、卫星网的分组交换技术研究，其结果导致了TCP/IP问世。

1977～1979年，ARPANET推出了如今形式的TCP/IP体系结构和协议。

1980年前后，ARPANET上的所有计算机开始了TCP/IP协议的转换工作，并以ARPANET为主干网建立了初期的Internet。

1983年，ARPANET的全部计算机完成了向TCP/IP的转换，并在UNIX（BSD4.1）上实现了TCP/IP。ARPANET在技术上最大的贡献就是TCP/IP协议的开发和应用。2个著名的科学教育网CSNET和BITNET先后建立。

1984年，美国国家科学基金会NSF规划建立了13个国家超级计算中心及国家教育科技网。随后替代了ARPANET的骨干地位。

1988年，Internet开始对外开放。

1991年6月，在连通Internet的计算机中，商业用户首次超过了学术界用户，商业机构一踏入Internet这一陌生世界，很快发现了它在通信、资料检索、客户服务等方面的巨大潜力。于是世界各地的无数企业纷纷涌入Internet，带来了Internet发展史上的一个新的飞跃。

2. Internet在中国的发展

Internet在中国的发展历程可以大略地划分为三个阶段：

第一阶段为1986～1993年，也是研究试验阶段。在此期间中国一些科研部门和高等院校开始研究Internet联网技术，并开展了科研课题和科技合作工作，但这个阶段的网络应用仅限于小范围内的电子邮件服务，而且仅为少数高等院校、研究机构提供电子邮件服务。

第二阶段为1994～1996年，是起步阶段。1994年4月，中关村地区教育与科研示范网络工程进入Internet，实现和Internet的TCP/IP连接，从而开通了Internet全功能服务。从此中国被国际上正式承认为有Internet的国家。之后，ChinaNet、CERnet、CSTnet、ChinaGBnet等多个Internet项目在全国范围相继启动。Internet开始进入公众生活，并在中国得到了迅速地发展。至1996年底，中国Internet用户数已达20万，利用Internet开展的业务与应用逐步增多。

第三阶段从1997年至今，是Internet在我国发展最为快速的阶段。中国有五家具有独立国际出入口线路的商用性Internet骨干单位，还有面向教育、科技、经贸等领域的非营利性Internet骨干单位。有600多家网络接入服务提供商（ISP），其中跨省经营的有140家。

随着网络基础的改善、用户接入方面新技术的采用、接入方式的多样化和运营商服务能力的提高，接入网速率慢形成的瓶颈问题将会得到进一步改善，上网速度将会更快，从而促进更多的应用在网上实现。

6.4.2　Internet 的特点

1. 全球信息传播

环球通信是互联网的一个最基本的特点，互联网是全球信息传播覆盖范围最大的传播方式。

2. 检索方便快捷

与一般媒体相比，互联网上的信息检索更为方便快捷，信息更新更快，传播也更为迅速。通过一般门户网站的搜索引擎，可以很快地查询到与某个关键字或几个关键字相关的所有关系。

3. 多媒体信息通信

互联网已经把网络通信和多媒体技术融为一体，实现了文本、声音、图像、动画、电影等信息的传输和应用。这些技术的应用为互联网的发展提供了强大动力。

4. 使用费用低廉

随着人们生活水平的不断提高，互联网的使用费用已经使得众多普通人能够承担。而且在某些方面，互联网的费用比其他方式更为低廉。例如电子邮件比普通邮件便宜的多。

5. 丰富的信息资源

互联网中有极为丰富的信息资源，且多数信息是可以免费查询的，如许多国内外的图书资料、电子公告板信息、商业信息等。正是这种丰富的资源，方便了人们的生活、学习和工作。

6. 超越时空

人们在网上聊天，看电影，在网上看新闻等是不受时间和空间限制的。

7. 实时交互性

人们可以随时通过网络和网友、朋友、家人进行及时的互动。

6.4.3　Internet 的接入

从信息资源的角度，互联网是一个集各部门、各领域的信息资源为一体的，供网络用户共享的信息资源网。家庭用户或单位用户要接入互联网，可通过某种通信线路连接到 ISP，由 ISP 提供互联网的入网连接和信息服务。互联网接入是通过特定的信息采集与共享的传输通道，利用以下传输技术完成用户与 IP 广域网高带宽、高速度的物理连接。

1. 电话线拨号接入（PSTN）

家庭用户接入互联网的普遍的窄带接入方式。即通过电话线，利用当地运营商提供的接入号码，拨号接入互联网，速率不超过 56Kbps。特点是使用方便，只需有效的电话线及自带调制解调器（Modem）的 PC 就可完成接入。

运用在一些低速率的网络应用（如网页浏览查询，聊天，Email 等），主要适合于临时性接入或无其他宽带接入场所的使用。缺点是速率低，无法实现一些高速率要求的网络服务，其次是费用较高（接入费用由电话通信费和网络使用费组成）。

2. ISDN

俗称“一线通”。它采用数字传输和数字交换技术，将电话、传真、数据、图像等多种业务综合在一个统一的数字网络中进行传输和处理。用户利用一条 ISDN 用户线路，可以在上网的同时拨打电话、收发传真，就像两条电话线一样。ISDN 基本速率接口有两条 64kbps 的信息通路和一条 16kbps 的信令通路，简称 2B+D，当有电话拨入时，它会自动释放一个 B 信道来进行电话接听。主要适合于普通家庭用户使用。缺点是速率仍然较低，无法实现一些高速率要求的网络服务；其次是费用同样较高（接入费用由电话通信费和网络使用费组成）。

3. ADSL 接入

ADSL 技术具有以下特点：可以充分利用现有的电话线网络，通过在线路两端加装 ADSL 设备便可为用户提供宽带服务；它可以与普通电话线共存于一条电话线上，接听、拨打电话的同时能进行 ADSL 传输，而又互不影响；进行数据传输时不通过电话交换机，这样上网时就不需要缴付额外的电话费，可节省费用；ADSL 的数据传输速率可根据线路的情况进行自动调整，它以“尽力而为”的方式进行数据传输。

4. HFC（Cable Modem）

是一种基于有线电视网络铜线资源的接入方式。具有专线上网的连接特点，允许用户通过有线电视网实现高速接入互联网。适用于拥有有线电视网的家庭、个人或中小团体。特点是速率较高，接入方式方便（通过有线电缆传输数据，不需要布线），可实现各类视频服务、高速下载等。缺点在于基于有线电视网络的架构是属于网络资源分享型的，当用户激增时，速率就会下降且不稳定，扩展性不够。

5. 光纤宽带接入

通过光纤接入到小区节点或楼道，再由网线连接到各个共享点上（一般不超过 100 米），提供一定区域的高速互联接入。特点是速率高，抗干扰能力强，适用于家庭，个人或各类企事业团体，可以实现各类高速率的互联网应用（视频服务、高速数据传输、远程交互等），缺点是一次性布线成本较高。

6. 无源光网络（PON）

PON（无源光网络）技术是一种点对多点的光纤传输和接入技术，局端到用户端最大距离为 20 公里，接入系统总的传输容量为上行和下行各 155Mbps/622M/1Gbps，由各用户共享，每个用户使用的带宽可以以 64kbps 步进划分。特点是接入速率高，可以实现各类高速率的互联网应用（视频服务、高速数据传输、远程交互等），缺点是一次性投入较大。

7. 无线网络

是一种有线接入的延伸技术，使用无线射频（RF）技术越空收发数据，减少使用电线连接，因此无线网络系统既可达到建设计算机网络系统的目的，又可让设备自由安排和搬动。在公共开放的场所或者企业内部，无线网络一般会作为已存在有线网络的一个补充方式，装有无线网卡的计算机通过无线手段方便接入互联网。

目前，我国 3G 移动通信有三种技术标准，中国移动、中国电信和中国联通各使用自己的标准及专门的上网卡，网卡之间互不兼容。

8. 电力网接入（PLC）

电力线通信 (Power Line Communication) 技术，是指利用电力线传输数据和媒体信号的一种通信方式，也称电力线载波（Power Line Carrier）。把载有信息的高频加载于电流，然后用电线传输到接受信息的适配器，再把高频从电流中分离出来并传送到计算机或电话。PLC 属于电力通信网，包括 PLC 和利用电缆管道和电杆铺设的光纤通讯网等。电力通信网的内部应用，包括电网监控与调度、远程抄表等。面向家庭上网的 PLC，俗称电力宽带，属于低压配电网通信。

6.4.4 IP 地址与域名

Internet 依靠 TCP/IP 协议，在全球范围内实现不同硬件结构、不同操作系统、不同网络系统的互联。在 Internet 上，每一个节点都依靠唯一的 IP 地址互相区分和相互联系。为了保证网络上每台计算机的 IP 地址的唯一性，用户必须向特定机构申请注册，分配 IP 地址。网络中的地址方案分为两套：IP 地址系统和域名地址系统。这两套地址系统其实是一一对应的关系。IP 地址用二进制数来表示，每个 IP 地址长 32 比特，由 4 个小于 256 的数字组成，数字之间用点间隔，例如 100.10.0.1 表示一个 IP 地址。由于 IP 地址是数字标识，使用时难以记忆和书写，因此在 IP 地址的基础上又发展出一种符号化的地址方案，来代替数字型的 IP 地址。每一个符号化的地址都与特定的 IP 地址对应，这样网络上的资源访问起来就容易得多了。这个与网络上的数字型 IP 地址相对应的字符型地址，就被称为域名。数字 IP 不便记忆和识别，人们更习惯于通过域名来访问主机，而域名实际上仍然需要被域名服务器（DNS）翻译为 IP 地址。

1. IP 地址

目前的全球因特网所采用的协议族是 TCP/IP 协议族。IP 是 TCP/IP 协议族中网络层的协议，是 TCP/IP 协议族的核心协议。目前 IP 协议的版本号是 4（简称为 IPv4）。

（1）IPv4 地址的组成。每个 IP 地址都包含两部分：网络地址和主机地址。其中网络地址具有唯一性，用来标识不同的网络；而主机地址用来区分同一网络上的不同主机，如工作站、服务器和路由器等。相同网络地址中的每个主机地址必须是唯一的。

（2）IPv4 地址的类型。如表 6-3 所示，IPv4 地址可分为 A、B、C、D、E 五类，以适应大型、中型、小型的网络。这些类的不同之处在于用于表示网络的位数与用于表示主机的位数之间的差别。值得注意的是，主机位全为 1 的地址表示该网络中的所有主机，即广播地址；主机位全为 0 的地址表示该网络本身，即网络地址。网络中分配给主机的地址不包括广播地址和网络地址，因此，网络中可用的 IP 地址数=2^n-2（n 为 IP 地址中主机部分的位数）。

表 6-3　IP 地址的分类

地址类型	地址范围	保留 IP	私用 IP
A 类	1.0.0.1～126.255.255.254	127.X.X.X	10.0.0.0～10.255.255.255
B 类	128.0.0.1～191.255.255.254	169.254.X.X	172.16.0.0～172.31.255.255
C 类	192.0.0.1～223.255.255.254		192.168.0.0～192.168.255.255
D 类	224.0.0.1～239.255.255.254		
E 类	240.0.0.1～255.255.255.254		

1）A 类地址。A 类 IP 地址第 1 个字节为网络地址，其他 3 个字节为主机地址，IP 地址范围是 1.0.0.1～126.255.255.254，其中 10.X.X.X 是私有地址（所谓的私有地址就是在互联网上不使用，而被用在局域网络中的地址），具体范围为 10.0.0.0～10.255.255.255；127.X.X.X 是保留地址，用做循环测试使用，如用 ping 127.0.0.1 可以判断网卡工作是否正常。A 类地址适用于主机数达 1600 多万台的大型网络。

2）B 类地址。B 类地址第 1 字节和第 2 个字节为网络地址，其他 2 个字节为主机地址。IP 地址范围是 128.0.0.1～191.255.255.254，其中 172.16.0.0～172.31.255.255 是私有地址；169.254.X.X 是保留地址，如果某用户使用的 IP 地址是自动获取的，而该用户在网络上又没有找到可用的 DHCP 服务器，那么该 IP 地址就应是保留地址中的一个 IP，换句话说，如果发现主机 IP 地址是保留地址，则网络不能正常运行。B 类地址适用于中等大小的网络，每个网络所能容纳的计算机数为 6 万多台。

3）C 类地址。C 类地址第 1 字节、第 2 字节和第 3 个字节为网络地址，第 4 个字节为主机地址。另外第 1 个字节的前三位固定为 110。IP 地址范围是 192.0.0.1～223.255.255.254，其中私有地址是 192.168.X.X，具体范围为 192.168.0.0—192.168.255.255，一些宽带路由器，往往使用 192.168.1.1 作为缺省地址。C 类地址通常用于校园网或企业局域网等小型网络，每个网络最多只能包含 254 台计算机。

4）D 类地址。D 类地址不分网络地址和主机地址，它的第 1 个字节的前四位固定为 1110。IP 地址范围是 224.0.0.1～239.255.255.254 。D 类地址也称为多播地址，用于多重广播。

5）E 类地址。E 类地址不分网络地址和主机地址，它的第 1 个字节的前五位固定为 11110。IP 地址范围是 240.0.0.1～255.255.255.254。E 类地址是一个通常不用的实验性地址，保留作为以后使用。

（3）IPv6 简介。IPv6 是下一版本的互联网协议，也可以说是下一代互联网的协议，它的提出最初是因为随着互联网的迅速发展，IPv4 定义的有限地址空间将被耗尽，地址空间的不足必将妨碍互联网的进一步发展。为了扩大地址空间，拟通过 IPv6 重新定义地址空间。IPv6 采用 128 位地址长度，几乎可以不受限制地提供地址。按保守方法估算 IPv6 实际可分配的地址，整个地球的每平方米面积上仍可分配 1000 多个地址。

如果说 IPv4 实现的只是人机对话，而 IPv6 则扩展到任意事物之间的对话，它不仅可以为人类服务，还将服务于众多硬件设备，如家用电器、传感器、远程照相机、汽车等，它将是无时不在、无处不在的深入社会每个角落的真正的宽带网。而且它所带来的经济效益将非常巨大。

当然，IPv6 并非十全十美、一劳永逸，不可能解决所有问题。IPv6 只能在发展中不断完善，也不可能在一夜之间发生，过渡需要时间和成本，但从长远看，IPv6 有利于互联网的持续和长久发展。 与 IPv4 对比，IPv6 主要有以下几方面优势：

1）更大的地址空间。IPv4 中规定 IP 地址长度为 32，即有 2^{32}-1 个地址；而 IPv6 中 IP 地址的长度为 128，即有 2^{128}-1 个地址。

2）更小的路由表。IPv6 的地址分配一开始就遵循聚类（Aggregation）的原则，这使得路由器能在路由表中用一条记录（Entry）表示一片子网，大大减小了路由器中路由表的长度，提高了路由器转发数据包的速度。

3）增强的组播（Multicast）支持以及对流的支持（Flow-control）。这使得网络上的多媒体应用有了长足发展的机会，为服务质量(QoS)控制提供了良好的网络平台。

4）加入了对自动配置（Auto-configuration）的支持。这是对 DHCP 协议地改进和扩展，使得网络（尤其是局域网）的管理更加方便和快捷。

5）更高的安全性。在使用 IPv6 网络中，用户可以对网络层的数据进行加密并对 IP 报文进行校验，这极大地增强了网络安全。

2. 域名

从技术上看，域名只是 Internet 中用于解决 IP 地址对应问题的一种方法。Internet 域名是 Internet 网络上的一个服务器或一个网络系统的名字，在全世界，域名都是唯一的。从商界看，域名已被誉为“企业的网上商标”。没有一家企业不重视自己产品的标识——商标，而域名的重要性和其价值，也已经被全世界的企业所认识。

域名可分为不同级别，包括顶级域名与中文域名等。

（1）顶级域名。顶级域名可分为组织机构域名和地理模式域名两类。组织机构域名一般代表建立网络的部门、机构类型；地理模式域名一般表示网络所属国家或地区。因为 Internet

诞生于美国，所以美国的国家域名 us 可以省略，它的顶级域名是组织机构域名；其他国家的主机顶级域名是该国家的域名代码，然后是组织机构域名。表 6-4 所示为常用的组织机构域名。

表 6-4　常用组织机构域名

域名代码	机构类型	域名代码	机构类型
com	商业组织	info	信息服务
edu	教育机构	ac	科研机构
gov	政府部门	int	国际组织
mil	军事部门	arts	文化娱乐
net	网络机构	org	非盈利组织

表 6-5 所示为部分国家或地区域名代码。

表 6-5　部分国家或地区域名

域名代码	国家或地区	域名代码	国家或地区	域名代码	国家或地区
au	澳大利亚	de	德国	jp	日本
br	巴西	fr	法国	tw	台湾
ca	加拿大	hk	香港	uk	英国
cn	中国	in	印度	us	美国

（2）中文域名。由于互联网起源于美国，使得英文成为互联网上资源的主要描述性文字。这一方面促使互联网技术和应用的国际化，另一方面又成为一些非英语文化地区人们融入互联网世界的障碍。中文域名系统的推出使用户可以在不改变自己文字习惯的前提下，使用中文来访问互联网上的资源，包括中国互联网络信息中心（CNNIC）在内的一些研究和服务机构都在为此做着不懈的努力。

3. 域名系统

尽管用数字表示的 IP 地址可以唯一确定某个网络中的某台主机，但其不便于记忆。为此，TCP/IP 协议的专家们创建了域名系统（Domain Name System，简称 DNS），用域名表示 IP 地址，为 IP 地址提供了简单的字符表示法，每一个域名也必须是唯一的，并与 IP 地址一一对应。这样，人们就可以使用域名来方便地进行相互访问。在 Internet 上有许多 DNS 服务器，能自动完成 IP 地址与其域名之间的相互翻译工作。

（1）域名系统的结构。域名系统采用分层的命名方法，给网络上的计算机赋予有实际意义的字符型标识名。各层次之间用"."隔开，层次的顺序从右往左依次称为顶级域名、二级域名、三级域名……这种分层结构可以避免主机名重名。

主机域名的一般结构是：主机名.….三级域名.二级域名.顶级域名。如 jlaudev.com.cn 是长春科技学院校园网上的一台主机域名。

（2）域名解析。域名系统是为了方便用户记忆才建立的，要想访问 Internet 上的资源地址，还得通过 IP 地址来实现。域名解析就是将域名重新转换为 IP 地址的过程，需要由专门的域名解析服务器 DNS 来完成。

用户要访问一个域名，计算机将请求信息发送给域名解析服务器 DNS，DNS 将域名转换成对应的 IP 地址，然后在应答信息中将 IP 地址返回给用户；用户计算机再根据返回的 IP 地址在 Internet 上访问所需的信息服务器。转换过程如图 6-32 所示，整个过程是自动进行的。Internet 上有很多的 DNS 服务器。

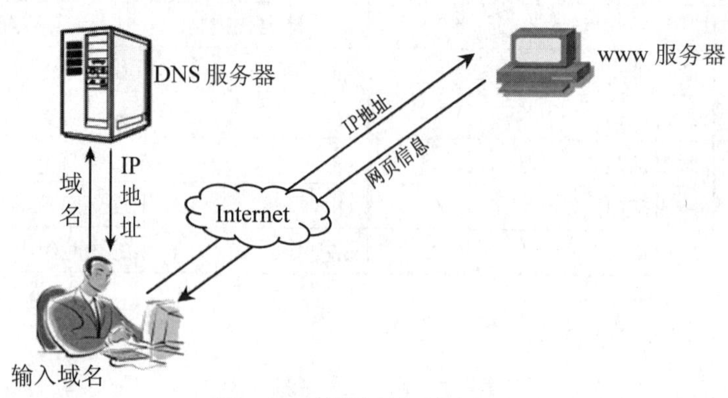

图 6-32　域名解析示例图

6.4.5　Internet 的应用

1. 远程登录服务（Telnet）

远程登录（Remote-login）是 Internet 提供的最基本的信息服务之一，远程登录是在网络通讯协议 Telnet 的支持下使本地计算机暂时成为远程计算机仿真终端的过程。在远程计算机上登录，必须事先成为该计算机系统的合法用户并拥有相应的账号和口令。登录时要给出远程计算机的域名或 IP 地址，并按照系统提示，输入用户名及口令。登录成功后，用户便可以实时使用该系统对外开放的功能和资源，例如：共享它的软硬件资源和数据库，使用其提供的 Internet 信息服务，如： E-mail、FTP、Archie、Gopher、WWW、WAIS 等。

Telnet 是一个强有力的资源共享工具。许多大学图书馆都通过 Telnet 对外提供联机检索服务，一些政府部门、研究机构也将它们的数据库对外开放，使用户通过 Telnet 进行查询。

2. 文件传输服务（FTP）

文件传输是指计算机网络上主机之间传送文件，它是在网络通讯协议 FTP（File Transfer Protocol）的支持下进行的。

用户一般不希望在远程联机情况下浏览存放在计算机上的文件，更乐意先将这些文件取回到自己计算机中，这样不但能节省时间和费用，还可以从容地阅读和处理这些取来的文件。Internet 提供的文件服务 FTP 正好能满足用户的这一需求。Internet 网上的两台计算机无论在地理位置上相距多远，只要两者都支持 FTP 协议，网上的用户就能将一台计算机上的文件传送到另一台。

FTP 与 Telnet 类似，也是一种实时的联机服务。使用 FTP 服务，用户首先要登录到对方的计算机上，与远程登录不同的是，用户只能进行与文件搜索和文件传送等有关的操作。使用 FTP 可以传送任何类型的文件，如正文文件、二进制文件、图像文件、声音文件、数据压缩文件等。

普通的 FTP 服务要求用户在登录到远程计算机时提供相应的用户名和口令。许多信息服务机构为了方便用户通过网络获取其发布的信息，提供了一种称为匿名 FTP 的服务（Anonymous FTP）。用户在登录到这种 FTP 服务器时无需事先注册或建立用户名与口令，而是以 anonymous 作为用户名，一般用自己的电子邮件地址作为口令。

匿名 FTP 是最重要的 Internet 服务之一。许多匿名 FTP 服务器上都有免费的软件、电子杂志、技术文档及科学数据等供人们使用。匿名 FTP 对用户使用权限有一定限制：通常仅允许用户获取文件，而不允许用户修改现有文件或向它传送文件；另外对于用户可以获取的文件范围也有一定限制。为了便于用户获取超长的文件或成组的文件，在匿名 FTP 服务器中，文件预先进行压缩或打包处理。用户在使用这类文件时应具备一定的文件压缩与还原、文件打包与解包等处理能力。

3. 电子邮件服务（E-Mail）

电子邮件（Electronic Mail）亦称 E-mail。它是用户或用户组之间通过计算机网络收发信息的服务。目前电子邮件已成为网络用户之间快速、简便、可靠且费用低廉的现代通信手段，也是 Internet 上使用最广泛、最受欢迎的服务之一。

电子邮件使网络用户能够发送或接收文字、图像和语音等多种形式的信息。目前 Internet 网上 60%以上的活动都与电子邮件有关。使用 Internet 提供的电子邮件服务，实际上并不一定需要直接与 Internet 联网。只要通过已与 Internet 联网并提供 Internet 邮件服务的机构收发电子邮件即可。

使用电子邮件服务的前提：拥有自己的电子信箱，一般又称为电子邮件地址（E-Mail Address）。电子信箱是提供电子邮件服务的机构为用户建立的，实际上是该机构在与 Internet 联网的计算机上为用户分配的一个专门用于存放往来邮件的磁盘存储区域，这个区域是由电子邮件系统管理的。

4. 网络新闻服务（Usenet）

网络新闻（Network News）通常又称作 Usenet。它是具有共同爱好的 Internet 用户相互交换意见的一种无形的用户交流网络，相当于一个全球范围的电子公告牌系统。

网络新闻是按不同的专题组织的。志趣相同的用户借助网络上一些被称为新闻服务器的计算机开展各种类型的专题讨论。只要用户的计算机运行一种称为“新闻阅读器”的软件，就可以通过 Internet 随时阅读新闻服务器提供的分门别类的消息，并可以将用户的见解提供给新闻服务器以便作为一条消息发送出去。

网络新闻是按专题分类的，每一类为一个分组。目前有八个大的专题组：计算机科学、网络新闻、娱乐、科技、社会科学、专题辩论、杂类及候补组。而每一个专题组又分为若干子专题，子专题下还可以有更小的子专题。到目前为止已有 15000 多个新闻组，每天发表的文章已超过几百兆字节。故很多站点由于存储空间和信息流量的限制，对新闻组不得不限制接收。一个用户所能读到的新闻的专题种类取决于用户访问的新闻服务器。每个新闻服务器在收集和发布网络消息时都是“各自为政”的。

5. 名址服务（Finger、Whois、X.500、Netfind）

又称名录服务，是 Internet 网上根据用户的某些信息反查找到另一些信息的一种公共查询服务。

通过 Internet 传递电子邮件的前提是必须知道收信人的邮箱地址。当不知道对方的电子邮箱地址时，可以通过 Internet 网中一些称为名址服务器的计算机进行查询。Internet 电子邮箱的名址服务上也被称为白页（White Pages）服务。

目前还不存在一个统一编写的、包含所有 Internet 用户电子邮箱地址的白页数据库。Internet 网中的名址服务器是“各司其域”的，从高层次的网络管理中心提供的名址服务器中可以查到下一级的主要用户和计算机的名址记录。对要查询的用户的情况了解得越多，就越容易选准相应的名址服务器查出结果。

常见的 Internet 名址服务器有如下几类：

（1）Finger。用来查询在某台 Internet 主机上已注册的用户的详细信息。

（2）Whois。Whois 名址服务器保存着有关人员的名址录（E-mail 地址、通信地址、电话号码），通过它还可以查找网点、联网单位、域名及站点信息。

许多网点、大学、科研机构大多使用 Whois 服务器提供有关人员的名录查询信息服务。

（3）X.500。X.500 是国标化标准组织 ISO 制订的目录服务标准，旨在为网络用户提供分布式的名录服务。目前尚未得到广泛应用。

（4）Netfind。Netfind 是一基于动态查询的 Internet 白页目录服务。

6. 文档查询索引服务（Archie、WAIS）

（1）Archie。阿奇（工具），文档搜索系统，检索匿名 FTP 资源的工具。

Archie 是 Internet 上用来查找其标题满足特定条件的所有文档的自动搜索服务的工具。为了从匿名 FTP 服务器上下载一个文件，必须知道这个文件的所在地，即必须知道这个匿名 FTP 服务器的地址及文件所在的目录名。Archie 就是帮助用户在遍及全世界的千余个 FTP 服务器中寻找文件的工具。Archie Server 又被称作文档查询服务器。用户只要给出所要查找文件的全名或部分名字，文档查询服务器就会指出在哪些 FTP 服务器上存放着这样的文件。使用 Archie 进行查询的前提：知道要查找的文件名或部分文件名，知道某个或几个 Archie 服务器的地址。

（2）WAIS（Wide Area Information Service）。WAIS 称为广域信息服务，是一种数据库索引查询服务。Archie 所处理的是文件名，不涉及文件的内容；而 WAIS 则是通过文件内容（而不是文件名）进行查询。因此，如果打算寻找包含在某个或某些文件中的信息，WAIS 便是一个较好的选择。WAIS 是一种分布式文本搜索系统，它基于 Z39.50 标准。用户通过给定索引关键词查询到所需的文本信息，如文章或图书等。

7. 信息浏览服务（Gopher、WWW）

（1）Gopher 服务。Gopher 是基于菜单驱动的 Internet 信息查询工具。

Gopher 的菜单项可以是一个文件或一个目录，分别标以相应的标记。是目录则可以继续跟踪进入下一级菜单；是文件则可以用多种方式获取，如邮寄、存储、打印等。

在一级一级的菜单指引下，用户通过选取自己感兴趣的信息资源，对 Internet 网上远程联机信息系统进行实时访问，这对于不熟悉网络资源、网络地址和网络查询命令的用户是十分方便的。

Gopher 内部集成了 Telnet、FTP 等工具，可以直接取出文件，而无需知道文件所在及文件获取工具等细节，Gopher 是一个深受用户欢迎的 Internet 信息查询工具。通过 Gopher 可以进行文本文件信息查询、电话簿查询、多媒体信息查询、专有格式的文件查询等。

（2）WWW 服务。WWW 的含义是环球信息网（World Wide Web），它是一个基于超级文本（hypertext）方式的信息查询工具，是由欧洲核子物理研究中心（CERN）研制的。WWW 将位于全世界 Internet 网上不同网址的相关数据信息有机地编织在一起，通过浏览器（Browser）提供一种友好的查询界面：用户仅需要提出查询要求，而不必关心到什么地方去查询及如何查询，这些均由 WWW 自动完成。WWW 为用户带来的是世界范围的超级文本服务，只要操作鼠标，就可以通过 Internet 调来希望得到的文本、图像和声音等信息。另外，WWW 仍可提供传统的 Internet 服务：Telnet、FTP、Gopher、News、E-Mail 等。通过使用浏览器，一个不熟悉网络使用的人可以很快成为使用 Internet 的行家。

WWW 与 Gopher 的最大区别是，它展示给用户的是一篇篇的文章、一幅幅图片或精美的动画，甚至是优美的乐曲，而不是那些时常令人费解的菜单说明。因此使用它查询信息具有很强的直观性。

8. 其他信息服务（Talk、IRC、MUD）

（1）Talk。与日常生活中使用的电话相似，Talk 在 Internet 上为用户提供一种以计算机网络为媒介的实时对话服务。使用 Talk，可以与一个千里之遥的 Internet 用户进行“面对面”的文字对话。

（2）IRC。IRC（Internet Relay Char）是 Internet 中一对多的交互式通信方式。它同 Talk 一样，通过终端和键盘，帮助用户与世界各地的朋友进行交谈、互通消息、讨论问题、交流思想。所不同的是 Talk 只允许一对一的俩人谈话，而 IRC 允许多人进行对话。

（3）MUD。MUD（Multiple User Dimension）多用户空间是一种为用户提供虚拟现实（Virtual Reality）的程序，它可以把用户带入一个幻想的王国中去，MUD 是生动地扮演角色的游戏，向用户显示一些虚拟的场景，扮演一些生动的角色，并给人以真实感。

6.5　物联网

物联网的概念最早是在 1999 年提出的，而随着科学技术的不断发展，物联网的应用也越来越多。有专家预测，物联网将是继计算机互联网之后的又一次信息产业的浪潮；也有研究机构预测，未来十年内，物联网将会得到大幅度的应用，而且物联网所带来的产业价值将比互联网大 30 倍，进而成为下一个万亿元级别的信息产业业务。而究竟物联网是怎样的一个概念，它的体系结构是怎样的，在哪些领域中应用，以后又将以怎样的方式发展？这将是本节要学习的内容。

6.5.1　物联网概述

1. 物联网的定义

物联网的英文名称叫“The Internet of things”，顾名思义，物联网就是“物物相连的互联网”。这有两层意思：第一，物联网的核心和基础仍然是互联网，是在互联网基础上延伸和扩展的网络；第二，其用户端延伸和扩展到了任何物品与物品之间，进行信息交换和通讯。严格地说，物联网的定义是：通过射频识别（RFID）、红外感应器、全球定位系统、激光扫描器等信息传感设备，按约定的协议，把任何物品与互联网连接起来，进行信息交换和通讯，以实现智能化识别、定位、跟踪、监控和管理的一种网络。

这里的“物”要满足以下条件才能够被纳入“物联网”的范围：要有相应信息的接收器；要有数据传输通路；要有一定的存储功能；要有 CPU；要有操作系统；要有专门的应用程序；要有数据发送器；遵循物联网的通信协议；在世界网络中有可被识别的唯一编号。

2. 物联网的基本特征

（1）全面感知：利用 RFID、传感器、二维码，及其他各种的感知设备随时随地的采集各种动态对象，全面感知世界。

（2）可靠传送：利用以太网、无线网、移动网将感知的信息进行实时、准确地传送。

（3）智能控制：对物体实现智能化地控制和管理，真正达到了人与物的沟通。

3. 物联网的关键技术

物联网产业涉及的关键技术主要包括感知技术、网络和通信技术、信息智能处理技术及公共技术。

（1）感知技术：通过多种传感器、RFID、二维码、定位、地理识别系统、多媒体信息等数据采集技术，实现外部世界信息的感知和识别。

（2）网络和通信技术：通过广泛的互联功能，实现感知信息高可靠性、高安全性进行传送，包括各种有线和无线传输技术、交换技术、组网技术、网关技术等。

（3）信息智能处理技术：通过应用中间件提供跨行业、跨应用、跨系统之间的信息协同及共享和互通的功能，包括数据存储、并行计算、数据挖掘、平台服务、信息呈现、服务体系架构、软件和算法技术、云计算、大数据等。

（4）公共技术：主要是标识与解析、安全技术、网络管理、服务质量管理等公共技术。

4. 物联网与互联网的联系与区别

互联网是人与人之间的联系；而物联网是人与物、物与物之间的联系。物联网是在互联网的基础上，利用 RFID、无线数据通信等技术，构造一个覆盖世界上万事万物的 Internet of things。在这个网络中，每个物体都具有"身份"，便于人们和物体的智能交互，也便于实现物与物之间的信息交互。物联网可用的基础网络有很多种，根据应用的需要，可以采用公众通信网络，或者采用行业专网，甚至新建专用于物联网的通信网。通常互联网最适合作为物联网的基础网络，特别是当物物互连的范围超出局域网时，以及当需要利用公众网传送需处理和利用的信息时。

"物联网"概念的提出改变了人们对网络的传统思维，网络的终端不再是实实在在的人或者普通的计算机，任何物体只要加上相应的感知系统就可以接入互联网，和其他物体或人进行信息交互。与现有的互联网络相比，物联网更注重信息的传递，互联网的终端必须是计算机（个人计算机、PDA、智能手机）等，并没有感知信息的概念；互联网与传统制造业的最大区别是，一个是传送比特，而另一个是在制造原子，然而在物联网的世界中，更加注重的是通过比特的传输来实现对原子的控制。

物联网是 Internet 的延伸和扩展，也可以说是很多技术集合（RFID、无线传感器技术、普适计算、云计算等）的应用，目的是使物品具有智能化的功能，能够"说话"，使信息的交互不再局限于人与人或者人与机的范畴，而是开创了物与物、人与物这些新兴领域的沟通，并且将传感技术、生物技术、自动化技术、无线通信技术等以前相关性不密切的技术集合在了一起。

6.5.2 物联网的体系结构

物联网的体系结构大致被公认有 3 个层次：底层是感知层，即以二维码、RFID、传感器为主，实现对"物"的识别；第二层是网络层，即通过现有的互联网、广电网络、通信网络等实现数据的传输与计算；最上面是与行业需求相结合的应用层，即输入输出控制终端。如图 6-33 所示。

1. 感知层

感知层主要解决的是人类世界和物理世界的数据获取问题。主要用于采集物理世界中发生的物理事件和数据，包括各类物理量、身份标识、位置信息、音频、视频数据等。物联网的数据采集涉及传感器、RFID、二维条码等技术。感知层又分为数据采集与执行、短距离无线通信 2 个部分。数据采集与执行主要是运用智能传感器技术、身份识别以及其他信息采集技术，对物品进行基础信息采集，同时接收上层网络送来的控制信息，完成相应执行动作。这相当于给物品赋予了嘴巴、耳朵和手，既能向网络表达自己的各种信息，又能接收网络的控制命令，完成相应动作。短距离无线通信能完成小范围内多个物品的信息集中与互通功能，相当于物品的脚。

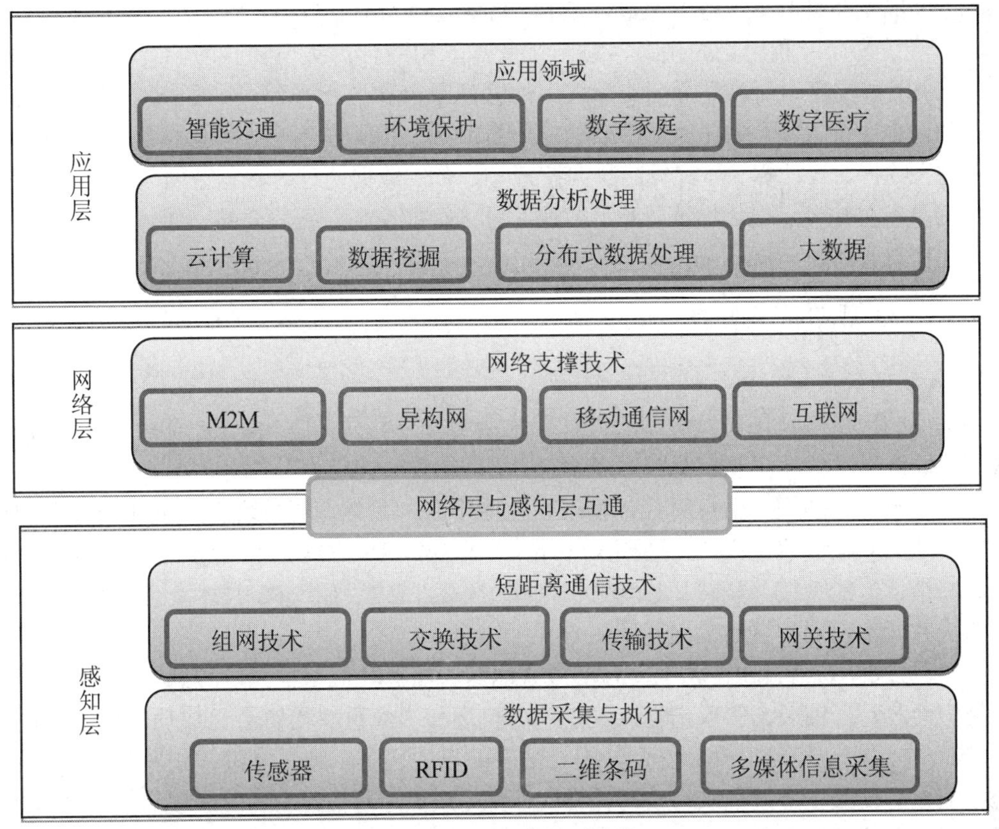

图 6-33　物联网的体系结构

对于目前关注和应用较多的 RFID 网络来说，附着在设备上的 RFID 标签和用来识别 RFID 信息的扫描仪、感应器都属于物联网的感知层。在这一类物联网中被检测的信息就是 RFID 标签的内容，现在的电子（不停车）收费系统（Electronic Toll Collection，ETC）、超市仓储管理系统、飞机场的行李自动分类系统等都属于这一类结构的物联网应用。

2. 网络层

网络层由各种网络，包括互联网、广电网、网络管理系统和云计算平台等组成，其作用相当于人的神经中枢和大脑，负责传递和处理感知层获取的信息。网络层完成大范围的信息沟通，主要借助于已有的广域网通信系统（如 PSTN 网络、移动通信网络、互联网等），把感知层感知到的信息快速、可靠、安全地传送到地球的各个地方，使物品能够进行远距离、大范围的通信，以实现在全球范围内的通信。当然，现有的公众网络是针对人的应用而设计的，当物联网大规模发展之后，能否完全满足物联网数据通信的要求还有待验证。即便如此，在物联网的初期，借助已有公众网络进行广域网通信也是必然的选择，如同上世纪 90 年代中期在 ADSL 与小区宽带发展起来之前，用电话线进行拨号上网一样，它也发挥了巨大的作用，完成了其应有的阶段性历史任务。

3. 应用层

应用层完成物品信息的汇总、协同、共享、互通、分析、决策等功能，相当于物联网的控制层、决策层。物联网的根本还是为人服务，应用层完成物品与人的最终交互，前面两层将物品的信息大范围地收集起来，汇总在应用层进行统一分析、决策，用于支撑跨行业、跨应用、跨系统之间的信息协同、共享、互通，提高信息的综合利用度，最大程度地为人类服务。

应用层是物联网和用户的接口，它与行业需求相结合，实现物联网的智能应用。根据用户需求，应用层构建面向各类行业实际应用的管理平台和运行平台，并根据各种应用的特点集成相关的内容服务。为了更好地提供准确的信息服务，必须结合不同行业的专业知识和业务模型，通过大数据、云计算、海计算、数据挖掘、分布式数据处理等数据分析处理技术支撑，完成诸如食品安全控制、现代物流管理、数字医疗、智能交通、智能建筑、环境保护、数字家庭等智能化信息管理。www.yuucn.c

6.5.3 物联网的应用与发展趋势

1. 物联网的应用

物联网的应用涉及国民经济和人类社会生活的方方面面，因此，“物联网”被称为是继计算机和互联网之后的第三次信息技术革命。

可以毫不夸张地说，信息时代，物联网无所不在。具体应用体现在以下几个方面：

（1）定位导航。物联网与卫星定位技术、GSM/GPRS/CDMA 移动通讯技术、GIS 地理信息系统相结合，能够在互联网和移动通信网络覆盖范围内使用 GPS 技术，使用和维护成本大大降低，并能实现端到端的多向互动。

（2）防入侵系统。通过成千上万个覆盖地面、栅栏和低空探测的传感节点，防止入侵者的翻越、偷渡、恐怖袭击等攻击性入侵。上海机场和上海世界博览会已成功采用了该技术。

（3）食品安全控制。食品安全是国计民生的重中之重。通过标签识别和物联网技术，可以随时随地对食品生产过程进行实时监控，对食品质量进行联动跟踪，对食品安全事故进行有效预防，极大地提高食品安全的管理水平。

（4）零售。RFID 取代零售业的传统条码系统（Barcode），使物品识别的穿透性（主要指穿透金属和液体）、远距离以及商品的防盗和跟踪有了极大改进。

（5）现代物流管理。通过在物流商品中植入传感芯片（节点），供应链上的购买、生产制造、包装/装卸、堆栈、运输、配送/分销、出售、服务等每个环节都能准确无误地被感知和掌握。这些感知信息与后台的 GIS/GPS 数据库无缝结合，成为强大的物流信息网络。

（6）数字医疗。以 RFID 为代表的自动识别技术可以帮助医院实现对病人不间断地监控、会诊和共享医疗记录，以及对医疗器械的追踪等，而物联网将这种服务扩展至全世界范围。RFID 技术与医院信息系统（HIS）及药品物流系统的融合，是医疗信息化的必然趋势。

（7）城市管理。

1）智能交通（公路、桥梁、公交、停车场等）。物联网技术可以自动检测并报告公路、桥梁的“健康状况”，还可以避免超载的车辆经过桥梁，也能够根据光线强度对路灯进行自动开关控制。

在交通控制方面，可以通过检测设备，在道路拥堵或特殊情况时，系统自动调配红绿灯，并可以向车主预告拥堵路段、推荐最佳行驶路线。

在公交方面，物联网技术构建的智能公交系统通过综合运用网络通信、GIS 地理信息、

GPS定位及电子控制等手段，集智能运营调度、电子站牌发布、IC卡收费、ERP（快速公交系统）管理等于一体。通过该系统可以详细掌握每辆公交车每天的运行状况。另外，在公交候车站台上通过定位系统可以准确显示下一趟公交车需要等候的时间；还可以通过公交查询系统，查询最佳的公交换乘方案。

停车难的问题在现代城市中已经引发社会各界的热烈关注。通过应用物联网技术可以帮助人们更好地找到车位。智能化的停车场通过采用超声波传感器、摄像感应、地感性传感器、太阳能供电等技术，第一时间感应到车辆停入，然后立即反馈到公共停车智能管理平台，显示当前的停车位数量。同时将周边地段的停车场信息整合在一起，作为市民的停车向导，这样能够大大缩短寻找车位的时间。

2）智能建筑（绿色照明、安全检测等）。通过感应技术，建筑物内照明灯能自动调节灯光亮度，实现节能环保，建筑物的运作状况也能通过物联网及时发送给管理者。同时，建筑物与GPS系统实时相连，能够在电子地图上准确、及时反映出建筑物空间地理位置、安全状况等信息。

3）文物保护和数字博物馆。数字博物馆采用物联网技术，通过对文物保存环境的温度、湿度、光照、降尘和有害气体等进行长期监测和控制，建立长期的藏品环境参数数据库，研究文物藏品与环境影响因素之间的关系，创造最佳的文物保存环境，实现对文物蜕变损坏的有效控制。

4）古迹、古树实时监测。通过物联网采集古迹、古树的年龄、气候、损毁等状态信息。及时做出数据分析和保护措施。在古迹保护上实时监测能有选择地将有代表性的景点图像传递到互联网上，让景区对全世界做现场直播，达到扩大知名度和广泛吸引游客的目的。另外，还可以实时建立景区内部的电子导游系统。

5）数字图书馆和数字档案馆。使用RFID设备的图书馆/档案馆，从文献的采访、分编、加工到流通、典藏和读者证卡，RFID标签和阅读器已经完全取代了原有的条码、磁条等传统设备。将RFID技术与图书馆数字化系统相结合，实现架位标识、文献定位导航、智能分拣等。

应用物联网技术的自助图书馆，借书和还书都是自助的。借书时只要把身份证或借书卡插进读卡器里，再把要借的书在扫描器上放一下就可以了。还书过程更简单，只要把书投进还书口，传送设备就自动把书送到书库。同样通过扫描装置，工作人员也能迅速知道书的类别和位置以进行分拣。

（8）数字家庭。如果简单地将家庭里的消费电子产品连接起来，那么只是一个多功能遥控器控制所有终端，仅仅实现了电视与电脑、手机的连接，这不是发展数字家庭产业的初衷。只有在连接家庭设备的同时，通过物联网与外部的服务连接起来，才能真正实现服务与设备互动。有了物联网，就可以在办公室指挥家庭电器的操作运行，在下班回家的途中，家里的饭菜已经煮熟，洗澡的热水已经烧好，个性化电视节目将会准点播放；家庭设施能够自动报修。

（9）环境保护。物联网与环保设备的融合能够实现对生活环境中各种污染源及污染治理各环节关键指标的实时监控。通过在重点排污企业排污区域安装无线传感设备，可以实时监测企业排污数据，及时发现污染源，防止突发性环境污染事故的产生。

江苏省太湖流域水环境信息共享平台采用物联网传感技术理念，运用先进的虚拟实境、视频监控、通讯组网等信息化技术，覆盖流域内282家重点污染源、75个水质自动站、53个国家考核断面、21个湖体监测点位和太湖蓝藻遥感预警监测，实现流域水环境全方位、一体化监控，在太湖流域水环境管理与决策中发挥了重要的支撑作用。

2. 物联网的发展趋势

据思科最新报告称，未来10年，物联网将带来一个价值14.4万亿美元的巨大市场，未来1/3的物联网市场机会在美国，30%在欧洲，而中国和日本将分别占据12%和5%。

物联网将是下一个推动世界高速发展的“重要生产力”，是继通信网之后的另一个万亿级市场。

下面从六个方面归纳物联网的发展趋势：

第一，M2M 车联网市场是最具内生动力和商业化更加成熟的两个领域。M2M 将持续保持高速增长，根据国际上的预测，预计到2020年通过蜂窝移动通信连接的M2M终端将达到21亿，实际上未来整体的M2M连接市场非常多，我国国内的M2M市场也将保持持续地快速增长。另外，车联网应用在逐步提速的过程，首先汽车本身以20%的速度持续快速增长，车联网市场一直在高速增长的态势。很多人都在预测，汽车有可能是下一个获得大规模暴涨、应用爆发的终端产品，未来汽车的应用越来越广泛。

第二，整体的物联网在未来整个工业方面的应用，将推动工业整个转型升级和新产业革命的发展。一个是物联网与工业的融合将带来全新的增长机遇，新的产业组织方式，新的企业与用户关系，新的服务模式和新的业态，物联网在这些方面发挥了非常重要的作用。有很多新的制造，是基于用户定制的制造，用户选择需要什么样的产品，工厂再去进行制造。所以，对整个工业的革命性的变化将是非常大的。另外，工业物联网统一标准将成为大势所趋，整体来看，很多国际上的一些巨头为了在工业物联网领域能够获得比较领先的地位，纷纷确定相关的标准，尤其是像TE这样的公司，以及国际上其他的一些IT公司，他们都纷纷加入整个IT标准的制订工作。另外，物联网推动两化融合继续走向深入。

第三，物联网与移动互联网融合将最具市场潜力，创新空间最大，这也是我们对整体未来发展的一种判断。传统的物联网应用更多是面向行业的应用，未来和移动互联网的融合，将激发更多的创新能力。首先是移动智能终端及其传感器和形成的人机交互技术，这种集成就会让未来能够支撑更多的融合类的应用。另外，物联网借鉴移动互联网的方式，这种模式，开始从行业领域向个人领域渗透，很多应用开始出现，用户的应用都是基于最终对物体实际信息的采集，是融合的应用，不是传统的移动互联网的应用。物联网和移动互联网融合，将形成非常融合的生态系统，也通过大的移动互联网企业对整个开放平台的构建，使得未来有很大的市场潜力。

第四，行业应用仍将持续稳步发展，蕴含巨大空间。物联网和移动互联网融合是巨大的发展方向，行业应用仍然是它发展的重要领域。物联网的深度应用将进一步催生行业的变革，这种变革在行业的很多领域已经开始发生，尤其是对管理层面的一种革命，整个行业也向着更加公平、开放的方向发展。

第五，对物联网和大数据的融合判断。物联网产生大数据，大数据带动物联网价值提升，物联网是大数据产生的源泉，越来越多的终端采集越来越多的数据，也提供大数据的平台进行进一步的分析。物联网和大数据的结合，将推动整体价值的提升。物联网的数据特性和其他现有的一些特性不太一样，因为物联网面向的终端类型非常多样。因此，这种多样的特性对大数据也提出了新的挑战。

最后，物联网在智慧城市建设中的推广和应用将更加深化。智慧城市本身是为物联网的应用提供了巨大的载体，在这种载体中，物联网可以集成一些应用，在城市的信息化管理、民生等方面都可以发挥融合的应用效果，真正发挥物联网行业应用的特征，然后产生出深远的影响。

习题 6

一、单项选择题

1. 计算机网络的目标是实现（　　）。
   A. 数据处理　　B. 信息传输与数据处理
   C. 文献查询　　D. 资源共享与信息传输
2. 在 OSI 参考模型的分层结构中“会话层”属第（　　）层。
   A. 1　　B. 3　　C. 5　　D. 7
3. 拥有计算机并以拨号方式接入网络的用户需要使用（　　）。
   A. CD—ROM　　B. 鼠标　　C. 电话机　　D. Modem
4. 下列四项中，合法的 IP 地址是（　　）。
   A. 210.45.233　　B. 202.38.64.4　　C. 101.3.305.77　　D. 115,123,20,245
5. 用户要想在网上查询 WWW 信息，须安装并运行的软件是（　　）。
   A. HTTD　　B. Yahoo　　C. 浏览器　　D. 万维网
6. 局域网常用的基本拓扑结构有（　　）、环型和星型。
   A. 树型　　B. 总线型　　C. 交换型　　D. 网状型
7. 在 Internet 中，主机的 IP 地址与域名的关系是（　　）。
   A. IP 地址是域名中部分信息的表示　　B. 域名是 IP 地址中部分信息的表示
   C. IP 地址和域名是等价的　　D. IP 地址和域名分别表达不同含义
8. 决定局域网特性的主要技术要素是：网络拓扑、传输介质与（　　）。
   A. 数据库软件　　B. 服务器软件　　C. 体系结构　　D. 介质访问控制方法
9. 在 OSI 参考模型中，把传输的比特流划分为帧是（　　）。
   A. 传输层　　B. 网络层　　C. 会话层　　D. 数据链路
10. RFID 属于物联网的（　　）。
   A. 感知层　　B. 网络层　　C. 业务层　　D. 应用层

二、多项选择题

1. 下列有关计算机网络叙述正确的是（　　）。
   A. 利用 Internet 网可以使用远程的超级计算中心的计算机资源
   B. 计算机网络是在通信协议控制下实现的计算机互联
   C. 建立计算机网络的最主要目的是实现资源共享
   D. 以接入的计算机多少可以将网络划分为广域网、城域网和局域网
2. 以下哪些属于网络拓扑结构（　　）。
   A. 总线型　　B. 星型　　C. 开放型　　D. 环型
3. 局域网常用设备包括（　　）。
   A. 网卡（NIC）　　B. 集线器（Hub）　　C. 交换机（Switch）　　D. 显示卡（VGA）
4. 网络可以通过无线的方式进行连网，以下属于无线传输介质的是（　　）。
   A. 微波　　B. 无线电波　　C. 光缆　　D. 红外线
5. 以下（　　）属于计算机网络系统中的硬件资源。
   A. 服务器　　B. 工作站　　C. 连接设备　　D. 传输介质
6. 以下属于网络通信设备的有（　　）。
   A. 路由器　　B. 扫描仪　　C. 交换机　　D. 中继器
7. 关于 Internet，下列说法正确的是（　　）。

A．Internet 是全球性的国际网络　　B．Internet 起源于美国
C．通过 Internet 可以实现资源共享　　D．Internet 不存在网络安全问题

8．下列关于 IP 地址的说法中正确的是（　　）。
A．一个 IP 地址只能标识网络中唯一的一台计算机
B．IP 地址一般用点分十进制表示
C．地址 205.106.256.36 是一个合法的 IP 地址
D．同一个网络中不能有两台计算机的 IP 地址相同

9．物联网是把下面（　　）技术融为一体，实现全面感知、可靠传送、智能处理为特征的、连接物理世界的网络。
A．感知技术　　B．通信网技术　　C．互联网技术　　D．智能运算技术

10．数据采集和感知用于采集物理世界中发生的物理事件和数据，主要包括（　　）。
A．传感器　　B．RFID　　C．二维码　　D．多媒体信息采集

三、填空题

1．物联网的三个特征是：（　　　）、（　　　）和智能处理。
2．物联网体系结构框架包括（　　　）、（　　　）和应用层。
3．按逻辑功能来分，计算机网络从逻辑上可以划分为（　　　）和（　　　）。
4．在 TCP/IP 协议族的传输层定义了两个主要的数据传输协议，分别为（　　　）和（　　　），其中（　　　）提供可靠的传输服务。
5．一般来说，网络协议由（　　　）、（　　　）和时序三大要素组成。

四、综合题

1．计算机网络的发展经历了哪几个阶段？各阶段的特点是什么？请简要说明。
2．简述 OSI 参考模型中各层的功能。
3．试将 TCP/IP 模型和 OSI 模型的体系结构进行比较，讨论其异同之处。
4．简述 IP 地址和域名之间的关系。
5．简述局域网常用的拓扑结构。
6．举例说明 Internet 的几种常见应用。
7．列举 3 种以上物联网的应用实例。
8．简述物联网的发展趋势。

第7章　程序设计基础

- 掌握逐步求精的结构化程序设计方法。
- 掌握基本数据结构及其操作。
- 掌握算法的基本概念及基本排序和查找算法。
- 掌握软件工程的基本方法，具有初步应用相关技术进行软件开发的能力。
- 掌握数据库的基本知识，了解关系数据库的设计。

7.1　程序设计基本概念

7.1.1　初始程序

1. 程序

计算机程序或者软件程序（简称程序）是指一组指示计算机每一步动作的指令，用某种程序设计语言编写，运行于某种目标体系结构上。计算机程序要经过编译和链接成为计算机可识别的格式，然后运行，如用 C 语言编写的程序。未经编译就可运行的程序通常称为脚本程序（Script），如 asp 网页脚本语言。此外，人们可以根据自己的实际需要设计一些应用程序，如教务管理系统程序、财务管理程序、工程中的计算程序等。

2. 程序设计

程序设计是指设计、编制、调试程序的方法和过程，是给出解决特定问题程序的过程，是软件构造活动中的重要组成部分；往往以某种程序设计语言为工具，给出这种语言下的程序。程序设计的一般过程如图 7-1 所示：

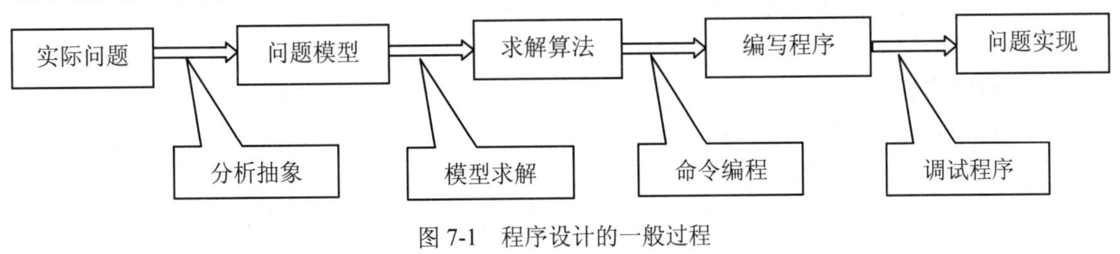

图 7-1　程序设计的一般过程

7.1.2　程序设计方法

1. 程序设计方法

程序设计方法是研究问题求解如何进行系统构造的软件方法学。常用的程序设计方法有结构化程序设计方法和面向对象方法。

（1）结构化程序设计方法。

1）采用自顶向下，逐步求精的模块化方法设计程序。自顶向下逐步求精是分解一个问题的一种技术，也是结构化程序设计的精髓，它符合人们解决复杂问题的普遍规律，先全局后局部使设计出来的软件可读性好，整体结构清晰、合理，提高了软件的可靠性与可理解性。

2）尽量使用“基本结构”编程。基本结构通常包括如图 7-2 所示的几类。

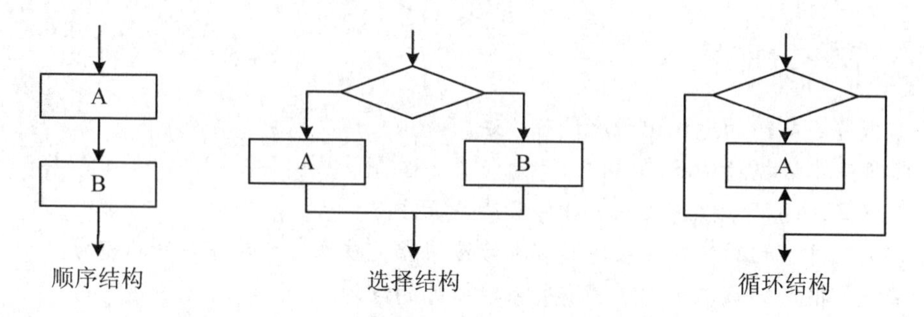

图 7-2　结构化程序设计的基本结构

3）限制转向语句的使用。结构化程序设计并没有从根本上取消 GoTo 语句，这主要是因为：

- 许多程序设计语言本身是非结构化的语言，GoTo 语句往往是构造三种控制结构的元素。
- GoTo 语句在解决程序设计语言中循环体内的出口问题上起着重要作用。

大量的资料数据表明：软件产品的质量与软件中 GoTo 语句的数量成反比；转向语句跨度越大，可能引起的错误越多，错误的性质越严重；有人证明前转 GoTo 语句比后转 GoTo 语句更坏。因此，程序设计必须限制 GoTo 语句的使用，避免滥用 GoTo 语句。

（2）面向对象的程序设计方法。

1）面向对象方法的本质。面向对象方法的本质是主张从客观世界固有的事物出发来构造系统，提倡用人类在现实生活中常用的思维方法来认识、理解和描述客观事物，强调最终建立的系统能够映射问题域，也就是说，系统中的对象以及对象之间的关系能够如实地反映问题域中固有事物及其关系。

2）面向对象方法的优点。

- 与人类习惯的思维方法一致；
- 稳定性好；
- 可重用性好；
- 易于开发大型软件产品；
- 可维护性好。

3）面向对象方法的基本概念。目前，面向对象方法已经发展成为主流的软件开发方法。面向对象方法中包含对象及对象属性与方法、类、继承、多态性等几个基本概念，这些概念是理解和使用面向对象方法的基础和关键。

对象是面向对象方法中最基本的概念。对象可以用来表示客观世界中的任何实体，也就是说，应用领域中有意义的、与所要解决的问题有关系的任何事物都可以作为对象，它既可以是具体的物理实体的抽象，也可以是人为的概念，或者是任何有明确边界和意义的东西。

类是具有共同属性、共同方法的对象的集合。所以类是对象的抽象，它描述了该对象类型的所有对象的性质，而一个对象则是其对应类的一个实例。要注意的是，当使用“对象”这个术语时，既可以指一个具体的对象，也可以泛指一般的对象，但是当使用“实例” 这个术语时，必然是指一个具体的对象。

面向对象的世界是通过对象与对象间彼此的相互合作来推动的，对象间的这种相互合作需要一个机制协助进行，这种机制称为“消息”。消息是一个实例与另一个实例之间传递的信息，它是请求对象执行某一处理或回答某一要求的信息，它统一了数据流和控制流。

继承是面向对象方法的一个主要特征。继承是使用已有的类定义作为基础建立新类的定义技术。已有的类可当作基类来引用，新类可当作派生类来引用。

对象根据接受的消息而做出动作，同样的消息被不同的对象接受时，可导致完全不同的行动，该现象称为多态性。在面向对象的软件技术中，多态性是指子类对象可以像父类对象那样使用，同样的消息既可以发送给父类对象也可以发送给子类对象。

2. 程序设计风格

程序设计风格是指编写程序时所表现的特点、习惯和逻辑思路。良好的程序设计风格可以使程序结构清晰合理，程序代码便于维护，因此程序设计风格深深地影响软件的质量和维护。要形成良好的程序设计风格，主要应注重和考虑以下几个因素：

- 源程序文档化；
- 数据说明方法化；
- 语句的结构；
- 输入和输出。

7.1.3　程序设计语言

自 20 世纪 60 年代以来，世界上公布的程序设计语言已有上千种之多，但是只有很少一部分得到了广泛的应用。从发展历程来看，程序设计语言可以分为四代。

第一代——机器语言

机器语言是由二进制 0、1 代码指令构成，不同的 CPU 具有不同的指令系统。机器语言程序难编写、难修改、难维护，需要用户直接对存储空间进行分配，编程效率极低。这种语言已经被渐渐淘汰了。

第二代——汇编语言

汇编语言指令是机器指令的符号化，与机器指令存在着直接的对应关系，所以汇编语言同样存在着难学难用、容易出错、维护困难等缺点。但是汇编语言也有自己的优点：可直接访问系统接口，汇编程序翻译成机器语言程序的效率高。从软件工程角度来看，只有在高级语言不能满足设计要求，或不具备支持某种特定功能的技术性能（如特殊的输入输出）时，汇编语言才被使用。

第三代——高级语言

高级语言是面向用户的、基本上独立于计算机种类和结构的语言。其最大的优点是：形式上接近于算术语言和自然语言，概念上接近于人们通常使用的概念。高级语言的一个命令可以代替几条、几十条甚至几百条汇编语言的指令。因此，高级语言易学易用，通用性强，应用广泛。高级语言种类繁多，可以从应用特点和对客观系统的描述两个方面对其进一步分类。

第四代——非过程化语言

4GL 是非过程化语言，编码时只需说明“做什么”，不需描述算法细节。数据库查询和应用程序生成器是 4GL 的两个典型应用。用户可以用数据库查询语言（SQL）对数据库中的信息进行复杂的操作。用户只需将要查找的内容在什么地方、 根据什么条件进行查找等信息告诉 SQL，SQL 将自动完成查找过程。应用程序生成器则是根据用户的需求“自动生成”满足需求的高级语言程序。真正的第四代程序设计语言应该说还没有出现。所谓的第四代语言大多是指基于某种语言环境上具有 4GL 特征的软件工具产品，如 PowerBuilder、FOCUS 等。第四代程序设计语言是面向应用，为最终用户设计的一类程序设计语言。它具有缩短应用开发过程、降低维护代价、最大限度地减少调试过程中出现的问题以及对用户友好等优点。

1. 从应用角度分类

从应用角度来看，高级语言可以分为基础语言、结构化语言和专用语言。

（1）基础语言。基础语言也称通用语言。它历史悠久，流传很广，有大量已开发的软件库，并拥有众多的用户， 为人们所熟悉和接受。 属于这类语言的有 FORTRAN、COBOL、BASIC、ALGOL 等。FORTRAN 语言是目前国际上广为流行，也是使用得最早的一种高级语言，从 20 世纪 90 年代起，在工程与科学计算中一直占有重要地位，备受科技人员的欢迎。BASIC 语言是在 20 世纪 60 年代初为适应分时系统而研制的一种交互式语言，可用于一般的数值计算与事务处理。BASIC 语言结构简单，易学易用，并且具有交互能力，成为许多初学者学习程序设计的入门语言。

（2）结构化语言。20 世纪 70 年代以来，结构化程序设计和软件工程的思想日益为人们所接受和欣赏。在它们的影响下，先后出现了一些很有影响的结构化语言，这些结构化语言直接支持结构化的控制结构，具有很强的过程结构和数据结构能力。PASCAL、C、Ada 语言就是它们的突出代表。

PASCAL 语言是第一个系统地体现结构化程序设计概念的现代高级语言，软件开发的最初目标是把它作为结构化程序设计的教学工具。由于它模块清晰、控制结构完备、有丰富的数据类型和数据结构、语言表达能力强、移植容易，不仅被国内外许多高等院校定为教学语言，而且在科学计算、数据处理及系统软件开发中都有较广泛的应用。

C 语言功能丰富，表达能力强，有丰富的运算符和数据类型，使用灵活方便，应用面广，移植能力强，编译质量高，目标程序效率高，具有高级语言的优点。同时，C 语言还具有低级语言的许多特点，如允许直接访问物理地址，能进行位操作，能实现汇编语言的大部分功能，可以直接对硬件进行操作等。用 C 语言编译程序产生的目标程序，其质量可以与汇编语言产生的目标程序相媲美，具有“可移植的汇编语言”的美称，成为编写应用软件、操作系统和编译程序的重要语言之一。

（3）专用语言。是为某种特殊应用而专门设计的语言，通常具有特殊的语法形式。一般来说，这种语言的应用范围狭窄，移植性和可维护性不如结构化程序设计语言。随着时间的发展，被使用的专业语言已有数百种，应用比较广泛的有 APL 语言、Forth 语言、LISP 语言。

2. 从客观系统的描述分类

从描述客观系统来看，程序设计语言可以分为面向过程语言和面向对象语言。

（1）面向过程语言。以“数据结构+算法”程序设计范式构成的程序设计语言，称为面向过程语言。前面介绍的程序设计语言大多为面向过程语言。

（2）面向对象语言。以“对象+消息”程序设计范式构成的程序设计语言，称为面向对象语言。比较流行的面向对象语言有 Delphi、Visual Basic、Java、C++、C#等。

Delphi 语言具有可视化开发环境，提供面向对象的编程方法，可以设计各种具有 Windows

风格的应用程序，如数据库应用系统、通信软件和三维虚拟现实等，也可以开发多媒体应用系统。

Visual Basic 语言简称 VB，是为开发应用程序而提供的开发环境与工具。它具有很好的图形用户界面，采用面向对象和事件驱动的新机制，把过程化和结构化编程集合在一起。它在应用程序开发中的图形化构思，无需编写任何程序，就可以方便地创建应用程序界面，且与 Windows 界面非常相似，甚至是一致的。

Java 语言是一种面向对象的、不依赖于特定平台的程序设计语言，简单、可靠、可编译、可扩展、多线程、结构中立、类型显示说明、动态存储管理、易于理解，是一种理想的、用于开发 Internet 应用软件的程序设计语言。

C#是微软公司发布的一种面向对象的、运行于.NET Framework 之上的高级程序设计语言。C#看起来与 Java 有着惊人的相似；它包括了诸如单一继承、接口，与 Java 几乎同样的语法和编译成中间代码再运行的过程。但是 C#与 Java 有着明显的不同，它借鉴了 Delphi 的一个特点，与 COM（组件对象模型）是直接集成的，而且它是微软公司 .NET Windows 网络框架的主角。

7.2　软件工程基础

软件工程是一门研究用工程化方法构建和维护有效的、实用的和高质量的软件的学科。它涉及到程序设计语言、数据库、软件开发工具、系统平台、标准、设计模式等方面。在现代社会中，软件应用于多个方面。典型的软件有电子邮件、嵌入式系统、人机界面、办公套件、操作系统、编译器、数据库、游戏等。同时，各个行业几乎都有计算机软件的应用，如工业、农业、银行、航空、政府部门等。这些应用促进了经济和社会的发展，也提高了工作和生活效率。

7.2.1　软件工程的基本概念

1．软件的定义

软件（software）是与计算机系统操作有关的计算机程序、规程、规则，以及可能有的文件、文档及数据的集合。

计算机软件由两部分组成：一是机器可执行的程序和数据；二是机器不可执行的，与软件开发、运行、维护、使用等有关的文档。

2．软件的特点

软件主要包括以下几个特点：

（1）软件不同于硬件，它是计算机系统中的逻辑实体而不是物理实体，具有抽象性。

（2）软件的生产不同于硬件，它没有明显的制作过程，一旦开发成功，可以大量拷贝同一内容的副本。

（3）软件在运行过程中不会因为使用时间过长而出现磨损、老化以及用坏的问题。

（4）软件的开发、运行在很大程度上依赖于计算机系统，受计算机系统的限制，在客观上出现了软件移植问题。

（5）软件开发复杂性高，开发周期长，成本较大。

（6）软件开发还涉及诸多的社会因素。

3．软件危机与软件工程

（1）软件危机。软件危机泛指在计算机软件的开发和维护过程中所遇到的一系列严重问题。主要表现在以下几个方面：

1）软件开发费用和进度失控。费用超支、进度拖延的情况屡屡发生。有时为了赶进度或压成本不得不采取一些权宜之计，这样又往往严重损害了软件产品的质量。

2）软件的可靠性差。尽管耗费了大量的人力物力，而系统的正确性却越来越难以保证，出错率大大增加，由于软件错误而造成的损失十分惊人。

3）生产出来的软件难以维护。很多程序缺乏相应的文档资料，程序中的错误难以定位，难以改正，有时改正了已有的错误又引入了新的错误。随着软件的社会拥有量越来越大，维护占用了大量人力、物力和财力。进入80年代以来，尽管软件工程研究与实践取得了可喜的成就，软件技术水平有了长足的进展，但是软件生产水平依然远远落后于硬件生产水平的发展速度。

4）用户对“已完成”的系统不满意的现象经常发生。一方面，许多用户在软件开发的初期不能准确完整地向开发人员表达他们的需求；另一方面，软件开发人员常常在对用户需求还没有正确全面认识的情况下，就急于编写程序。

5）软件产品质量难以保证。开发团队缺少完善的软件质量评审体系以及科学的软件测试规程，使最终的软件产品存在很多缺陷。

6）软件文档不完备，并且存在文档内容与软件产品不符情况。

（2）软件工程。

软件工程是应用于计算机软件的定义、开发和维护的一整套方法、工具、文档、实践标准和工序。

软件工程包括两方面内容：软件开发技术和软件工程管理。软件工程包含 3 个要素：即方法、工具和过程。软件的核心思想是把软件产品看做是一个工程产品来处理。

（3）软件工程过程与软件生命周期。

1）软件工作过程。软件工程过程是把输入转化成为输出的一组彼此相关的资源和活动。

2）软件生命周期。软件生命周期（Systems Development Life Cycle，SDLC）是软件的产生直到报废的生命周期。周期内有问题定义、可行性分析、总体描述、系统设计、编码、调试和测试、验收与运行、维护升级到废弃等阶段，这种按时间分程的思想方法是软件工程中的一种思想原则，即按部就班、逐步推进，每个阶段都要有定义、工作、审查、形成文档以供交流或备查，以提高软件的质量。但随着新的面向对象的设计方法和技术的成熟，软件生命周期设计方法的指导意义正在逐步减少。

（4）软件工程的目标与原则。

1）软件工程的目标。软件工程的目标：在给定成本、进程的前提下，开发具有可修改性、有效性、可靠性、可理解性、可维护性、可重用性、可适应性、可移植性、可追踪性、可互操作性并满足用户需要的软件产品。

2）软件工程的原则。为了实现上述的软件工程目标，在软件开发过程中，必须遵循软件工程的基本原则，这些原则适用于所有的软件项目，包括抽象、信息隐蔽、模块化、局部化、确定性、一致性、完备性和可验证性。

7.2.2 软件开发过程

软件开发过程即软件设计思路和方法的一般过程，包括设计软件的功能、实现的算法和方法、软件的总体结构设计和模块设计、编程和调试、程序联调和测试、编写和提交程序。如图 7-3 所示。

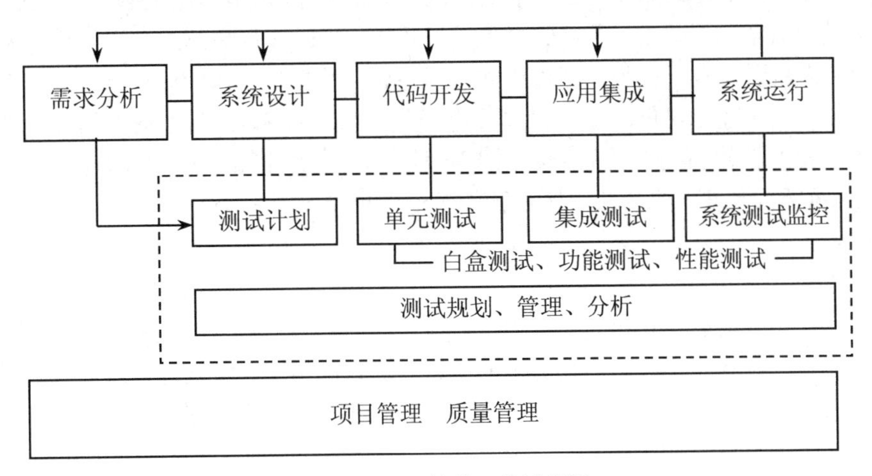

图 7-3　软件开发过程图

1. 分析

软件需求分析就是回答做什么的问题。它是一个对用户的需求进行去粗取精、去伪存真、正确理解，然后把它用软件工程开发语言（形式功能规约，即需求规格说明书）表达出来的过程。本阶段的基本任务是和用户一起确定要解决的问题，建立软件的逻辑模型，编写需求规格说明书文档并最终得到用户的认可。需求分析的主要方法有结构化分析方法、数据流程图和数据字典等方法。本阶段的工作是根据需求说明书的要求，设计建立相应的软件系统的体系结构，并将整个系统分解成若干个子系统或模块，定义子系统或模块间的接口关系，对各子系统进行具体设计定义，编写软件概要设计和详细设计说明书、数据库或数据结构设计说明书，组装测试计划。

2. 设计

软件设计可以分为概要设计和详细设计两个阶段。实际上软件设计的主要任务就是将软件分解成若干个模块，而模块是指能实现某个功能的数据和程序说明、可执行程序的程序单元。它可以是一个函数、过程、子程序、一段带有程序说明的独立的程序和数据，也可以是可组合、可分解和可更换的功能单元，然后进行模块设计。概要设计就是结构设计，其主要目标就是给出软件的模块结构，用软件结构图表示。详细设计的首要任务就是设计模块的程序流程、算法和数据结构，次要任务就是设计数据库，常用方法还是结构化程序设计方法。

3. 编码

软件编码是指把软件设计转换成计算机可以接受的程序，即写成以某一程序设计语言表示的“源程序清单”。充分了解软件开发语言、工具的特性和编程风格，有助于开发工具的选择以及保证软件产品的开发质量。

当前软件开发中除在专用场合，已经很少使用 20 世纪 80 年代的高级语言了，取而代之的是面向对象的开发语言。而且面向对象的开发语言和开发环境大都合为一体，大大提高了开发的速度。

4. 测试

软件测试的目的是以较小的代价发现尽可能多的错误。要实现这个目标的关键在于设计一套出色的测试用例（测试数据和预期的输出结果组成了测试用例）。如何才能设计出一套出色的测试用例，关键在于理解测试方法。不同的测试方法有不同的测试用例设计方法。两种常用的测试方法是白盒法和黑盒法。测试的对象是源程序，依据程序内部的逻辑结构来发现软件的编程错误、结构错误和数据错误。结构错误包括逻辑、数据流、初始化等错误。用例设计的关键是以较少的用例覆盖尽可能多的内部程序逻辑结果。白盒法和黑盒法依据的是软件功能或软件行为描述，发现软件的接口、功能和结构错误。其中接口错误包括内部/外部接口、资源管理、集成化以及系统错误。黑盒法用例设计的关键同样也是以较少的用例覆盖模块输出和输入接口。

5. 维护

维护是指在已完成对软件的研制（分析、设计、编码和测试）工作并交付使用以后，对软件产品所进行的一些软件工程的活动。即根据软件运行的情况，对软件进行适当修改，以适应新的要求，以及纠正运行中发现的错误，编写软件问题报告、软件修改报告 。

一个中等规模的软件，如果研制阶段需要一年至二年的时间，在它投入使用以后，其运行或工作时间可能持续五年至十年。那么它的维护阶段也是运行的这五年至十年期间。在这段时间，开发者几乎需要着手解决研制阶段所遇到的各种问题，同时还要解决某些维护工作本身特有的问题。做好软件维护工作，不仅能排除障碍，使软件能正常工作，而且还可以使它扩展功能，提高性能，为用户带来明显的经济效益。然而遗憾的是，对软件维护工作的重视往往远不如对软件研制工作的重视。而事实上，和软件研制工作相比，软件维护的工作量和成本都要大得多。

在实际开发过程中，软件开发并不是从第一步进行到最后一步，而是在任何阶段，在进入下一阶段前一般都有一步或几步的回溯。在测试过程中发现的问题可能要求修改设计，用户可能会提出一些需要来修改需求说明书等。

7.2.3 结构化分析方法

1. 需求分析

软件需求分析是指用户对目标软件系统在功能、行为、性能、设计约束等方面的期望。需求分析的任务是发现需求、求精、建模和定义需求的过程。

软件需求分析是指用户对目标软件系统在功能、行为、性能、设计约束等方面的期望。需求分析阶段的工作有：需求获取、需求分析、编写需求规格说明书、需求评审。常用的需求分析方法有结构化分析方法和面向对象的分析方法。

2. 结构化分析方法

（1）结构化分析方法的实质。即：着眼于数据流，自顶向下，逐层分解，建立系统的处理流程，以数据流图和数据字典为主要工具，建立系统的逻辑模型。

（2）结构化分析的常用工具。

1）数据流图。

数据流图从数据传递和加工的角度，来刻画数据流从输入到输出的移动变换过程。数据流图中的图形元素如图 7-4 所示。

2）数据字典。

数据字典是结构化分析方法的核心。是对数据流图中出现的被命名的图形元素的确切解释。通常包括：名称、别名、何处使用/如何使用、内容描述、补充信息等。

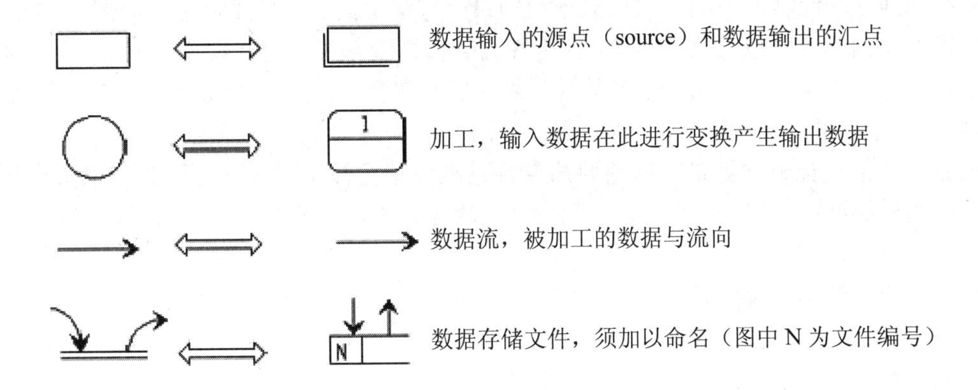

图 7-4　数据流图中主要图形元素及说明

（3）软件需求规格说明书。软件需求规格说明书是需求分析阶段的最后成果，是软件开发的重要文档之一。软件需求规格说明书是确保软件质量的措施，它的内涵是：正确性、无歧义性、完整性、可验证性、一致性、可理解性、可修改性和可追踪性。

7.2.4　结构化设计方法

1．软件设计的基本概念

（1）软件设计的基础。软件设计包括软件结构设计、数据设计、接口设计、过程设计。其中，结构设计是定义软件系统各主要部件之间的关系；数据设计是将分析时创建的模型转化为数据结构的定义；接口设计是描述软件内部、软件和协作系统之间以及软件与人之间如何通信；过程设计是把系统结构部件转换成软件的过程性描述。

软件设计的一般过程：软件设计是一个迭代的过程，先进行高层次的结构设计，后进行低层次的过程设计，穿插进行数据设计和接口设计。

（2）软件设计的基本原理。软件设计遵循软件工程的基本目标和原则，建立了适用于在软件设计中应该遵循的基本原理和软件设计有关的概念。主要包括抽象、模块化、信息隐蔽和模块独立性。

模块的独立程度是评价设计好坏的重要度量标准。其标准是内聚性和耦和性。内聚性：一个模块内部各个元素间彼此结合的紧密程度的度量。耦和性：模块间相互连接的紧密程度的度量。

（3）结构化设计方法。结构化设计就是采用最佳可能方法，设计系统的各个组成部分及各成分之间的内部联系的技术。也就是说，结构化设计是这样一个过程，它决定用哪些方法把哪些部分联系起来，才能解决好某个具体有清楚定义的问题。结构化设计方法的基本思想是将软件设计成相对独立、单一功能的模块组成结构。

2．概要设计

（1）概要设计的任务。包括设计软件系统结构、数据结构及数据库设计、编写概要设计文档、概要设计文档评审。

（2）面向数据流的设计方法。面向数据流的设计方法的目标是给出设计软件结构的一个系统化的途径。

在软件工程的需求分析阶段，信息流是需要考虑的一个关键因素，通常用数据流图描绘信息在系统中加工和流动的情况。面向数据流的设计方法定义了一些不同的“映射”，利用这些映射可以把数据流图变换成软件结构。因为任何软件系统都可以用数据流图表示，所以面向数据流的设计方法理论上可以设计任何软件的结构。通常所说的结构化设计方法（简称SD方法），也就是基于数据流的设计方法。

面向数据流的设计方法把信息流映射成软件结构，信息流的类型决定了映射的方法。信息流有下述两种类型：变换流和事物流。相应地，数据流图有两种典型的结构形式：变换型和事务型。

面向数据流的结构化设计过程：

- 确认数据流图的类型（是事物型还是变换型）；
- 说明数据流的边界；
- 把数据流图映射为程序结构；
- 根据设计准则对产生的结构进行优化。

（3）结构化设计的准则。

大量的实践表明，以下的设计准则可以借鉴为设计的指导和对软件结构图进行优化的条件：

- 提高模块的独立性；
- 模块规模适中；
- 深度、宽度、扇出和扇入适当；
- 使模块的作用域在该模块的控制域内；
- 应减少模块的接口和界面的复杂性；
- 设计成单入口、单出口的模块；
- 设计功能可预测的模块。

3．详细设计

详细设计，即为软件结构图中的每一个模块确定实现算法和局部数据结构，用某种工具表示算法和数据结构的细节。

常用的设计工具有：

- 图形工具：程序流程图，N-S，PAD，HIPO；
- 表格工具：判定表；
- 语言工具：PDL（伪码）。

7.2.5 软件测试

软件测试是保证软件质量的重要手段，其主要过程涵盖了整个软件生命周期的过程，包括需求定义阶段的需求测试、编码阶段的单元测试、集成测试以及其后的确认测试、系统测试，验证软件是否合格、能否交付用户使用等。

1．软件测试的目的及准则

（1）软件测试的目的。

1）测试是程序的执行过程，目的在于发现错误；

2）一个好的测试用例在于能发现至今未发现的错误；

3）一个成功的测试是发现了至今未发现的错误的测试。

测试的目标是以最少的时间和人力找出软件中潜在的各种错误和缺陷。如果成功地实施了测试，就能够发现软件中的错误。测试的附带收获是，它能够证明软件的功能和性能与需求说明相符。此外，实施测试收集到的测试结果数据为可靠性分析提供了依据。

（2）软件测试的准则。根据这样的测试目的，软件测试的原则应该是：

1）应当把“尽早地和不断地进行软件测试”作为软件开发者的座右铭。

2）测试用例应由测试输入数据和与之对应的预期输出结果这两部分组成。

3）程序员应避免检查自己的程序。

4）在设计测试用例时，应当包括合理的输入条件和不合理的输入条件。

5）充分注意测试中的群集现象。

6）严格执行测试计划，排除测试的随意性。

7）应当对每一个测试结果做全面检查。

8）妥善保存测试计划、测试用例、出错统计和最终分析报告，为维护提供方便。

2. 软件测试技术和方法综述

软件测试的方法从是否需要执行被测试软件的角度，可以分为静态测试和动态测试。若按功能划分，可以分为白盒测试和黑盒测试。

（1）静态测试与动态测试。静态测试不实际运行软件，主要通过人工进行分析，包括代码检查、静态结构分析、代码质量度量等。其中代码检查分为代码审查、代码走查、桌面检查、静态分析等具体形式。

动态测试是基于计算机的测试，指的是实际运行被测程序，输入相应的测试数据，检查实际输出结果和预期结果是否相符的过程，所以判断一个测试属于动态测试还是静态测试，唯一的标准就是看是否运行程序。

测试用例就是为测试设计的数据，由测试输入数据和预期的输出结果两部分组成。测试用例的设计方法一般分为两类：黑盒测试和白盒测试。

（2）白盒测试方法与测试用例设计。白盒测试又称为结构测试或逻辑驱动测试。它根据程序的内部逻辑来设计测试用例，检查程序中的逻辑通路是否都按预定的要求正确地工作。

白盒测试的主要方法有逻辑覆盖测试、基本路径测试等。

（3）黑盒测试方法与测试用例设计。黑盒测试也称为功能测试或数据驱动测试，它根据规格说明书的功能来设计测试用例，检查程序中的功能是否符合规格说明书的要求。

黑盒测试的主要诊断方法有等价类划分法、边界值分析法、错误推测法、因果图法等，主要用于软件确认测试。

3. 软件测试的实施

软件测试的实施过程主要有4个步骤：单元测试、集成测试、系统测试、验收测试。

（1）单元测试。单元测试也称模块测试，是最微小规模的测试，以测试某个功能或代码块。

（2）集成测试。集成测试是指一个应用系统的各个部件的联合测试，以决定他们能否在一起共同工作并没有冲突。

（3）系统测试。系统测试是基于系统整体需求说明书的黑盒类测试，应覆盖系统所有联合的部件。

（4）验收测试。验收测试是基于客户或最终用户的规格书的最终测试，或基于用户一段时间的使用后，看软件是否满足客户要求。一般从功能、用户界面、性能、业务关联性进行测试。

7.3 数据结构基础

数据结构是设计软件的重要基础知识。数据结构研究的是数据集合中各数据元素之间的逻辑关系、数据运算以及数据在计算机中的存储结构。数据的逻辑关系主要分为线性和非线性两类，在每类数据结构上都定义了相应的各种运算。数据的存储结构是通过计算机语言来实现的，在实现数据存储结构时离不开算法的设计环节。

7.3.1 数据结构的概念

1. 数据结构的含义

数据结构和算法是程序设计最重要的两个内容。

简单地说，数据结构是数据的组织，是存储和运算的总和。它是信息的一种组织方式，是数据按某种组织关系组织起来的一批数据，其目的是为了提高算法的效率，然后用一定的存储方式存储到计算机中，并且它通常与一组算法的集合相对应，通过这组算法集合可以对数据结构中的数据进行某种操作。

在计算机处理的大量数据中，它们都是相互关联、彼此联系的。数据结构作为一门学科主要研究数据的各种逻辑结构和存储结构，以及对数据的各种操作，因此，主要有三个方面的内容，即数据的逻辑结构、数据的物理结构和对数据的操作（或算法）。通常，算法的设计取决于数据的逻辑结构，算法的实现取决于数据的物理存储结构。

2. 数据结构的基本术语

（1）数据（Data）。数据即信息的载体，是对客观事物的符号表示，指能输入到计算机中并被计算机程序处理的符号的总称。如整数、实数、字符、文字、声音、图形、图像等都是数据。

（2）数据元素（Data Element）。数据元素是数据的基本单位，它在计算机处理和程序设计中通常作为独立个体考虑的对象。数据元素一般由一个或多个数据项组成，一个数据元素包含多个数据项时，常称为记录、结点等。数据项也称为域、字段、属性、表目、顶点。

（3）数据对象（Data Object）。数据对象是具有相同特征的数据元素的集合，是数据的一个子集。

（4）数据结构（Data Structure）。数据结构简称DS，是数据元素的组织形式，或数据元素相互之间存在一种或多种特定关系的集合。任何数据都不是彼此孤立的，通常把相关联的数据按照一定的逻辑关系组织起来，按照计算机语言语法、语义的规定，转化成相应的存储结构或形式，并且为这些数据指定一组操作，这样就形成了一个数据结构。

数据结构通常有四类基本形式：集合形式，线性结构，树型结构，图形结构或网状结构。

（5）数据的逻辑结构（Logical Structure）。是指数据结构中数据元素之间的逻辑关系，它是从具体问题中抽象出来的数学模型，是独立于计算机存储器的（与具体的计算机无关）。

（6）数据的存储结构（Physical Structure）。数据的存储结构是数据的逻辑结构在计算机内存中的存储方式，又称物理结构。数据存储结构要用计算机语言来实现，因而依赖于具体的计算机语言。数据存储结构有顺序和链式两种不同的方式，顺序存储结构的特点是要数据元素在存储器的相应位置来体现数据元素相互间的逻辑关系。顺序存储结构通常用高级编程语言中的一维数组来描述或实现；而链式存储结构则通常用链表来实现。

在顺序存储结构的基础上，又可延伸变化出另外两种存储结构，即索引存储和散列存储。

索引存储就是在数据文件的基础上增加了一个索引表文件。通过索引表建立索引，可以把一个顺序表分成几个顺序子表，其目的是在查询时提高查找效率，避免盲目查找。

散列存储就是通过数据元素与存储地址之间建立起某种映射关系，使每个数据元素与每一个存储地址之间尽量达到一一对应的目的。这样，查找时同样可以大大提高效率。

（7）数据类型（Data Type）。数据类型是一组具有相同性质的操作对象以及该组操作对象上的运算方法的集合。如整数类型、字符类型等。每一种数据类型都有自身特点的一组操作方法（即运算规则）。

（8）抽象数据类型（Abstract Data Type）。抽象数据类型是指一个数据模型以及在该模型上定义的一套运算规则的集合。在对抽象数据类型进行描述时，要考虑到完整性和广泛性，完整性就是要能体现所描述的抽象数据类型的全部特性，广泛性就是所定义的抽象数据类型适用的对象要广。在大型程序设计和系统软件开发中，对抽象数据类型用的较多。

7.3.2 线性表

线性表是信息的一种表示形式，是所有数据结构中最常用、最简单的一种数据结构。表中数据元素之间满足一种一对一的线性关系。即每个元素只有唯一的前驱（如果存在）和唯一的后继（如果存在）。

1. 线性表的逻辑结构

线性表是由 n (n >= 0) 个具有相同性质的数据元素组成的有限序列。记为：

$List = (a_0, a_1, a_2..., a_n)$

n 称为线性表的长度，当 n=0 时，称线性表为空表。在基本线性表中，a_0 称为表头元素，a_n 称为表尾元素。a_0 是 a_1 的直接前驱，a_1 是 a_0 的直接后继。线性表的数据元素类型可以是基本数据类型，也可以是构造类型。当线性表的数据类型是构造数据类型时，称数据元素为记录，含有大量记录的线性表称为文件。

线性表是一种简单而又应用非常广泛的数据结构，线性表与数组是有区别的，从概念上来看，线性表是一种抽象的数据类型，数组是一种具体的数据结构。

2. 线性表的运算

线性表虽然是一个最简单的数据结构，但其运算相当灵活，使用也比较频繁。根据实际需要其长度可以伸长或缩短，对它的数据元素不仅可以访问，还可以进行插入、删除等运算。

对线性表的基本运算有：

（1）创建线性表。

（2）置空线性表。

（3）判断线性表是否为空。

（4）求线性表的长度。

（5）取数据元素。

（6）数据元素的定位。

（7）数据元素的插入。

（8）数据的删除。

（9）求直接前驱。

（10）求直接后驱。

（11）合并。

3. 线性表的顺序表示及实现

线性表在计算机内的存储结构一般有两种方式：一种是顺序（静态）存储，一种是链式（动态）存储。此处简单介绍线性表的顺序存储。

（1）顺序基本线性表的存储映像。

计算机中存储一个线性表可以有不同的方法，最简单的一种方法是将线性表中的元素依次存放在计算机主存储器的连续存储单元中（在外存储器也是类似处理），即构成顺序线性表。

由于线性表的每个数据元素所占存储单元的数长度（length）相同，所以，只要知道基本线性表的第一个元素的物理地址（称为基地址）和每个数据元素所占的单元数（length），表中元素 a_i 的地址，则可以立即由下面公式计算得出：

$$locate(a_i) = locate(a_0) + i * length$$

求出式中 $locate(a_0)$ 即为表的第一个元素的存储地址，称为基址或线性表的首地址。注意，这个公式是元素序号由 0 到 n-1 安排，若元素序号是由 j 开始安排，则上面的公式变为：

$$locate(a_i) = locate(a_j) + (i - j) * length$$

有了这个确定顺序存储结构基本线性表中元素地址的公式，可以很快求出元素的地址，实现线性表中任意元素的快速存取，其算法时间复杂度为常数阶 O(1)，与基本线性表的长度无关。由此可知，线性表的连续顺序存储结构具有很高的存取效率，它是一种高效的直接存取存储结构。

（2）顺序线性表的特点。

顺序线性表的优点：对基本线性表中的数据元素可以进行随机存取，查找前驱、后继元素非常快捷，空间利用率高。

顺序线性表的缺点：在线性表中插入和删除数据元素的操作效率不高。因为在顺序存储中，所有元素都是连续的，元素之间没有任何空余位置，要插入一个新数据，就要把待插入位置上的原数据移开，这样就需要移动一连串数据元素，同样删除数据时，也要移动大量元素；建立空表时，不易确定基本线性表存储空间的大小，因为线性表的最大存储空间不好估计。

7.3.3 栈和队列

栈和队列是两种常用的数据结构，这两种结构与线性表有密切的联系。一方面，栈和队列的逻辑结构与线性表十分相似；另一方面，栈和队列的基本运算与线性表的基本运算也十分类似，可以看成是线性表运算的子集。因此，可将栈和队列看成是两种特殊的线性表。

1. 栈

（1）栈的定义。栈是一种“特殊的”线性表，这种线性表上的插入和删除运算限定在表的某一端进行。允许进行插入和删除的这一端称为栈顶，另一端称为栈底。处于栈顶位置的数据元素称为栈顶元素。不含任何数据元素的栈称为空栈。

在图 7-5（a）中所示的栈中，元素是以 a_1，a_2 … a_n 的顺序进栈，因此栈底元素是 a_1，栈顶元素是 a_n。

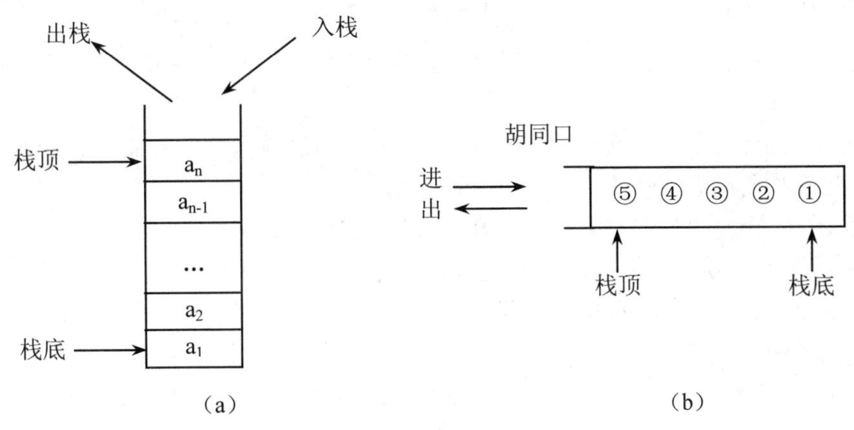

图 7-5　栈的示意图

假设有一个很窄的死胡同，胡同里能容纳若干人，但每次只能容许一个人进出。现有五个人，分别编号为①～⑤，按编号的顺序进出胡同，如上图 7-5（b）所示。此时若④要出来，必须等⑤退出后才有可能。若①要退出，则必须等到⑤④③②依次都退出后才行。这里，人进出胡同的原则是后进去的先出来。也就是说，先进去的后出来。

栈可以比作这里的死胡同，栈顶相当于胡同口，栈底相当于胡同的另一端，进、出胡同可看作栈的插入、删除运算。插入、删除都在栈顶进行，进出都经过胡同口。这表明栈的原则是先进后出（或称后进先出）。因此，栈又称为后进先出线性表。

栈的基本运算主要应包括 5 种：初始化 INISTACK（S）、进栈 PUSH（S，H）、退栈 POP（S）、读栈 TOP（S）、判栈空 EMPTY（S）。

（2）栈的顺序存储。一般地说，栈有两种实现方法：顺序存储和链接存储，这和线性表类似。

栈的顺序存储结构称为顺序栈。顺序栈通常由一个一维数组和一个记录栈顶位置的变量组成。因为栈的操作仅在栈顶进行，栈底位置固定不变，所以可将栈底位置设置在数组两端的任意一个端点上。习惯上将栈底放在数组下标小的那端。假设用一维数组 sq（1～5）表示一个栈，则栈底下标值为 1。另外需使用一个变量 TOP 记录当前栈顶下标值。即表示当前栈顶位置，通常称 Top 为栈顶指针（注意它并非指针类型变量）。顺序栈被定义为一个记录类型，它有两个域 data 和 Top。data 为一个一维数组，用于存储栈中元素，Top 定义为子界型，它的取值范围为 0～sqstack maxsize。Top=0 表示栈空，Top=sqstack maxsize 表示栈满。

顺序栈的几种状态如图 7-6 所示：

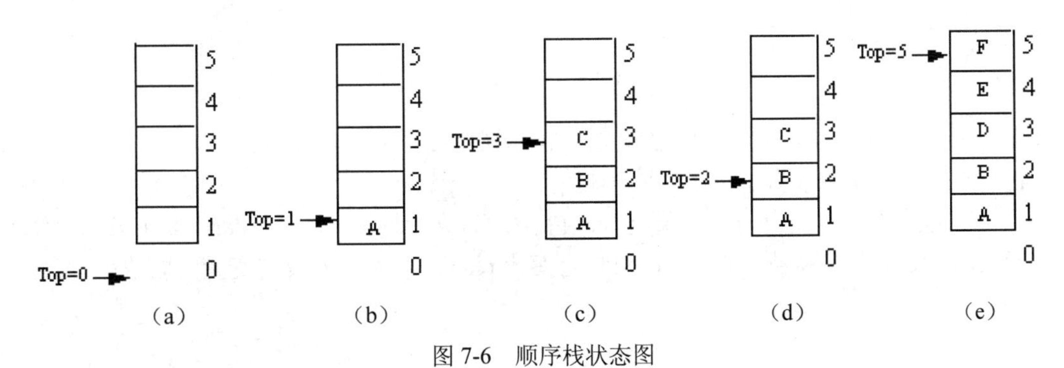

图 7-6　顺序栈状态图

其中：

（a）表示顺序栈为栈空，这也是初始化运算得到的结果。此时栈顶指针 Top=0。此时如果作退栈运算，则产生“下溢”。

（b）表示栈中只含一个元素 A，在（a）的基础上用进栈运算 PUSH（sq，A），可以得到这种状态。此进栈顶指针 Top=1。

（c）表示在（b）的基础上又有二个 B，C 先后进栈，此进栈顶指针 Top=3。

（d）表示在（c）状态下栈顶元素 C 退栈，这可执行一次 POP（sq）运算得到。此时（新）栈顶指针 Top=2。故 B 为当前的栈顶元素（注意，数据元素 C 虽并未"擦去"，但已不起作用）。

（e）表示栈中有 5 个元素，这种状态可在（d）的基础上通过连续执行 PUSH（sq，D），PUSH（sq，E），PUSH（sq，F）得到，这种状态称为栈满。如果此时再作进栈运算，由于栈中已无空闲空间，因而发生“上溢”。

2. 队列

（1）队列的定义。队列可以看成是一种运算受限的线性表，在这种线性表上，插入限定在表的某一端进行，删除限定在表的另一端进行。允许插入的一端称为队尾，允许删除的一端称为队头。新插入的结点只能添加到队尾，被删除的只能是排在队头的结点。

队列与现实生活中人们为得到某种服务（如购物、购票等）而排的队十分相似。排队的规则是不允许“插队”（“加塞”），新加入的成员只能排在队尾，而且队中全体成员只能按顺序向前移动，当到达队头（并得到服务）后离队。当然，普通队中任何成员可以中途离队，但这对于队列来说是不允许的，除此之外队列与普通队完全一致。因此，队列又称为先进先出线性表。队列（简称队）以线性表为逻辑结构，至少包括 5 种基本运算：队列初始化 INIQUEUE（Q）、入队列 INQUEUE（Q，X）、出队列 OUTQUEUE（Q）、判队列空 EMPTY（Q）、读队头 GETHEAD（Q）。

（2）队列的顺序实现。与栈类似，队列通常有两种实现方法，即顺序实现和链接实现。

队列的顺序存储结构称为顺序队，它由一个一维数组（用于存储队列中元素）及两个分别指示队头和队尾的变量组成，这两个变量分别称为“队头指针”和“队尾指针”（注意它们并非指针型变量）。通常约定队尾指针指示队尾元素在一维数组中的当前位置，队头指针指示队头元素在一维数组中当前位置的前一个位置，如图 7-7 所示。

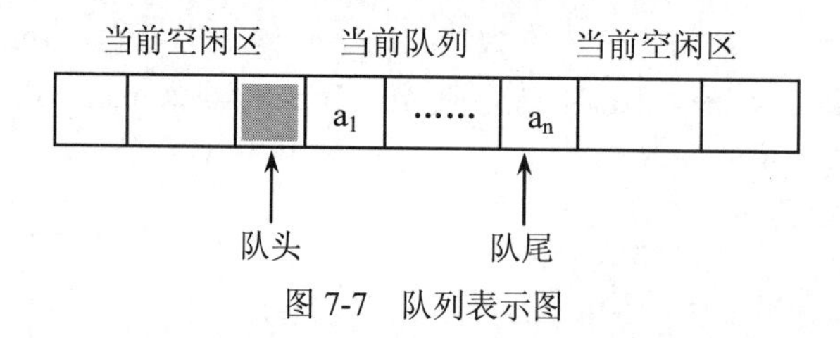

图 7-7 队列表示图

由此可见顺序队列实际上就是运算受限制的顺序表。因为在操作过程中，队头位置和队尾位置经常变化，所以设置了头、尾两个指针。

顺序队列的类型定义为一个记录类型，它有 3 个域：data、front、rear。其中 data 为存储队中元素的一维数组，队头指针 front 和队尾指针 rear 定义为边界类型变量，取值范围是 0～maxsize。

7.3.4　树与二叉树

前面介绍的线性表、栈和队等数据结构所表达和处理的数据以线性结构为组织形式。然而，在计算机科学和计算机应用的各个领域中，存在着大量需要更复杂的逻辑结构加以表示的问题。因此必须研究更复杂的逻辑结构及相应的数据结构。树形结构就是这些更复杂的结构中最重要的一类。树形结构的特点是一个结点可以有多个直接后继，而线性结构中的一个结点至多只有一个直接后继。因此，树形可以表达（组织）更复杂的数据。

现实世界中很多事物可以用树形结构来描述，例如，描述家族成员及其血统关系的树形结构，如图 7-8 所示。其中，祖父有两个孩子父亲和叔叔；父亲有两个孩子，一个儿子和一个女儿；叔叔有一个孩子，儿子。

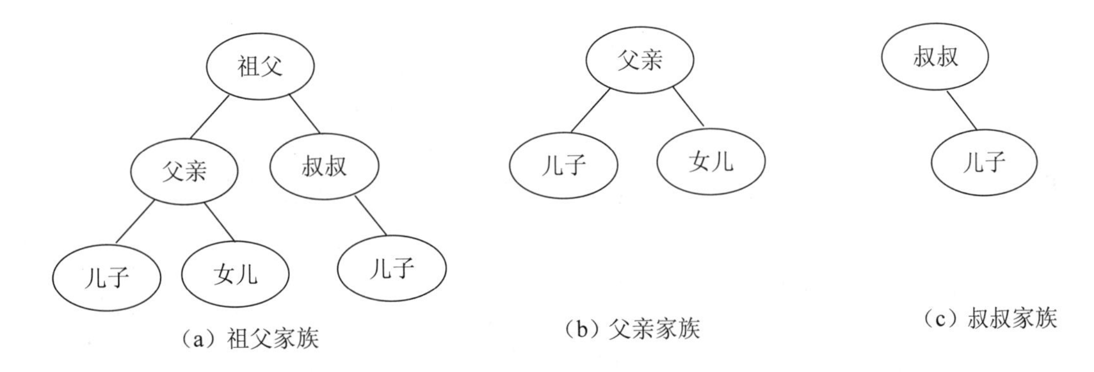

图 7-8　树的形象表示

图（a）看上去像一棵倒置的树，“树形结构”由此得名。图中所示家族可以分解成 3 部分：祖父家族（图（a））；父亲家族（图（b））；叔叔家族（图（c））。而对父亲家族和叔叔家族同样可以按上述方法进行分解。容易看出，由这种分解而得到的“小家族”仍保持树型结构。这一特点是一切树形结构都具备的。

1. 树的定义

树是 n（n>0）个结点的有穷集合，满足：

（1）有且仅有一个称为根的结点；

（2）其余结点分为 m（m≥0）个互不相交的非空集合 T1，T2，...，Tm，这些集合中的每一个都是一棵树，称为根的子树。

2. 二叉树

二叉树是一种特殊的树形结构，它的每个结点最多有两个子结点，且有先后次序。在计算机中，二叉树通常采用链式存储结构。与线性链表类似，用于存储二叉树中各元素的存储结点也由两部分组成：数据域和指针域。但在二叉树中，由于每一个元素可以有两个后继结点（即两个子结点）。因此，用于存储二叉树的存储结点的指针有两个：一个用于指向该结点的左子结点的存储地址，另一个用于指向该结点的右子结点的存储地址。二叉树存储结构如图 7-9 所示。

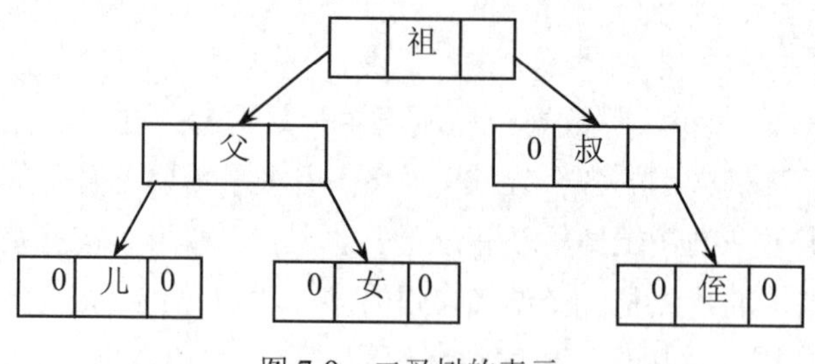

图 7-9 二叉树的表示

（1）二叉树的定义。二叉树是 n（n>=0）个结点的有限集，它或为空树（n=0），或由一个根结点和两棵分别称为左子树和右子树，且互不相交的二叉树构成。如图 7-10 所示。

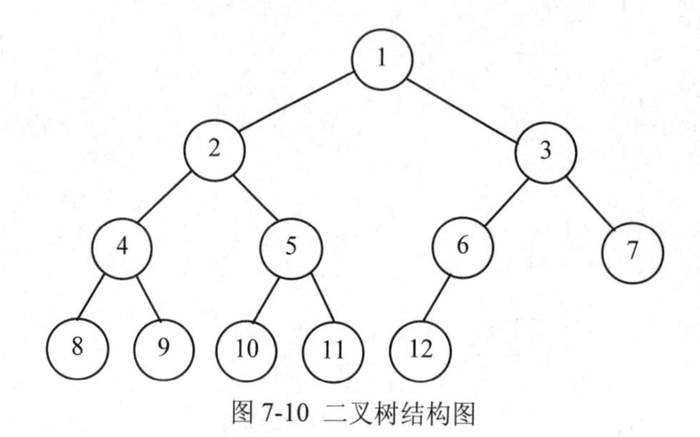

图 7-10 二叉树结构图

（2）二叉树的特点。

- 每个结点至多有二棵子树（即不存在度大于 2 的结点）；
- 二叉树的子树有左、右之分，且其次序不能任意颠倒。

（3）满二叉树和完全二叉树。

1）满二叉树：除最后一层外，每一层上的所有结点都有两个子结点。特点：每一层上的结点数都是最大结点数，第 k 层上有 2k-1 个结点；深度为 m 的满二叉树有 2m-1 个结点。

2）完全二叉树：除最后一层外，每一层上的结点数均达到最大值；在最后一层上只缺少右边的若干结点。特点：叶子结点只可能在层次最大的两层上出现；对任一结点，若其右分支下子孙的最大层次为 L，则其左分支下子孙的最大层次必为 L 或 L+1。

（4）二叉树的主要性质。

- 在二叉树的第 i 层上至多有 2i-1 个结点。（i≥1）
- 深度为 k 的二叉树上至多含 2k-1 个结点（k≥1）。
- 对任何一棵二叉树，度为 0 的叶子结点总是比度为 2 的结点多一个，则必存在关系式：$n_0 = n_2+1$。

（5）二叉树的遍历。所谓遍历是指沿着某条搜索路线，依次对树中每个结点均做一次且仅做一次访问。访问结点所做的操作依赖于具体的应用问题。遍历是二叉树上最重要的运算之一，也是二叉树上进行其他运算的基础。

二叉树的遍历有三种方式，如下：

1）前序遍历（DLR），首先访问根结点，然后遍历左子树，最后遍历右子树。简记根-左-右。

2）中序遍历（LDR），首先遍历左子树，然后访问根结点，最后遍历右子树。简记左-根-右。

3）后序遍历（LRD），首先遍历左子树，然后遍历右子树，最后访问根结点。简记左-右-根。

如图 7-11 所示的二叉树，若按不同的顺序遍历，则其输出序列的过程为：

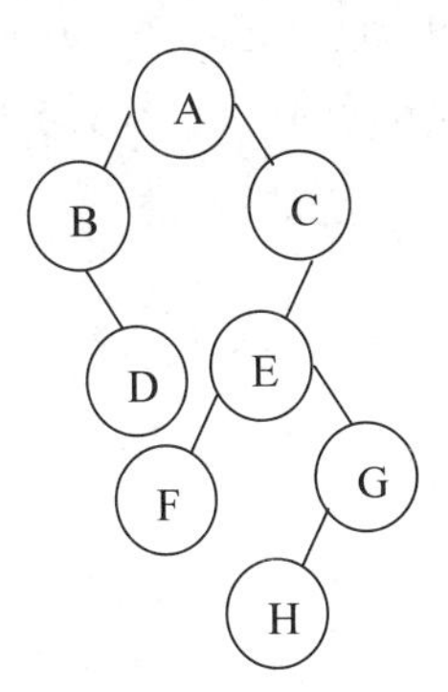

图 7-11　示例的二叉树

前序：根 A，A 的左子树 B，B 的左子树没有，看右子树，为 D，所以 A-B-D。再来看 A 的右子树，根 C，左子树 E，E 的左子树 F，E 的右子树 G，G 的左子树为 H，结束。连起来为 C-E-F-G-H，最后结果为 ABDCEFGH。

中序：先访问根的左子树，B 没有左子树，但有右子树 D，D 无左子树，再访问树的根 A，连起来是 BDA。

再访问根的右子树，C 的左子树的左子树是 F，F 的根是 E，E 的右子树有左子树是 H，再从 H 出发找到 G，到此 C 的左子树结束，找到根 C，无右子树，结束。连起来是 FEHGC，中序结果连起来是 BDAFEHGC。

后序：B 无左子树，有右子树 D，再到根 B。再看右子树，最下面的左子树是 F，其根的右子树的左子树是 H，再到 H 的根 G，再到 G 的根 E，E 的根 C 无右子树了，直接到 C，这时再和 B 找它们共有的根 A，所以连起来是 DBFHGECA。

7.4　思维与算法

7.4.1　计算思维的内容

计算思维建立在计算过程的能力和限制之上，由人和机器执行。计算方法和模型使我们敢于去处理那些原本无法由任何个人独自完成的问题求解和系统设计。计算思维直面机器智能的不解之谜：什么人类比计算机做得好？什么计算机比人类做得好？最基本的问题是：什么是可计算的？迄今为止我们对这些问题仍是一知半解。

计算思维是运用计算机科学的基础概念去求解问题、设计系统和理解人类的行为。它包括了涵盖计算机科学之广度的一系列思维活动。

当人们必须求解一个特定的问题时，首先会问：解决这个问题有多么困难？怎样才是最佳的解决方法？计算机科学根据坚实的理论基础来准确地回答这些问题。表述问题的难度就是工具的基本能力，必须考虑的因素包括机器的指令系统、资源约束和操作环境。

为了有效地求解一个问题，人们可能要进一步问：一个近似解是否就够了，是否可以利用一下随机化，以及是否允许误报和漏报。计算思维就是通过约简、嵌入、转化和仿真等方法，把一个看来困难的问题重新阐释成一个人们知道怎样解决的问题。

计算思维是一种递归思维，是一种并行处理。它是把代码译成数据又把数据译成代码。它是由广义量纲分析进行的类型检查。对于别名或赋予人与物多个名字的做法，它既知道其益处又了解其害处。对于间接寻址和程序调用的方法，它既知道其威力又了解其代价。它评价一个程序时，不仅仅根据其准确性和效率，还有美学的考量，而对于系统的设计，还考虑简洁和优雅。

7.4.2 计算思维的特性

计算机科学不是计算机编程。像计算机科学家那样去思维意味着远不止能为计算机编程，还要求能够在抽象的多个层次上思维。

1. 根本的，不是刻板的技能

根本技能是每一个人为了在现代社会中发挥职能所必须掌握的。刻板技能意味着机械地重复。具有讽刺意味的是，当计算机像人类一样思考之后，思维就真的变成机械的了。

2. 是人的，不是计算机的思维方式

计算思维是人类求解问题的一条途径，但决非要使人类像计算机那样地思考。计算机枯燥且沉闷，人类聪颖且富有想象力。人类赋予计算机激情，配置了计算设备，我们就能用自己的智慧去解决那些在计算时代之前不敢尝试的问题，实现“只有想不到，没有做不到”的境界。

3. 数学和工程思维的互补与融合

计算机科学在本质上源自数学思维，因为像所有的科学一样，其形式化基础建筑于数学之上。计算机科学又从本质上源自工程思维，因为我们建造的是能够与实际世界互动的系统，基本计算设备的限制迫使计算机科学家必须计算性地思考，不能只是数学性地思考。构建虚拟世界的自由使我们能够设计超越物理世界的各种系统。

4. 是思想，不是人造物

不只是我们生产的软件硬件等人造物将以物理形式到处呈现并时时刻刻触及我们的生活，更重要的是还将由我们用以接近和求解问题、管理日常生活、与他人交流和互动的计算概念；而且，面向所有的人，所有地方。当计算思维真正融入人类活动的整体以致不再表现为一种显式之哲学的时候，它就将成为一种现实。

7.4.3 算法的思想

事实上，人们完成任何事，都要有一个步骤，合理安排步骤，会达到事半功倍的效果。从数学的意义来讲，在解决某些问题时，需要设计出一系列可操作或可计算的步骤，通过实施这些步骤来解决问题，人们通常把这些步骤称为解决问题的一种算法。这种描述不是算法的定义，但反映了算法的基本思想。

算法的基本思想就是我们分析问题时的想法。由于想法不同思考的角度不同，着手点不一样，同一问题存在不同的算法，算法有优劣之分。从熟悉的问题出发，体会算法的程序化思想，学会用自然语言来描述算法。

算法的特征包括：

（1）有穷性：一个算法必须保证执行有限步之后结束。

（2）确切性：算法的每一步骤必须有确切的定义。

（3）输入：一个算法有 0 个或多个输入，以刻画运算对象的初始情况，所谓 0 个输入是指算法本身定出了初始条件。

（4）输出：一个算法有一个或多个输出，以反映对输入数据加工后的结果。没有输出的算法是毫无意义的。

（5）可行性：算法原则上能够精确地运行，而且人们用笔和纸做有限次运算后即可完成。

7.4.4　算法的概念和复杂度

1. 算法的定义

广义地说，算法就是为解决问题而采取的步骤和方法，在程序设计中，算法是在有限步骤内求解某一问题所使用的一组定义明确的指令序列，通俗地讲，算法就是计算机解题的过程。每条指令表示一个或多个操作。在这个过程中，无论是形成解题思路还是编写程序，都是在实施某种算法，前者是算法实现的逻辑推理，后者是算法实现的具体操作。

2. 算法的表示

为了表示一个算法，可以用多种不同的语言实现。常用的有自然语言、传统流程图、结构化流程图、N-S 图、伪代码、计算机语言表示法等。

3. 算法的时间复杂度分析

（1）算法运算时间的度量。度量算法执行时间通常有两种方法：

1）事后统计方法。因为很多计算机内部有计时功能，有的甚至可以精确到毫秒级，不同算法的程序可通过一组或若干组相同的统计数据以分辨优劣。但这种方法有两个缺陷：一是必须先运行依据算法编制的程序，二是所得时间的统计量依赖于计算机硬件、软件等环境因素，因此人们常采用另一种事前分析估算方法。

2）事前分析估算方法。通过对算法中不同语句序列的分析，得出算法中所有语句执行次数的相对大小，从而判断算法的运行时间长短。这只是一个相对概念，不是绝对大小。

（2）算法运行时间的分析规则。影响程序运行时间的因素是多方面的，如机器的运行速度、编译程序产生的目标代码的质量、程序的输入等。通常把一个程序的运行时间定义一个 T(n)，其中 n 是该程序输入数据的规模，而不是某一个具体的输入。T(n)的单位是不确定的，一般把它看成在一个特定计算机上执行的指令条数。

当讨论一个程序的运行时间 T(n)时，注重的不是 T(n)的具体值，而是它的增长率。T(n)的增长率与算法中数据的输入规模是紧密相关的。而数据输入规模往往用算法中某个变量的函数来表示，通常用 f(n) 表示。随着数据输入规模的增大，f(n)的增长率与 T(n)的增长率相近，因此 T(n)同 f(n)在数量级上一致地表示为 $T(n) = O(f(n))$。

一个程序运行时间的增长率将最终决定该程序在计算机上能解决多大规模的问题。根据语句序列之间的逻辑关系，增长的统计可分为线性累加规则和几何累加规则两种。设 $T1(n) = O(f(n)), T2(n)=O(g(n))$ 则：

1）用线性累加规则，设 T1(n) 和 T2(n) 是程序段 p1 和 p2 的运行时间，则执行 p1 之后紧接着执行 p2 的运行时间 $T1(n) + T2(n)$ 是：

$$T1(n) + T2(n) = O(\max\{f(n), g(n)\})$$

2）用几何累加规则是：

$$T1(n) \cdot T2(n) = O(f(n) \cdot g(n))$$

一般来说，分析程序的时间复杂度是逐步进行的，先求出程序中各语句和各模块的运行时间，再求整个程序的运行时间。一组语句的运行时间，可以表示成几个变量或输入数据规模 n 的函数。整个程序的运行时间一般表示成唯一参数（输入数据的规模 n 的函数）。

在分析的过程中，会遇到各种语句和各种模块，具体分析大致有以下几种情形：

（a）每个赋值语句或读/写语句的运行时间通常是 O(1)。但有些例外情况，如赋值语句右部表达式可能出现函数调用，这时就要考虑计算函数值所耗费的时间。

（b）顺序语句的运行时间由所属规则确定，即为该序列中耗费时间最多的语句的运行时间。

（c）语句 if 的运行时间为条件语句测试时间（通常取 O(1)）加上分支语句的运行时间，语句 if - else - if 的运行时间为条件测试时间加上分支语句的运行时间。

（d）循环语句的运行时间是 n 次重复执行循环体所耗费时间的总和，其中 n 是重复的次数。而每次重复循环终止条件和跳回循环开头所花费的时间，后一部分通过取 O(1)，将常数因子忽略不计，通常认为上述时间是循环次数 n 和 m 的乘积，其中 m 是 n 次执行循环体当中时间耗费最多的那一次的运行时间，进而可以按几何累加规则计算这个乘积。

遇到多层循环时，要由内层向外层逐层分析，因此，当分析外层循环的运行时间时，内层循环的运行时间应该是已知的，这时可以把内层循环看成是外层循环的一部分。

（e）当算法运行次数无法确定时，如在一给定记录中查找某个关键字，查找过程是从第一个记录开始，有可能一次就找到，也可能最后一次才能找到，还有可能根本找不到。如果不能查找成功，当然它的运算次数是 n（n 是被查找的记录个数）。时间复杂度是 O(n)。如果能够查找成功，用平均运算次数表示整个算法的运算次数，即：平均值 = 总的运算次数 / 被运算的记录数。

在查找和排序算法中，都可用此方法。

4. 算法的空间复杂度分析

空间复杂度是对一个算法在运行过程中临时占用存储空间大小的量度。算法在计算机存储器内占用的存储空间主要分为三部分：算法源代码本身占用的存储空间、算法输入输出数据所占用的存储空间和算法运行过程中临时占用的存储空间。

算法输入输出数据所占用的存储空间是由算法所要解决问题的数据输入规模大小来决定，它不随算法的不同而改变。

算法源代码本身所占用的存储空间与算法书写的长短成正比，要想缩小这部分空间就得编写简捷的算法源代码。

算法在运行过程中临时占用的存储空间则随算法不同而有所区别。有的算法占用的临时存储空间大，有的算法占用临时存储空间小，好的算法在程序运行过程中占用的临时存储空间不随数据输入规模的不同而不同。

对一个算法进行时间复杂度和空间复杂度的分析时，往往二者不能兼顾，因此二者要从算法使用的频率、处理数据的规模等多方面综合协调。

7.4.5 查找技术

查找是指在一个给定的数据结构中查找某个指定的元素。

1. 顺序查找

顺序查找又称顺序搜索。一般是在线性表中查找指定的元素。基本操作方法是：从线性表的第一个元素开始，与被查元素进行比较，相等则查找成功，否则继续向后查找。如果所有的元素均查找完毕后都不相等，则该元素在指定的线性表中不存在。

顺序查找的最好情况是要查找的元素在线性表的第一个元素，则查找效率最高；最差情况是如果要查找的元素在线性表的最后或根本不存在，则查找需要搜索所有的线性表元素。

对于线性表而言，顺序查找效率很低。但对于以下的线性表，也只能采用顺序查找的方法：

线性表为无序表，即表中的元素没有按大小顺序进行排列，这类线性表不管它的存储方式是顺序存储还是链式存储，都只能按顺序查找方式进行查找。即使是有序线性表，如果采用链式存储，也只能采用顺序查找方式。

【例 7.1】现有线性表：7、2、1、5、9、4，要在序列中查找元素 6，查找的过程是：

整个线性表的长度为 6

查找计次 n=1，将元素 6 与序列的第一个 7 元素进行比较，不等，继续查找

n=2，将 6 与第二个元素 2 进行比较，不等，继续

n=3，将 6 与第三个元素 1 进行比较，不等，继续

n=4，将 6 与第四个元素 5 进行比较，不等，继续

n=5，将 6 与第五个元素 9 进行比较，不等，继续

n=6，将 6 与第六个元素 4 进行比较，不等，继续

n=7，超出线性表的长度，查找结束，则该表中不存在要查找的元素。

2. 二分查找

二分查找只适用于顺序存储的有序表。此处所述的有序表是指线性表中的元素按值非递减排列（即由小到大，但允许相邻元素值相等）。二分查找的过程如下：

将要查找的元素与有序序列的中间元素进行比较：如果该元素比中间元素大，则继续在线性表的后半部分（中间项以后的部分）进行查找；如果要查找的元素的值比中间元素的值小，则继续在线性表的前半部分（中间项以前的部分）进行查找。这个查找过程一直按相同的顺序进行下去，一直到查找成功或子表长度为 0（说明线性表中没有要查找的元素）。

有序线性表的二分法查找条件是：这个有序线性表的存储方式必须是顺序存储的。它的查找效率比顺序查找要高得多，最坏情况的查找次数是 $\log_2^n$ 次，而顺序查找的最坏情况的查找次数是 n 次。

当然，二分查找的方法也支持顺序存储的递减序列的线性表。

【例 7.2】非递减有序线性表：1、2、4、5、7、9，要查找元素 6。二分查找的过程：

序列长度为 n=6，中间元素的序号 m=[(n+1)/2]=3

查找计次 k=1，将元素 6 与中间元素即元素 4 进行比较，不等，6>4

查找计次 k=2，查找继续在后半部分进行，后半部分子表的长度为 3，计算中间元素的序号：m=3+[(3+1)/2]=5，将元素与后半部分的中间项进行比较，即第 5 个元素中的 7 进行比较，不等，6<7

查找计次 k=3，继续查找在后半部分序列的前半部分子序列中查找，子表长度为 1，则中间项序号即为 m=3+[(1+1)/2]=4，即与第 4 个元素 5 进行比较，不相等，继续查找的子表长度为 0，则查找结束。

7.4.6　排序技术

排序是将一个无序的序列整理成按值非递减顺序排列的有序序列。在这里，我们讨论的是顺序存储的线性表的排序操作。

1. 交换类排序法

交换类排序法，即是借助于数据元素之间的互相交换进行排序的方法。

（1）冒泡排序法。冒泡排序法即是利用相邻数据元素之间的交换逐步将线性表变成有序序列的操作方法。操作过程如下所述：

- 从表头开始扫描线性表，在扫描过程中逐次比较相邻两个元素的大小，若相邻两个元素中前一个元素的值比后一个元素的值大，将两个元素位置进行交换，当扫描完成一遍时，则序列中最大的元素被放置到序列的最后。
- 再继续对序列从头进行扫描，这一次扫描的长度是序列长度减 1，因为最大的元素已经就位了，采用与前相同的方法，两两之间进行比较，将次大数移到子序列的末尾。
- 按相同的方法继续扫描，每次扫描的子序列的长度均比上一次减 1，直至子序列的长度为 1 时，排序结束。

【例 7.3】有序列 5、2、9、4、1、7、6，将该序列从小到大进行排列。

采用冒泡排序法，具体操作步骤如下：

序列长度 n=7，如下图 7-12 所示。

原序列	5	2	9	4	1	7	6
第一遍（从前往后）	5←→	2	9	4	1	7	6
	2	5	9←→	4	1	7	6
	2	5	4	9←→	1	7	6
	2	3	4	1	9←→	7	6
	2	5	4	1	7	9←→	6
第一遍结束后	2	5	4	1	7	6	9
第二遍（从前往后）	2	5←→	4	1	7	6	9
	2	4	5←→	1	7	6	9
	2	4	1	5	7←→	6	9
	2	4	1	5	6	7	9
第二遍结束后	2	4	1	5	6	7	9
第三遍（从前往后）	2	4←→	1	5	6	7	9
	2	1	4	5	6	7	9
第三遍结束	2	1	4	5	6	7	9
第四遍（从前往后）	2←→	1	4	5	6	7	9
	1	2	4	5	6	7	9
第四遍结束	1	2	4	5	6	7	9
最后结果	1	2	4	5	6	7	9

图 7-12　冒泡法排序过程图

扫描的次数最多需要 n-1 次，如果序列已经就位，则扫描结束。测试是否已经就位，可设置一个标志，如果该次扫描没有数据交换，则说明数据排序结束。

（2）快速排序法。冒泡排序方法每次交换只能改变相邻两个元素之间的逆序，速度相对较慢。如果将两个不相邻的元素之间进行交换，可以消除多个逆序。

快速排序的方法是：

从线性表中选取一个元素，设为 T，将线性表后面小于 T 的元素移到前面，而前面大于 T 的元素移到后面，结果将线性表分成两个部分（称为两个子表），T 插入到其分界线的位置处，这个过程称为线性表的分割。通过对线性表的一次分割，就以 T 为分界线，将线性表分成前后两个子表，且前面子表中的所有元素均不大于 T，而后面的所有元素均不小于 T。

再将前后两个子表进行相同的快速排序，将子表再进行分割，直到所有的子表均为空，则完成快速排序操作。

在快速排序过程中，随着对各子表不断地进行分割，划分出的子表会越来越多，但一次又只能对一个子表进行分割处理，需要将暂时不用的子表记忆起来，这里可用栈来实现。

对某个子表进行分割后，可以将分割出的后一个子表的第一个元素与最后一个元素的位置压入栈中，而继续对前一个子表进行再分割；当分割出的子表为空时，可以从栈中退出一个子表进行分割。

这个过程直到栈为空为止，说明所有子表为空，没有子表再需分割，排序就完成。

2. 插入类排序法

（1）简单插入排序。插入排序，是指将无序序列中的各元素依次插入到已经有序的线性表中。

插入排序操作的思路：在线性表中，只包含 1 个元素的子表，作为该有序表。从线性表的第 2 个元素开始直到最后一个元素，逐次将其中的每一个元素插入到前面的有序的子表中。

该方法与冒泡排序方法的效率相同，最坏的情况下需要 n(n-1)/2 次比较。

例如，有序列 5、2、9、4、1、7、6，将该序列从小到大进行排列。

采用简单插入排序法，具体操作步骤如下：

序列长度 n=7，如图 7-13 所示。

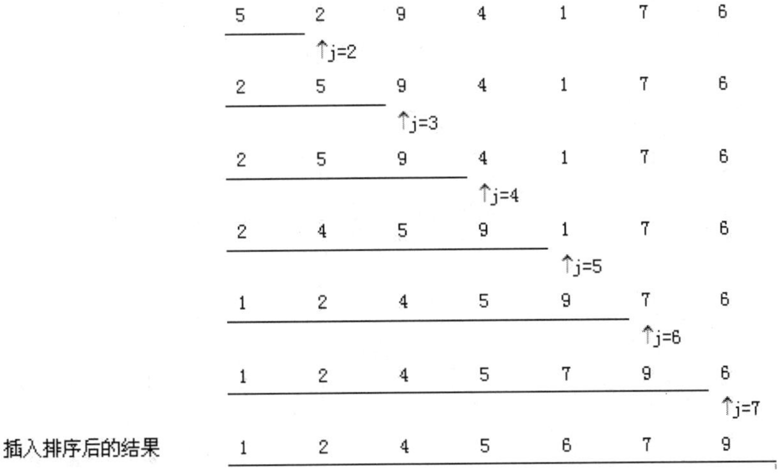

```
                 5  2  9  4  1  7  6
                    ↑j=2
                 2  5  9  4  1  7  6
                       ↑j=3
                 2  5  9  4  1  7  6
                          ↑j=4
                 2  4  5  9  1  7  6
                             ↑j=5
                 1  2  4  5  9  7  6
                                ↑j=6
                 1  2  4  5  7  9  6
                                   ↑j=7
插入排序后的结果  1  2  4  5  6  7  9
```

图 7-13　简单插入排序过程图

（2）希尔排序法。希尔排序法的基本思想：

将整个无序序列分割成若干小的子序列分别进行插入排序。

子序列的分割方法：将相隔某个增量 h 的元素构成一个子序列，在排序的过程中，逐次减小这个增量，最后当 h 减小到 1 时，再进行一次插入排序操作，即完成排序。

增量序列一般取 ht=n/2k（k=1,2,…,$[\log_2 n]$），其中 n 为待排序序列的长度。

（3）选择类排序法。

1）简单选择排序法。基本思路：扫描整个线性表，从中选出最小的元素，将它交换到表的最前面，然后对后面的子表采用相同的方法，直到子表为空为止。

对于长度为 n 的序列，需要扫描 n-1 次，每一次扫描均找出剩余的子表中最小的元素，然后将该最小元素与子表的第一个元素进行交换。

【例 7.4】有序列 5、2、9、4、1、7、6，将该序列从小到大进行排列。

采用简单选择排序法，具体操作步骤如图 7-14 所示：

原序列	5	2	9	4	1	7	6
第一遍扫描	1	2	9	4	5	7	6
第二遍扫描	1	2	9	4	5	7	6
第三遍扫描	1	2	4	9	5	7	6
第四遍扫描	1	2	4	5	9	7	6
第五遍扫描	1	2	4	5	6	7	9
第六遍扫描	1	2	4	5	6	7	9
排序结果	1	2	4	5	6	7	9

图 7-14　简单选择排序图

2）堆排序法。堆排序法属于选择类排序方法。堆的定义：具有 n 个元素的序列（h1，h2，…，hn），当且仅当满足时称之为堆。本节只讨论满足前者条件的堆。

由堆的定义看，堆顶元素（即第一个元素）必为最大项。可以用一维数组或完全二叉树来表示堆的结构。用完全二叉树表示堆时，树中所有非叶子结点值均不小于其左右子树的根结点的值，因此堆顶（完全二叉树的根结点）元素必须为序列的 n 个元素中的最大项。

【例 7.5】有序列 5、2、9、4、1、7、6，将该序列从小到大进行排列。利用堆排序法将该序列进行排序。

操作方法：先将无序堆的根结点 5 与左右子树的根结点 2、9 进行比较，5<9，将 5 与 9 进行交换；然后，对左右子树进行堆调整，左子树的根结点 2 小于其左叶子结点 5，调整；右子树的根结点 5 小于其左右子结点 7 和 6，根据堆的要求，将 5 与 7 进行调整。如图 7-15 所示。

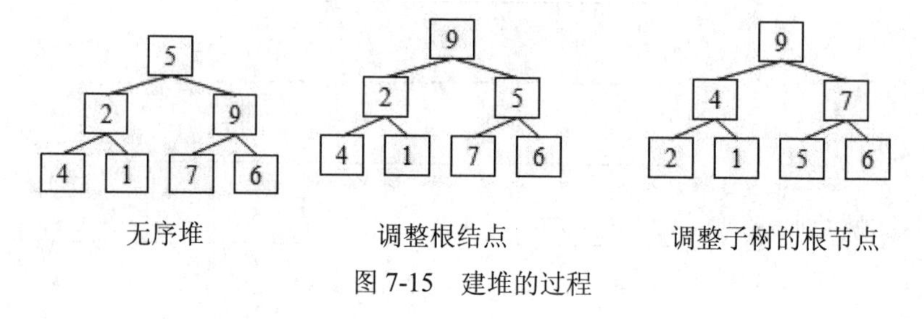

图 7-15　建堆的过程

根据堆的定义，可以得到堆排序的方法：

- 首先将一个无序序列建成堆；
- 然后将堆顶元素（序列中的最大项）与堆中最后一个元素交换（最大项应该在序列的最后）。

7.5　数据库设计基础

在信息时代，人们需要对大批量的信息进行收集、加工和处理，在这一过程中，数据库技术的应用一方面促进了计算机技术的高度发展，另一方面也形成了专门的信息处理理论及数据库管理系统。从某种意义上说，数据库管理系统软件正是计算机技术和信息时代相结合的产物，是信息处理或数据处理的核心。

7.5.1　数据库系统的基本概念

1. 基本概念

数据、数据库、数据库系统和数据库管理系统是与数据库技术密切相关的四个基本概念。

（1）数据（Data）。说起数据，人们首先想到的是数字，其实数字只是最简单的一种数据。数据的种类很多，在日常生活中数据无处不在：文字、图形、图像、声音、学生的档案记录、货物的运输情况……，这些都是数据。

为了认识世界，交流信息，人们需要描述事物，数据是描述事物的符号记录。在日常生活中人们直接用自然语言（如汉语）描述事物。在计算机中，为了存储和处理这些事物，就要抽出对这些事物感兴趣的特征组成一个记录来描述。例如，在学生档案中，如果人们最感兴趣的是学生的姓名、性别、出生年月、籍贯、所在系部、入学时间，那么可以这样描述：

（王伟，男，1982，湖北，计算机系，2000）

数据与其语义是不可分的。对于上面一条学生记录，了解其语义的人会得到如下信息：王伟是个大学生，1982 年出生，湖北人，2000 年考入计算机系；而不了解其语义的人则无法理解其含义。可见，数据的形式本身并不能全面表达其内容，需要经过语义解释。

（2）数据库（DataBase，简称 DB）。收集并抽取出一个应用所需要的大量数据之后，应将其保存起来以供进一步加工处理和抽取有用信息。保存方法有很多种：人工保存、存放在文件里、存放在数据库里，其中数据库是存放数据的最佳场所，其原因已在前面介绍。

所谓数据库就是长期储存在计算机内，有组织的、可共享的数据集合。数据库中的数据按一定的数据模型组织、描述和储存，具有较小的冗余度，较高的数据独立性和易扩展性，并可为各种用户共享。

（3）数据库管理系统（DataBase Management System，简称 DBMS）。收集并抽取出一个应用所需要的大量数据之后，如何科学地组织这些数据并将其存储在数据库中，又如何高效地处理这些数据呢？完成这个任务的是一个软件系统——数据库管理系统。

数据库管理系统是位于用户与操作系统之间的一层数据管理软件。

数据库在建立、运用和维护时由数据库管理系统统一管理、统一控制。数据库管理系统使用户能方便地定义数据和操纵数据，并能够保证数据的安全性、完整性，多用户对数据的并发使用及发生故障后的系统恢复。

（4）数据库系统（DataBase System，简称 DBS）。数据库系统是指在计算机系统中引入数据库后的系统构成，一般由数据库、数据库管理系统（及其开发工具）、应用系统、数据库管理员和用户构成。应当指出的是，数据库的建立、使用和维护等工作只靠一个 DBMS 远远不够，还要有专门人员来完成，这些人称为数据库管理员（DataBase Administrator，简称 DBA）。

在不引起混淆的情况下人们常常把数据库系统简称为数据库。

2. 数据库系统的发展

（1）数据库系统的发展。数据管理技术的发展经历了 3 个阶段：人工管理阶段、文件系统阶段和数据库系统阶段。

上世纪 50 年代中期以前，计算机还很简陋，主要用于科学计算，软件方面连完整的操作系统都没有，更不用说数据管理软件，计算作业采用批处理方式；硬件方面只有纸带、卡片、磁带，没有磁盘等快速直接存储设备。因此，数据只能存储在卡片上或其他介质上，由人来手工管理。这种数据管理方式的特点是应用程序需要自己管理数据，程序员不但要规定数据的逻辑结构，而且还要考虑数据的物理结构，数据不共享，数据面向特定的应用，一组数据对应一个程序，因此数据不具备独立性，数据和程序具有最大程度的耦合性。

到了20世纪50年代后期到60年代中期这段时间，计算机已经有了操作系统。在操作系统基础之上建立的文件系统已经成熟并广泛应用；硬件方面出现了磁盘、磁鼓等快速直接存储设备。因此，人们自然想到用文件把大量的数据存储在磁盘这种介质上，以实现对数据的永久保存和自动管理以及维护。这种数据管理方式的特点使数据与程序之间有了一定的独立性，程序员只需考虑数据的逻辑结构，而不必考虑物理结构，但一个文件基本对应一个应用程序，文件内部数据面向特定应用建立了一定的逻辑结构，但数据整体仍然无结构，不能反映现实世界事物之间内在的联系，数据共享性、独立性依然很差。

关于数据管理三个阶段中的软硬件背景及处理特点，简单概括见表7-1。

表7-1　数据管理三个阶段的比较

		人工管理	文件系统	数据库系统
背景	应用背景	科学计算	科学计算、管理	大规模管理
	硬件背景	无直接存取存储设备	磁盘、磁鼓	大容量磁盘
	软件背景	没有操作系统	有文件系统	有数据库管理系统
	处理方式	批处理	联机实时处理、批处理	联机实时处理、分布处理、批处理
特点	数据的管理者	人	文件系统	数据库管理系统
	数据面向的对象	某一应用程序	某一应用程序	整个问题域
	数据的共享程度	无共享，冗余度极大	共享性差，冗余度大	共享性高，冗余度小
	数据的独立性	不独立，完全依赖于程序	独立性差	具有高度的物理独立性和逻辑独立性
	数据的结构化	无结构	文件内部有结构，整体无结构	整体结构化，用数据模型描述
	数据控制能力	应用程序自己控制	应用程序自己控制	由数据库管理系统提供数据安全性、完整性、并发控制和恢复能力

3. 数据库系统的体系结构

考查数据库系统的结构可以从多种不同的角度查看。从数据库管理系统角度看，数据库系统通常采用三级模式结构；从数据库最终用户角度看，数据库系统的结构分为单用户结构、主从式结构、分布式结构和客户/服务器结构。

（1）数据库系统的模式结构。在数据模型中有“型”（type）和“值”（value）的概念。型是指对某一类数据的结构和属性的说明，值是型的一个具体赋值。例如，学生人事记录定义为（学号，姓名，性别，系别，年龄，籍贯）这样的记录型，而（900201，李明，男，计算机，22，江苏）则是该记录型的一个记录值。

模式（Schema）是数据库中全体数据的逻辑结构和特征的描述，它仅仅涉及到型的描述，不涉及到具体的值。模式的一个具体值称为模式的一个实例（Instance）。同一个模式可以有很多实例。模式是相对稳定的，而实例是相对变动的，模式反映的是数据的结构及其关系，而实例反映的是数据库某一时刻的状态。

虽然实际的数据库系统软件产品种类很多，它们支持不同的数据模型，使用不同的数据库语言，建立在不同的操作系统之上，数据的存储结构也各不相同，但从数据库管理系统角度看，它们在体系结构上通常都具有相同的特征，即采用三级模式结构（微机上的个别小型数据库系统除外），并提供两级映象功能。

数据库系统的三级模式结构是指数据库系统是由外模式、模式和内模式三级构成，如图 7-16 所示。

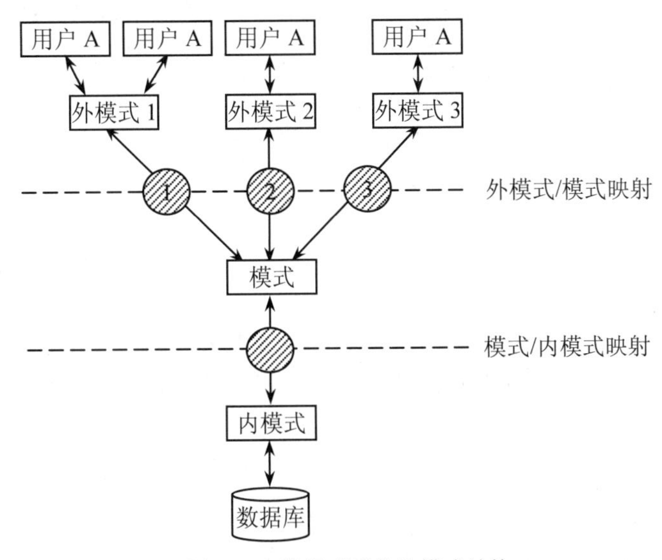

图 7-16　数据库系统的模式结构

1）模式。模式也称逻辑模式，是数据库中全体数据的逻辑结构和特征的描述，是所有用户的公共数据视图。它是数据库系统模式结构的中间层，不涉及数据的物理存储细节和硬件环境，与具体的应用程序，与所使用的应用开发工具及高级程序设计语言无关。

实际上模式是数据库数据在逻辑级上的视图。一个数据库只有一个模式。数据库模式以某一种数据模型为基础，统一综合地考虑了所有用户的需求，并将这些需求有机地结合成一个逻辑整体。

2）外模式。外模式也称子模式或用户模式，它是数据库用户（包括应用程序员和最终用户）看见和使用的局部数据的逻辑结构和特征的描述，是数据库用户的数据视图。是与某一应用有关的数据的逻辑表示。

外模式通常是模式的子集。一个数据库可以有多个外模式。由于它是各个用户的数据视图，如果不同的用户在应用需求、看待数据的方式、对数据保密的要求等方面存在差异，则他们的外模式描述就是不同的。即使对模式中同一数据，在外模式中的结构、类型、长度、保密级别等都可以不同。另一方面，同一外模式也可以为某一用户的多个应用系统所使用，但一个应用程序只能使用一个外模式。

外模式是保证数据库安全性的一个有力措施。每个用户只能看见和访问所对应的外模式中的数据，数据库中的其余数据对他们来说是不可见的。

3）内模式。内模式也称存储模式，它是数据物理结构和存储结构的描述。是数据在数据库内部的表示方式。例如，记录的存储方式是顺序存储、按照 B 树结构存储还是按 hash 方法存储；索引按照什么方式组织；数据是否压缩存储，是否加密；数据的存储记录结构有何规定等。一个数据库只有一个内模式。

数据库系统的三级模式是对数据的三个抽象级别。它把数据的具体组织留给 DBMS 管理，使用户能逻辑地抽象地处理数据，而不必关心数据在计算机中的具体表示方式与存储方式。而为了能够在内部实现这三个抽象层次的联系和转换，数据库系统在这三级模式之间提供了两层映射：外模式/模式映射和模式/内模式映射。正是这两层映射保证了数据库系统中的数据能够具有较高的逻辑独立性和物理独立性。

模式描述的是数据的全局逻辑结构，外模式描述的是数据的局部逻辑结构。对应于同一个模式可以有任意多个外模式。对于每一个外模式，数据库系统都有一个外模式/模式映射，它定义了该外模式与模式之间的对应关系。这些映射定义通常包含在各自外模式的描述中。当模式改变时（例如，增加新的数据类型、新的数据项、新的关系等），由数据库管理员对各个外模式/模式的映射作相应改变，可以使外模式保持不变，从而应用程序不必修改，保证了数据的逻辑独立性。

数据库中只有一个模式，也只有一个内模式，所以模式/内模式映射是唯一的，它定义了数据全局逻辑结构与存储结构之间的对应关系。例如，说明逻辑记录和字段在内部是如何表示的。该映射定义通常包含在模式描述中。当数据库的存储结构改变了（例如，采用了更先进的存储结构），由数据库管理员对模式/内模式映射作相应改变，可以使模式保持不变，从而保证了数据的物理独立性。

在数据库的三级模式结构中，数据库模式即全局逻辑结构是数据库的中心与关键，它独立于数据库的其他层次。因此设计数据库模式结构时应首先确定数据库的逻辑模式。

数据库的内模式依赖于它的全局逻辑结构，但独立于数据库的用户视图即外模式，也独立于具体的存储设备。它是将全局逻辑结构中所定义的数据结构及其联系按照一定的物理存储策略进行组织，以达到较好的时间与空间效率。

数据库的外模式面向具体的应用程序，它定义在逻辑模式之上，但独立于存储模式和存储设备。当应用需求发生较大变化，相应外模式不能满足其视图要求时，该外模式就得做相应改动，所以设计外模式时应充分考虑到应用的扩充性。

特定的应用程序是在外模式描述的数据结构上编制的，它依赖于特定的外模式，与数据库的模式和存储结构独立。不同的应用程序有时可以共用同一个外模式。数据库的二级映象保证了数据库外模式的稳定性，从而从底层保证了应用程序的稳定性，除非应用需求本身发生变化，否则应用程序一般不需要修改。

（2）数据库系统的特点。数据独立性是数据与程序间的互不依赖性，即数据库中的数据独立于应用程序而不依赖于应用程序。数据的独立性一般分为物理独立性与逻辑独立性两种。

1）物理独立性：当数据的物理结构（包括存储结构、存取方式等）改变时，如存储设备的更换、物理存储的更换、存取方式改变等，应用程序都不用改变。

2）逻辑独立性：数据的逻辑结构改变了，如修改数据模式、增加新的数据类型、改变数据间联系等，用户程序都可以不变。

（3）数据库系统的体系结构。从数据库管理系统角度来看，数据库系统是一个三级模式结构，但数据库的这种模式结构对最终用户和程序员是透明的，他们见到的仅是数据库的外模式和应用程序。从最终用户角度来看，数据库系统分为单用户结构、主从式结构、分布式结构和客户/服务器结构。

1）单用户数据库系统。单用户数据库系统（图 7-17）是一种早期的最简单的数据库系统。

在单用户系统中，整个数据库系统，包括应用程序、DBMS、数据都装在一台计算机上，由一个用户独占，不同机器之间不能共享数据。

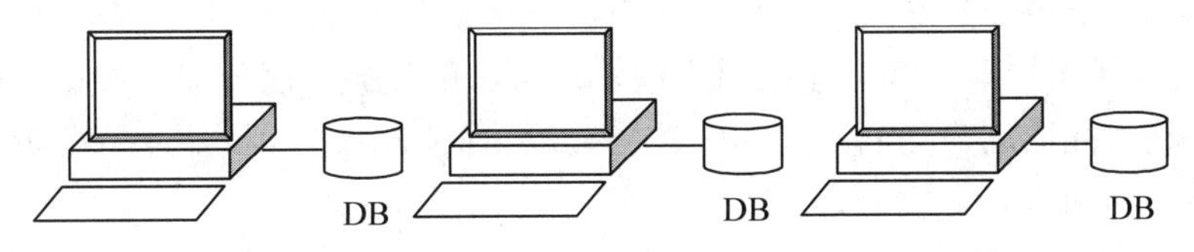

图 7-17　单用户数据库系统

例如，一个企业的各个部门都使用本部门的机器来管理本部门的数据，各个部门的机器是独立的。由于不同部门之间不能共享数据，因此企业内部存在大量的冗余数据。例如，人事部门、会计部门、技术部门必须重复存放每一名职工的一些基本信息（职工号、姓名等）。

2）主从式结构的数据库系统。主从式结构是指一个主机带多个终端的多用户结构。在这种结构中，数据库系统，包括应用程序、DBMS、数据，都集中存放在主机上，所有处理任务都由主机来完成，各个用户通过主机的终端并发地存取数据库，共享数据资源，如图 7-18 所示。

主从式结构的优点是简单，数据易于管理与维护。缺点是当终端用户数目增加到一定程度后，主机的任务会过分繁重，成为瓶颈，从而使系统性能大幅度下降。另外当主机出现故障时，整个系统都不能使用，因此系统的可靠性不高。

3）分布式结构的数据库系统。分布式结构的数据库系统是指数据库中的数据在逻辑上是一个整体，但物理地分布在计算机网络的不同结点上。如图 7-19 所示。网络中的每个结点都可以独立处理本地数据库中的数据，执行局部应用；也可以同时存取和处理多个异地数据库中的数据，执行全局应用。

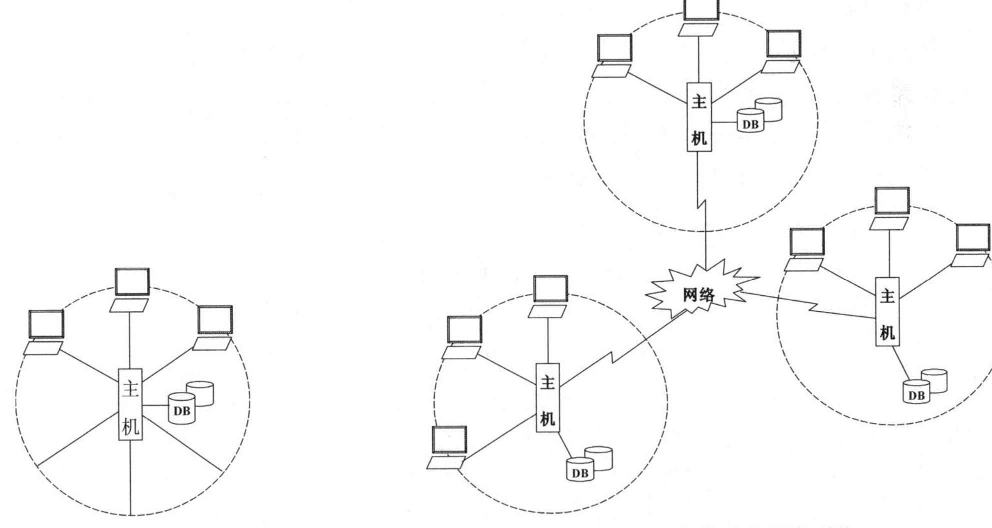

图 7-18　主从式数据库系统　　图 7-19　分布式数据库系统

分布式结构的数据库系统是计算机网络发展的必然产物。它适应了地理上分散的公司、团体和组织对于数据库应用的需求。但数据的分布存放，给数据的处理、管理与维护带来困难。此外，当用户需要经常访问远程数据时，系统效率会明显地受到网络交通的制约。

4）客户/服务器结构的数据库系统。主从式数据库系统中的主机和分布式数据库系统中的每个结点机是一个通用计算机，既执行 DBMS 功能又执行应用程序。随着工作站功能的增强和广泛使用，人们开始把 DBMS 功能和应用分开，网络中某个（些）结点上的计算机专门用于执行 DBMS 功能，称为数据库服务器，简称服务器，其他结点上的计算机安装 DBMS 的外围应用开发工具，支持用户的应用，称为客户机，这就是客户/服务器结构的数据库系统。

在客户/服务器结构中，客户端的用户请求被传送到数据库服务器，数据库服务器进行处理后，只将结果返回给用户（而不是整个数据），从而显著减少了网络上的数据传输量，提高了系统的性能、吞吐量和负载能力。

另一方面，客户/服务器结构的数据库往往更加开放。客户与服务器一般都能在多种不同的硬件和软件平台上运行，可以使用不同厂商的数据库应用开发工具，应用程序具有更强的可移植性，同时也可以减少软件维护开销。

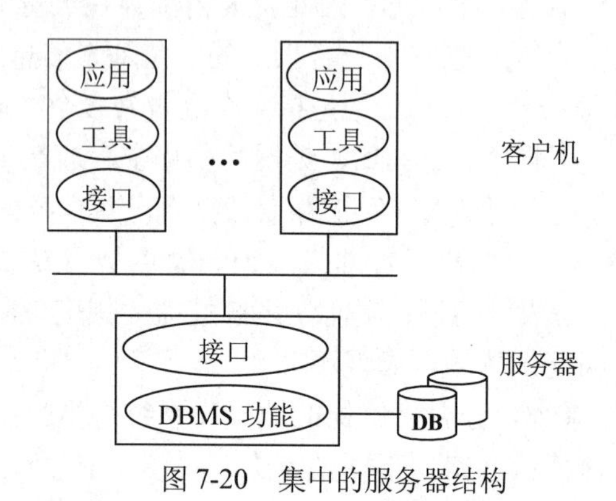

图 7-20　集中的服务器结构

客户/服务器数据库系统可以分为集中的服务器结构（图 7-20）和分布的服务器结构（图 7-21）。前者在网络中仅有一台数据库服务器，而客户机是多台。后者在网络中有多台数据库服务器。分布的服务器结构是客户/服务器与分布式数据库的结合。

与主从式结构相似，在集中的服务器结构中，一个数据库服务器要为众多的客户服务，往往容易成为瓶颈，制约系统的性能。

与分布式结构相似，在分布的服务器结构中，数据分布在不同的服务器上，从而给数据的处理、管理与维护带来困难。如图 7-21 所示。

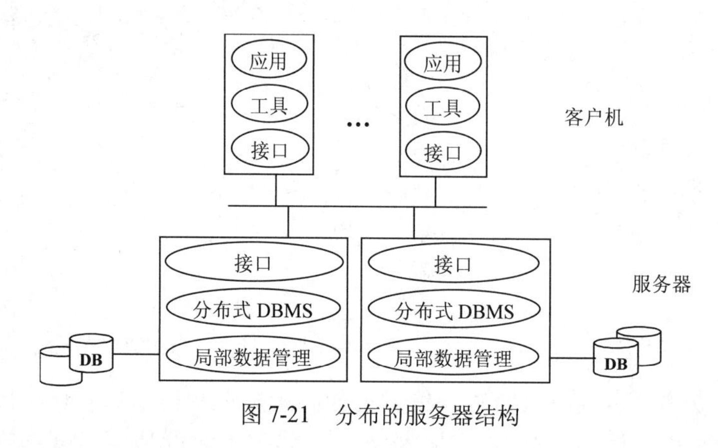

图 7-21　分布的服务器结构

7.5.2　数据模型

所谓信息是客观事物在人类头脑中的抽象反映。人们可以从大千世界中获得各种各样的信息，从而了解世界并且相互交流。但是信息的多样化特性使得人们在描述和管理这些数据时往往力不从心，因此人们把表示事物的主要特征抽象地用一种形式化的描述表示出来，模型方法就是这种抽象的一种表示。信息领域中采用的模型通常称为数据模型。

不同的数据模型是提供模型化数据和信息的不同工具。根据模型应用的不同目的，可以将模型分为两类或者说两个层次：一是概念模型（也称信息模型），是按用户的观点来对数据和信息建模：二是数据模型（如网状、层次、关系模型），是按计算机系统的观点对数据建模。本节主要讨论数据模型的构成和概念模型的建立以及一个面向问题的概念模型，即实体联系模型。数据模型是实现数据抽象的主要工具，它决定了数据库系统的结构、数据定义语言和数据操纵语言、数据库设计方法、数据库管理系统软件的设计与实现。了解关于数据模型的基本概念是学习数据库的基础。

1. *数据模型及其三要素*

一般地讲，数据模型是严格定义的概念的集合，这些概念精确地描述系统的静态特性、动态特性和完整性约束条件。因此，数据模型通常由数据结构、数据操作和数据的完整性约束三部分组成。

（1）数据结构。数据结构是研究存储在数据库中的对象类型的集合，这些对象类型是数据库的组成部分。例如某一所大学需要管理学生的基本情况（学号、姓名、出生年月、院系、班级、选课情况等），这些基本情况说明了每一个学生的特性，构成在数据库中存储的框架，即对象类型。学生在选课时，一个学生可以选多门课程，一门课程也可以被多名学生选，这类对象之间存在着数据关联，这种数据关联也要存储在数据库中。

数据库系统是按数据结构的类型来组织数据的，因此数据库系统通常按照数据结构的类型来命名数据模型。如层次结构、网状结构和关系结构的模型分别命名为层次模型、网状模型和关系模型。由于采用的数据结构类型不同，通常把数据库分为层次数据库、网状数据库、关系数据库和面向对象数据库等。

（2）数据操作。数据操作是指对数据库中各种对象的实例允许执行的操作的集合，包括操作和有关操作的规则。例如插入、删除、修改、检索、更新等操作，数据模型要定义这些操作的确切涵义、操作符号、操作规则以及实现操作的语言等。数据操作是对系统动态特性的描述。

（3）数据的完整性约束。数据的约束条件是完整性规则的集合，用以限定符合数据模型的数据库状态以及状态的变化，以保证数据的正确、有效和相容。数据模型中的数据及其联系都要遵循完整性规则的制约。例如数据库的主键不能允许空值；每一个月的天数最多不能超过 31 天等。

另外，数据模型应该提供定义完整性约束条件的机制以反映某一应用所涉及的数据必须遵守的特定的语义约束条件。例如在学生成绩管理中，本科生的累计成绩不得有三门以上不及格等。

数据模型是数据库技术的关键，它的三个方面的内容完整地描述了一个数据模型。

7.5.3　关系代数

一个 n 元关系是多个元组的集合，n 是关系模式中属性的个数，称为关系的目数。可把关系看成一个集合。集合的运算如并、交、差、笛卡尔积等运算，均可以用到关系的运算中。

关系代数的另一种运算如对关系进行水平分解的选择运算、对关系进行垂直分解的投影运算、用于关系结合的连接运算等，是为关系数据库环境专门设计的，称为关系的专门运算。

关系代数是一种过程化的抽象的查询语言。它包括一个运算集合，这些运算以一个或两个关系为输入，产生一个新的关系作为结果。

关系代数用到的运算符有：

- 集合运算符：∪（并）、－（差）、∩（交）、×（广义笛卡尔积）
- 专门的关系运算符：σ（选择）、Π（投影）、∞（连接）、÷（除）
- 算数比较符θ={>，≥，<，≤，=，≠}
- 逻辑运算符：逻辑“与”（and）运算符∧、逻辑“或”（or）运算符∨和逻辑“非”（not）运算符¬。

1．传统的集合运算

传统的集合运算都是二目运算。设关系 R 和关系 S 具有相同的目 n=3，即有相同的属性个数 3，且相应的属性取自同一个域，如表 7-2 和表 7-3 所示。则传统的集合运算如图 7-22 所示。

表 7-2　关系 R

A	B	C
a	1	a
b	2	b
a	2	c

表 7-3 关系 S

A	B	C
a	1	a
b	1	d

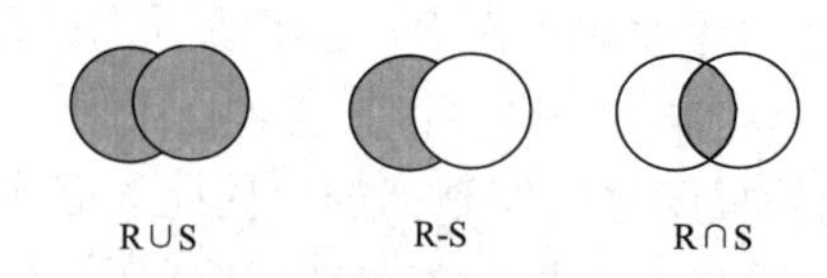

图 7-22　传统的集合运算

（1）并（Union）运算。设关系 R 和关系 S 具有相同的目 n（即两个关系都有 n 个属性），且相应的属性取自同一个域，则关系 R 与关系 S 的并由属于 R 或属于 S 的元组组成。其结果关系仍为 n 目关系。记作：

$R \cup S=\{t|t \in R \vee t \in S\}$

其中 t 代表元组。

【例 7.6】利用表 7-2 和表 7-3 中所示的数据做并运算，得到的结果如表 7-4 所示。

表 7-4　R∪S

A	B	C
a	1	a
b	2	b
a	2	c
b	1	d

（2）差（Difference）运算。设关系 R 和关系 S 具有相同的目 n，且相应的属性取自同一个域，则关系 R 与关系 S 的差由属于 R 而不属于 S 的所有元组组成。其结果关系仍为 n 目关系。记作：

$R-S=\{t|t \in R \wedge t \notin S\}$

【例 7.7】利用表 7-2 和表 7-3 中所示的数据做差运算，得到的结果如表 7-5 所示。

（3）交（Intersection）运算。设关系 R 和关系 S 具有相同的目 n，且相应的属性取自同一个域，则关系 R 与关系 S 的交由既属于 R 又属于 S 的元组组成。其结果关系仍为 n 目关系。记作：

$R \cap S=\{t|t \in R \wedge t \in S\}$

【例 7.8】利用表 7-2 和表 7-3 中所示的数据做交运算，得到的结果如表 7-6 所示。

表 7-5　R-S

A	B	C
b	2	b
a	2	c

表 7-6　R∩S

A	B	C
a	1	a

关系的交运算可以用差运算表示：

$R \cap S=R-(R-S)$

（4）广义笛卡尔乘积（Extended Cartesian product）。关系 R 为 n 目，关系 S 为 m 目，则关系 R 和关系 S 的广义笛卡尔积为（n+m）元组的集合，记作：

$R \times S=\{trts|\ tr \in R \wedge ts \in S\}$

元组的前 n 个分量是关系 R 的一个元组，后 m 个分量是关系 S 的一个元组。

【例 7.9】利用表 7-2 和表 7-3 中所示的数据做广义笛卡尔积，其结果如表 7-7 所示。

表 7-7　R×S

R.A	R.B	R.C	S.A	S.B	S.C
a	1	a	a	1	a
b	2	b	a	1	a
a	2	c	a	1	a
a	1	a	b	1	d
b	2	b	b	1	d
a	2	d	b	1	d

2. 专门的关系运算

专门的关系运算包括选择运算、投影运算、连接运算、除运算等。

（1）选择（Selection）运算。选择运算又称为限制运算（Restriction），选择运算是关系上的一元运算，简记为 SL，它根据给定的条件对关系进行水平分解，在关系 R 中选择满足条件的元组组成一个新的关系。这个关系是关系 R 的一个子集，如果选择条件用 F 表示，则选择可以记为σF（R）或 SLF（R），记作：

σF（R）={t|t∈R∧F(t)=‘TRUE’}

其中：σ表示选择运算符，R 是关系名，F 是选择条件。

说明： F 是一个逻辑表达式，取值为“真”或“假”；F 由逻辑运算符∧（and）、∨（or）、¬（not）连接各种算术表达式组成；算术表达式的基本形式为 x θ y，θ={>，≥，<，≤，=，≠}，x、y 可以是属性名、常量或简单函数。表达式既可用属性名构造，也可用序列号构造。

【例 7.10】如条件 F 为 A=a，用表 7-2 中所示的数据作选择运算σA=a(R)，其结果如表 7-8 所示。

【例 7.11】如条件 F 为 B=2，用表 7-2 中所示的数据作选择运算σB=2(R)，其结果如表 7-9 所示。

表 7-8 σA=a(R)

A	B	C
a	1	a
a	2	c

表 7-9 σB=2(R)

A	B	C
b	2	b
a	2	c

（2）投影（Projection）运算。投影也是关系上的一元运算，简记为 PJ，它是从列的角度进行操作的。

设 R 是一个 n 目关系，Ai1、Ai2、Ai3、…、Aim 是 R 的第 i1、i2、i3、…、im(m≤n)个属性，关系 R 在 Ai1、Ai2、Ai3、…、Aim 上的投影定义为：

пi1、i2、i3、…、im(R)={t|t=(ti1、ti2、ti3、…、tim)∧(ti1、ti2、ti3、…、tim∈R)}

即从关系 R 中按照 i1、i2、i3、…、im 的顺序取下这 m 列，构成以 i1、i2、i3、…、im 为顺序的 m 目关系。其中：n 是投影运算符。投影后不仅取消了原关系中的某些列，而且还可能取消某些元组，因为取消某些列后，可能出现重复的元组，应消去这些完全相同的元组。

【例 7.12】若对表 7-2 中的关系 R 作投影运算 ΠAB、ΠBC，其结果如表 7-10、表 7-11 所示：

表 7-10 пAB

A	B
a	1
b	2
a	2

表 7-11 пBC

B	C
1	a
2	b
2	c

（3）连接（Join）运算。连接运算简记 JN，也称为∞，连接是从两个关系的笛卡尔乘积中选取属性间满足一定条件的元组。记为

R∞S=σR.AθS.B(R×S)，或 AθB。

其中 A 和 B 分别为 R 和 S 上度数相等且可比的属性组。θ是比较运算符，θ可以是>，≥，<，≤，=，≠等符号。连接运算从 R 和 S 的笛卡尔积 R×S 中选取（R 关系）在 A 属性组上的值与（S 关系）在 B 属性组上的值满足比较关系θ的元组，这些元组构成的关系是 R×S 的一个子集。θ为“=”的连接运算称为等值连接。它是从关系 R 与 S 的笛卡尔积中选取 A、B 属性值相等的那些元组。即等值连接为：R∞S，或(R)JNR.C=S.C(S)，如表 7-12 和 7-13 所示。

表 7-12 关系 R

A	B	C
a	1	a
b	2	b
a	2	c

表 7-13 关系 S

B	C	D
1	a	3
2	a	2
3	b	2
2	c	1
2	d	1
1	b	2

【例 7.13】利用表 7-12、表 7-13 中的数据做关系 R 与 S 的等值连接 R∞S，得到的新关系如表 7-14 所示。

表 7-14 (R)JNR.C=S.C(S)

R.A	R.B	R.C	S.B	S.C	S.D
a	1	a	1	a	3
a	1	a	2	a	2
b	2	b	3	b	2
b	2	b	1	b	2
a	2	c	2	c	1

除等值连接外，其余的都可称为不等值连接。

【例 7.14】再看一个不等值连接的例子。利用表 7-12、表 7-13 中的数据进行（R）JNR.B>T.B（S）运算，其结果如表 7-15 所示：

表 7-15 (R)JNR.B>T.B(S)

R.A	R.B	R.C	S.B	S.C	S.D
b	2	b	1	a	3
b	2	b	1	b	2
a	2	c	1	a	3
a	2	c	1	b	2

（4）除（Division）运算。除操作是同时从行和列的角度进行运算。

定义：象集（Image Set）。给定关系 R(X,Z)，X、Z 是属性组，x 是 X 上的取值，定义当 t[X]=x 时，x 在 R 中的象集为：

$$Z_x = \{t[z] \mid t \in R \vee t[X] = x\}$$

即从 R 中选出在 X 上取值为 x 的元组，去掉 X 上的分量，只留 Z 上的分量。

例如，表 7-16 中，(a) 为学生选课表 R（X 为姓名，Z 为课程），X 上的取值有 x=张会，x=张会，在选课表 R 中的象集为表（b）的内容，张会同学所选修的全部课程。

表 7-16 象集

X　Z

姓名	课程
张会	数据结构
赵良	数据库
张会	数据库

(a)

x=张会

Zx

课程
数据结构
数据库
数据库

(b)

定义：除。给定关系 R(X,Y)和 S(Y,Z)，其中 X、Y、Z 为属性组，R 中的 Y 与 S 中的 Y 可以有不同的属性名，但必须出自相同的域集。R 与 S 的除运算得到一个新关系 P(X)，P 是 R 中满足下列条件的元组在 X 属性列上的投影：元组在 X 属性列上分量值 x 的象集 Yx 包含 S 在 Y 上投影的集合。记作：

$$R \div S = \{t_r \in R \wedge \pi_y(s) \subseteq Y_x\}$$

其中 Yx 为 x 在 R 中的象集，$x = t_r[X]$。

【例 7.15】有关系 R 和 S 分别为表 7-17 中的（a）和（b），R/S 的结果为（c）。除运算过程分析如下：在关系 R 中，三个属性分为学生和（教师,课程）两组。在关系 S 中，三个属性分为（教师,课程）和学分两组。计算 R/S，实际上是要从学生选修的教师和课程关系中，找出选课符合关系 S 中所有教师和课程的元组集合的学生。在关系 R 中学生有 4 个取值：{张会、李学、王大、赵四}。其中

张会的象集为（教师和课程集合）：{(t1,c2), (t2,c3), (t2,c1)}

李学的象集为（教师和课程集合）：{(t3,c7), (t2,c3)}

王大的象集为（教师和课程集合）：{(t4,c6)}

赵四的象集为（教师和课程集合）：{(t6,c6)}

S 在（教师、课程）上的投影为{(b1,c2), (b2,c3), (b2,c1)}。在 R 中，分析前面的四个象集，只有张会的象集（教师、课程），张会包含了 S 在（教师、课程）属性组上的投影。所以，R÷S = {张会}（就是说只有张会一个学生选择了关系 S 中的教师和课程集合）。

表 7-17　除运算

（a）关系 R		
学生	教师	课程
张会	t1	c2
李学	t3	c7
王大	t4	c6
张会	t2	c3
赵四	t6	c6
李学	t2	c3
张会	t2	c1

（a）关系 R		
学生	教师	课程
张会	t1	c2
李学	t3	c7
王大	t4	c6

（c）R/S 结果
学生
张会

7.5.4　数据库设计与管理

1．数据库设计概述

数据库设计的基本任务是根据用户对象的信息需求、处理需求和数据库的支持环境（包括硬件、操作系统与 DBMS）设计出数据模式。

数据库设计的两种方法：

面向数据的方法：以信息需求为主，兼顾处理需求。

面向过程的方法：以处理需求为主，兼顾信息需求。

目前，面向数据的设计方法是数据库设计的主流方法。

数据库设计一般采用生命周期法，分为如下几个阶段：

需求分析阶段、概念设计阶段、逻辑设计阶段、物理设计阶段、编码阶段、测试阶段、运行阶段、进一步修改阶段。

前四个阶段是数据库设计的主要阶段，重点以数据结构与模型的设计为主线。

2．数据库设计的需求分析

第一阶段：需求收集和分析，收集基本数据和数据流图。

主要的任务是：通过详细调查现实世界要处理的对象（组织、部门、企业等），充分了解

原系统的工作概况，明确用户的各种需求，在此基础上确定新系统的功能。对数据库的要求包括：信息要求、处理要求、安全性和完整性的要求。

数据字典是各类数据的集合，它包括五个部分：

- 数据项，即数据的最小单位；
- 数据结构，是若干数据项有意义的集合；
- 数据流，可以是数据项，也可以是数据结构，用来表示某一处理过程的输入或输出；
- 数据存储：数据流图中数据块的存储特性说明，是数据结构停留或保存的地方，也是数据流的来源和去向之一。
- 处理过程，指数据流图中功能块的说明。

3. 数据库概念设计

（1）概念设计概述。

1）集中式模式设计法。根据需求由一个统一的机构或人员设计一个综合的全局模式。适合于小型或并不复杂的单位或部门。

2）视图集成设计法。将系统分解成若干个部分，对每个部分进行局部模式设计，建立各个部分的视图，再以各视图为基础进行集成。比较适合于大型与复杂的单位，是现在使用较多的方法。

（2）数据库概念设计的过程。

1）选择局部应用。根据系统情况，在多层的数据流图中选择一个适当层次的数据流图，将这组图中每一部分对应一个局部应用，以该层数据流图为出发点，设计各自的 E-R 图。E-R 图（Entity Relationship Diagram）也称实体-联系图，提供了表示实体类型、属性和联系的方法，用来描述现实世界的概念模型。

2）视图设计。视图设计的三种次序：

- 自顶向下：先从抽象级别高且普遍性强的对象开始逐步细化、具体化和特殊化。
- 由底向上：先从具体的对象开始，逐步抽象，普遍化和一般化，最后形成一个完整的视图设计。
- 由内向外：先从最基本与最明显的对象开始，逐步扩充至非基本、不明显的对象。

【例 7.16】某大学由一名校长主管，学校下设多个学院，每个学院又设多个系；每个系有一名系主任负责聘任教师；每个教师可以承担多门课，同一门课又可由多个教师承担；每个系有多个班级，每个班级有一定数量的学生；学生在校期间要学习多门课程，学习结束后，每门课程对应一个成绩。要求设计该大学的教学管理系统。

E-R 图设计：

首先，设计“院长”、“学院”和“系”之间的联系。一个学院有一个院长，一个院长主管一个学校；一个系属于一个学院，一个学院有多个系。院长与学院的关系是一对一的联系，学院和系之间是一对多的联系。

在系里，一个系会聘用多个教师，而一个教师只属于一个系，所以，系和教师之间的关系是一对多的联系；一门课可由多个教师讲授，同时，一个教师可讲授多门课，课程和教师之间的关系是多对多的联系。

在系里，学生和课程之间的联系有，一个系有多个班，一个班只能属于一个系，它们之间的联系是一对多的联系；一个班有多个学生，同时，一个学生只属于一个班，所以，班级和学生之间的联系是一对多的联系；系和课程之间的联系，一个系可开设多门课，同时，一门课可被多个系开设，因此，课程和系之间的关系是多对多的联系；学生与课程之间，一个学生会选多门课，同时，一门课可被多个学生选取，因此，课程和学生之间的关系是多对多的联系。

逻辑设计：

学院（学院编号，学院名，学院地址，院长编号）
院长（院长编号，院长姓名，联系电话，办公地址）
系（系编号，系名，联系电话，系地址，学院编号，系主任职工号）
教师（职工号，姓名，性别，学历，职称，工资，联系电话，系编号）
班级（班级编号，班级名称，学生人数，系名）
学生（学号，身份证号，姓名，性别，出生日期，民族，籍贯，班级名）
课程（课程编号，课程名称，学分）
开课（系编号，课程号）
授课（职工号，课程号）
选课（学号，课程号，成绩）

（3）视图集成是将所有局部视图统一与合并成一个完整的数据模式。视图集成的重点是解决局部设计中的冲突，常见的冲突主要有如下几种方式：

- 命名冲突：有同名异义或同义异名；
- 概念冲突：同一概念在一处为实体而在另一处为属性或联系；
- 域冲突：相同的属性在不同视图中有不同的域；
- 约束冲突：不同的视图可能有不同的约束。

视图经过合并生成 E-R 图时，其中还可能存在冗余的数据和冗余的实体间联系。冗余数据和冗余联系容易破坏数据库的完整性，给数据库维护带来困难。

对于视图集成后所形成的整体的数据库概念结构必须进行验证，满足下列要求：

- 整体概念结构内部必须具有一致性，即不能存在互相矛盾的表达；
- 整体概念结构能准确地反映原来的每个视图结构，包括属性、实体及实体间的联系；
- 整体概念结构能满足需求分析阶段所确定的所有要求；
- 整体概念结构还需要提交给用户，征求用户和有关人员的意见，进行评审、修改和优化，最后定稿。

（4）数据库的逻辑设计。

1）从 E-R 模型向关系模式转换。E-R 模型向关系模式的转换包括：

- E-R 模型中的属性转换为关系模式中的属性；
- E-R 模型中的实体转换为关系模式中的元组；
- E-R 模型中的实体集转换为关系模式中的关系；
- E-R 模型中的联系转换为关系模式中的关系。

转换中存在的一些问题：

命名与属性域的处理。名称不要重复，同时，要用关系数据库中允许的数据类型来描述类型；

非原子属性处理。在 E-R 模型中允许非原子属性存在，但在关系模式中不允许出现非原子属性，因此，要将非原子属性进行转换。

联系的转换。通常联系可转换为关系，但有的联系需要归并到相关联的实体中。

2）逻辑模式规范化及调整、实现。对逻辑模式进行调整以满足 RDBMS 的性能、存储空间等要求，包括如下内容：调整性能以减少连接运算；调整关系大小，使每个关系数量保持在合理水平，从而可以提高存取效率；尽量采取快照，提高查询速度。

（5）关系视图设计。逻辑设计又称外模式设计。关系视图是关系模式基础上所设计的直接面向操作用户的视图。

关系视图的作用：提供数据逻辑独立性，能适应用户对数据的不同需求，有一定数据保密功能。

（6）数据库的物理设计。物理设计的主要目标是对数据库内部物理结构作调整并选择合理的存取路径，以提高数据库访问速度及有效利用存储空间。

（7）数据库管理。数据库管理包括：

1）数据库的建立。数据库建立包括：

数据模式的建立。数据模式由DBA负责建立，定义数据库名、表及相应的属性，定义主关键字、索引、集簇、完整性约束、用户访问权限、申请空间资源，定义分区等。

数据加载。在数据模式定义后可加载数据，DBA可以编制加载程序将外界的数据加载到数据模式内，完成数据库的建立。

2）数据库的调整。在数据库建立并运行一段时间后，对不适合的内容要进行调整，调整的内容包括：调整关系模式与视图使之更适应用户的需求；调整索引与集簇使数据库性能与效率更佳；调整分区、数据库缓冲区大小以及并发度使数据库物理性能更好。

3）数据库的重组。数据库运行一段时间后，由于数据的大量插入、删除和修改，使性能受到很大的影响，需要重新调整存贮空间，使数据的连续性更好，即通过数据库的重组来实现。

4）数据库的故障恢复。保证数据不受非法盗用与破坏；保证数据的正确性。

5）数据安全性控制与完整性控制。一旦数据被破坏，要及时恢复。

6）数据库监控。DBA需要随时观察数据库的动态变化，并在发生错误、故障或产生不适应情况时随时采取措施，并监控数据库的性能变化，必要时可对数据库进行调整。

习题7

一、单项选择题

1．（　　）是数据库中存储的基本对象。

A．数据　　B．查询　　C．窗体　　D．宏

2．客观存在并可相互区别的事物称为（　　）。

A．实体　　B．对象　　C．属性　　D．表

3．考察公司和总经理两个实体型，如果一个公司只有一个总经理，一个总经理不能同时在其他公司兼任总经理。在这种情况下公司和总经理之间存在（　　）。

A．一对多联系　　B．一对一联系　　C．多对一联系　　D．多对多联系

4．（　　）是目前最常用的数据模型之一。

A．网状模型　　B．层次模型　　C．关系模型　　D．线性模型

5．（　　）查询就是依据一定的查询条件，对数据库中的数据信息进行查找。

A．宏　　B．查询　　C．窗体　　D．报表

二、多项选择题

1．数据库管理系统是数据库系统的一个重要组成部分，主要功能包括（　　）。

A．数据定义　　B．数据操作　　C．数据库的运行管理　　D．数据库的建立维护

2．数据库的三级模式结构是指数数据库系统是由（　　）构成的，通过二级映像功能将三个模式联系起来。

A．模式　　B．外模式　　C．内模式　　D．结构模式

3．用 E-R 图来描述现实世界的概念模型，也称为 E-R 模型，E-R 模型三要素有（　　）。

A．实体　　B．属性　　C．记录　　D．实体间的联系

4．关系操作是基于关系模型的基础操作，常用关键操作有（　　）。

A．选择　　B．投影　　C．连接　　D．映射

5．SQL 语言完成数据定义功能的动词是（　　）。

A．CREATE　　B．ALTER　　C．DROP　　D．SELECT

三、填空题

1．数据管理技术的发展经历了（　　）、（　　）数据库系统阶段和高级数据库系统阶段。

2．数据库系统的三级模式结构是指数据库系统是由（　　）、外模式和（　　）三级构成的，通过（　　）功能将三个模式联系起来。

3．联系分为两种，一种是实体内部各属性之间的联系，另一种是（　　）的联系。

4．E-R 模型有三个要素：（　　）、（　　）和实体间的联系。

5．每个表由若干记录组成，每条记录都对应于一个（　　），同一个表中的所有记录都具有相同的字段定义，每个字段存储着对应于实体的不同（　　）的数据信息。

工信部 COIE 职业认证考试模拟试题

理论部分

一、单项选择题

1．通过 Word 2010 中的格式刷，可以实现（　　）。（2 分）

A．选中文本后单击格式刷，可以快速复制粘贴文本

B．选中文本后单击格式刷，可以将该文本的格式应用到其他文本

C．选中文本后单击格式刷，可以将该文本的颜色应用到其他文本

D．选中文本后双击格式刷，可以快速复制粘贴文本

2．在 Word 2010 中，若要检查文件中的拼写和语法错误，可以执行下列哪个功能键（　　）。（2 分）

A．F4　　B．F5　　C．F6　　D．F7

3．在 Word 2010 中使用标尺可以直接设置段落缩进，标尺顶部的三角形标记代表（　　）。（2 分）

A．首行缩进　　B．悬挂缩进　　C．左缩进　　D．右缩进

4．在 Word 2010 中可以在文档页面上打印一个图形作为页面背景，这种特殊的效果被称为（　　）。（2 分）

A．图形　　B．艺术字　　C．图片　　D．水印

5．关于 Word 2010 中关于“页脚”的设置，描述错误的是（　　）。（3 分）

A．在页脚中可以根据实际需要灵活的设置页码

B．页脚内容既可以是页码、日期，也可以是一些其他文字

C．奇数页与偶数页的页脚可以设置成不同格式

D．页脚中的内容不能是图片

6．如果需要给每位学员发送一份《期末成绩通知单》，用（　　）命令最简便。（3 分）

A．“复制与粘贴”命令　　B．“标签”命令

C．“邮件合并”命令　　D．“信封”命令

7．Word 中使用哪种视图既可编辑文本，设置文本格式，也可以显示文档的分栏格式（　　）（3 分）

A．草稿视图　　B．Web 视图　　C．大纲视图　　D．页面视图

8．Word 2010 所认为的字符不包括（　　）（2 分）

A．汉字　　B．数字　　C．特殊字符　　D．图片

9．Excel 2010 中，如需实现单元格区域内的统计功能，应使用函数（　　）。（2 分）

A．SUM　　B．SUMIF　　C．COUNT　　D．PMT

10．在 Excel 2010 中，按（　　）组合键可将单元格中输入的内容进行分段。（2 分）

A．Ctrl+Enter　　B．Alt+Enter　　C．Shift+Enter　　D．Tab+Enter

11．关于 Excel 2010 中删除工作表的叙述错误的是（　　）。（2 分）

A．误删了工作表可单击工具栏的“撤消”按钮撤消删除操作

B．右击当前工作表标签，再从快捷菜单中选“删除”可删除当前工作表

C．执行“开始”→“删除工作表”命令可删除当前工作表

D．工作表的删除是永久性删除，不可恢复

12．Excel 2010 中，在对某个数据库进行分类汇总之前，必须（　　）。（2 分）

A．不应对数据排序　　B．使用数据记录单

C．应对数据库的分类字段进行排序　　D．设置筛选条件

13．Excel 2010 中，如果删除的单元格是其他单元格的公式所引用的，这些公式将会显示（　　）。(2 分)

A．#####!　　B．#REF!　　C．#VALUE!　　D．#NUM!

14．已知单元格 A1 中存有数值 563.68，若输入函数=INT(A1)，则该函数值为（　　）。(2 分)

A．563.7　　B．563.78　　C．563　　D．563.8

15．在 Excel 2010 中，要在某单元格中输入 1/5，应该输入（　　）。(3 分)

A．“#1/5”　　B．“0 1/5”　　C．“1/5”　　D．“0.2”

16．PowerPoint 2010 文件的扩展名为（　　）。(2 分)

A．.ppt　　B．.pptx　　C．.pps　　D．.pot

17．以下关于可在 PowerPoint 2010 中插入的图片来源，错误的是（　　）。(2 分)

A．来自打印机的图片　　B．来自文件中的图片

C．剪贴画　　D．移动硬盘上的图片

18．PowerPoint 2010 中，如果需要大致浏览幻灯片的顺序与缩略图，不需要编辑幻灯片中的内容，可使用（　　）(2 分)

A．普通视图　　B．阅读视图　　C．幻灯片浏览视图　　D．备注视图

19．关于幻灯片母版操作，在标题区或文本区添加各幻灯片都能够共有文本的方法是（　　）。(2 分)

A．单击直接输入　　B．选择带有文本占位符的幻灯片版式

C．使用文本框　　D．使用模板

20．以下哪一项功能，不是 PowerPoint 2010 中新增的功能（　　）。(2 分)

A．将幻灯片组织为逻辑节　　B．将幻灯片文件另存为放映方式

C．剪裁视频　　D．将演示文稿转换为视频

二、多项选择题

1．在利用“邮件合并”创建批量文档前，首先应创建（　　）。(2 分)

A．主文档　　B．标题　　C．数据源　　D．正文

2．制表符有（　　）。(2 分)

A．左对齐制表符　　B．居中对齐制表符　　C．右对齐制表符　　D．小数点和竖线对齐制表符

3．在 Word 2010 中，若要对选中的文字设置上下标效果，下列操作正确的有（　　）。(2 分)

A．“段落”对话框中设置　　B．“格式”对话框中设置

C．“开始”标签下“字体”功能区中设置　　D．“字体”对话框中设置

4．Word 2010 的“保存并发送”功能，可以（　　）。(3 分)

A．使用电子邮件发送　　B．保存为 Web 页

C．发布为博客文章　　D．保存到 SharePoint

5．在 Word 2010 打印设置中，可以进行以下哪些属性设置（　　）。(2 分)

A．打印到文件　　B．手动双面打印　　C．按纸型缩放打印　　D．设置打印页码

6．建立 Excel 工作表时，如在单元格中输入（　　）是不正确的公式形式。(2 分)

A．A1*D2+100　　B．A1+A8　　C．SUM(A1:D1)　　D．=1.57*Sheet2!B2

7．在 Excel 单元格中输入数值 3000，与它相等的表达式是（　　）。(3 分)

A．300000%　　B．=3000/1　　C．30E+2　　D．=average(Sum(3000,3000))

8．下列关于 Excel 2010 的“排序”功能，说法正确的有（　　）。(3 分)

A．可以按行排序　　B．可以按列排序

C．最多允许有三个排序关键字　　D．可以自定义序列排序

9．以下关于 Excel 2010 的排序功能，说法正确的有（　　）。(3 分)

A．按数值大小　　B．按单元格颜色　　C．按字体颜色　　D．按单元格图标

10．在 Excel 2010 的打印设置中，可以设置打印的是（　　）。(2 分)

A．打印单元格　　B．打印设置的选定区域

C．打印工作簿　　　　　　　　　　D．打印当前工作表

11．以下关于 PowerPoint 2010 文档新建的方法，说法正确的有（　　）。（2 分）

A．新建“空白演示文稿”　　　　　　B．根据“样本模板”新建

C．根据主题新建　　　　　　　　　D．根据现有内容新建

12．PowerPoint 2010 中幻灯片的母版类型有（　　）。（2 分）

A．幻灯片母版　　B．讲义母版　　C．备注母版　　D．普通母版

13．组织结构图是公司内部成员关系的一种很好的描述方法，描述各元素之间关系的有（　　）。（3 分）

A．下属　　B．同事　　C．助手　　D．经理

14．PowerPoint 2010 中，关于幻灯片母版的主要用途，说法错误的有哪些（　　）。（2 分）

A．隐藏幻灯片　　　　　　　　　　B．制作相同标记等内容的幻灯片

C．删除幻灯片　　　　　　　　　　D．可设置同样的放映效果

15．下列关于 PowerPoint 2010“将演示文稿打包成 CD”说法正确的有（　　）。（3 分）

A．包中可以链接或嵌入项目，例如视频、声音和字体

B．包中可以包括添加到包的所有其他文件

C．利用 Microsoft PowerPoint Viewer 可以播放此打包后的文档

D．可以创建一个包以便其他人可以在大多数计算机上观看此演示文稿

三、判断题

1．在 Word 2010 中，需要跟踪超链接时，可按住 Ctrl 键再使用鼠标左键单击链接文本（　　）。（2 分）

2．在 Word 2010 中，左对齐和两端对齐的效果是相同的（　　）。（2 分）

3．对于 Word 表格的删除操作，只需先选中表格，然后按删除键即可（　　）。（2 分）

4．Word 2010 的页眉页脚中，不仅可以插入图片，还可设置图片的格式（　　）。（2 分）

5．Excel 2010 单元格中输入=9>(7-4)，将显示 False（　　）。（2 分）

6．可以通过单元格数据格式自定义，将 0.5 显示为 1/2（　　）。（2 分）

7．Excel 2010 中默认打印的是整个工作簿（　　）。（2 分）

8．PowerPoint 2010 中，在放映幻灯片时使用绘图笔在幻灯片上画的颜色不能被清除（　　）。（2 分）

9．PowerPoint 2010 的页面设置中，可以调整幻灯片的具体显示尺寸（　　）。（2 分）

10．PowerPoint 提供了在幻灯片放映时播放声音、音乐和影片的功能，通过在演示文稿中插入声音和影片对象，可使演示文稿更富有感染力（　　）。（2 分）

实际操作部分

第一部分　Word 2010 操作题

【操作要求】

1．将第一个段落（即标题）格式设置为：字体为“华文隶书”，字号为“一号”。文字效果设置为：“渐变填充-蓝色，强调文字颜色 1”。段后间距 1 行。（3 分）

2．将第二、三个段落设置为：首行缩进 2 字符，段后间距设置为 0.5 行。（2 分）

3．使用“文本转换成表格”功能，“文字分隔位置”选择“制表符”，将“附录: 2006 年前三季度 MSD 汽车公司中国市场零售销量”下面的内容转换成表格，适当调整列宽及行高。（4 分）

4．设置该表格的样式为：“浅色网格-强调文字颜色 1”。（1 分）

5．插入图片“PWORDA3_1.jpg”，图片放在页面的左上角；插入图片“PWORDA3_2.jpg”，放在页面的右上角，图片的自动换行为“四周环绕”。（1 分）

6．为文档设置页面边框，边框线型为任选。（1 分）

【素材文字】

汽车销售报告

1．MSD 汽车公司是世界最大的汽车企业之一。它的汽车品牌有林特（Lind）、佛肯（Forlorn）、星火（Mercury）、鼎马（Timer）、暴截（ganja）、大仔马（Derma）、lovely 和护路（Land Rover）。此外，公司还开展了汽车信贷（MAK Credit）业务。MSD 汽车公司的制造和装配业务遍及 30 多个国家，产品行销 200 多个国家和地区。2008 年 MSD 汽车公司度过了它的百年华诞。

2．2006 年前三季度，MSD 汽车公司中国市场零售总销量达到 114, 685 台，相比去年同期增幅达到 105.5%，在中国汽车市场居领先地位。2006 年 1 月到 9 月，国产和进口的乘用及商用 MSD 品牌汽车销售总量同比增长达到 111%，总量达到 106, 237 台。

附录：2006 年前三季度 MSD 汽车公司中国市场零售销量

	2005 年 1 到 9 月	2006 年 1 到 9 月	同比增长幅度
MSD 品牌/林特	50,684 台	106,523 台	+110%
MSD 大仔马汽车	35,585 台	87,930 台	+147%
MAK 汽车集团	5,123 台	8, 162 台	+59%
MSD 汽车销售总量	55,807 台	114,685 台	+105.5%

【参考样张】

Word 2010 实操题样张如图 1 所示。

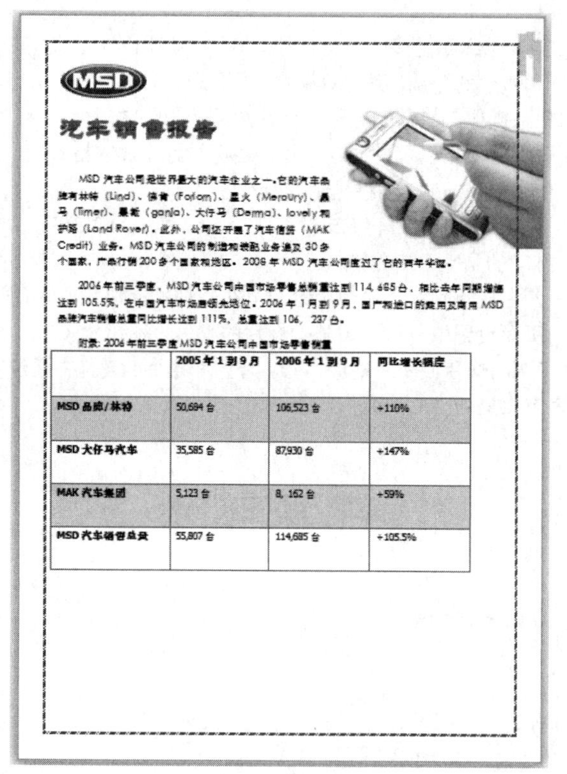

MSD

汽车销售报告

MSD 汽车公司是世界最大的汽车企业之一。它的汽车品牌有林特（Lind）、佛肯（Forlorn）、星火（Mercury）、鼎马（Timer）、暴截（ganja）、大仔马（Derma）、lovely 和护路（Land Rover）。此外，公司还开展了汽车信贷（MAK Credit）业务。MSD 汽车公司的制造和装配业务遍及 30 多个国家，产品行销 200 多个国家和地区。2008 年 MSD 汽车公司度过了它的百年华诞。

2006 年前三季度，MSD 汽车公司中国市场零售总销量达到 114, 685 台，相比去年同期增幅达到 105.5%，在中国汽车市场居领先地位。2006 年 1 月到 9 月，国产和进口的乘用及商用 MSD 品牌汽车销售总量同比增长达到 111%，总量达到 106, 237 台。

附录：2006 年前三季度 MSD 汽车公司中国市场零售销量

	2005 年 1 到 9 月	2006 年 1 到 9 月	同比增长幅度
MSD 品牌/林特	50,684 台	106,523 台	+110%
MSD 大仔马汽车	35,585 台	87,930 台	+147%
MAK 汽车集团	5,123 台	8, 162 台	+59%
MSD 汽车销售总量	55,807 台	114,685 台	+105.5%

图 1　Word 2010 样张

第二部分　Excel 2010 操作题

【操作要求】

一、设置单元格格式（8 分）

在“1．格式设置”工作表中进行格式设置，效果如图 2 所示，要求如下：

1．设置标题行，将标题行（A1:G1）合并居中（1 分），并将标题文字“2012 年外贸专业学生英语考试成绩统计表”设置为：

（1）华文楷体 18 号，加粗、字体颜色：水绿色，强调颜色文字 5。（1 分）

（2）填充颜色：白色，背景 1，深色 5%。（1 分）

2．设置工作表第 2 行到第 32 行（A2:G32）区域框线，要求：外框线为双线、内框线为单细线。并将该区域文本的对齐方式设置为水平、垂直方向均“居中”对齐。（2 分）

3．设置 A3:A32 单元格的数据有效性为“文本长度”，长度等于 3，用智能填充填写“编号”列（A3:A32），使编号按 001，002，003，……030 以填充序列方式填写。（2 分）

4．对“口语”列（F3:F32）进行条件格式设置，将单元格数值大于 89 的单元格格式设置为“浅红填充色深红色文本”。（1 分）

二、制作图表（8 分）

在“2．图表”工作表中，制作图表，效果如图 3 所示，要求如下：

1．以各班级“阅读”、“听力”、“口语”和“写作”平均成绩为数据制作图表。

2．图表类型选择“柱形图”→“簇状圆柱图”。（3 分）

3．图表放置在当前工作表中，并进行“切换行/列”。（1 分）

4．图表标题：英语单项平均成绩比较图。（1 分）

主要横坐标轴标题：单项。（1 分）

主要纵坐标轴标题：分数。（1 分）

在底端显示图例。（1 分）

三、简单公式和函数应用（10 分）

在“3．基本计算”工作表中，完成如下计算，效果如图 4 所示，要求如下：

1．用 SUM 函数计算每个学生的总分。（2 分）

2．在“统计”表格中进行如下计算：

（1）在 K2 单元格中用 COUNTA 函数统计学生总人数。（2 分）

（2）在 K3 单元格中统计“阅读”最高分。（2 分）

（3）在 K4 单元格中统计“阅读”最低分。（2 分）

（4）在 K5 单元格中统计“阅读”平均分。（2 分）

四、综合应用（14 分）

在“4．综合应用”工作表中，完成如下计算，效果如图 5 所示，要求如下：

1．用 IF 函数计算每个学生英语等级情况，条件见单元格区域 G2:H5。（4 分）

要求：在该函数使用过程中必须使用“>”大于号。

2．在 H10 单元格中，用 VLOOKUP 函数查询各学生的总分（4 分）

要求 1：当在 G10 单元格中选择学生学号（该单元格已对学号设置数据有效性）时，在 H10 单元格中能显示相应学号学生的总分，效果如 Excel1.pdf 所示。

要求 2：VLOOKUP 函数的第二个参数要使用区域命名的方法实现（提示：即 A2:D21 区域），区域名必须以“CX”命名。（提示：定义名称相关选项在“公式”选项卡中）

3．在 H13 单元格中用 COUNTIF 函数计算男生总人数，（2 分）在 H14 单元格中用 COUNTIFS 函数计算总分高于（含等于）300 分的男生人数。（4 分）

提示：COUNTIF 函数和 COUNTIFS 函数中的条件要直接用文字表示，不要用单元格地址替代。

【素材文字】

1．“格式设置”工作表中内容如下：

2012 年外贸专业学生英语考试成绩统计表

编号	专业	姓名	阅读	听力	口语	写作
	外贸	何湘萍	90	89	80	88
	外贸	黄莉	78	67	70	66

续表

编号	专业	姓名	阅读	听力	口语	写作
	外贸	刘伟良	87	94	60	96
	外贸	江小玲	68	61	80	71
	外贸	梁春媚	80	89	61	78
	外贸	付晓	53	75	72	94
	外贸	范文辉	99	58	64	99
	外贸	刘海斌	51	53	95	92
	外贸	张宇	86	82	70	67
	外贸	曾海玲	84	78	59	82
	外贸	王卉	89	65	83	53
	外贸	陈巧媚	100	71	95	95
	外贸	宋亮	93	71	100	88
	外贸	康永平	62	70	81	58
	外贸	叶运南	76	65	92	52
	外贸	王盼盼	88	66	92	70
	外贸	张佩师	66	68	59	97
	外贸	罗益美	51	81	65	88
	外贸	曾慧	71	74	84	81
	外贸	李翠莲	65	80	81	71
	外贸	梁庆蕊	58	90	78	82
	外贸	刁月媚	91	95	93	99
	外贸	刘舒	68	57	80	85
	外贸	温莉敏	82	68	87	99
	外贸	廖淑芳	70	79	55	92
	外贸	徐大磊	98	79	51	84
	外贸	梁冬燕	98	75	76	78
	外贸	张东敏	87	96	51	64
	外贸	张薇	88	96	90	86
	外贸	李仲秋	92	82	96	84

2．“制作图表”工作表内容如下：

英语各单项平均成绩登记表

班级	阅读	听力	口语	写作
1 班	95	83	78	87
2 班	88	89	81	79
3 班	83	91	75	82
4 班	92	80	83	85

3．“基本计算”工作表内容如下：

学号	姓名	性别	阅读	听力	口语	写作	总分
04302101	杨妙琴	女	92	65	70	62	
04302102	周凤连	女	86	42	60	91	
04302103	白庆辉	男	73	71	46	76	

续表

学号	姓名	性别	阅读	听力	口语	写作	总分
04302104	张小静	女	75	99	75	94	
04302105	郑敏	女	79	88	78	92	
04302106	文丽芬	女	81	69	93	83	
04302107	赵文静	女	85	65	96	70	
04302108	甘晓聪	男	98	53	36	78	
04302109	廖宇健	男	82	74	35	67	
04302110	曾美玲	女	91	67	缺考	63	
04302111	王艳平	女	99	98	47	98	
04302112	刘显森	男	82	86	96	97	
04302113	黄小惠	女	78	81	76	90	
04302114	黄斯华	女	61	47	94	95	
04302115	李平安	女	53	77	91	79	
04302116	彭秉鸿	女	66	87	72	98	
04302117	林巧花	女	92	41	82	73	
04302118	吴文静	女	82	75	92	96	
04302119	何军	女	60	77	83	89	
04302120	赵宝玉	女	53	96	34	62	

统计	
学生总人数	
阅读最高分	
阅读最低分	
阅读平均分	

4．“综合应用”工作表内容如下：

学号	姓名	性别	总分	等级
04302101	杨妙琴	女	289	
04302102	周凤连	女	279	
04302103	白庆辉	男	266	
04302104	张小静	女	343	
04302105	郑敏	男	337	
04302106	文丽芬	女	326	
04302107	赵文静	女	316	
04302108	甘晓聪	男	265	
04302109	廖宇健	男	258	
04302110	曾美玲	女	221	
04302111	王艳平	男	342	

续表

学号	姓名	性别	总分	等级
04302112	刘显森	男	361	
04302113	黄小惠	女	325	
04302114	黄斯华	女	297	
04302115	李平安	女	300	
04302116	彭秉鸿	女	323	
04302117	林巧花	女	288	
04302118	吴文静	女	345	
04302119	何军	男	309	
04302120	赵宝玉	女	245	

等级	
400>=总分>=350	A
350>总分>=300	B
300>总分>=240	C
其他	D

按学号查询总分

学号	总分
04302101	

统计

男生总人数	
总分高于 300 分的男生人数	

【参考样张】

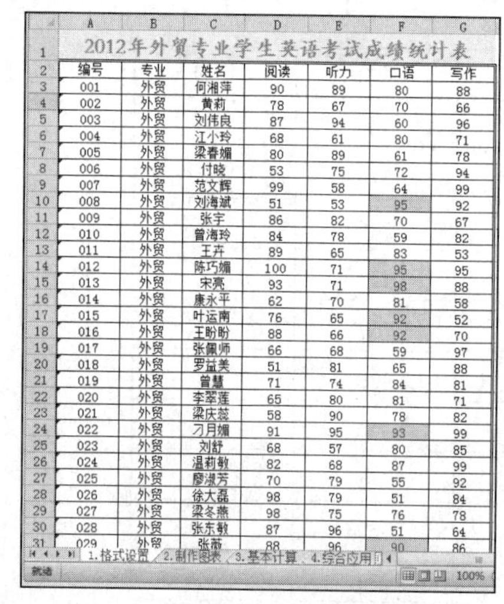

2012年外贸专业学生英语考试成绩统计表

编号	专业	姓名	阅读	听力	口语	写作
001	外贸	何湘萍	90	89	80	88
002	外贸	黄莉	78	67	70	66
003	外贸	刘伟良	87	94	60	96
004	外贸	江小玲	68	61	80	71
005	外贸	梁春媚	80	89	61	78
006	外贸	付晓	53	75	72	94
007	外贸	范文辉	99	58	64	99
008	外贸	刘海斌	51	53	95	92
009	外贸	张宇	86	82	70	67
010	外贸	曾海玲	84	78	59	82
011	外贸	王卉	89	65	83	53
012	外贸	陈巧媚	100	71	95	95
013	外贸	宋亮	93	71	98	88
014	外贸	康永平	62	70	81	58
015	外贸	叶运南	76	65	92	52
016	外贸	王盼盼	88	66	92	70
017	外贸	张佩师	66	68	59	97
018	外贸	罗益美	51	81	65	88
019	外贸	曾慧	71	74	84	81
020	外贸	李翠莲	65	80	81	71
021	外贸	梁庆蕊	58	90	78	82
022	外贸	刁月媚	91	95	93	99
023	外贸	刘舒	68	57	80	85
024	外贸	温莉敏	82	68	87	99
025	外贸	廖淑芳	70	79	55	92
026	外贸	徐大磊	98	79	51	84
027	外贸	梁冬燕	98	75	76	78
028	外贸	张东敏	87	96	51	64
029	外贸	张薇	88	96	90	86

图 2 “格式设置”工作表样张

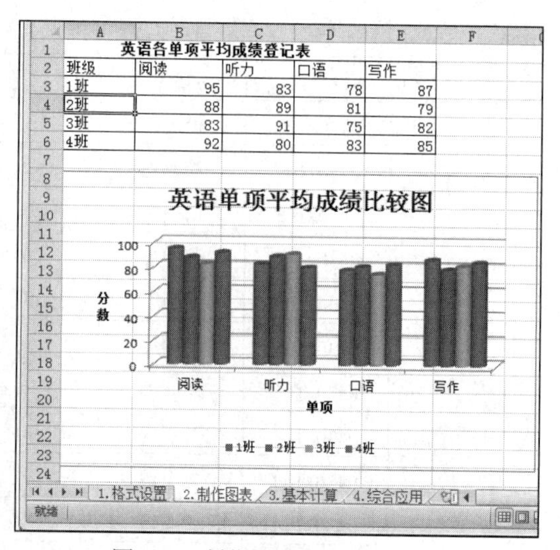

英语各单项平均成绩登记表

班级	阅读	听力	口语	写作
1班	95	83	78	87
2班	88	89	81	79
3班	83	91	75	82
4班	92	80	83	85

图 3 “制作图表”工作表样张

学号	姓名	性别	阅读	听力	口语	写作	总分
04302101	杨妙琴	女	92	65	70	62	289
04302102	周凤连	女	86	42	60	91	279
04302103	白庆辉	男	73	71	46	76	266
04302104	张小静	女	75	99	75	94	343
04302105	郑敏	女	79	88	78	92	337
04302106	文丽芬	女	81	69	93	83	326
04302107	赵文静	女	85	65	96	70	316
04302108	甘晓聪	男	98	53	36	78	265
04302109	廖宇健	男	82	74	35	67	258
04302110	曾美玲	女	91	67	缺考	63	221
04302111	王艳平	女	99	98	47	98	342
04302112	刘显森	男	82	86	96	97	361
04302113	黄小惠	女	78	81	76	90	325
04302114	黄斯华	女	61	47	94	95	297
04302115	李平安	女	53	77	91	79	300
04302116	彭秉鸿	女	66	87	72	98	323
04302117	林巧花	女	92	41	82	73	288
04302118	吴文静	女	82	75	92	96	345
04302119	何军	女	60	77	83	89	309
04302120	赵宝玉	女	53	96	34	62	245

统计	
学生总人数	20
阅读最高分	99
阅读最低分	53
阅读平均分	78

1.格式设置　2.制作图表　3.基本计算　4.综合应用

图 4 “基本计算”工作表样张

学号	姓名	性别	总分	等级
04302101	杨妙琴	女	289	C
04302102	周凤连	女	279	C
04302103	白庆辉	男	266	C
04302104	张小静	女	343	B
04302105	郑敏	男	337	B
04302106	文丽芬	女	326	B
04302107	赵文静	女	316	B
04302108	甘晓聪	男	265	C
04302109	廖宇健	男	258	C
04302110	曾美玲	女	221	D
04302111	王艳平	男	342	B
04302112	刘显森	男	361	A
04302113	黄小惠	女	325	B
04302114	黄斯华	女	297	C
04302115	李平安	女	300	B
04302116	彭秉鸿	女	323	B
04302117	林巧花	女	288	C
04302118	吴文静	女	345	B
04302119	何军	男	309	B
04302120	赵宝玉	女	245	C

等级	
400>=总分>=350	A
350>总分>=300	B
300>总分>=240	C
其它	D

按学号查询总分

学号	总分
04302101	289

统计

男生总人数	7
总分高于300分的男生人数	4

1.格式设置　2.制作图表　3.基本计算　4.综合应用

图 5 “综合应用”工作表样张

第三部分 PowerPoint 2010 操作题

【操作要求】

1．删除第 6 张幻灯片（标题为：高等教育）(1 分)

2．对第 3 张幻灯片（标题为：总体概况）应用 “两栏内容” 的版式（2 分），然后在该幻灯片的右侧插入“TPPT2_1.JPG”图片（2 分），设置图片样式为“柔化边缘矩形”。(1 分)

3．为所有幻灯片应用“相邻”主题。(2 分)

4．应用母版将幻灯片母板标题样式文字字号设置为 44（1 分），居中对齐（1 分），并应用母板在幻灯片左上角插入图片“TPPT2_1.JPG”，图片位置和大小参照样例。(2 分)

5．为第 6 张幻灯片（标题为：特色小吃）的 6 张图片设置“擦除”动画效果（2 分），效果选项设置为：与上一张动画片同时，延时 0 秒，如图 6 所示。(2 分)

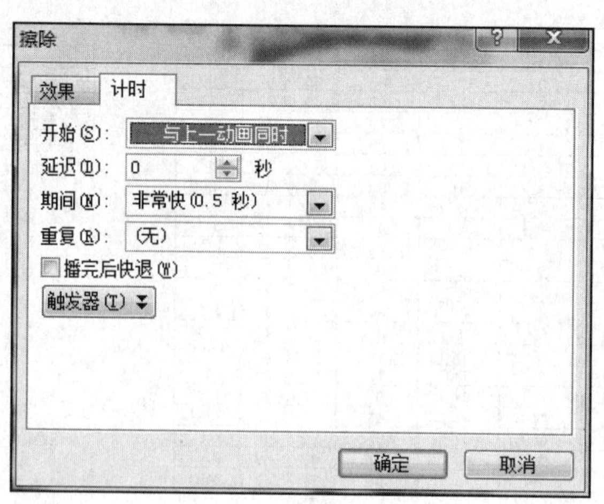

图 6　动画效果设置

6．选择标题为“目录”的第 2 张幻灯片，为文字“特色小吃”添加超级链接，链接到同名标题的幻灯片中。（2 分）

7．将第 5 张幻灯片内容占位符中文字转换为类型为“基本日程表”的 SmartArt 图形。（2 分）

【素材文字】

1．第 1 张幻灯片文字：标题为“美丽西安”，副标题文字“漫步古城西安 享西北美食”。

2．第 2 张幻灯片文字：标题为“目录”，内容为“总体概况、地理环境、旅游景点、特色小吃”。

3．第 3 张幻灯片文字：标题为“总体概况”，内容为“西安（Xi'an，Hsian，Sian，Chang'an ，ちょうあん，시안 시），古称“长安”、“京兆”，是举世闻名的世界四大古都之一，是中国历史上建都朝代最多、影响力最大的都城，是中华文明的发扬地、中华民族的摇篮、中华文化的杰出代表。[1]有着“天然历史博物馆”的美誉。”

4．第 4 张幻灯片文字：标题为“地理环境”，内容分别为“西安市位于渭河流域中部关中盆地。”、“东经 107.40 度～109.49 度和北纬 33.42 度～34.45 度之间。”、“辖境东西长约 204 公里，南北宽约 116 公里。”、“面积 9983 平方公里，其中市区面积 1066 平方公里。”

5．第 5 张幻灯片文字：标题为“旅游景点”，SmartArt 图上文字内容从左到右分别是“秦始皇兵马俑博物馆”、“大雁塔”、“钟楼”、“大唐不夜城”、“小雁塔”、“陕西历史博物馆”。

6．第 6 张幻灯片文字：标题为“特色小吃”。

【参考样张】

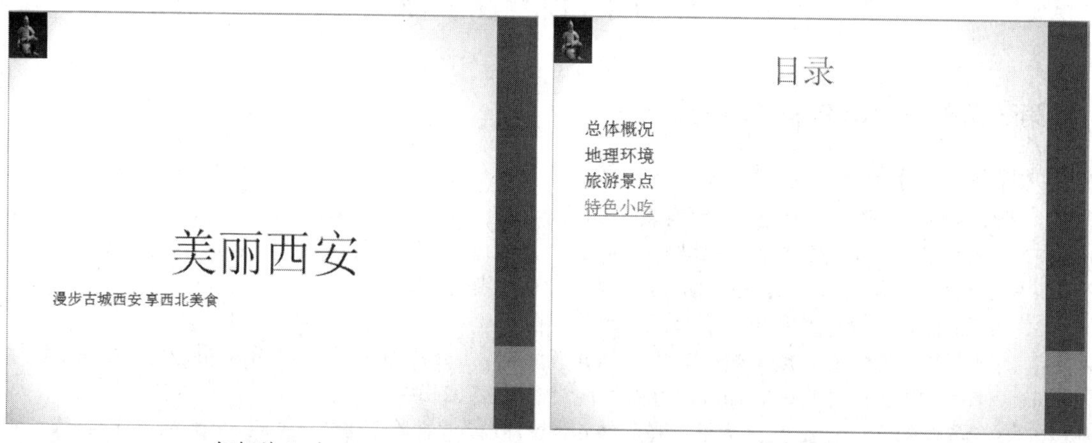

幻灯片 1　　幻灯片 2

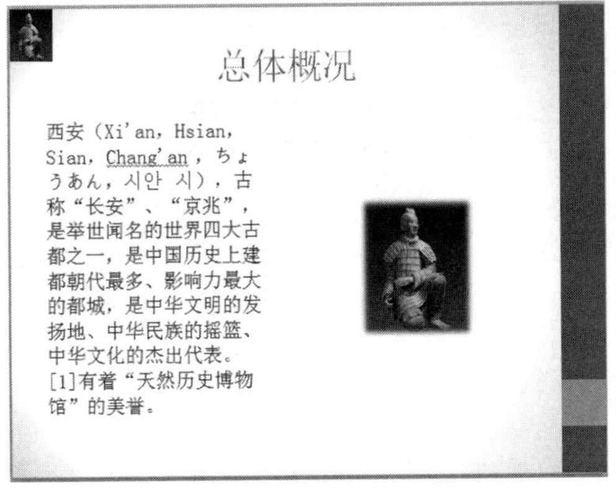

幻灯片 3

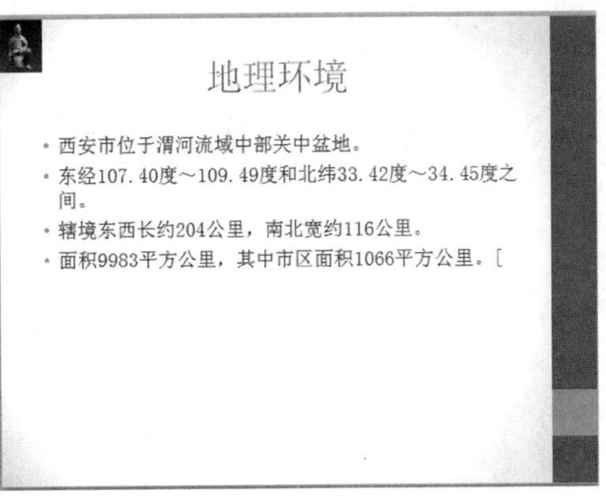

幻灯片 4

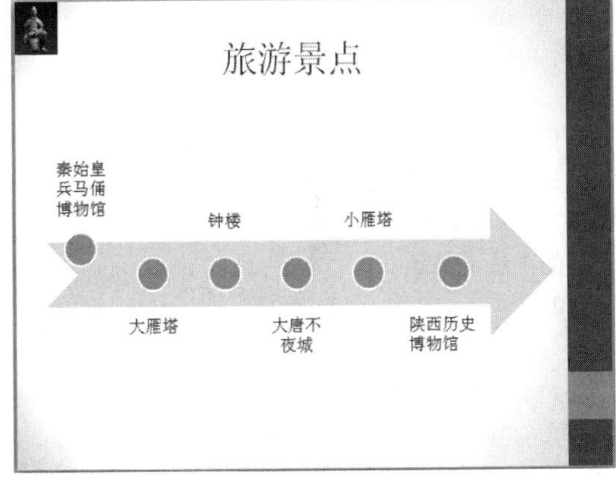

幻灯片 5

幻灯片 6

全国计算机等级考试（一级）模拟试题

一、选择题（每小题 1 分，共 20 分）

1．以下对计算机的分类，不正确的是（　　）。
　A．按使用范围可以分为通用计算机和专用计算机
　B．按性能可以分为超级计算机、大型计算机、小型计算机、工作站和微型计算机
　C．按 CPU 芯片可分为单片机、单板机、多芯片机和多板机
　D．按字长可以分为 8 位机、16 位机、32 位机和 64 位机

2．无符号二进制整数 l011000 转换成十进制数是（　　）。
　A．76　　B．78　　C．88　　D．90

3．十进制整数 86 转换成二进制整数是（　　）。
　A．01011110　　B．01010100　　C．010100101　　D．01010110

4．已知 3 个字符为：a、X 和 5，按它们的 ASCII 码值升序排序，结果是（　　）。
　A．5　　B．a<5　　C．X　　D．5

5．在标准 ASCII 码表中，英文字母 a 和 A 的码值之差的十进制值是（　　）。
　A．20　　B．32　　C．-20　　D．-32

6．计算机硬件系统的基本组成部分是（　　）。
　A．CPU、键盘和显示器　　B．主机和输入/输出设备
　C．CPU 和输入/输出设备　　D．CPU、硬盘、键盘和显示器

7．在下列设备中，不能作为计算机输出设备的是（　　）。
　A．打印机　　B．显示器　　C．鼠标器　　D．绘图仪

8．计算机上广泛使用的 Windows 7 是（　　）。
　A．多用户多任务操作系统　　B．单用户多任务操作系统
　C．实时操作系统　　D．多用户分时操作系统

9．下列软件中，属于应用软件的是（　　）。
　A．Windows 2010　　B．PowerPoint 2010　　C．UNIX　　D．Linux

10．组成微型计算机主机的硬件除 CPU 外，还有（　　）。
　A．RAM　　B．RAM、ROM 和硬盘
　C．RAM 和 ROM　　D．硬盘和显示器

11．在现代的 CPU 芯片中又集成了高速缓冲存储器（Cache），其作用是（　　）。
　A．扩大内存储器的容量　　B．解决 CPU 与 RAM 之间的速度不匹配问题
　C．解决 CPU 与打印机的速度不匹配问题　　D．保存当前的状态信息

12．下列叙述中，正确的是（　　）。
　A．内存中存放的是当前正在执行的应用程序和所需的数据
　B．内存中存放的是当前暂时不用的程序和数据
　C．外存中存放的是当前正在执行的程序和所需的数据
　D．内存中只能存放指令

13．假设某台计算机的内存容量为 256MB，硬盘容量为 40GB。硬盘容量是内存容量的（　　）。
　A．80 倍　　B．100 倍　　C．120 倍　　D．160 倍

14．下面关于 ROM 的叙述中，错误的是（　　）。
　A．ROM 中的信息只能被 CPU 读取

B．ROM 主要用来存放计算机系统的程序和数据

C．用户不能随时对 ROM 进行改写

D．ROM 一旦断电信息就会丢失

15．下面关于 USB 的叙述中，错误的是（　　）。

A．USB 接口的尺寸比并行接口大得多

B．USB 2.0 的数据传输率大大高于 USB 1.1

C．USB 具有热插拔与即插即用的功能

D．在 Windows 7 中，使用 USB 接口连接的外部设备（如移动硬盘、U 盘等）不需要驱动程序

16．在 CD 光盘上标记有 CD-RW 字样，此标记表明这个光盘（　　）。

A．只能写入一次，可以反复读出的一次性写入光盘

B．可多次擦除型光盘

C．只能读出，不能写入的只读光盘

D．RW 是 Read and Write 的缩写

17．目前主要应用于银行、税务、商店等的票据打印的打印机是（　　）。

A．针式打印机　　B．点阵式打印机　　C．喷墨打印机　　D．激光打印机

18．在计算机的配置中常看到 P4 2.4G 字样，其中数字 2.4G 表示（　　）。

A．处理器的时钟频率是 2.4GHz　　B．处理器的运算速度是 2.4GIPS

C．处理器是 Pentium4 第 2.4 代　　D．处理器与内存间的数据交换频率是 2.4GB/S

19．Modem 是计算机通过电话线接入 Internet 时所必须的硬件，它的功能是（　　）。

A．只将数字信号转换为模拟信号　　B．只将模拟信号转换为数字信号

C．为了在上网的同时能打电话　　D．将模拟信号和数字信号互相转换

20．根据域名代码规定，NET 代表（　　）。

A．教育机构　　B．网络支持中心　　C．商业机构　　D．政府部门

二、基本操作题（10 分）

注意：Windows 基本操作题，不限制操作的方式；下面出现的所有文件都必须保存在考生文件夹下。

1．在考生文件夹下创建名为 TAK.docx 的文件。

2．将考生文件夹下 XING\RUI 文件夹中的文件 SHU.exe 设置成只读属性，并撤销存档属性。

3．搜索考生文件夹下的 GE.xlsx 文件，然后将其复制到考生文件夹下的 WEN 文件夹中。

4．删除考生文件夹下 ISO 文件夹中的 MEN 文件夹。

5．将考生文件夹下 PLUS 文件夹中的 GUN.exe 文件建立名为 GUN 的快捷方式，存放在考生文件夹下。

三、汉字录入题（10 分）

请在“答题”菜单下选择“汉字录入”命令，启动汉字录入测试程序，按照题目上的内容输入汉字：1950 年，18 岁的奈保尔获政府奖学金，来到英国牛津大学专攻文学。大学期间，他的小说屡屡遭到退稿。父亲的帮助和鼓励使他矢志不移地坚持创作。1953 年，他的第一部小说出版了。这年，他的父亲去世。出版的“父子之间”收入了两人的往来书信。1954 年～1956 年，他担任了 BBC“加勒比之声”的栏目主持人。

四、Word 操作题（25 分）

请在“答题”菜单下选择“字处理”命令，打开图 1 所示的文档，然后按照题目要求完成相应操作，具体要求如下：

注意：下面出现的所有文件都必须保存在考生文件夹下。

（1）将标题段（“奇瑞 QQ 全线优惠扩大”）文字设置为小二号、黄色黑体、字符间距加宽 3 磅，并添加红色方框。设置正文各段落（“奇瑞 QQ 是目前……个性与雅趣。”）左右各缩进 2 字符，行距为 18 磅。

（2）插入页眉，并在页眉居中位置输入文字“车市新闻”。设置页面纸张大小为“A4”。

（3）将文中后 7 行文字转换成一个 7 行 4 列的表格，设置表格居中，并以“根据内容调整表格”选项自动调整表格，设置表格所有文字中部居中。设置表格外框线为 0.75 磅蓝色双窄实线、内框线为 0.5 磅蓝色单实线；设置表格第一行为黄色底纹；分别合并表格中第一行各单元格，第七行各单元格。

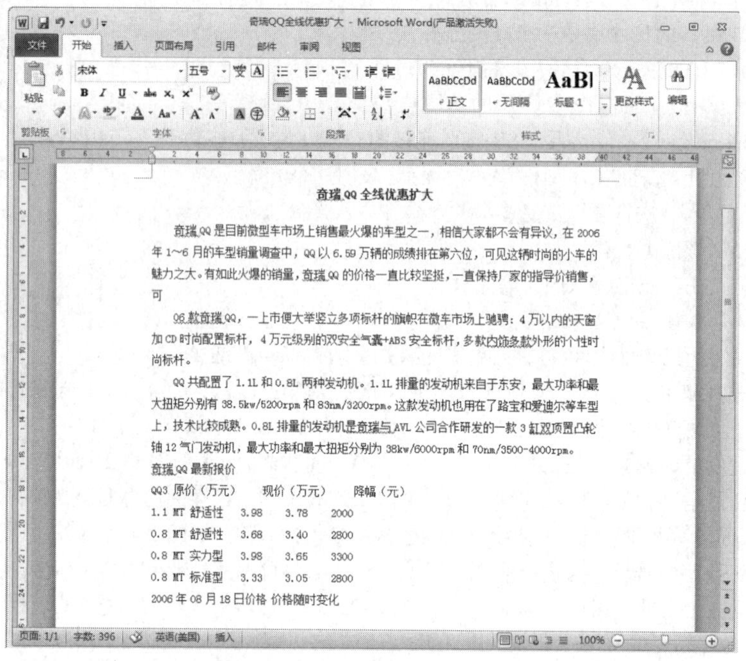
奇瑞 QQ 全线优惠扩大

奇瑞 QQ 是目前微型车市场上销售最火爆的车型之一，相信大家都不会有异议，在 2006 年 1～6 月的车型销量调查中，QQ 以 6.59 万辆的成绩排在第六位，可见这辆时尚的小车的魅力之大。有如此火爆的销量，奇瑞 QQ 的价格一直比较坚挺，一直保持厂家的指导价销售，可

QQ 款奇瑞 QQ，一上市便大举竖立多项标杆的旗帜在微车市场上驰骋：4 万以内的天窗加 CD 时尚配置标杆，4 万元级别的双安全气囊+ABS 安全标杆，多款内饰多款外形的个性时尚标杆。

QQ 共配置了 1.1L 和 0.8L 两种发动机。1.1L 排量的发动机来自于东安，最大功率和最大扭矩分别有 38.5kw/5200rpm 和 83nm/3200rpm。这款发动机也用在了路宝和爱迪尔等车型上，技术比较成熟。0.8L 排量的发动机是奇瑞与 AVL 公司合作研发的一款 3 缸双顶置凸轮轴 12 气门发动机，最大功率和最大扭矩分别为 38kw/6000rpm 和 70nm/3500-4000rpm。

奇瑞 QQ 最新报价
QQ3 原价（万元） 现价（万元） 降幅（元）
1.1 MT 舒适性 3.98 3.78 2000
0.8 MT 舒适性 3.68 3.40 2800
0.8 MT 实力型 3.98 3.65 3300
0.8 MT 标准型 3.33 3.05 2800
2006 年 08 月 18 日价格 价格随时变化

图 1

五、Excel 操作题（15 分）

请在“答题”菜单下选择“电子表格”命令，然后按照题目要求再打开相应的命令，完成下面的内容。具体要求如下：

注意：下面出现的所有文件都必须保存在考生文件夹下。

1．在考生文件夹下打开 Excel.xlsx 文件，如图 2 所示，将 Sheetl 工作表的 Al:Gl 单元格合并为一个单元格，内容水平居中；计算“总成绩”列的内容和按“总成绩”递减次序的排名（利用 RANK 函数）；如果计算机原理、程序设计的成绩均大于或等于 75，在备注栏内给出信息“有资格”，否则给出信息“无资格”（利用 IF 函数实现）；将工作表命名为“成绩统计表”，保存 Excel.xlsx 文件。

	A	B	C	D	E	F	G
1	某高校学生考试成绩表						
2	学号	计算机基础知识	计算机原理	程序设计	总成绩	排名	备注
3	T1	89	74	75			
4	T2	77	73	73			
5	T3	92	83	86			
6	T4	67	86	45			
7	T5	87	90	71			
8	T6	71	84	95			
9	T7	70	78	83			
10	T8	79	67	80			
11	T9	84	50	69			
12	T10	55	72	69			

图 2

2．打开工作簿文件 Exc.xlsx，如图 3 所示，对工作表“图书销售情况表”内数据清单的内容按“经销部门”递增的次序排序，以分类字段为“经销部门”、汇总方式为“求和”、汇总项为“数量”和“销售额”进行分类汇总，汇总结果显示在数据下方，工作表名不变，保存为 Exc.xlsx 文件。

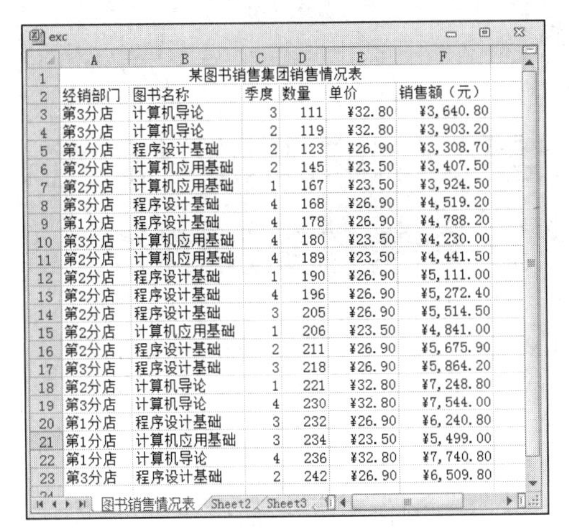

	A	B	C	D	E	F
1	某图书销售集团销售情况表					
2	经销部门	图书名称	季度	数量	单价	销售额（元）
3	第3分店	计算机导论	3	111	¥32.80	¥3,640.80
4	第3分店	计算机导论	2	119	¥32.80	¥3,903.20
5	第1分店	程序设计基础	2	123	¥26.90	¥3,308.70
6	第2分店	计算机应用基础	2	145	¥23.50	¥3,407.50
7	第2分店	计算机应用基础	1	167	¥23.50	¥3,924.50
8	第3分店	程序设计基础	4	168	¥26.90	¥4,519.20
9	第1分店	程序设计基础	4	178	¥26.90	¥4,788.20
10	第3分店	计算机应用基础	4	180	¥23.50	¥4,230.00
11	第2分店	计算机应用基础	4	189	¥23.50	¥4,441.50
12	第2分店	程序设计基础	1	190	¥26.90	¥5,111.00
13	第2分店	程序设计基础	4	196	¥26.90	¥5,272.40
14	第2分店	程序设计基础	3	205	¥26.90	¥5,514.50
15	第2分店	计算机应用基础	1	206	¥23.50	¥4,841.00
16	第2分店	程序设计基础	2	211	¥26.90	¥5,675.90
17	第3分店	程序设计基础	3	218	¥26.90	¥5,864.20
18	第2分店	计算机导论	1	221	¥32.80	¥7,248.80
19	第3分店	计算机导论	4	230	¥32.80	¥7,544.00
20	第1分店	程序设计基础	3	232	¥26.90	¥6,240.80
21	第1分店	计算机应用基础	3	234	¥23.50	¥5,499.00
22	第1分店	计算机导论	4	236	¥32.80	¥7,740.80
23	第3分店	程序设计基础	2	242	¥26.90	¥6,509.80

图 3

六、PowerPoint 操作题（10 分）

请在“答题”菜单下选择“演示文稿”命令，然后按照题目要求再打开相应的命令，完成下面的内容。具体要求如下：

注意：下面出现的所有文件都必须保存在考生文件夹下。

打开考生文件夹下的演示文稿“太空简介.pptx”，如图 4 所示，按照下列要求完成对此文稿的修饰与保存。

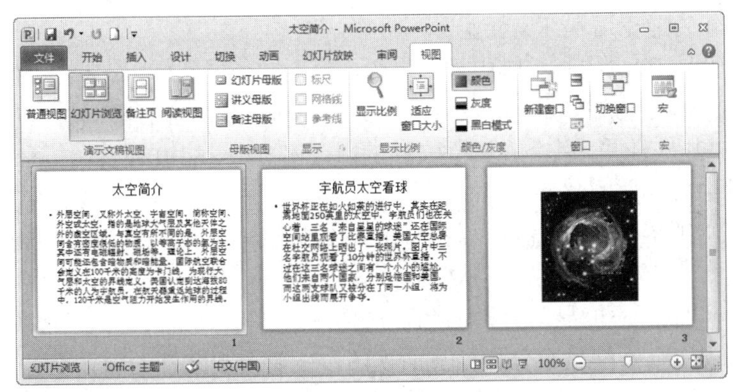

图 4

1．使用“穿越”主题修饰全文，全部幻灯片切换效果为“溶解”。

2．第二张幻灯片的版式改为“两栏内容”，将第三张幻灯片中的图片插入到第二张幻灯片的右侧内容区域。文本部分设置字体为“楷体 GB2312”，字号为 27 磅，颜色为红色（请用自定义标签的红色 250、绿色 0、蓝色 0），图片动画设置为“进入效果基本型随机效果”，移动第二张幻灯片，使之成为第一张幻灯片。删除第三张幻灯片。

七、上网题（10 分）

请在“答题”菜单下选择相应的命令，完成下面的内容。

注意：下面出现的所有文件都必须保存在考生文件夹下。

1．接收来自小刘的邮件，将邮件中的附件“Panda.jpg”保存在考生文件夹下，并回复该邮件，主题为：“照片已收到”，正文内容为：“看到你寄来的大熊猫照片，非常漂亮，今年我们也一定去看大熊猫。”

2．打开 http: //www/web/itedu.htm 页面，打开“操作系统”栏，找到“声明”的介绍，新建文本文件 XE.txt，并将网页中的介绍内容复制到文件 XE.txt 中，并保存在考生文件夹下。

附录 1　工信部 COIE 职业认证考试模拟试题参考答案及解析

一、单项选择题

1．B 解析：格式刷相当于复制的作用，不过它复制的是文本的格式而不是文本的内容。使用格式刷可以快速的设置文本格式，包括字体、颜色、行距等内容。双击格式刷按钮可以多次应用。

2．D 解析：若要检查文件中的拼写和语法错误，可以按 F7 键。

3．A 解析：Word 共提供了 4 种不同的缩进方式：左缩进、右缩进、首行缩进和悬挂缩进，使用鼠标拖动标尺上的缩进标记可以设置段落的缩进，标尺顶部的三角形标记代表首行缩进，标尺底部的三角形标记代表悬挂缩进。

4．D 解析：水印用来在文档文本的下面打印出文字或图形。图形、艺术字、截图都插在页面的层次，不作为背景出现在文档中。

5．D 解析：可以在页眉和页脚中插入页码、日期、公司徽标、文档标题、文件名、作者名等文字或图形。也可根据实际情况设置奇偶页不同的页脚内容与格式。

6．C 解析："邮件合并"就是在邮件文档的固定内容中，合并与发送信息相关的一组通信资料，从而批量生成需要的邮件文档，因此大大提高工作的效率。给每位学员发送一份《期末成绩通知单》，实际上就是把姓名、期末成绩等数据域添加到成绩单主文档中，利用邮件合并命令最简单。

7．D 解析：草稿，不能显示分栏、页眉和页脚、首字下沉等效果；Web 视图，不能显示分栏效果；大纲视图，不能显示分栏；页面视图，主要用于文档的版面设计，可以设置页眉和页脚、分栏、首字下沉、页边距等。

8．D 解析：Word 2010 中可插入的字符包括汉字、数字、字母、特殊符号等，图片不作为字符对象。

9．C 解析：SUM 计算单元格区域中所有数值的和，SUMIF 对满足条件的单元格求和，COUNT 计算区域中包含数字的单元格的个数，PMT 计算在固定利率下，贷款的等额分期偿还额

10．B 解析：固定使用方法。

11．A 解析：可以通过工作表快捷菜单删除工作表，也可以在"开始"选项卡的"单元格"组中选择对应的选项删除工作表，工作表删除后不能恢复，所以选项 A 错误。

12．C 解析：分类汇总是要按分类字段将同一类别的数据进行汇总，因此要求这些数据必须是相邻的，所以汇总前必须先对数据库的分类字段进行排序，然后再进行汇总。

13．B 解析：各错误产生的原因是：#####! 公式产生的结果太长，单元格容纳不下；#REF! 删除了其他公式引用的单元格或将移动单元格粘贴到由其他公式引用的地方；#VALUE!需要

数字或逻辑值时输入了文本，Excel 不能将文本转换成为正确的数据类型；#NUM!在需要数字参数的函数中用了不能接受的参数或公式产生的数字太大或太小，Excel 不能表示。

14．C 解析：INT 函数的功能是将数值向下取整为最接近的整数。

15．B 解析：分数的输入格式：<整数>空格<分子> /<分母>。

16．B 解析：PowerPoint 2010 是 Office 2010 中的一个组成部分，其文件扩展名为.pptx；ppt 是 PowerPoint 2003 版本的文件扩展名；pps 也是 PowerPoint 文件的扩展名，只是双击以 pps 为扩展名的演示文稿时会直接开始放映演示文稿，而不会进入 PowerPoint 工作界面；.pot 后缀名是 PowerPoint 的模板文件。

17．A 解析：PowerPoint 2010 中插入的图片可以从“插入”选项卡→“图像”组中选取，可以是“图片”，也可以是“剪贴画”，而“图片”的来源可以有多种，如：本地计算机中某磁盘内的图片文件、U 盘中的图片文件或是移动硬盘中的图片文件。

18．C 解析：PowerPoint 2010 有 4 种重要的视图模式，其中在“幻灯片浏览视图”中可对幻灯片进行移动、删除、复制操作，但不能修改幻灯片中的内容。“普通视图”中可以修改幻灯片内容。

19．C 解析：如果希望演示文稿中每一张幻灯片都有共同的内容部分，如共同的图片、共同的艺术字、共同的文本等，可在“幻灯片母版”中进行添加。题中要求有共同的“文本”，就需要在“幻灯片母版”中添加“文本框”并输入文本，这样演示文稿中的每一张幻灯片的相同位置便均有该“文本”了。

20．C 解析：PowerPoint 2010 中有许多新的功能，大致可以分为三大类：第一类，创建、管理并与他人协作处理演示文稿。其中包括：与同事共同创作演示文稿、将幻灯片组织成节形式、将幻灯片文件另存为放映方式等。第二类，使用视频、图片和动画来丰富演示文稿。其中包括：音频或视频剪辑、对图片应用艺术纹理和效果、使用三维动画图形效果切换等。第三类，有效地提供和共享演示文稿。其中包括：将演示文稿转换为视频、将鼠标变为激光笔等。

二、多项选择题

1．AC 解析：邮件合并的基本过程包括 3 个部分：建立主文档、创建数据源、合并文档与数据域，因此在利用“邮件合并”创建批量文档前，首先应创建主文档、数据源。

2．ABCD 解析：在 Word 2010 中，主要有如下 5 种制表符：左对齐式制表符└，右对齐式制表符┘，居中式制表符┴，小数点对齐式制表符┴.，竖线对齐式制表符 |。

3．CD 解析：在 Word 2010 中，若要对选中的文字设置上下标效果，可以选择“开始”→“字体”→标签启动器，在打开的“字体”对话框中设置；或者选择“开始”→“字体”组的相关按钮。

4．ABCD 解析：Word 2010 的“保存并发送”功能，可以使用电子邮件发送，保存为 Web 页，发布为博客文章或保存到 SharePoint。

5．BCD 解析：在 Word 2010 打印设置中，可以设置单面打印、手动双面打印、按纸型缩放打印和打印页码的范围。

6．ABC 解析：Excel 公式是指在单元格中实现计算功能的等式，所有的公式都必须以“=”号开头，后面是由运算符和操作数构成的表达式。其一般形式为：=<表达式>。

7．ABC 解析：300000%百分比格式，=3000/1 公式结果为 30000，30E+2 科学计数法，

=average(Sum(3000,3000))函数计算结果为 60000。

8．ABD 解析：如下图所示，在“排序”对话框中可以添加排序关键字，在“排序选项”中可以设置“方向”，如图 1 所示，所以 C 错误。

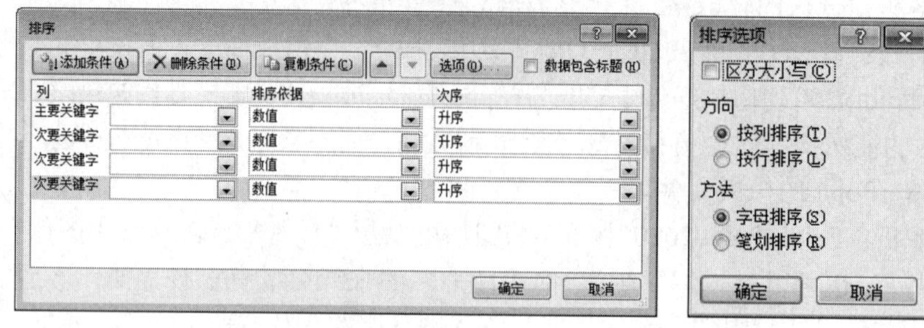

图 1

9．ABCD 解析：Excel 排序的依据可以选择“数值”、“单元格颜色”、“单元格图标”、“字体颜色”。

10．BCD 解析：如图 2 所示，在打印页面的设置下拉列表中可以选择打印范围，如打印整个工作簿、打印活动工作表、打印选定区域，但没有打印单元格。

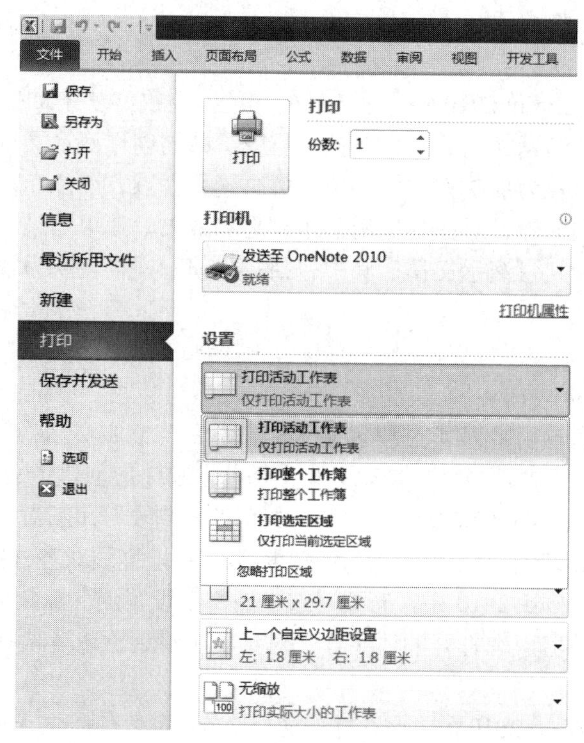

图 2

11．ABCD 解析：在演示文稿窗口，选择“文件”选项卡→“新建”命令，可以看到新建演示文稿的各种方法。

12．ABC 解析：在演示文稿窗口，选择“视图”选项卡→“母版视图”组，可以看到三种母版类型，“幻灯片母版”、“讲义母版”和“备注母版”。

13．ABC 解析：组织结构图形象的说明部门之间、成员之间的从属关系。在该题中描述公司成员间的组织结构图可以是上级与下属之间、同事与同事之间、领导与助手之间的从属关系。

14．ACD 解析：幻灯片母版的主要用途是可以在演示文稿的各幻灯片中插入相同的内容。

15．ABCD 解析：PowerPoint 提供的打包功能是将演示文稿编辑过程中所涉及的各种文件，包括演示文稿本身、媒体文件、图像文件、PowerPoint 播放器和链接对象的其他文件，打包成 CD 或复制到一个文件夹。放映演示文稿时，即使计算机中没有安装 PowerPoint，也可通过解包的方法来放映演示文稿。解包是指利用 Microsoft PowerPoint Viewer 来播放打包后的文档。

三、判断题

1．√解析：在 Word 2010 中，按住 Ctrl 键再使用鼠标左键单击链接文本可以跟踪超链接。

2．×解析：在 Word 2010 中，两端对齐是使文本左右两端同时对齐，并根据需要增加字符间距，与左对齐效果不同。

3．×解析：在 Word 文档中选中表格，然后按删除键删除的是表格的内容，不能删除表格。

4．√解析：可以在页眉和页脚中插入页码、日期、公司徽标等文字或图形，可以对图片等进行设置。

5．√解析：逻辑表达式结果错误，所以显示 FALSE。

6．√解析：打开“单元格格式”对话框，在“数字”选项卡的“分类”列表中选择“分数”，再选择对应的数据格式即可完成设置。

7．×解析：Excel 2010 中默认打印的是活动工作表。

8．×解析：在放映幻灯片时使用绘图笔在幻灯片上画的颜色可以通过如下方法清除：①右键单击播放的幻灯片，在快捷菜单的“指针选项”命令里选择“清除幻灯片中的所有墨迹”；②结束幻灯片放映时，会自动弹出对话框，提示用户是否保留痕迹，单击“放弃”按钮即可清除墨迹。

9．√解析：在演示文稿窗口中，打开“设计”选项卡，在“页面设置”组中选择“页面设置”按钮，打开“页面设置”对话框，在该对话框中可以设置“幻灯片大小”、幻灯片的“宽度”和“高度”、“幻灯片方向”与“备注、讲义和大纲方向”等。

10．√解析：演示文稿在编辑时为了增加其丰富的听觉和视觉效果，可以在设计幻灯片时添加图片、声音、动画、视频等对象，这些对象效果均可在放映演示文稿时呈现出来。

附录2　全国计算机等级考试（一级）模拟试题参考答案及解析

一、选择题

1．C 解析：按芯片可分为 286、386、486、Pentium、PII、PIII、Pentium4 和 Pentium D 机。分成单片机、单板机等，是按照结构划分的。

2．C 解析：二进制数转换成十进制数的方法是将二进制数按权展开：

$(1011000)_H=1\times2^6+0\times2^5+1\times2^4+1\times2^3+0\times2^2+0\times2^1+0\times2^0=88$

3．D 解析：十进制整数转二进制的方法是除 2 取余法。"除 2 取余法"：将十进制数除以 2 得一商数和一余数，再用商除以 2……以此类推，最后将所有余数从后往前排列。

4．D 解析：在 ASCII 码表中，根据码值由小到大的排列顺序是：控制符、数字符、大写英文字母、小写英文字母。

5．B 解析：在标准 ASCII 码表中，从 A～Z 共 26 个大写字母，后面还有 6 个符号，然后排列到 a，所以两者之间相差 32。

6．B 解析：计算机的硬件主要包括：CPU、存储器、输出设备和输入设备。CPU 和存储器又统称为主机。

7．C 解析：目前常用的输入设备有键盘、鼠标器、扫描仪等。

8．B 解析：Microsoft 公司开发的 DOS 是单用户单任务系统，而 Windows 操作系统则是单用户多任务系统，经过十几年的发展，已从 Windows 3.1 发展到目前的 Windows NT、Windows2000、Windows XP 和 Vista。

9．B 解析：为解决各类实际问题而设计的程序系统称为应用软件。例如：文字处理软件、表格处理软件、电子演示文稿等。

10．C 解析：内存又称为主存。CPU 与内存合在一起一般称为主机。存储器按功能可分为主存储器（简称内存或主存，如 RAM 和 ROM）和辅助存储器（简称辅存，如硬盘）。

11．B 解析：Cache 设置在 CPU 和主存储器之间，与 CPU 高速交换信息，尽量避免 CPU 不必要地多次直接访问慢速的主存储器，从而提高计算机系统的运行效率。

12．A 解析：内存中存放的是当前正在执行的应用程序和所需的数据。

13．D 解析：字节的容量一般用 KB、MB、GB、TB 来表示，它们之间的换算关系：1KB=1024B；1MB=1024KB；1GB=1024MB；1TB=1024GB。

14．D 解析：ROM 为只读存储器，只能读出不能写入。而 RAM 是随机存储器，其所存内容一旦断电就会丢失。

15．A 解析：一般而言，USB 接口的尺寸比并行接口小得多。

16．B 解析：光盘根据性能不同，可以分为 3 类：只读型光盘 CD-ROM、一次性写入光盘 CD-R 和可擦除型光盘 CD-RW。

17．A 解析：目前针式打印机主要应用于银行、税务、商店等的票据打印。

18．A 解析：在计算机的配置中常看到 P4 2.4G 字样，其中数字 2.4G 表示处理器的时钟频率是 2.4GHz。

19．D 解析：调制解调器（Modem）实际上具有两个功能：调制和解调。调制就是将计算机的数字信号转换为模拟信号在电话线上进行传输；解调就是将模拟信号转换成数字信号。由于上网时，调制和解调两个工作必不可少，故生产厂商将两个功能合做在一台设备中，即调制解调器。

20．B 解析：EDU 为教育机构，COM 为商业机构，NET 为主要网络支持中心，GOV 为政府部门，MIL 为军事组织，INT 为国际组织，AC 为科研机构，ORG 为非营利组织等。

二、基本操作题

1．新建文件

（1）打开考生文件夹。

（2）选择“文件”→“新建”→“新建 Microsoft Word 文档”命令，或单击鼠标右键，弹出快捷菜单，选择“文件”→“新建”→“新建 Microsoft Word 文档”命令，即可生成一个名为“新建 Microsoft Word 文档.docx”的 Word 文档。此时文件的名字处呈现蓝色可编辑状态，插入鼠标光标编辑名称为 TAK.docx。

2．设置文件的属性

（1）选定考生文件夹下 XING\RUI 文件夹中的文件 SHU.exe。

（2）选择“文件”→“属性”命令，或单击鼠标右键弹出快捷菜单，选择“属性”命令，即可打开“属性”对话框。

（3）在“属性”对话框中勾选“只读”属性，再单击“高级”按钮，弹出“高级属性”对话框，取消“可以存档文件”。

3．搜索文件

（1）打开考生文件夹。

（2）单击工具栏上的“搜索”，在窗口的左侧弹出“搜索助理”任务窗格；在“全部或部分文件名”中输入要搜索的文件名“GE.xlsx”，单击“搜索”按钮，搜索结果将显示在右侧文件窗格中。

（3）选定搜索结果，单击“编辑”→“复制”命令，或按快捷键 Ctrl+C 复制文件。

（4）打开考生文件夹下的 WEN 文件夹；

（5）空白处单击“编辑”→“粘贴”命令，或按快捷键 Ctrl+V 粘贴文件。

4．删除文件夹

（1）打开考生文件夹下的 ISO 文件夹。

（2）选定 MEN 文件夹，按 Delete 键，弹出确认对话框。

（3）单击“确定”按钮，将文件删除到回收站。

5．创建文件的快捷方式

（1）打开考生文件夹下的 PLUS 文件夹，选定要生成快捷方式的文件 GUN.exe。

（2）选择“文件”→“创建快捷方式”命令，或单击鼠标右键弹出快捷菜单，选择“创建快捷方式”命令，即可在同文件夹下生成一个快捷方式文件。

（3）移动这个文件到考生文件夹下，并按 F2 键改名为 GUN。

三、汉字录入题（略）

四、Word 操作题

本题对应 Word.docx。首先在“考试系统”中选择“答题→字处理题→Word.docx”命令，将文档“Word.docx”打开。

（1）设置文本格式

步骤 1：选择标题文本，选择“开始”→“字体”组→对话框启动器，在弹出的“字体”对话框“中文字体”中选择“黑体”（西文字体设为“使用中文字体”），在“字号”中选择“小二号”，在“字体颜色”中选择“黄色”。

步骤 2：选择“高级”选项卡，单击“间距”选项卡，在“间距”下拉列表框中选择“加宽”，在其后的“磅值”框中选择“3 磅”，并单击“确定”按钮。

步骤 3：保持文本的选中状态，选择“开始”→“字体”组→“边框和底纹”下拉按钮→“边框和底纹”命令，在弹出对话框的“设置”中选择“方框”，在颜色中选择“红色”，单击“确定”按钮为文本添加方框效果。

步骤 4：选择正文各段，单击鼠标右键，选择“段落”命令，在弹出的“段落”对话框“缩进”栏的“左”、“右”文本框中输入“2 字符”，在“间距”栏的“行距”中选择“固定值”，在“设置值”中输入“18 磅”。

（2）设置页面格式

步骤 1：选择“插入”选项卡→“页眉和页脚”组→“页眉”→“编辑页眉”，进入到页眉的编辑状态，输入文本“车市新闻”。

步骤 2：选择“页面布局”选项卡→“页面设置”组→对话框启动器，在弹出的“页面设置”对话框中单击“纸张”选项卡，在“纸张大小”下拉列表框中选择“A4”。

（3）设置表格格式

步骤 1：选择文档中的最后 7 行，选择“插入”选项卡→“表格”组→表格→文字转换成表格命令，在弹出的“将文字转换成表格”对话框的“自动调整”操作栏中选择“根据内容调整表格”，并选择文字分隔位置为“制表符”，再单击“确定”按钮。

步骤 2：选定全表，右键单击选择“表格属性”命令，弹出的“表格属性”对话框，在“表格”选项卡的“对齐方式”里选择“居中”。

步骤 3：单击“确定”按钮返回到编辑页面中，保持表格的选中状态，单击鼠标右键，在弹出的快捷菜单中选中“单元格对齐方式”命令，在弹出子菜单中选择“中部居中”命令。

步骤 4：保持表格的选中状态，单击鼠标右键，在弹出的快捷菜单中选择“边框和底纹”命令，在“边框和底纹”对话框的“线型”中选择“双窄线”，在“宽度”中选择“0.75 磅”，在颜色中选择“蓝色”。

步骤 5：在“设置”中选择“自定义”，在“线型”中选择 “单实线”，在“宽度”中选择“0.5 磅”，在“颜色”中选择“蓝色”，将鼠标光标移动到“预览”的表格中心位置，单击鼠标添加内线。

步骤 6：选择表格中的第一行，单击鼠标右键，在弹出的快捷菜单中选择“边框和底纹”命令，在“边框和底纹”对话框中单击“底纹”选项卡，在弹出面板的“填充”颜色列表中选择“黄色”，并单击“确定”按钮填充颜色。

步骤7：选择表格第一行的单元格，单击鼠标右键，在弹出的快捷菜单中选择“合并单元格”命令将单元格进行合并，并使用相同的方法将第七行单元格进行合并。

五、Excel操作题

1．本题是基本题、函数题（对应excel.xlsx）。

首先在“考试系统”中选择“答题→电子表格题→excel.xlsx”命令，将文档“excel.xlsx”打开。

（1）使用RANK函数计算排名

步骤1：选中工作表Sheetl中的Al:Ol单元格，单击工具栏上的“合并后居中”按钮，将选中单元格合并，单元格中的文本水平居中对齐。

步骤2：选择B3:E3单元格，单击工具栏上的“自动求和”按钮将自动计算出选择单元格的总计值，该值出现在E3单元格中。鼠标移动到E3单元格的右下角，按住鼠标左键不放将其向下拖动到El2单元格的位置，释放鼠标即可得到其他项的总成绩。

步骤3：在F3中输入公式“=RANK(E3，E3:El2，0)”。其中，RANK是排名函数，整个公式“=RANK(E3，E3:El2，0)”的功能是：“E3”中的数据放在E3:El2的区域中参加排名。“0”表示将按降序排名（即最大值排名第一，升序就是最小值排第一）。复制F3中的公式到其他单元格中。

（2）使用IF函数按条件输出结果

步骤1：在G3中输入公式“=IF(and(C3>=75，D3>=75)，有资格，无资格)”。其中，IF是条件函数，整个公式“=IF(and(C3>=75，D3>=75)，有资格，无资格)”的功能是：“C3中的数据大于或等于75”且“D3中的数据大于或等于75”这是一个条件，当满足这个条件时，在G3中显示“有资格”3个字；如果未满足，则显示“无资格”3个字。复制G3中的公式到其他单元格中。

步骤2：将鼠标光标移动到工作表下方的表名处，单击鼠标右键，在弹出的快捷菜单中选择“重命名”命令，直接输入表的新名称“成绩统计表”。

2．本题是数据处理题（对应exc.xlsx）

首先在“考试系统”中选择“答题→电子表格题→exc.xlsx”命令，将文档“exc.xlsx”打开。

步骤1：单击工作表中带数据的单元格，选择“数据”→“排序”命令，在“排序”的“主要关键字”中选择“经销部门”，在其后选中“升序”。

步骤2：单击工作表中带数据的单元格，选择“数据”→“分类汇总”命令，在弹出的提示对话框中直接单击“是”，在弹出对话框的“分类字段”中选择“经销部门”，在“汇总方式”中选择“求和”，在“选定汇总项”中选择“数量”和“销售额”，并选中“汇总结果显示在数据下方”复选框，单击“确定”按钮即可。

六、PowerPoint操作题

步骤1：在“考试系统”中选择“答题→演示文稿→太空简介.pptx”命令，将演示文稿“太空简介.pptx”打开。打开“切换”选项卡，在“其他”下拉列表中选择“华丽型”中的“溶解”命令，在“计时”组中单击“全部应用”按钮。

步骤2：打开“设计”选项卡，在“主题”组中右键单击“穿越”主题弹出快捷菜单，在快捷菜单中选择“应用于所有幻灯片”命令即可。

步骤3：选中第二张幻灯片，打开“开始”选项卡，选择“幻灯片”组中的“版式”下拉按钮，在弹出的下拉列表中选择“两栏内容”版式。

步骤4：选择第3张幻灯片中的图片，按“Ctrl+X“键将其剪切，进入到第二张幻灯片中，单击选择剪贴画区域，按“Ctrl+V”键粘贴图片。

步骤5：选中第二张幻灯片中左侧文字部分，打开“开始”选项卡，选择“字体”组的“字体”下拉按钮，在弹出的下拉列表中选择“楷体”，在“字号”中输入“25”。

步骤6：在“字体”组中，单击颜色下拉按钮，在弹出的下拉列表中选择“其他颜色”命令，打开“颜色”对话框，选择对话框中的“自定义”选项卡，在红色中输入“250”，在绿色中输入“0”，在蓝色中输入“0”。在“字体”中选择“楷体_GB2312”（西文字体设为“使用中文字体”）。

步骤7：选定第二张幻灯片中的图片，打开“动画”选项卡，选择“动画”组中的“其他”下拉按钮，在打开的下拉列表中选择“进入”型中的“随机效果”。

步骤 8：将鼠标光标移动到窗口左边的“幻灯片/大纲”窗格中，将第二张幻灯片的缩略图拖动到第一张幻灯片的上方，选择第三张幻灯片的缩略图，按“Delete”键将其删除。

七、上网题

1．邮件题

（1）在“考试系统”中选择“答题→上网→Outlook Express”命令，启动“Outlook Express 6.0”。

（2）单击“发送/接收”邮件按钮，接收完邮件后，会在“收件箱”右侧邮件列表窗格中出现一封邮件，单击此邮件，在“附件”中右键单击附件名，弹出快捷菜单，选择“另存为”命令，弹出“附件另存为”对话框，在“保存在”中打开考生文件夹，单击“保存”按钮完成操作。

（3）在下方窗格中可显示邮件的具体内容。单击工具栏上“答复”按钮，弹出回复邮件的对话框。

（4）在“主题”中输入“照片已收到”，正文内容为：看到你寄来的大熊猫照片，非常漂亮，今年我们也一定去看大熊猫。单击“发送”按钮完成邮件回复。

2．IE 题

（1）在“考试系统”中选择“答题→上网 Internet Explorer”命令，将 IE 浏览器打开。

（2）在 IE 浏览器的地址栏中输入网址“http://www/web/itedu.htm”，按 Enter 键打开页面。

（3）点击链接“操作系统”，打开页面，找到“声明”的介绍，复制内容。打开“记事本”程序，将复制的内容粘贴到记事本中，并以 XE.txt 为名保存文件到考生文件夹内。